AF380722

Veröffentlichungen aus der
Forschungsstelle für Theoretische Pathologie
(Professor Dr. med. Dr. phil. Dr. h. c. H. Schipperges)
der Heidelberger Akademie der Wissenschaften

Thomas Cremer

Von der Zellenlehre zur Chromosomentheorie

Naturwissenschaftliche Erkenntnis und Theorienwechsel in der frühen Zell- und Vererbungsforschung

Mit 87 Abbildungen

Springer-Verlag
Berlin Heidelberg New York Tokyo

Priv.-Doz. Dr. Thomas Cremer
Institut für Anthropologie
und Humangenetik
Im Neuenheimer Feld 328
6900 Heidelberg

ISBN-13:978-3-642-82397-8   e-ISBN-13:978-3-642-82396-1
DOI: 10.1007/978-3-642-82396-1

CIP-Kurztitelaufnahme der Deutschen Bibliothek
Cremer, Thomas: Von der Zellenlehre zur Chromosomentheorie: Naturwissenschaftliche Er-
kenntnis und Theorienwechsel in der frühen Zell- und Vererbungsforschung / T. Cremer. –
Berlin; Heidelberg; New York; Tokyo: Springer, 1985. (Veröffentlichungen aus der For-
schungsstelle für Theoretische Pathologie der Heidelberger Akademie der Wissenschaften)
ISBN-13:978-3-642-82397-8

Die *Kommission für Theoretische Pathologie* der
Mathematisch-naturwissenschaftlichen Klasse der
Heidelberger Akademie der Wissenschaften
und deren *Forschungsstelle*

widmen

Herrn Professor Dr. Dr. h. c. mult.
Franz Büchner

o. Mitglied der Deutschen Akademie der
Naturforscher LEOPOLDINA zu Halle,
o. Mitglied der Heidelberger Akademie der
Wissenschaften,

dem unermüdlichen, überaus erfolgreichen
Arbeiter auf dem Felde der Krankheits-
forschung,
dem Wahrer und Mehrer akademischer
Grundrechte,
dem leuchtenden Vorbild in Pflichterfüllung und
Lauterkeit des Strebens

dieses Buch als Beitrag zur Lehre vom Leben
aus Anlaß der Vollendung des

90. Lebensjahres

in großer Dankbarkeit und Verehrung.

Wilhelm Doerr	Heinrich Schipperges	Thomas Cremer
für die	für die	als Verfasser
Kommission	Forschungsstelle	der Abhandlung

Vorwort

Wie entsteht naturwissenschaftliche Erkenntnis? Diese Frage behandelt das vorliegende Buch am Beispiel einer Untersuchung zur Geschichte der frühen Zellforschung und Vererbungslehre – von der Zelltheorie bei Schleiden und Schwann bis zur Chromosomentheorie der Vererbung bei Sutton und Boveri.

Ziel dieser in erster Linie theorienhistorisch orientierten Arbeit ist es darzustellen, wie die tragenden Paradigmata über die Zelle und die Rolle ihrer Chromosomen entstanden sind. Sie ist an diesem konkreten Beispiel als Hinführung und nicht als Konkurrenzunternehmen eines Cytogenetikers zu Problemen der Wissenschaftsgeschichte und Wissenschaftstheorie gedacht und dem Gedanken eines Studium generale verpflichtet.

Ich bin ein Befürworter weit offener „Fachschubladen". Das bedeutet natürlich nicht, daß ich die besondere Kompetenz spezifischer Fachgruppen von Wissenschaftlern gering achten würde, im Gegenteil. Ich hoffe auf die Nachsicht und die Dialogbereitschaft von Wissenschaftsgeschichtlern, Wissenschaftstheoretikern und Gestaltpsychologen gerade dort, wo ich von der Sache her unvermeidlich, aber mit einigem Bangen meine eigene Fachschublade der Cytogenetik verlasse. Fachschubladen sind unabdingbar für das Wachstum wissenschaftlicher Erkenntnis, aber sie müssen immer wieder von innen und außen geöffnet und offengehalten werden. Dies gilt nicht nur für den Dialog von Wissenschaftlern der verschiedenen Fachgruppen untereinander, sondern auch für die Notwendigkeit eines Dialogs mit der Öffentlichkeit. Beiden Ebenen des Dialogs soll dieses Buch dienen.

Wenn wir vom heutigen Standort der Cytogenetik auf ihre Wissenschaftsgeschichte zurückblicken, dann erscheint diese Geschichte uns auf einen ersten, oberflächlichen Blick hin recht folgerichtig verlaufen zu sein. Die Paradigmata, die den Cytogenetikern und allen Zellbiologen heute gemeinsam sind, besagen, daß sich in den Chromosomen ein informationstragendes Makromolekül, die DNA, befindet. Die Schriftnatur dieser DNA, ihr Code, ist aufgeklärt. Die Sequenz der Ereignisse, die zur Entstehung spezifischer Proteine führen, Enzyme für Stoffwechselwege, Strukturproteine für Zellstrukturen, ist in großen Zügen bekannt, auch wenn es bei Einzelheiten immer wieder Überraschungen gibt. Die Schrift dieser DNA hat sich in den langen Zeiträumen einer – wie fast alle Zellbiologen annehmen – neodarwinistischen Evolution entwickelt. Sie kann sich spontan und zufällig verändern, sie kann aber mit ihrem außerordentlich hohen Informationsgehalt – man denke an den insgesamt etwa zwei Meter langen DNA-Faden in einem menschlichen Zellkern – nicht spontan neu entstehen. Es gibt keine Urzeugung, keine Generatio spontanea in diesem Sinne. DNA entsteht durch Replikation von DNA, Chromosomen entstehen folgerichtig durch Replikation von Chromosomen, Zellkerne durch Replikation von Zellkernen, Zellen aus Zellen. Wissenschaftsgeschichte erscheint bei diesem Rückblick als ein kumulatives Wachstum von Erkenntnissen. Man kann sich eigentlich nur darüber streiten, welchem Forscher für das Auffädeln der jeweils neuesten Erkenntnisperle die Priorität gebührt.

Wir wollen aber diesen scheinbar so wohlgeordneten Garten der Erkenntnis von der anderen Seite her betreten ohne den Ariadnefaden unserer heutigen Vorstellungen. Dann eröffnet sich uns ein Irrgarten. Die Vorstellung, daß Zellen als „Lebensherde" existieren, bedeutet dann nicht mehr zugleich, daß Zellen aus Zellen entstehen. Diese Erkenntnis wiederum bedeutet nicht folgerichtig, daß Zellkerne seit ihrer ersten Entstehung in der Evolution in einer ununterbrochenen Folge von Kerngenerationen existiert und sich in ihrem Informationsgehalt weiterentwickelt haben. Es gibt keinen zwingenden Grund für die Vorstellung von einer Kontinuität oder Individualität der einzelnen Chromosomen, von deren Aufgaben man ja zunächst noch gar nichts ahnte. Neuentstehung von Zellen in einer einfachen Grundsubstanz, einem sogenannten Cytoblastem, sogar einem zellfreien Exsudat, Auflösung und Neubildung von Zellkernen und von Chromosomen erscheinen auf einmal nicht nur als wissenschaftlich legitime und konsistente Hypothesen, sondern als beinahe selbstverständliche „Tatsachen". Dabei handelt es sich nicht einfach um Unkenntnis verfügbaren Wissens oder fahrlässigen Irrtum der damaligen Wissenschaftler. Ihre Weltbilder waren beeinflußt von den geistigen Strömungen ihrer Zeit, sie waren beispielsweise bestimmt von der altehrwürdigen Theorie der Urzeugung seit Aristoteles, vom Glauben an immaterielle Lebensprinzipien, die das Leben und seine Entwicklung bis hinunter zu den kleinsten Lebensherden, den Zellen, leiten würden, von der Vorstellung einer zielgerichteten Evolution des Lebendigen als Ausdruck solcher „vitalistischer" Kräfte. Bei unserer Wanderung in den Irrgarten hinein geht es auf einmal um viel mehr als um diese und jene neue Erkenntnispartikel oder um die Beseitigung einzelner Irrtümer im Rahmen eines wenigstens in seiner Grundkonstruktion ein für allemal sicheren Gebäudes aus wissenschaftlichen Tatsachen über die objektive Wirklichkeit. Es verändern sich auf unserer Wanderung wissenschaftliche Weltbilder in einer grundlegenden Weise. Alte Beobachtungen wie der 1833 von Robert Brown beschriebene Zellkern oder der 1781 von Felice Fontana zuerst beobachtete Nukleolus werden immer wieder in gänzlich neuen Zusammenhängen gesehen, alte Theoriengebäude erweisen sich als Fata morgana, neue Theoriengebäude tauchen auf. Wohin der Irrgarten der Erkenntnis führt und welche Wege sich als gangbar erweisen werden, ist völlig ungewiß. An Stelle des vergleichsweise simpel erscheinenden Problems, welchem Forscher für welche Entdeckung die Priorität gebührt, tauchen eine Reihe von verwirrenden Problemen auf. Wir haben nicht nur nach Entdeckungen, sondern auch nach Bedeutungszusammenhängen zu fragen.

Schon stehen wir selbst mitten im Irrgarten. Wie gelangen Forscher zu einer Entscheidung über den weiter einzuschlagenden Weg? Warum werden bestimmte Wege als Irrwege verlassen? Wer den zugrunde liegenden Plan noch nicht durchschaut hat, verläuft sich im Irrgarten. Erst der Eingeweihte erkennt den verborgenen Weg, der zum vorbestimmten Ziel führt. Für ihn fügt sich die verwirrende Vielfalt zu einem Stück kunstvoller und wohlgeordneter Gartenarchitektur zusammen. Aber stimmt das Bild eines Irrgartens überhaupt, in dem von mehreren alternativen Wegmöglichkeiten sich schließlich eine als richtig erweist? Gibt es ein Ende des Irrgartens? Existiert ein Ziel? Gibt es einen richtigen Weg, der zu wahrer Erkenntnis führt, die wie ein weites Feld positiven und sicheren Wissens hinter dem Irrgarten liegt? Oder wird die Wahl des Weges im wesentlichen von anderen Gesichtspunkten als der Suche nach Wahrheit bestimmt, zum Beispiel von dem Gesichtspunkt intellektueller, technischer und politischer Macht? Denn Theorien, deren Vorhersagen eintreffen, taugen zur Manipulation der Wirklichkeit, unabhängig davon, ob sie wahr sind oder nicht. Bedeuten die verschiedenen Wege unter dem Gesichtspunkt einer „wahren" Beschreibung der objektiven Welt nur eine stets anwachsende Zahl vielleicht praktikabler, aber letztlich inkommensurabler Theorien über bestimmte Aspekte dieser Welt? Ist nie etwas sicher ausgemacht, wie der Wissenschaftstheoretiker Paul Feyerabend behauptet? Oder existiert, wie Max Planck meint, ein Zwang für Wissenschaftler, sich in einer bestimmten Richtung des Irrgartens fortzubewegen, in der die wahre Erkenntnis der objektiven Wirklichkeit liegt? Und worin sollte gegebenenfalls dieser Zwang bestehen?

Wie wächst naturwissenschaftliche Erkenntnis? Was bedeutet Wachstum in diesem Zusammenhang? Gibt es Erkenntnis als verläßliches Wissen? Was bedeutet Wahrheit als regulative Idee im Erkenntnisprozeß der Naturwissenschaften? Der Wunsch, auf diese Fragen einigermaßen befriedigende Antworten zu finden, war für mich das ausschlaggebende Motiv, die vorgelegte Untersuchung zu beginnen. Ich spreche ausdrücklich vom Motiv, nicht vom angestrebten Ergebnis beim Schreiben dieser Arbeit. Denn eine umfassende Erörterung dieser Fragen geht weit über das hier gesteckte Ziel hinaus. Ein besonders fruchtbarer Zugang zu diesen Fragen besteht aber nach Karl R. Popper darin, herauszufinden, wie bedeutende Wissenschaftler Probleme formuliert und wie sie sie zu lösen versucht haben. Das wollen wir im folgenden versuchen. Ich hoffe, daß sich dieser Zugang nicht nur für Fachkollegen, sondern auch für Wissenschaftler anderer Disziplinen, für Geisteswissenschaftler und Theologen, für Studenten und Lehrer als brauchbar bei der Suche nach eigenen Antworten auf die oben aufgeführten Fragen erweist.

Das Buch ist in drei Abschnitte gegliedert. Der erste Abschnitt bietet eine Einführung in die Wissenschaftstheorie von Thomas Kuhn. Im zweiten Abschnitt wandern wir in den Irrgarten der Cytologie und Vererbungslehre und sehen zu, was die Forscher damals beobachtet, was sie gedacht und wie sie ihren Weg gefunden haben.

Wir wollen sehen, ob Kuhns Vorstellungen von der Entwicklung naturwissenschaftlicher Erkenntnis für diesen konkreten Ausschnitt der Wissenschaftsgeschichte brauchbar sind. Mehrere Gründe haben dazu geführt, die Geschichte der frühen Zell- und Vererbungsforschung als Untersuchungsobjekt zu wählen und nicht – dem Arbeitsgebiet des Verfassers entsprechend – einen Ausschnitt aus der Geschichte der modernen Cytogenetik bis hin zur sich heute rasch entwickelnden molekularen Cytogenetik.

Zum einen hätte eine Darstellung des Theorienwechsels in der modernen Cytogenetik, beispielsweise beim Genbegriff, viele fachliche Voraussetzungen nötig gemacht. Damit wäre der potentielle Leserkreis des Buches von vornherein auf Leser mit spezifischer Vorbildung reduziert worden. Dagegen erscheint es eher möglich, die umfassenden Veränderungen und die Widersprüche in der Entwicklung der biologischen Gedankenwelt der frühen Zell- und Vererbungsforscher in einer auch für Nicht-Fachleute nachvollziehbaren Weise und ohne Abstriche bei der wissenschaftlichen Genauigkeit darzustellen. Diesem Vorhaben dienen auch zahlreiche aus den zitierten Originalarbeiten entnommene Abbildungen, die nicht nur instruktiv, sondern oft auch ästhetisch ein Genuß sind. Ausdrücklich sei betont, daß Vollständigkeit in der geschichtlichen Darstellung nicht angestrebt wurde. Mein Anliegen ist es vielmehr, dem Leser Musterbeispiele für das Wachstum wissenschaftlicher Erkenntnis in der frühen Zell- und Vererbungsforschung vorzustellen.

Zum anderen betrifft die Entwicklung der biologischen Gedankenwelt im 19. und frühen 20. Jahrhundert (vgl. dazu Ernst Mayr 1984) einen entscheidenden Umbruch des Denkens. Die Entstehung von Theorien, die eine partikulare Vererbung mit Hilfe einer in den Chromosomen lokalisierten Vererbungssubstanz behaupteten, erscheint im Verein mit den gleichzeitig ablaufenden Auseinandersetzungen um das Problem der Evolution des Lebendigen, um die dazu erforderlichen Zeiträume und um vitalistische und nichtvitalistische Theorien des Lebens als die eigentliche wissenschaftliche Revolution in der Entwicklung der Biologie, geistesgeschichtlich bedeutsamer als die spätere Klärung der Frage nach der molekularen Natur dieser Vererbungssubstanz, die sich als Konsequenz der frühen Theorien ergab. Auch die Gentechnologie ist eine späte und in ihrer gesellschaftlichen Bedeutung noch kaum absehbare Folge dieses Umbruchs in der biologischen Gedankenwelt, der sich bereits damals vollzogen hat. Wer Naturwissenschaft nur als Instrument der Naturmanipulation begreift, wird es vielleicht für überflüssig halten, sich um ein vertieftes Verständnis zu bemühen, wie sich dieser frühe Umbruch vollzogen hat. Wer dagegen die Naturwissenschaften als Teil der menschlichen Geistesgeschichte versteht, wird den Theorienwechsel in der frühen Zell- und Vererbungsforschung als ein dramatisches geistesgeschichtliches Ringen empfinden. Aus diesem Grund vor allem wollen wir uns im zweiten Teil des Buches mit dieser Phase im Detail beschäftigen.

Im dritten Abschnitt schließen sich zunächst einige kritische Anmerkungen zur Anwendbarkeit von Kuhns Theorie auf den von uns betrachteten Ausschnitt der Wissenschaftsgeschichte an (3.1). In Kapitel 3.2 fragen wir, was Max Planck und Wissenschaftstheoretiker wie Thomas Kuhn, Karl Popper und Paul Feyerabend unter Wachstum der Erkenntnis verstehen, welche Rolle Theorie und Beobachtung bei diesem Prozeß in der Vorstellung von Forschern wie Charles Darwin, Albert Einstein, Werner Heisenberg und anderen spielen und welche wissenschaftliche Grundhaltung, welche Spielregeln geistiger Auseinandersetzung im Prozeß naturwissenschaftlicher Erkenntnisgewinnung fruchtbar, ja unverzichtbar sind. Die Entwicklung der frühen Zellforschung und Vererbungslehre zeigt beispielhaft, daß falsche Theorien im Prozeß der Naturerkenntnis mehr sind als eine unvermeidliche Randerscheinung. Die Falsifizierung falscher Theorien erweist sich vielmehr als zentrales Instrument der naturwissenschaftlichen Erkenntnis.

Kapitel 3.3 und 4 erläutern den Rahmen einer Erkenntnistheorie, die den Blickwinkel einer neodarwinistischen Evolutionstheorie ernst nimmt. Wir werden sehen, welche Bedeutung es für unser Erkenntnisvermögen und seine Grenzen hat, daß unser Gehirn, unsere kognitiven Strukturen sich im Verlauf der Evolution unter dem Selektionskriterium entwickelt haben, das Überleben in einem Bereich mittlerer Dimensionen, dem sogenannten Mesokosmos, zu gewährleisten. Auch hier würde es den vorgesteckten Rahmen dieses Buches sprengen, Stand und Tragweite der evolutionären Erkenntnistheorie in extenso darzustellen. Eine knappe Einführung in diese bedeutende Theorie erscheint mir aber für Nichtfachleute unverzichtbar, und ich hoffe, sie wird den einen oder anderen Leser zu einer vertieften Beschäftigung anhand der zitierten Literatur anregen.

Das Schlußkapitel (3.5) schließlich behandelt einige Überlegungen über die Auswirkungen der Chromosomentheorie der Vererbung auf das Menschenbild eines Cytogenetikers. Dabei erweist sich diese Theorie als eine offene Theorie, in der die meisten Fragen ungeklärt sind. Wir stecken mit unseren Fragen selbst mitten im Irrgarten der Erkenntnis, von dessen Struktur und Größe insgesamt wir kein positives und sicheres Wissen haben.

Vier Exkurse wurden in die verschiedenen Teile der Arbeit eingefügt. Im Wortsinn bedeuten Exkurse bekanntlich Abschweifungen im Reden. Ihre Aufgabe im Kontext dieser Abhandlung ist es, bestimmte wichtige Gesichtspunkte von einem ungewöhnlichen Blickpunkt her zu erörtern und zu vertiefen. Nicht zuletzt sollen sie aber, so hofft der Verfasser, dem Leser Vergnügen bereiten.

Das Manuskript für das vorliegende Buch wurde im wesentlichen bereits 1982 im Rahmen einer Habilitationsschrift verfaßt. Damals hatte ich noch keine Kenntnis von Ernst Mayrs 1982 veröffentlichtem Werk „The Growth of Biological Thought", das kürzlich beim Springer-Verlag auch in deutscher Übersetzung erschienen ist. („Die Entwicklung der biologischen Gedankenwelt"). Auf dieses bedeutende Werk vor allem sei der Leser hingewiesen, der eine umfassende Darstellung des angesprochenen Problemkreises sucht. Ich hoffe aber, daß die eigene Untersuchung gerade wegen ihrer unabhängigen Entstehungsgeschichte bei der Konzeption des Themas und der Auswahl des Stoffes auch im Schatten von Ernst Mayr bestehen und nützlich sein kann.

Die Entstehung dieser Arbeit hat sachliche und persönliche Hintergründe. Mein Interesse an der Geschichte der Chromosomentheorie der Vererbung wurde vor mehreren Jahren durch ein 1892 erschienenes Buch des Freiburger Zoologen August Weismann „Aufsätze über Vererbung und verwandte biologische Fragen" geweckt. Das Buch wurde mir von meinem Schwiegervater Winfried Graßmann geschenkt. Einige Glücksumstände traten hinzu. Die Universitätsbibliothek und die Bibliothek des Instituts für Geschichte der Medizin (Direktor Prof. Dr. Heinrich Schipperges) in Heidelberg bieten eine umfangreiche Sammlung der relevanten Originalliteratur der Cytologie des 19. und frühen 20. Jahrhunderts. Die Bibliothek des Instituts für Anthropologie und Humangenetik (Direktor Prof. Dr. Friedrich Vogel) besitzt eine weitere umfangreiche Sammlung von Sonderdrucken und Monographien aus der Bibliothek des 1979 verstorbenen Nestors der deutschen Humangenetik, Hans Nachtsheim. Sie betrifft die frühe Phase der Cytogenetik von der Entwicklung der Drosophilagenetik durch Thomas Hunt Morgan und seine Schüler bis hin zur radikalen Ablehnung der Chromosomentheorie der Vererbung während der Lyssenko-Ära unter der Herrschaft Stalins (Kapitel 2.13). Ohne den Zugang zu diesen Sammlungen hätte dieses Buch mit seinem Bildteil nicht entstehen können.

Friedrich Vogel danke ich für seine Ermutigung zur Abfassung dieser Untersuchung. Seinem Interesse an Fragen der Wissenschaftsgeschichte und Wissenschaftstheorie verdanke ich zahlreiche Anregungen; die meisten von ihnen ergaben sich im Verlauf von abendlichen Gesprächen in dem gastfreundlichen Haus, das er und seine Frau führen. Mein eigener Weg in den Irrgarten der Wissenschaftsgeschichte stellte sich dabei als zunehmend schwieriger heraus als ich ursprünglich vermutet hatte, und die Arbeit wurde dadurch umfangreicher als geplant. Die einzelnen Kapitel können aber auch ohne den Kontext der übrigen Kapitel gelesen werden. Einige geringfügige inhaltliche Überschneidungen habe ich dazu in Kauf genommen.

Karl Rahner und Walter Dirks habe ich für Gespräche zu danken, die mir einen ganz anderen Blickwinkel auf die Chromosomentheorie der Vererbung eröffnet haben, obwohl der Inhalt dieser Gespräche mit Genetik gar nicht unmittelbar zu tun hatte. Einiges davon ist in der Schlußbetrachtung „Chromosomentheorie der Vererbung und Menschenbild" (Kap. 3.5) enthalten, die aber als meine persönliche Sicht aufzufassen ist. Eine besondere Hilfe waren mir weiter Gespräche mit Hildegard Wenzler-Cremer über Gestaltpsychologie und mit Dieter Stein über die Rolle der Sprache beim Wachstum von Erkenntnis. Christoph Cremer danke ich für Anregungen zu Vergleichen mit der Wissenschaftsgeschichte der Physik. Dankbar bin ich auch Hans Mohr, Hans Querner und Klaus Sander für ihre kritische Durchsicht des Manuskriptes. Alle verbleibenden Schwächen fallen selbstverständlich in die alleinige Verantwortung des Autors.

Die Deutsche Forschungsgemeinschaft hat diese Arbeit mit einem Habilitandenstipendium gefördert. Auch dafür bin ich ihr zu größtem Dank verpflichtet.

Der Heidelberger Akademie der Wissenschaften, insbesondere ihren Mitgliedern Wilhelm Doerr und Heinrich Schipperges, danke ich für die Veröffentlichung dieser Arbeit. Ohne die großzügige finanzielle Unterstützung der Heidelberger Akademie hätte auf den umfangreichen Abbildungsteil verzichtet und ein entscheidender Verlust in der Anschaulichkeit der Darstellung in Kauf genommen werden müssen. Edda Schalt danke ich für wesentliche Hilfe bei der Herstellung der Abbildungen.

Den Mitarbeitern des Springer-Verlages, vor allem Heino Matthies und Isolde Scherich, danke ich für die angenehme Zusammenarbeit bei der Drucklegung.

Der letzte und wichtigste Dank gilt meiner Frau Marion. Sie war mein wichtigster und unersetzlicher Gesprächspartner während der Entstehung des Manuskripts und hat zudem mit großer Geduld die praktischen Probleme einer Familie mit zwei kleinen Kindern während dieser Zeit nahezu allein gemeistert.

Heidelberg, Oktober 1985   THOMAS CREMER

Inhaltsverzeichnis

1 Wachstum naturwissenschaftlicher Erkenntnis: Einführung in die Wissenschaftstheorie von Thomas Kuhn

1.1 Paradigma, Anomalie, Krise und Revolution: Die Begriffe bei Thomas Kuhn

Nach der Vorstellung des Wissenschaftstheoretikers Kuhn[1,2] vollzieht sich der wissenschaftliche Fortschritt nicht durch kontinuierliche Entwicklung, sondern entscheidend durch revolutionäre Prozesse; ein bisher geltendes Paradigma wird verworfen und durch ein anderes ersetzt. Was bedeutet das?

Als Cytogenetiker ist für mich eine fachliche Kommunikation mit anderen Cytogenetikern verhältnismäßig unproblematisch, und die fachlichen Urteile sind verhältnismäßig einhellig. Mit anderen Worten, es existieren Kriterien, die eine Verständigung über Forschungsziele in der Cytogenetik ermöglichen und Maßstäbe für eine Beurteilung von Forschungsergebnissen setzen. Worin bestehen diese Gemeinsamkeiten in einer Gemeinschaft von Cytogenetikern oder Linguisten oder Astrophysikern usw.? Kuhns Antwort lautet: Sie bestehen in einem Paradigma oder in einer Reihe von Paradigmata, die jeder dieser Gruppen von Wissenschaftlern gemeinsam sind. Zu den Paradigmata eines Cytogenetikers gehören beispielsweise die Zelltheorie und die Chromosomentheorie der Vererbung. Mit der Entwicklungsgeschichte dieser beiden Paradigmata werden wir uns im zweiten Abschnitt dieser Schrift ausführlich beschäftigen.

Der Terminus „Paradigma" wurde durch Kuhns Essay „Die Struktur wissenschaftlicher Revolutionen" (1962)[1] berühmt, man kann fast sagen zum wissenschaftlichen Modewort, obschon er bereits vor Kuhn von Wissenschaftshistorikern verwendet wurde. Später führte Kuhn an seiner Stelle den Begriff „disziplinäre Matrix" ein.[2] „,Disziplinär', weil sie der gemeinsame Besitz der Vertreter einer Fachdisziplin ist; ,Matrix', weil sie aus Elementen verschiedener Art besteht, die alle genauer angegeben werden müssen."[3] Was sind die Elemente einer solchen Matrix? Nach Kuhn gehören dazu insbesondere: symbolische Verallgemeinerungen, Modelle und Musterbeispiele. Kuhn verzichtet übrigens auf den Versuch, selbst eine vollständige Liste der Elemente der Matrix anzugeben; in Kapitel 1.2 werden wir besser verstehen, warum es ihm so schwer fällt, den Bedeutungsgehalt seiner Termini „Paradigma" bzw. „disziplinäre Matrix" genau zu definieren.

Als *symbolische Verallgemeinerung* bezeichnet Kuhn „die formalen oder leicht formalisierbaren Bestandteile der disziplinären Matrix".[4] Die Mendelschen Regeln beispielsweise gehören zu den formalen Bestandteilen der Matrix der Cytogenetiker. *Modelle* „liefern der Gruppe bevorzugte Analogien oder, wenn sie von großer Überzeugung getragen sind, eine Ontologie".[4] Solche Modelle können am einen Extrem heuristischer Natur sein. In der Schule von Thomas Hunt Morgan erwies es sich beispielsweise als nützlich, die Anordnung von Genen in den Chromosomen mit der Anordnung von Perlen längs einer Schnur zu vergleichen. Was Gene eigentlich sind, davon hatten Morgan

und seine Schüler, als sie ihre berühmten Kreuzungsexperimente mit Frucht-
fliegen durchführten, noch keine Ahnung. Am anderen Extrem sind Modelle
Gegenstände metaphysischer Festlegungen. Im 3. Teil dieser Schrift werden
wir uns ausführlich mit den Konsequenzen der neodarwinistischen Evolutionstheorie für die Entstehung unserer Wahrnehmungs- und Denkstrukturen befassen und mit den erkenntnistheoretischen Schwierigkeiten, die sich daraus ergeben. Eine wesentliche metaphysische Festlegung der modernen Evolutionstheorie besteht darin, daß sie die Zweckmäßigkeit von Organismen nicht als
Folge einer Zielintention erklärt (vgl. Kapitel 3.3). Unter *Musterbeispielen*
schließlich versteht Kuhn konkrete Problemlösungen, „die von der Gruppe in
einem ganz gewöhnlichen Sinne als paradigmatisch anerkannt sind".[4] Mendels
Kreuzungsexperimente, Oscar Hertwigs Untersuchungen zur Befruchtung, Boveris Untersuchungen zur Chromosomenindividualität dienten als Musterbeispiele für die frühen Vererbungs- und Zellforscher (siehe Teil 2).

Nach Kuhn sind die Wissenschaftler in der Regel nicht darauf aus, eine
neue disziplinäre Matrix zu erfinden. Sie denken und experimentieren im Rahmen vorgegebener Theorien ihres Fachbereiches. Diese wollen sie bestätigen
und sicherer machen. Dabei stoßen sie gelegentlich auf *Anomalien*, d. h. Befunde, die sich nicht in den Rahmen des vorgegebenen Paradigma einpassen lassen, der Theorie zu widersprechen scheinen. In der Regel nehmen sie das hin.
Sie glauben, daß diese *Anomalien* sich doch noch eines Tages im Sinne ihres
Paradigmas aufklären lassen werden. Ihr Paradigma hat ihnen eine überzeugende Interpretation für eine ganze Reihe wissenschaftlicher Probleme geboten
und sie sind bereit, mit einer gewissen Sturheit daran festzuhalten, solange nur
ihr Glaube intakt bleibt, daß das Paradigma den geeigneten Weg auch für ihre
zukünftige Wissenschaft weist. Eine Gruppe von Wissenschaftlern, die ihren
fachlichen Zusammenhalt und ihre Forschungsaufgabe aus einem gemeinsamen Paradigma herleitet, ist auf Bestätigung, nicht auf Falsifizierung der gemeinsamen Grundüberzeugungen aus. Dennoch kann es beim Fortgang ihrer
normalen Wissenschaft unausweichlich geschehen, daß die Resultate ihrer Experimente trotz wiederholter Bemühungen nicht ins gewohnte Schema einzu-
passen sind. Derartige Störungen der Erwartung erregen dann die wachsende
Aufmerksamkeit einer wissenschaftlichen Gemeinschaft. Halten die Mißerfolge bei dem Versuch die Anomalie zu beheben auch jetzt noch an, kommt es
zur *Krise*. Es beginnen dann „die außerordentlichen Untersuchungen, durch
welche die Fachwissenschaft schließlich zu einer neuen Reihe von Positionen,
einer neuen Grundlage für die Ausübung der Wissenschaft geführt wird. Die
außerordentlichen Episoden, in denen jener Wechsel der fachlichen Positionen
vor sich geht, werden in diesem (Kuhns) Essay als wissenschaftliche Revolution bezeichnet. Sie sind die traditionszerstörenden Ergänzungen zur traditi-
onsgebundenen Betätigung der normalen Wissenschaft".[5] Durch die Revolution verändern sich die Maßstäbe, nach denen eine Fachwissenschaft entscheidet, was als zulässiges Problem oder als legitime Problemlösung gelten soll. Im
Verlauf einer wissenschaftlichen Revolution vollzieht sich ein *Paradigmawechsel*. Das neue Paradigma soll die alten und die akut anstehenden Probleme lösen und wieder einen als fruchtbar empfundenen Weg für die zukünftige Wissenschaft weisen.

Nach Kuhn sind es häufig entweder recht junge Leute oder Leute, die noch einigermaßen neu in einem wissenschaftlichen Fachgebiet tätig sind, die einen Paradigmawechsel auslösen. Sie sind noch nicht betriebsblind und viel unbefangener, wenn es darum geht, zu sagen, was bald vielen wie Schuppen von den Augen fällt: Das alte Paradigma ist unfähig, die akut anstehenden Probleme und Rätsel zu lösen. Der Paradigmawechsel selbst ist ein mehr oder weniger lange dauernder geschichtlicher Prozeß. Es kann eine oder mehrere Wissenschaftlergenerationen dauern, bis das neue Paradigma das alte vollständig aus dem Feld geschlagen hat. Im Gegensatz zu solchen revolutionären Phasen versteht Kuhn unter *normaler Wissenschaft* „eine Forschung, die fest auf einer oder mehreren wissenschaftliche Leistungen der Vergangenheit beruht, Leistungen, die von einer bestimmten wissenschaftlichen Gemeinschaft eine zeitlang als Grundlage für ihre weitere Arbeit anerkannt werden".[6]

Die Definition des Paradigma von Thomas Kuhn hat auch eine soziologische Dimension. Ein Paradigma muß nicht nur in der Lage sein, eine Reihe von Phänomenen zu deuten. Es muß vor allen Dingen so faszinierend sein, daß eine Gruppe besonders begabter und produktiver Wissenschaftler ihre Wissenschaft nach dem Vorbild dieser Leistung auf neue Art betreiben möchte. Um eine solche Faszination ausüben zu können, daß Wissenschaftler ihre Lebensarbeit der Erprobung eines Paradigmas widmen, muß das Paradigma offen genug sein, um der „neuen Gruppe von Fachleuten alle möglichen ungelösten Probleme zu stellen."[7]

Alwin Diemer[8] hat Kuhns Buch mit einem Stein verglichen, „der in das bis dahin stille Wasser der theoretischen Befassung mit dem Thema ‚Wissenschaft' geworfen wurde. Sofort schlug das Wasser Wellen, die sich in Kreisen erweiterten und sich seitdem nicht mehr beruhigt haben." Die einen sahen in Kuhns Werk selbst eine Revolution des bisherigen Verständnisses von Wissenschaftstheorie und Wissenschaftsgeschichte, andere fanden seine Vorstellungen, insbesondere die Rede von der Revolution in der Wissenschaft, im Grunde nicht neu, wieder andere lehnten die Kuhnsche Theorie als unbrauchbar ab. Was immer man auch von Kuhns Buch hielt, es wurde — im positiven oder negativen Sinne — als Herausforderung empfunden. Dafür nennt Diemer drei Gründe.[9] Die stärkste Herausforderung besteht in Kuhns These vom Irrationalismus im Wissenschaftsgeschehen. Er zwingt die Naturwissenschaftler, die ihrer Wissenschaft gern den höchsten Rationalitätscharakter zugestehen, sich neu mit der alten Frage auseinanderzusetzen, was eigentlich rational ist? Ist die Suche nach wahrer Erkenntnis der objektiven Wirklichkeit, wenigstens aber die Hoffnung auf eine beständige Annäherung an diese Wahrheit beim Wachstum wissenschaftlicher Erkenntnis eine bloße Fata morgana? Sind wissenschaftliche Revolutionen vielleicht bloße Konversionen, bei denen es, wie Kuhn an einer Stelle behauptet, „weder um Beweis noch um Irrtum geht", sondern um die „Übertragung der Bindung von einem Paradigma auf ein anderes"?[10] Kuhn selbst hat sich in einem 1969 veröffentlichten Postskriptum[11] zu seinem Buch gegen den Vorwurf verteidigt, er vertrete eine durch und durch relativistische Auffassung von der Wissenschaft. Die zweite Herausforderung betrifft eine traditionelle Wissenschaftstheorie, die sich als eine rein theoretische Disziplin „mit der ebenso reinen und von allem empirischen und historischen

„Schmutz" freien Wissenschaft befaßte".[12] Was haben die statischen, von logischen Regeln geleiteten Konzeptionen dieser analytischen Wissenschaftstheorien überhaupt mit dem Wissenschaftsprozeß zu tun, wie er sich in Wirklichkeit abspielt?[13] Damit eng zusammen hängt die dritte Herausforderung, die Diemer nennt, die Herausforderung an die Wissenschaftsgeschichte als eine eigenständige Wissenschaft. Eine Wissenschaftsgeschichte, die mehr sein will als eine Sammlung von Anekdoten und Chronologien, ist ohne die Auseinandersetzung mit der Wissenschaftstheorie nicht möglich. Umgekehrt benötigt aber auch die Wissenschaftstheorie die Wissenschaftsgeschichte als empirische Basis.

Wer immer Wissenschaft betreibt, tut das auf dem Boden einer Wissenschaftstheorie, ob er sich dessen bewußt ist oder nicht. Was will er mit seinen Experimenten und Folgerungen erreichen? Welche Rolle weist er den Hypothesen in seiner Wissenschaft zu? Wie gelangt man zu einer Theorie? Kann man Theorien durch experimentelle Beweise als unumstößlich wahr sichern (Verifikationstheorien)? Oder kann man Theorien bestenfalls als unvereinbar mit der objektiven Wirklichkeit widerlegen (Falsifikationstheorien)? Oder trifft weder das eine noch das andere zu? Gibt es also überhaupt positives, sicheres Wissen oder bleibt unser Wissen immer hypothetisch? Kann man Tatsachen und Theorien voneinander trennen — die Tatsachen im Resultateteil, die Theorie in der Diskussion wissenschaftlicher Publikationen? Oder sind Tatsache und Theorie viel enger verknüpft, als wir es uns für gewöhnlich einbilden? Kuhn hat nicht etwa diese und andere Fragen zuerst gestellt, aber es gehört zu seinen Verdiensten, daß sein Buch weit über den engen Kreis der Wissenschaftstheoretiker und Wissenschaftsgeschichtler hinaus zur Beschäftigung mit Fragen geführt hat, die das Selbstverständnis der Wissenschaftler unmittelbar betreffen.

Wir wollen uns zunächst ausschließlich mit der Wissenschaftstheorie von Thomas Kuhn befassen und wissenschaftstheoretische Vorstellungen anderer Autoren erst später im zweiten und besonders im dritten Teil der Schrift näher erläutern.

(Siehe dazu insbesondere S. 323–344: *Postscriptum - Ludwik Fleck (1896–1961) der Vorläufer von Thomas Kuhn: Die Theorie vom Denkstil und den Denkstilumwandlungen in wissenschaftlichen Gemeinschaften.*)

1.2 Kuhns Paradigma-Begriff aus der Sicht der Gestalttheorie

Der zentrale Begriff „Paradigma" taucht in Kuhns Buch nahezu auf jeder Seite und in immer neuen Zusammenhängen auf. Dabei ging es mir zunächst wie Alice im Wunderland mit ihrer Katze: Kaum schien sie dingfest gemacht, hatte sie sich schon wieder aufgelöst, um in einem anderen Zusammenhang unerwartet erneut aufzutauchen. Es muß vielen so ergangen sein. Kuhn selbst sagt in einer späteren Arbeit, „Wenn ich Gespräche insbesondere zwischen Anhängern des Buches hörte, konnte ich manchmal kaum glauben, daß alle Teilnehmer von demselben Buch sprachen. Ein Teil seines Erfolges, so muß ich mir mit Bedauern sagen, rührt daher, daß fast jeder alles herauslesen kann, was er will. Für diese übermäßige Formbarkeit ist nichts an dem Buch so stark verantwortlich wie die Einführung des Ausdrucks ‚Paradigma' ".[1] Wie kommt es dazu?

Ich gehe von einer autobiographischen Bemerkung Kuhns aus. Kuhn erwähnt den Einfluß, den Gestaltpsychologen auf die Entstehung seiner Theorie ausgeübt haben.[2] Es war mein Interesse an der Gestaltpsychologie, die mir den Zugang zu Kuhns Theorie ermöglicht hat.[3] Sobald mir diese Übereinstimmung klar geworden war, hatte ich einen Schlüssel zu seinem Buch in Händen. Nach der Überzeugung der Gestaltpsychologen besteht ein bestimmtes Problem nicht einfach in einer Summe von Einzelelementen, sondern es ist eine „Gestalt" von bestimmter Struktur. Erst durch ihr gleichzeitiges Vorhandensein und ihre gegenseitige Zuordnung ergibt sich aus den einzelnen Teilen die Gestalt. Dabei mag es sich schlicht um die Wahrnehmung eines bestimmten Gegenstandes handeln, aber auch um so komplexe Vorgänge wie die Vorstellung einer Theorie, eines Weltbildes. Der Vorgang der Gestaltbildung bezeichnet eine der umfassendsten Fähigkeiten unseres Gehirns. Dabei sind uns, wie Kuhn betont,[4] „keine elementaren Bestandteile der Erfahrung zugänglich". Immer, wenn wir bewußt mit Daten umgehen, um einen Gegenstand zu identifizieren, ein Gesetz zu entdecken oder eine Theorie zu erfinden, gehen wir mit Daten um, deren Perzeption selbst schon das Ergebnis einer Menge Verarbeitung durch das Nervensystem ist. Das gilt bereits für „unmittelbare" Sinneseindrücke, wie sie bei der Betrachtung eines mikroskopischen Präparats entstehen. Wesentlich ist, daß wir in unserem Denken immer mit Daten arbeiten, die wir wenigstens im Augenblick für stabil und unbezweifelbar halten, für das in der Erfahrung Vorgegebene. Kuhn nennt als Beispiele Ausdrücke wie „grün dort", „Dreieck hier", oder „heiß da unten".[4] Ausdrücke wie „Chromosom 1 hier", „Chromosom 21 dort" usw. sind für den Zytogenetiker, der ein menschliches Chromosomenpräparat betrachtet, ebenso stabile Minimalelemente der Erkenntnis wie „Dreieck hier" und „Quadrat da" für jedermann. Diese jedenfalls im Selbstgefühl des Betrachters stabilen Elemente existieren aber wieder nicht für sich. Sie sind in eine bestimmte Matrix, ein Netz von Verknüpfungen eingeordnet. Die Ausdrücke „Chromosom 1 hier" und „Chromosom 21 dort" erhalten ihren eigentlichen Sinn im Rahmen der allen Zytogenetikern gemeinsamen Chromosomentheorie der Vererbung. Es ist eine Fähigkeit unseres Gehirns, Elemente der Erfahrung, nennen wir sie „Erkenntnispartikel", zu etwas Ganzem, zu einer „Gestalt" zu strukturieren. Eine Melodie wird auch dann noch erkannt, wenn Tonart und Instrumentierung wechseln,[5] ein Pferd auch dann, wenn es in ungewohnter Weise perspektivisch verkürzt, vergrößert oder verkleinert usw. gesehen wird. Schon diese beiden einfachen Beispiele zeigen, daß die Gestalt mehr als das Aufsummieren von Einzelelementen ist. Weiter gibt es eine Instanz in der Funktionsweise unseres Gehirns, die uns sagt, ob eine Gestalt „gut" oder „mißlungen" ist. Eine „gute" Gestalt empfinden wir als harmonisches, spannungsfreies Ganzes, als etwas ästhetisch Ansprechendes. Die Bildung einer Gestalt aus Einzelelementen ist relativ einfach, wenn wir bereits Musterbeispiele kennen. Wenn man uns in einer Diaserie in beliebiger Weise Teilansichten eines Menschen präsentiert, sind wir schließlich in der Lage, seine Gestalt zu sehen, die Füße sind unten, der Kopf ist oben usw., die Teile sind vertrauten Musterbeispielen entsprechend richtig verknüpft. Schwieriger wird es, wenn kein Musterbeispiel vorliegt. Auch hier gelangen wir schließlich zu einer Gestalt. Sie scheint uns die Teile in einer prägnanten Form zu verknüpfen, aber niemand kann uns mit Bestimmtheit sagen, ob diese Gestalt der objektiven Wirklichkeit, von deren Existenz wir ausgehen, angemessen ist. Die Bildung der Gestalt ist unvermeidlich ein Vorgang, der mehr ist als das bewußte Resultat einer rationalen und kritischen Diskussion von Erkenntnispartikeln.

Es handelt sich dabei um eine rätselhafte Leistung unseres Gehirns, dessen Funktionsweise wir nicht verstehen. Alle diese Überlegungen betreffen nur die Frage, *was* unser Gehirn leisten kann, nicht *wie* es das fertigbringt. Dieses Gehirn muß sich entscheiden, ob die Zahl der vorhandenen — was nicht gleichbedeutend ist mit bewußt erkannten — Erkenntnispartikel ausreichend ist, um eine brauchbare Gestalt der Wirklichkeit zu entwerfen. Damit es dieser Aufgabe überhaupt nachkommen kann, muß es sich in der Regel, aus erkenntnistheoretischen Gründen kann man wahrscheinlich behaupten in allen Fällen,[6] mit weniger Erkenntnispartikeln begnügen als sie zur vollständigen Beschreibung der Wirklichkeit notwendig wären. Dabei sind ja schon diese Partikel selbst nicht jene unerschütterlichen Fakten einer unmittelbaren Erkenntnis der objektiven Welt, für die wir sie gerne und in einer letztlich unvermeidbaren Vereinfachung ansehen.

Unser Gehirn kann seine Aufgabe nur erfüllen, wenn es auch aus bruchstückhafter Welterkenntnis ein kohärentes Bild der Wirklichkeit entwerfen kann. Dieses Ganze steht *vor* den Teilen. Lücken sind unbewußt ergänzt worden und alle Teile sind in unterschiedlichen Kombinationen so lange miteinander verknüpft worden, daß eine nach Meinung unseres Gehirns kohärente und prägnante Gestalt entstanden ist. Was hat diese Gestalt mit der Wirklichkeit zu tun? Vielleicht gefällt sie uns, aber das ist natürlich kein Beweis für ihre Richtigkeit. Vielleicht hat uns unser Gehirn nur genarrt? Vielleicht sind wir unzufrieden, aber wer sagt uns, daß die Wahrheit befriedigend sein muß? Was sind überhaupt in der Konsequenz dieses Gedankengangs Kriterien für die Richtigkeit einer Gestalt? Hier führt, so meine ich, eine Theorie der Erkenntnis weiter, die die Evolution unserer Wahrnehmungsstrukturen berücksichtigt. Im dritten Abschnitt dieser Schrift werden wir uns diesem Problem ausführlich zuwenden.[6]

Der Begriff Paradigma bezeichnet bei Kuhn ein Schlüsselerlebnis, durch das es ihm auf einmal ermöglicht wurde, eine prägnante Gestalt seiner Theorie vom Wesen der Wissenschaft und von den Gründen ihres besonderen Erfolges zu sehen. „Sobald dieses Stück meines Puzzle-Spiels einmal an der richtigen Stelle lag, kam ein Entwurf für den vorliegenden Essay sehr schnell zustande.[7]" Kuhn hat die Gestalt seiner Theorie von der Struktur wissenschaftlicher Revolutionen offenbar gesehen, bevor ihm die meisten Einzelheiten, die er zur Unterstützung seiner Theorie heranziehen konnte, überhaupt geläufig waren. „Fast zehn Jahre lang ließen mir die Probleme des Unterrichtens auf einem Gebiet, das ich niemals systematisch studiert hatte, wenig Zeit für eine ausdrückliche Darstellung der Ideen, die mich zuerst zu ihm geführt hatten. Glücklicherweise erwiesen sich jedoch jene Ideen als Grundlage einer stillschweigenden Orientierung und einer gewissen Problemklärung für einen großen Teil meines weiter fortschreitenden Unterrichts.[8]" Die Gestalt seiner Theorie war also bei Kuhn selbst nicht das Ergebnis einer kumulativen Anhäufung von Wissen. Das systematische Studium der Wissenschaftsgeschichte diente ihm vielmehr schon zur Erprobung und Verdeutlichung einer bereits vorhandenen Gestalt seiner Theorie. In diesem Prozeß wird sich diese Gestalt verändert haben, und Kuhn wird vielleicht selbst nicht genau wissen, wie tiefgreifend dieser Gestaltwandel war. Das entscheidende Faktum bleibt bestehen: Die Gestalt seiner Wissenschaftstheorie bildete sich bei Kuhn schon bevor er sich das „Recht" dazu überhaupt durch ein systematisches Studium der Wissenschaftsgeschichte erarbeitet hatte. Die großen Würfe gelingen meist zu einem Zeitpunkt, der dem eingefleischten Analytiker, dem Verfechter einer rein „induktiv" vorgehenden Naturwissenschaft als viel zu früh erscheinen muß. Wir werden sehen, daß dieser Satz auch für die Theorien gilt, die mit dem Wachstum der Erkenntnis — angefangen vom Begriff der Zelle bis hin zur Chromosomentheorie der Vererbung — untrennbar verknüpft sind.

Fassen wir den Inhalt dieses Kapitels zusammen. Als Kuhn sein Buch über „Die Struktur wissenschaftlicher Revolutionen" schrieb, bedeutete der Begriff „Paradigma" für ihn bereits mehr als ein Fachwort zur Kennzeichnung bestimmter Spielregeln, bestimmter Verknüpfungen oder bestimmter Elemente seiner Theorie. Der Begriff war eine Chiffre für die Gestalt dieser Theorie selbst. Er bezeichnete die disziplinäre Matrix eines wissenschaftlichen Faches und die darin enthaltenen Musterbeispiele, die zur Vermittlung dieser gemeinsamen Matrix und als experimentelle Vorlage für den Prozeß normaler Wissenschaft dienen. Erst später grenzte Kuhn selbst den Begriff der disziplinären Matrix ab und beschränkte den Begriff des Paradigmas auf Musterbeispiele konkreter Problemlösungen. Diese Musterbeispiele erfüllen Funktionen, die über das hinausgehen, was man gewöhnlich gemeinsamen Regeln zuschreibt. Sie vermitteln die Gestalt eines wissenschaftlichen Faches. Dabei entwickelt sich die Erkenntnis anders, als wenn sie von Regeln beherrscht ist.[9] Kuhn bemüht sich — ein Kritiker[10] zählte 22 verschiedene Bedeutungen von „konkreter wissenschaftlicher Leistung" bis „charakteristisches System von Anschauungen und Vorverständnissen" — die Gestalt zu beschreiben, die er hinter der Chiffre „Paradigma" sieht. Wie groß seine eigenen Schwierigkeiten gewesen sind, zu einer intersubjektiv eindeutigen Begriffsbildung zu gelangen, geht aus einer Fußnote zu dem 1974 erschienenen Aufsatz „Neue Überlegungen zum Begriff des Paradigma" hervor. „Was auch immer Paradigmen sein mögen, sie sind jeder wissenschaftlichen Gemeinschaft eigen, auch den Schulen der sogenannten ‚vor-paradigmatischen Periode'".[11] So schreibt der Autor eines Buches, in dem der Ausdruck ‚Paradigma' das nach den grammatischen Partikeln häufigste Wort ist. Am Ende des genannten Aufsatzes möchte Kuhn sogar „mit einer gewissen Erleichterung auf den Ausdruck ‚Paradigma' verzichten ..., nicht aber auf den Begriff, der zu seiner Einführung Anlaß gegeben hat.[12]" Wäre es einfach so, daß Kuhn zu den vielen Autoren gehörte, denen die Fähigkeit abgeht, ein Problem gegebenenfalls mit Hilfe neuer Begriffe klar zu formulieren, dann könnten wir sein Buch zur Seite legen und bräuchten uns nicht die Mühe einer kritischen Diskussion zu machen. An dieser Fähigkeit mangelt es Kuhn aber keineswegs. Sein Problem ist es, die Gestalt der Wissenschaftstheorie, die er „sieht", verbal auszudrücken. Dieses Problem führt uns an die Grenze der Sprache als einem Instrument der Mitteilung. Wie wir gesehen haben, ist es weder der Unfähigkeit Kuhns noch der Beschränktheit seiner Leser zuzuschreiben, wenn Kuhn selbst die übermäßige Formbarkeit seiner Theorie beklagt. Die Gestalt der Wissenschaftstheorie, die ich heute in Kuhns Buch sehe, ist sicher nicht Kuhns Gestalt, aber ich hoffe wenigstens, daß ich nicht einfach herausgelesen habe, was ich will.

Die Überzeugung, daß das Ganze der Gestalt mehr als die Summe von Teilen ist, hat eine praktische Konsequenz, die sowohl Kuhns Buch als auch diese Schrift betrifft. Ein Buch ist eine verbale Angelegenheit. Informationen werden Absatz für Absatz angehäuft, und der Schreiber hofft, daß er dem Leser am Schluß des Buches die Informationen und die Folgerungen, die er selbst aus diesen Informationen gezogen hat, hinreichend klar und überzeugend nahegebracht hat. Was aber, wenn die eigentliche Absicht des Buches selbst in der Vermittlung einer Gestalt liegt, also in etwas, das doch gerade mehr ist als die Summe von geschickt angebotenen Einzelinformationen? Um überhaupt eine Chance zu haben, die Gestalt zu sehen, die der Autor vermitteln will, muß der Leser zunächst die Geduld aufbringen, das Buch als Ganzes aufzunehmen,[13] und er darf sich nicht verleiten lassen, seine eigene Gestalt voreilig bereits nach dem ersten Kapitel zu formen. Der tief in uns verankerte Wunsch, aus Informationen möglichst rasch die kohärente Struktur einer Gestalt zu bilden, die wir verstehen können,[14] macht es so schwierig, eine komplizierte Gestalt in der unvermeidlich kumulativen Weise eines Buches zu vermitteln. Eine Gestalt sieht man „auf einmal", das heißt, in dem Augenblick, in dem sich die Struktur gebildet hat, mit der eine prägnante Verknüpfung aller Gestaltteile möglich wird (vgl. dazu S. 324 und S. 334).

1.3 Bedeutung von Musterbeispielen in der Welterfahrung des heranwachsenden Kindes

„Sag, Mama, ist es der liebe Gott, der im Himmel den Hahnen öffnet, damit das Wasser durch die Löcherbretter fließt, die den Himmel abschließen?"

*Hypothese eines 3,7 Jahre alten Kindes über die Beschaffenheit der Welt**

Im Vorwort zu seinem Essay über „Die Struktur wissenschaftlicher Revolutionen" verweist uns Kuhn auf die Experimente, „mit denen Jean Piaget[1] die verschiedenen Welten des heranwachsenden Kindes mit dem Prozeß des Übergangs von der einen in die andere durchleuchtete".[2] Davon soll im Folgenden die Rede sein. Wir werden sehen, daß dieser Prozeß eine tiefe Ähnlichkeit mit Kuhns Theorie vom Wachstum wissenschaftlicher Erkenntnis durch fortgesetzten Paradigmawechsel aufweist.

Was ein Auto, ein Baum, eine Katze, eine Ente ist, lernt ein Kind nicht dadurch, daß wir ihm ein System von Regeln beibringen, woran es ein Auto usw. erkennen und von anderen Objekten unterscheiden kann.[3] Was ein Auto ist, lernt ein Kind anhand von Musterbeispielen. Wir sagen ihm, das da ist ein Auto und das da und das da. Das Kind schaut sich die Musterbeispiele neugierig an und erkennt sie bald überall, wo sie auftauchen in der Wirklichkeit oder in Bilderbüchern, in unterschiedlichsten Formen und Farben, ob klein oder groß, ganz oder defekt: Auto. Wahrscheinlich würde es uns sogar erhebliche Mühe kosten, ein brauchbares Regelsystem dafür aufzustellen, was als Auto zu klassifizieren ist. Es ist nicht so einfach anzugeben, was eigentlich die elementaren Ähnlichkeitskriterien sind, mit deren Hilfe ein Kind Autos als solche erkennt. Jedenfalls können wir uns, darauf kommt es an, bald mit ihm über Autos, Bäume, Katzen, Enten usw. unterhalten, ohne daß wir uns jemals über ein Regelsystem im Einzelnen verständigt haben. Das Kind hat unsere Begriffswelt rasch und erfolgreich kennengelernt. Es hat gesehen, was ein Auto ist und sein Begriff umfaßt — das ist eine für das Verständnis des Weiteren wesentliche Behauptung — bedeutend mehr als die Summe der einzelnen Musterbeispiele. Das Kind weist auf eine Abbildung in einem Buch, das es nie vorher gesehen hat, sagt Auto und ist zufrieden, wenn wir ihm sein Urteil bestätigen. Es wendet unsere Musterbeispiele auf ähnliche und doch immer wieder andere Situationen an. Es erkennt die Gestalt des Autos unmittelbar in allen möglichen Variationen, ohne daß es ein umfangreiches System von Regeln bewußt anwenden müßte. Ein solches System könnte es gar nicht benennen, und wir könnten ihm unsere Welt auf diese Weise auch nicht erfolgreich beibringen. Erst später

---

* Aus: Jean Piaget „Das Weltbild des Kindes" Kap. 9

bekommen bewußte Regeln als Erkenntniskriterien ihren Sinn. Der ältere Bruder wird ihm sagen, wie man einen Mercedes von einem Opel unterscheidet.

Offenbar ist die Evolution unseres Gehirns so verlaufen, daß wir außerordentlich erfolgreich anhand von Musterbeispielen lernen können. Regelsysteme für immer feinere Unterscheidungen stellen wir erst später auf, nachdem wir die Matrix unserer begrifflichen Welt exemplarisch kennengelernt haben.[3] So klar es uns ist, daß diese Matrix, also das Netz von Begriffen, in dem wir uns selbstverständlich bewegen, mehr ist als die einzelnen Beispiele, so schwierig kann es werden, die Elemente, aus denen diese Matrix besteht, analytisch zu zergliedern und zu benennen. Bevor wir anfangen, analytisch zu denken, hat unser Gehirn bereits die Matrix geformt, mit der wir überhaupt denken können.[4] Die Begriffe, die Daten, mit denen wir als elementaren Bestandteilen unserer Erfahrung selbstverständlich umgehen, sind bereits das Ergebnis einer ebenso rätselhaften wie großartigen Leistung unseres Gehirns. Diese Matrix ist nicht starr. Doch wird das Kind zunächst versuchen, neue Erfahrungen in die von ihm mit Hilfe der ihm vorgegebenen Musterbeispiele entwickelte Matrix einzuordnen. Der Psychologe Piaget nennt diesen Vorgang *Assimilation*. Dabei kommt es zu Situationen, in denen die Assimilation nicht gelingt, denn die Begriffswelt der Erwachsenen, in die das Kind langsam hineinwächst, ist natürlich erheblich von derjenigen des Kindes unterschieden. Vielleicht wird das Kind Schwierigkeiten, die es nicht begreifen kann, zunächst auf sich beruhen lassen, vor allem dann, wenn die Erwachsenen nicht bereit sind, ihm auf seine Fragen zu antworten. (Wir werden uns an diesen Satz erinnern, wenn wir Wissenschaftler kennenlernen, die Probleme verdrängen, wenn die Natur auf ihre experimentellen Fragen keine „brauchbare" Antwort gibt.)

In der Regel wird ein aufgewecktes Kind den Erwachsenen so lange mit der immer weiter bohrenden Frage „warum?" auf die Nerven gehen, bis es eine es selbst befriedigende Antwort erhalten hat. Wann ist eine Antwort befriedigend? Sie ist dann befriedigend, wenn sich die Antwort entweder in die bereits vorhandene Matrix einfügen läßt oder wenn das Kind plötzlich eine neue Matrix entwickelt hat, in die sich die alten und die neuen Erkenntnisse über seine Welt wieder integrieren lassen. Es hat dann eine Leistung vollzogen, die Piaget *Akkomodation* nennt. Assimilation und Akkomodation bezeichnen nach diesem Konzept den Vorgang der fortschreitenden Welterkenntnis eines Kindes, bis es schließlich in die Welt der Erwachsenen hineingewachsen ist.[1] Diese fortschreitende Welterkenntnis geschieht nicht einfach durch kumulative Anhäufung von Wissen. Das ist schon deshalb nicht der Fall, weil bestimmte Fähigkeiten, etwa der räumlichen Vorstellung oder des abstrakten Denkvermögens, wie zum Beispiel mathematische Fähigkeiten, von der weiteren strukturellen Ausreifung des Gehirns nach der Geburt abhängen. Und doch verfügt bereits das Kind über ein geschlossenes Weltbild, nicht im Sinne von abgeschlossen, also nicht weiter entwicklungsfähig, aber in dem genauen Sinne, daß es die Bestandteile seiner Erfahrungswelt miteinander verknüpft und sich nicht damit zufrieden gibt, sie beziehungslos nebeneinander stehen zu lassen. In diesem Sinne ist ein kindliches Weltbild in seiner Art ebenso kohärent wie das Weltbild des Erwachsenen. Die Entwicklung des kindlichen Weltbildes zum

Weltbild des Erwachsenen erfolgt nach der soeben entwickelten Vorstellung in einer Metamorphose, die ebenso kompliziert abläuft wie beispielsweise die Entwicklung der Organe eines Embryos. Ebensowenig wie die Organentwicklung eines Menschen in der bloß quantitativen Entfaltung von etwas qualitativ bereits Vorgegebenem besteht — wir werden diese Vorstellung der Prädeterministen des 17. und 18. Jahrhunderts später genauer kennenlernen[5] — ebensowenig läßt sich die Entwicklung des kindlichen Weltbildes als kumulative Entfaltung des Wissens verstehen, in der Wissensstein auf Wissensstein gehäuft wird, bis das Weltbild des Erwachsenen schließlich fertig ist. Das Kind sagt nicht am Ende seiner Kindheit: „Aha, jetzt weiß ich alles, was ich zur Verknüpfung für mein Erwachsenenweltbild brauche. Jetzt verknüpfe ich alles das zu einem Weltbild, was in den früheren Jahren meines Lebens so relativ sinnlos nebeneinander gestanden hat". Das Kind hat sich in einem fortlaufenden Prozeß der Assimilation und Akkomodation immer wieder neue, weiter auf die Erwachsenenwelt hin fortgeschrittene Weltbilder geschaffen. Der Moment der Akkomodation ist dabei weit mehr als die Bildung eines neuen Stockwerkes im Erkenntnisgebäude. Die Integration jeder nicht assimilierbaren neuen Erkenntnis verlangt, daß zahlreiche oder sogar alle Verknüpfungen der alten Matrix gelöst und in neuartiger Weise verknüpft werden. Dabei werden viele elementare Bestandteile der alten Matrix wieder verwendet, aber sie erscheinen in neuen, erweiterten Zusammenhängen und haben damit selbst ihre Bedeutung verändert. Akkomodation ist ein viel fundamentalerer Prozeß als das Einnähen eines neuen Flickens in den alten Teppich unserer strukturierten Erkenntniswelt. Sie ist vielmehr dem Auflösen eines alten Teppichs bis auf die einzelnen Fäden und ihrer erneuten Verknüpfung zusammen mit neuen Fäden zu einem größeren Teppich mit einem neuen Gesamtmuster vergleichbar. Das neue Muster mag im Detail noch zahlreiche Musterelemente des alten Teppichs enthalten und wir mögen daran deutlich die Beziehungen zwischen altem und neuem Teppich aufweisen. Entscheidend ist aber, daß der neue Teppich nicht durch Flickschusterei, sondern von Grund auf durch Neuverknüpfung entsteht, so daß am Ende die neuen und die alten Fäden gar nicht mehr unterscheidbar sind.

Dieser Vergleich der Matrix unserer strukturierten Erkenntniswelt mit einem Teppich hat Folgen. Es ist nämlich naheliegend, frühere Phasen der Entwicklung zu vergessen und alle elementaren Bestandteile unserer Erkenntnis nur von ihrer Funktion in der jeweils neuesten Matrix aus zu sehen. Diese Sichtweise entspricht dann zwar nicht der entwicklungsgeschichtlichen Entstehungsweise, aber sie vermittelt das optimistische Gefühl, daß sich alle wesentlichen Erscheinungen der objektiven Welt mit Hilfe der jeweils modernsten Matrix einordnen lassen, daß von vornherein dieser Teppich und kein anderer gewebt wurde.[6] Es bedarf einer besonderen Begabung und Schulung, um sich in die Welt eines Kindes einigermaßen hineinzuversetzen. Viele Erwachsene scheinen dazu unfähig und sie interessieren sich auch wenig dafür. Fassen wir die These, die sich aus Piagets Sichtweise ergibt, nochmals zusammen: Die geistige Entwicklung eines Kindes besteht in einem fortschreitenden Matrixwechsel, von der Matrix, mit der das Kleinkind seine Welt erkennt, bis hin zur Matrix des Erwachsenen.

Dieser Matrixwechsel in der Entwicklung eines Kindes wird je nach der konkreten Situation, in der die Neubestimmung des kindlichen Weltbildes erfolgt, mit mehr oder weniger großen Krisen oder auch ganz ohne Krisengefühl sogar mit einem Hochgefühl einhergehen können. Das Kind, das auf einer größeren Reise mit seinen Eltern die Weite der Welt zum ersten Mal bewußt empfindet, zum ersten Mal das Meer sieht usw., mag darauf mit einer Akkomodation seines Weltbildes reagieren, ohne überhaupt das Gefühl einer Krise bei der Bewältigung all dieser spannenden Neuigkeiten gehabt zu haben; die Welt hat sich verändert und ist zugleich interessanter geworden. Anders liegen die Dinge schon, wenn die neuen Spielkameraden im Urlaubsland plötzlich eine unverständliche, fremde Sprache reden. Diese Veränderung der Welt wird das Kind zunächst vielleicht als bedrohlich empfinden, aber dieses Gefühl legt sich wohl bald wieder. Ein Kind schließlich, das die Erfahrung des Todes bei einem geliebten Angehörigen durchleben muß, wird notwendig eine tiefe Krise durchmachen.

Wir werden sehen, daß es einem Wissenschaftler oder einer Gruppe von Wissenschaftlern bei der Entwicklung der disziplinären Matrix eines Fachgebietes ähnlich ergeht wie Kindern. Sie versuchen, neue Erkenntnisse in eine bestehende disziplinäre Matrix zu assimilieren. Das ist der Prozeß, den Kuhn normale Wissenschaft nennt. Sie geraten in mehr oder weniger schmerzlich empfundene Krisen und werden immer wieder zu einer Akkomodation in ihrem wissenschaftlichen Weltbild gezwungen. Diese Akkomodation geschieht im Verlauf einer jeden wissenschaftlichen Revolution. Ein unter anderen besonders wichtiger Unterschied zwischen der Entwicklungsgeschichte der Weltbilder eines Kindes, eines Jugendlichen und eines Erwachsenen und der Entwicklungsgeschichte wissenschaftlicher Weltbilder ist allerdings dadurch gegeben, daß der Prozeß in der Wissenschaftsentwicklung mehrere Generationen von Wissenschaftlern umspannen kann. Der einzelne Wissenschaftler wird sich vielleicht während seines ganzen Lebens niemals vor die Notwendigkeit einer Akkomodation seiner disziplinären Matrix oder — um in Kuhns Terminologie zu reden — eines Paradigmawechsels gestellt sehen.

1.4 Erster Exkurs: Unmögliche Gestalten

Wir haben den Paradigmabegriff auf drei verschiedene Weisen kennengelernt: erstens im Verlauf einer kurzen und abstrakten Zusammenfassung von Kuhns Theorie, zweitens über einen Zugang aus der Gestaltpsychologie, drittens indem wir uns über die Bedeutung von Musterbeispielen für das Wachstum der Erkenntnis bei einem Kind verständigt haben. Wir wollen jetzt einen vierten Zugang versuchen, der ein anschauliches Bild für ein Paradigma liefern soll. Vielleicht ist dieser Zugang nicht für jedermann brauchbar, dann mag er zumindest als ein intellektuelles und künstlerisches Zwischenspiel reizvoll sein. Ich hoffe aber, daß gerade dieser Zugang einigen Lesern helfen wird, die Begriffe der Anomalie und der Krise in Kuhns Theorie und ihre Bedeutung bei der Entstehung eines neuen wissenschaftlichen Weltbildes besser verständlich zu machen.

Der Grafiker Mauritz Cornelis Escher[1] (1898–1972) hat sich den Spaß gemacht, Bauwerke auf dem Zeichenblatt so darzustellen, daß sie uns im Detail die harmlos sichere Welt unserer unmittelbaren Erfahrung zeigen, aber in ihrer Komposition insgesamt unmöglich sind. Der Grund dafür liegt, wie wir sehen werden, in einer unmöglichen Verknüpfung der konstruktiven Elemente. Eschers Gestalten sind also im Detail vernünftig und doch insgesamt phantastisch. Das macht ihren besonderen Reiz aus. Auch wenn man die optische Illusion durchschaut, erliegt man immer wieder dem darstellerischen Raffinement. Schauen wir uns zuerst seine 1958 entstandene Lithografie „Belvedere" an (Abb. 1.4-1). Ein luftiger, zweistöckiger Bau mit zahlreichen Säulen gibt den Blick auf ein weitläufiges Tal und eine Gebirgswelt frei. Von diesem Belvedere läßt sich die Welt offenbar gut betrachten. Alles erscheint — im Detail — schön und wohlgeordnet. Beglückwünschen wir also den edlen Herrn, der die Aussicht von der ersten Etage aus genießt und in dem wir den Besitzer dieses Pavillons vermuten dürfen, der einem Adalbert Stifter Freude gemacht hätte. Auf den zweiten Blick allerdings mag uns etwas unheimlich werden. Es ist weniger die Anwesenheit eines wütenden Gefangenen, der aus einem vergitterten Fenster herausschaut und von dem offenbar niemand Notiz nimmt. Für diese Anomalie wird sich schon noch eine Erklärung finden lassen. Es bekümmert uns auch zunächst der junge Mann noch nicht, der da auf einer Bank sitzt und an einem merkwürdigen Kubus herumhantiert. Etwas anderes fällt uns auf: Die Dame in der zweiten Etage blickt ebenso wie der Herr in der ersten in Richtung der Längsachse ihrer Etage, aber ihre Blickrichtung verläuft senkrecht zu derjenigen des Herrn unten. Dagegen wäre weiter nichts zu sagen, wenn uns nicht plötzlich auffallen würde, daß sie, so wie sie dasteht, nur unter einer Voraussetzung in diese andere Richtung blicken kann: die zweite Etage des Belvedere liegt im rechten Winkel zur ersten. Wie soll das vor sich gehen?

Beide Etagen sind durch eine hübsche Säulengalerie verbunden. Wie kann ihre Richtung derartig verschieden sein? Damit fangen unsere eigentlichen Probleme an: Wir haben eine Anomalie entdeckt. Sie wird sich bald als tiefgründiger Konstruktionsfehler des gesamten Baues erweisen, der dadurch zu einer recht geisterhaften Angelegenheit wird. Entsprechend nannte Escher das Belvedere in seinen Vorstudien wiederholt Spukhaus.

Im weiteren wollen wir Eschers Belvedere als Musterbeispiel für die disziplinäre Matrix einer Gruppe von Wissenschaftlern benutzen. Eine solche Matrix verknüpft ebenso wie das Belvedere zahlreiche Elemente zu einem Ganzen, das mehr ist als seine Teile, nämlich zu einer Gestalt. Wir haben bereits eine Anomalie entdeckt. Irgendetwas stimmt nicht mit dem Aufbau der zweiten auf der ersten Etage. Die Anomalie ist aber außer uns offenbar nur einer einzigen Person auf dem Bilde klar, dem jungen Mann mit dem Kubus. Vermutlich wird er bald aufstehen und sagen, daß man das Spukhaus nur unter einer Bedingung in einen ordentlichen Pavillon verwandeln kann: durch Neuverknüpfung der Stockwerke. (Wir werden uns seinem Kubusproblem weiter unten noch im Detail zuwenden.) Viele Elemente des alten Baues lassen sich dabei wieder verwenden. Sie erscheinen aber in gänzlich neuen funktionellen Zusammenhängen. Der Neubau wird eine radikale Veränderung der gesamten Gestalt des Belvedere mit sich bringen, bei der sich auch die Aussicht etwa der Dame in der zweiten Etage auf die „objektive" Welt entscheidend ändern wird.

Wir haben den Besuchern des Belvedere etwas voraus: Wir überblicken das ganze Gebäude, das sie nur in Detailausschnitten sehen. Nehmen wir nun für unsere Zwecke weiter an, es handle sich bei den Besuchern um Wissenschaftler (Fachgruppe Architekten). Der edle Herr ist wohlbestallter Ordinarius. Er hat das Gebäude entworfen und ist damit zufrieden. Seine rechte Hand hat er an die rechte Ecksäule gelegt: Alles ist greifbar fest und klar gefügt. Käme er allerdings auf die Idee, die linke Hand an die nächste Säule zu legen oder gar den Gang auf und ab zu spazieren, dann würde seine Selbstzufriedenheit schnell erschüttert. Vermutlich wird er das aber nicht tun. Er hält die Konstruktion seines Baues für wohlgelungen. Außerdem hat er tatkräftige Kollegen gefunden, die von seinem Belvedere ebenso fasziniert sind wie er selbst, und die auch Studenten mit diesem Musterbeispiel guter Architektur vertraut machen. Fangen wir unten an der Treppe an. Eine junge Studentin wird gerade schrittweise in diese Architektur eingeführt. Sie soll sich das herrliche Gebäude in allen Einzelheiten gut einprägen, damit sie es später als Vorbild ihrer eigenen Tätigkeit verwenden kann. Wird sie die Fülle an Informationen auch bewältigen können? Das macht ihr etwas Sorge, aber insgesamt ist sie frohen Mutes, sie hat ja einen Assistenten zur Seite, der mit allen konstruktiven Details bestens vertraut ist. Von der Plattform der ersten Etage aus verläuft eine handfeste Leiter nach oben: Darauf machen zwei weitere Jünger der Architektur ihr Fortgeschrittenen-Praktikum. Unten steht die Leiter auf dem Boden — irgendwo muß sie ja stehen — oben lehnt sie an eine Mauerkante an. Alles scheint ihnen in Ordnung. Würden unsere beiden Praktikanten die Leiter mehrfach ganz hin-

◀ **Abb. 1.4-1.** Maurits Cornelis Escher, Belvedere, Lithographie (461 × 295), 1958; copyright M. C. Escher heirs c/o Cordon Art–Baarn–Holland

auf- und hinunterklettern, hätten sie vielleicht ein merkwürdiges Aha-Erlebnis. Sie machen aber das, was Wissenschaftler tun, die mit einer disziplinären Matrix anhand von Musterbeispielen bislang gut zurecht gekommen sind. Sie benutzen sie ganz selbstverständlich. Sie kommen auf allerlei Ideen: Vielleicht ist die eine oder andere Sprosse der Leiter morsch und muß ausgewechselt werden, vielleicht würde das Belvedere noch imposanter und schöner wirken, wenn man nach dem bewährten Schema ein drittes Stockwerk auf das zweite aufsetzen würde. Sie kommen auf alles, nur auf eines kommen sie nicht: Darauf, daß ihr ganzes Gebäude in seiner Grundstruktur unmöglich ist. Vielleicht sind ihnen schon einmal Zweifel gekommen? Wieso steht die Leiter eigentlich unten innerhalb und oben außerhalb des Gebäudes? Aber als sich diese Frage nicht so recht beantworten ließ, haben sie sie zunächst einmal beiseite getan und sich dringlicheren Problemen zugewandt. Alles in dem für sie unmittelbar überschaubaren Bereich ist so handgreiflich fest. Warum sollten sie auf die Idee kommen, bei dieser Sachlage die bewährte Konstruktion insgesamt in Frage zu stellen?

Kehren wir nun zu dem jungen Forscher auf der Bank zurück. Der Mann steckt ganz offensichtlich, wie sein grämliches Gesicht beweist, in einer tiefen Krise. Während die anderen noch mit optimistischem Tatendrang das Gebäude besteigen, kommt er mit seinem Kubus nicht zurecht. Vor ihm liegt eine Zeichnung, auf der er bestimmte Verbindungslinien angekreuzt hat. Vor nicht allzu langer Zeit hat er noch ebenso frohgemut wie die junge Studentin am Treppenaufgang gestanden. Wie jedem intelligenten Menschen, der einen didaktisch geschickten Unterricht erhält, war ihm alles schon mehr oder weniger klar gewesen, was ihm von seinen Professoren mit beeindruckender Eloquenz geboten wurde. Aber jetzt weiß er bald nicht mehr, was innen oder außen, vorne oder hinten in der Architektur ist. Die Karriere ist gefährdet. Gottseidank, daß er noch jung ist und wenigstens schon Examen hat.

Es wird Zeit, daß wir uns seinen Kubus näher anschauen. Er enthält den Schlüssel für eine Revolution, durch die sich Eschers unmögliche Architektur in eine in unserem Sinne „normale" Architektur verwandeln läßt. Diese Architektur ist zugegebenermaßen etwas weniger phantastisch, aber auch mit ihr sind noch faszinierende Gebäude möglich, wenn auch viele Architekten, die später aus der Schule des jungen Mannes hervorgehen werden, jeden Hauch von Faszination sorgsam vermeiden werden.

Die folgende Abbildung (Abb. 1.4-2) zeigt uns drei Würfel. Beim Würfel a) sind die Kanten bezeichnet. Nach einigem Hinschauen fällt uns auf, daß wir einmal in den Würfel hineinsehen können. Wir sehen dann von oben auf die durch die Ecken 1, A, 2, B markierte Bodenfläche. In diesem Fall steht die durch die Ecken A, D, 2, 3 gekennzeichnete Wand im Raum hinten. Oder wir können von unten auf die Bodenfläche schauen, dann steht die genannte Wand im Raum vorne. Beide Sichtweisen sind vollständig einwandfrei. Bemerkenswert ist, daß unser Gehirn abwechselnd eine der beiden Sichtweisen realisieren kann, aber nie beide zusammen. Welche Sichtweise eigentlich richtig ist, könnten wir nur entscheiden, wenn wir das konkrete Würfelmodell tatsächlich in Händen halten würden. Beide Sichtweisen führen zu einer gleich einfachen, gleich prägnanten oder „guten" Gestalt. Es gibt für unser Gehirn keinen

Grund, eine der beiden Strukturierungstendenzen zu bevorzugen. Bemerkenswerterweise gibt es auch keinen Grund, in diesen Linien einfach eine flächenhafte Struktur von Dreiecken und Vierecken zu sehen. Wie selbstverständlich
gibt uns unser Gehirn eine räumliche Interpretation. Das Elend fängt bei den
beiden anderen Kuben an. Was ist passiert? Wenn wir beispielsweise von oben
auf die Bodenfläche blicken, dann muß die Verbindungslinie 2, 3 natürlich im
Raum hinter der Verbindungslinie 4, C verlaufen. Kubus b) aber will uns weismachen, sie könne davor verlaufen. Akzeptieren wir das zunächst, dann müßte
die Ecke 3 vorne im Raum liegen, nachdem wir uns doch gerade dafür ent-

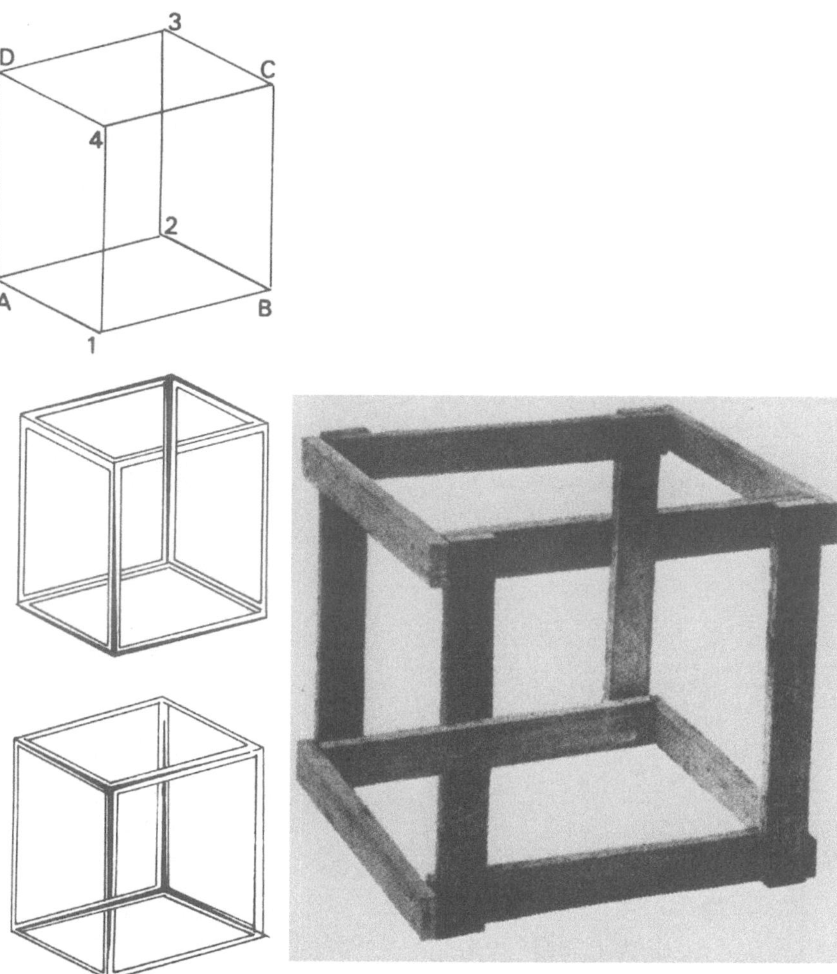

Abb. 1.4-2 *(links).* Optische Varianten des Kubus; aus Bruno Ernst (1982)

Abb. 1.4-3 *(rechts).* Räumliches Modell eines unmöglichen Kubus, Foto von Dr. Cochran,
Chicago; aus Bruno Ernst (1982)

schieden haben, die Ecke 2 nach hinten zu legen. Damit sind wir bei der Pointe: Wir haben eine in der realen Welt unmögliche Verknüpfung der Eckpunkte eines Würfels gemacht. Unser Gehirn, das zahlreiche Musterbeispiele von Würfeln kennt, bemüht sich mit wachsender Frustration, wie der Leser beim längeren, intensiven Betrachten der Würfel b und c selbst bemerken wird,

Abb. 1.4-4. Maurits Cornelis Escher, Wasserfall, Lithographie (378 × 300), 1961; copyright M. C. Escher heirs c/o Cordon Art-Baarn-Holland

das Vorne und Hinten, Oben und Unten, das wir ihm durch die Eckpunkte und unsere Art ihrer Verbindung vorgegeben haben, zu einem sinnvollen, räumlichen Ganzen zu koordinieren. Es gelingt ihm nicht. Die vorgegebenen Daten lassen sich so logisch nicht mehr einwandfrei räumlich interpretieren. Allerdings, wenn wir uns damit zufriedengeben, den unmöglichen Würfel Ecke für Ecke abzugehen und jede Ecke für sich zu betrachten, dann haben wir keine Schwierigkeiten, mit der Logik ins reine zu kommen. Für sich genommen stimmt das Detail. Es ist „nur" die Verknüpfung aller Details zu einer räumlichen Gestalt, die so nicht möglich ist. Der unmögliche Kubus in der Hand des jungen Forschers ist nichts anderes als ein stark vereinfachtes Modell des Belvedere. Während er dabei ist, eine wissenschaftliche Revolution auszulösen, dürfen wir uns allerdings wundern, daß er ein solches Modell überhaupt in Händen halten kann. Kann man einen solchen Kubus tatsächlich konstruieren? (Abb. 1.4-3). Mit dieser Aufgabe lassen wir den Leser allein.

Stattdessen wenden wir uns kurz einem weiteren unmöglichen Gebäude von Escher zu. Wir benötigen dieses Beispiel später, wenn wir zeigen, wie in der neuen disziplinären Matrix, die eine Gruppe von Wissenschaftlern nach einem Paradigmawechsel verwendet, Elemente der alten Matrix weiterverwendet werden. Escher zeigt uns einen Wasserfall (Abb. 1.4-4). Das herabfallende Wasser treibt mit seiner kinetischen Energie ein Wasserrad an. Im Inneren des bescheidenen Häuschens mag ein Generator sein, der Strom erzeugt. Am Grund des Wasserfalls wird das Wasser in einen Graben abgeleitet, der mit leichtem Gefälle nach hinten abfließt. So weit ist nichts einzuwenden. Dieser Graben biegt bald in einem rechten Winkel ab und es geht weiter gemächlich abwärts, jedenfalls fällt die Begrenzungsmauer des Grabens stufenweise ab. Geht es wirklich abwärts? Nach zwei weiteren Biegungen ist der Bach plötzlich wieder angelangt, wo er ursprünglich herkam: am oberen Ende des Wasserfalls. Abwärts fließend hat der Bach an Höhe gewonnen. Das Perpetuum mobile ist perfekt. Welchen Streich hat uns Escher diesmal gespielt? Er hat als Konstruktionselement seines Perpetuum mobile mehrere „Tribars" benutzt (Abb. 1.4-5). Ein solcher Tribar wurde zuerst 1958 von R. Penrose im „British Journal of Psychology" veröffentlicht und gibt vor, ein Dreieck mit drei rechten Winkeln zu sein (Abb. 1.4-6). Die Winkelsumme dieses Dreiecks macht also notabene 270° aus. Nun haben bereits die alten Griechen zweifelsfrei bewiesen, daß die Winkelsumme eines Dreiecks immer 180° ist. Und dieser Beweis ist bekanntlich unmittelbar einleuchtend, ein Stück Schulgeometrie. Das Tribar muß irgendwie ein besonderes Dreieck sein, eine Art dreidimensionales, rechteckiges Gebilde. Aber diese Ausrede nutzt uns nicht viel, denn drei Punkte definieren immer die Lage einer und nur einer Ebene im Raum. Jedes Dreieck gehört also in eine bestimmte Ebene, und damit läßt sich an dem Summenwinkel von 180° nicht rütteln. Betrachten wir Abb. 1.4-6. Sie gaukelt uns vor, daß sich ein Tribar unserer Schulweisheit zum Trotz doch bauen läßt. Aber Abb. 1.4-7 deckt den Schwindel endlich auf. Die Schule hat doch recht! Nur aus einem einzigen Blickwinkel kann uns die Fotografie die Existenz des Tribars vorgaukeln. Nur von diesem einen Blickwinkel aus akzeptieren wir die räumlich unmögliche Weise, in der die drei rechten Winkel verbunden sind. Sobald sich unser Blickwinkel nur geringfügig ändert, wird klar, daß ein Verbindungsstück

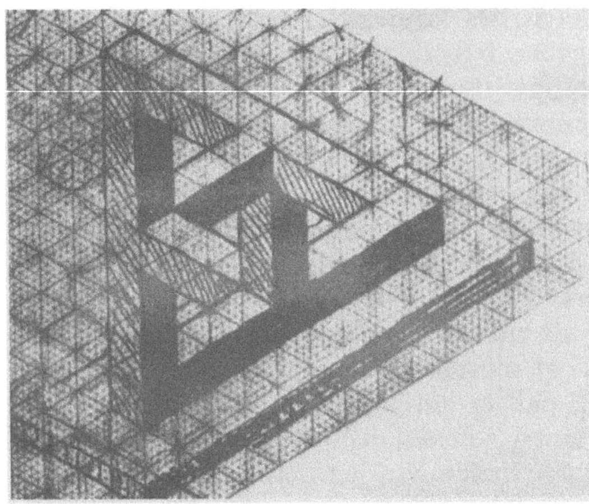

Abb. 1.4-5. Skizze Eschers von drei miteinander verbundenen „Tribars"; aus Bruno Ernst (1982)

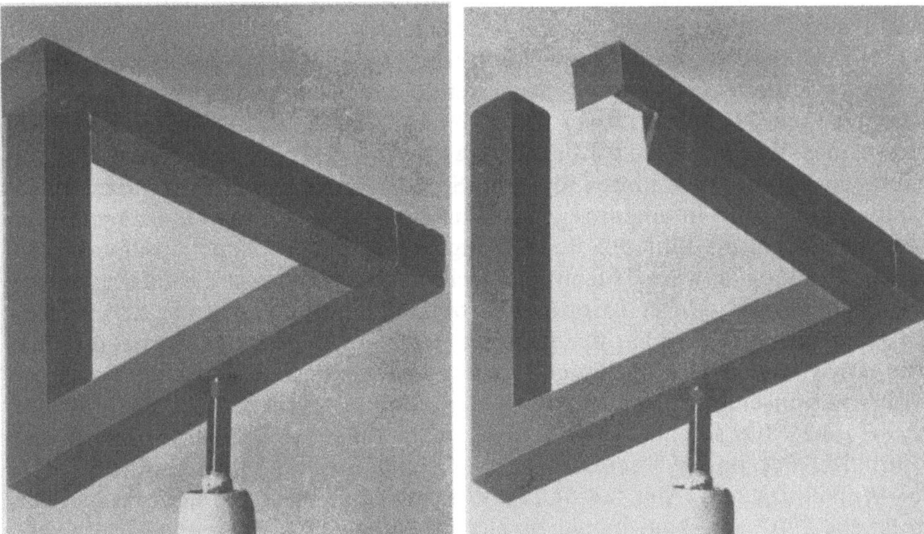

Abb. 1.4-6 *(links).* Modell eines von Gregory und Mitarbeitern konstruierten „Tribar"; aus Gregory (1968). Aus dem in der Photographie festgehaltenen Blickwinkel — und nur aus diesem einen Blickwinkel — erscheint das Tribar als ein dreidimensionales, rechteckiges Gebilde

Abb. 1.4-7 *(rechts).* Das gleiche „Tribar" wie in Abb. 1.4-6, aufgenommen aus einem anderen Blickwinkel; aus Gregory (1968)

in der Konstruktion des Tribars fehlt. Würde Escher uns die Architektur in seiner unmöglichen Welt aus einer etwas anderen Perspektive zeigen, dann würden ihre Anomalien unmittelbar klar. Auch die normale Wissenschaft betrachtet die Welt mit ihrem begrenzten Methodenspektrum. Die Entwicklung einer neuen Methode war nicht selten der Schritt, der zur neuen Perspektive und mit einem Schlag zur Änderung eines gewohnten Weltbildes führte.

Abb. 1.4-8 zeigt uns links eine Vorstudie für den Wasserfall. Rechts wurden die unmöglichen Verbindungen wegretouchiert. Stattdessen wurden einige andere Linien hinzugefügt. Die Grafik hat — wie immer, wenn Verstandesmenschen die Kunst verbessern wollen — allen Witz verloren. Vorne im Raum steht eine Wassertonne. Ein Wasserlauf fließt im Zickzack in die Ferne. Die Ferne haben wir durch einen Gradienten horizontaler Linien, in die der Wasserlauf eingebettet ist, noch eigens betont. Nie und nimmer kann das Wasser am Ende dieses Wasserlaufs in die Tonne an seinem Beginn hinunterstürzen. Die Langeweile des Bildes müssen wir ertragen. Wir haben die Welt Eschers in Ordnung gebracht, die „brauchbaren" Elemente übernommen und in eine neue Matrix eingefügt. Das Wasser fließt wieder abwärts, wie es sich gehört, und ein Perpetuum mobile gibt es nicht. Entspricht der Wasserlauf im rechten Bild noch dem Wasserlauf im linken Bild? Ich glaube nicht. Aber man mag sich das einbilden, wenn man den Wasserlauf nur selektiv genug anschaut und auf die unterschiedliche Verknüpfung mit der übrigen Struktur der beiden Bilder keinen Wert legt. Wir werden uns an dieses Beispiel später erinnern, wenn wir uns der Frage zuwenden, wie es viele moderne Lehrbücher fertigbringen, das Wachstum der Erkenntnis eines Wissenschaftszweiges, z. B. der Zelltheorie, als nahtlose kumulative Entwicklung erscheinen zu lassen. Im Grunde ist

Abb. 1.4-8. A Maurits Cornelis Escher, Vorstudie für den „Wasserfall", vgl. Abb. 1.4-4; aus Bruno Ernst (1982). **B** Nach Beseitigung der im dreidimensionalen Raum unmöglichen Verbindungen in den von Escher bei der Konstruktion des Wasserfalls verwendeten Tribars und Einführung eines Dichtegradienten aus horizontalen Linien (vgl. Neisser, 1968) scheint der Bach mit leichtem Gefälle zum Horizont einer Ebene hin zu fließen

das Rezept einfach: Man muß nur verschweigen, daß bestimmte Elemente einer disziplinären Matrix zum Zeitpunkt ihrer historischen Entdeckung in ganz anderen Zusammenhängen gesehen wurden als heute.[2]

Paradigmata, die im Laufe wissenschaftlicher Revolutionen eliminiert werden, erweisen sich als unmögliche Gestalten, die wir uns von der objektiven Welt gemacht haben. Eschers Bilder berücksichtigen nicht die Randbedingungen eines dreidimensionalen Raumes. Elemente werden miteinander verknüpft, die so in der Wirklichkeit des Raumes nicht miteinander verknüpft werden können. Unmöglichkeit der Verknüpfung bedeutet aber keineswegs, daß sie bereits logisch von vornherein als unzulässig erkennbar wäre. Im zweidimensionalen Raum des Bildes treten ja tatsächlich keine logischen Probleme auf. Diese Probleme fangen erst an, wenn wir das Belvedere als Paradigma für Bauten in der dreidimensionalen Wirklichkeit des Raumes verwenden wollen. Betrachten wir ein analoges Beispiel aus der Wissenschaftsgeschichte. Die Theorie der „Generatio spontanea" (Urzeugung) wurde mehr als zwei Jahrtausende in der Welt der Wissenschaft akzeptiert. Musterbeispiele dafür hatte schon Aristoteles vorgestellt: Sardellen und Aale, die spontan aus Schlamm und Sand entstehen. Seine Theorie war durchaus konsistent mit allen Beobachtungen, die man damals gemacht hatte und sie war auch logisch völlig einwandfrei, wenn wir die ganze Angelegenheit unter den Voraussetzungen und Randbedingungen des Aristoteles betrachten. Unmöglich wurde die Urzeugungstheorie erst, als sich im Laufe des weiteren Wachstums wissenschaftlicher Erkenntnis diese Voraussetzungen und Randbedingungen änderten. Das Paradigma des Aristoteles, das „Belvedere", das er sich zur Frage der Entstehung des Lebendigen konstruiert hatte, entsprach — wie wir heute wissen — nicht der objektiven Welt, wie sie wirklich ist. Seine Theorie war nicht wahr.

Zunächst aber müssen wir uns fragen, ob Kuhns Modell der Wissenschaftsentwicklung überhaupt auf die Entwicklung des Teils der Zellbiologie, den wir hier betrachten wollen, — von der Entstehung der Zelltheorie bis zur Chromosomentheorie der Vererbung — zutrifft. Damit wollen wir im nächsten Kapitel beginnen. Vollständigkeit wird bei dieser Schilderung nicht angestrebt, und es ist von vorneherein zuzugeben, daß wir — nachdem wir uns relativ ausführlich um einen Zugang zu Kuhns Theorie bemüht haben — mit seiner Brille an die Sache herangehen. Aber das braucht kein Schaden zu sein, zumal wenn wir eingesehen haben, daß die Erforschung komplexer Sachverhalte — und dazu gehört die Wissenschaftsgeschichte ja zweifellos — ohne Theorie gar nicht möglich ist. Es soll nicht einmal versucht werden, jede Facette des Kuhn'schen Bildes von der Struktur wissenschaftlicher Revolutionen zu überprüfen. Unsere Frage ist schlicht, ob die Aussagen Kuhns sich überhaupt brauchbar auf diesen Sektor der Wissenschaftsgeschichte anwenden lassen. In der Tat werden wir sehen, daß diese Entwicklung in einer fortgesetzten Aufeinanderfolge von Theorien bestand, die durch immer wieder auftretende Krisen erzwungen wurde. Ausgelöst wurden diese Krisen durch neue Entdeckungen ebenso wie durch neue Interpretationen bereits bekannter Befunde. Die Abfolge dieser Theorie läßt sich mit dem wiederholten Ersatz eines alten durch ein neues Belvedere vergleichen, das den Anforderungen der Wirklichkeit jeweils besser angepaßt ist.

Das Wachstum der Erkenntnis von der Zelltheorie bei Schleiden und Schwann bis zur Chromosomentheorie der Vererbung bei Boveri und Sutton war mit der Formulierung einer Reihe von Paradigmata verknüpft, die heute zum selbstverständlich akzeptierten Wissenskanon eines jeden Zellbiologen gehören. Bestimmte Elemente wurden in jedem Neubau der Theorie weiter verwendet; wir werden sehen wie.

2 Wachstum naturwissenschaftlicher Erkenntnis: Von der Zelltheorie bis zur Chromosomentheorie der Vererbung

„Eine Variante der gegenwärtig in der Philosophie so unmodernen historischen Methode ... besteht einfach darin, daß man versucht, herauszufinden, was andere über das vorliegende Problem gedacht haben; warum es ein Problem für sie war; wie sie es formuliert haben; wie sie es zu lösen versucht haben. Das scheint mir ein wesentlicher Schritt in der allgemeinen Methode der rationalen Diskussion zu sein. Denn wenn wir ignorieren, was andere Leute denken oder gedacht haben, dann muß die rationale Diskussion aufhören, mag auch jeder von uns weiter vergnügt mit sich selbst diskutieren."

Karl R. Popper
„Logik der Forschung"

„Die Geschichte der Wissenschaft ist so komplex, chaotisch, voll von Fehlern und so unterhaltend wie das Bewußtsein derer, die sie erfinden."

Paul Feyerabend
„Wider den Methodenzwang.
Skizze einer anarchistischen
Erkenntnistheorie"

2.1 Zur Entwicklungsgeschichte der Mikroskopie und Histologie

Der Beginn der Mikroskopie liegt im 17. Jahrhundert. Zwar wurde die Brille bereits gegen Ende des 13. Jahrhunderts erfunden. Man verstand sich also schon damals auf die Herstellung einfacher Linsen, gebrauchte sie aber noch nicht zur Untersuchung der Natur. Zunächst richtete sich das Interesse auch nicht auf den unserem bloßen Auge verborgenen Mikrokosmos. Es galt vielmehr dem von Galilei 1611 der Öffentlichkeit vorgestellten Fernrohr und seiner Bedeutung für Astronomie, Astrologie und für miltärische Zwecke. Doch dürfte um diese Zeit auch das erste zusammengesetzte Mikroskop mit zwei Konvexlinsen erfunden worden sein. Denn jedes Fernrohr läßt sich umgekehrt und mit etwas geänderten Linsenabständen auch als Mikroskop benutzen. Das erste Werk über die Mikroskopie veröffentlichte 1667 der vielseitige Robert Hooke, der Sekretär der Royal Society in den Jahren 1677–1683. In seiner „Micrographia or some physiological descriptions of minute bodies, made by magnifying glasses with observations and inquiries thereupon" faßte er Beobachtungen zusammen, die er mit seinen Vergrößerungsgläsern gemacht hatte, darunter die erste Untersuchung über das Zellengewebe der Pflanzen. Cellula meint im Wortsinn ein leeres Kämmerchen, und genauso müssen wir den ersten Begriff von der Zelle verstehen: Wände, die ein Kämmerchen umschließen (Abb. 2.1-1). Das Tor zu einer neuen Welt hatte sich geöffnet, zur mikroskopisch beobachtbaren Welt.

Noch im 17. Jahrhundert waren es vor allem drei Forscher, die in diese geheimnisvolle Welt weiter einzudringen versuchten: Nehemias Grew, Schreiber der Königlichen Sozietät zu London, Marcello Malpighi, Professor zu Bologna und Antoni van Leeuwenhoek, ein Bürger zu Delft. Ihnen verdanken wir erste Einsichten in das Zellengewebe und seine Bildung aus Kügelchen und Bläschen (Abb. 2.1-2).

Am Ausgang des 17. Jahrhunderts erscheint das Feld für eine Zelltheorie von den methodischen Möglichkeiten her abgesteckt, doch vergingen noch weit mehr als hundert Jahre bis Schwann (1839) die Zelle als den fundamentalen Baustein aller pflanzlichen und tierischen Gewebe erkannte und in seiner Zelltheorie zur gemeinsamen Grundlage für die weitere Erforschung der Tier- und Pflanzenwelt machte. Während der ersten hundert Jahre nach den Entdek-

---

* zit. bei Turner (1981)

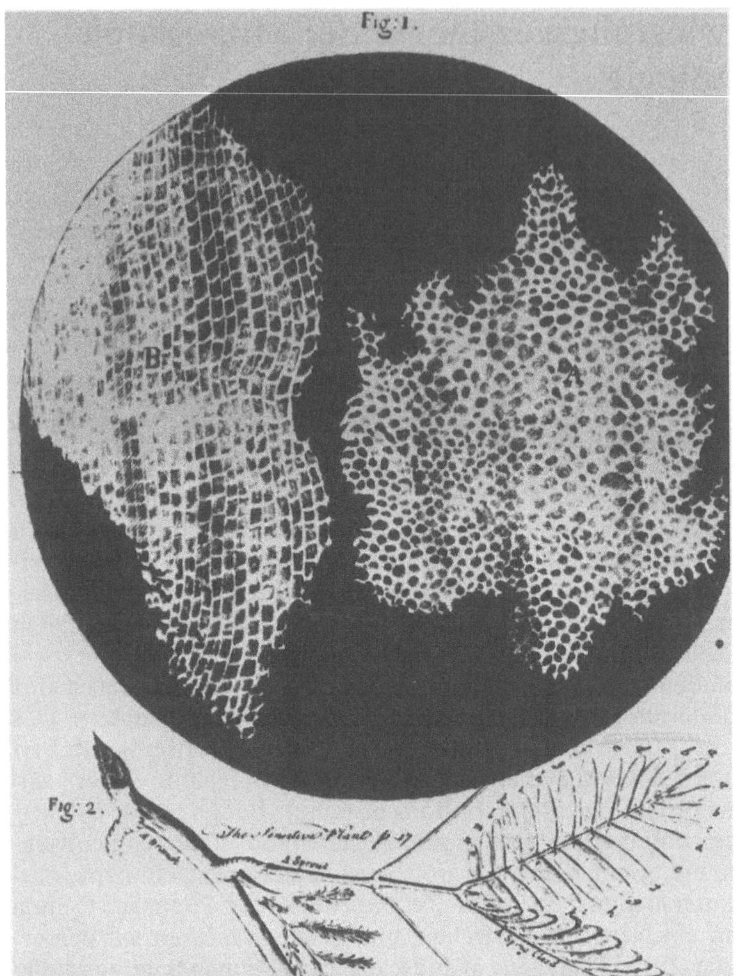

Abb. 2.1-1. Robert Hookes Darstellung von mikroskopischen Schnitten aus Flaschenkork; Hooke (1667); Abb. entnommen aus Jahn et al. (1982) (verkleinert). Hooke beobachtete, daß Kork aus „empty vessels" zusammengesetzt ist, die er Zellen nannte

kungen von Grew, Malpighi und Leeuwenhoek hatte man, wie Meyen in seiner 1830 veröffentlichten Phytotomie schreibt, deren Arbeiten zur mikroskopischen Anatomie der Pflanzen fast ganz vergessen. „Mit dem Tode jener großen Naturforscher Grew, Malpighi und Leeuwenhoek entschlummerte die Wissenschaft, in einem Zeitraum von 50 Jahren wurde fast gar nichts geleistet und auch später kam sie nicht auf die Höhe, die sie schon im Anfang errungen hatte. In der Menge von Schriften, die in der letzten Zeit dieser Periode erschienen waren, durchkreuzten sich die Beobachtungen, teils falsche, teils richtige, in solcher Menge, daß es nicht mehr möglich war, aus dem vorhandenen ein zusammenhängendes Bild zu entwerfen."[1]

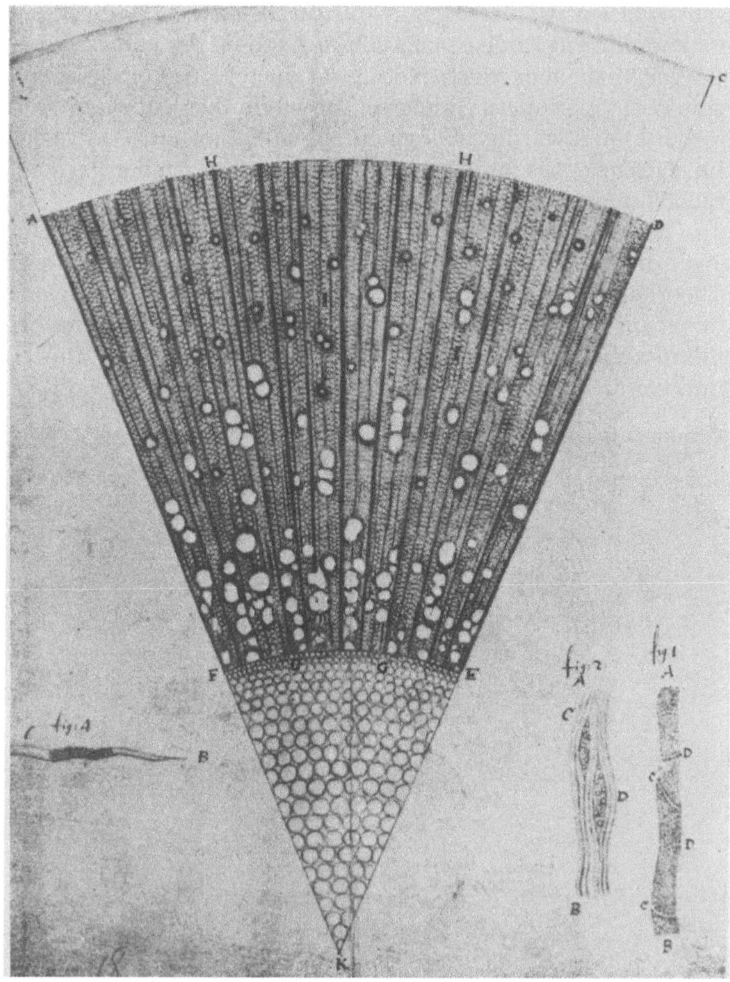

Abb. 2.1-2. Antoni van Leeuwenhoek: Mikroskopischer Schnitt durch ein einjähriges Eschen-
holz (verkleinert, 0,6 ×); aus: The Collected Letters of Antoni van Leeuwenhoek, Vol. II, Amsterdam, Swets and Zeitlinger LTD (1941)

Wissenschaft, so sehen wir bereits hier, und wir werden noch viele Beispiele
kennenlernen, verläuft nicht geradlinig von einem Fortschritt zum anderen. Wie
kam es zu dieser von Meyen beklagten Periode, in der es zunächst nicht so
recht weiterging? Ich möchte zwei Gründe nennen, die mir wesentlich erscheinen. Das 18. Jahrhundert stand im Zeichen des großen Linné.[2] Das Interesse
galt seinem natürlichen System der Pflanzen, dem Bestreben, eine möglichst
vollständige Übersicht der Pflanzenformen und eine genaue Charakterisierung
der einzelnen Pflanzen zu gewinnen. Dabei bot die Makroskopie so viele Probleme, daß sich nur Einzelne für die Mikroskopie interessierten. Diese Einzelnen gab es natürlich auch im 18. Jahrhundert; der bedeutendste unter ihnen

war wohl Kaspar Friedrich Wolff, von dessen 1759 erschienenen „Theoria generationis" wir noch später hören werden. Es gab also keinen Abbruch der Entwicklung, aber Mikroskopie war doch für viele Forscher der damaligen Zeit eine etwas periphere Spielerei. Ihr fehlte der Ruf einer soliden Methode. Sie förderte merkwürdige Dinge zutage, die man nicht so recht zu deuten wußte. Im nächsten Abschnitt werden wir besser verstehen lernen, warum diese Zurückhaltung berechtigt war.

Geeignete Methoden und Untersuchungsobjekte sind für die Entwicklung eines neuen Zweiges der Naturwissenschaften ebenso wesentlich wie neue Theorien. Für die Entwicklung der Zytologie und Zytogenetik im 19. und in der ersten Hälfte des 20. Jahrhunderts waren Fortschritte beim Bau von Lichtmikroskopen entscheidend. Mit der Entstehung der führenden Paradigmata und den dabei verwendeten Untersuchungsobjekten werden wir uns im weite-

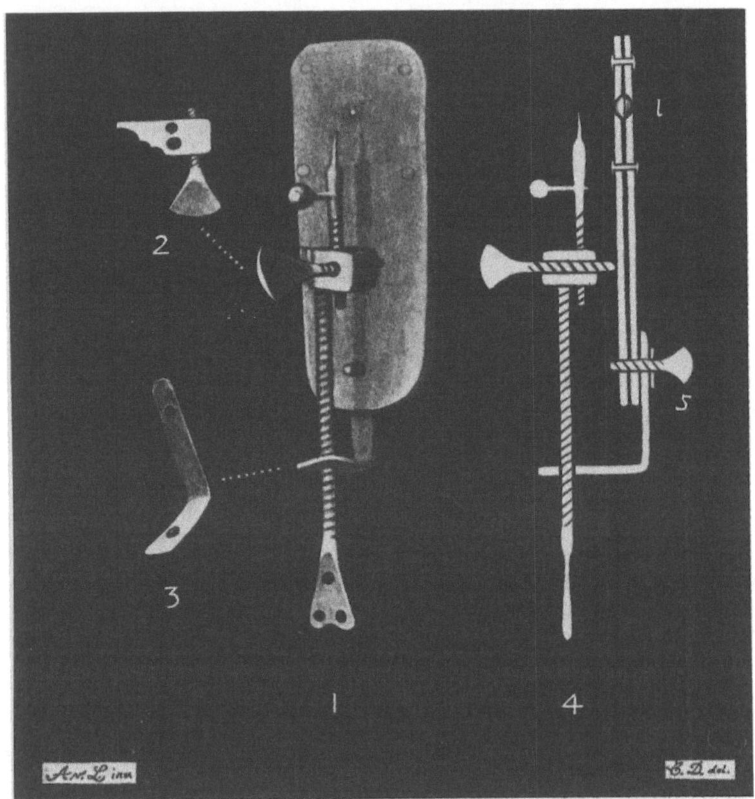

Abb. 2.1-3. Leeuwenhoeks Vergrößerungsglas; aus Dobell (1932). Das „Mikroskop" Leeuwenhoeks besteht aus einer bikonvexen Linse, die zwischen zwei Metallplättchen fixiert ist. Das biologische Objekt wird auf der Spitze einer Nadel befestigt und kann mit Hilfe einiger Schrauben in den Fokus der Linse gebracht werden. Der Beobachter führt die der Nadelspitze abgewandte Seite der Linse unmittelbar vor sein Auge. *Fig. 1* zeigt das gebrauchsfertige Instrument von hinten; *Fig. 2 und 3* zeigen Details der mechanischen Teile zum Justieren des Objekts; *Fig. 4* zeigt einen schematischen Längsschnitt

ren noch ausführlich beschäftigen. Zunächst soll die Bedeutung der Mikroskopentwicklung anhand weniger Daten hervorgehoben werden. Leeuwenhoeks einfaches Mikroskop war einlinsig und bestand aus einer kleinen Metallplatte mit einer Bohrung für die Linse, die durch eine zweite Metallplatte gehalten wird (Abb. 2.1-3). Das Objekt ist auf einer Spitze befestigt, deren Abstand zur Linse mit Hilfe einer Metallschraube verändert werden kann. In Leeuwenhoeks Nachlaß fanden sich 247 derartiger selbstgefertigter Mikroskope, mit denen Vergrößerungen zwischen 40 und 270fach erreicht wurden. Hookes Mikroskop war ein zusammengesetzes Mikroskop (Abb. 2.1-4). Eine genaue Beschreibung findet sich in seiner „Micrographia". Eine Linse mit kurzer Brennweite diente als Objektiv. Das durch diese Linse erzeugte „reelle" (also durch die Vereinigung der gebeugten Lichtstrahlen entstehende) Bild des Gegenstandes wurde mit einer Augenlinse, dem Okular, nochmals vergrößert. Eine weitere Feldlinse konnte zusätzlich benutzt werden, um das Gesichtsfeld

Abb. 2.1-4. Hookes zusammengesetztes Mikroskop; aus Lemmerich und Spring (1980)

bei der Betrachtung größerer Objekte entsprechend zu vergrößern. Je nach der verwendeten Linsenkombination wurden 17 bis 170fache Vergrößerungen erreicht. Hooke setzte bereits eine künstliche Beleuchtung ein. Dazu wurde das Licht einer Öllampe durch einen mit Flüssigkeit gefüllten Glaskörper und eine Linse auf den Untersuchungsgegenstand fokussiert. Hooke führte also eine Form der Auflichtmikroskopie durch. Infolge der sphärischen und chromatischen Aberrationen der Linsen (siehe unten) entstand ein sehr gewölbtes, nur in den mittleren Teilen einigermaßen deutliches Bild, dessen einzelne Teile von Farbsäumen umgeben waren. Im Prinzip war die Erfindung des zusammengesetzten Mikroskops zwar ein entscheidender Durchbruch, in der Praxis haperte es aber damit beträchtlich. Noch Treviranus schreibt in seiner 1806 veröffentlichten Schrift „Vom innwendigen Bau der Gewächse": „Allerdings glaube ich einiges klarer und besser gesehen zu haben als verschiedene meiner Vorgänger und Zeitgenossen, welches mich in den Stand setzte, manche Irrtümer zu widerlegen ... dieses rechne ich mir nicht zum Ruhme an, sondern schreibe es dem zufälligen Umstande zu, daß ich da, wo andere dem Anschein nach mit zusammengesetztem Mikroskop beobachtet, mich des einfachen bedient (Abb. 2.1-5), welches zwar keine so starke Vergrößerung wie jenes zuläßt, aber in Ansehung der Schärfe der Darstellung vor jenem unstreitig einen großen Vorzug hat."[3] Es wundert uns nicht, daß das Mikroskop bei nicht wenigen Wissenschaftlern zunächst wieder in Mißkredit geriet und ein Fontanelle 1711 sogar vor der Pariser Akademie erklärte, „daß der Gebrauch der Mikroskope unstatthaft sei, indem sie oftmals nur das zeigten, was man sehen wolle."[4] Noch 1845 kämpft Schleiden in seiner „Wissenschaftlichen Botanik" gegen das Vorurteil, „daß den mikroskopischen Untersuchungen nie recht zu trauen sei, weil das Mikroskop gar zu oft täusche ..."[5] Es ist die Folge von jenem Vorurteil, daß alle mikroskopischen Entdeckungen so langsam sich Bahn brechen".[6] Schleiden muß aber auch zugeben, „daß man allerdings Ursache hat, wenn von mikroskopischen Untersuchungen die Rede ist, auf seiner Hut zu sein ... Wieviele Leute haben Falsches mitgeteilt, weil sie die Farben der chromatischen Abweichung den Körpern beilegten, Luftblasen als Gegenstände beschrieben. Daran ist aber nicht das Mikroskop schuld, sondern die Unwissenheit und daraus entspringende Urteilslosigkeit der Leute, die Arbeiten mit einem Instrument unternahmen, dessen Gesetze und Wirkungsweise sie nicht kannten und über Gegenstände urteilten, bei denen sie sich mit einigem Nachdenken selbst hätten sagen können, daß ihnen jede Grundlage zum Urteil fehle."[7]

Bekanntlich entsteht die sphärische Aberration dadurch, daß die Strahlen nahe dem Zentrum einer Linse weniger stark gebrochen werden als die Strahlen in der Randzone der Linse. Die chromatische Aberration ist durch die stärkere Brechung des kürzerwelligen Lichtes bedingt. Diese beiden Hauptfehler der optischen Abbildung, die einer scharfen Abbildung einer Objektebene in einer Bildebene ohne die lästigen farbigen Säume entgegenstanden, wurden im 19. Jahrhundert durch die Einführung von Linsenkombinationen mit verschiedenen Glassorten weitgehend gelöst. Diese Entwicklung ist mit vielen Namen verbunden. Wir wollen nur Selligue, Chevalier, Amici, Lister, den Vater des berühmten Chirurgen, vor allem aber Fraunhofer und schließlich Abbe nennen.[8] Abbe hat die entscheidenden theoretischen Grundlagen für das Auflösungsver-

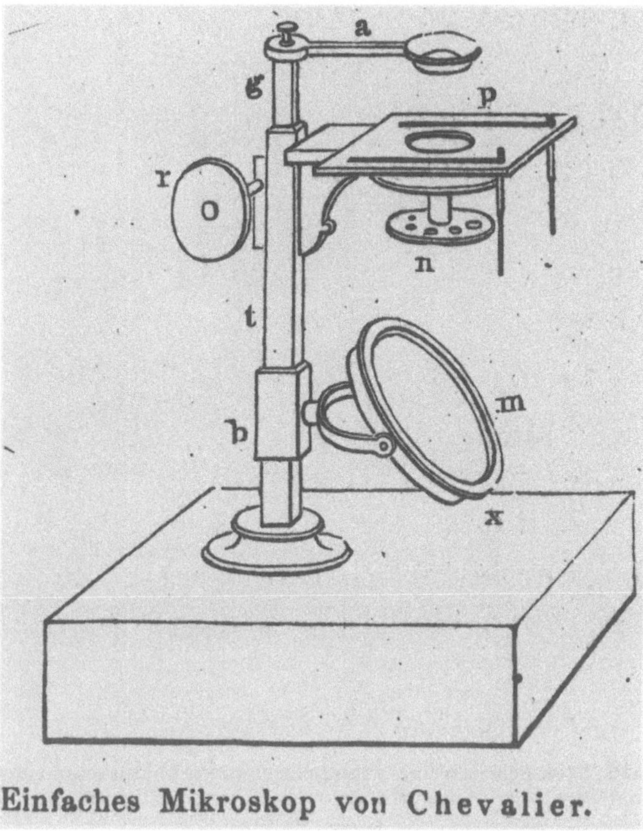

Abb. 2.1-5. Einfaches Mikroskop von Charles Louis Chevalier (1804–1859), Optiker in Paris; aus Harting (1859)

mögen des Mikroskops geschaffen.[9] Dieses Auflösungsvermögen gibt uns den kleinsten Abstand zweier Objektpunkte an, die durch das Mikroskop noch getrennt beobachtet werden können. Dabei bemerkten schon die älteren Optiker, daß die Qualität des Objektivs entscheidend ist. Die optischen Anforderungen an die Okulare sind vergleichsweise viel geringer. Mit den Okularen erreicht man eigentlich nur eine zur Beobachtung angenehme Vergrößerung des Bildes. Abbe unterschied scharf zwischen dem Auflösungsvermögen und der Vergrößerung und wandte sich gegen den Unfug stark vergrößernder Okulare, mit denen sich nur sogenannte leere Vergrößerungen ohne Steigerung des Auflösungsvermögens erreichen lassen, vergleichbar etwa der immer stärkeren Vergrößerung eines Negativs mit der naiven Vorstellung, man könne dann auch um so mehr Einzelheiten erkennen.

Die Mikroskope, die Schleiden und Schwann in den dreißiger Jahren des 19. Jahrhunderts zur Verfügung standen, hatten ein Auflösungsvermögen von einem Mikrometer (1 µm = 1/1 000 mm) (Abb. 2.1-6). In den achtziger Jahren des vergangenen Jahrhunderts war dann nach Einführung der Ölimmersion

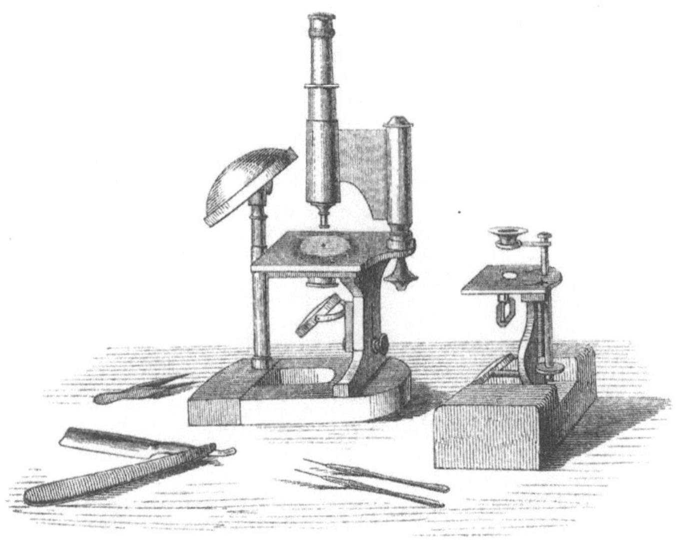

Abb. 2.1-6. Beispiele eines zusammengesetzten Mikroskopes von Oberhäuser *(links)* und eines einfachen Mikroskopes von Zeiss *(rechts)*; aus Schleiden (1855)

mit den besten apochromatischen Objektiven die Auflösungsgrenze des Lichtmikroskops von etwa 0,17 µm erreicht. Chromosomen sind einige Mikrometer lang und haben einen Durchmesser von 1–2 µm. Die meisten pathogenen Bakterien haben einen Durchmesser von etwa 1 µm. Mit der Verbesserung der Mikroskope erreichte man also das zur sicheren Erkenntnis solcher Strukturen nötige Auflösungsvermögen. Abbe aber erreichte noch mehr. Hochauflösende Objektive lassen sich nur nutzen, wenn das Objekt optimal beleuchtet wird. Schleiden hatte in der „Wissenschaftlichen Botanik" darauf hingewiesen, daß „bei unseren jetzigen Mikroskopen man bei einer 3 000maligen Vergrößerung alles sehen kann, was man will, da hierbei ein zu bedeutender Lichtmangel eintritt und keine einzige Linie noch mit einiger Bestimmtheit und Schärfe gesehen wird."[10] Mit dem Abbeschen Beleuchtungsapparat wurde auch dem Lichtmangel abgeholfen.[11]

Nur wenige grundsätzliche Verbesserungen des klassischen Lichtmikroskops blieben unserem Jahrhundert vorbehalten; sie betreffen die Entwicklung der Fluoreszenzmikroskopie und die Entwicklung von Verfahren für eine kontrastreiche Darstellung von Strukturen lebender, ungefärbter Zellen. Bei der Fluoreszenzmikroskopie benutzt man die Eigenschaft fluoreszierender Farbstoffe, nach Anregung durch kurzwelliges blaues oder ultraviolettes Licht längerwelliges Licht auszusenden. Solche Farbstoffe können beispielsweise an Antikörper gekoppelt werden, die spezifisch an bestimmte Zellstrukturen binden. Mit Hilfe der Technik der Immunfluoreszenz lassen sich heute viele Zellstrukturen selektiv darstellen. Das Phasenkontrastverfahren bei der mikroskopischen Beobachtung wurde von Frits Zernike entdeckt, der dafür 1953 den Nobelpreis erhielt.[12] Das Interferenzkontrastverfahren nach Nomarski sei in diesem Zusammenhang wenigstens erwähnt. Wer jemals einen Blick durch ein modernes Mikroskop auf ein ungefärbtes Zellpräparat zunächst ohne Phasenkontrast, dann mit Phasenkontrast geworfen hat, erfährt unmittelbar, welcher Fortschritt mit Zernikes Entdeckung getan war. Er sieht ohne Phasenkontrast fast gar nichts und mit Phasenkontrast einen großen Reichtum an strukturellen Einzelheiten. Wie kommt es dazu? Die herkömmliche Lichtmikroskopie benutzt Brechungs- und Absorptionsunterschiede zur Abbildung. Zellkern und Cytoplasma einer ungefärbten Zelle unterscheiden sich hier kaum, von feineren strukturellen Details gar nicht zu reden. Dementsprechend sind sie auch für ein geübtes Auge in ungefärbten Zellen kaum zu unterscheiden. Beim Durchtritt des Lichtes durch verschiedene Zellstrukturen ergeben sich aber häufig Phasenunterschiede in den Lichtwellen. Zernike gelang es, solche Lichtphasenveränderungen sichtbar zu machen. Als er 1932 in den Zeisswerken sein Verfahren erläuterte, sagte ihm ein älterer Mitarbeiter, so berichtete später Zernike: „Wenn das wirklich irgendeinen praktischen Wert hätte, dann hätten wir es schon vor langer Zeit erfunden."[13] In der Tat wäre die Entwicklung des Phasenkontrastmikroskops schon 50 Jahre früher möglich gewesen. Man wußte schon zu Abbes Zeit, daß sich die Phasenlänge der Lichtquelle beim Durchtritt durch die Materie ändert, es kam nur niemand auf die Idee, diese Erkenntnis praktisch zu nutzen. Wissenschaft entwickelt sich eben nicht zwangsläufig. Ideen sind ihr Gärungsmittel. Sie kommen auf verschlungenen Wegen und oft ganz unerwartet. Für die Entwicklung der Cytologie bedeutete das Ausbleiben dieser doch eigentlich bereits im 19. Jahrhundert fälligen Erfindung eine schwere Behinderung. Ohne Phasenkontrast waren Lebendbeobachtungen ganz außerordentlich erschwert. Viele Einzelheiten der Zellteilung, des Zellkerns, der Chromosomen konnten damals nur an fixierten und gefärbten Präparaten beobachtet werden. Zwar versuchten die führenden mikroskopischen Untersucher, wie wir sehen werden, Lebendbeobachtungen und Beobachtungen an fixierten und gefärbten Präparaten bei ihren Untersuchungen zu kombinieren. Das Präparat ist aber — ganz abgesehen von den Artefakten der Fixation und Färbung — immer nur eine Momentaufnahme aus dem dynamischen Prozess der zellulären Vorgänge. Das Verhalten des Zellkerns und der Chromosomen, der gesamte Zellzyklus mußte in allen seinen feineren Details aus einer Vielzahl solcher Momentaufnahmen erschlossen werden, deren Reihenfolge zunächst ganz unbekannt war.

Noch einige wenige Bemerkungen zur Herstellung gefärbter biologischer Präparate. Die Entwicklung geeigneter Präparationsmethoden ging mit der Entwicklung der mikroskopischen Technik Hand in Hand. Auch hier ist eine grobe Vorstellung des zeitlichen Rasters, in dem diese Entwicklung erfolgte, für das Verständnis der weiteren Schilderung erforderlich. Für mikroskopische Untersuchungen benötigte man dünne, genügend durchsichtige Schnitte tierischer und pflanzlicher Gewebe. Tierische Gewebe aber sind meist viel weicher, weil tierische Zellen zwar eine Zellmembran, aber keine feste Zellwand besitzen. Es stellte sich daher das Problem einer geeigneten Vorbereitung des tierischen Materials beispielsweise durch Einbettung in Paraffin oder eine Härtung vor dem Schneiden durch geeignete Fixationsmittel. In der Mitte des 19. Jahrhunderts standen bereits einfache Handmikrotome zur Verfügung.[14] Eine Vielzahl von Fixationsmitteln wurde ausprobiert, angefangen von Essigsäure, Salzsäure, Alkohol bis zu Osmiumsäure und Sublimat. Es entstanden Rezepturen von Fixativgemischen, in denen die Namen berühmter Forscher verewigt wurden, wie Müllersche oder Flemmingsche Flüssigkeit. Das Resultat all dieser Bemühungen war, daß rasch verderbliche, weiche Gewebe in dünne, haltbare, durchsichtige Schnitte zerlegt werden konnten, ausgebreitet auf Objektträgern und unter einem Deckglas mit einem glasartig erstarrenden Balsam eingedeckt. Entscheidend aber war aus Gründen, die wir bereits kennengelernt haben, die geeignete Färbung der Schnitte. In seiner „Phytotomie" gibt Meyen schon 1830 Jodlösung in Weingeist an, um Stärkekörner in den Zellen der Kartoffel zu färben,[15] aber damit waren die zur Verfügung stehenden Färbemethoden auch schon weitgehend erschöpft. Erst 1858 veröffentlichte Gerlach ein erstes Verfahren zur gezielten Färbung der Zellkerne. Die gesamten Untersuchungen, mit denen Schleiden und Schwann ihre Zelltheorie begründet haben, wurden also ohne geeignete Färbeverfahren durchgeführt. In seinen „Beiträgen zur Phytogenesis" bemerkt Schleiden 1838, daß der Zellkern wegen seiner ausnehmenden Durchsichtigkeit in manchen Zellen kaum zu unterscheiden ist und gibt an „durch Jod wird er je nach seiner verschiedenen Modifikation von blaßgelb bis ins dunkelste braun gefärbt."[16]

Wenn wir den jahrzehntelangen Streit betrachten (s. Kap. 2.6, S. 92 ff.), der zwischen 1830 und 1880 die Gemüter der Cytologen erhitzte, ob nämlich der Zellkern ein in allen oder nur in bestimmten Zellen vorkommendes Gebilde ist, ob er in diesen Zellen permanent vorhanden ist oder ob er sich auflösen und gegebenenfalls wieder neu bilden kann, sollten wir uns an den Stand der damaligen Färbetechnik erinnern. Erst im letzten Drittel des 19. Jahrhunderts erlebte auch diese Technik einen raschen Aufschwung. In dieser Blütezeit der Lichtmikroskopie stand dann eine ganze Palette von Färbeverfahren zur Verfügung, die teilweise bis heute gebräuchlich geblieben sind. Karmine, Hämatoxylin, Methylenblau, Fuchsin, Safranin, Gentianaviolett, um nur einige gebräuchliche Farbstoffe zu nennen, wurden einzeln und in verschiedenen Mischungen gleichzeitig angewendet. Am Ende des Jahrhunderts waren zahlreiche Lehrbücher über Mikroskopie und Färbetechnik auf dem Markt.[17]

Der Leser, der in diesem kurzen Abriß zum ersten Mal etwas über die Entwicklung der mikroskopischen Technik gelesen hat, aber keinerlei eigene Erfahrungen darin besitzt, wird bemerkt haben, wie künstlich hier das Lebendige aufbereitet wird, fixiert, entwässert, gehärtet, geschnitten, gefärbt, eingebettet: die Natur als ein Präparat aus mikroskopisch dünnen Scheiben. Er wird sich fragen, ob das, was der Mikroskopiker dann am Ende sieht, noch etwas mit dem Lebendigen zu tun hat, um dessen Erforschung es doch eigentlich geht. Er stellt die Frage nach den Möglichkeiten und den Grenzen dieser Technik. Diese Grenzen sind nur allzu deutlich: Man sieht gefärbte Strukturen, z. B.

Chromatin als etwas, das Farbe aufnimmt. Aber was bedeuten diese gefärbten Strukturen in der lebenden Zelle? Was sind ihre Funktionen? Wie soll man das, was man sieht, interpretieren, in Zusammenhang bringen? Nun, wir werden das im weiteren Verlauf dieser Abhandlung sehen. Der unbefangene Eindruck jedenfalls trügt nicht. Mit dem Mikroskop allein, an fixierten Präparaten allein, läßt sich wenig ausrichten. Die Überschätzung von Methoden hat immer wieder in die Irre geführt. Schon Schleiden machte sich über die Leute lustig, die meinen, „es gehöre zu einer mikroskopischen Beobachtung nicht viel mehr als ein gutes Instrument und ein Gegenstand, dann könne man nur das Auge über das Okularglas halten, um au fait zu sein."[18]

2.2 Vorläufer der Zelltheorie: Franz Julius Ferdinand Meyen

Lehrbücher sind eine nützliche Quelle, wenn es darum geht, den Wissensstand einer Zeit in einem repräsentativen Querschnitt zu erfahren. Bevor wir uns Schleiden und Schwann, den heute in jedem Lehrbuch der Zellbiologie genannten „Helden" der Zelltheorie zuwenden, erscheint es darum angebracht, mit dem Leser einen Blick in das 1830 erschienene Lehrbuch über *Phytotomie* von Meyen zu werfen. Was war über die Zelle und ihre mögliche Funktion wenige Jahre vor den für die Entwicklung der Zellbiologie grundlegenden Publikationen Schleidens 1838 und vor allem Schwanns 1839 bereits bekannt? Schon ein Blick in das Inhaltsverzeichnis zeigt uns, daß der Schwerpunkt des Buches auf der Beschreibung der Pflanzenzelle liegt. Als Elementarorgan der Pflanzen nennt Meyen „ein System der Zellen, ein System der Spiralröhren und ein Gefäßsystem."[1] Er definiert die Zelle als einen „von der vegetabilischen Membran vollkommen umschlossenen Raum"[2] und beschreibt ausführlich Form, relative Größe und Ordnung der Zellen in verschiedenen Geweben.

Abb. 2.2-1 A–D. Abbildungen aus Meyens „Phytotomie" von 1830. A „Horizontalschnitt aus ▶ einem Blatte von *Caladium nymphaeaefolium,* unweit des Blattendes entnommen." Aus Meyen (1830) Taf. X, Fig. 11 (vergrößert, 1,2 ×). *(a)* „Eine sehr große Spiralröhre aus dem Holzbündel des Randnerven." *(e)* „Eine kleine, dicht danebenliegende Spiralröhre." *(d)* „Eine Zellenlage." *(c)* „Ein Lebenssaftgefäß." *(h)* „Ein zweites Lebenssaftgefäß, das durchschnitten ist." *(f)* und *(g)* „Spiralröhren aus den Bündeln, die von der Mittelrippe des Blatts zum Randnerven verlaufen." *(b)* „Ein dicht an der Spiralröhre verlaufendes Lebenssaft-Gefäß." (Meyen (1830) S. 340; die Reihenfolge der Beschreibung entspricht dem Legendentext bei Meyen). B „Horizontalschnitt aus dem Diachym eines Blattes von *Tradescantia discolor*". Aus Meyen (1830) Taf. IV, Fig. 17 (vergrößert, 1,8 ×). *(a)* „Öffnungen in den Zellen, die durch die Führung des Schnittes entstanden sind, indem die aufstehenden Äste dieser Zellen abgeschnitten sind." *(b)* „Lücken von höchst unregelmäßiger Form, die sich zwischen den unregelmäßig gelagerten Zellen befinden" (Meyen (1830) S. 319f.). C „Horizontalschnitt aus einem Aste von *Cactus cylindricus*." Aus Meyen (1830) Taf. X, Fig. 1 (1:1). *(a)* „Eine einfache Spiralröhre, die bei *(b)* eine Gliederung zeigt. Auch ist hier der Verlauf der Zellen über die Spiralröhre angegeben." *(c)* „Eine ausgebildete ringförmige Spiralröhre." *(d)* „Kurzgegliederte Ringröhren. Sie sind mit einer feinen, aber deutlich sichtbaren Haut überzogen. Die Ringe bei *d, e, f, g* und *d* sind ein wenig größer, als die in den gewöhnlichen Ringröhren *c, c,* etc. dieser Pflanze; die übrigen Ringe sind zu einer außerordentlichen Größe herangewachsen." *(h)* „Eine Verzweigung der Spiralfaser aus der die Ringröhre sich bildete." *(k)* und *(i)* „Ringe wo sich die Spiralfaser noch nicht auf beiden Seiten getrennt hat. Hier ist die Entstehung der ringförmigen Spiralröhre, aus der einfachen Spiralröhre, gar nicht zu verkennen." *(l)* „Merenchym" *(m)* „Prosenchym, es umhüllt die Spiralröhren und ringförmigen Spiralröhren." *(n)* „Parenchym." (Meyen (1830) S. 335f.; Reihenfolge der Beschreibung wie bei Meyen). D „Epidermis von der unteren Blattfläche von *Tradescantia discolor.* Die Darstellung ist von der äußeren Fläche aufgenommen." Aus Meyen (1830) Taf. III, Fig. 4 (verkleinert, 0,4 ×). *(a)* „Zellen mit besonders geformten Kristallen." *(b)* Zellen mit einer anderen Art von Kristallen." *(c)* „Zellen, deren Saft mit einem blau-rötlichen Färbestoff getüncht ist. Sie enthalten keine Zellensaft-Kügelchen." *(d)* bis *(h)* „Hautdrüsen" (Meyen (1830) S. 313)

Ein eigenes Kapitel ist dem Inhalt der Zellen gewidmet. Hier wird nicht nur das Vorhandensein einer gegebenenfalls gefärbten intrazellulären Flüssigkeit beschrieben, sondern spezifische „Gebilde von organischer Struktur, nämlich Kügelchen, Bläschen und Fasern."[3] (Abb. 2.2-1) Meyen erkennt mit Hilfe der Jodfärbung, daß diese Kügelchen zum Teil Stärke enthalten, zum Teil haben

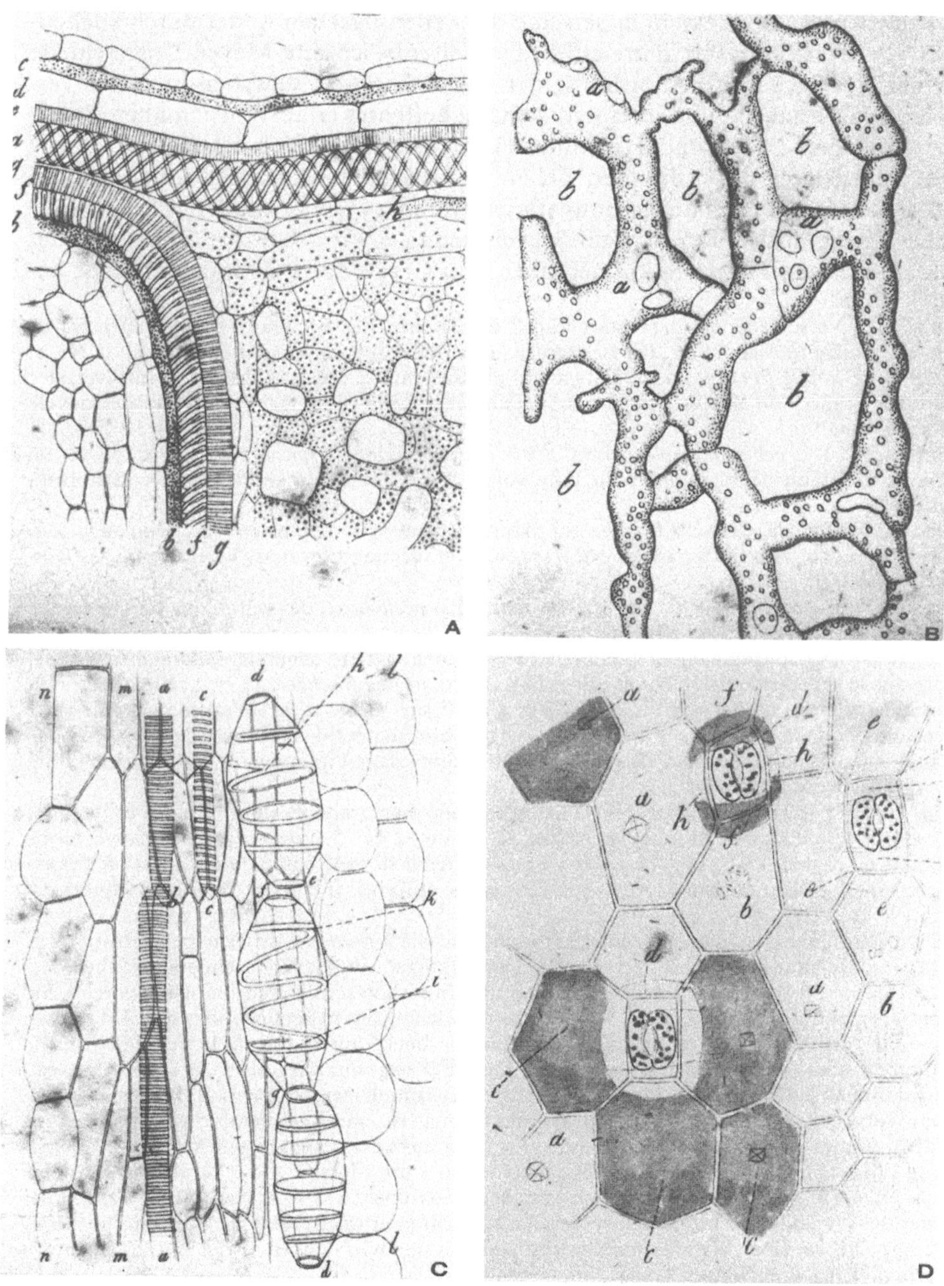

sie aber offenbar eine andere Natur. „Die Kügelchen in den Zellen des Ceratophyllums sind zum Beispiel grün gefärbt, wie es die Saftbläschen in den Blättern höherer Gewächse sind." Die Zellensaftbläschen werden als „kleine runde Zellchen im Innern der größeren Zellen" beschrieben. „Ihre gewöhnliche Farbe ist grün"[4] ... „die Natur dieses grünen Farbstoffs ist eigentlich von Link entdeckt und er selbst ist Chlorophyll genannt worden."[5] Im Gegensatz zu den Kügelchen aus Stärkemehl lassen sich die Zellenbläschen weder durch kochendes Wasser noch durch Säure auflösen. Weiter beschreibt Meyen Unterschiede in der Häufigkeit und Anordnung der Kügelchen und Bläschen in Zellen verschiedener Pflanzen und in einem Anhang berichtet er ausführlich über die zuerst von Corti (1774) und Treviranus (1811) beschriebene kreisende Bewegung des Zellensaftes in bestimmten Zellen, bei der „die Kügelchen und Bläschen vom Zellensafte mechanisch mitgerissen werden."[6] Über die Ursache der Säftebewegung in den Zellen weiß Meyen nichts. „Wir sehen die Bewegung der Säfte in diesen Pflanzen, können aber kein Organ auffinden, das dieselbe be-

Abb. 2.2-2. Verschiedene „Elementarorgane" der Pflanze, aus Brisseau-Mirbel (1809). *Fig. 5.* ▶
„N°. 1. *Fausse-trachée.* N°. 2. *Fausse-trachée,* avec division en *a,* et sous-division en *b.* N°. 5.
Portion de *fausse-trachée,* considérablement grossie, pour faire vois les *fentes* transversales
dont cette espèce de *tube* est coupée, et le *bourrelet* souvent placé au-dessus et au-dessous de
chaque *fente.* "
Fig. 6. „N°. 1. *Trachée à simple spirale.* N°. 2. *Trachée à double spirale.* N°. 5. Portion de *trachée* considérablement grossie, pour faire voir le *double bourrelet* dont sa *lame* est souvent
bordée."
Fig. 7. „*Tube mixte,* c'est-à-dire, *tube* qui réunit les caractères de plusieurs *vaisseaux* à la fois.
Les parties *a,* offrent les *spires* des *trachées*; en *b,* on reconnoit les *tubes poreux*; en *c,* les *fausses-trachées.* "
Fig. 8. „*Vaisseaux en chapelet.* Ils forment dans le *tissu cellulaire,* des veines que l'on remarque
facilement, à cause de leur porosité."
Fig. 9. „*Trachée* presque'entièrement obstruée par une matière concrête, qui augmente à mesure que le végétal vieillit. Il seroit impossible d'obtenir une *trachée* telle que celle qui est représentée ici, séparée du reste du végétal, et cette figure idéale n'est qu'un moyen de rendre
sensible ce qui s'opère dans la Nature. En *a,* sont représentées des portions de la *trachée,* que
l'anatomie n'a point eulevées de dessus l'enduit formé dans l'intérieur. *b* Partie du canal qui
n'est pas encore fermée."
Fig. 10. „N°. 1. *Vaisseau propre simple.* Cest un *tube* membraneux, dont la paroi est entière;
c'est-à-dire qu'elle n'est ni poreuse, ni coupée de fentes. N°. 2. *Vaisseau propre simple,* fermé
comme un *caecum* en *a.* Les *vaisseaux propres* contenus dans l'ecorce de plusieurs pins et sapins, sont des *tubes* charnus, tortueux, assez courts, et fermés à leurs extrémités marquées *a.* "
(dort S. 116–118).
Elementarorgane (organes élémentaires) kommen, wie Brisseau-Mirbel hervorhebt (dort S.
114), in der Natur niemals isoliert vor. Die Darstellungen sind darum nicht einfach eine Wiedergabe von Strukturen, die Brisseau-Mirbel im Mikroskop unmittelbar zu sehen vorgibt. Sie
sind vielmehr ein Resultat, das „die Reflexion, geleitet durch Beobachtung und Erfahrung,
dem Geist eingibt". Erst durch das Gedankenexperiment (opération de la pensée) wird die
Pflanze in die einzelnen Elementarorgane – die Tafel zeigt nur eine Auswahl davon – zerlegt,
aus denen sie nach Brisseau-Mirbels Vorstellung zusammengesetzt sein soll. Dieses methodische Vorgehen wird damit begründet, daß man zunächst eine Reihe einfacher Vorstellungen
(idées simples) entwickeln muß, bevor sich eine daraus zusammengesetzte komplexe Vorstellung (idée complexe) in unserem Verstand formen kann (dort S. 115). Vergleiche Einsteins
Ausspruch (S. 249): „Erst die Theorie entscheidet darüber, was man beobachten kann." Bei
jeder der folgenden Abbildungen sollte man sich daran erinnern, daß sie Chiffren für die jeweilige Theorie eines Wissenschaftlers sind, die mit der Wirklichkeit soviel zu tun haben wie
Eschers „Belvedere" (Abb. 1.4-1)

wirkt, wir schließen daher, daß diese Erscheinung durch eine, dem Zellensaft selbst innewohnende Kraft hervorgerufen wird."[7] Im Anschluß an seine Beschreibungen der Pflanzenzelle widmet Meyen seinen „Betrachtungen über die Natur der Pflanzenzellen"[8] ein eigenes Kapitel. Dieses Kapitel ist zweifellos

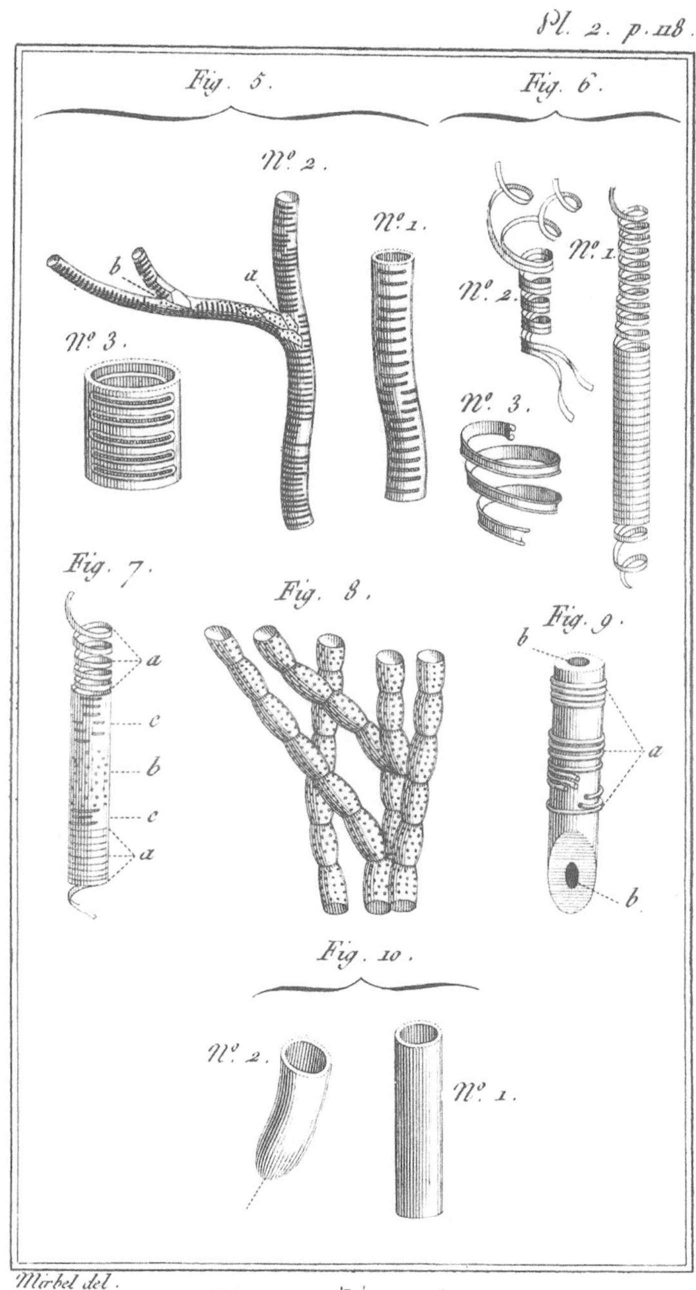

der bemerkenswerteste Teil des ganzen Buches. „Die Pflanzenzellen treten entweder einzeln auf, so daß eine jede Zelle ein eigenes Individuum bildet, wie bei Algen und Pilzen dieses der Fall ist, oder sie sind, in mehr oder weniger großen Massen zu einer höher organisierten Pflanze vereinigt. Auch hier bildet jede Zelle ein für sich bestehendes, abgeschlossenes Ganzes. Sie ernährt sich selbst, sie bildet sich selbst und verarbeitet den aufgenommenen rohen Nahrungssaft zu sehr verschiedenartigen Stoffen und Gebilden. In § 130 bis § 183 ist die Rede von den Inhalten der Pflanzenzellen gewesen; alle diese Stoffe und Gebilde werden durch das Leben der Zelle aus dem einfachen rohen Zellensafte hervorgebracht. Einige dieser Gebilde des Zellensaftes sind offenbar als Zeugungsversuche der einzelnen Zellen (dieser kleinen Pflänzchen in den größeren) zu betrachten."[9] Wie man sieht, enthalten diese Sätze wesentliche Teile des gültigen Kanons der modernen Zelltheorie: Die Zelle war von Meyen als morphologischer und physiologischer Elementarteil der Pflanze erkannt worden. Auch Meyen hatte bereits seine Vorläufer. Zu nennen sind hier neben anderen Kaspar Friedrich Wolff (1759) und Lorenz Oken (1809), die sich bereits mit der Frage nach der Entstehung der Pflanzen beschäftigt und versucht hatten, ihre Gefäße und Röhren von der Zelle als Grundform abzuleiten. Zu nennen sind vor allem auch Brisseau-Mirbels Arbeiten aus dem Beginn des 19. Jahrhunderts (Abb. 2.2-2 und 3) und die 1806 erschienene Schrift von Treviranus: „Vom innwendigen Bau der Gewächse". In ihr führte Treviranus den Nachweis, daß junge Zellen sich in Reihen anordnen und durch auflösende Querscheidewände zu einer langgestreckten Röhre verschmelzen (Abb. 2.2-4). Neben der Zelle unterscheidet Meyen, wie wir bereits gehört haben, noch zwei weitere Elementarorgane der Pflanze, die Spiralröhren und das Gefäßsystem. In einem Abschnitt „Andeutung über die Verwandtschaft, die zwischen Zellen und Spiralröhrchen zu herrschen scheint",[10] beschreibt er, daß in manchen Fällen sich Spiralfasern im Innern von Zellen entwickeln, „während bei den wahren Spiralröhren die Spiralfaser die primitive und die sie umschließende Membran die sekundäre Bildung ist."[11] Nach seiner Auffassung stellt die Spiralröhre dadurch eigentlich einen häutigen Schlauch, eine langgestreckte Zelle mit einer darin enthaltenen Spiralfaser dar. Von den Elementarorganen, die Meyen beschreibt, bleibt also nur das System der Lebenssaftgefäße übrig, das nicht von Zellen abgeleitet wird bzw. keine unmittelbare morphologische Verwandtschaft mit eigentlichen Zellen erkennen läßt. Es ist aber kein Zweifel daran, daß Meyen in seiner „Phytotomie" auf dem Wege zu einer aus heutiger Sicht im Kern richtigen Zelltheorie der Pflanzen war. Zu Recht bemerkt Oskar Hertwig, der Meyen in seinem Lehrbuch der allgemeinen Biologie zitiert, daß man Matthias Schleiden „nicht ganz mit Recht als den Begründer der Zelltheorie feiert".[12]

Drei Aufgaben nannte Meyen für zukünftige Forscher der Phytotomie. „a) Man suche die größtmöglichste Masse von verschiedenen Pflanzenarten und Gattungen zu untersuchen, um den Bau derselben durch Vergleichung der vorkommenden Abweichungen in ein und demselben Organ um so genauer kennenzulernen"[13] ... „b) Man verfolge die Entwicklung einzelner Elementarorgane durch alle Grade des Lebens und durch alle Stufen des Pflanzenreichs mit genauester Strenge, um so die Bildungsgesetze derselben zu entziffern" ... „c)

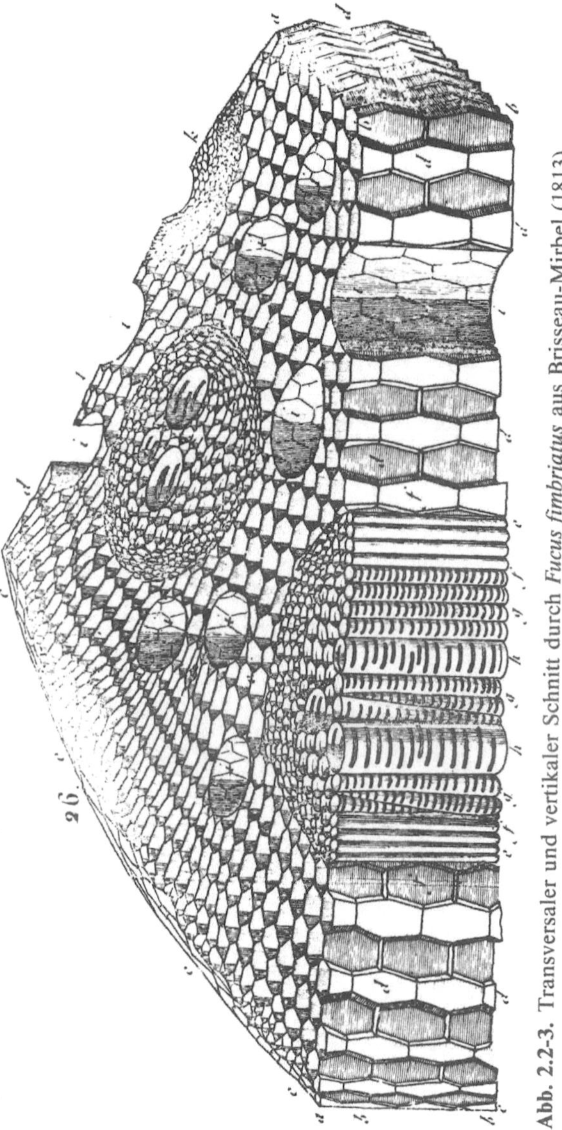

Abb. 2.2-3. Transversaler und vertikaler Schnitt durch *Fucus fimbriatus* aus Brisseau-Mirbel (1813)

Abb. 2.2-4 (s. S. 48)

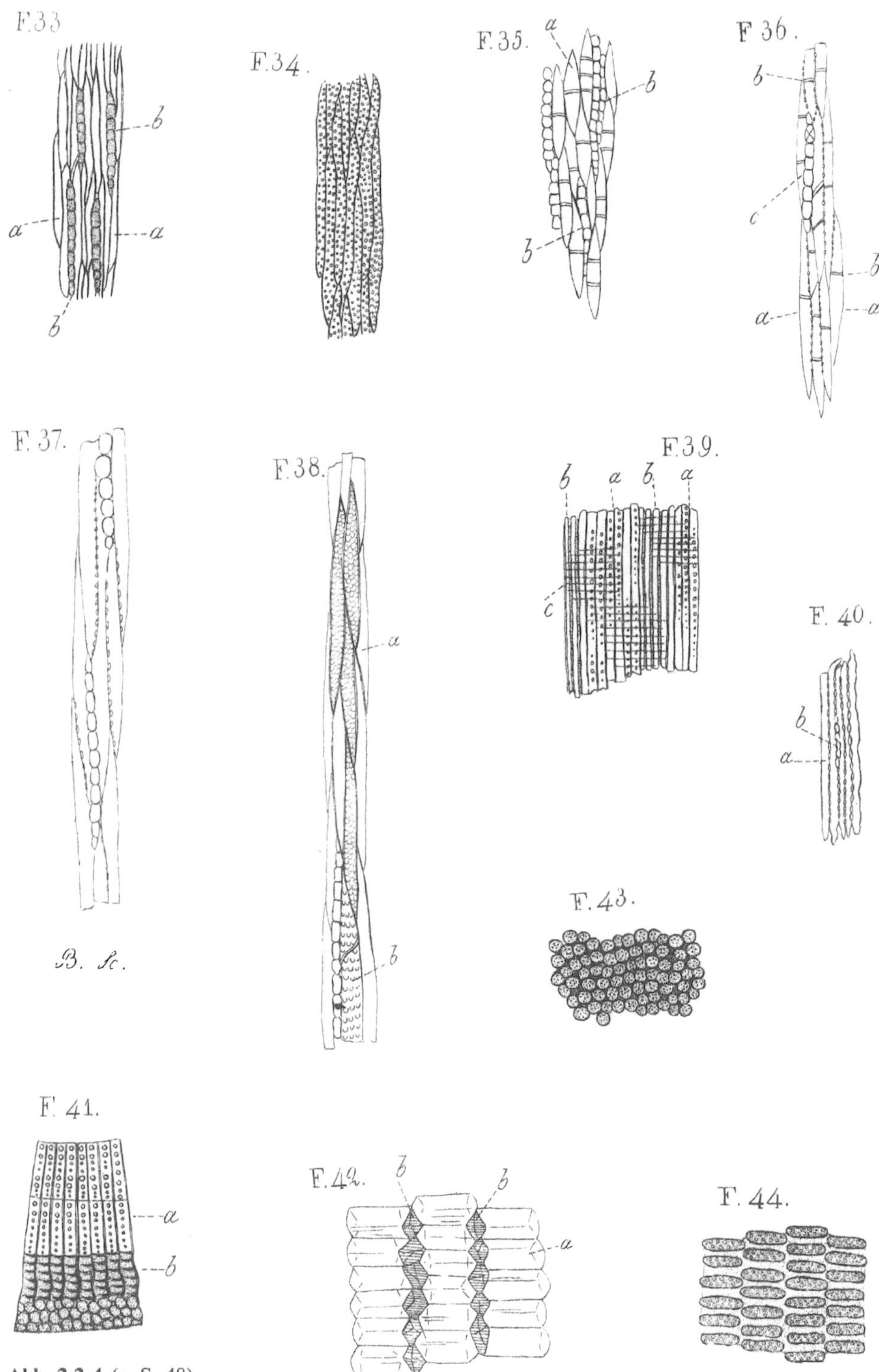

Abb. 2.2-4 (s. S. 48)

Abb. 2.2-4. Tafel II aus Treviranus (1806). *Fig. 20–26*, Spiralgefäße und Spiralfibern; *Fig. 27–37*, Zellgewebe verschiedener Pflanzen.
Fig. 20. „Ein zerrissenes falsches Spiralgefäß aus dem jungen Lindenholze, zu zeigen, daß es aus einzelnen abgesonderten Reifen (*) bestehe."
Fig. 21. „Große Gefäße aus dem Splinte eines jährigen Hollunderzweiges (*Sambucus nigra L.*). *a* Ein getüpfeltes Gefäß, auf der einen Seite in ein falsches Spiralgefäß übergehend. *b* Ein falsches Spiralgefäß, zum Theil auseinandergezogen."
Fig. 22. „Zellen aus der Mitte der Rippe von *Fucus fanguineus L.* worin eine wurmförmige Körnermasse, welche den Schein von einem Spiralgefäß annimmt."
Fig. 23. „Saamenschleuder von *Jungermannia tamariscifolia L. a* Die Spiralfiber auseinandergezogen. *b* Wasserheller Schlauch innerhalb dessen jene eingeschlossen ist."
Fig. 24. „Kapselmembran von Schachtelhalm (*Equisetum arvense L.*) aus länglichten Schläuchen mit darin eingeschlossener Spiralfiber bestehend."
Fig. 25. „Einzelnes Saamenkorn (*) von *Equisetum palustre L.* mit einer doppelten elastischen Spiralfiber umwunden."
Fig. 26. „Eben diese Spiralfibern, deren Enden (*) kolbenförmig verdickt sind, nach Entweichung des darin eingeschlossenen Kornes."
Fig. 27. „Längsdurchschnitt vom Zellgewebe aus dem Innern des Blattstengels von *Cycas revoluta L.* mit sehr großen Körnern in demselben."
Fig. 28. „Queerdurchschnitt desselben, wodurch die Blasenform recht sichtbar geworden. *a* Durchschnittne Zellen, zwischen denen dreyeckige Zwischenräume für die Bewegung des Saftes. *b* Eben dergleichen, wo der Schnitt die horizontale Wand, an der man die ansitzenden Körner siehet, unversehrt gelassen."
Fig. 29. „Queerdurchschnitt der Rinde eines jährigen Weidenzweiges (*Salix alba L.*) mit einem Stücke des darin sitzenden Holzkörpers, im April, wo die Veränderungen der Rinde vor sich gehen. *a* Rinde im äußersten Umfang dürr geworden. *b* Körnervolles Zellgewebe der äußersten Rindenlage. *c* Durchschnittne weitläufige Faserbündel der mittleren Rindenlage. *d* Ring von nahe beysammen liegenden Faserbündeln zwischen der mittleren und innersten Rindenlage aus weichen saftvollen Fasern, ohne große Gefäße dazwischen mit durchsetzenden Reihen von Rindenzellen. *f* Welche vervielfältiget, in fortgesetzter nämlicher Richtung auch durch den Splint ziehen. *g* Durchschnittne Fasern des Splints, zwischen denen man die offenstehenden Mündungen der punktirten Gefäße und falschen Spiralgefäße siehet."
Fig. 30. „Queerdurchschnitt durch Rinde und Holz bis auf das Mark eines jährigen Weidenzweiges im October, wo zu den obigen Veränderungen der Rinde erst die Anlage gemacht wird. *a* Durchschnittne Faserbündel der mittleren Rindenlage, noch ungleich näher einander, als in der vorigen Figur. *b* Kleinere Faserbündel von jüngerer Entstehung zwischen der mittleren und innersten Rindenlage, näher zusammengedrängt als in *Fig. 29. c* Innerste Rindenlage, noch sehr dünn, weil die Zeit ihres Wachsthums noch nicht angegangen. *d* Splint mit dem offnen Mündungen durchschnittner großer Gefäße und auf das Mark zu laufenden Insertionen des Rindenzellgewebes. *e* Innerste Holzlage, woselbst die wahren Spiralgefäße liegen. *f* Markzellen."
Fig. 31. „Der nämliche Körper zur nämlichen Zeit der Länge nach im rechten Winkel mit der Oberfläche bis auf das Holz durchschnitten. *a–d* Nämliche Bedeutung, wie in *Fig. 30. e* Reihen von feinen Bläschen, welche die kleineren Faserbündel an der Gränze der mittleren und innersten Rindenlage einfassen. *f* Insertionen der Rindenzellen, durch das Fasergewebe der innersten Rindenlage und des Splints durchsetzend."
Fig. 32. „Splint der Weide im May, parallel mit der Oberhaut durchschnitten. *a* Fasern des Splints mit *b* ihren Queerstrichen. *c* Insertion des Rindenzellgewebes unten an ein getüpfeltes Gefäß stoßend."
Fig. 33. „Längsdurchschnitt der innersten Rindenlage der Weide, parallel mit der Oberhaut gemacht, im May. *a* Junge, noch sehr weiche Fasern. *b* Insertionen des Zellgewebes."
Fig. 34. „Innerste Rindenlage des Hollunders, der Länge nach durchschnitten (im April) und der Wirkung einer alkalischen Auflösung ausgesetzt gewesen."
Fig. 35. „Longitudinaldurchschnitt der innersten Rindenlage von Eschen (*Fraxinus excelsior L.*) parallel mit der Oberfläche (im May) genacht. *a, b* Bedeutung wie in *Fig. 33.*
Fig. 36. „Der nämliche Theil auf die nämliche Art behandelt aus dem gemeinen Ahorn (*Acer platanoides L.*). *a–c* Bedeutung wie in *Fig. 32.*"

Fig. 37. „Innerste Rindenlage des gemeinen Ahorn in Splint übergehend, im May."
Fig. 38. „Fasern aus dem Hollunder, im Juny, an der Gränze der innersten Rindenlage und des Splints weggenommen. *a* Splintfasern von gewöhnlicher Art. *b* Ein getüpfeltes Gefäß, auf der einen Seite noch unausgebildet in Gestalt von krautartigen Fasern, welche mit körnigem Wesen eng erfüllt sind."
Fig. 39. „Längsdurchschnitt des Holzes von einem zweyjährigen Fichtenzweige (*Pinus picea L.*) im rechten mit der Rinde im April gemacht. *a* Fasern der inneren Lage eines Jahrrings, dicker, als die der äußeren *(b)* mit seitwärts ansitzenden Körnern oder Bläschen. *c* Ueberbleibsel der Insertionen des Rindenzellgewebes, wo die horizontalen Gänge zwischen den Zellen durch Erstarrung ihres Safts den Anschein von Fasern angenommen."
Fig. 40. „Längsdurchschnitt des nämlichen Körpers, parallel mit der Oberfläche gemacht. *a* Fasern der größeren Art, deren Berührungslinien knotig sind, wegen seitwärts ansitzender Körner. *b* Insertionen von Zellgewebe."
Fig. 41. „Queerschnitt durch Rinde und Splint eines mehrjährigen Zweiges vom Wacholder (*Juniperus communis L.*) im April. *a* Durchschnittene Holzringe, um die verschiedene Höhle der Fasern zu zeigen. *b* Innerste Rindenlage."
Fig. 42. „Längsdurchschnitt des Marks von einem einjährigen Himbeerzweige (*Rubus idaeus L.*) *a* Wasserhelle eckige Markzellen. *b* Reihen kleinerer gefärbter Zellen, perpendikulair zwischen jenen hinabsteigend."
Fig. 43. „Markscheidewand junger Eschenzweige, der Länge nach durchschnitten."
Fig. 44. „Der nämliche Theil von dem Roßkastanienbaum"

Man suche das Eigentümliche am Bau der natürlichen Pflanzenfamilien darzustellen."[14]

In den Jahren 1837/1839 veröffentlichte Meyen ein dreibändiges Werk „Neues System der Pflanzenphysiologie". Im ersten Band, der 1837, also ein Jahr vor Schleidens berühmter Schrift erschien, verdeutlicht Meyen seinen Standpunkt nochmals ausdrücklich: „Die Elementarorgane der Pflanzen sind demnach Zellen, welche unter den mannigfachsten Modifikationen auftreten".[15] Nach seiner Auffassung sind „die Spiralröhrchen eigentümlich modifizierte Zellen ebenso wie die sogenannten Fasergefäße".[15] Den Zellen kommt also „die größte Wichtigkeit in den Pflanzen" zu. „Demnach müssen wir die größte Aufmerksamkeit auf den Bau, die Bildung und den Inhalt der Zellen richten, denn aus einem genaueren Studium dieser Gegenstände werden wir zuerst eine Vorstellung von dem Leben der Pflanzen erhalten."[16] Im zweiten Band seiner Pflanzenphysiologie geht Meyen auch auf den Vorgang der Zellvermehrung ein. Der assimilierte Nahrungsstoff in den Zellen der Pflanzen wird von der sich vergrößernden Zellenmembran angezogen. „Diese Vergrößerung der Zellenmembran durch beständige Einlagerung hat aber überall ihre Grenze und an solchen Stellen der verschiedenen Pflanzen, wo die einzelnen Teile durch Erzeugung neuer Teile weiter fortwachsen, wie an den beiden Enden der Pflanzenachse ... da entsteht eine Teilung der Endzelle, wenn dieselben etwa die doppelte Länge ihrer wahren Größe erreicht haben. Die Endzelle von den durch Teilung hervorgegangenen zwei Zellen, vergrößert sich durch Einlagerung des aufgelösten assimilierten Nahrungsstoffes von Neuem und wenn sie wiederum etwa die doppelte Länge erreicht hat, so teilt sie sich ebenfalls. Auf diese Weise geschieht nun das Wachstum der Pflanze, die Ablagerung des assimilierten Nährstoffes geschieht hauptsächlich an den Endzellen der einzelnen Teile, und die Ernährung besteht hier in einer fortwährenden Erzeugung neuer Elementarorgane."[17] ... „Diese Vermehrung der Zellen durch

Teilung beschränkt sich ... nicht bloß auf Abschnürung durch Querwände, sondern die Teilung geschieht auch nach der Länge der Zellen, also durch Längenwände."[18] (Abb. 2.2-5). Meyens Ansicht von der Zellteilung als dem wesentlichen Prozeß der Zellvermehrung stützt sich bereits auf die Beobachtungen anderer Forscher. Meyen nennt Dumortier,[19] der 1832 die Vermehrung der Endzellen bei Conferva aurea durch wirkliche Teilung beschrieben hat, Morren,[20] der diesen Vorgang bei Zellen von Closterien beobachtete (1837) und Mohl, dessen Arbeit „Über die Vermehrung der Pflanzenzellen durch Teilung" (1835) erschienen ist (Abb. 2.2-6). Doch gründete Meyen seine Überzeugung von der Richtigkeit dieser Ansicht auf eigene Untersuchungen. Dabei ist besonders beachtenswert, daß alle Abbildungen in seinen Werken nach seinen eigenen Zeichnungen hergestellt wurden, er seine Ansichten also immer auf eigene Beobachtungen gestützt hat.

Meyen, das geht aus den zitierten Werken klar hervor, hat unabhängig und konsequent die Ansicht vertreten und weiter entwickelt, daß Zellen die Fähigkeit zur Vermehrung durch Selbstteilung besitzen und die entscheidenden Elementarorgane darstellen, aus denen sich die Pflanzen bilden. Wer war dieser bedeutende, heute wohl selbst den meisten Zellbiologen gänzlich unbekannte

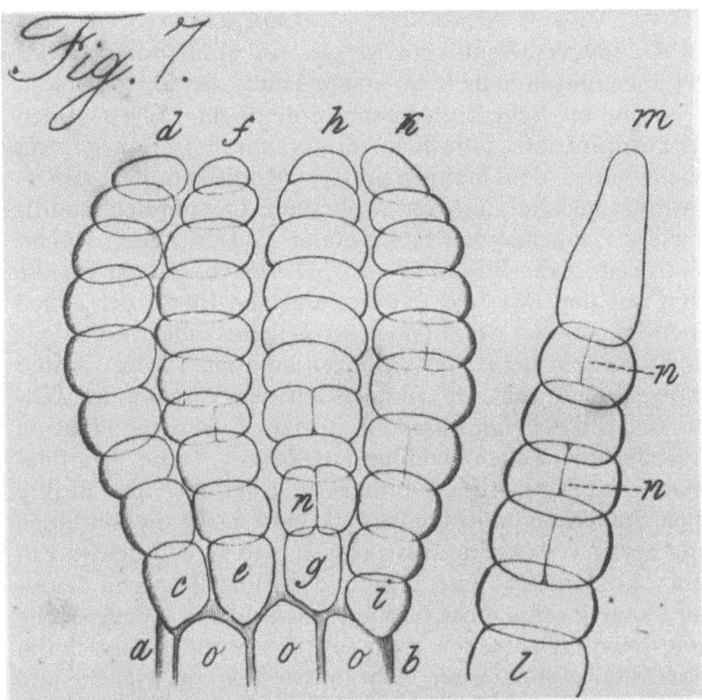

Abb. 2.2-5. Zellteilung bei *Chara vulgaris,* aus Meyen (1837). „Darstellung eines jungen Endquirls der *Chara vulgaris,* dessen einzelne Ästchen durch Bildung von Querwänden in eine Reihe von Zellen umgewandelt sind ... hier sieht man nicht nur das Auftreten von Querwänden, wodurch eine Zelle in mehrere geteilt wird, sondern man sieht auch die Entstehung von Längenscheidewänden" (Meyen (1837) S. 554)

Mann? Meyen wurde 1804 in Tilsit geboren und starb bereits 1840 im Alter von 36 Jahren.[21] Er studierte Medizin in Berlin, promovierte mit 22 Jahren und schrieb seine „Phytotomie" mit 25 Jahren. Auf Empfehlung Alexander von Humboldts machte er in den Jahren 1830–1832 als Schiffsarzt auf der „Prinzess Luise" eine Reise um die Erde mit der besonderen Instruktion, nicht bloß zu sammeln, sondern auch möglichst viele Beobachtungen auf allen Gebieten der Naturwissenschaften zu machen. Auf seiner Fahrt erstieg er die Anden bis zur Schneegrenze, erreichte den Titicacasee, besuchte China und Indien und kehrte mit einer reichen Ausbeute an gesammelten Naturalien 1832 nach Deutschland zurück. Dort veröffentlichte er zunächst zwei umfangreiche Bände über seine Weltreise, in denen zoologische und ethnographische Beobachtungen enthalten sind.[22] Neben zahlreichen Einzelarbeiten, verfaßte er in seinen letzten Lebensjahren ein dreibändiges Werk „Neues System der Pflanzenphysiologie", einen „Grundriß der Pflanzengeographie", einen Band „Über die neuesten Fortschritte der Anatomie und Physiologie der Gewächse" und eine von der Göttinger Sozietät der Wissenschaften preisgekrönte Schrift „Über die Sekretionsorgane der Pflanzen". Da ereilte ihn überraschend der Tod. Aus seinem Nachlaß gab Nees von Esenbeck 1841 noch eine „Pflanzenpathologie" heraus. Meyen ist ein Musterbeispiel eines Forschers, der das Pech hatte, daß seine Verdienste im Schatten der eigentlichen Helden eines neuen Paradigmas bald vergessen wurden. Ist Meyen nur ein Vorläufer der Zelltheorie? Darüber mag man streiten. Der Ruhm eines Wissenschaftlers hängt auch von Unwägbarkeiten ab, nicht nur von seinen „objektiven" Leistungen.

Abb. 2.2-6. Zellteilung bei *Conferva glomerata* aus Mohl (1835). „Die Aeste der Pflanze entspringen beständig an dem oberen seitlichen Ende eines Gliedes (einer Zelle) des Conservenfadens *(Fig. 1)* und zwar auf die Weise, dass zwischen der Zelle, von welcher der Ast entspringt *(Fig. 1 a)* und zwischen dem untersten Gliede des Astes *(b)* keine Communication stattfindet, sondern beide Glieder durch eine Scheidewand vollkommen getrennt sind. Die Untersuchung jüngerer, eben erst hervorsprossender Aeste zeigt jedoch, dass dieser Zustand des ausgebildeten Astes nicht von seinem ersten Entstehen an stattfand. An der Stelle, wo ein Ast hervorsprosst, zeigt sich nämlich im Anfange nur eine kleine höckerartige Protuberanz *(Fig. 2 a)* des Gliedes; diese verlängert sich allmählig zu einem cylindrischen, seitlichen Auswuchse *(Fig. 1c u. 2b)*, welcher Chlorophyllkörner enthält, und dessen Höhlung mit der des Gliedes vollkommen zusammenhängt. Bei solchen Aesten, welche schon eine grössere Länge erreicht haben, zeigt sich nun an der Stelle, wo sie mit der Mutterzelle zusammenhängen, eine ins Innere der Zelle hineinragende Verengerung *(Fig. 3a)*, welche die grüne Masse im Innern des Fadens zusammenschnürt, also eine ringförmige, in der Mitte durchbrochene Scheidewand. Bei noch grösseren Aesten trifft man diese Scheidewand immer mehr ausgebildet, bis sie endlich den Zusammenhang zwischen der Zelle des Astes und des Stammes völlig unterbricht und aus der vorher ästigen Zelle zwei völlig einander abgeschlossene Zellen *(Fig. 1a,b)* geworden sind.
Der auf die angegebene Weise von seiner Mutterzelle abgeschlossene Ast verlängert sich immer mehr, bis er eine sehr lange, cylindrische Zelle darstellt. Diese theilt sich nun auf eine ganz analoge Weise durch eine senkrecht auf die Achse des Astes gestellte Scheidewand in zwei über einander stehende Zellen. Von diesen vergrössert sich nun die Endzelle und theilt sich später ebenfalls auf die beschriebene Weise u.s.w. Ebenso kann man an der Endzelle des Stammes dieselbe Bildung von Scheidewänden beobachten *(Fig. 4a)*." (dort, S. 16–17)

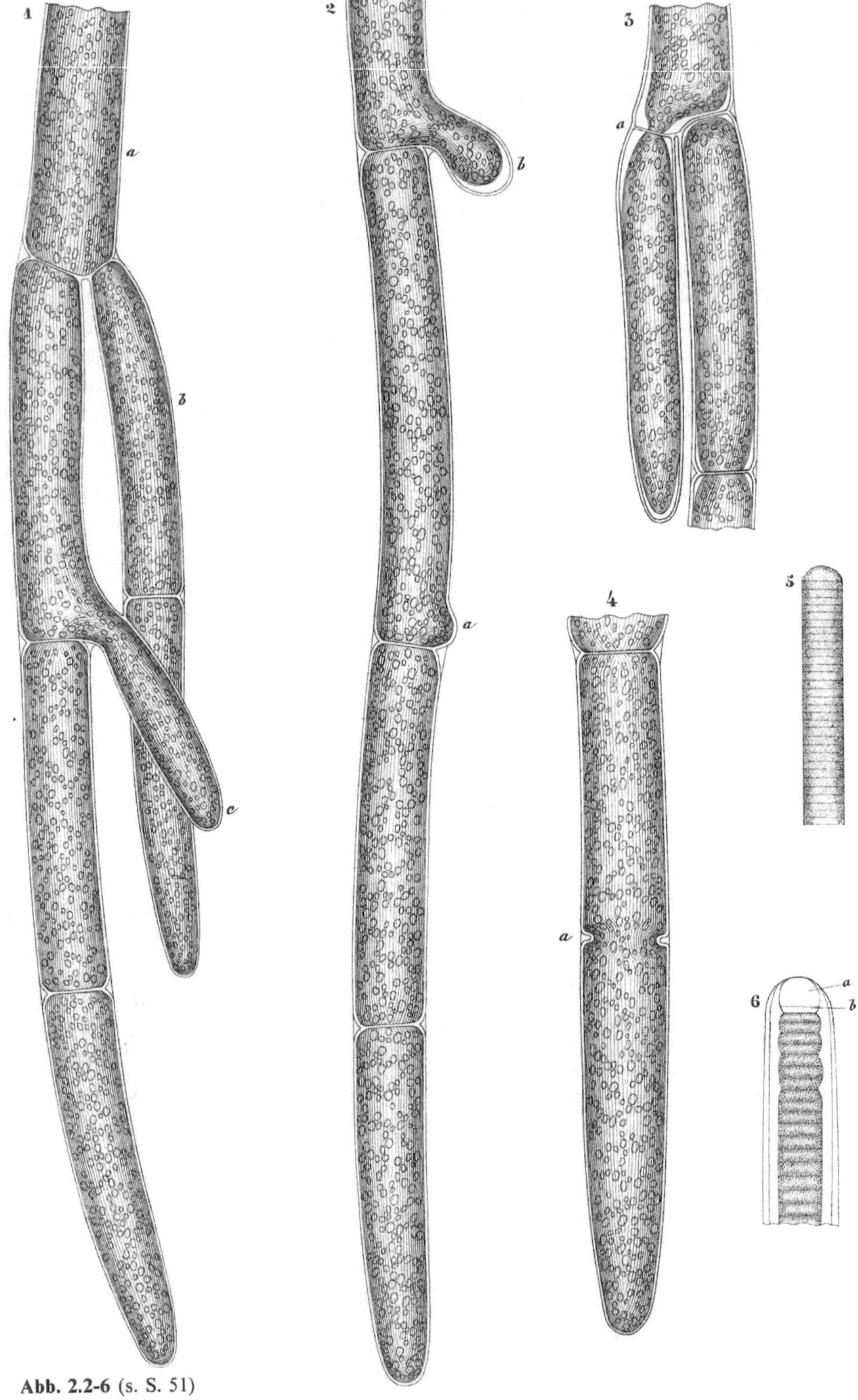

Abb. 2.2-6 (s. S. 51)

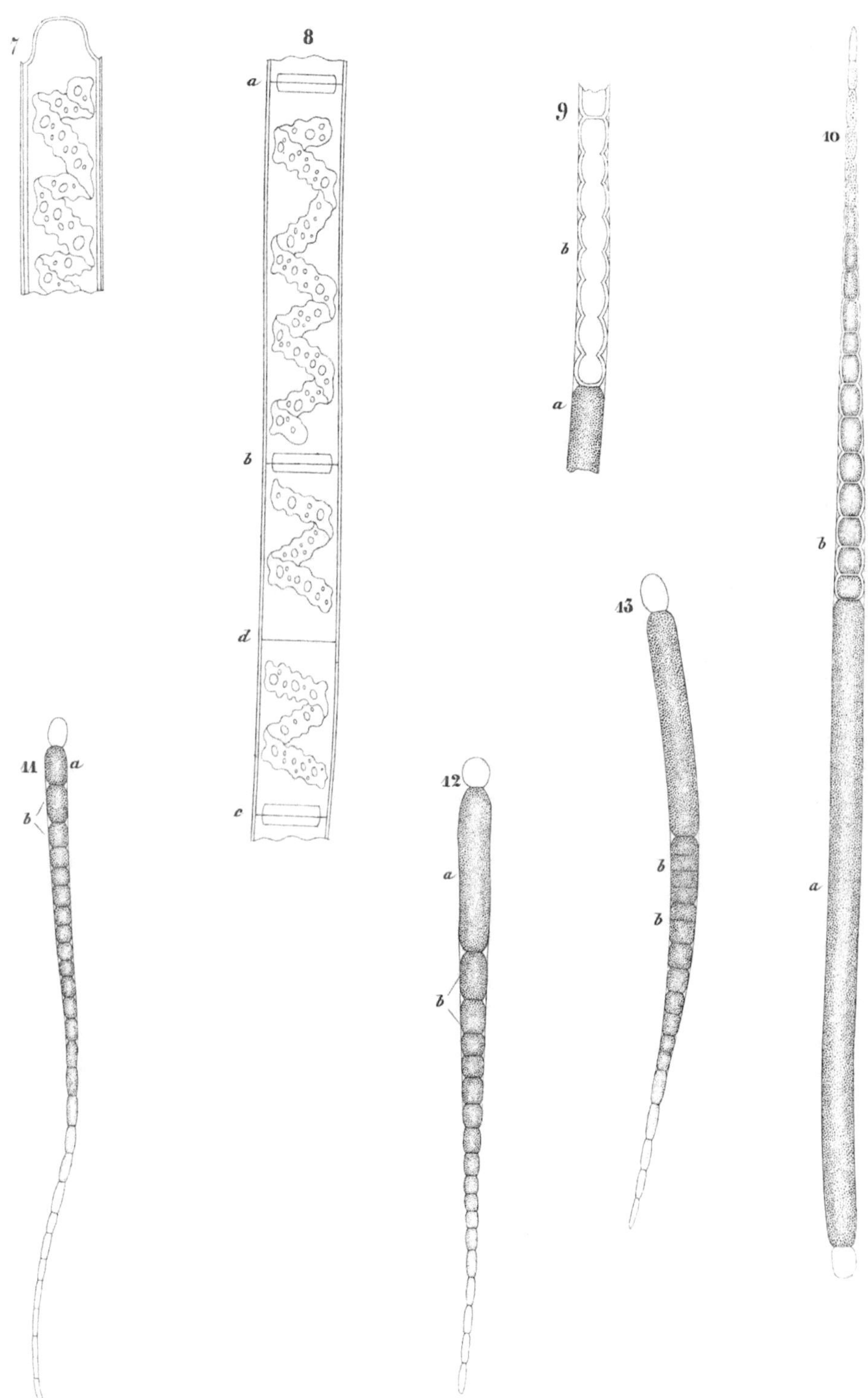

Abb. 2.2-6 (s. S. 51)

2.3 Die Zelltheorie bei Schleiden und Schwann

Im November 1831 hielt der englische Botaniker Robert Brown vor der Linné-
schen Gesellschaft in London einen Vortrag über Befruchtungsvorgänge bei
Orchideen. Darin beschrieb er — ohne einen Zusammenhang mit seinem eigentlichen Thema herzustellen — eine runde „areola", die auffällig konstant in
allen Zellen vorkam. Sie lag häufig etwa in der Mitte, aber auch am Rand oder
an beliebigen anderen Stellen innerhalb der Zellen. Ihre bevorzugte Gestalt
wechselte je nach dem untersuchten Gewebe. In einigen Fällen erschien sie
eher flach und leicht konvex gekrümmt, in anderen Fällen als annähernd runde
Kugel. Im Regelfall fand sich pro Zelle nur eine einzige „areola", gelegentlich
waren es aber auch einmal zwei dieser merkwürdigen Gebilde. Brown taufte
sie „nucleus of the cell".[1] Dabei beließ er es. Auf Spekulationen über eine
mögliche Bedeutung seiner Entdeckung ließ er sich nicht ein.

Robert Brown hatte den Zellkern entdeckt. Was war seine Funktion? Mat-
thias Schleiden, ein junger Botaniker, war der erste, der darüber eine genaue
Meinung entwickelte. Er veröffentlichte 1838 in dem von Johannes Müller her-
ausgegebenen Archiv für Anatomie, Physiologie und wissenschaftliche Medizin eine Arbeit „Beiträge zur Phytogenesis". Darin stellte er eine Theorie zur
Bildung der Pflanzenzelle auf, die dem Zellkern eine zentrale Rolle in diesem
Bildungsprozeß zuwies und bei den Fachgelehrten großes Aufsehen hervorrief.
Diese Theorie gab — wie wir bald sehen werden — den entscheidenden An-
stoß für Theodor Schwanns (1804–1881) epochemachende „Mikroskopische
Untersuchung über die Übereinstimmung in der Struktur und dem Wachstum
der Tiere und Pflanzen", die im folgenden Jahr 1839 erschien.

In der Einleitung seiner nur 38 Seiten umfassenden Schrift bemerkt Schleiden „Jede nur etwas höher ausgebildete Pflanze ist aber ein Aggregat von völlig individualisierten, in sich abgeschlossenen Einzelwesen, eben den Zellen
selbst."[2] (Abb. 2.3-1). Dieser Satz wird in modernen Lehrbüchern gelegentlich
als Beleg dafür zitiert, daß Schleiden die Theorie vom Aufbau der Pflanzen aus
Zellen begründet habe; aber das war nichts Neues, soviel stand bereits in Meyens Lehrbüchern. Schleiden geht einen entscheidenden Schritt weiter mit der
Frage, „Wie entsteht denn eigentlich dieser eigentümliche kleine Organismus,
die Zelle?"[3] Beim Lesen der Arbeit von Robert Brown war ihm der Gedanke
gekommen, „daß dieser Zellkern in einer näheren Beziehung zur Entstehung
der Zelle selbst stehen müßte".[4] Er nannte den Zellkern darum Cytoblast, d.h.
Zellenbildner.[4] In diesem Cytoblasten beobachtete Schleiden regelmäßig einen, gelegentlich auch mehrere kleine Flecken, die uns heute als Nukleoli geläufig sind und die er als „Kernchen" bezeichnete.[5] Kernchen, Kern und Zelle
brachte Schleiden in folgenden Zusammenhang, den er durch eindrucksvolle
Zeichnungen belegte (Abb. 2.3-2). Im Innern einer Zelle entsteht zunächst ein

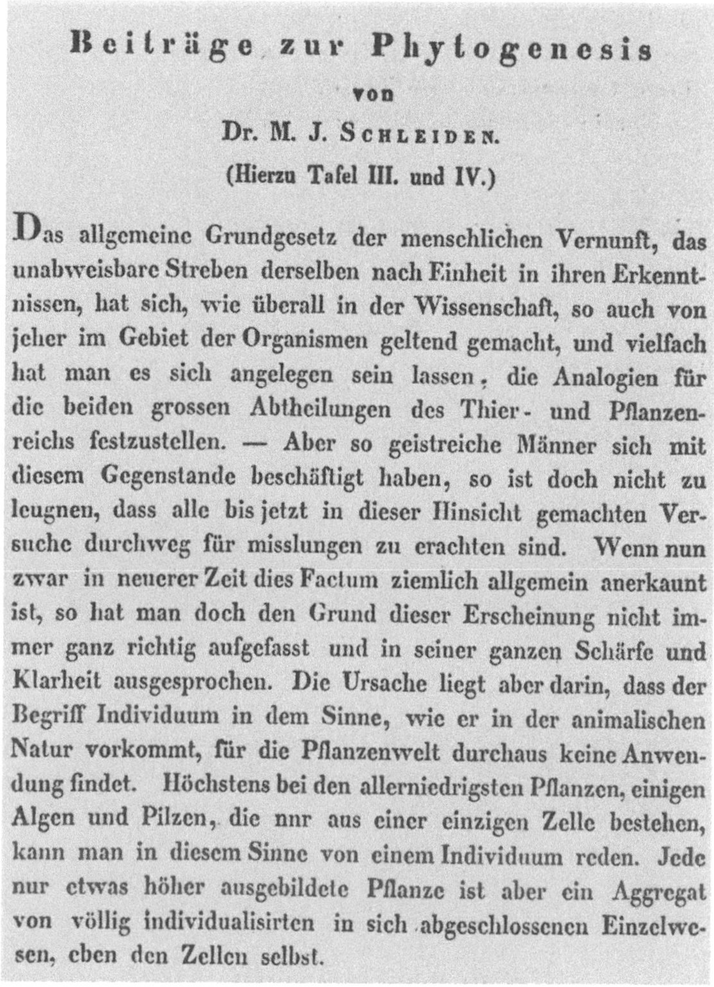

Beiträge zur Phytogenesis

von

Dr. M. J. Schleiden.

(Hierzu Tafel III. und IV.)

Das allgemeine Grundgesetz der menschlichen Vernunft, das unabweisbare Streben derselben nach Einheit in ihren Erkenntnissen, hat sich, wie überall in der Wissenschaft, so auch von jeher im Gebiet der Organismen geltend gemacht, und vielfach hat man es sich angelegen sein lassen, die Analogien für die beiden grossen Abtheilungen des Thier- und Pflanzenreichs festzustellen. — Aber so geistreiche Männer sich mit diesem Gegenstande beschäftigt haben, so ist doch nicht zu leugnen, dass alle bis jetzt in dieser Hinsicht gemachten Versuche durchweg für misslungen zu erachten sind. Wenn nun zwar in neuerer Zeit dies Factum ziemlich allgemein anerkannt ist, so hat man doch den Grund dieser Erscheinung nicht immer ganz richtig aufgefasst und in seiner ganzen Schärfe und Klarheit ausgesprochen. Die Ursache liegt aber darin, dass der Begriff Individuum in dem Sinne, wie er in der animalischen Natur vorkommt, für die Pflanzenwelt durchaus keine Anwendung findet. Höchstens bei den allerniedrigsten Pflanzen, einigen Algen und Pilzen, die nur aus einer einzigen Zelle bestehen, kann man in diesem Sinne von einem Individuum reden. Jede nur etwas höher ausgebildete Pflanze ist aber ein Aggregat von völlig individualisirten in sich abgeschlossenen Einzelwesen, eben den Zellen selbst.

Abb. 2.3-1. Titelseite aus Schleidens Arbeit von 1838

neues Kernchen, um das Kernchen herum bildet sich ein neuer Kern. Sobald dieser Kern seine völlige Größe erreicht hat, bildet sich auf ihm — „wie ein Uhrglas auf einer Uhr"[6] — ein Bläschen, nämlich „die junge Zelle, die anfangs ein sehr flaches Kugelsegment darstellt, dessen plane Seite vom Cytoblasten, dessen Konvex-Seite von der jungen Zelle gebildet wird."[6] (Abb. 2.3-2, Fig. 5) „Nach und nach wächst nun die ganze Zelle über den Rand des Cytoblasten hinaus, und wird rasch so groß, daß endlich der letztere nur als ein kleiner in einer der Seitenwände eingeschlossener Körper erscheint".[7] (Abb. 1.3-2, Fig. 8) Damit hat der Zellkern als Zellenbildner seine Schuldigkeit getan. Eingeschlossen in die Zellwand macht er den ganzen Lebensprozeß der von ihm gebildeten Zelle mit, „wenn er nicht bei den Zellen, die zu höherer Entwicklung bestimmt sind, entweder an seinem Ort oder, nachdem er gleichsam als unnützes

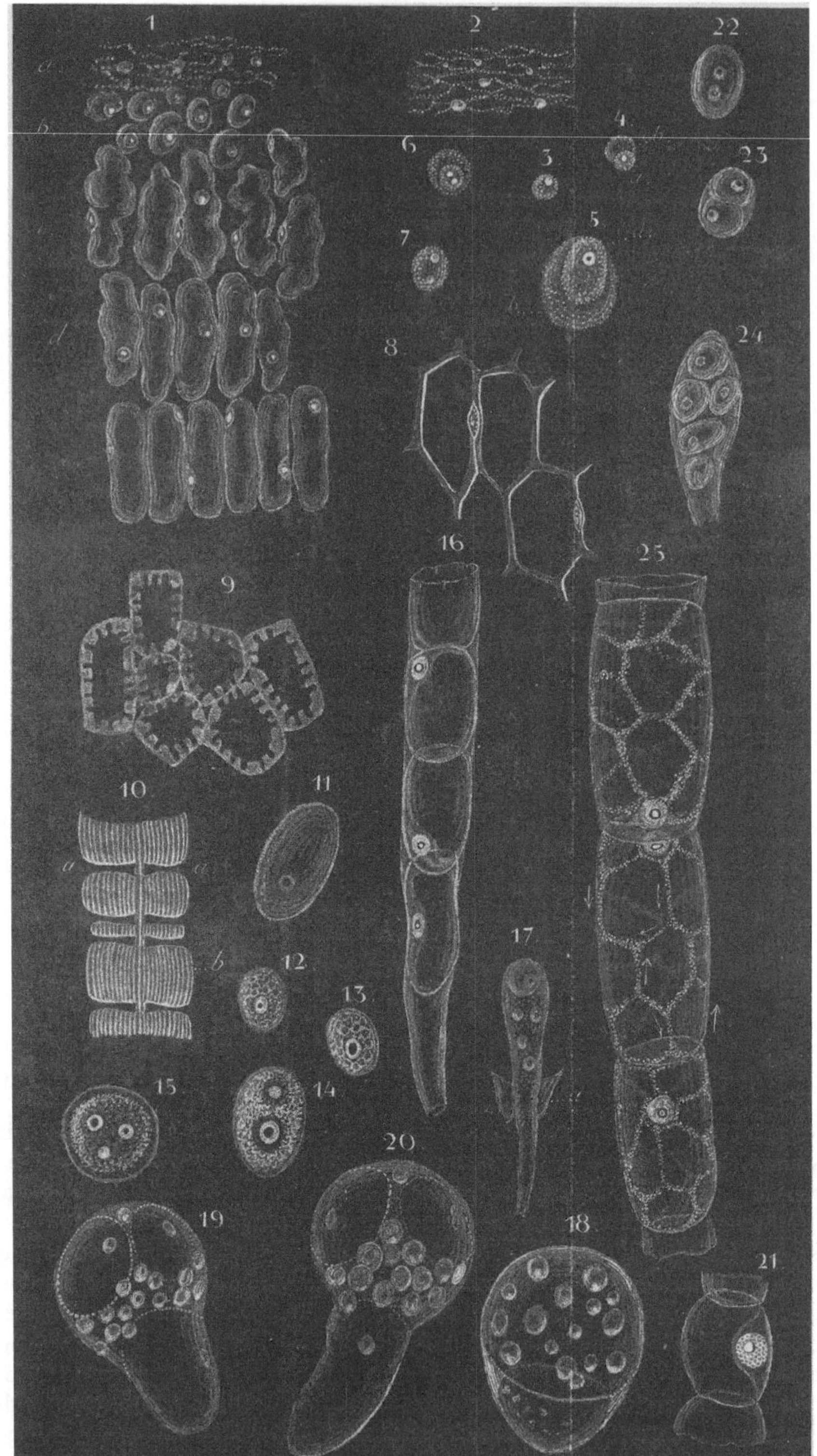

◄ **Abb. 2.3-2.** Tafel III aus Schleiden (1838).

Fig. 1. Zellgewebe des Albumens aus dem Embryosack von *Chamaedorea schiedeana* in der Bildung begriffen. *a* Die innerste Bildungsmasse, bestehend aus Gummi mit eingemengten Schleimkörnchen und Cytoblasten. *b* Neuentstandene Zellen noch in destillirtem Wasser auflöslich. *c–e* Fernere Ausbildung der Zellen, die durch leichten Druck noch in eine formlose Gallertmasse verschmelzen, mit Ausnahme des Cytoblasten.

Fig. 2. Der Bildungsstoff aus *Fig. 1 a* stärker vergrössert, Gummi, Schleimkörnchen, die Kerne der Cytoblasten, und diese selbst.

Fig. 3. Ein einzelner, noch freier Cytoblast, noch stärker vergrössert.

Fig. 4. Ein Cytoblast mit der sich darauf bildenden Zelle.

Fig. 5. Desgleichen, stärker vergrössert.

Fig. 6. Desgleichen. Der Cytoblast zeigt hier zwei Kerne, und ist

Fig. 7, isolirt nach Zerstörung der Zelle durch Druck dargestellt.

Fig. 8. Dasselbe Zellgewebe in seiner Ausbildung noch weiter fortgeschritten, als in *Fig. 1* bei *e*. Die sich berührenden Zellenwände sind schon verwachsen. Bei einem feinen Querschnitt erkennt man deutlich, dass der Cytoblast in der Zellenwandung eingeschlossen ist.

Fig. 9. Zellen des fast reifen Albumens in einem feinen Querschnitt.

Fig. 10. Gemeinschaftliche Scheidewand zwischen zwei Zellen, aus *Fig. 9* stärker vergrössert. Man unterscheidet (bei *b*) die schichtenweisen Ablagerungen auf der innern Wandung und die durch ihr locales Fehlen entstandenen Porencanäle (bei *a*). – Ich zählte deutlich 9–12 Schichten, die innerhalb 14 Tagen entstanden waren.

Fig. 11. Spore aus *Rhizina laevigata Fries*, mit dem Cytoblasten.

Fig. 12–14. Verschiedene Cytoblasten aus dem Embryosacke von *Pimelea drupacea* vor Erscheinung der Zellen.

Fig. 15. Junge Zelle mit ihrem Cytoblasten ebendaher. Letzterer zeigt hier ausnahmsweise drei Kerne.

Fig. 16. Aus dem Ovulum heraushangendes Stück der Embryonalendes vom Pollenschlauch bei *Orchis morio,* in welchem sich bereits nach oben Zellen gebildet haben. Nach unten erkennt man noch den ursprünglichen Pollenschlauch. Die hier fast kuglichen Cytoblasten sind deutlich in der Zellenwand eingeschlossen.

Fig. 17. Embryonalende des Pollenschlauchs aus *Linum palleacens* nebst einem anhängenden Läppchen des Embryosackes *(a).* Der Zellenbildungsprocess ist im Beginnen. Man erkennt nach oben schon eine junge Zelle mit ihrem Cytoblasten, darunter mehrere noch lose schwimmende Zellenkeime.

Fig. 18–20. Beginn der Keimung bei den Sporen der *Marchantia polymorpha.* Vergl. den Text pag. 157.

Fig. 21. Stücke von dem zellig gewordenen Pollenschlauch bei *Orchis latifolia* in der höchsten Entwickelung: der Ueberzug des Pollenschlauchs ist nicht mehr zu erkennen. Der Cytoblast ist ganz wie bei *Fig. 16* in der Zellenwandung eingeschlossen.

Fig. 22 und 23. Zwei isolirte Zellen aus dem Terminaltrieb (*punctum vegetationis Wolff*) von *Gasteria racemosa*; in 22 sieht man zwei freie Cytoblasten, in 23 zwei neu gebildete Zellen in der Mutterzelle.

Fig. 24. Ganz junges Blatt von *Crassula portulaca,* die fünf dasselbe noch allein zusammensetzenden Zellen sind noch von einer Mutterzelle umschlossen.

Fig. 25. Drei Zellen aus einem gegliederten Haare einer Kartoffel mit einem Netz von Schleimströmchen an den Wänden. Bei der mittelsten Zelle ist durch Pfeile zum Theil die Richtung der Strömchen angedeutet.

Wo ich bis jetzt bei Phanerogamen diese Bewegungen in den Zellen beobachtete, fand ich stets, dass das sich Bewegende aus einer vom übrigen wässrigen Zellensaft ganz verschiedenen gelblichen, schleimigen, in destillirtem Wasser völlig unauflöslichen Flüssigkeit mit eingemengten feinen, schwarzen Körnchen bestand, und selbst, wo die Strömchen so fein wurden, dass sie nur noch als ganz kleine, zarte Linien schwarzer Punkte erschienen, gelang es mir doch bei stärkerer Vergrösserung, die gelbliche Schleimfüssigkeit zu erkennen, besonders wenn der nicht selten günstige Umstand eintrat, dass ein zufälliges Hindernis das Strömchen hemmte, wodurch eine etwas größere Menge der strömenden Materie aufgehäuft wurde, und meist dann auch eine Veränderung der Richtung, oder eine Theilung erfolgte" (dort S. 174–175). Man beachte insbesondere die in den *Fig. 2–5* dargestellte „Uhrglastheorie" der Zellbildung (s. S. 55). In Zellen des fast reifen Albumens *(Fig. 9)* sind Zellkern nicht mehr erkennbar. Sie können sich nach Schleidens Ansicht auflösen, wenn sie ihre Funktion bei der Zellbildung erfüllt haben

Glied abgestoßen ist, in der Höhlung der Zelle aufgelöst und resorbiert wird."[7] (Abb. 2.3-2, Fig. 9) Diesen Gang der Zellentwicklung beobachtete Schleiden, wie er angibt „in ihrem ganzen Verlauf im Albumen von *Chamaedorea schiedeana, Phormium tenax, Fritillaria pyrenaica, Tulipa sylvestris, Elymus arenarius, Secale cereale, Leucoji spec., Abies excelsa, Larix europaea, Euphorbia pallida, Ricinus leucocarpa, Momordica elaterium* und im Embryonalende des Pollenschlauchs von *Linum pallescens, Oenothera crassipes,* und einer Menge anderer Pflanzen."[8] Das ist eine eindrucksvolle Liste. So voller Überzeugung kann nur jemand schreiben, der sich seiner Sache sicher ist. Nachdem Schleiden den Bildungsprozeß der Zellen an so zahlreichen Spezies immer wieder beobachtet hatte, generalisiert er seinen Befund und stellt ein Paradigma für die Entwicklung der Pflanzenzelle auf. „Eine einfache Zelle, der Pollenschlauch, ist ihre erste Grundlage. In diesen entstehen Zellen, in ihnen entwickeln sich neue Zellen, und so fort durch das ganze Leben".[9] Er meint, „ziemlich folgerecht und naturgemäß nachgewiesen zu haben, daß beim ganzen Wachstum der Pflanze sich stets nur Zellen in Zellen bilden".[10] Die einzige Ausnahme für dieses Bildungsgesetz findet Schleiden beim Cambium. „Hier bilden sich, so viel bis jetzt darüber bekannt geworden ist, nicht Zellen in Zellen, hier findet keine allseitige Ausdehnung des anfangs kleinen Bläschen statt, hier findet sich kein Cytoblast, auf dem sich die junge Zelle bilden könnte, sondern unter den äußeren Zellenschichten, die man unter dem Ausdruck Rinde zusammenfaßt, ergießt sich, gleichsam in einem einzigen großen Interzellularraum, eine organisierbare Flüssigkeit, die wie es scheint, ganz plötzlich in ihrer ganzen Ausdehnung zu einem neuen, ganz eigentümlich geformten und aneinander gelagerten Zellgewebe, dem sogenannten Prosenchyma erstarrt."[11]

Schleidens Theorie der Zellbildung war, wie wir heute wissen, Punkt für Punkt falsch. Einer der ersten, die sich entschieden gegen diese Theorie aussprachen, war Meyen. Im dritten Band seiner „Pflanzen-Physiologie", schreibt er 1839: „Herr Schleiden hat in einer reichhaltigen Abhandlung die hohe Wichtigkeit zu erweisen gesucht, welche dem Zellenkerne bei der Bildung der Zelle zukommt, weshalb er denselben mit einem besonderen Namen belegt und ihn Cytoblastus (von Cytos und Blastos) nennt. Meine Beobachtungen über diesen Gegenstand stimmen indessen mit denen des Herrn Schleiden nicht überein, ja ich muß mich im Gegenteile ganz gegen jene Ansicht aussprechen, daß der Zellenkern die Zelle selbst erzeuge".[12] Erneut betont Meyen, „daß die Vermehrung der Zellen durch Selbstteilung eine bei niederen und bei höheren Pflanzen sehr allgemein verbreitete Erscheinung ist. Wo sich aber die Zellen in dem vollkommenen Zellengewebe der höheren Pflanzen, wie der niederen nicht durch Teilung vermehren, da geschieht ihre Bildung nicht durch Zellenkerne oder durch sogenannte Cytoblasten, sondern die neuen Zellen bilden sich aus der kondensierten Schleimmasse im Innern der älteren Zellen, und man kann sehen, daß sich die Schleimmasse zu einer Blase ausdehnt, deren Wand später erhärtet."[12]

Auch Meyen war noch einem Denken in den Kategorien der Urzeugung verhaftet. Überhaupt mag Meyen dem Zellkerne eine so fundamentale Bedeutung im Zellenleben nicht zugestehen. „Der Zellenkern ist nicht ein allgemeines Elementarorgan der Pflanze; ich kenne eine große Menge von Zellen, wo weder in ganz jungen Zellen, noch in älteren Zellen Zellenkerne vorkommen, aber es geht aus meinen Beobachtungen hervor, daß sich der Zellenkern immer in solchen Zellen bildet, welche bestimmt sind, assimilierten Nahrungsstoff zu führen, und an verschiedenen Stellen dieses Buches habe ich nachgewiesen, daß der Zellenkern zur Bildung der Zellenkernkügelchen verbraucht wird".[13]

Damit stehen wir bereits mitten in der Kontroverse um die Bedeutung des Zellkerns, die sich nun über mehrere Jahrzehnte nach verschiedenen Richtungen hin entfalten sollte. Schleiden verteidigte seine Position gegenüber Meyen bald in einem Aufsatz „Über das Verhältnis des Cytoblasten zum Lebensprozeß der Pflanzenzelle".[14] „Wenn er (Meyen) meinen Aufsatz genauer durchgelesen hätte, so würde er eingesehen haben, daß hier wenigstens nicht von einer Täuschung ... die Rede sein kann, sondern daß ich den Verlauf der Zellenbildung bei einer sehr großen Zahl von Pflanzen in allen ihren Teilen und in allen Stadien der Entwicklung verfolgt habe und nachdem ich die Resultate einer mehrjährigen Erforschung der Sache beisammen hatte, nun erst aus dem Zusammenhang aller rein und vollständig beobachteten Fälle mir das Gesetz (der Zellenbildung) abstrahierte, aus welchem ich dann, wie mir scheint, mit gutem Rechte die unklaren Erscheinungen oder unvollständigen Beobachtungen erklärte oder ergänzte".[15] Schleiden glaubte also an die Richtigkeit seiner Beobachtungen und das von ihm aufgestellte Paradigma. Wie jeder Anhänger eines Paradigmas war er überzeugt, daß sich einzelne Unstimmigkeiten oder Widersprüche, alles das, „was sich wegen dieser lückenhaften Beobachtung nicht gleich zusammenreihen läßt",[15] zu guter letzt doch im Sinne des Paradigmas aufklären lassen würde. Vielleicht war er bereit, wie seine Bedenken hinsichtlich der Entwicklung des Cambiums zeigen, Zellbildungsvorgänge zuzugeben, für die sein Paradigma der Zellbildung ausnahmsweise nicht zutraf. Vehement verteidigte er sich aber gegen die Behauptung, daß dieses Paradigma nicht einmal die von ihm selbst so gründlich studierten Vorgänge in richtiger Weise beschrieb. Die Einleitung seiner Erwiderung („Wenn er meinen Aufsatz genauer durchgelesen hätte ...") übrigens war für Schleidens Verhältnisse durchaus moderat. Er konnte von rücksichtsloser Polemik sein. Wir werden in einem späteren Kapitel noch Kostproben hören, wenn wir sein Verhältnis zu Schelling und Hegel beschreiben. Zunächst aber zu Schwann.

Als Schleidens aufsehenerregende „Beiträge zur Phytogenesis" erschienen, war Schwann 28 Jahre alt. Er hatte damals bereits bei Johannes Müller mit einer Arbeit über die Atmung des Hühnerembryos im Ei promoviert und war nun, mit 10 Thalern Gehalt monatlich, Gehilfe Müllers am anatomischen Museum in Berlin. Um die Persönlichkeiten, die für die rasche Entwicklung der Zelltheorie in den dreißiger Jahren des vorigen Jahrhunderts gesorgt haben, richtig einzuschätzen, müssen wir uns bewußt machen, daß hier eine neue, junge Generation von Forschern, ausgerüstet mit verbesserten Mikroskopen und mit dem Elan des Anfangs zu Werke ging. Sie alle waren jung und sie machten ihre Beobachtungen und Theorien zum Teil bereits in einem Alter, in dem man einer heutigen Generation von Studenten bestenfalls das Ausfüllen von Bögen mit ‚multiple choice' Fragen zutraut. Die üblichen Photographien von Schleiden oder Schwann zeigen uns ältere Herren, die würdevoll ins Ungefähre blicken. Das war nicht nur auf Grund des inzwischen erworbenen Ruhmes, sondern einfach auf Grund der damals erforderlichen langen Belichtungszeit unvermeidlich. Was sich zwischen 1830 und 1840 abspielte, war aber nicht die Sache würdiger Geheimräte, sondern die Stunde junger Forscher, die mit einer — sieht man sich den Umfang der in wenigen Jahren publizierten Befunde an — staunenswerten Produktivität arbeiteten. Einen solchen Schwung bringen nur Wissenschaftler auf, die mit ganzer Kraft an Untersuchungen arbeiten, deren Ergebnisse sie als völlig neu und bahnbrechend erfahren: kurz, wissenschaftliche Revolutionäre.

Als Schwann mit seinen Untersuchungen begann, fand er die folgende Situation vor: Die Erkenntnis von einer wesentlichen Funktion der Zelle als Elementarorgan der Pflanze war fest etabliert. Einige Zweifel gab es eigentlich nur noch bei der Frage, ob in der Pflanze weitere Elementarorgane existieren, die prinzipiell nicht auf Zellen zurückzuführen sind. Mit Schleidens Paradigma von einem allen Pflanzenzellen gemeinsamen Entwicklungsprozeß war gleichzeitig postuliert, daß der Begriff der Zelle mehr als ein naturhistorischer Oberbegriff für eine Vielzahl in ihrer genaueren Entstehungsweise und Zusammensetzung ganz unterschiedlicher Kämmerchen war. Trotz unterschiedlicher Funktionen der einzelnen Pflanzenzellen postulierte Schleiden in seiner Zellbildungstheorie Gemeinsamkeiten bis in das kleinste strukturelle Detail. Bei den Tieren stand man dagegen im Hinblick auf ihre mögliche Zusammensetzung aus Elementarorganen noch ganz am Anfang. Die große Mannigfaltigkeit der Organe und Gewebe legte eher nahe, eine ebenso große Vielfalt von Elementarorganen anzunehmen. In einer Zeit, in der die Mikroskope im Vergleich zum heutigen Standard äußerst dürftig, brauchbare Fixations- und Färbeverfahren für die leicht verderblichen tierischen Gewebe noch nicht entwickelt waren, standen, wie Schwann in der Vorrede zu seinen Untersuchungen schreibt, „die Anatomie und Physiologie der Pflanzen und Tiere ... noch ziemlich isoliert nebeneinander und die Schlüsse aus dem einen Gebiet (erlaubten) nur eine entfernte und äußerst vorsichtige Anwendung auf das andere Gebiet“...[16] „Während die Pflanzen sich ganz aus Zellen zusammengesetzt zeigen, waren die Elementarteile der Tiere äußerst mannigfaltig und die meisten derselben schienen mit Zellen gar nichts gemeinsam zu haben. Dies harmonierte mit der herrschenden Ansicht, daß das Wachstum der Tiere, deren Gewebe mit Gefäßen versehen sind, wesentlich verschieden sei von dem der Pflanzen.“[17]

Schleiden hatte Schwann die Resultate seiner Untersuchungen schon im Oktober 1837, also vor ihrer Publikation, mitgeteilt. Schwann war fasziniert. Schleidens Entdeckungen des Zellbildungsprozesses, von deren Richtigkeit Schwann bald überzeugt war — „die Untersuchungen von Schleiden klärten den Bildungsprozeß aufs herrlichste auf“[18] — veranlaßten Schwann, Untersuchungen in einer ganz neuen Richtung anzustellen. Schwann wollte nachweisen, daß die Tiere bei aller Komplexität der verschiedenen Gewebe ebenso wie die Pflanzen aus Elementarteilen, den Zellen, aufgebaut sind und daß diese tierischen Zellen in ihrer Struktur und Entstehung im wesentlichen mit den pflanzlichen Zellen übereinstimmen. Gelang ihm dies, dann war mit einem Schlag „der innigste Zusammenhang beider Reiche der organischen Natur“[19] nachgewiesen. Schwann hatte im tierischen Gewebe einen Körper gesehen, der große Ähnlichkeit mit dem Zellkern der Pflanzenzelle aufwies. Auch in den tierischen Geweben besaß dieser Kern ein oder gelegentlich mehrere Kernkörperchen. In vielen Geweben, in denen die im Vergleich zu den Pflanzenzellen dürftige Ausbildung der Zellmembran oder Zellwand (die Begriffe wurden damals noch synonym gebraucht) eine Abgrenzung einzelner Zellen sehr erschwerte, erlaubte die Verteilung der Zellkerne, wenn man jeden Kern in Analogie zu den Verhältnissen bei den Pflanzenzellen als Bestandteil jeweils einer Zelle auffaßte, eine Vorstellung von der Abgrenzung auch tierischer Zellen untereinander.[20] Der relativ einfach zu beobachtende Zellkern wurde so für Schwann zum Schlüssel, mit dem sich die Zusammensetzung tierischen Gewebes aus Zellen erweisen ließ. Ebenso wie Schleiden bei den Pflanzen fand Schwann, daß „die kernlosen Zellen oder richtiger ausgedrückt, die Zellen, in denen bis jetzt noch keine Kerne beobachtet worden sind … auch bei Tieren selten sind".[21] „Wenigstens neunundneunzig Hundertstel aller Elementarteile des Säugetierkörpers wird aus kernhaltigen Zellen gebildet."[22] Wenn das so war, dann erschien es naheliegend, daß Elementarteile der Tiere mit den Pflanzenzellen im Gegensatz zu allem, was man bislang angenommen hatte, eine fundamentale Übereinstimmung aufweisen. Heute gehört es zu den Grundüberzeugungen der Zellbiologie, daß es in der Tat so ist. Zellbiologen sind darum in Gefahr, mit den Augen eines hundertvierzig Jahre später lebenden Famulus — sie haben es ja inzwischen herrlich weit gebracht — wissenschaftliche Abhandlungen der Anfangszeit ihrer Wissenschaft allzu selektiv zu lesen: Behauptungen, die in das heutige Schema passen, werden gern und fast ungesehen hingenommen, ohne noch viel nach der damals vorhandenen experimentellen Beweislage zu fragen. Behauptungen, die diesem Schema zuwiderlaufen, pflegt man auch dann nicht mehr zur Kenntnis zu nehmen, wenn sie unter dem Blickwinkel der Ideengeschichte einer Wissenschaft äußert fruchtbar waren. Die Behauptungen Schleidens über die Entstehungsweise der Zellen gehören in diese Kategorie.

Der experimentelle Ariadnefaden, an dem sich Schwann entlang hangelte, um seine Aufgabe erfolgreich zu lösen, war die von Schleiden postulierte Funktion des Zellkerns. Der Nachweis tierischer Zellkerne und ihrer morphologischen Ähnlichkeit mit pflanzlichen Zellkernen war zunächst nichts weiter als eine bemerkenswerte Analogie. Entscheidend kam es darauf an, ob der tierische Zellkern die gleiche Rolle bei der Zellbildung spielte, wie sie Schleiden für pflanzliche Zellen beschrieben hatte. Das epochemachende Resultat der Schwannschen Zelltheorie, die Bildung aller Tiere und Pflanzen aus bis in feinste Details der Struktur und Funktion gleichartigen Elementarteilen, den Zellen, beruhte also zunächst auf der Verifizierung der Zellbildungshypothese Schleidens bei tierischen Zellen, kurz, auf der Generalisierung eines grundlegenden Irrtums.

Im Verlauf seiner Untersuchungen bestätigte sich für Schwann die Zellbildungstheorie von Schleiden auf das Glänzendste. In einem wesentlichen Punkt allerdings modifizierte er sie. Nach Schleiden bildeten sich — mit Ausnahme des Kambiums — alle Pflanzenzellen *in* Pflanzenzellen. Nach Schwann traf dies für tierische Zellen nur zum Teil zu. Der Bildungsort neuer Zellen war eine „strukturlose Substanz", das „Cytoblastem".[23] Es findet sich entweder in

schon vorhandenen Zellen als Zelleninhalt oder zwischen den Zellen als Interzellularsubstanz. Die Neubildung von Zellen in dem interzellularen Cytoblastem betrachtete Schwann bei den Tieren als den häufigeren Vorgang. Im übrigen verlief die von Schwann bei tierischen Geweben beobachtete Zellbildung
aber in allen wesentlichen Punkten entsprechend dem von Schleiden vorgegebenen Paradigma. (Abb. 2.3-3) „Es wird zunächst ein Kernkörperchen gebildet,
um dieses schlägt sich eine Schicht gewöhnlich feinkörniger Substanz nieder ...
und es entsteht ein mehr oder weniger scharf abgegrenzter Zellenkern. Der
Kern wächst durch fortgesetzte Ablagerung neuer Moleküle zwischen die vorhandenen, durch Intussusceptio".[24] „Wenn der Kern eine gewisse Entwicklungsstufe erreicht hat, so bildet sich um ihn die Zelle. Der Prozeß, wodurch
dieses geschieht, scheint folgender zu sein. Auf der äußeren Oberfläche des
Zellenkerns schlägt sich eine Schichte einer Substanz nieder, die von dem umgebenden Cytoblastem verschieden ist ... Der äußere Teil der Schichte (konsolidiert) sich allmählich zu einer Membran ... bei vielen Zellen aber kommt es

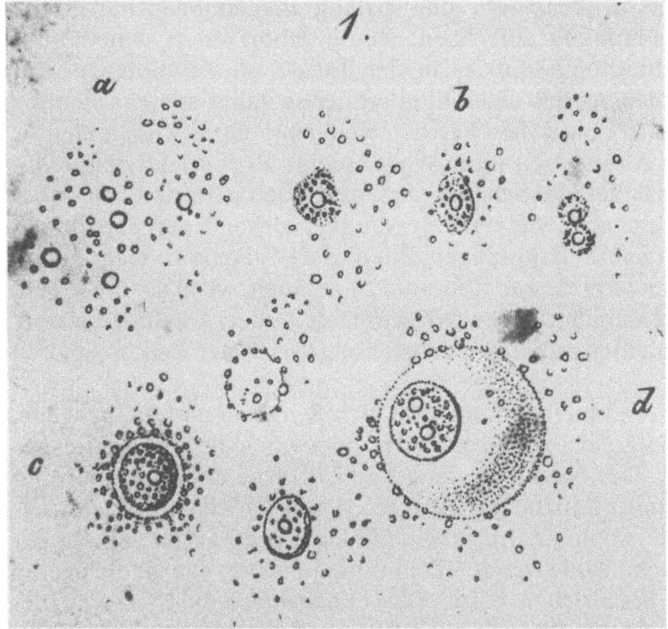

Abb. 2.3-3. Stadien der Zellbildung im Embryosack von *Vicia faba;* aus Schleiden (1845) Kupfertafel, Tafel 1 (vergrößert, 2,4 ×). „Inhalt des Embryosacks von *Vicia faba* bald nach der Befruchtung. In der hellen, aus Gummi und Zucker bestehenden Flüssigkeit schwimmen Körnchen von Proteinverbindungen *(a),* unter denen sich einzelne größere auffallend auszeichnen.
Um diese letzteren sieht man die ersteren zu einer kleinen Scheibe zusammengeballt und zuweilen zwei solche Scheiben miteinander verschmelzend *(b).* Um andere Scheiben erkennt
man einen hellen, scharfbegrenzten Saum *(c),* der sich allmählich weiter von der Scheibe (dem
Cytoblasten) entfernt und endlich deutlich als junge Zelle *(d)* erkannt wird." (Schleiden (1846)
S. 573) Zellkern und Nukleolus bilden sich demnach neu aus der im Embryosack enthaltenen
Bildungsmasse. Die Uhrglastheorie der Zellbildung (vgl. Abb. 2.3-2, Fig. 4) hatte Schleiden inzwischen aufgegeben. Die Zelle erhebt sich nicht wie ein Uhrglas unmittelbar aus dem Zellkern, sondern bildet sich um den gesamten Zellkern herum

gar nicht zur Entwicklung einer evidenten Zellmembran, sondern sie sehen solid aus, und es läßt sich nur erkennen, daß der äußere Teil der Schichte etwas kompakter ist. Hat sich die Zellenmembran einmal konsolidiert, so dehnt sie sich durch fortdauernde Aufnahme neuer Moleküle zwischen die vorhandenen, also vermöge eines Wachstums durch Intussusception aus und entfernt sich dadurch vom Zellenkern ... Der Zwischenraum zwischen Zellmembran und Zellenkern wird sogleich mit Flüssigkeit gefüllt und dies ist denn der Zelleninhalt".[25] Diese „Zellenbildung ist nur eine Wiederholung desselben Prozesses um den Kern, durch den sich der Kern um das Kernkörperchen bildet".[26] Nach der Schwannschen Zelltheorie ist daher „eine gewöhnliche kernhaltige Zelle nichts als eine Zelle, die sich außen um eine andere Zelle, den Kern, bildet ... Zwischen beiden (findet) nur der Unterschied statt, daß die innere Zelle, nachdem die äußere Zelle sich darum gebildet hat, sich nur langsamer und unvollkommener entwickelt".[27] Während der Prozeß der Zellenbildung bei den kernhaltigen Zellen also ein zweifacher Schichtbildungsprozeß ist (eine Schicht Kern um das Kernkörperchen und eine zweite Schicht Zellsubstanz um den Kern), „(findet) bei den kernlosen Zellen vielleicht nur eine einfache Schichtenbildung um ein unendlich kleines Körperchen statt".[28] Im dritten Abschnitt seines Buches („Rückblick auf die vorige Untersuchung, der Zellenbildungsprozeß, Theorie der Zellen") behandelt Schwann ausführlich die Übereinstimmung und die Unterschiede von Kristallbildung und Zellbildung. Schwann war sich zwar bewußt, „wie sehr verschieden die Erscheinung der Zellbildung und der Kristallbildung sind",[29] aber er war doch fasziniert von der Idee, daß „der Organismus nichts als ein Aggregat solcher imbibitionsfähiger Kristalle ist".[30]

Schwann stützte seine Zellbildungstheorie auf eine systematische Untersuchung, die vom Keimbläschen über embryonale bis zu fertig ausgebildeten Geweben reichte. Der Theoriebildung im dritten Abschnitt gingen zwei umfangreiche Abschnitte („Über die Struktur und das Wachstum der Chorda und der Knorpel" sowie „Über die Zellen als Grundlage aller Gewebe des tierischen Körpers") voraus. Punkt für Punkt versuchte Schwann in den ersten beiden Abschnitten zu belegen, daß „alle Gewebe aus Zellen bestehen oder sich auf verschiedene Weise aus Zellen heranbilden".[31] (Abb. 2.3-4)

Schwanns „Mikroskopische Untersuchungen" sind ein epochemachendes Werk der Zellbiologie. Sein Rang in der menschlichen Geistesgeschichte ist mit Darwins Werk vergleichbar. Dieser Rang besteht in dem Gedanken von der Einheit der organischen Natur, die bei aller ihrer großartigen Vielfalt aus einem Elementarteil, der Zelle, aufgebaut ist. Seit Schwann ist nie mehr ein ernster Zweifel aufgetreten, daß der Begriff der Zelle bei allen Pflanzen und Tieren durch fundamentale Gemeinsamkeiten ihrer Struktur und Bildung ausgewiesen ist. Seit Schwann war die Zelle endgültig mehr als ein naturhistorischer Oberbegriff, hinter dem sich im Grunde völlig unterschiedliche Dinge verbergen mochten. Die Einheit des Lebendigen war seitdem mehr als spekulative Philosophie, sie hatte einen mit den Methoden naturwissenschaftlicher Erkenntnis zugänglichen Fokus: die Zelle.

„Freilich", so schrieb Rudolf Virchow 1882 in seinem Nachruf auf Schwann, „was man für die Hauptsache hielt, ja man kann sagen, was

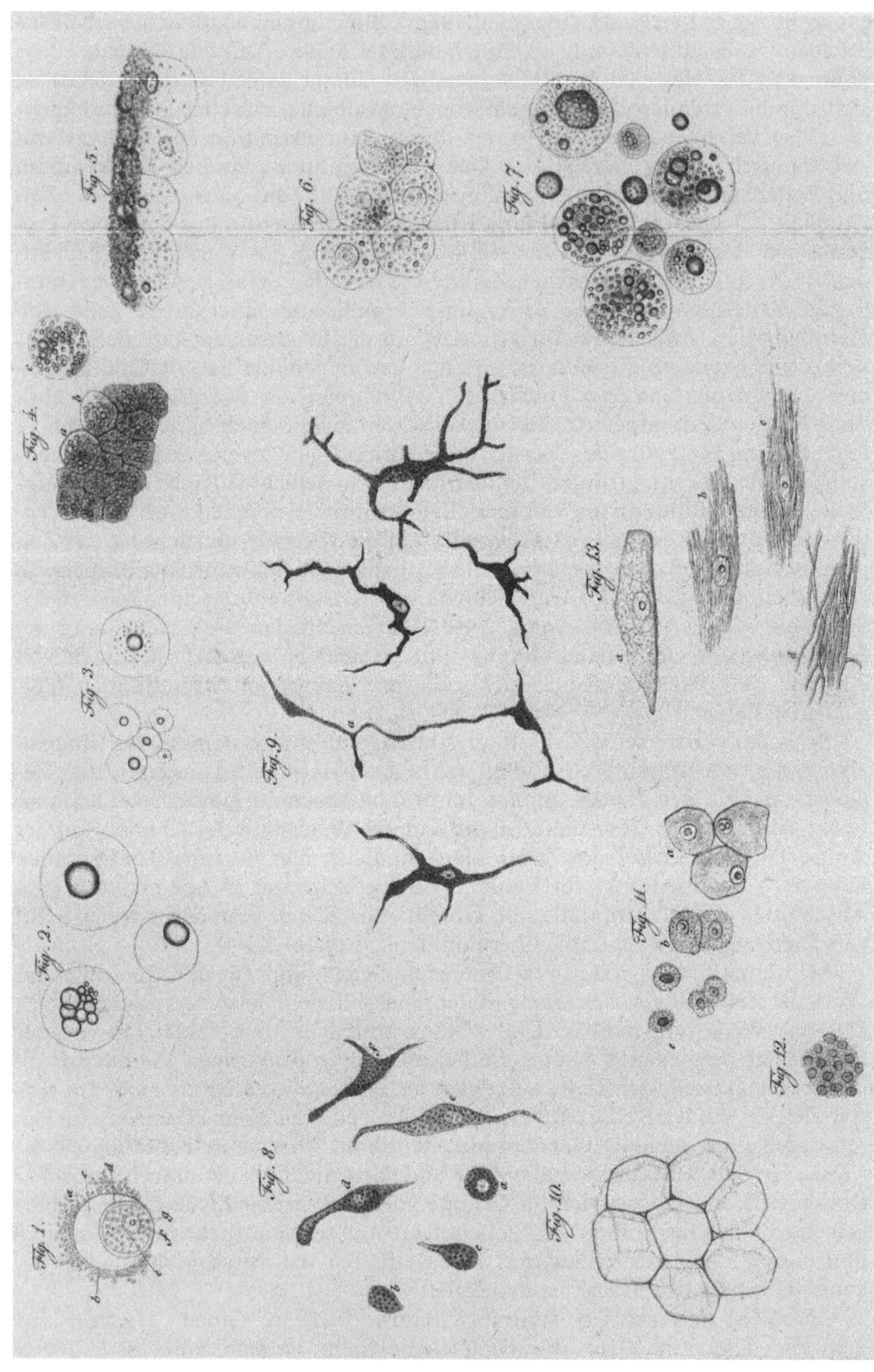

Schwann selbst in den Vordergrund seiner Betrachtungen rückte, das war ein Mißverständnis. Die Entwicklungsgeschichte der tierischen Zelle, welche er suchte, hat er nicht gefunden. Aber die Entwicklung der Gewebe, ja des ganzen Körpers aus Zellen hat er dargetan ... Heutzutage meinen viele, die Zellentheorie Schwanns sei identisch mit unserer heutigen Zellentheorie. Es erklärt sich wohl nur aus dem Umstande, daß selbst ein Buch von dem Range der „Mikroskopischen Untersuchungen" Schwanns nur selten gelesen wird. Hat es doch niemals eine zweite Auflage erlebt! Man erzählt eben nach, was man hört, aber man hält sich nicht mehr für verpflichtet, die Quellen zu durchforschen. Weshalb sollte man noch Schleiden und Schwann lesen, nachdem die Uhrglastheorie und mit ihr die cytoplastischen Stoffe begraben worden sind? Und doch sollte man es tun, schon um sich selbst in die Lage zu versetzen, die wunderbare Tatsache zu begreifen, daß trotz so großer Irrtümer in diesen Schriften die Grundlagen der wissenschaftlichen Fortschritte der späteren auch unserer und sicher auch der kommenden Zeit enthalten sind".[32]

◄ **Abb. 2.3-4.** Tafel II aus Schwann (1839). Die Tafel zeigt einen Teil der vielfältigen von Schwann beobachteten Zelltypen.
Fig. 1. „Ei einer Ziege nach Krause (Müller's Archiv 1837. *Tab. I. Fig. 5.*).“
Fig. 2. „Zellen der Dotterhöhle eines reifen Hühnereies.“
Fig. 3. „Zellen aus dem Innern eines $1\frac{1}{2}$ Linie großen Eies aus dem Eierstock eines Huhnes.“
Fig. 4. „Stückchen der Keimhaut eines reifen unbebrühten Hühnereies, von oben betrachtet.“
Fig. 5. „Stückchen der Keimhaut aus einem 16 Stunden bebrüteten Hühnerei. Sie ist so gefaltet, daß die äußere Fläche oder die seröse Schicht den Rand bildet.“
Fig. 6. „Zellen des serösen Blattes derselben Keimhaut in der Nähe der *area pellucida* nach Entfernung des Schleimblattes.“
Fig. 7. „Zellen des Schleimblattes derselben Keimhaut außer der *area pellucida*.“
Fig. 8. u. 9. „Verschiedene Arten und Entwickelungsstufen der Pigmentzellen aus dem Schwanze von Froschlarven.“
Fig. 10. „Zellen aus dem Innern des Schaftes einer ausgebildeten Schwungfeder des Raben.“
Fig. 11. „Frühere Entwickelungsstufen derselben aus dem noch weichen Theile des Schaftes einer unausgebildeten Feder.“
Fig. 12. „Ebendaher. Zellenkerne, um welche sich noch keine Zellen gebildet haben.“ (Man beachte die Abhängigkeit der Beschreibung Schwanns von seiner Theorie).
Fig. 13. „Platte, in Fasern zerfallende Zellen aus der Rinde an der Seite des Schaftes einer in der Bildung begriffenen Rabenfeder" (dort S. 268). Die Bildung von Sehnengewebe dachte sich Schwann in gleicher Weise. Die Zellen zerfallen „in viele Fasern, während anfangs der Zellenkern noch fortbesteht, zuletzt aber resorbiert wird, so daß bloß das Faserbündel übrig bleibt" (dort S. 147)

2.4 Wissenschaftstheorie bei Schwann und Schleiden

Begriffe wie Paradigmaentstehung und Paradigmawechsel wurden erst von Thomas Kuhn in den Sprachgebrauch der Wissenschaftstheoretiker eingeführt. Wenn wir die Entstehung der Zelltheorie bis hin zur Chromosomentheorie der Vererbung unter dem Gesichtspunkt des Kuhnschen Wissenschaftsverständnisses betrachten, stellt sich die Frage, ob dieses Verständnis etwas mit den wissenschaftstheoretischen Vorstellungen derjenigen Wissenschaftler zu tun hat, die diese Theorien formuliert haben. Am Beispiel von Schleiden und Schwann wollen wir der Frage nachgehen, wie es um diese Vorstellungen bei Wissenschaftlern bestellt war, die vor 140 Jahren die Weichen für die moderne Zellbiologie gestellt haben.

Schwann vertrat in seinen „Mikroskopischen Untersuchungen" die Ansicht, daß „durch die scharfe Trennung der Theorie von den Beobachtungen das Hypothetische von dem Sicheren deutlich unterschieden werden kann" und er forderte eine Darstellungsweise, aus der „man leicht erkennt, was Beobachtung und was Raisonnement ist."[1] Um seiner Forderung nachzukommen, hatte Schwann seine Beobachtungen über die Zelle als Grundlage aller Gewebe des tierischen Körpers und einen weiteren Abschnitt über die Theorie der Zellen vermeintlich säuberlich voneinander getrennt. In Wirklichkeit hatte er aber bereits in seinem Resultateteil Beobachtungen und Interpretationen derart miteinander vermischt, daß sich seine Zelltheorie dem damaligen Leser als unausweichliche Folgerung aufdrängen mußte. Wenige Beispiele genügen zum Beleg: Sie alle betreffen die Darstellung vermeintlicher Beobachtungen, sind also nicht dem Abschnitt über Zelltheorie entnommen. Bei der Darstellung von Struktur und Wachstum der Chorda dorsalis heißt es, „innerhalb der Zellen der Chorda dorsalis bilden sich frei schwimmende junge Zellen wie bei den Pflanzen."[2] Auch bei der Untersuchung des Knorpels wird die Übereinstimmung der „Beobachtungen über die Entstehung der jungen Zellen in den Knorpeln mit den Beobachtungen von Schleiden über die Entstehung der Pflanzenzellen"[3] betont. „Später wird, wie bei den Pflanzen, so auch hier, der Kern meist resorbiert."[4] Das gilt nach Schwanns Meinung auch für das Keimbläschen, also den Kern der Eizelle. Das Keimbläschen verschwindet, „weil es seine Wirkung, die Bildung der Dotterzelle, getan hat."[5] Über das Allgemeine bei der Zellenbildung heißt es bereits auf Seite 45, „Es ist zuerst eine strukturlose Substanz da, die bald ganz flüssig ist, bald mehr oder weniger gallertig ist ... Wir wollen diese Substanz, worin sich die Zellen bilden, Zellenkeimstoff, Cytoblastema, nennen."[6] Kurz, die Beispiele lassen sich beliebig vermehren, in denen Schwann bereits wenige Jahrzehnte später eindeutig widerlegte Hypothesen unter dem Stichwort gesicherter Befunde ausgibt. Hypothetisches an seiner Zellbildungstheorie sieht Schwann nur dort, wo es um den Vergleich mit einer Kristallbildung geht, alles andere erscheint ihm als ein so unmittelbar und ständig beobachteter Befund, daß es ihm in seiner Theorie der Zellen gar nicht um eine nochmalige Verteidigung seiner Annahmen über den Mechanismus der Zellbildung geht. Sollen wir uns damit zufrieden geben, daß wir Schwanns aus heutiger Sicht fast kindlich naiv erscheinende Mischung von Theorie und Beobachtung ausschließlich auf seine ungenügende methodenkritische Haltung zurückführen? Damit wäre sein Irrtum einfach zu einer zeitbedingten, aber inzwischen belanglosen Angelegenheit abgestempelt. Beachten wir aber folgenden Gesichtspunkt: Wir betrachten alle Behauptungen Schwanns unwillkürlich aus dem Blickwinkel der Paradigmata moderner Zellbiologie. Die Kontinuität der Zellgenerationen und Zellkerngenerationen gehört heute zum selbstverständlichen Kanon des biologischen Unterrichts bereits in der Schule. Alle unsere kritischen Rückfragen an die Beweiskraft Schwannscher Beobachtungen entstehen dort, wo seine Behauptungen im Widerspruch zu diesem Kanon der modernen Zellbiologie stehen. Die Frage, ob bestimmte andere Behauptungen Schwanns, die für sich betrachtet als Beweisstücke dieser heutigen Paradigmata herangezogen werden können, bei einer scharfen Methodenkritik nicht ebenso fragwürdig sind, stellt sich uns in der Regel nicht. Wir lesen selektiv und mit einem gegenüber damals entscheidend veränderten Blickwinkel. Wir sehen bei Schwann die blinden Flecken seiner Welterkenntnis. Im dritten Teil der Schrift werden wir darüber nachdenken, warum es immer wieder zu Theorien kommt, in denen solche blinde Flecken gar nicht erkannt oder zumindest in ihrer Tragweite für unser Weltbild falsch eingeschätzt werden.

Schwann betont die Notwendigkeit von Theorien auch auf die Gefahr hin, daß sie sich als falsch herausstellen. „Es ist selbst für die Wissenschaft vorteilhaft, ja notwendig, wenn ein gewisser Zyklus von Erscheinungen durch die Beobachtung nachgewiesen ist, eine vorläufige Erklärung hinzu zu denken, die möglichst genau auf diese Erscheinung paßt, selbst auf die Gefahr hin, daß die Erklärung durch spätere Beobachtungen umgestoßen wird; denn nur dadurch wird man rationell zu neuen Entdeckungen geführt, welche die Erklärung entweder bestätigen oder zurückweisen."[7] Was gehörte zu Schwanns naturwissenschaftlichem Welbild? Seine Voraussetzung — es ist die Voraussetzung eines Katholiken, die allerdings dem Wissenschaftsverständnis der Kirchenhierarchie von 1839 weit vorauseilt — ist folgende: „Einem Organismus liegt keine, nach einer bestimmten Idee wirkende Kraft zugrunde, sondern er entsteht nach blinden Gesetzen der Notwendigkeit durch Kräfte, die ebenso durch die Existenz der Materie gesetzt sind, wie die Kräfte in der anorganischen Natur."[8] Schwann wendet sich damit entschieden gegen alle teleologischen Erklärungsweisen. Gott ist bei Schwann kein Werkmeister, nicht der Demiurg Platons,[9] der beständig Hand anlegt, um die Ziele seiner Schöpfung zu verwirklichen. „Tritt aber die vernünftige Kraft der Schöpfung nur als erhaltend, nicht als unmittelbar tätig auf, so kann auf naturwissenschaftlichem Gebiete vollkommen von ihr abstrahiert werden."[10] In Schwanns geistiger Welt spielen Zufall und Selektion noch keine Rolle, das trennt sie vom Weltbild der Neodarwinistischen Evolutionstheorie. Aber es gibt in ihr auch keine Kraft mehr, die den „Organismus nach einer ihr vorschwebenden Idee formt, welche die Moleküle so zusammenfügt, wie sie zur Erreichung gewisser, durch diese Idee umgesetzter Zwecke notwendig sind ... Eine solche Kraft würde wesentlich von allen Kräften der anorganischen Natur verschieden sein."[11] Der Glaube an Kräfte, deren Wirkungsweise prinzipiell außerhalb des Bereiches physikalischer und chemischer Abläufe liegt, die in einer geheimnisvollen Weise die zukünftigen Ziele der Evolution absichtsvoll ansteuern, kurz, eine Zielintention, ist ein entscheidendes Element aller vitalistischen Theorien des Lebens, die bis ins 20. Jahrhundert hinein das Denken beherrscht haben und erst nach Darwin auch in einer breiten Öffentlichkeit radikal in Frage gestellt wurden.[12] Den entscheidenden Grund für die Zweckmäßigkeit sieht Schwann „in der Schöpfung der Materie mit ihren blinden Kräften durch ein vernünftiges Wesen." Gott hat, „die Materie mit ihren Kräften so geschaffen..., daß sie ihren blinden Gesetzen folgend dennoch ein zweckmäßiges Ganzes hervorbringen."[13] Schwann vertritt damit bereits eine Position, die wir heute unter dem Begriff Teleonomie kennen (vgl. 3.3), ohne allerdings eine Erklärung anzubieten, wie die offenkundige Gerichtetheit der Evolution zustandekommen soll, wenn nicht durch die ständige Intention eines „Weltgeistes". Diese Begründung wurde erst mit der Evolutionstheorie Darwins gegeben. Über die fundamentale Bedeutung einer Entscheidung zwischen der teleologischen und der, wie Schwann sie nennt, physikalischen Ansicht ist Schwann sich klar. „Definiert man z. B. die Entzündung und Eiterung als das Bestreben des Organismus, einen etwa von außen eingedrungenen fremden Körper hinaus zu schaffen oder das Fieber als das Bestreben des Organismus, einen Krankheitsstoff zu eliminieren, beides als Folge der Autokratie des Organismus, so sind dies nach der teleologischen Ansicht Erklärungen, denn da durch diese Prozesse der schädliche Stoff wirklich entfernt wird, so ist der Prozeß, wodurch dies geschieht, ein zweckmäßiger und da die Grundkraft des Organismus nach bestimmten Zwecken wirkt, so kann sie entweder unmittelbar diese Prozesse veranlassen oder auch andere Kräfte der Materie zu Hilfe nehmen, doch so, daß sie immer das primum movens bleibt. Nach der physikalischen Ansicht dagegen ist dies ebensowenig eine Erklärung, als wenn man sagte, die Bewegung der Erde um die Sonne ist das Bestreben der dem Planetensystem zugrundeliegenden Kraft, auf den Planeten einen Wechsel der Jahreszeiten hervorzubringen, oder wenn man sagte: Ebbe und Flut ist die Reaktion des Erdorganismus gegen den Mond. In der Physik sind ähnliche, aus einer teleologischen Ansicht der Natur hervorgehende Erklärungen, zum Beispiel der Horror vacui und dergleichen längst verbannt. In der lebenden Natur dagegen tritt die Zweckmäßigkeit, und zwar die individuelle Zweckmäßigkeit, so stark hervor, daß es schwer wird, sich aller teleologischen Erklärungen zu entschlagen. Man muß indessen bedenken, daß solche Erklärungen, wodurch zugleich alles und nichts erklärt wird, nur die letzten Auskunftsmittel sein dürfen, wenn gar keine andere Ansicht möglich ist, und eine solche Notwendigkeit zur Annahme der teleologischen Ansicht liegt bei den Organismen nicht vor."[14] Eine teleologische Erklärungsweise erscheint Schwann nur dann zulässig, „wenn man die Unmöglichkeit der physikalischen nachweisen kann. Jedenfalls ist es für den Zweck der Wissenschaft viel ersprießlicher, nach einer physikalischen Erklärung wenigstens zu streben."[15] Unter physikalischen Kräften möchte er aber nicht notwendig nur die bereits bekannten Kräfte verstehen, sondern überhaupt eine Erklärung durch Kräfte, die nach strengen Gesetzen der blinden Notwendigkeit wie die physikalischen Kräfte wirken, mögen diese Kräfte auch in der anorganischen Natur auftreten oder nicht."[16] Schwanns „Mikroskopische Untersuchungen" sind damit auch ein Beitrag zu einer entscheidenden geistesgeschichtlichen Auseinandersetzung des 19. und frühen 20. Jahrhunderts, die zur Entfernung des Vitalismus aus dem naturwissenschaftlichen Weltbild führte. Diese Elimination führt, wie Schwanns Beispiel zeigt, nicht notwendig zum Atheismus, sie führt aber zu einem naturwissenschaftlichen Agnostizismus. Für den gläubigen Naturwissenschaftler ist Gott unendlich viel mehr als der Demiurg seiner Schöpfung: unbegreiflich nicht nur in einem uns Menschen unzugänglichen Restbereich seiner Existenz, sondern von Anfang an.

Wie wirkt sich die „physikalische" Ansicht Schwanns vom Leben auf seine Zelltheorie aus? Nach seiner Theorie reduziert sich „die Frage über die Grundkraft der Organismen auf die Frage über die Grundkräfte der einzelnen Zellen."[17] Wie sollte er diese Grundkräfte und die nach seiner Meinung gesicherte Weise der Zellbildung aus einem strukturlosen Cytoblastem erklären, ohne doch wieder auf die alten vitalistischen Erklärungsweisen zurückzugreifen. Den zahlreichen Vitalisten seiner Zeit mußte er irgendeine Erklärung anbieten. Er wußte weder etwas von Darwinistischer Evolutionstheorie noch von Informationstheorie noch von den materiellen Strukturen der Vererbung. Seine Welterkenntnis hatte an Stellen, die für eine brauchbare nichtvitalistische Theorie entscheidend sind, blinde Flecke. Sein Versuch, die Entstehung der Zellen als einen organischen Kristallisationsprozeß zu beschreiben, war ein im Rahmen dieser damals unvermeidlichen blinden Flecke beeindruckender Versuch, ohne die Annahme vitalistischer Kräfte auszukommen. Schwann war sich bewußt, daß dieser Versuch „sehr viel Ungewisses und Paradoxes" enthielt. Seine Theorie, „daß die Organismen nichts sind als die Formen, unter denen imbibitionsfähige Substanzen kristallisieren", verteidigte er dennoch mit der Begründung, daß „sie als Leitfaden für neue Untersuchungen dienen kann. Denn selbst wenn man", so heißt es am Ende der „Mikroskopischen Untersuchungen", „im Prinzip keinen Zusammenhang zwischen Kristallisation und Wachstum der Organismen annimmt, hat diese Ansicht den Vorteil, daß man sich eine bestimmte Vorstellung von den organischen Prozessen machen kann, was immer notwendig ist, wenn man planmäßig neue Versuche anstellen, das heißt eine mit den bekannten Erscheinungen harmonisierende Vorstellungsweise durch Hervorrufung neuer Erscheinungen prüfen will."[18]

Der Wert von Theorien bemißt sich nicht einfach danach, ob bestimmte Aussagen auch später noch zum Kanon der Lehrbücher gehören. Schwanns großartiger geistiger Wurf bestand in der Verknüpfung einer nichtvitalistischen Vorstellung von der organischen Natur mit der Zelle als ihrem Grundelement. Bei aller, wie sich bald zeigen sollte, trügerischen Eleganz seiner Vorstellungen zur Entstehung der Zellen, hatte diese Theorie das entscheidende Kennzeichen jeder fruchtbaren wissenschaftlichen Theorie: Sie zeigte unmittelbar experimentelle Ansätze auf, durch die schon bald die Krise der Schleiden-Schwannschen Zelltheorie erzwungen wurde. Sie war falsifizierbar.

Über Schleidens wissenschaftstheoretische Vorstellungen sind wir durch eine 1844 erschienene Streitschrift „Schellings und Hegels Verhältnis zur Naturwissenschaft" und sein Lehrbuch „Grundzüge der Wissenschaftlichen Botanik" (zweite Auflage 1845) ausführlich informiert. Über dieses in zwei Bänden herausgegebene Lehrbuch schreibt Virchow, „daß wir fast ebenso oft Schleidens „Wissenschaftliche Botanik", als Schwanns „Mikroskopische Untersuchungen" zu Rate zogen."[19] Den Kapiteln über „Botanische Stofflehre", „Die Lehre von der Planzenzelle" und „Das Leben der Pflanzenzelle" im ersten Band, „Allgemeine und spezielle Morphologie" und „Organologie" im zweiten Band stellt Schleiden eine auf 158 Seiten ausgeführte „Methodologische Grundlage" voran. Sie enthält eine Einleitung über den Gegensatz von Dogmatismus und Induktion und vier Paragraphen (§ 1 „Philosophische Grundlage", § 2 „Erörterung über Gegenstand und Aufgabe der Botanik", § 3 „Methodik oder über die Mittel zur Lösung der Aufgaben in der Botanik" und § 4 „Von der Induktion insbesondere"). Worum geht es hier? Schleidens Kampf gilt einer dogmatischen Einstellung, „die schon alles weiß, der mit ihrem augenblicklichen Standpunkt die Geschichte ein Ende erreicht hat, die ihre Weisheit wohl verteilt und wohl geordnet vorträgt und von ihren Schülern keinen anderen Bestimmungsgrund zur Annahme des Gehörten fordert, als das αυτοϛ εϕα.[20] Diese dogmatische Verfahrensweise schadet selbst da, „wo sie zufällig die Wahrheit hat, noch ... dadurch, daß sie den Schüler um sein eigenes geistiges Leben, also um das einzige des Strebens Würdige betrügt."[21] Dogmatismus erscheint Schleiden als ein Grundübel gerade in der Botanik seiner Zeit. Nur Robert Brown, „dessen eminentes botanisches Genie die neuere Zeit herauf beschwor",[22] nimmt er von dieser harschen Kritik ausdrücklich aus. „Unsere Wissenschaft (ist) zum Erschrecken dürftig und inhaltsleer ... Mag sich nur einer die Mühe nehmen und das excerpieren, worüber alle genannten Schriftsteller einig sind, ich bin gewiß, das ganze Ergebnis wird sich auf einem Bogen zusammendrucken lassen. Keine zwei sind über die Entstehung der Zelle einig."[23] „Ich meine, es müsse nachgerade den Botanikern so gehen wie den römischen Haruspices, die sich nicht ansehen konnten ohne zu lachen".[24] „Ein großer Teil der Botaniker, wie sich durchaus nicht in Abrede stellen läßt, charakterisiert sich durch eine im höchsten Grade mangelhafte philosophische und allgemein naturwissenschaftliche Vorbildung, und insbesondere sind Chemie und Physik, ohne welche an eine wirkliche Entwicklung der Wissenschaft von den Organismen gar nicht zu denken ist, den meisten Botanikern völlig fremde Gebiete."[25] Hauptschuldige an dieser traurigen Situation sind „die auf dogmatischen Irrwegen sich verlierenden Philosophen, unter den neueren insbesondere die Schelling'sche und Hegel'sche Schule und so sind die Anhänger derselben auch der alleinige Widerhalt der verwerflichen Behandlungsweise der Wissenschaft von den Organismen."[26]

Soweit es um die Entwicklung der Naturwissenschaft und ihrer Methode geht, läßt sich die Berechtigung von Schleidens Kritik überzeugend nachweisen. Greifen wir nur ein Beispiel aus Schellings spekulativer Physik heraus. Schelling: „Das Wasser enthält ebenso wie das Eisen, nur in absoluter Indifferenz, wie jenes in relativer, Kohlen- und Stickstoff, und so kommt alle wahre Polarität der Erde auf die eine ursprüngliche, Süd und Nord, zurück, welche im Magnet fixiert ist."[27] Darauf Schleiden: „Der Chemiker, der dies liest, wird sehr ärgerlich und meint, das sei völliger Unsinn, ich suche ihn aber zu beruhigen und spreche: Du irrst lieber Freund; bedenke nur, dieser Kohlenstoff ist ja nicht dein Kohlenstoff, dieser Stickstoff nicht dein Stickstoff, sondern die größte passive Cohärenz und die geringste Cohärenz, die eine Seite und die andere (da doch jedes Ding zwei Seiten hat), das Subjektive und Objektive oder (da Beides auch nicht existiert, sondern nur die eine absolute Identität) vielmehr die Subjektivität und die Objektivität derselben, oder das reine A = A. Verstanden? Da alle Qualitäten nur Potenzen des einen gleichen indifferenten A = B sind, so ist es ja einerlei, wie ich die beiden Seiten eines Dings nenne; ich kann sie auch Tier und Pflanze, Fleisch und Brot oder Wasser und Wein nennen. Die Hauptsache bleibt eben A = B, und die ganze Sache ist die, daß ich statt A und B immer zwei Dinge setze, die in etwas verschieden und in etwas gleich sind; weil sie in etwas verschieden sind, sind sie eben polar entgegengesetzt, weil sie in etwas gleich sind, sind sie identisch und ihre Identität kann dann ad libidum wieder bezeichnet werden."[28] Schleiden stellt noch zahlreiche ähnliche Beispiele vor und kommt dann zum Schluß, „So finden wir denn, wo wir nur aufschlagen (und ich fordere jeden, der nur einige astronomische, physikalische und chemische Kenntnisse besitzt, auf, die ganze Zeitschrift für spekulative Physik so durchzugehen) überall die Philosophie, angeblich a priori konstruiert, in schreiendem Widerspruch mit dem unmittelbar, unumstößlich Gewissen der Erfahrung und es zeigt sich, wie schon erwähnt, daß Schellings Naturphilosophie und die Naturwissenschaften durchaus gar keinen Berührungspunkt haben."[29] Der Spötter Schleiden ist natürlich ungeeignet, um uns in die Bedeutung Schellings für die Naturforschung einzuführen, dessen Naturphilosophie beispielsweise zum Ausgangspunkt für die Entdeckung der elektromagnetischen Wechselwirkungen wurde. Was wir aber doch bemerken, sind die Sprachschwierigkeiten zwischen verschiedenen Welten von Theorien. Man kann mit dem Begriffsnetz der heutigen Naturwissenschaft die Schellingsche Naturphilosophie nicht aufnehmen. Dagegen werden heutige Biologen mein Gefühl sehr wahrscheinlich teilen, daß eine Verständigung mit Schleiden viel eher möglich erscheint. Er spricht trotz aller Irrtümer seiner Zelltheorie bereits eine gemeinsame Sprache, Schelling nicht. Auch aus Schellings eigener Sicht gibt es keinen Zugang zur quantitativen, mathematischen Theorienbildung der modernen Naturwissenschaften, nennt er doch die Tätigkeit eines Newton, Laplace, Gauss bereits im ersten Band seiner Zeitschrift ein „eingebildetes Wissen, das sie in ein System gebracht und als förmliche organisierte Unwissenheit über die ganze kultivierte Welt verbreitet haben."[30] Bei Oken, dessen Naturphilosophie wesentlich eine Fortsetzung der Philosophie Schellings ist, lassen sich die gleichen Sprachschwierigkeiten nachweisen. Ohne spezielle Einführung wirken viele Anschauungen dieses bedeutenden Mannes geradezu abstrus, beispielsweise seine Theorie der Kopfwirbel, nach der die Zähne nur wiederholte Finger sind, oder seine Vorstellungen von der Gliederung des Tier- und Pflanzenreiches als selbstständige Darstellung der Organe des Individuums.[31] All das folgte aber aus einer bestimmten Grundidee Okens, nach der das Universum als ein großer Organismus aufgefaßt wurde, in dem das Physische und das Psychische ein ungeteiltes Ganzes bilden, nach der die Natur die materielle Erscheinung oder der Leib Gottes ist.[31] Aus dieser Vorstellung heraus suchte er, was heute noch merkwürdiger erscheint, die Vielfalt der Natur bis ins Detail a priori zu rekonstruieren. Schleiden nennt das „dogmatisierende Spielerei" und wundert sich, ohne Oken persönlich zu nennen, „daß Zoologen in einer so rein historischen, einzelne Tatsachen sammelnden Wissenschaft die Torheit begehen, dogmatisierend die Zahl der Arten, Geschlechter etc. zu bestimmen und die aus dem Widerspruch mit der Wirklichkeit entstehenden Lükken des Systems als noch zu machende Entdeckung zu bezeichnen."[32]

Ebenso scharf verfährt Schleiden mit Hegel. Seine Naturphilosophie nennt er eine „Perlenschnur der gröbsten empirischen Unwissenheit".[33] Von den Beispielen, die Schleiden als Beleg aufführt, wollen wir wieder nur eines herausgreifen. Hegel: „Das Blut, als die achsendrehende, sich um sich selbst jagende Bewegung, dieses absolute In-sich-Erzittern ist das individuelle Leben des Ganzen, in welchem nichts unterschieden ist — die animalische Zeit".[34] Dieses Blut bei Hegel ist offenbar nicht das Blut aus der Begriffswelt der Physiologen. Hegel selbst aber stellt durchaus eine Beziehung zwischen seiner Metapher Blut und dem Blut der Physiologen her, wenn er schon wenig später sagt, „Die Blutkügelchen kommen nur beim Sterben des Blutes zum Vorschein, wenn das Blut an die Atmosphäre kommt. Ihr Bestehen ist also eine Erdichtung, wie die Atomistik, und ist auf falsche Erfahrungen gegründet, wenn man nämlich das Blut gewaltsam hervorlockt."[35] Darauf Schleiden: „Also das sichtbare Zirkulieren der Blutkörperchen im unverletzten Tier ist eine falsche Erfahrung. Solches sinnlose Geschwätz haben im Jahre 1842 noch sogenannte Gebildete für tiefe philosophische Weisheit gehalten. Was kann man darüber anderes sagen als: Das klingt alles recht ungemein und hoch, aber wär's nicht besser, ihr guten Kinderchen gingt erst in die Schule und lernt etwas Ordentliches, ehe ihr Naturphilosophien zusammenschreibt über Dinge, von denen ihr noch nicht die leiseste Ahnung habt?"[36]

Schleidens Urteil, Hegel habe „überhaupt keinen einigermaßen bedeutenden Einfluß auf die Naturwissenschaft ausgeübt", finden wir bei Carl Friedrich von Weizsäcker bestätigt: „Die Naturphilosophie (Hegels) ist für den heutigen Physiker irrelevant".[37] Bertrand Russel hält Hegels Dialektik für die Wiederholung derjenigen Denkfehler, deren Überwindung Aristoteles durch die Schaffung der wissenschaftlichen Logik schon geleistet habe.[38] Karl R. Popper sagt: „Was die nachkantische deutsche Philosophie betrifft, so erscheint mir alles abwegig zu sein, was auf Fichte, Schelling und Hegel zurückgeht."[39] Also Spott und Hohn über die Naturphilosophie? Darin spiegelt sich, wie v. Weizsäcker es ausgedrückt hat, der „Widerwille einer Armee von Empirikern gegen apriorische Konstruktionen am Schreibtisch. Dieser historisch bedingte und meines Erachtens in seiner Unreflektiertheit nur historisch gerechtfertigte Widerwille erzeugte eine Atmosphäre, in der eine gerechte Prüfung der Hegelschen Naturphilosophie unmöglich war."[40]

Was stellte Schleiden der Naturphilosophie eines Schelling, Oken oder Hegel entgegen? Schon der Untertitel seines Lehrbuchs „Grundzüge der wissenschaftlichen Botanik", „Die Botanik als induktive Wissenschaft" nennt ein Programm, das durch das Motto, „Ich bild' mir nicht ein, was Rechtes zu wissen" aus dem Faust-Monolog ergänzt wird. Schleiden widmet sein Werk, ebenso wie Meyen seine „Phytotomie", Alexander von Humboldt. Auch von Humboldt hatte, wenn auch ohne persönliche Angriffe, die damalige Naturphilosophie kritisiert: „Der berauschende Wahn des errungenen Besitzes, eine eigene, abenteuerlich-symbolisierende Sprache, ein Schematismus, enger, als ihn je das Mittelalter der Menschheit angezwängt, haben im jugendlichen Mißbrauch edler Kräfte, die heiteren und kurzen Saturnalien eines rein-ideellen Naturwissens bezeichnet."[41] Auch Alexander von Humboldt lehnt, ohne Hegels Namen zu erwähnen, dessen „Naturphilosophie ohne Kenntnis und Erfahrung" ab.

Schleidens Prophet ist der Philosoph Fries,[42] der sich in der Hauptsache auf die Philosophie Kants beruft. Schleidens Bekenntnis „Ich bild' mir nicht ein, was Rechtes zu wissen", bedeutet auch, daß er alle Berufung auf Autoritäten ablehnt, nur die eigene Beobachtung soll gelten. „Nicht Bücher, sondern Pflanzen sind Gegenstand der Botanik."[43] Enttäuscht von einem Lehrbuchwissen, das „uns von Jugend auf gewöhnt, nichts selbst zu sagen, zu denken, zu tun, sondern nur mit fremden, erborgten und ererbten Gedanken unsere magere, dürre Seele auszustopfen," wollte er „einmal ganz ohne alle Berücksichtigung des schon Dagewesenen, aber ausgerüstet mit allen den Hilfsmitteln, die die neuere Zeit uns zu Gebote stellt, ... die ganze Wissenschaft unmittelbar aus der Betrachtung der Natur wieder neu erfinden."[44] Das Wort „erfinden" können wir nicht ganz ohne Ironie lesen, denn es verrät uns mehr, als Schleiden bewußt war über die Grenzen der induktiven Methode bei seinem Versuch, das dogmatische Vorurteil durch diese induktive Methode zu ersetzen. Er beschreibt sie uns folgendermaßen: „Wo nun aber streng auf induktive Weise (in der Philosophie kritisch) verfahren wird, liegt jede einzelne Behauptung zugleich mit ihrer Begründung vor und jeder ist im Stande, wenn er will, sich zu überzeugen, ob sie von dem unmittelbar Gewissen der Tatsachen richtig abgeleitet ist oder nicht. Jeder Irrtum wird daher sogleich entdeckt und verbessert und niemals lange, schädliche Nachwirkungen in der Wissenschaft haben können. In dieser Beziehung ist nun aber auch die bloße dogmatische Darstellung der auf induktorischem Wege gewonnen Wissenschaft so durchaus als verfehlt anzusprechen, weil man gar nicht im Stande ist zu beurteilen, welcher Grad von Sicherheit und Zuverlässigkeit den einzelnen dogmatisch hingestellten Sätzen zukommt."[45]

Schleiden gesteht zwar die Irrtumsfähigkeit auch des mit der induktiven Methode arbeitenden Forschers zu, er verlangt darum eine wissenschaftliche Darstellung, die den Nachvollzug der Beobachtungen und Schlußfolgerungen im Detail ermöglicht, er ist aber überzeugt, daß diese Methode, richtig angewandt, zu unumstößlich sicheren Tatsachenfeststellungen und daraus folgenden ebenso unumstößlichen Theorien führt. Das Eigentümliche dieser induktiven Methode in den Naturwissenschaften besteht nach Schleiden darin, „daß man überhaupt zunächst von allen Hypothesen abstrahiert, kein Prinzip voraussetzt, sondern von dem unmittelbar Gewissen, von den einzelnen Tatsachen ausgeht, diese rein und vollständig auszusondern sucht, nach ihrer inneren Verwandtschaft anordnet und ihnen selbst dann die Gesetze, unter denen sie stehen, die sie als Bedingung ihrer Existenz voraussetzen, abfragt und so rückwärts fortschreitet, bis man zu den höchsten Begriffen und Gesetzen gelangt, bei denen sich eine weitere Ableitung als unmöglich erweist. So kommt unmittelbar Sicherheit und Fortschritt in die Wissenschaft, während jede andere dogmatisierende Methode keine Gewährleistung ihrer Behauptung in sich hat."[46]

Die Naivität dieser Bemerkung wird uns um so mehr bewußt, je länger wir darüber nachdenken, was eigentlich eine gewisse Tatsache in der Naturwissenschaft ist und wie sich Tatsachen und Theorien eindeutig sondern lassen.[47] Der Unmöglichkeit, ein vollständiges System aufzustellen, das die gesamte Natur in allen ihren Bedingungen ein für alle mal erfaßt, ist Schleiden sich bewußt und gerade darum möchte er — von dem wir eben erst die Zellbildungstheorie kennengelernt haben — wenigstens fürs erste „alles Systeme- und Theorienschmieden beiseite werfen".[48] Die Sicherheit des Erkenntnisfortschrittes ist bei Schleiden die „inappelable Sicherheit der unmittelbaren sinnlichen Erkenntnis oder die unwiderlegliche mathematische Demonstration."[49] Zwar bescheidet sich die induktorische Methode nach Schleiden „noch wenig zu wissen". Sie „sieht ihren Standpunkt von vornherein nur als eine Stufe in der Geschichte der Menschheit (an), über welche hinaus es noch viele folgende und höhere gibt, die aber freilich nur als ihr folgende angesehen werden können."[50] Gerade weil sie aber „für alle ihre Sätze an den Schüler die Gewißheit des selbst Erfahrenen bringt", nützt sie selbst da noch, wo sie irrt, „weil sie den Schüler zur Selbständigkeit, zum eigenen geistigen Leben erzieht."[50] „Würde man", so zitiert Schleiden seinen Lehrer Fries, die voreilige Sucht nach einem vollständigen System aufgeben und „anstatt dessen die kritische Methode allgemein machen, so würde man nicht nur mehr Geist in alle Spekulationen bringen (woran freilich nicht jedem gelegen wäre), sondern überhaupt dahin gelangen können, alle theoretischen Wissenschaften nach einem bestimmten Plan zu bearbeiten und in aller Spekulation auf einen geraden Fortschritt zu kommen, bei dem man nicht immer genötigt würde, von Zeit zu Zeit das früher Gesagte zurückzunehmen. Es würde dann keiner wissenschaftlichen Revolution mehr bedürfen, sondern alle Verbesserungen müßten sich in friedliche Reformen verwandeln, bei denen das früher Gefundene doch immer als Wahrheit stehenbliebe, wobei man aber freilich an der schnellen Produktion vollendet scheinender Systeme verlieren würde."[51] Die kritische und induktorische Methode kann nach Schleiden allein den Fortschritt sichern und soll „zugleich jede gewaltsame Umwälzung unmöglich" machen.[52] Damit sind wir bei der Quintessenz der Behauptung Schleidens angelangt: Wissenschaftliche Revolutionen sind ein Zeichen für eine unzureichende Methode. Sie hören auf, sobald zuverlässige Methoden entwickelt sind. Der wissenschaftliche Fortschritt erfolgt dann kumulativ, Stein auf Stein zu einem immer größer werdenden Gebäude der Naturerkenntnis, dessen grundsätzliche Konstruktion sich aber nicht mehr ändert. Daneben mag es noch eine Welt des Glaubens geben, aber diese Weltansicht ist „keiner wissenschaftlichen Ausbildung fähig, weil es ihr an positivem Gehalt fehlt.[53] Die prinzipielle Unzugänglichkeit dieser Welt für die induktive Methode hindert nicht die Möglichkeit vollständiger theoretischer Erkenntnisse in der mathematischen Form der Naturgesetze. Soweit die Wissenschaftstheorie bei Schleiden.

Wir haben Schleidens Mißvergnügen an der damaligen Naturphilosophie an einigen Beispielen deutlich gemacht. Das ist zugegebenermaßen ein sehr oberflächlicher Zugang, der aber für unsere Zwecke hier genügen mag: Der Erfolg der Cytologie seit Schleiden und Schwann geht einher mit einem Bruch mit dieser Form der Naturphilosophie. Eine dogmatische Behandlung der Natur warf Schleiden dieser Philosophie vor und stellte ihr die Theorie einer induktiven Wissenschaft entgegen. Am Scheitern seiner Zellbildungstheorie haben wir bereits gesehen, daß es auch mit Schleidens Wissenschaftstheorie nicht so einfach ist, zu gesicherten Wahrheiten zu gelangen. Fragen wir also nochmals nach der Rechtfertigung seines Vorwurfs an die Naturphilosophie. Auch Schleidens induktive Wissenschaft ist, ebenso wie das System Hegels, ein Theoriensystem. Wo liegt nun ein entscheidender Unterschied? Warum steht einem experimentell arbeitenden Naturwissenschaftler von heute Schleidens „induktive Wissenschaft" näher? Darauf gibt es eine, jedenfalls für mich persönlich entscheidende Antwort. Die Aussagen, zu denen Schleiden mit Hilfe seiner „induktiven Wissenschaft"gelangte, waren im Gegensatz zu denjenigen Hegels mit naturwissenschaftlichen Methoden falsifizierbar.[54]

Schauen wir uns zur Verdeutlichung dieser Behauptung ein Beispiel an. Hegel: „Die Knospe verschwindet in dem Hervorbrechen der Blüte, und man könnte sagen, daß jene von dieser widerlegt wird; ebenso wird durch die Frucht die Blüte für ein falsches Dasein der Pflanze erklärt, und als ihre Wahrheit tritt jene an die Stelle von dieser. Diese Formen unterscheiden sich nicht nur, sondern verdrängen sich als unverträglich miteinander. Aber ihre flüssige Natur macht sie zugleich zu Momenten der organischen Einheit, worin sie sich nicht nur widerstreiten, sondern eins so notwendig wie das andere ist; und diese gleiche Notwendigkeit macht erst das Leben des Ganzen aus."[55] Diese Sätze sind, wie Robert Heiss dargelegt hat, ein Musterbeispiel für die Art des Hegelschen Denkens: „Im fortwährenden Gang des Denkens füllen sich die Begriffe mit Inhalten, die selbst beweglich sind, zu ihrem Gegenteil und ihrer höheren Einheit fortschreiten."[56] Man lege sich nun die Frage vor, ob sich Experimente ersinnen lassen, die zur Bewährung oder Widerlegung dieser Hegelschen Sätze führen könnten? Ich vermute, die Antwort ist nein. Was soll im Sinne eines denkbaren naturwissenschaftlichen Experiments die Widerlegung der Knospe durch die Blüte bedeuten? Hier wird kein Problem für ein entscheidendes Experiment zugespitzt. Darum ist das Hegelsche System für die Naturwissenschaft unfruchtbar. Dagegen zeigt sich die Fruchtbarkeit der Schleiden-Schwannschen Zelltheorie gerade dadurch, daß Experimente zu ihrer Widerlegung mit den damals zugänglichen Methoden möglich waren. Durch mikroskopische Untersuchungen ließ sich eindeutig zeigen, daß die Bildung der Zellen nicht so verläuft, wie Schleiden und Schwann es behauptet hatten. Aus diesen Untersuchungen entwickelte sich eine neue Sicht der Zelle. Sie bedeutete aber keinen völligen Bruch mit der alten Theorie, denn sie behielt ein entscheidendes Element bei: die Erkenntnis der Zelle als Lebensherd aller Organismen.[57]

Ich hoffe, es ist mir gelungen, einen Punkt deutlich zu machen: Die Zellbiologie begann nicht einfach mit der Entwicklung eines Mikroskops, mit Schnitten durch biologische Präparate und Männern, die sich die Mühe machten, solche mikroskopischen Präparate anzuschauen und die objektiven Tatsachen zu beschreiben, die sie da sehen konnten. Zellbiologie war von Anfang an und untrennbar mit der Annahme und Entwicklung bestimmter Denksysteme verbunden. Beachten wir weiter: Der Erfolg der induktiven Wissenschaften Schleidens lag nicht darin, daß sie — wie Schleiden glaubte — einen geradlinigen Fortschritt der Wissenschaft ohne die Notwendigkeit wissenschaftlicher Revolutionen ermöglichte, sondern in der Falsifizierbarkeit seiner kühnen Hypothese über die Bildung der Zelle. Die Empiriker mögen über die Naturphilosophen lächeln, aber bevor sie es tun, sollten sie einen Gedanken von Pieter Smit bedenken. „Die Naturphilosophie entwickelte sich aus einem Gegensatz zu der empirischen Naturwissenschaft, wodurch — in den Augen der Naturphilosophen — die Natur zerrissen, zerschnitten und künstlich präpariert wurde. Von jeher waren aus den gleichen Erscheinungen verschiedene Schlüsse gezogen; hieraus folgerten die Naturphilosophen, daß die Beobachtungen an sich keine Sicherheit gewähren können. Ihrer Meinung nach konnte die Beobachtung denn auch nicht zu den höchsten Prinzipien der Naturwissenschaft führen, Prinzipien, die Licht und Klarheit über die Welt der Erscheinungen brächten. Dazu bedürfe man erst eines Standpunktes, von dem aus die Beobachtung selbst gedeutet werden kann und der daher selbst nicht aus der Beobachtung hervorgeht."[58] Die Vorstellung, Wissenschaft sei ein System von gesichertem Wissen und die induktive Methode könne die Wahrheit dieses Wissens garantieren, ist selbst eine brüchige Theorie. Nach der Meinung von Karl Popper ist diese Vorstellung falsch.[59] Mit ihrer induktiven Methode stellen sich Fries und Schleiden vor, daß gesichertes Wissen wie die einzelnen Teile eines Puzzles Stück für Stück angehäuft und schließlich wie von selbst zu der einzig richtigen Theorie zusammengesetzt werden kann. Aus dem Blickwinkel von Karl Poppers „Logik der Forschung", erscheint diese Empiriegläubigkeit Schleidens heute ebenso naiv wie die Systemgläubigkeit der Naturphilosophen.

2.5 Krise der Zelltheorie: Wie bilden sich Zellen?

Rudolf Virchows 1855 ausgesprochener Satz „Omnis cellula e cellula"[1] ist zu einem Partikel der biologischen Allgemeinbildung geworden. Aber wie kam es zu diesem Satz, der eine so weitreichende Bedeutung hatte für die weitere Entwicklung der Zelltheorie und das Verständnis von Krankheiten? Damit wollen wir uns in diesem Kapitel befassen und sehen, wie Schleidens und Schwanns stolze Theorien über die Zellbildung in eine Krise geraten und durch eine neue Theorie abgelöst worden sind, von der die Zellbiologen behaupten, daß sie der Wahrheit näher steht.

Schwanns Zelltheorie und „der damit begründete Gedanke von der Einheit der organischen Natur erwies sich", so schrieb Virchow später[2], als „auch für uns noch ein so anregender und befruchtender, daß selbst der angehende Student die volle Verantwortlichkeit in sich fühlte, sein botanisches Wissen in einem gewissen Parallelverhältnis mit seinem anatomischen und physiologischen Wissen zu halten". Die Fortschritte der Cytologie begründeten so wie später die Genetik (Kap. 2.11) eine Brücke zwischen den verschiedenen biologischen Disziplinen.

Das Interesse für zelluläre Probleme, das durch Schwanns „Mikroskopische Untersuchungen" ausgelöst wurde, zeigt sich in einer Fülle von Arbeiten, die dazu bereits in den vierziger Jahren des vorigen Jahrhunderts entstanden.[3] Das Hauptproblem betraf die Frage: Wie bilden sich Zellen? Meyen,[4] Unger,[5] Remak[6] vertraten im Anschluß an Hugo von Mohl[7] eine Vermehrung der Zellen durch Teilung (vgl. Kap. 2.2 und 2.3). Nägeli unterschied von dieser „wandständigen", das heißt den ganzen Inhalt der Zellen betreffenden Zellbildung, eine freie Zellbildung um Inhaltsportionen der Zelle[8], Reichert suchte zu beweisen, daß die Furchung nur in einer Entschachtelung ineinander eingeschachtelter präformierter Zellen bestünde.[9] Wieder andere Forscher, unter ihnen der junge Virchow, verteidigten Schwanns Theorie der Zellentstehung in einem extracellulären Cytoblastem (siehe unten). Das Dämmerlicht des Mikroskops, in dem die Forscher ihre ungefärbten Zellpräparate beobachteten, gab zu allerlei widerstreitenden Ansichten Anlaß. Eine davon war die 1846 von Karl Ernst von Bär ausgesprochene Ansicht, „daß das Keimbläschen (in der Eizelle) der Kern sei, aus dessen Teilung die Kerne der Embryonalzellen hervorgehen, und daß sämtliche Zellen und Kerne sich durch Teilung vermehren."[10] Aber diese Ansicht war zunächst nur eine von vielen Vermutungen und wurde erst 1852 von Robert Remak wieder in einer Fußnote zitiert. Auch Remak, von dem wir gleich ausführlich zu sprechen haben, hatte von Bärs Arbeit übersehen, wurde aber bei der Drucklegung seiner eigenen Arbeit von Johannes Müller auf sie aufmerksam gemacht. Kurz, man hatte als unmittelbare Auswirkung der Schleidenschen und Schwannschen Untersuchungen aufregende

Probleme, und schon damals fanden produktive Forscher nicht genügend Zeit, die gesamte Literatur zu verfolgen. Man hatte genügend zu tun mit den eigenen Untersuchungen und der Formulierung und Bekanntmachung eigener Theorien.

Vielleicht kamen die verschiedenen Bildungsformen der Zellen in einem Lebewesen nebeneinander vor, oder die Bildungsmechanismen waren zumindest in verschiedenen Spezies verschieden? Wie stand es dann um die Einheit der Natur? Dieses Problem trat schon in Schwanns eigener Arbeit auf. „Wäre die von Schwann aufgestellte extracelluläre Entstehung der tierischen Zellen begründet," schrieb Remak, „so wäre der Unterschied der Tiere und Pflanzen in Bezug auf Entwicklung trotz der ähnlichen Zusammensetzung aus Zellen, beinahe größer als die Übereinstimmung."[11]

Schwann selbst (er war seit 1839 Professor, zunächst in Löwen und später bis zu seinem Tod 1882 in Lüttich) beteiligte sich an diesem Streit nicht, und er empfand auch, wie er 1854 in einem privaten Brief an seinen Freund Henle schrieb, nicht die geringste Neigung, sich „in das Gezänk der deutschen Histologen einzumischen".[12] Als Folge dieser Zurückhaltung blieb sein Ruhm als Olympier der Zelltheorie trotz aller fundamentalen Veränderungen, die diese Theorie während der ersten fünfzig Jahre durchgemacht hat, immer unangetastet.

Wie konnte es aber dazu kommen, daß Forscher vom Range eines Schleiden und Schwann Theorien der Zellbildung, die nach unserem heutigen Erkenntnisstand dem Reich der Phantasie entstammen, als Resultat sicherer Beobachtungen ausgaben? Sehen wir uns dazu eines von Schwanns Dokumenten einer extracellulären Neuentstehung von Zellen genauer auf seine Aussagekraft hin an. Abb. 2.5-1 zeigt einen Schnitt durch die Spitze eines Kiemenknorpels von Rana esculenta. Wo Schwann einen „in der Entstehung begriffenen Zellkern einer Knorpelzelle"[13] in einem intercellularen Cytoblastem „sieht", würden heutige Biologen am ehesten einen Zellrest vermuten — vielleicht wurde diese Zelle bei der Herstellung des Schnittes zerstört. Schwann aber sieht „ein kleines, rundes Körperchen und um dasselbe liegt etwas feinkörnige Substanz, während das übrige Cytoblastem des Knorpels homogen ist",[13] so wie seine Theorie der freien Zellbildung es fordert. Bei a) und b) findet er die Kernbildung weiter fortgeschritten. Die feinkörnige Substanz ist jetzt „scharf abgegrenzt". Auch wir erkennen in Schwanns Zeichnung Zellkerne, aber Schwann sieht die Sache anders. Er „sieht" einen „Prozeß". Zu d) äußert er sich folgendermaßen, „Auf der äußeren Oberfläche des Zellkerns schlägt sich eine Schichte einer Substanz nieder, die von dem umgebenden Cytoblastem verschieden ist".[14] Wo heutige Biologen nur einiges perinukleäres Material erkennen, sieht Schwann den eigentlichen Beginn der Zellbildung, die Entstehung einer Schicht, aus der sich im weiteren Verlauf Zellhöhle und Zellmembran bilden werden.

Betrachten wir ein zweites Beispiel, diesmal aus Schleidens Lehrbuch „Grundzüge der wissenschaftlichen Botanik" (1845, 1. Teil) (Abb. 2.5-2a). Auf den ersten Blick sehen wir das Resultat einer Zellteilung vor uns. Sogar die Zellkerne der Tochterzellen sind kleiner als die Zellkerne der älteren und entsprechend größeren Zellen. Blicken wir aber mit den Augen Schleidens, dann

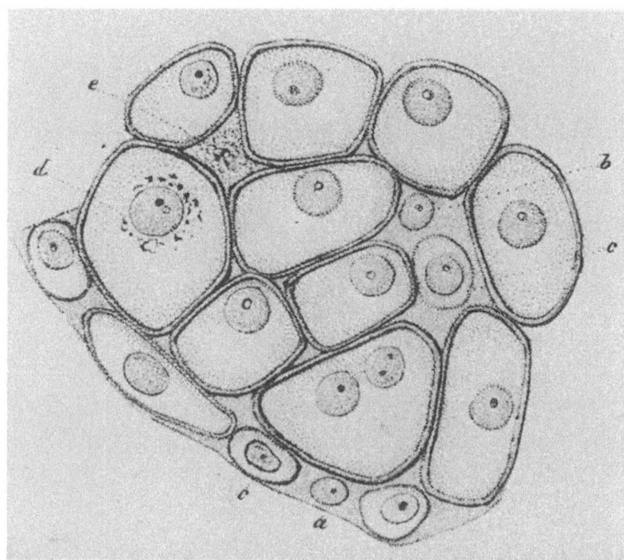

Abb. 2.5-1. Schnitt durch die Spitze des Kiemenknorpels von *Rana esculenta* (aus Schwann (1839) Tafel III, Fig. 1) (vergrößert, 2×). *(a, b)* Freie Zellenkerne im Cytoblastem *(c, d)* Bildung von Zellen um den Zellenkern „Wenn der Kern eine gewisse Entwicklungsstufe erreicht hat, so bildet sich um ihn die Zelle. Der Prozeß, wodurch dies geschieht, scheint folgender zu sein. Auf der äußeren Oberfläche des Zellenkerns schlägt sich eine Schichte einer Substanz nieder, die von dem umgebenden Cytoblastem verschieden ist (s. *Tab. III, Fig. 1d*). Diese Schichte ist anfangs noch nicht scharf nach außen begrenzt, sondern erst durch die fortdauernde Ablagerung neuer Moleküle erfolgt diese äußere Begrenzung ... Eine Zellenhöhle und eine Zellenwand läßt sich in dieser Periode noch nicht unterscheiden ... Bei vielen Zellen aber kommt es gar nicht zur Entwicklung einer evidenten Zellenmembran, sondern sie sehen solid aus, und es läßt sich nur erkennen, daß der äußere Teil der Schichte etwas kompakter ist" (Schwann (1839) S. 209). *(e)* Das Gebilde „scheint ein in der Entstehung begriffener Zellenkern einer Knorpelzelle zu sein" (Schwann (1839) S. 207)

„können wir beobachten, daß sich in der Zelle zwei neue Zellen bilden". Sie werden, „wenn sie sich so weit ausgedehnt haben, die Mutterzelle zerstören".[15] In Abb. 2.5-2b zeichnet Schleiden seiner Theorie entsprechend je eine für sich geschlossene Membran um die beiden jungen Zellen innerhalb der Mutterzelle.

Auch die folgende Abbildung (2.5-3) ist Schleidens Lehrbuch (1846, 2. Teil) entnommen. Die Sequenz scheint für einen heutigen Biologen den Ablauf einer Mitose darzustellen. Der Zellkern wird in einzelne Elemente (die Chromosomen) zerlegt (Abb. 2.5-3, g-k). Abb. 2.5-3,1 ließe sich dann als Telophase deuten. Die Tochterkerne der beiden Tochterzellen bilden sich (Abb. 2.5-3, m,n). In den Abb. 2.5-3, o-q erkennen wir Stadien der Zellteilung (Cytokinese). Erst wenn wir diese sich unmittelbar aufdrängende Interpretation mit Schleidens eigener Interpretation vergleichen (s. Legende zu Abb. 2.5-3), wird uns der fundamental andere Bedeutungszusammenhang deutlich, den die einzelnen Beobachtungen in Schleidens Theorie der Zellbildung und in der modernen Theorie der Mitose einnehmen.

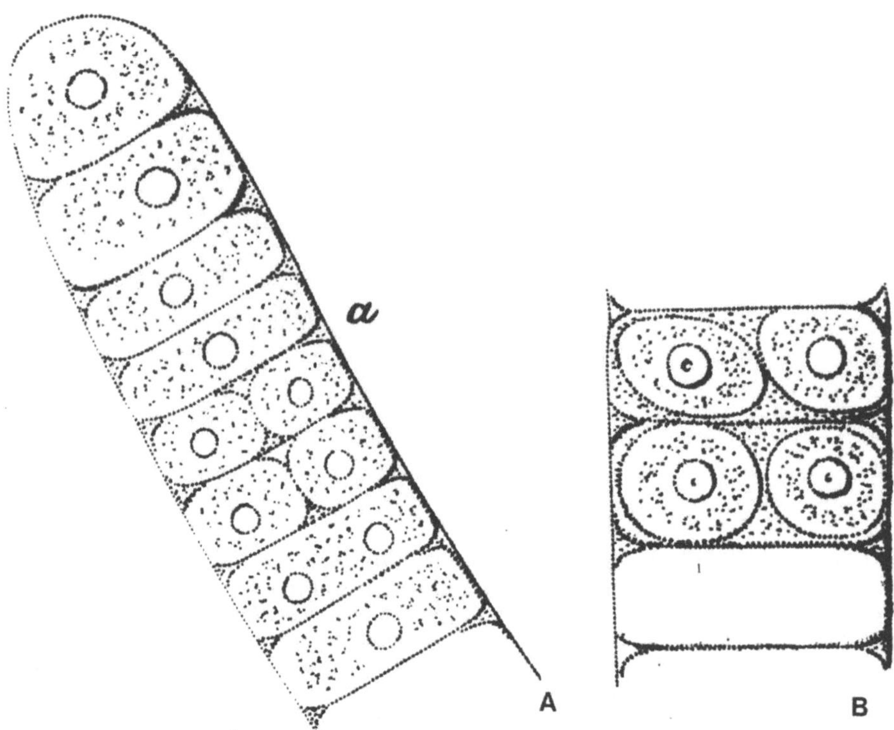

Abb. 2.5-2 A, B. „Allmälige Entwicklung der Haare am Stengel und Blatt von *Glaucium luteum*." Aus Schleiden (1845), Kupfertafel *Fig. 11 und 12* (vergrößert, 3,6 ×). Legende dazu Schleiden (1846) S. 574. Auf den ersten Blick vermuten wir, daß es sich hier um die Darstellung von Zellteilungen handelt. Betrachten wir jetzt die beiden Figuren mit den Augen Schleidens. **A** „In der ursprünglichen, langausgedehnten Oberhautzelle haben sich querliegende Zellen gebildet, die man deutlich als frei darin liegend erkennt. Bei *a* zeigt eine dieser Zellen zwei andere in ihrem Inneren, ebenso eine zweite darunter liegende, eine dritte noch tiefer liegende Zelle enthält nur zwei freie Cytoblasten." **B** „Ein Zustand etwas später als *Fig. 11 (A)* bei a. Man erkennt sehr deutlich die Einschachtelung der Zellen in einander"

Die Beispiele lassen sich nahezu beliebig erweitern. Schwann und Schleiden beobachteten Präparate fixierter Zellen, aber durch die Brille ihrer Theorie sahen sie Bildungsprozesse. Wir sehen die gleichen akurat angefertigten Zeichnungen anders, weil wir sie durch die Brille der heutigen Zelltheorie sehen. Sehen wir sie objektiver? Oder gehören Wörter wie „objektive Wahrheit" einer Theorie nur zu den vermeintlich tiefsinnigen, aber bereits „in Fäulnis übergegangenen Wendungen, die sich in Jahrhunderten angesammelt haben", wie der Wissenschaftstheoretiker Paul Feyerabend[16] anzunehmen scheint bei seinem Versuch, alle Konzeptionen einer „etablierten" Wissenschaftstheorie, beispielsweise von Thomas Kuhn oder von Karl Popper, entzwei zu schlagen. Mir scheint aber — in diesem Punkt schließe ich mich den im Gegensatz zu Feyerabends anarchistischer Erkenntnistheorie vergleichsweise bürokratisch gesinn-

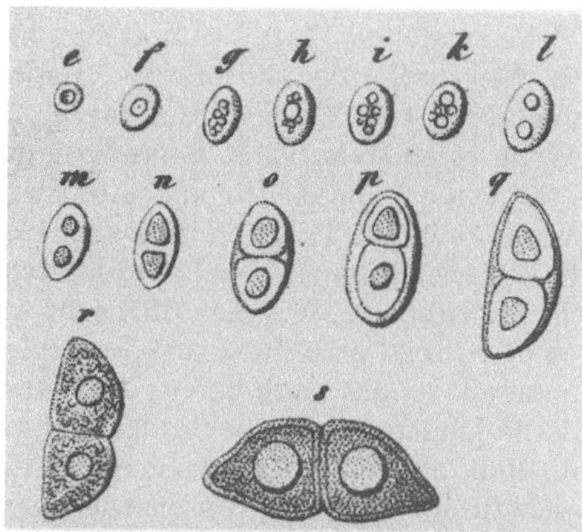

Abb. 2.5-3. „Bildungsgeschichte der Spore (von) *Borrera ciliaris*." Aus Schleiden (1846) Taf. I,
Fig. 9 (vergrößert, 1,8 ×). „Wenn man die Sporenhüllen in ihren verschiedenen Zuständen aus
einigen Sporenfrüchten isoliert und ihren Inhalt untersucht, so erhält man leicht die ganze
Reihe der Zustände der Spore, wie sie von *e* (ein freier Cytoblast) bis *s* (eine völlig reife Spore)
dargestellt sind. Man sieht in *f* die Bildung der primären einfachen Spore, in *g, h, i* das allmälige Zerfallen des Kerns, in *k, l, m* das Auftreten zweier Cytoblasten, um welche sich von *n–q*
zwei Zellen organisieren, bis endlich bei *r* und *s* die primäre Spore aufgelöst ist und die Dop-
pelspore vollendet erscheint" (Schleiden (1846) S. 577)

ten Wissenschaftstheoretikern wie Popper an —, daß Wissenschaftsgeschichte
nicht nur in einem Wachstum unvereinbarer, aber im Grunde gleichberechtigter Theorien über die objektive Welt besteht.[17] Im Verlauf dieser Geschichte
besteht vielmehr ein ständig wachsender Zwang, bestimmte Theorien wieder
aufzugeben, solange man Freiheit des Denkens nicht mit Willkür gleichsetzt.
Dieser Zwang, so erwarte ich, führt zu einer Annäherung an eine objektive
Wahrheit.[18] Unser weiterer Gang durch die Wissenschaftsgeschichte der Biologie von der Zelltheorie bis zur Chromosomentheorie der Vererbung soll Musterbeispiele für diese Hypothese vorführen, die bereits Max Planck vorgetra-
gen hat (vgl. Kap. 3.2).

Vom Standpunkt eines 140 Jahre später lebenden Gutachters, also einem
Famulus Wagner aus gesehen, der es inzwischen methodisch herrlich weit gebracht hat, haben Schleiden und Schwann die Tragfähigkeit ihrer Methoden
weit überschätzt. Bestenfalls konnten sie konstatieren, daß sie ein von Robert
Brown zuerst bei Orchideen beschriebenes Gebilde, den Zellkern, in vielen untersuchten Geweben, bei Pflanzen und Tieren beobachtet hatten. Dabei hätten
sie es beim Stand ihrer Methoden bewenden lassen müssen. Alles das, was uns
heute zur Verfügung steht, gab es ja nicht: Phasenkontrastmikroskopie, die die
Beobachtung ungefärbter Zellen in allen ihren lichtmikroskopisch erkennbaren
Details erlaubt, Methoden der in vitro Kultur von Zellen und Gewebsstücken,
Zeitrafferfilme, zellphysiologische und biochemische Methoden. Die Vielfalt
neuer Methoden ist einer der Gründe, daß wir heute die Welt der Zellen objektiver beschreiben können. Wer beispielsweise mit Zellkulturen arbeitet, kann
täglich an lebenden Zellen beobachten, wie zwei Zellen durch Teilung aus ei-

ner Zelle entstehen. Dazu benötigt man keine Autoritäten und historischen Exkurse. Wissenschaftler akzeptieren Paradigmata in erster Linie, weil sie sich bei ihren eigenen Experimenten bewähren.

Wenn es so steht, ist es dann für einen Naturwissenschaftler gleichgültig, was früher über die Zellen und ihre Entstehung gedacht wurde? Warum soll man sich noch mit Theorien im Detail beschäftigen, die sich längst als unrichtig herausgestellt haben? Viele produktive Wissenschaftler denken mit einigem Recht unhistorisch. Wer sich allzusehr mit früheren Autoritäten und Schulen beschäftigt, setzt sich dabei möglicherweise selbst nur immer längere Scheuklappen auf — das hatte bereits Schleiden erkannt.[19] Der Verzicht auf die historische Dimension ist aber andererseits ein Verlust an Perspektiven, die mehr beinhalten, als der in den wissenschaftlichen Zeitschriften aktuell diskutierte Wissenszusammenhang. Wissenschaftsgeschichte liefert nicht nur Materialien für die Frage, wie die wissenschaftliche Erkenntnis, die das Fundament der heutigen Forschung bildet, tatsächlich gewachsen ist. Sie führt nicht nur zu Rückfragen an den Wissenschaftstheoretiker, dessen Regievorstellungen für dieses Wachstum der Wirklichkeit vielleicht gar nicht entsprechen. Sie liefert neben Begründungszusammenhängen auch Kritikpunkte für viele Denkgewohnheiten, die vielleicht berechtigt sind aber doch allzu selbstverständlich vorausgesetzt werden. In den überholten Theorien stecken oft Fragen, die durch die herrschenden Theorien keineswegs beantwortet werden, sondern nur aus dem Blickfeld gerückt worden sind. Wissenschaftsgeschichte schärft so das kritische Bewußtsein für Einseitigkeiten und blinde Flecken in der aktuellen wissenschaftlichen Diskussion. Sie ist unverzichtbar, wenn man sich für die eigentlichen geistigen Auseinandersetzungen einer Zeit, und nicht bloß für ihre praktischen Erfolge und Mißerfolge interessiert.

Die heutige Theorie der Zellbildung durch Zellteilung, so dürfen wir guten Mutes behaupten, stimmt im Vergleich zur Schwannschen Theorie noch aus einem besonderen Grunde besser mit der objektiven Wirklichkeit überein. Dieser Grund liegt in der Widerlegung der Urzeugungstheorien (generatio spontanea oder aequivoca) im Verlauf des 19. Jahrhunderts (vgl. Kap. 1.4, S. 24). Die komplizierte Information, die einer Zelle zu Grunde liegt, so wissen wir heute, kann nicht spontan neu entstehen. Diese Überzeugung gehört zu den tragenden Pfeilern der modernen Biologie, speziell der Evolutionstheorie. Erst im 19. und 20. Jahrhundert wurden die Zeiträume entdeckt, die notwendig sind, damit Lebendiges unter günstigen Bedingungen vielleicht entstehen und sich fortentwickeln kann. Die kernhaltige (eukaryote) Zelle ist ein später Triumph dieser Evolution, nicht ihr spontaner Beginn. Diese Ansicht ist heute für Naturwissenschaftler und gebildete Laien selbstverständlich geworden. Aber noch zur Zeit von Schleiden und Schwann erschien die Urzeugungstheorie für bestimmte Formen des Lebens unmittelbar einleuchtend. Zwar hatte Francesco Redi bereits im 17. Jahrhundert den Satz „Omne vivum ex ovo" aufgestellt.[20] Aber noch am Beginn des 19. Jahrhunderts war der Naturphilosoph Oken völlig davon überzeugt, daß Parasiten wie die Echinokokken in der Leber oder Finnen in der Muskulatur unmittelbar durch eigentümliche Zersetzungsprozesse der Gewebe entstehen. Manche Parasiten kamen ja sogar in geschlossenen Höhlen des tierischen Körpers vor. Wie sollten sie dahin gelangt sein?

Aber schließlich engten sich die Rückzugspläne der Urzeugungstheorie Schritt für Schritt weiter ein. Die durch Urzeugung entstandenen Fleischwürmer erwiesen sich als schlichte Fliegenmaden, bei den hochspezialisierten Parasiten entdeckte man einen Formenwechsel, durch den immer wieder zum Wandern geeignete Formen auftraten, die die lange rätselhafte Verbreitung der Parasiten sicherten.[21] In der Mitte des 19. Jahrhunderts schließlich waren die Zellen ein letztes Refugium der alten Theorie und zuletzt bedurfte es noch der Arbeiten von Pasteur,[22] um auch den Bakterien die Fähigkeit zur spontanen Neubildung ein für allemal zu nehmen. Ein für allemal? Rückzugsgeplänkel für die „generatio spontanea" wurden noch in der Mitte unseres Jahrhunderts im Verlauf des Lyssenko-Ära (Kap. 2.13) geschlagen.[23]

Schwann und Schleiden standen selbst noch tief unter dem Eindruck der Urzeugungstheorie. Die Kristallisation der Zelle in einem einfach strukturierten Cytoblastem war unter dem Gesichtspunkt der Neuentstehung von Informationen nicht weniger wunderbar als die spontane Bildung von Fischen im Schlamm der Gewässer bei Aristoteles.[24] Wie selbstverständlich auch Schleiden bei aller seiner Abneigung gegen alte Autoritäten an der Möglichkeit einer Urzeugung festhielt, zeigt Abb. 2.5-4a,b[25] (vgl. Schleidens eigene Beschreibung in der Legende der Abbildungen).

Die Krise der Zelltheorie war vor allem auch eine Krise der Urzeugungstheorie. Es war das Verdienst von Robert Remak und Rudolf Virchow, daß sie diesen Zusammenhang klar erkannt haben. 1852 veröffentlichte Remak eine Arbeit „Über extracelluläre Entstehung tierischer Zellen und über Vermehrung derselben durch Teilung". Darin schreibt er,[26] „Mir selbst war die extracelluläre Entstehung tierischer Zellen seit dem Bekanntwerden der Zellentheorie ebenso unwahrscheinlich wie die „generatio aequivoca" der Organismen. Aus diesen Zweifeln entsprangen meine Beobachtungen über die Vermehrung der Blutzellen durch Teilung bei Embryonen von Vögeln und Säugetieren und über die Längsteilung der durch Verlängerung von Zellen entstehenden quergestreiften Muskelfasern (Muskelprimitivbündeln) bei Froschlarven. Seitdem habe ich diese Beobachtungen an Froschlarven fortgesetzt, bei welchen es möglich ist, die Entstehung der Gewebe bis auf die Furchung zurückzuführen. Doch ist es mir erst im Frühling dieses Jahres (1851) gelungen zu ermitteln, daß sämtliche aus der Furchung hervorgehenden Embryonalzellen sich bei ihrem Übergange in die Gewebe durch Teilung vermehren und daß die von mir früher beobachtete Teilung der Blutzellen und der verlängerten Muskelzellen nur vereinzelte Glieder in der Reihe dieser zusammenhängenden Erscheinungen waren". Gegen die Schwannsche Theorie gewendet sagte Remak weiter,[27] „weder freie Kerne noch Intercellularsubstanz werden zwischen den aus der Furchung hervorgehenden Embryonalzellen angetroffen. Das gesamte Protoplasma der Eizelle ist vielmehr in dem Protoplasma sämtlicher Embryonalzellen enthalten, wie die Kerne der letzteren nur als Abkömmlinge eines primitiven Kernes der ersten Furchungs- oder Embryonalzelle erscheinen". Zu den noch bestehenden Lücken in der Beobachtung erklärte Remak, „Wenn es in einzelnen Fällen nicht gelingt, die Zurückführung von Geweben, welche sich ihrer Form nach als Äquivalente von Zellen darstellen, auf die Embryonalzellen zu bewirken, so ist die Deutung gestattet, daß die Feinheit der Bestandteile

Abb. 2.5-4 A, B. *Generatio aequivoca* von Zellen in einem einfach zusammengesetzten Cytobla- ▶
stem. Aus Schleiden (1845), Kupfertafel, *Fig. 9 und 10* (vergrößert, 1,7 ×). **A** Entstehung von Hefezellen bei der „geistigen Gärung" von Johannisbeersaft. „Ich zerrieb Johannisbeeren mit etwas Zucker, preßte den Saft durch ein Tuch, verdünnte ihn mit Wasser und filtrierte ihn durch
doppeltes Papier. Die Flüssigkeit war hellrot, ganz klar und durchsichtig, unter dem Mikroskop zeigte sie keine Spur von Körnchen, wohl aber eine nicht unbeträchtliche Menge feiner
wasserheller Öltropfen. Nach 24 Stunden opalisierte die ganze Flüssigkeit und nun erschienen
unterm Mikroskop eine Menge Körnchen (*Fig. 9a* der Kupfertafel) darin suspendiert. Am
zweiten Tag hatten sich diese Körnchen sehr vermehrt und es fanden sich die Übergangsstu-
fen von denselben bis zu ausgebildeten Hefezellen (Kupfertafel, *Fig. 9 a, b, c*). Zugleich stie-
gen, obwohl selten, einzelne Bläschen (Kohlensäure) aus der Flüssigkeit auf. Am vierten Tag
war die Gärung sehr lebhaft. Es hatte sich auf dem Boden des Glases und auf der Oberfläche
der Flüssigkeit Hefe gebildet. Beiderlei Hefe war ganz gleich aus einzelnen oder aus mehreren
aneinander gereihten Zellen bestehend. An den einzelnen Exemplaren konnte man die Art
und Weise beobachten, wie an einer Zelle eine neue entstand (Kupfertafel, *Fig. 9d, e, f*)." Im
Prozeß der Gärung sieht Schleiden den Modellfall einer Zellbildung aus einem Cytoblastem.
„Wir haben hier als gegeben eine Flüssigkeit, in der Zucker, Dextrin und eine stickstoffhaltige
Materie, also Cytoblastem vorhanden ist. Bei der gehörigen Wärme, die vielleicht zur chemischen Wirksamkeit des Schleimes nötig ist, entsteht hier, wie es scheint, ohne Einfluß einer lebenden Pflanze (?) ein Zellenbildungsprozeß (die Entstehung der sogenannten Gärungspilze),
und vielleicht ist es nur die Vegetation dieser Zellen, welche jene eigentümlichen Veränderungen in jener Flüssigkeit hervorruft." (Aus Schleiden (1845) S. 205 f.). **B** „Zersetzung des reinen
Proteins im Zuckerwasser (unter Gärungserscheinungen)." „Reines, fast weißes Protein aus
Hühnereiweiß dargestellt, völlig trocken, wurde zerrieben und mit Zuckerwasser zur Gärung
angestellt. Die Flüssigkeit blieb völlig klar. Die anfangs als ganz scharfkantig unter dem Mikroskop erkennbaren Proteinsplitterchen zeigten am dritten Tag teilweise eine granulöse
Oberfläche und einige waren mehr oder weniger in Körnchen zerfallen." (Schleiden (1845) S.
206). *(a, b)* „Ein kleines Stückchen Protein am untern Ende in Körnchen *(b)* zerfallend."
(Schleiden (1846) S. 547). „Die Kügelchen zeigten lebhafte Molekularbewegung, einige erschienen zusammengereiht. Am vierten Tag fanden sich zwischen diesen Körnchen einzelne
längere oder rundlichere Zellen, einzeln oder fadenförmig aneinandergereiht, mit allen Über-
gängen bis zu vielfach verzweigten Zellenfäden." (Schleiden (1845) S. 206). *(c)* „Verschiedene
Formen der Zellenfäden, welche beim Gären von Zuckerwasser mit reinem Protein und Proteinverbindungen aus diesen hervorgehen." *(d)* „Ein Stückchen Protein an einer Seite noch ganz
scharfkantig, an der anderen Seite teilweise in Körnchen zerfallen, aus welchem ein kleiner
zelliger Faden mit undeutlichem Anfang hervorging" (Schleiden (1846) S. 574)

der Untersuchung Schranken setzt".[28] In den Schlußsätzen seines kurzen, programmatischen Artikels ohne Abbildungen schreibt Remak, „diese Ergebnisse
haben zur Pathologie eine ebenso nahe Beziehung wie zur Physiologie. Es
kann kaum noch bestritten werden, daß die pathologischen Gewebeformen nur
Varianten der normalen embryonischen Entwicklungstypen bilden und es ist
nicht wahrscheinlich, daß sie das Vorrecht der extracellularen Entstehung von
Zellen besitzen sollten. Die sogenannte ‚Organisation der plastischen Exsudate' und die früheste Bildungsgeschichte der krankhaften Geschwülste bedarf in
dieser Hinsicht einer Prüfung. Gestützt auf die Bestätigung, welche meine viel-
jährigen Zweifel erfahren, wage ich die Vermutung auszusprechen, daß die pathologischen Gewebe ebenso wenig wie die normalen in einem extracellularen
Cytoblastem sich bilden, sondern Abkömmlinge oder Erzeugnisse normaler
Gewebe des Organismus sind."[29] Drei Jahre später (1855) publizierte Remak
seine mit reichen Abbildungen versehenen „Untersuchungen über die Entwicklung der Wirbeltiere". Hier belegte er am Beispiel der Entwicklungsgeschichte

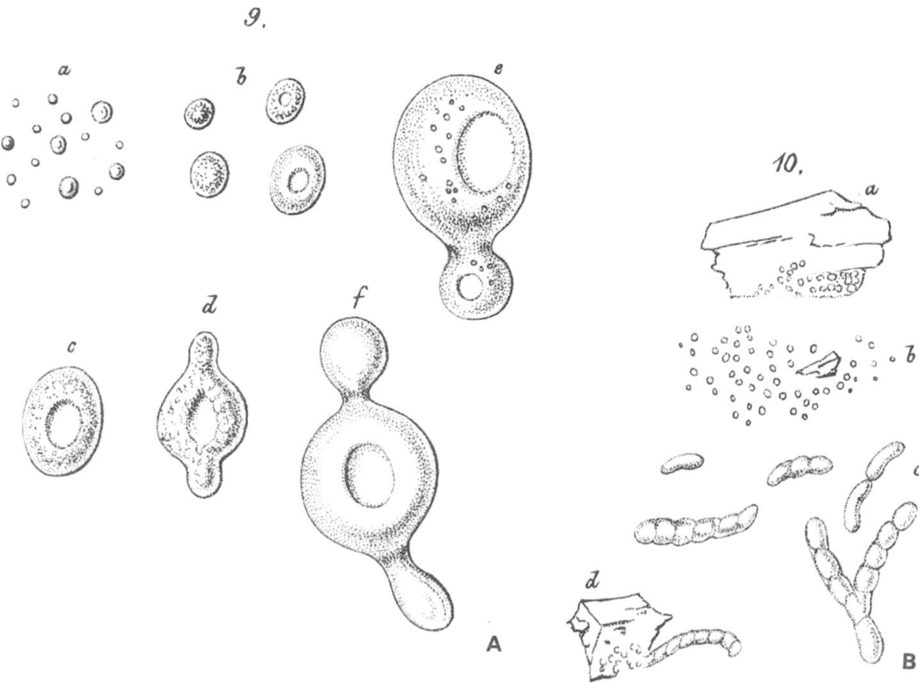

des Hühnchens und des Froscheies Schritt für Schritt seine Erkenntnisse über die Entstehung des Organismus aus der ununterbrochenen Generationenfolge der sich aus dem befruchteten Ei durch Teilung entwickelnden Zellen (Abb. 2.5-5,6) und unterzog die Schwannsche Zellbildungstheorie einer umfassenden Kritik. Was in der Arbeit von 1852 schon angedeutet wurde, bestätigte sich. Schwanns Theorie machte eine klare Vorhersage: Man mußte nackte Kerne außerhalb der Zellen finden. Die Untersuchung der Entwicklung des Knorpels durch Remak ergab aber beispielsweise, daß „die angeblich neuen freien Kerne, um welche sich erst Zellen bilden sollen, die Kerne solcher Zellen (sind), deren Protoplasma sich nicht von der Wand der Knorpelblase ablöst".[30] Remak folgerte, „daß der embryonische Knorpel für Schwanns Zellenbildungstheorie keine Stütze bietet, daß somit sämtliche Untersuchungen Schwanns keine einzige sichere Tatsache ergeben, aus welcher die extra- oder intercellulare Entstehung von Zellen mit einiger Wahrscheinlichkeit gefolgert werden könnte. Allein auch der endogenen Zellbildung, welche Schwann nach Schleidens Vorgang aufstellte, welche in einer schichtweisen Bildung eines Kernkörperchens, eines Kerns und einer Zellenmembran bestehen sollte, ist durch die gegebene Darlegung insofern der Boden entzogen, als alle bekannten Angaben über endogene Zellenbildung (mögen sie sich bei Schwann oder bei anderen Histologen, namentlich bei Kölliker, finden, mögen sie sich an das Schleidensche oder das Nägelische Schema anschließen) sich auf Zellenteilungen zurückführen lassen".[30] Der Fortschritt der Remakschen Hypo-

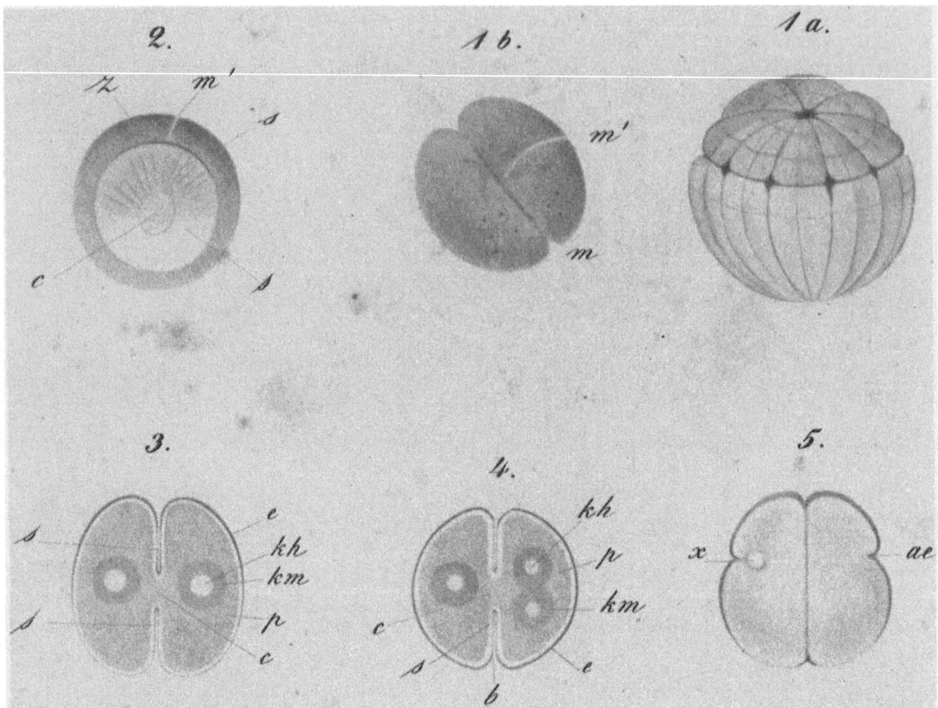

Abb. 2.5-5. Furchung und Zellteilung im befruchteten Ei von *Rana esculenta*. Aus Remak (1855) Taf. IX, Fig. 1-5 (vergrößert, 1,3 ×). *(1a)* „Ein Ei, an welchem die Furchung ... von Stufe zu Stufe verfolgt wurde. Die Furchen wurden, so bald sie sich gebildet hatten, eingezeichnet." *(1b)* „Ein durch die Vitriolmischung erhärtetes Ei" beim Übergang vom Zwei- zum Vier-Zell-Stadium. *m:* „Erste Meridianfurche" *m':* „Zweite Meridianfurche". *(2)* „Eine Hälfte desselben Eies, die weiße ebene Innenfläche dem Beschauer zuwendend." *z:* „der dunkle Rand der Eizellenmembran" *s:* „Scheidewand" *c:* „die zentrale, von der Scheidewand nicht bedeckte rauhe Bruchfläche des Protoplasmas" (vgl. *Fig. 3 und 4*) *(3)* Schematischer Schnitt in Richtung des Meridians *m'* durch das in *1b* und *2* dargestellte Ei. *e:* „Eizellenmembran". *p:* „Protoplasma (oder Zooplasma) der in Teilung begriffenen Eizelle". *c:* „Brücke, durch welche die beiden Hälften noch miteinander zusammenhängen, in ihrem Durchmesser der zentralen Bruchfläche *c* in *Fig. 2* entsprechend." *kh:* „Kernhöhle". *km:* „umgebende Kernmasse" *(4)* „Schematischer Äquatorialschnitt durch ein ähnliches Ei, in welchem die eine Hälfte eine doppelte Kernhöhle und doppelte Kernmassen zeigt." *(5)* „Hälfte eines Eies, welches durch zwei Meridianfurchen in vier Abschnitte zerlegt ist, und bei welchem die äquatoriale Einfurchung (ae, vgl. *1a*) begonnen hat, seine Innenfläche dem Beschauer zuwendend." „Bei *x* ist die Ablösung der beiden Eihälften in der Richtung des zweiten Meridians noch nicht erfolgt"

these, „daß sämtliche tierische Zellen durch fortschreitende Teilung aus der Keimzelle hervorgehen",[31] wird uns noch deutlicher, wenn wir uns mit Remak klarmachen, daß Schwann selbst „nirgends den Versuch (machte), die Gewebe auf die Keimzellen zurückzuführen"[32]. Denn bei Schwann traten ja ständig Zellen aus dem extracellulären Cytoblastem hinzu. Nur ein Problem in der Frage der ununterbrochenen Zellgenerationen durch Zellteilung hatte Remak noch zu lösen, „inwiefern das Ei selbst als Zelle betrachtet werden könne"?[31]

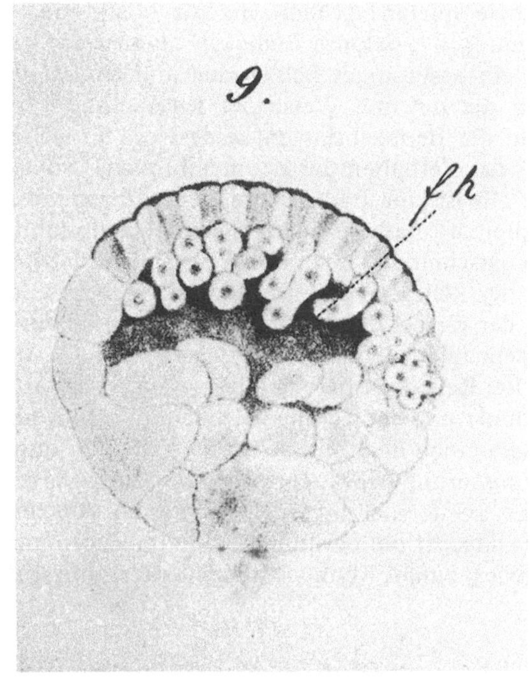

Abb. 2.5-6. Aus Remak (1855), *Taf. IX, Fig. 9* (vergrößert, 2,1×). „Innenfläche einer Eihälfte (von *Rana esculenta*), wenn oben 64, unten etwa 32 Abschnitte vorhanden sind. Oberhalb der weiten Furchungshöhle *(fh)* sieht man kleinere Abschnitte in der Teilung begriffen und erkennt in denselben doppelte, dunkele Flecken (Kerne)“

Die Frage mag uns verblüffen. Ob das Ei „als Zelle und das Keimbläschen als Kern betrachtet werden dürfe“, hing aber, wie Remak ausführte, davon ab, „ob das Zooplasma mit dem Keimbläschen sich nachweisen lasse als Abkömmling kernhaltiger aus der Teilung des Keimes hervorgegangener Zellen des mütterlichen Organismus. So früh auch nach meinen Wahrnehmungen beim Hühnchen die Eier in dem embryonischen Eierstocke erscheinen, so weit entfernt sind wir doch von einer Zurückführung derselben auf die Embryonalzellen.“[31] Vielleicht — darauf schienen Untersuchungen von Siebold bei Trematoden hinzuweisen[33] — befanden sich „die Keimbläschen und die Dottermasse in besonderen Keim- und Dotterschläuchen ..., deren Inhalt in einem gemeinsamen Raum zusammenfließt, um die mit dem Keimbläschen versehenen Eier zu bilden“.[31] Auch bei den „Schleimzellen“ gab es noch einige Probleme. „Die Frage nach der Entstehung der Schleimzellen ist zwar bis zur Stunde noch nicht erledigt, und es wird daher diese Dunkelheit von manchen Histologen, zum Beispiel Kölliker, als Zufluchtsort der generatio aequivoca der Zellen benutzt. Indessen habe ich oben eine Beobachtung angeführt, aus welcher sich ergibt, wie bei gesunden Tieren ausfallende zylindrische Epitelialzellen des Darmes sich in runde „Schleimzellen“ umwandeln können. Wenn man erwägt, daß Schleimzellen auf anderen Schleimhäuten nur im erkrankten Zustand derselben auftreten, so ist wohl wahrscheinlich, daß es mit der Zeit gelingen dürfte, sämtliche Schleimzellen auf abgelöste Epithelialteile zurückzurühren“.[34] Mit Remaks Theorie löste sich das Problem der Urzeugung als ein Scheinproblem auf.

Welche Rolle sollte nun der Zellkern in Remaks neuem Belvedere der Zellbiologie spielen? „Meine bis zur Ausbildung der Gewebe reichenden Wahrnehmungen", betonte Remak,[35] „lassen gar keinen Raum für die Vermutung, daß ein beständiges Schwinden und eine Neubildung von Kernen stattfinde. Über die Art und Weise der Kernteilung", soviel gab Remak allerdings zu, „sind die Beobachtungen keineswegs so weitgehend wie die entsprechenden über das Verhalten der Zellmembranen." Soviel wenigstens mochte er behaupten: „Es ist klar, daß sie (die Kernteilung) mit Einschnüren beginnt, und kaum zweifelhaft, daß sie durch Scheidewandbildung beendet wird."[35] (Abb. 2.5-7) „So entscheidend auch die Wirksamkeit der Zellenmembranen bei den Teilungen der Zellen sich darstellt, so nötigen uns doch die vorausgehenden Teilungen der Kerne, den Ausgangspunkt dieser Veränderung im Inneren des Protoplasma zu suchen."[35]

Bei Remak ist bereits alles gesagt, was wir für die erste entscheidende Neuformulierung der Zelltheorie benötigen, nur die Formulierung „Omnis cellula e cellula" fehlt noch, die seit 1855 zu den Grundfesten der Biologie gehört. Diese Formulierung gebrauchte Virchow zuerst in seinem im gleichen Jahr wie Remaks „Untersuchungen" publizierten Aufsatz „Cellular-Pathologie". Hören wir zunächst die berühmte Stelle im Zusammenhang. „Denn die generatio aequivoca, zumal wenn sie als Selbsterregung gefaßt wird, ist doch entweder ge-

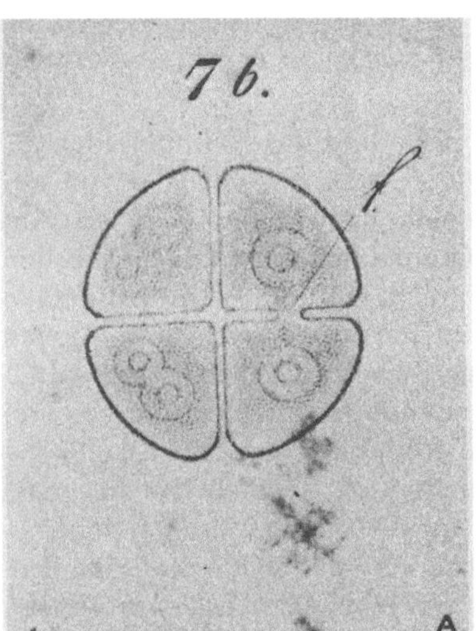
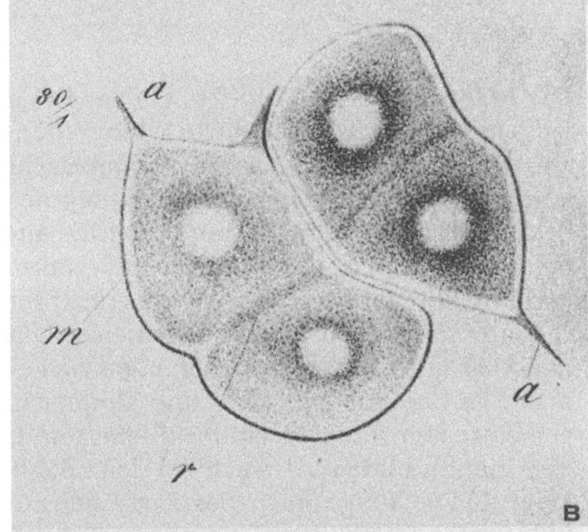

Abb. 2.5-7. A Achtzellstadium bei der Furchung des Eies von *Rana esculenta* (vgl. Abb. 2.5-5, Fig. 5; äquatoriale Furchung nahezu vollendet. Der Verlauf der Scheidewände in der oberen Hälfte des Eies ist schematisch dargestellt. (Aus Remak (1855) *Taf. IX, Fig. 7b*; vergrößert, 1,6 ×). Bei *f* ist „die Abschnürung der Scheidewände noch nicht beendet … Im Inneren sind Kernhöhlen und Kernmassen schematisch angedeutet." (dort S. XXIX) In der Zelle links unten sieht man eine direkte Durchschnürung des Kerns. **B** „Zwei in der Teilung begriffene Zellen der oberen Eihälfte, wenn oben 32 Zellen vorhanden." (Aus Remak (1855) *Taf. IX, Fig. 10*; vergrößert, 1,6 ×). *m:* „Die Zellenmembran, welche sich von dem eingeschnürten Protoplasmahaufen zurückgezogen hat." *r:* „Die rinnenförmige Einschnürung des Protoplasma, durch welche das Ansehen einer Einschachtelung von Zellen in gemeinschaftlicher Membran entsteht" (dort S. XXX)

radezu Ketzerei oder Teufelswerk, und wenn gerade wir nicht bloß die Erblichkeit der Generationen im Großen, sondern auch die legitime Succession der Zellbildungen verteidigen, so ist das gewiß ein unverdächtiges Zeugnis. Ich formuliere die Lehre von der pathologischen Generation, von der Neoplasie im Sinne der Zellularpathologie einfach: Omnis cellula a cellula.[36] Ich kenne kein Leben, dem nicht eine Mutter oder ein Muttergebilde gesucht werden müßte. Eine Zelle überträgt die Bewegung des Lebens auf die andere."

Wie kam Virchow zu seiner Anschauung? Er begann seine Untersuchungen als überzeugter Anhänger der Schwannschen Theorie. Dessen Lehrer Johannes Müller hatte die Zusammensetzung und Entstehung der Geschwülste aus Zellen und eine gewisse Übereinstimmung zwischen der Entwicklung der Geschwülste und der embryonalen Entwicklung behauptet.[37] Virchow folgerte, „nachdem einmal das Gesetz von der Identität der embryonalen und pathologischen Entwicklung festgestellt war, so lag darin die Überzeugung implicite gegeben, die verschiedenen krankhaften Erzeugnisse nicht mehr als gegebene, sondern als in der Entwicklung begriffene Gewebe zu betrachten."[38] Das bedeutete aber, daß die zelluläre Bildung und Zusammensetzung pathologischer Gebilde, beispielsweise beim Eiter und bei Tumoren zu erforschen war. Demzufolge mußte den mikroskopischen Untersuchungen eine zentrale Rolle in der Pathologie zufallen und Virchow war der Mann, der diesen Standpunkt mit aller Vehemenz in dem 1847 von ihm selbst und B. Reinhardt begründeten „Archiv für pathologische Anatomie und Physiologie und für klinische Medicin" vertrat und durchsetzte. Zunächst mußte er um die Anerkennung der mikroskopischen Methode kämpfen, die im Rufe stand, die größten Irrtümer zu produzieren (vgl. Kap. 2.1). Er tat das mit einer ebenso sachkundigen wie drastischen Sprache. Seinem 1847 veröffentlichten programmatischen Aufsatz „Über die Reform der pathologischen und therapeutischen Anschauungen durch mikroskopische Untersuchungen" stellte er das Motto voran

„Immer noch den alten Kohl
Kochen faule Bäuche,
Neuer Wein geziemt sich wohl
In die alten Schläuche."

Mit solchen drastischen Sprüchen erzwang Virchow den Mikroskopikern und der von ihm vertretenen Zelltheorie den Eintritt in die Welt der sich zunächst eher störrisch und abweisend verhaltenden Mediziner. „Man gestattete es allenfalls den Mikroskopikern, sich vor den Augen der bedeutendsten praktischen Notabilitäten über diese oder jene Art von Zellen oder Fasern zu zerfleischen, hatte seine Freude an geschwänzten Krebszellen, wunderte sich allenfalls, daß sie nicht auch Scheren besäßen, und saß vornehm lächelnd auf dem Fauteuil, während ‚hinten da in der Türkei die Völker aufeinander schlugen'. Die Wochenschrift für die gesamte Heilkunde schrieb mittlerweile das Wort Mikroskop, wenn sie genötigt war, es in einer ihrer epigrammatischen Kritiken zu erwähnen, mit einem Ausrufungszeichen, und man hörte zuweilen einen jüngeren Praktiker mit halb abweisender Gebärde sagen: ‚Ach, das ist wohl mikroskopisch?!'."[39]

Demgegenüber vertrat Virchow 1847 mit aller Bestimmtheit seine neuen „Gesetze".[40]

a) „Alle organische Bildung geschieht aus amorphem Material: Sowohl Ernährung als Neubildung, embryonale und pathologische, besteht ihrem Wesen nach in der Differenzierung von formlosem Stoff, mag er fest oder flüssig sein. Dieses ist der Fundamentalsatz der Entwicklungsgeschichte, daß alles Bildungsmaterial formlos ist".[41]

b) „Das formlose Blastem tritt aber unter allen Verhältnissen flüssig aus dem Blute aus, denn die unverletzten Gefäßwandungen sind nur für Flüssigkeiten permeabel. Es ist ein mehr oder weniger unveränderter Teil der formlosen Blutflüssigkeit, des Blutplasmas. Das flüssige Blastem nennen wir, wo es in physiologischen Verhältnissen besteht, Ernährungsflüssigkeit, Ernährungsplasma, in pathologischen Exsudat. Alle pathologische Neubildung von größerem Umfange führen wir auf Exsudat zurück ... auch der Krebs muß eine Zeit des Formlosen haben."[42]

c) „Alle Organisation hebt mit Zellenbildung an".

Den Krebs beispielsweise faßte Virchow als zellige Organisation eines gallertartigen Exsudates auf.[43]

Was veranlaßte Virchow bereits einige Jahre später alle diese von ihm selbst als Gesetze bezeichneten Sätze umzustoßen und vom Saulus der Schwannschen Zelltheorie zum Paulus des neuen „omnis cellula e cellula" zu werden?[44] Er begann Untersuchungen über das Bindegewebe anzustellen, das er beispielsweise bei der Organisation von fibrinösem (exsudativem und thrombotischem) Material vorfand.[44] Das Bindegewebe, so stellte er fest, besteht ebenso wie Knorpel- und Knochengewebe aus Zellen und Interzellularsubstanz. Die Gretchenfrage war aber: Entstehen die Zellen aus der Interzellularsubstanz oder wird die Interzellularsubstanz von der Zelle gebildet? Noch 1851 in einem Vortrag vor der Physikalisch-Medizinischen Gesellschaft in Würzburg (der Vortrag erschien 1852, also im gleichen Jahr wie Remaks erste programmatische Arbeit zur Reform der Zelltheorie im Druck) folgerte Virchow, „die Interzellularsubstanz tritt hier also in der von Schwann für den Knorpel geschilderten Weise als Cytoblastem auf".[45] Auch der Eiter war lange Zeit ein sicherer Kandidat für die Urzeugung von Zellen.[46] Wie anders sollten die so massenhaft im Eiter vorkommenden Körperchen erklärt werden. Aus dem Blut konnten sie ja nicht stammen, wie Virchow in seinem Gesetz Nr. 2 festgelegt hatte. Eine entscheidende Veränderung in Virchows Auffassung findet sich zuerst in einer 1854 publizierten Arbeit. „Mittlerweile wurde auch die Plastizität der Exsudate selbst in Frage gestellt, indem man die Exsudatzellen, wie das Exsudat selbst, aus dem Blute ableitete (Addison, G. Zimmermann) und neben den amorphen Exsudaten besondere corpusculäre unterschied (Paget). Gerade dem Faserstoff, den man solange als den eigentlichen Blastem-Körper bezeichnet hatte, wurde die Plastizität bestritten (B. Reinhardt) und so mehr und mehr auf die Entscheidung der Frage hingedrängt, ob es überhaupt eine freie Zellenbildung gäbe (Remak), mit anderen Worten, ob auch die pathologische Entwicklung, wie das Leben überhaupt, sich nur in regelmäßiger, legitimer Succession der Generationen fortsetze."[47]

Warum ist Virchows Beitrag zur Zelltheorie so viel bekannter geworden als derjenige von Remak? Ich glaube, die Antwort ist einfach: Virchow ging es nicht darum, eine kleine Gruppe von Histologen zu überzeugen, sondern er hatte seine neue Überzeugung den vergleichsweise tauben Ohren der Mediziner zu predigen. Das zwang ihn dazu, eingängige Formulierungen zu suchen und mit aller Bestimmtheit zu vertreten. Seine Formulierung der Zelltheorie sollte die Stürme aller weiteren Entwicklungen überdauern. „Der Virchow'sche Satz, ‚omnis cellula e cellula‘,“ so schrieb Henle 1882 in seinem Nachruf auf Theodor Schwann, „bricht sich Bahn, obschon zum Beweise desselben anfänglich nur von Eiterkörperchen erfüllte Bindegewebslücken herangezogen waren, auf dass das Wort des Dichters sich erfülle:

> Mit dem Genius steht die Natur in ewigem Bunde,
> Was dir der Eine verspricht, hält dir der andre gewiss,

wenn auch mitunter auf seltsamen Umwegen“.[48]

2.6 Zellkern und Befruchtungslehre

Virchows „omnis cellula e cellula" hatte das Ende der alten Zellbildungstheorien eingeläutet. Wie gewöhnlich setzte sich die neue Anschauung nicht überall und auf einen Schlag durch. Es gab noch manches Scharmützel unter den Pathologen, bei denen einige beispielsweise im Zusammenhang mit der Entzündungslehre an der freien Zellbildung in einem extrazellulären Blastem hartnäckig festhielten. Selbst August Weismann stellte sich zunächst noch vor, daß sich bei der Verpuppung der Insekten aus dem formlosen Material zerfallender Larvenzellen neue Zellen für die Entwicklung der Organe der Imago bilden.[1] Letzte Wiederbelebungsversuche der alten Zellbildungstheorie gab es noch in der Mitte des 20. Jahrhunderts als Auswirkung der Lyssenko-Ära (Kapitel 2.13).[2] Der Wendepunkt aber war durch Virchow markiert. Alle Versuche, die neue Lehre wieder umzustoßen oder wenigstens ihre generelle Gültigkeit einzuschränken, endeten damit, daß sich das neue Paradigma bewährte. Mit dem Ende des Cytoblastems war auch die stolze Rolle des Cytoblasten ausgeträumt. Was sollte man nun mit dem Zellkern anfangen? Die Ansichten über seine Funktion waren unsicher und geteilt. Einige vertraten mit Remak[3] die Auffassung, daß der Zellkern eine aktive Rolle bei der Zellteilung spielt und vor der Durchschnürung der Zelle in zwei Hälften zerfällt. Andere nahmen an, daß der Zellkern sich vor jeder Zellteilung auflöst und sich in der Tochterzelle von neuem bildet.[4] Diese beiden Ansichten standen sich mehrere Jahrzehnte lang unversönlich gegenüber, bevor sie nach der Entdeckung der Mitose beide der neuen Anschauung einer Kernmetamorphose bei der Zellteilung weichen mußten; davon aber später (Kapitel 2.7). Aus den Anschauungen der beiden Lager ergab sich logischerweise ein entscheidender Unterschied: In einem Fall gab es ebenso wie bei den Zellgenerationen auch eine ununterbrochene Folge von Zellkerngenerationen. Im anderen Fall wurde dieser Zusammenhang entschieden geleugnet, so beispielsweise von Hofmeister (Abb. 2.6-1). „Nirgends kann mit Sicherheit ermittelt werden, daß ein Kern durch Abschnürung oder Zerklüftung sich teile ... die Feststellung dieser Tatsache ist von Wichtigkeit, insofern aus ihr hervorgeht, daß den Zellkernen die Fähigkeit individueller Fortpflanzung überhaupt nicht zukommt."[5] Die Lehre von der Auflösung und Neubildung des Zellkerns spielte natürlich auch bei den gängigen Befruchtungstheorien dieser Zeit eine wesentliche Rolle. Bevor wir diesen Gedankengang fortführen, wollen wir uns kurz erinnern, welche Vorstellungen man sich nicht lange zuvor von der Befruchtung und Bildung der Lebewesen gemacht hatte.

Seit den Experimenten von Spallanzani im 18. Jahrhundert war klar, daß die Samenfäden etwas Entscheidendes mit der Befruchtung zu tun haben. Spallanzani hatte nämlich festgestellt, daß sich Samenflüssigkeit, aus der die

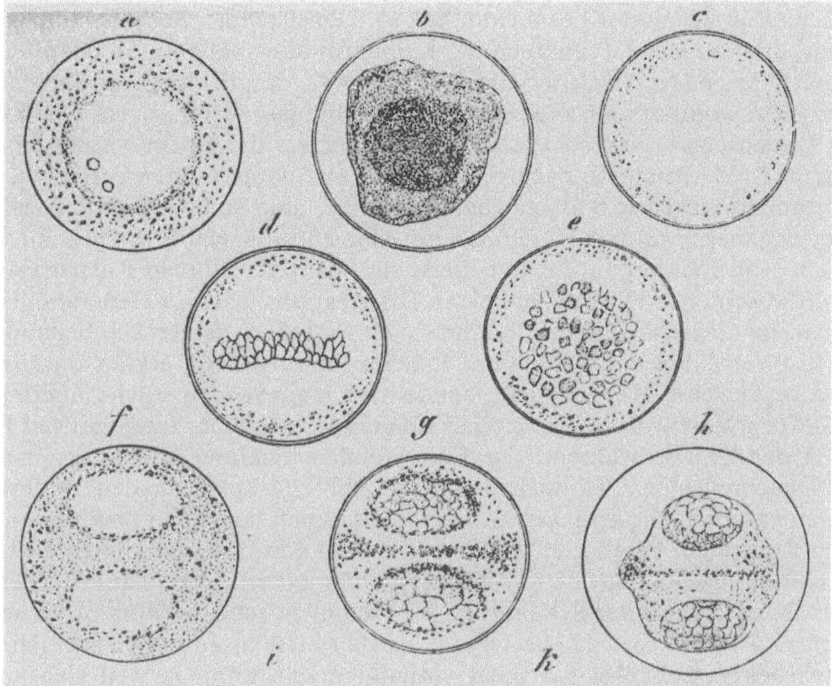

Abb. 2.6-1. Aus Hofmeister (1867) Fig. 16. „Sporenmutterzellen der *Lycopodiaceae Psilotum triquetrum* auf verschiedenen Zuständen der Teilung. *(a)* Kurz vor Beginn der Auflösung des primären Kerns ... *(b)* Dieselbe Zelle, mit Chlorzinkjod behandelt. Protoplasmatischer Inhalt und Kern sind geronnen und geschrumpft. *(c)* Nach Auflösung des primären Kerns, in der Inhaltsflüssigkeit des Sporangiums untersucht. *(d)* Dieselbe Zelle nach kurzem Liegen in Wasser. Die eiweißartige Flüssigkeit im Mittelraum ist zu unregelmäßigen Klumpen geronnen, die in der Aequatorialebene der Zelle zu einer plattenförmigen Anhäufung sich gruppierten. *(e)* Dieselbe Zelle, senkrecht auf die Aequatorialebene gesehen. *(f)* Nach Neubildung der sekundären Kerne. *(g)* Etwas später, nach Bildung einer Körnchenplatte zwischen den Kernen. Die Substanz dieser Kerne ist im Beginn des Gerinnens. *(h)* Eine solche Zelle, mit Jodwasser behandelt. Die quellende Membran hat sich vom schrumpfenden Inhalte abgehoben. Die Körnerplatte in der Aequatorialebene setzt der Schrumpfung Widerstand entgegen." Hofmeisters *Fig. d und e* stellen eine der frühesten Darstellungen einer Metaphaseplatte dar. Doch blieb ihm verborgen, daß sich die beiden neuen Zellkerne aus den „unregelmäßigen Klumpen" dieser Platte bilden

Spermien herausgefiltert sind, zur Befruchtung nicht mehr verwenden läßt.[6] Aber Ironie des Schicksals: Spallanzani war ein überzeugter Ovist, der das unbefruchtete Ei des Frosches geradewegs als ein kleines Fröschlein auffaßte und die Bedeutung seiner Entdeckung verkannte. Der Samen war nach seiner Meinung nur dazu da, die Entwicklung des Eies anzuregen. Im Gegensatz dazu versteiften sich die Animalculisten seit Leeuwenhoek darauf, die Samenfäden seien wirklich mit Kopf, Armen und Beinen ausgestattet und der mütterliche Organismus sei nur dazu da, die geeigneten Bedingungen für die weitere Entwicklung zu liefern.[7] Beide, Ovisten und Animalculisten, waren fest von der Präformationstheorie überzeugt, nach der im Keim bereits das gesamte fertige

Geschöpf in winzigster Form enthalten ist. Konsequenterweise behaupteten sie sogar, daß in einem Keim auch die Keime für alle späteren Geschöpfe bereits angelegt seien. Nur welcher Keim es nun war, das Ei oder der Samenfaden, dem diese wunderbaren Eigenschaften zuzubilligen waren, darüber stritten sie mit Leidenschaft. Nach der einen Vorstellung war die gesamte Menschheit bereits in Evas Eierstock, nach der anderen in Adams Hoden enthalten. Diese Präformationstheorie herrschte bald 200 Jahre lang. So bedeutende Geister wie Leeuwenhoek, Malpighi, Leibniz und Albrecht von Haller hingen ihr im 17. und 18. Jahrhundert an. Ihr trat zuerst als 26jähriger Student Kaspar Friedrich Wolff in seiner 1759 veröffentlichten Dissertation „Theoria Generationis" entgegen. Im Gegensatz zu den berühmtesten Forschern seiner Zeit behauptete er keck, „Wer daher das System der Prädelineation vertritt, erklärt die Entwicklung organischer Körper nicht, sondern er leugnet eine solche überhaupt".[8] Wolff begründete seine These einer Epigenese, also einer tatsächlichen Entstehung der Organe während der Embryonalentwicklung, durch systematische Untersuchungen am Hühnchenembryo (Abb. 2.6-2). Nach den Präformisten waren natürlich alle Organe von vornherein schon da, sie mußten nur an Volumen zunehmen. Wolff sah, daß bestimmte Organe zu bestimmten Zeiten der Entwicklung selbst mit dem Mikroskop nicht aufzufinden waren. Er begnügte sich aber nicht mit der Behauptung, was ich nicht sehe, existiert nicht, sondern suchte zu beweisen, daß die Organe an den Stellen, an denen sie sich später entwickelten, zunächst gar nicht vorhanden sein können, weil sich an ihrer Stelle andere Bildungen befinden. „Wir sehen, daß mehrere Teile des Körpers, zum Beispiel die Brust zu einer gewissen Zeit noch gar nicht vorhanden sein können. Wir schließen nicht etwa, die Brust sei nicht vorhanden, weil wir sie nicht beobachtet hätten, sondern weil wir an derselben Stelle, wo die Brusthöhle hätte sein sollen, bereits andere Bildungen feststellen konnten".[9] In einer 1768 erschienenen Schrift über den Darmkanal schreibt Wolff, „Denn ist der Darm anfangs eine einfache Membran, welche sich allmählich zusammenfaltet, um doppelt zu werden, und wird das gedoppelte Blatt endlich zu einem Zylinder und erscheint es als Urdarm, so bin ich fest überzeugt, daß dieser Darm offenbar gebildet worden ist, nicht aber schon lange ganz und vollkommen verborgen lag und jetzt erst zum Vorschein kam."[9] Zunächst zeigten die Präformisten wenig Wirkung. In einer Rezension der Wolffschen Arbeit 1760 im Göttinger Anzeiger zieht Albrecht von Haller das Fazit „Nulla est epigenesis".[9] Zu sehr widersprach die Wolffsche Ansicht einem Schöpfungsglauben, nach dem alles Geschaffene von Gott ein für allemal geschaffen wurde bis hin zur Urmutter Eva, für die der Ovist Bonnet errechnete, daß in ihrem Eierstock mindestens 20 Millionen Keime eingeschachtelt gewesen wären.[9] Offenbar wurde Wolff nahegelegt, daß seine Theorie der Epigenesis als Angriff auf die Religion gedeutet werden könne. Denn er schreibt 1767 in einem Brief an Haller, er „begreife, daß zwar nicht für die wahrhaft religiösen Wahrheiten, aber für solche populären Demonstrationen die Aufrichtung seiner Epigenese verhängnisvoll sei." Angesichts des möglichen Mißverständnisses seiner Theorie „wisse er nicht, was er in Zukunft für seinen Lebenszweck, die Geheimnisse des organischen Lebens zu ergründen, tun solle".[10] Endgültig verschwand die Präformationslehre erst mit dem Tod ihrer bedeutenden Vertreter. Ihr Untergang erschien zunächst vollständig, nachdem Blumenbach gegen Ende des 18. Jahrhunderts über die Einschachtelungstheorie die Fülle seines Spottes ergossen hatte. Wer noch an Präformation festhielt, lief nun Gefahr, sich lächerlich zu machen. Der große Haller hatte die Parthenogenese bei den Blattläusen noch mit der Annahme in die Schublade seiner Theorie hineinquetschen wollen, ein Urexemplar einer weiblichen Blattlaus sei von einem besonders kräftigen Samenfaden befruchtet worden, der dazu fähig gewesen sei, die Hülle aller ineinander verschachtelten Tiere zu durchdringen und so eine für Jahrtausende ausreichende Befruchtung bewirkt habe.[9] Seit Blumenbach lassen sich mit solchen Vorstellungen nur mehr Heiterkeitserfolge erzielen. Nichts kann die Vollständigkeit des Paradigmawechsels, der sich hier bei den Wissenschaftlern und der Öffentlichkeit vollzogen hat, besser demonstrieren. Auch Wissenschaftler leben in Gruppen, auch wenn ihre Gruppe vielleicht über viele Länder zerstreut lebt. Es läßt sich wohl kaum eine stärker zur Anpassung der Ansichten zwingende Kraft vorstellen als das Gefühl, mit einer abweichenden Theorie in der Gruppe der Kollegen, vielleicht sogar in der Öffentlichkeit der Lächerlichkeit preisgegeben zu sein. Natürlich gehören vor allem schlagende Argumente dazu, eine bestimmte Theorie in der wissenschaftlichen Öffentlichkeit durchzusetzen. Aber das Gefühl der Lächerlichkeit erscheint mir stärker als alle Argumente, jedenfalls was die kurzfristige Wirkung angeht. Bevor wir uns aber allzusehr über die Absurditäten erheitern, in die die Präformisten mit ihrer Theorie geraten sind, sollten wir bedenken, daß auch in dieser Lehre ein fruchtbarer Gedanke von großer Tragweite gelegen hat: Irgendetwas ist vorhanden, das von vornherein festlegt, was sich aus dem befruchteten Ei überhaupt entwickeln kann. Auf dieses Rätsel wußten die Epigenetiker keine Antwort (vgl. Kap. 3.5, S. 288 f.). Der Wille von Forschern, die Konsequenzen ihres Paradigmas bis hin zu offenkundigen Absurditäten zu erproben, ist eine treibende Kraft, die schließlich auch den Paradigmawechsel erzwingt, selbst wenn der Wechsel keineswegs in ihren Absichten, ja nicht einmal in ihrem gedanklichen Horizont liegt.

Zelltheorie und Epigenesis vertrugen sich glänzend. Was aber den Vorgang der Befruchtung selbst anging, so tappte man auch 100 Jahre nach der „Theoria Generationis" noch immer im Dunkeln. Man hatte sich inzwischen daran gewöhnt, daß die Spermatozoen die bei der Befruchtung wirksamen Elemente sind und nicht bloß durch ihre Bewegungen die leicht in Zersetzung übergehende Mischung des Samens erhalten. Dazu hatten neben den Filtrationsexperimenten, die wir bereits bei Spallanzani kennengelernt haben, besonders vergleichende mikroskopische Untersuchungen der Samenflüssigkeit im Tierreich beigetragen. Insbesondere hatten Kölliker (1841) und Reichert (1847) zeigen können, daß bei manchen Tieren, wie den Polypen und Nematoden, der Samen nur aus Spermatozoen besteht und die sogenannte Samenflüssigkeit fehlt. Es waren vor allem diese Untersuchungen, die der während der ersten vier Jahrzehnte des 19. Jahrhunderts noch immer herrschenden Überzeugung ein Ende setzten, nach der die Samenflüssigkeit, nicht etwa Spermatozoen, die Eihülle durchdringt, sich mit dem Eidotter vermischt und so die Befruchtung bewirkt.[11] Damit war die Samenflüssigkeit zum „Menstruum der Samenkörperchen" degradiert. Aber was machten die Spermatozoen? Zwei Vorstellungen beherrschten nun die Szene. Nach Bischoff (1847) sollte der Same beim Kontakt „durch katalytische Kraft" dem Ei einen Entwicklungsanstoß geben. Nach einer anderen Vorstellung, der zunächst Forscher wie Bütschli, Auerbach, van Beneden und Strasburger anhingen,[12] sollten die Spermatozoen mit der Dotteroberfläche verschmelzen, sich auflösen und ihre Substanz mit dem Eiinhalt

Abb. 2.6-2. Aus Caspar Friedrich Wolffs „Theoria Generationis", 2. Teil (1759) Taf. II; übersetzt und herausgegeben von P. Samassa (1896). Die Abb. „zeigt die verschiedenen Teile des bebrüteten Eies (des Hühnchens) mit dem Mikroskop betrachtet." Aus Wolffs Erklärungen zu den Figuren der Tafel wollen wir nur einige für seine Theorie der Epigenesis eindrucksvolle Belege herausgreifen. *Fig. 1* „Keimfleck aus dem nicht bebrüteten Ei. *(n)* Natürliche Größe ... *(c)* Der Mittelpunkt, in dem der Embryo entsteht und der von Substanz derselben Art wie *(a)* jedoch aus kleineren Kügelchen gebildet wird." *Fig. 4* „Keimscheibe aus einem Ei, das 28 Stunden bebrütet war. ... *(c)* Amnionhöhle, die mit schwimmenden äußerst kleinen Kügelchen erfüllt ist ... *(s)* Künstliche Falten des auseinander gezogenen Säckchens, die mit den Kügelchen, welche sie enthalten, eine Art von Ring vorstellen. *(e)* Der Embryo, der durch die äußerst durchsichtige, einfach ausgedehnte Haut des Säckchens oder Amnions durchschimmert; derselbe besteht aus sehr kleinen Kügelchen, die lose zusammenhängen und sehr beweglich sind." *Fig. 5* „Embryo aus einem Ei nach 36stündiger Bebrütung; derselbe ist weitaus ausgebildeter, ruht auf seiner vorderen Fläche und wird wiederum bei durchfallendem Licht in der Keimscheibe, die vom Dotter abgehoben wurde, betrachtet. Am Kopf erscheint etwas vom Schnabel und der vordere und der hintere Teil des Gehirns, an dem sich beiderseits die optischen Nerven, die von den Augenbulbi abgehen, ansetzen, ferner das Kleinhirn, das sich in das verlängerte Mark fortsetzt, welches wiederum mit dem Rückenmark in Verbindung steht. *(h)* Rückenmark, *(g)* Halswirbel, *(f)* Rückenwirbel, *(e)* die unteren, noch unvollkommenen Rückenwirbel, *(d)* Anlage der Lendenwirbel. *(c)* Sehr leichte durchsichtige Substanz, die aus äußerst kleinen, kaum zusammenhängenden Kügelchen besteht, die Wirbelsäule umgibt und in nächster Nähe des Kiels und im oberen Teil mehr verdichtet ist. Dieselbe zeigt die ersten Spuren der Extremitäten *(b)* Amnionhöhle, die sich nur durch die Gestalt und Größe von der in *Fig. 4* unterscheidet." *Fig. 9* „Ein Teil der Wirbelsäule mit dem daran haftenden Herzen aus einem (64 Stunden bebrüteten) Ei ... *(a)* Wirbelsäule. *(b)* Die die Wirbelsäule umgebende und bereits etwas verdichtete Substanz *c* der *Fig. 5*, die als zellig bezeichnet wird und überall gleiche Breite und Konsistenz besitzt. *(c)* Herz in Diastole. *(d)* Herzhöhle mit den darin enthaltenen Blutkügelchen." *Fig. 11* „Wirbelsäule mit den Anlagen der Extremitäten und dem Herzen, das vom Blut bereits ausgehöhlt ist, aus einem 96 Stunden bebrüteten Ei bei durchfallendem Licht. *(c)* Herz. *(g)* Wirbelsäule. *(r)* Anlagen der Extremitäten, die aus einer Substanz, die man als zellig bezeichnen kann, zusammengesetzt sind, ähnlich wie *Fig. 5 c* und *Fig. 9 b*." *Fig. 13* „Unterer Teil der Wirbelsäule mit neuer Kügelchensubstanz, die etwas fester zusammenhängt als die, welche in *Fig. 5 c* an der vorderen Seite der Wirbelsäule entstanden ist, aus einem volle 5 Tage bebrüteten Ei. *(g)* Wirbelsäule. *(r)* Untere Extremität. *(b)* Zellige Substanz, die in der Gegend der Lendenwirbel der vorderen Seite der Wirbelsäule anhaftet und die erste Anlage der Nieren darstellt. *(d)* Zellsubstanz derselben Art, welche sich von *(b)* aus zwischen die beiden unteren Extremitäten nach hinten fortsetzt und den ganzen Zwischenraum zwischen Extremitäten, Nierenanlagen und Schwanz erfüllt. Dieselbe stellt die erste Anlage des Rektums mit seinen Blinddärmen und die Ureteren dar *(e)* Durchsichtige zarte Haut, welche den Rest der Allantois und der Membran der Nabelgefäße vorstellt und sich beinahe aus dem ganzen Teile, der die Wirbelsäule bildet, sowie aus der Zellsubstanz *b* und *d* fortsetzt." *Fig. 14* „In Weingeist konservierter Embryo mit unbewaffnetem Auge betrachtet, aber etwas größer gezeichnet. *(o)* Das Hinterhaupt, welches den hinteren Teil des Gehirns beherbergt. *(c)* Kleinhirn. *(b)* Augapfel. *(s)* Vorderhaupt, die vorderen Lappen des Gehirns enthaltend. *(r)* Schnabel, dessen oberer Kiefer den unteren noch nicht erreicht. *(v)* Wirbelsäule. *(e)* Extremitäten. *(h)* Unterleib." Man vergleiche *Fig. 14* mit *Fig. 1 c*. Die Sequenz der von Wolff beobachteten aufeinanderfolgenden Entwicklungsstadien widerlegte die Theorie einer strukturellen Präformation des gesamten Individuums im befruchteten Ei. Sie ist ein eindrucksvolles Beispiel für die Falsifikation einer Theorie beim Wachstum wissenschaftlicher Erkenntnis. Die *Figuren 15 bis 17* enthalten weitere Details zur Entwicklung von Niere, Ureteren und Enddarm

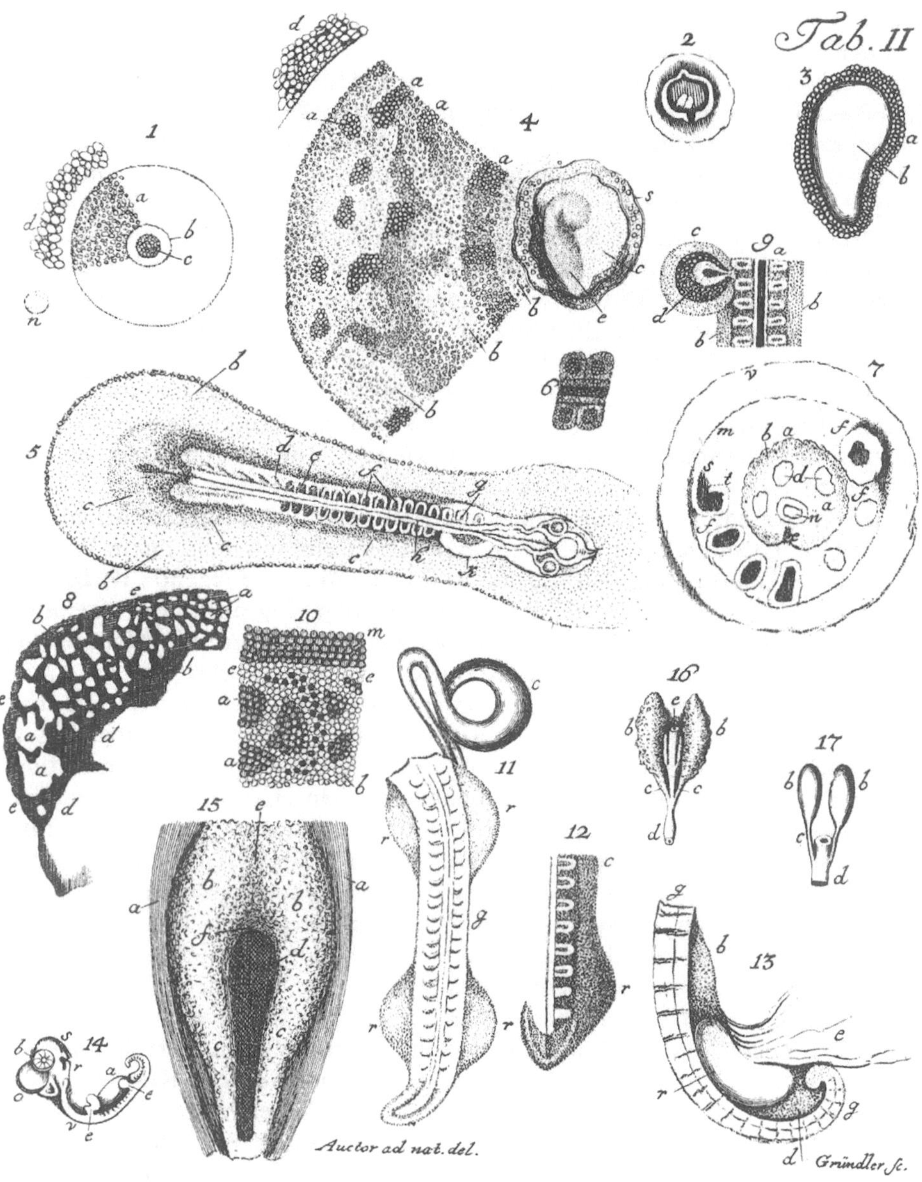

vermischen. Ein Punkt, der uns heute so selbstverständlich erscheint, daß nämlich die Befruchtung eines Eies durch *ein* Spermatozoon vollzogen wird, war
damals also keineswegs klar. Bereits in den vierziger und fünfziger Jahren des
vorigen Jahrhunderts gab es allerdings einige Publikationen, nach denen Spermatozoen auch im Innern von Eiern beobachtet werden konnten.[13] Die Frage
nach ihrem Eindringen in den Dotter wurde dadurch aktuell, und Hertwig berichtet, „daß Barry sowohl als Nelson, Keber und später Meissner jedesmal ein
Kollegium von Professoren und Doktoren zusammenberiefen, um ihnen den

Befund zu zeigen und Zeugnis von ihm ablegen zu lassen."[14] In seinem „Lehrbuch der Physiologie des Menschen" scheint Wundt 1865 der Schluß gerechtfertigt, daß ein einziges Samenkörperchen zur Befruchtung des Eies genügt ... Eine Theorie oder auch nur irgend begründete Hypothese über die Natur der Vorgänge, durch welche die Samenelemente nach ihrem Eindringen in den Dotter in diesem den Entwicklungsprozeß anregen, besitzen wir nicht."[15] Nach Meissners Beobachtungen an den Eiern der Ascariden zerfallen die Samenkörperchen im Inneren des Dotters ganz in derselben Weise, wie sie auch außerhalb zerfallen würden. Die Selbstverständlichkeit, mit der selbst die Mikroskopiker von der Auflösung der eingedrungenen Spermatozoen ausgingen, mag uns heute etwas wundern. Denn in dem Moment, in dem die Materie in Lösung geht, sind die Mikroskopiker am Ende. Gerade in ihrem eigenen Interesse hätte es also gelegen, die Richtigkeit solcher Auflösungstheorien anzuzweifeln und der Frage nachzugehen, was mit Strukturen wie Kopf und Schwanz des Spermatozoons tatsächlich passiert. Zunächst müssen wir uns hier aber an den Stand der mikroskopischen Technik erinnern (s. Kap. 2.1). Es gelang mit den zur Verfügung stehenden Methoden nicht, Spermatozoen längere Zeit im lebenden Ei zu verfolgen, man sah sie einfach nicht mehr. Was ich nicht sehe, existiert nicht: also war die Auflösung die naheliegende Folgerung. Die Selbstverständlichkeit aber, mit der diese Folgerung allgemein akzeptiert wurde, hatte noch einen weiteren, zeitbedingten Hintergrund: Man dachte physikalisch-chemisch und Strukturen wie Zellkerne waren viel zu grobe Klötze in dieser feingewirkten Welt, von zytologischen Studien erwartete man einfach keine entscheidenden, weiteren Aufschlüsse.[16] Die Auflösungstheorie betraf auch nicht das Spermatozoon und seinen Kern allein. Die Mehrzahl der Forscher war aufgrund lückenhafter Beobachtungen ebenso fest davon überzeugt, daß der Kern der Eizelle sich im Eidotter auflöst oder durch Ausstoßung aus dem Eiinhalt ganz entfernt wird. Dafür gab es sogar einen theoretischen Grund. 1859 hatte Darwin bekanntlich das epochemachende Buch von der Entstehung der Arten durch natürliche Zuchtwahl veröffentlicht und Haeckel, der diese Lehre erfolgreich im deutschen Reich popularisierte, hatte inzwischen seine Rekapitulationstheorie, das sogenannte biogenetische Grundgesetz, formuliert. Nach dieser Theorie wiederholt jedes Lebewesen während seiner individuellen Entwicklung die verschiedenen Stadien der Stammesgeschichte. Haeckel stellte sich als Urform des Lebens einfache Kügelchen von strukturlosem Urschleim vor, die er als Moneren bezeichnete. Auch das Ei sollte zu Beginn seiner Entwicklung als kernlose Monerula einen Rückschlag zur einfachen Urform des Lebens durchmachen. „Das ganze hoffnungsvolle Menschenkind ist jetzt weiter nichts als ein einfaches Kügelchen von Urschleim ... in dieser strukturlosen Protoplasmakugel bildet sich nach kurzer Zeit von neuem ein Zellkern."[17]

Es stand nicht gut um den Zellkern als Gebilde mit beständigen und wichtigsten Strukturen. Experimentelle Beobachtungen und eine mächtige Theorie hatten sich gegen ihn verbündet. So standen die Dinge 1875, als ein 26 Jahre alter Zoologe namens Oskar Hertwig, angeregt durch Auerbachs 1874 publizierte „Organologische Studien", den raschen Entschluß faßte, seine Assistentenstelle am Anatomischen Institut in Bonn aufzugeben und gemeinsam mit seinem Bruder Richard Hertwig und Ernst Haeckel eine Forschungsreise ans Mittelmeer anzutreten.[18] Dieser Entschluß führte zu drei in den Jahren 1876–1878 veröffentlichten Arbeiten. Seitdem sieht die Welt der Befruchtung, wie sie in unseren Köpfen existiert, anders aus. Oskar Hertwig wollte den Aufenthalt am Meer benutzen, um die Teilungsvorgänge am tierischen Ei zu untersuchen, und er hatte das Glück, als Untersuchungsobjekt Eier des Seeigels zu benutzen. Dieser Seeigel hatte einige besondere Vorzüge. Es gab ihn überall am Mittelmeer reichlich und er legte, ebenfalls reichlich, relativ durchsichtige und damit für mikroskopische Untersuchungen geeignete Eier. Frisches Meerwasser genügte als Medium für die Entwicklung und man konnte die Eier leicht künstlich befruchten. Dazu mußte man nur die Schale der Tiere öffnen, den Inhalt der Ovarien und Hoden durch sanften Druck durch die Ausführungsgänge in Uhrglasschälchen entleeren und etwas Spermaflüssigkeit mit den Eiern vermischen. Auf diese Weise war es leicht zu erreichen, daß alle Eier auf einen Schlag befruchtet wurden und sich fast alle gleichzeitig entwickelten. Außerdem stand Hertwig bereits Osmiumsäure für eine schonende Fixierung zur Verfügung und er konnte den Zellkern in den fixierten Präparaten mit Karmin anfärben. Ein für das Untersuchungsvorhaben hinreichendes Methodenspektrum, ein ideales Untersuchungsobjekt und ein Forscher, dem die gängigen Dogmen nicht behagten, damit waren die Bedingungen für einen durch das Experiment erzwungenen Paradigmawechsel zusammen: Verschmelzung eines väterlichen und eines mütterlichen Zellkernes als Essenz des Befruchtungsvorganges und Kontinuität der Kerngenerationen anstelle von Auflösung und Neubildung. Zunächst allerdings gab es für Hertwig Frustrationen anstelle von Erfolgen. „Wenn man gleich nach dem Zusatz des Sperma die Eier unter ein Deckgläschen bringt, dessen Ecken man, um das Objekt vor Druck zu schützen, zweckmäßigerweise mit Wachsfüßchen versieht, so erblickt man schon eine Anzahl von Spermatozoen an der Eihülle anhaften und pendelnde Bewegungen mit ihren Fäden ausführen. An der Stelle, wo die Spitze des Kopfes an die Eihülle bohrt, wird dieselbe leicht eingebogen. Oftmals habe ich längere Zeit solche Spermatozoen fixiert, ohne je einen Fortschritt in ihrem Vorwärtskommen beobachten zu können, vielmehr erlahmten sie allmählich nach einer viertel oder halben Stunde in ihren Bewegungen und starben endlich ab."[19] Hertwig beschreibt dann die Scheuklappen, mit denen Forscher zu arbeiten pflegen, wenn sie in ihrer Untersuchung auf einen bestimmten Aspekt fixiert sind. Sie übersehen die Phänomene, die sie wirklich weiterbringen würden. „Die unausgesetzte Beobachtung der an der Eihaut anhaftenden Spermatozoen hat mich am Anfang meiner Untersuchungen eine Anzahl Vorgänge ganz übersehen lassen, die bald nach der Vermischung der Geschlechtsprodukte im Eidotter sich abspielen. Gerade diese Vorgänge aber sind es, die uns in den Befruchtungsakt einen tieferen Einblick gestatten. Einmal auf dieselben aufmerksam· geworden, gelang es mir später, sie an jedem Ei, auf welches ich meine Aufmerksamkeit richtete, zu verfolgen, so daß meine Mitteilungen über diesen Gegenstand nicht auf vereinzelte und zufällige, sondern auf zahlreich angestellte Beobachtungen sich stützen."[19] Hertwig bemerkte, daß etwa 5–10 Minuten nach der Vermischung der Eier mit dem Sperma im Dotter ganz nahe der Oberfläche eine kleine helle Stelle auftritt. Die Dotterkörnchen um diese Stelle gruppieren sich in einzelnen Reihen und strahlen wie Radien nach allen Seiten aus. Bei aufmerksamer Beobachtung zeigt sich in der hellen Stelle das Entscheidende: Ein kleiner homogener Körper, der allerdings fast die gleiche Lichtbrechung wie das umgebende Protoplasma besitzt und sich daher kaum abhebt (Abb. 2.6-3). Dieser kleine Körper färbte sich ebenso wie der zentraler im Ei liegende Eikern, der sowohl in befruchteten als auch in unbefruchteten Eiern zu beobachten war, nach der Fixierung mit Karmin dunkelrot und Hertwig schloß daraus, daß „mithin in der Eizelle zwei Kerne … sich befinden".[20] Bei den lebend beobachteten Eiern geschah nun etwas Merkwürdiges. Die helle Stelle mit dem Kern wanderte mit wahrnehmbarer Geschwindigkeit von der Eiperipherie zur Eimitte. Auch der Eikern setzte sich zur Eimitte hin in Bewegung (Hertwig kontrollierte die Lageveränderungen mit einem Mikrometer). „Das Resultat dieser Vorgänge ist, daß beide Körper sich treffen."[21] Alles das vollzieht sich in einem Zeitraum von etwa 5 Minuten. „Es tritt jetzt ein Stadium ein, wo man von beiden Kernen nur mehr oder weniger verschwommene Bilder erhält … nachdem dieses Stadium einige Zeit gedauert hat, tritt die Begrenzung des Eikerns wieder mit Deutlichkeit hervor."[21] Der Kern hat an Größe zugenommen, während sich vom zweiten Körper keine Spur mehr auffinden läßt. Aus alledem schließt Hertwig, „daß der unmittelbar vor der Furchung in der Eizelle vorhandene einfache Kern, um welchen die Dotterkörnchen in Radien angeordnet sind, aus der Kopulation zweier Kerne hervorgegangen ist."[22] Alle diese Veränderungen treten „mit Konstanz 5–10 Minuten nach der Vermischung der Geschlechtsprodukte in fast allen Eiern auf." Es handelt sich also um einen „durch Befruchtung hervorgegangenen Vorgang."[23] Die entschei-

Abb. 2.6-3. Befruchtung beim Ei von *Toxopneustes lividus* (Aus O. Hertwig (1876) Taf. XI). ▶ *Fig. 7 und 8* „Ei, fünf Minuten nach der Befruchtung. Einwandern des Spermakerns." *Fig. 9* „Keimbläschen eines Eierstockeies der Maus." *Fig. 10* „Ei, zehn Minuten nach der Befruchtung. Ei- und Spermakern berühren sich." *Fig. 11* „Ei, eine viertel Stunde nach der Befruchtung, mit dem durch Verschmelzung des Ei- und Spermakerns entstandenen einfachen Furchungskern." *Fig. 12* „Verschiedene Präparate vom Ei- und Spermakern nach Behandlung mit Osmiumsäure und Beal'schem Carmin." *Fig. 13* „Ei, fünf Minuten nach der Befruchtung durch Osmiumsäure abgetötet und in Beal'schem Carmin gefärbt. Einwandern des Spermakerns." *Fig. 14* „Ei, zehn Minuten nach der Befruchtung durch Osmiumsäure abgetötet und in Beal'schem Carmin gefärbt. Ei- und Spermakern berühren sich." Obwohl direkte Beobachtungen fehlten, nahm Oskar Hertwig an, daß das an der Bildung der Richtungskörper nicht beteiligte „Strahlensystem durch den Kern eines eingedrungenen Spermatozoon hervorgerufen wird." (dort. S. 30). Das Centrosom war noch unbekannt. Man beachte, daß der Spermakern wesentlich kleiner als der Eikern ist. Messungen Hertwigs ergaben Durchmesser von 4 bzw. 13 µm (dort S. 381). Hertwig fiel auf, „daß der kleinere Kern ein wenig intensiver als der größere gefärbt ist, und mag dies von einer etwas dichteren Beschaffenheit der Kernsubstanz des ersteren herrühren." (dort S. 383). Im 19. Jahrhundert hatte sich bei den meisten Vererbungsforschern die Überzeugung durchgesetzt, daß Vater und Mutter in gleicher Weise zur Vererbung beitragen. Zunächst war keineswegs selbstverständlich, daß der wesentlich kleinere Spermatocytenkern diese Aufgabe erfüllen konnte. Aus der Hypothese von Oscar Hertwig und Strasburger, daß der Spermakern die väterliche Vererbungssubstanz enthält, folgte zwingend die Vorhersage, daß die Verbungssubstanz im Spermakern dichter verpackt ist als im Eikern. Eine erste Stütze erhielt diese Annahme durch die im Eiprotoplasma beobachtete Größenzunahme des Spermakerns (vgl. *Abb. 2.6-8).* Die Auflösung des Rätsels ergab sich aber erst später durch van Benedens Untersuchungen an *Ascaris megalocephala* (vgl. *Abb. 2.10-2)*

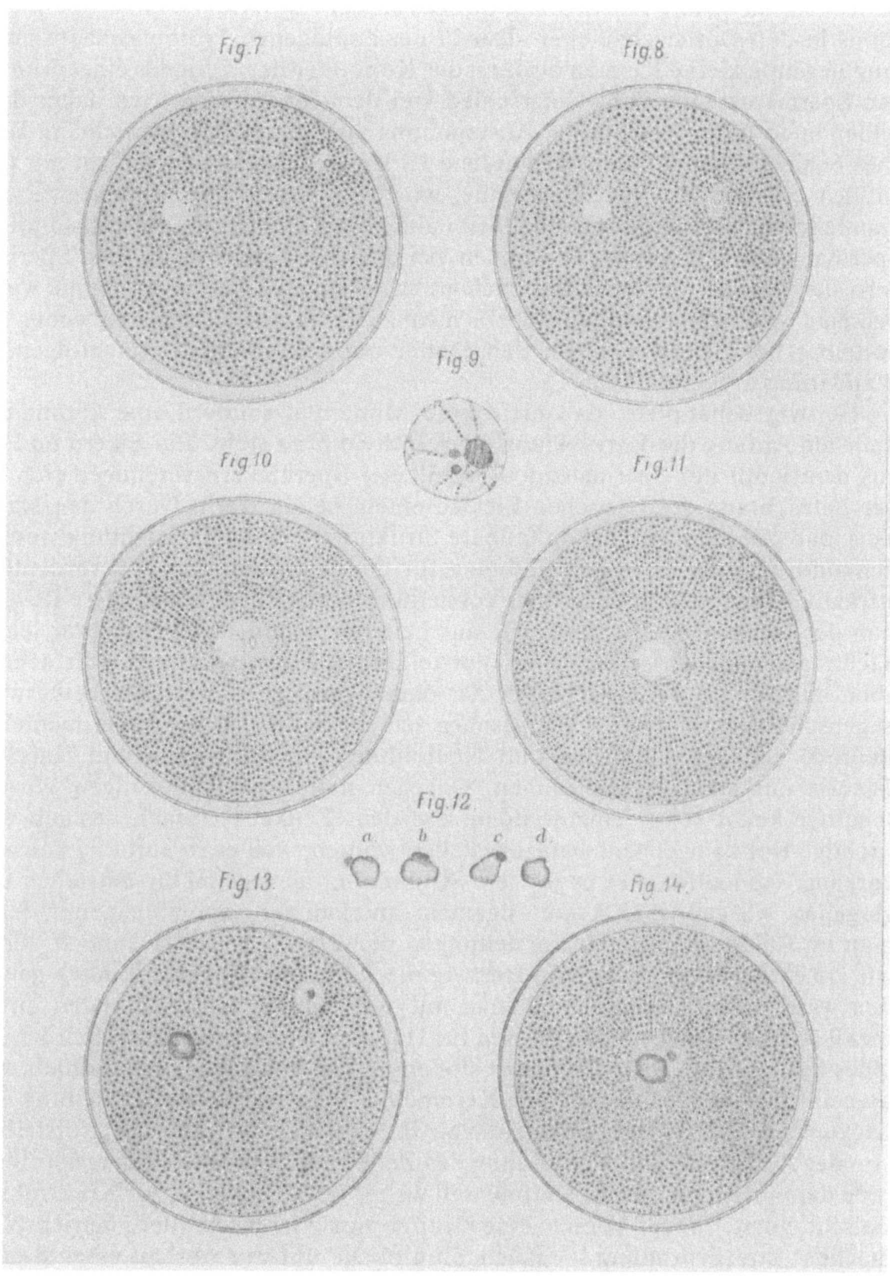

dende Frage war: Woher kommt der zweite Kern? Dazu Hertwig: „Da ich nun sogar in einigen Fällen von dem an der Eioberfläche gelegenen kleinen Kern eine zarte Linie nach der Dotterperipherie habe verlaufen und sich über dieselbe in ein kleines Fädchen verlängern sehen, so trage ich nicht das geringste

Bedenken, die ganze Erscheinung direkt von dem Eindringen eines Spermatozoons in den Dotter abzuleiten. Der in der homogenen Protoplasmaansammlung liegende kleine Kern ist alsdann der Kopf oder der Kern des eingedrungenen Spermatozoons. Zum Unterschied von dem Eikern werde ich daher denselben auch fortan nach seiner Abstammung als Spermakern bezeichnen. Welches Schicksal der mit ihm verbundene Faden erleidet, kann ich nicht mit Gewißheit entscheiden. In einem Falle, wo das Ei stark komprimiert war, erkannte ich im Dotter mit Deutlichkeit nahe an der Oberfläche ein vollständiges Spermatozoon mit Körper und Faden, bei den Eiern aber, wo Ei- und Spermakern sich genähert hatten, konnte ich an letzterem eine Verlängerung nie wahrnehmen. Wahrscheinlich wird der Schwanz des Samentierchens entweder unmittelbar beim Eindringen in den Dotter oder während der nachfolgenden Wanderung aufgelöst."[23]

Hertwig behauptete, daß nicht eine Monerula, sondern eine kernhaltige Zelle am Anfang der Entwicklung eines Individuums steht. Ein Eikern und ein aus dem Kopf des Spermatozoons gebildeter Spermakern vereinigen sich bei der Befruchtung des tierischen Eies zu einem neuen Kern. Durch den Nachweis, daß mit dem Mikroskop faßbare Strukturen bei der Befruchtung wesentlich sind, war dieses neue Paradigma für die Mikroskopiker außerordentlich attraktiv. Was den Sturz der alten Vorstellungen anging, entstand diese Revolution der Denkweise allerdings wie aus heiterem Himmel. Es fällt zwar leicht, nachträglich die Krise der alten Vorstellungen zu konstruieren. Mir scheint aber, daß für die Wissenschaftler der damaligen Zeit diese Krise keineswegs augenscheinlich war. Wie wir gesehen haben, paßten ja die experimentellen Befunde von der Auflösung und Neubildung von Zellkernen und Haeckels Theorie nur allzu gut zusammen. Dagegen hatten auch diejenigen Wissenschaftler kaum etwas einzuwenden, die dem Zellkern einfach deshalb eine wichtige Rolle im Zellenleben zugestehen wollten, weil er so auffällig konstant vorkam. Schließlich gibt es ja viele Strukturen, die regelmäßig entstehen und vergehen. Es gab 1875 keine allgemein anerkannten Anomalien, mit denen man im Rahmen der alten Vorstellungen nicht fertig wurde. Dennoch dürfen wir annehmen, daß auch ohne Hertwig die Krise bald augenscheinlich geworden wäre, schon deshalb, weil man mit verbesserten Färbemethoden unvermeidlich und immer wieder auf den für Haeckels Theorie so peinlichen Befund eines Zellkerns im befruchteten Ei stoßen mußte, vor allem auch deshalb, weil man im gleichen Jahrzehnt die Kernmetamorphose bei der Zellteilung entdeckte und die Chromosomen; davon im nächsten Kapitel. Die Vorstellung von der Auflösung und Neubildung des Zellkerns mußte also zwangsläufig gerade dann, wenn man sie experimentell weiter festigen wollte, zur Krise führen. Falsche Vorstellungen können eine Gruppe von Wissenschaftlern betriebsblind machen; ihre Erprobung — gleichgültig ob sie mit der Absicht einer Bestätigung oder Widerlegung unternommen wird — löst aber irgendwann die Krise aus, die zum Paradigmawechsel führt. Je größer der verbohrte Glaube an die Richtigkeit des alten Ideengebäudes ist, desto länger werden zwar unauflösbare Anomalien als bloße Schönheitsfehler verkannt. Je mehr man aber auch diese zunächst nicht als tragisch empfundenen Fehler beseitigen möchte, desto mehr verstrickt man sich: Schönheitsreparaturen im Sinne weiterer ad hoc Hypothesen helfen nicht mehr weiter. Die Krise läßt sich nicht länger leugnen. Der geniale Funke Hertwigs hatte den Zeitpunkt dieser Krise um einiges vorverlegt. Der Zellkern stand damit erneut im Mittelpunkt des Interesses.

An dieser Stelle soll eines Forschers gedacht werden, dessen Beitrag zum Problem der Befruchtung heute weitgehend vergessen ist, des Heidelberger Zoologen Otto Bütschli. Abb. 2.6-4 zeigt die großartige Sequenz, mit der Bütschli bereits 1873, also zwei Jahre vor Oscar Hertwig, die Furchung des befruchteten Eies bei *Rhabditis dolichura,* einem freilebenden Nematoden, dargestellt hat. Sie beginnt mit der Darstellung einer befruchteten Eizelle mit *zwei* Kernen. Bütschli aber war ein Anhänger der Auflösungs- und Neubildungstheorie von Zellkernen und konnte diesen Befund daher nicht deuten. „Leider", so schreibt er, „fehlt bei den von mir beschriebenen Anfängen des Furchungsprozesses ein sehr erheblicher Punkt, nämlich die Ermittlung des Untergangs des ursprünglichen Keimbläschens und die Art und Weise der Neubildung der beiden hierauf im Dotter wieder entstehenden Kerne."[24] Bütschli beschreibt Bewegungen dieser beiden Kerne, die „darauf abzielen, dieselben zu nähern."[25] (Abb. 2.6-4, bd) Schließlich hat es den „Anschein als seien die beiden Kerne vollständig verschmolzen."[25] (Abb. 2.6-4, e, f) Bütschli glaubte jedoch, „daß nur die Übereinanderlagerung, in der man dieselben gewöhnlich zu sehen bekommt, diesen Anschein hervorruft. Die Kerne beginnen nun in der

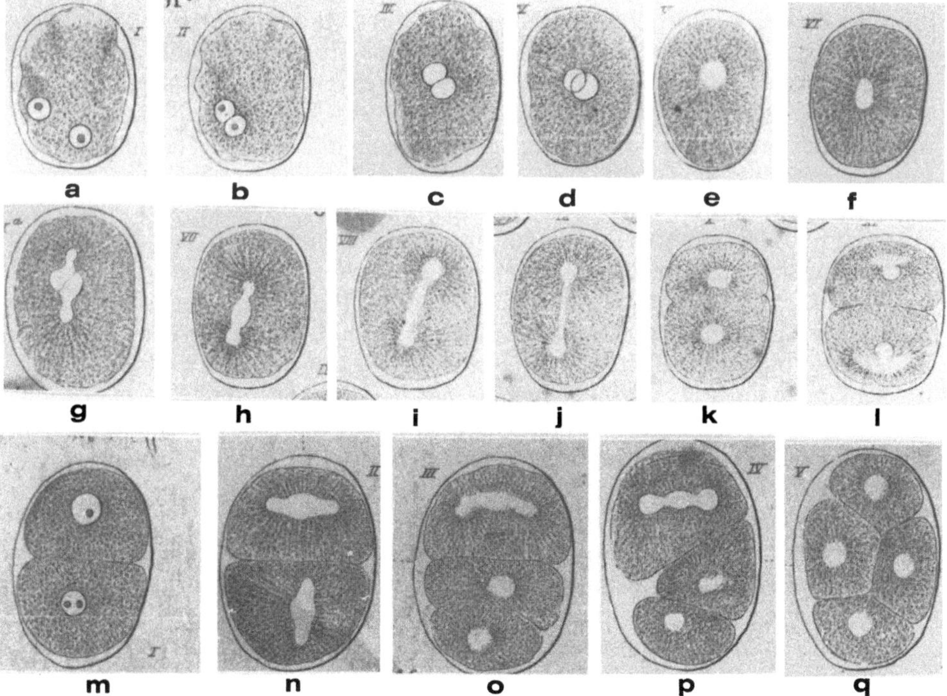

Abb. 2.6-4 a-q. Aus Bütschli (1873). Furchung des befruchteten Eies bei *Rhabditis dolichura.* Vgl. die ausführliche Beschreibung der Sequenz im Text

Längsachse des Eies sich auszudehnen, erhalten zusammen ungefähr die Gestalt einer Zitrone, während gleichzeitig ihre Ränder undeutlicher werden. Nach einiger Zeit bemerkt man an jedem Pol des zitronenartigen Gebildes eine kleine knopfartige Anschwellung, die mehr und mehr wächst und um welche sich nun je ein Strahlenkreis im Dotter bildet. Es haben sich demnach jetzt schon zwei Zentren der Anziehung gebildet.“[25] (Abb. 2.6-4, h). „Auf diesem Stadium nun sah ich in einem Falle noch eine unverkennbare Andeutung zweier getrennter Kerne“ (Abb. 2.6-4, g), „was mich zu der oben geäußerten Vermutung über das Getrenntbleiben der Kerne drängt.“[25] In den weiteren Abbildungen (Abb. 2.6-4, i–q) stellt Bütschli die Entstehung des Zwei- bis Vier-Zell-Stadiums dar. „Während des ganzen Vorgangs der Teilung war die Kontur der Kerne etwas verschwommen und nicht selten glaubte ich auch ... vorübergehende Gestaltsveränderungen der Kerne in verschiedener Richtung gesehen zu haben. ... Was nun die fernere Teilung der beiden Furchungskugeln betrifft, so habe ich darüber bei meiner Art ermittelt, daß von einem Verschwinden des Kernes der Furchungskugeln hierbei keine Rede ist.“[26] Drei Jahre später 1876 veröffentlichte Bütschli seine Monographie „Studien über die ersten Entwicklungsvorgänge der Eizelle, die Zellteilung und die Konjugation der Infusorien“. Sie gehört zu den großen Dokumenten der Zellbiologie.[27] In dieser Monographie beschrieb Bütschli das Eindringen eines einzelnen Spermatozoons bei der normalen Befruchtung. Aber immer noch sah er nicht den für uns heute so selbstverständlich gewordenen Zusammenhang zwischen dem Eindringen eines Spermatozoons und dem Auftreten eines zweiten Zellkerns. Er beschrieb die Bildung der Polkörperchen im Verlauf eines Zellteilungsprozesses — allerdings mit der falschen Deutung, daß der *ganze* Kern der Eizelle bei diesem Prozeß ausgestoßen würde. Er beschrieb den gesamten Ablauf der indirekten Kernteilung (Mitose) (vgl. Kap. 2.7, Abb. 2.7-2, 3). Er zeigte, daß die Konjugation bei den Infusorien ein Prozeß ist, bei dem Zellkerne ausgetauscht werden und schließlich, daß sich die Makrokerne in den Infusorien nach der Konjugation aus Mikrokernen entwickeln. Als sich das Hauptinteresse der Cytologen später auf das Verhalten der Chromosomen zu richten begann, wandte Bütschli sein Interesse ganz dem Cytoplasma zu.[28] Diese Verlagerung seines Interesses hat vermutlich mit dazu beigetragen, daß seine Pionierarbeiten zur Befruchtungslehre, zur Mitose und Meiose und damit zum Aufstieg der Chromosomen in der Cytologie später kaum mehr gewürdigt wurden.[27] Doch enthielt Bütschlis Sequenz von 1873 mit Ausnahme des Eindringens des Spermatozoons bereits alles, was zu einer lehrbuchmäßigen Darstellung des Befruchtungsvorganges und der ersten Entwicklungsstadien des befruchteten Eies gehört. Geleitet durch eine falsche Theorie verfehlte Bütschli jedoch in den entscheidenden Punkten die Deutung Oscar Hertwigs.

In seiner Theorie der Befruchtung hatte Hertwig bruchstückhafte Beobachtungen intuitiv richtig verknüpft. Im Gegensatz zu den physikalisch-chemischen Theorien der Befruchtung führte das Hertwigsche Paradigma sofort zu einer Reihe von Fragestellungen, die mit den Methoden der damaligen Zeit zugänglich waren. Zunächst galt es, die allgemeine Gültigkeit der Entdeckung für das gesamte Tier- und Pflanzenreich zu erweisen. In der Tat konnte Hertwig das entscheidende Resultat, die Verschmelzung von Eikern und Spermakern zu einem Furchungskern bei Hirudineen, Amphibien, beim Seestern, bei Mollusken, kurz bei allen von ihm untersuchten Tierspezies bestätigen, während Strasburger den gleichen Befruchtungsvorgang bei den Phanerogamen entdeckte (Abb. 2.6-5). In seiner 1884 publizierten Monographie faßte Strasburger das Paradigma der Befruchtung in folgende Form:

„1. Der Befruchtungsvorgang beruht auf der Copulation des in das Ei eingeführten Spermakerns mit dem Eikern, ein Satz, der zuerst scharf von O. Hertwig formuliert wurde.

2. Das Cytoplasma ist an dem Befruchtungsvorgang nicht beteiligt."[29]

Mit der jahrzehntelang dauernden Kontroverse, die diese beiden Sätze auslösten, werden wir uns später noch beschäftigen (Kap. 2.10, 13).

Nur mit einer Kontroverse wollen wir uns hier schon vorweg kurz befassen. In den neunziger Jahren des vorigen Jahrhunderts zeigten mehrere Forscher, unter ihnen Thomas Morgan,[30] Yves Delage[31] und Jaques Loeb,[32] daß reife Eier von Echinodermen auch ohne Befruchtung zur Entwicklung gebracht werden können, wenn sie für ein oder mehrere Stunden in Salzlösungen aus Magnesiumchlorid, Kaliumchlorid oder Calciumchlorid gelegt und dann wieder in normales Meerwasser zurückgebracht wurden. Loeb von der Berkeley Universität in Kalifornien, der sich besonders ausführlich mit derartigen Experimenten beschäftigte, fand zunächst, daß es hauptsächlich auf eine Erhöhung des osmotischen Druckes in der Lösung ankommt, wodurch dem Ei Wasser entzogen wird. Er führte deshalb den Ausdruck „osmotische Befruchtung" (osmotic fertilization) ein und behauptete (1899), daß die Ionen und nicht das Nuklein in den Spermatozoen entscheidend für den Befruchtungsprozeß seien („the ions and not the nucleins in the spermatozoon are essential to the process of fertilization").[32] Später fand er,[33] daß auch Änderungen des Ionenmilieus im Meerwasser ohne Änderung des osmotischen Druckes genügen, um bei Eiern von *Chaetopterus,* einem Anneliden, die Entwicklung anzuregen, und nannte diesen Vorgang „chemische Befruchtung" (chemical fertilization). Dadurch gelangte Loeb zu der Auffassung, daß jedes Ei die Fähigkeit zu parthenogenetischer Entwicklung habe. Der Samenfaden beschleunige diese Entwicklung nur dadurch, daß er eine katalytische Substanz in das Ei hineinträgt. Ohne diese Substanz könne sich das Ei zwar auch entwickeln, aber nur sehr viel langsamer und sterbe daher unter normalen Umständen ab. War damit die alte Zeit physikalisch-chemischer Befruchtungstheorien wieder angebrochen, die wir oben in Bischoffs „Theorie der Befruchtung" von 1847 kennengelernt haben? In der Tat herrschte, wie Theodor Boveri bemerkte, „vielfach und besonders in wissenschaftlichen Kreisen, die der Biologie ferner stehen, die Meinung ... Loeb habe durch seine Versuche die Befruchtung als einen chemisch-physikalischen Vorgang nachgewiesen und damit die Lösung in einer ganz anderen Richtung gefunden, als man sie bisher gesucht hatte."[34]

Der Streit um das Wesen der Befruchtung — hier durch chemisch-physikalische Prozesse, dort durch die Kernsubstanz — der um die Jahrhundertwende aufflackerte, erwies sich bald als ein Streit um Begriffe. „Worin besteht das Wesen der Befruchtung?" fragte Oscar Hertwig und antwortete, „Doch vor allen Dingen darin, daß sich zwei Individuen derselben Art, von denen das

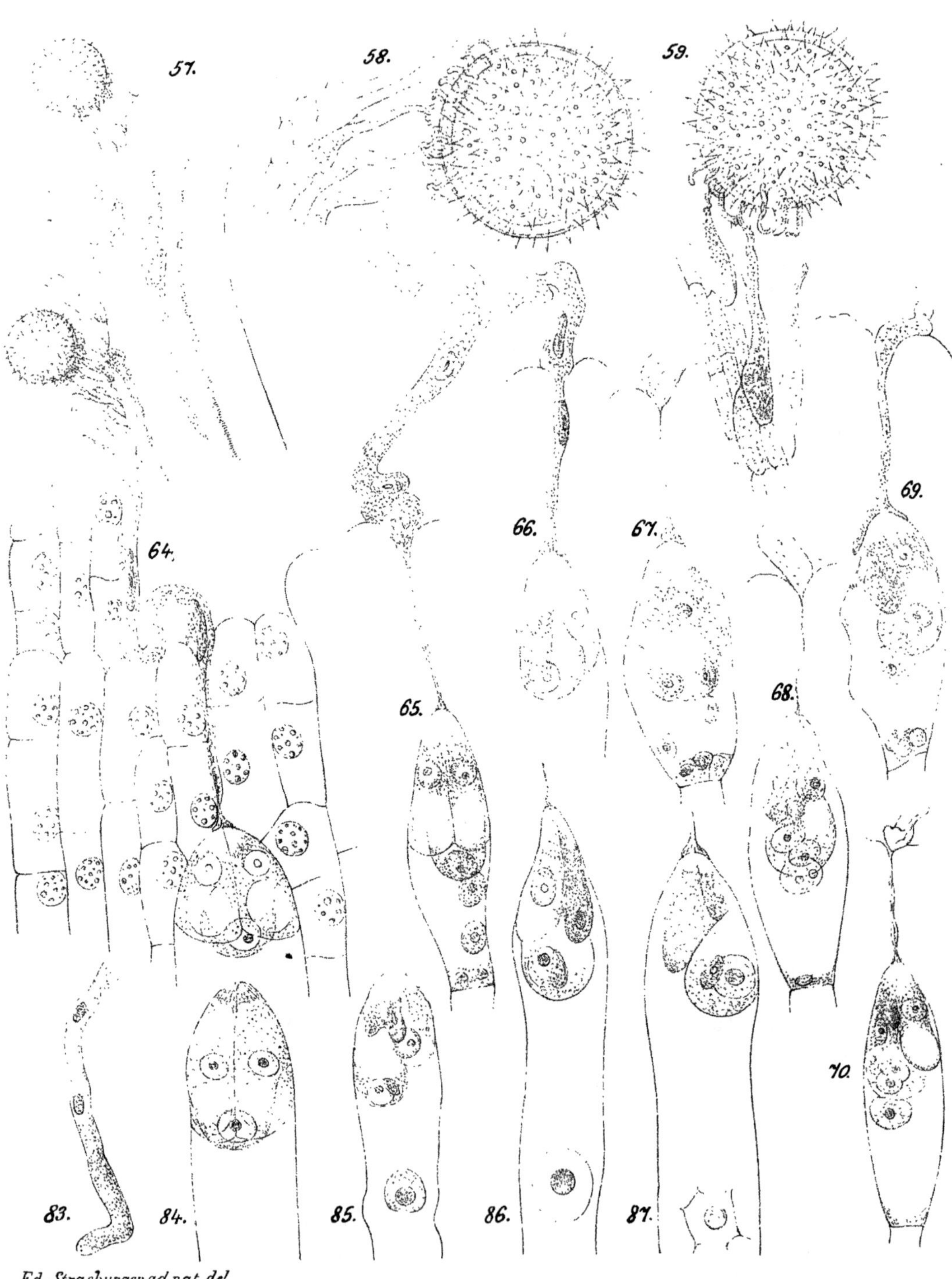

Ed. Strasburger ad nat. del.

Abb. 2.6-5 (s. S. 108)

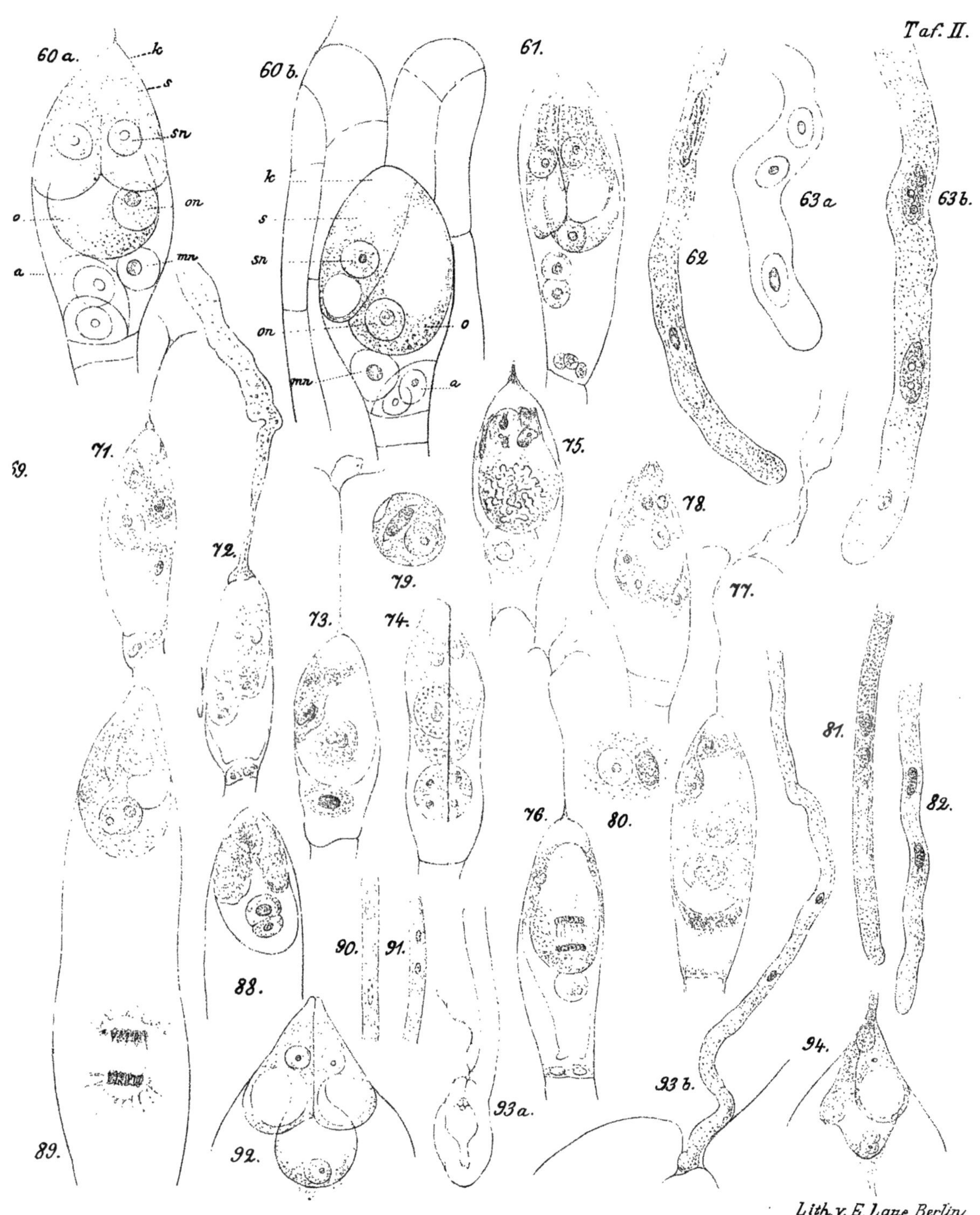

Abb. 2.6-5 (s. S. 108)

Abb. 2.6-5. Aus Strasburger (1884) S. 174–176 Taf. II: Copulation und Verschmelzung von Spermakern und Eikern bei Pflanzenspezies.

„**Fig. 57–59. Malva silvestris**
Fig. 57. Theile des Griffels mit einem an den Narbenpapillen haftenden Pollenkorn und der eingedrungenen, schlauchtreibenden Plasmamasse eines Pollenkorns im Innern. Vergr. 90.
Fig. 58 und 59. Narbentheile mit Papillen und Pollenkörnern, welche zum Theil freie und zum Teil in die Narbenpapillen eingedrungene Pollenschläuche zeigen.
Fig. 60 a und b. Orchis pyramidalis (Vergr. 540)
Fig. 60 a und b. Der Embryosack, in b mit Theilen des inneren Integuments, s Synergiden, sn Synergidenkern, k Synergidenkappe, o Ei, on Eikern, a Gegenfüsslerinnen, mn secundärer Embryosackkern.
Fig. 61–77. Orchis latifolia (Verg. 540)
Fig. 61. Embryosack unmittelbar vor der Befruchtung, die Synergiden gestreift. Nach Jodgrün-Essigsäure-Behandlung.
Fig. 62. Ein Pollenschlauch aus künstlicher Cultur mit nur einem dichteren, generativen und einem weniger dichten, vegetativen Zellkern. Nach Jod-Behandlung.
Fig. 63 a u. b. Freigelegte Pollenschläuche aus dem Fruchtknoten, mit je zwei generativen und einem vegetativen Zellkern. Der Pollenschlauch *Fig. 63 a* von einem Funiculus losgelöst. Nach Jod-Behandlung.
Fig. 64. Ein in die Mikropyle eben eingedrungener Pollenschlauch, dessen generativen Zellkerne sich noch ausserhalb der Mikropyle befinden. Nach Jod-Behandlung.
Fig. 65. Der Pollenschlauch dringt in die Mikropyle ein. Chromsäure-Hämatoxylin-Behandlung.
Fig. 66. Der eine, generative Zellkern innerhalb der Mikropyle. Alcohol-Hämatoxylin-Behandlung.
Fig. 67. Der generative Zellkern (Spermakern) des Pollenschlauches noch nicht mit dem Eikern vereinigt. Chromsäure-Jodgrün-Chloralhydrat-Behandlung.
Fig. 68. Spermakern und Eikern in Contact. Chromsäure-Jodgrün-Chloralhydrat-Behandlung.
Fig. 69. Spermakern und Eikern in Contact. Jod-Behandlung.
Fig. 70. Spermakern und Eikern in Contact. Alcohol-Safranin-Behandlung.
Fig. 71. Spermakern und Eikern in Verschmelzung. Alcohol-Safranin-Behandlung.
Fig. 72 u. 73. Nach vollzogener Verschmelzung von Spermakern und Eikern; in *Fig. 73* die Kernkörperchen in Contact.
Fig. 74 u. 75. Der Keimkern tritt in die Prophasen der Theilung ein. Alcohol-Safranin-Behandlung.
Fig. 76. Der Keimkern in den Anaphasen der Theilung.
Fig. 77. Zweizellige Keimanlage.
Fig. 78. Himantoglossum hircinum (Vergr. 540)
Fig. 78. Der Spermakern und Keimkern in Copulation. Alcohol-Safranin-Behandlung.
Fig. 79–89. Monotropa hypopitys (Vergr. 540)
Fig. 79. Ein Pollenkorn nach Jodgrün-Essigsäure-Behandlung.
Fig. 80. Der herausgedrückte Inhalt eines Pollenkorns, den weniger dichten vegetativen und den noch in seiner Zelle eingeschlossenen generativen Zellkern zeigend. Jodgrün-Essigsäure-Behandlung.
Fig. 81–83. Pollenschlauch-Enden, je zwei generative Zellkerne zeigend; in *Fig. 81* der vegetative Zellkern im Schwinden. Nach Essigsäure-Boraxcarmin-Salzsäure-Alcohol-Behandlung.
Fig. 84. Oberer Theil des Embryosacks mit dem Eiapparat.
Fig. 85–88. Die Copulation des Spermakerns mit dem Keimkern.
Fig. 85 u. 86 nach Chromsäure-Hämatoxylin-Behandlung. *Fig. 87* bei beginnender Einwirkung von Jodjodkalium-Lösung. *Fig. 88* bei beginnender Einwirkung 2% Essigsäure.
Fig. 89. Nach vollzogener Copulation des Spermakerns mit dem Eikern. Der secundäre Embryosackkern in den Anaphasen der Theilung. Bei beginnender Einwirkung von Jodgrün-Essigsäure.
Fig. 90 und 91. Torenia asiatica (Vergr. 540)
Fig. 90 u. 91. Theile des Pollenschlauchs, einen und zwei generative Zellkerne zeigend. Nach Essigsäure-Boraxcarmin-Salzsäure-Alcohol-Behandlung.

Fig. 92 und 93. Gloxinia hybrida
Fig. 92. Oberer Theil des Embryosacks mit dem Eiapparat. Vergr. 540.
Fig. 93 a u. b. Bei *a* die ganze Samenknospe mit eindringendem Pollenschlauch, 90 Mal vergrössert; bei *b* der Pollenschlauch und der Eingang zur Mikropyle derselben Samenknospe, 540 Mal vergrössert. Nach Essigsäure-Boraxcarmin-Salzsäure-Alcohol-Behandlung.
Fig. 94. Nach vollzogener Befruchtung, die Copulation von Spermakern und Eikern zeigend. Nach Alcohol-Safranin-Behandlung"

eine weiblich, das andere männlich ist, vereinigen, um ein drittes zu erzeugen, welches Eigenschaften von beiden in sich vereinigt."[35] Hertwig fügte spitz hinzu, „Wie sollten auf das Ei durch Osmose oder durch Ionen oder durch katalytische Substanzen Eigenschaften des Vaters übertragen werden?"[36] Damit reagierte er auf die unverblümte Forderung des Lagers um Loeb, die Anhänger der Hertwigschen Befruchtungstheorie sollten erst einmal etwas mehr anorganische Chemie lernen. Aber auch Hertwig selbst strotzte nicht gerade vor Verständnis bei seiner Abwehr, wenn er Loebs wichtige Befunde einfach als „nebensächlich" abtat.[37] (Wissenschaftler, die ein komplexes Problem zu begreifen versuchen, benehmen sich oft wie Blinde, die verschiedene Stellen eines Elephanten betasten und sich dann bei der Diskussion der Befunde mit Leidenschaft gegenseitig Ignoranz vorwerfen.)[38] Die Einführung eines Spermatozoons in das befruchtungsfähige Ei allein, so viel war bald klar, genügte nicht, um das zu vollbringen, was man damals wie heute landläufig unter Befruchtung versteht, nämlich den Vorgang, der beim Zusammentreffen von Ei- und Samenzelle zum Beginn der Entwicklung eines neuen Individuums führt. Theodor Boveri, dem wir im Verlauf der weiteren Geschichte der Cytologie immer wieder begegnen werden, war der erste, der nachwies, daß es für die Befruchtung in diesem allgemeinen Sinne auf die Vereinigung von Ei- und Samenkern nicht ankommt. Er wies die Bedeutung des Zentrosoms für die Mitose nach und stellte 1887 eine Theorie der Befruchtung auf, die dem Spermacentrosom (also einem Organell des Cytoplasmas) eine entscheidende Rolle zuwies.[39] Danach besitzt das reife Ei alle Eigenschaften, die für die Entwicklung, wenigstens bis zu einem gewissen Zeitpunkt, erforderlich sind mit Ausnahme eines aktiven Centrosoms. Denn das Eicentrosom ist normalerweise inaktiv oder rückgebildet. Das Spermatozoon dagegen besitzt ein teilungsbefähigtes Centrosom, aber ihm fehlt das geeignete Protoplasma, um seine Tätigkeit zu entfalten. „Durch die Verschmelzung beider Zellen im Befruchtungsakt werden alle für die Entwicklung nötigen Zellorgane zusammengeführt; das Ei erhält ein Centrosoma, das nun durch seine Teilung die Embryonalentwicklung einleitet."[40] Parthenogenetische Entwicklung des Eies, sei es spontan oder durch irgendwelche Manipulationen, setzte nach Boveri ein Aktivwerden des Eicentrosoms voraus. Im weiteren werden wir uns aber nur noch um den Vererbungsaspekt der Befruchtung kümmern. Hier bewährte sich Hertwigs Beobachtung einer Kopulation von Ei- und Spermakern als ein unverrückbarer Wegweiser für alle fruchtbare weitere Forschung zum Vererbungsproblem. Bitterste Kontroversen werden in der Wissenschaft, wie im gewöhnlichen Leben, oft deshalb ausgefochten, weil die Beteiligten sich über die Verwendung von Schlüsselbegriffen nicht im klaren sind. Weitere Beispiele werden wir in den folgenden Kapiteln noch kennenlernen. Damit eine kritische Diskussion möglich wird, ist es nötig, zunächst ein Problem so klar wie nur irgend möglich zu definieren. Diese Forderung Poppers[41] erscheint selbstverständlich, aber Popper weiß, was er seinen Pappenheimern, den Forschern, ins Stammbuch schreibt. Manchmal vergehen Jahrzehnte, bis die klare Formulierung eines Problems gelingt, zumal das Bemühen von Wissenschaftlern, den Blickwinkel zu erfassen, aus dem ihre wissenschaftlichen Gegner ein Problem sehen, oft erstaunlich gering ist. Die Hertwig-Loeb Auseinandersetzung ist nur ein Beispiel dafür. In Kapitel 2.11 werden wir im Streit zwischen den Mendelisten und den Biometrikern ein weiteres Beispiel kennenlernen (vgl. auch den Streit zwischen Prädeterministen und Epigenetikern (Kapitel 3.5). Schließlich führen solche Kontroversen aber dazu, daß über die Formulierung des eigenen Problems erneut nachgedacht wird.

Kehren wir jetzt zu Oscar Hertwigs Untersuchungen in den siebziger Jahren des 19. Jahrhunderts zurück. Weitere naheliegende Fragen betrafen die Herkunft des Spermakerns bzw. des Eikerns und das weitere Schicksal des Furchungskerns. Diese Fragen trugen zur Entdeckung der meiotischen und mitotischen Zellteilungen und der Chromosomen bei und führten schließlich zur Chromosomentheorie der Vererbung. Der lehrbuchmäßige Weg, die Erfolgsgeschichte dieser Entdeckung darzustellen, besteht darin, aus den Arbeiten der verschiedenen Autoren die aus der heutigen Sicht gültigen Beobachtungen und Schlußfolgerungen isoliert darzustellen und kumulativ als Bausteine des heute gültigen Theoriengebäudes zu verwenden. Aber diese Art der Geschichtsschreibung gibt ein völlig falsches Bild von dem tatsächlichen Vorgang. Betrachtet man nämlich das Wissen einer Zeit und die daraus abgeleiteten Theoriengebäude jeweils unvoreingenommen im zeitlichen Querschnitt, also nicht mit den Scheuklappen des heutigen Wissensstandes, dann erweist sich die Entwicklung der Cytogenetik als wesentlich komplizierter. Beobachtungen und Hypothesen wurden immer wieder zu geschlossenen Theoriengebäuden verarbeitet. Im Selektionsprozeß der wissenschaftlichen Entwicklung bewährten sich bestimmte dieser Beobachtungen und Hypothesen. Ihre Richtigkeit wurde immer weniger angezweifelt. Sie galten schließlich schlicht als „Tatsache". Andere Beobachtungen und Hypothesen erwiesen sich als unzutreffend und mußten eliminiert werden. Betrachten wir jetzt ausschließlich den damals aktuellen Stand der Wissenschaft, so wird es plötzlich zu einer sehr problematischen Angelegenheit vorauszusagen, welche der damals neuen Beobachtungen und Hypothesen „überleben" werden, also in diesem operationalen Sinne „richtig" sind. Ich vermute, daß es in vielen Fällen keine brauchbaren Kriterien für solche Prognosen gibt. Eine Hypothese mag besser begründet erscheinen als eine andere, aber daraus läßt sich für ihre Zukunft wenig folgern. Die Hypothese von der Auflösung und Neubildung von Zellkernen erscheint mir bis 1875 mindestens ebensogut oder sogar besser begründet als die Hypothese eines ununterbrochenen Zusammenhangs zwischen den verschiedenen Kerngenerationen. Begriffe wie „richtig" und „falsch" lassen sich auf wissenschaftliche Befunde aktuell nur dann anwenden, wenn man annimmt, daß man Verfahren besitzt, deren korrekte Befolgung zu eindeutigen Ergebnissen führt. Damit wird das Problem der Richtigkeit in der Wissenschaft zu einem Problem der Methodenkritik. Es gibt heute Methoden, mit denen man etwa die Zahl der Chromosomen in Zellen einer bestimmten Spezies oder die Basensequenz in einem bestimmten DNA-Stück unzweifelhaft bestimmen kann. Die Behauptung, der menschliche Chromosomensatz bestehe aus 46 Chromosomen, wird durch weitere Untersuchungen ebensowenig umgestoßen werden können wie die Existenz der Fraunhofer'schen Linien im Sonnenspektrum. Für sehr viele Fragen der aktuellen cytogenetischen Forschung besteht diese Sicherheit der Methode aber keineswegs. Eine lebendige Wissenschaft kann sich grundsätzlich nicht ausschließlich auf ein für ihre Fragestellung anerkannten „erprobtes" Methodenspektrum beschränken. Fortschritte in der Cytogenetik sind wie in jeder experimentellen Wissenschaft sehr häufig mit neuen Methoden und neuen Hypothesen verknüpft. Hier gibt es für die Beurteilung des Überlebenswerts, der „Richtigkeit" vieler, recht selbstsicher vorgetragener Ergebnisse ebensowenig *eindeutige* Kriterien wie 1876 für die Beurteilung der Hertwig'schen Befruchtungstheorie.

Schauen wir uns nach diesen Zwischenbemerkungen die weiteren Teile der Hertwigschen Befruchtungstheorie kurz an. Bei seinen Untersuchungen zur Teilung des befruchteten Eies können wir uns kurz fassen und auf das nächste Kapitel verweisen. Was geschieht mit dem bei der Befruchtung entstandenen Furchungskern? Hertwig fand, daß alle im Verlauf der weiteren Zellteilungen entstehenden Kerne „von gleicher Beschaffenheit wie der Kern der ersten Furchungskugel"[42] sind. Er fand, daß sich der Kern im Verlauf der Teilung in merkwürdiger Weise umformt und dabei eine „Anzahl dunkler, geronnener, in Karmin stärker gefärbter Fäden oder Stäbchen erkennen"[43] läßt (Abb. 2.6-6). Er faßte diese Stäbchen als Verdichtungszonen in einem sich spindelförmig verändernden Kern auf und bemerkte, daß später „in dem noch weiter verlängerten Kernband zwei derartig veränderte Abschnitte, die seitlichen Verdichtungszonen", zu sehen sind, „anfangs näher, später weiter voneinander entfernt".[44] Die Entstehung der Stäbchen führte er auf einen „Sonderungsvorgang in der Kernmasse"[44] zurück. Bei der Teilung erhalten beide Tochterzellen je eine der „seitlichen Verdichtungszonen". "Indem die Stäbchen sich wieder mit Kernsaft imbibieren, schwellen sie an und bilden Körner — dieselben verschmelzen untereinander und es entsteht so wieder eine gleichmäßig gemischte Kernmasse, die sich zu einer Kugel langsam zusammenzieht."[45]

Das alte Spiel geht weiter: Was man nicht sieht, existiert nicht. Man sieht Stäbchen während der Zellteilung, aber nicht im Zellkern, also lösen die Stäbchen sich dort auf. Hertwigs „gleichmäßig gemischte Kernmasse" in der Interphase sollte sich ebenso als Vorurteil herausstellen wie die alte Vorstellung von der Auflösung ganzer Zellkerne während der Mitose (Kap. 2.9).[46]

Woher kommt der Eikern? Das war die andere Frage, mit der sich Hertwig zunächst beim Seeigel beschäftigte. Hertwig wußte natürlich noch nicht, was wir heute wissen. Die Bildung des Kerns im befruchtungsfähigen Ei ist das Ergebnis der Meiose, der sogenannten Reifungsteilungen des Eies. Sie ist ein außerordentlich komplizierter Vorgang, der Hertwig ebenso unklar war wie einem mit der Zellbiologie nicht vertrauten Leser dieser Schrift. Um die Meiose zu verstehen, muß man mehr von den Chromosomen und ihrer Rolle bei der Vererbung wissen. Die nötige Theorie dazu lieferte Weismann erst 1887. Hertwig hatte Stäbchen beobachtet, vom heutigen Chromosomenbegriff war er aber ebensoweit entfernt wie ein Steinzeitmensch bei der Betrachtung des Sternenhimmels von der Vorstellungswelt der modernen Astronomie. Er konnte darum die Vorgänge der Eireifung phänomenologisch nicht richtig deuten. Aber gerade das war ihm ganz und gar nicht klar.

Bei einem schwierigen Problem erscheint der Vorschlag naheliegend, zunächst einfach phänomenologisch zu beschreiben, was man beobachtet, ohne sich in unfruchtbare theoretische Spekulationen zu verlieren. Brown hatte das 1831 bei der Erstbeschreibung des Zellkerns getan. Der Vorschlag erscheint beherzigenswert, erweist sich aber bei genauerem Nachdenken als merkwürdig naiv (vgl. Kap. 3.2-4). Warum das so ist, werden wir jetzt am Beispiel Hertwigs kennenlernen. Bevor man über das Wesen der Eireifung spekuliert, sollte man diese Eireifung im Mikroskop — pars pro toto für das zugängliche Methodenspektrum — natürlich so genau wie möglich verfolgen. Das hat Hertwig getan. Dabei war es erforderlich, die beobachteten Phänomene in einen richtigen zeitlichen Zusammenhang zu bringen, eine schwierige Aufgabe, wenn wir bedenken, daß viele Phänomene nur an fixierten Präparaten studiert werden konnten. Hertwig löste diese Aufgabe weitgehend. Er isolierte die Eier aus den Ovarien des Seeigels zu verschiedenen Zeiten der Entwicklung — dieser experimentelle Ansatz vermittelte ihm die zeitliche Achse für die Verknüpfung der einzelnen Beobachtungen — und er ergänzte Beobachtungen an lebenden Eiern mit solchen an fixierten und gefärbten Präparaten. Wie bei der Untersuchung des Befruchtungsvorganges selbst, machte er also auch hier alles so gründlich und genau, wie es ihm im Rahmen seines Methodenspektrums möglich war. Dabei stieß er bald auf Schwierigkeiten, die sich nur mit Hilfe einer Theorie lösen lassen. Das unreife Ei von *Toxopneustes lividus* hat einen großen Kern von etwa 50-60 μm Durchmesser, der in einer Dottermasse liegt und den damaligen Embryologen als Keimbläschen geläufig war. Umhüllt ist das Ei von einer breiten Gallerthülle (Abb. 2.6-7). Der Kern enthält einen Keimfleck, den Nukleolus, mit einem Durchmesser von ca. 13 μm, der sich mit Karmin besonders intensiv färbt. Diesen Keimfleck grenzte Hertwig als Kernsubstanz von dem übrigen bald mehr gallertartigen, bald mehr flüssigen Inhalt des Kerns ab,

Abb. 2.6-6. Furchungsstadien beim befruchteten Ei von *Toxopneustes lividus* (Aus O. Hertwig ▶ (1876) Taf. XIII). Die Figuren wurden bei 500facher Vergrößerung (Zeiss F oc.2) gezeichnet. *(Fig. 21)* „Ei, 40 Minuten nach der Befruchtung durch Osmiumsäure abgetötet und in Beal'schem Carmin gefärbt." *(Fig. 22)* „Ei, 45 Minuten nach der Befruchtung. Osmium-Carminpräparat." *(Fig. 23)* „Ei, eine Stunde nach der Befruchtung. Hantelstadium. Osmium-Carminpräparat." *(Fig. 24)* „Zweigeteilte Eizelle in Vorbereitung zur Vierteilung. Chromsäure-Carminpräparat." *(Fig. 25)* „Beginnende Zweiteilung eine Stunde 5 Minuten nach der Befruchtung. Ansicht des Kernbandes von oben. Osmium-Carminpräparat." *(Fig. 26)* „Beginnende Zweiteilung eine Stunde 5 Minuten nach der Befruchtung. Ansicht des Kernbandes von der Seite. Osmium-Carminpräparat." *(Fig. 27)* „Verschiedene Kernformen. *a* Ansicht der mittleren Verdichtungszone in der Kernspindel. Chromsäurepräparat. *b* und *c* Kernformen, 30 Minuten nach der Befruchtung. Osmium-Carminpräparat. *d* Ansicht der mittleren Verdichtungszone in der Kernspindel. Osmium-Carminpräparat." *(Fig. 28)* „Verschiedene Kernformen. *a-c* Bildung des Tochterkerns nach vollendeter Zweiteilung der Eizelle. *c* Kernband mit mittlerer Einschnürung. *e* Kernband mit einfacher mittlerer Verdichtungszone. *f* Runder Kern nach Chromsäurebehandlung"

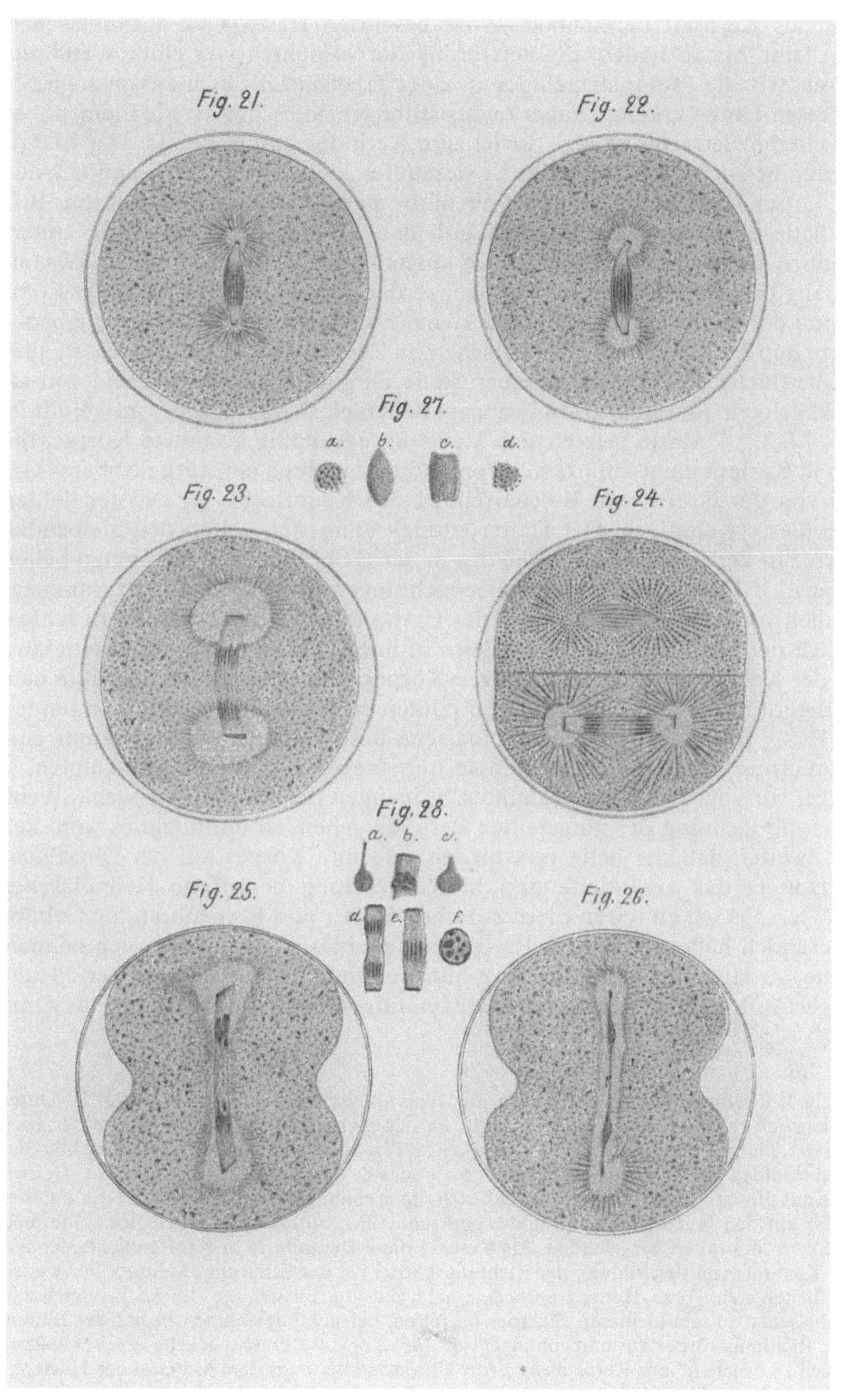

Fig. 21.
Fig. 22.
Fig. 27.
a. b. c. d.
Fig. 23.
Fig. 24.
Fig. 28.
a. b. c.
d. e. f.
Fig. 25.
Fig. 26.

den er als Kernsaft bezeichnete. Zwar beschrieb Hertwig im Keimbläschen noch „feine blasse Fäden, die netzförmig durchflochten von einer Wand zur anderen, wie die Protoplasmafäden in einer Pflanzenzelle sich ausspannen."[47] Mit diesen Fäden konnte er aber nichts anfangen, sie schieden als Element bei der weiteren Betrachtung aus. Soviel zum Kern des unreifen Eies. Der Eikern im reifen befruchtungsfähigen Ei ist wesentlich kleiner, wie der Keimfleck nur etwa 13 µm im Durchmesser und ebenfalls stark anfärbbar mit Karmin. Bislang hatte man das Keimbläschen und den Eikern, diese beiden so unterschiedlich großen und unterschiedlich aussehenden Gebilde, in keinen Zusammenhang gebracht. Das Keimbläschen, so dachte man, löst sich bei der Eireifung auf oder wird ausgestoßen, der kleine Eikern entsteht neu. Hertwig beobachtete nun Eier, „wo das Keimbläschen im Zentrum fehlt, anstatt dessen aber die Oberfläche des Dotters an einer Stelle uhrglasförmig vertieft und von einem kugeligen oder linsenförmig abgeplatteten glashellen Körper ausgefüllt ist (Abb. 2.6-7)."[48] Darin zeigten sich kleine unregelmäßig gestaltete Körper, die sich mit Karmin nicht anfärben ließen und gelegentlich ein stark färbbares Gebilde von der Größe und Beschaffenheit des Keimflecks. In anderen Fällen fehlte dieser Keimfleck. Der Dotter enthielt dann stets schon den bleibenden Eikern, „in der Regel in der Nähe des in der Eioberfläche eingesenkten hellen Körpers".[49] Hertwig faßte seine Beobachtungen folgendermaßen zusammen: „In allen von mir untersuchten, in der Umwandlung begriffenen Eiern schlossen sich der Keimfleck und der Eikern in ihrem Vorkommen gegenseitig aus. War der Keimfleck im linsenförmigen Körper bemerkbar, dann vermißte man den Eikern und umgekehrt. Dagegen fehlten beide nie gleichzeitig in irgendeinem Ei."[49] Soweit die phänomenologische Beschreibung, die uns bereits eine Verknüpfung nahelegt, die wir um so unbefangener mitvollziehen können, je weniger wir von den heute bekannten Vorgängen der Eireifung wissen. „Wenn wir an die Deutung der mitgeteilten Befunde gehen, so unterliegt es wohl keinem Zweifel, daß der helle verschieden geformte Körper auf der Oberfläche des Dotters das veränderte und in Rückbildung begriffene Keimbläschen ist."[49] ... „Da ich an reifen Eiern zwischen Dotter und Eimembran nie Gebilde vorgefunden habe, die ich für Reste des Keimbläschens in Anspruch nehmen könnte, so läßt sich vermuten, daß alle Bestandteile nach ihrem Zerfall und völliger Auflösung in den Dottern wieder aufgenommen werden."[50] Das ganze

Abb. 2.6-7. Eireifung bei *Toxopneustes lividus.* (Aus O. Hertwig (1876) Taf. X). *(Fig. 1)* „Unreifes Eierstocksei von *Toxopneustes lividus."* *(Fig. 2)* „Reifes Eierstocksei." *(Fig. 3-5)* „Eierstockseier, deren Keimbläschen sich rückbildet." *(Fig. 6)* „Eierstocksei, dessen Keimbläschen sich rückbildet. Mit Osmiumsäure und Beale'schem Carmin behandelt." Oskar Hertwig suchte mit diesen Figuren zu belegen, daß sich das Keimbläschen (der Zellkern) des unreifen Eies bis auf den Nucleolus zurückbildet und schließlich auflöst. Der Nucleolus sollte dann zum Eikern des reifen Eies werden. Als Hertwig diese Deutung 1876 veröffentlichte, hatte er keine Kenntnis von der Bildung der Richtungskörper bei der Eireifung (Meiose). Für weitere Einzelheiten siehe Text. Hertwig entdeckte bald, daß die Entstehung des im Vergleich zum Keimbläschen so viel kleineren Eikernes im reifen, befruchtungsfähigen Ei mit der Bildung dieser Richtungskörper zusammenhängt (vgl. *Abb. 2.6-8, 9).* Er entwickelte die Vorstellung, daß sich „Körnchen" aus Kernsubstanz (die Chromosomen) aus dem Material des Nucleolus entwickeln (vgl. *Abb. 2.6-9)*

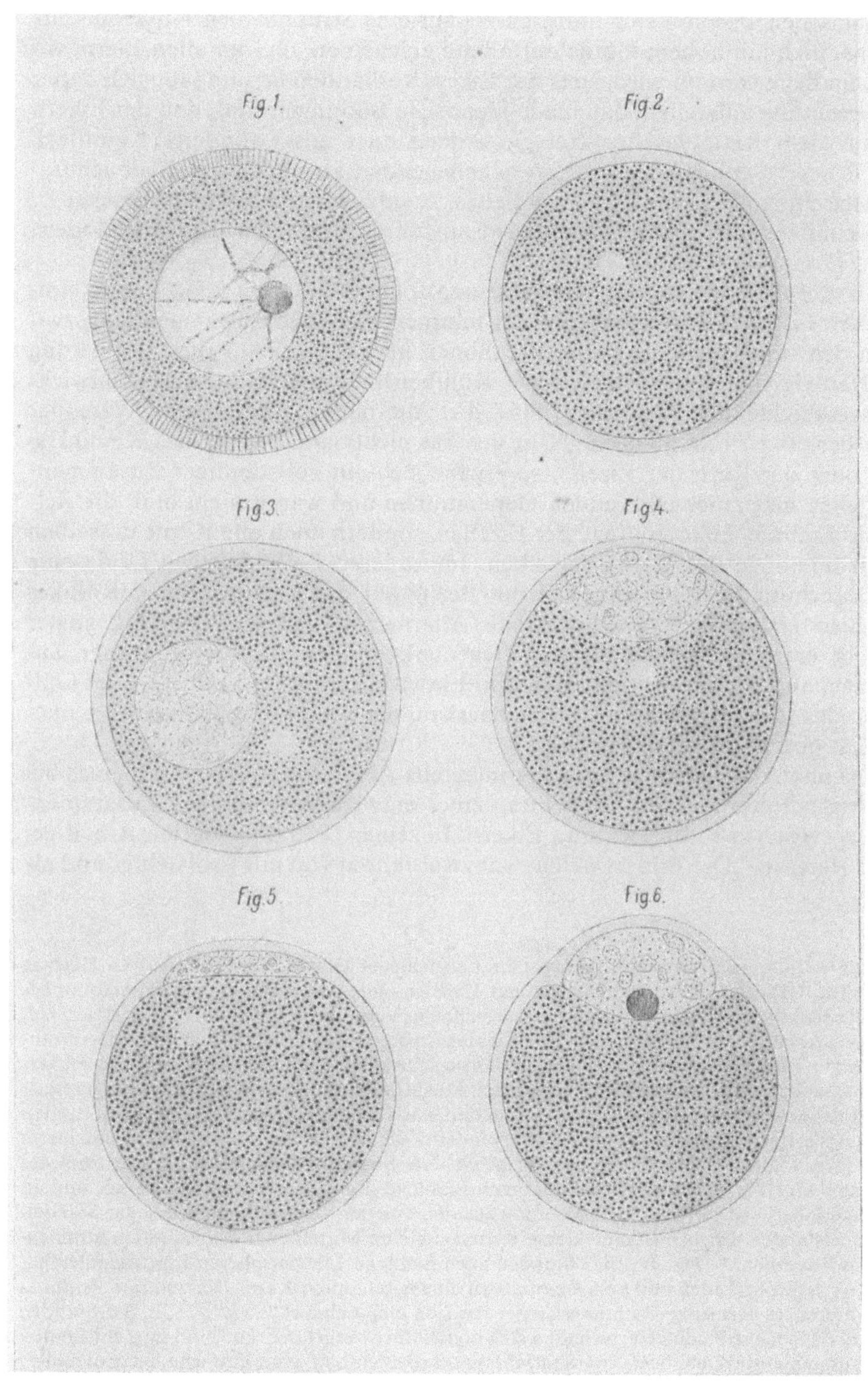
Fig.1.
Fig.2.
Fig.3.
Fig.4.
Fig.5.
Fig.6.

Keimbläschen also soll sich auflösen bis auf eine Struktur, den Nukleolus. Es muß nämlich „in hohem Grade auffallend erscheinen, daß an allen Eiern, wo der Keimfleck vermißt wird, stets der Eikern vorhanden ist und läßt sich daher die Vermutung aufstellen, daß beide identische Bildungen sind, daß der Eikern der aus dem Keimbläschen frei gewordene oder ausgewanderte Keimfleck ist."[51] Dieser Schluß schien um so naheliegender, als „nach den Beobachtungen Metschnikoffs, Balbianis, La Valettes, Auerbachs und anderer Forscher ... der Keimfleck amöboide Bewegungen ausführen und seine Lager verändern kann."[51]

Als Resultat der ganzen Untersuchung folgerte Hertwig „daß vom Keimbläschen bis zum Furchungskern ein ununterbrochener Zusammenhang zwischen den verschiedenen Kerngenerationen herrscht."[52] Auf diese Folgerung war Hertwig später zu Recht stolz.[53] Kölliker hatte bereits in seiner Entwicklungsgeschichte des Menschen 1861 die Alternative formuliert: „Wäre der Kern der ersten Furchungskugel in der Tat nichts anderes als das Keimbläschen oder der Kern der Eizelle, so ergäbe sich ein vollständiger Zusammenhang aller zusammengehörenden Generationen und wären nicht bloß die Zellen des Embryo Abkömmlinge der Eizellen, sondern auch alle Kerne desselben Nachkömmlinge des Kerns derselben. Im anderen Falle dagegen fände eine Unterbrechung der Generationen mit Bezug auf die Kerne statt."[54] Kölliker entschied sich selbst für die zweite Alternative, während Hertwig später schreibt, er sei „schon damals vom Gegenteil, von dem ununterbrochenen Zusammenhang der Kerngenerationen im Entwicklungsprozeß und von der Gültigkeit des jetzt allgemein als gültig anerkannten Satzes ‚omnis nucleus e nucleo' fest überzeugt" gewesen.[55]

Die oben dargestellte erste experimentelle Ableitung dieses Paradigmas bei Hertwig beruhte auf der Vorstellung eines entwicklungsmäßigen Zusammenhanges zwischen Keimfleck und Eikern. In seiner 1878 publizierten Arbeit gestand Hertwig, „Die Bilder, welche vor zwei Jahren von mir beobachtet und als

Abb. 2.6-8. Bildung der Richtungskörper im befruchteten Ei von *Nephelis*. (Aus O. Hertwig ▶ (1877) Taf. III). „Alle Präparate wurden mit 1% Essigsäure und dann mit absol. Alkohol behandelt, darauf mit Glycerin aufgehellt ... 500fache Vergrößerung (Zeiss F. Oc. 2)" *(Fig. 1)* „Ei von *Nephelis*, 2½ Stunden nach der Eiablage. Hügelförmige Hervorwölbung des Protoplasma zur Bildung des zweiten Richtungskörpers. In der Spindel hat sich die mittlere Verdichtungszone in die zwei seitlichen gespalten. Die Strahlung der isolierten Radienfiguren ist deutlicher geworden. *(Fig. 2)* „Ei, 2½ Stunden nach Eiablage, Abschnürung des zweiten Richtungskörpers. Derselbe enthält eine Spindelhälfte, die andere Spindelhälfte mit ihrem Strahlenkranz liegt in der Eiperipherie. Das isolierte Strahlensystem ist in das Centrum des Eies gerückt." *(Fig. 3)* „Ei, 2¾ Stunden nach Eiablage. Im zweiten Richtungskörper und an der Eiperipherie ist ein Haufen kleinerer Vacuolen aus der Verdichtungszone jeder Spindelhälfte entstanden. Ebenso ist eine kleine Kernvacuole im Mittelpunkt des isolierten Strahlensystems bemerkbar." *(Fig. 4)* „Ei, 3 Stunden nach Eiablage. Die peripheren Kernvacuolen haben sich vergrößert und sind verschmolzen zu einem gelappten Kern. Der zentrale Kern hat sich vergrößert. Der erste Richtungskörper hat sich eingeschnürt." *(Fig. 5)* „Ei, 3½ Stunden nach Eiablage. Die beiden Kerne haben sich beträchtlich vergrößert und sind im Zentrum des Eies zusammengetreten. Der zweite Richtungskörper enthält eine einfache Kernvacuole." *(Fig. 6)* „Ei, 4 Stunden nach Eiablage. Der Furchungskern hat sich zur Spindel umgewandelt." (O. Hertwig (1877) S. 85)

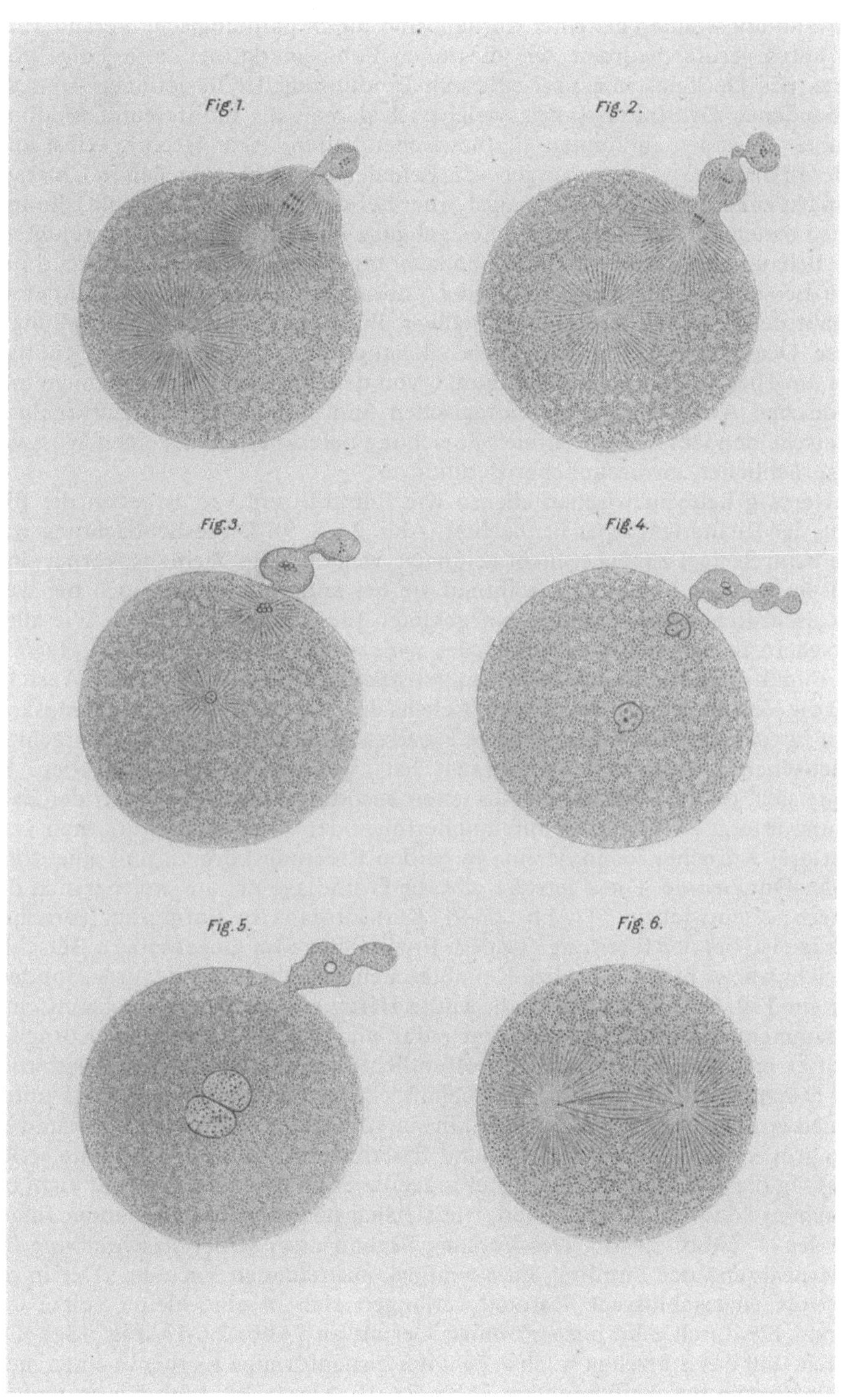

Fig.1.
Fig. 2.
Fig.3.
Fig.4.
Fig.5.
Fig. 6.

Umwandlungsstadien gedeutet wurden, sind durch pathologische Veränderungen hervorgerufen worden, wie dies auch Fol bemerkt, sei es in Folge von Druck des Deckgläschens, sei es durch Eindunsten der in geringen Mengen vorhandenen Ovarialflüssigkeit, welche ich damals als indifferentes Medium glaubte anwenden zu können."[56] Inzwischen hatten Oskar Hertwig selbst und andere Forscher, wie Strasburger, van Beneden und Fol, eingehende Untersuchungen zur Bildung der Richtungskörper bei der Eireifung angestellt, die mit seinen ersten Beobachtungen am Seeigel ganz und gar nicht übereinstimmten. Die Behauptung, daß bestimmte Beobachtungen Artefakte sind, während andere Beobachtungen den Verlauf der „normalen" Eireifung repräsentieren, verläßt den Rahmen einer ausschließlich phänomenologischen Darstellungsweise. Denn zur Rechtfertigung dieser Behauptung wird eine Theorie benötigt. Erst die Theorie liefert den Standpunkt, von dem aus sich zwischen einem methodischen Artefakt, einer pathologischen und einer normalen Entwicklung unterscheiden läßt. „Theoriefreie" Forschung liefert bestenfalls einen Wust widersprüchlicher, unverdaulicher Befunde.

Hertwig hatte inzwischen ebenso wie Bütschli und van Beneden die Bildung der Richtungskörper beobachtet (Abb. 2.6-8, 9). Diese Beobachtung war ihm beim Seeigel zunächst nicht gelungen, weil sich die Richtungskörper dort vollständig vom Ei ablösen, während sie bei anderen Spezies noch bei weit fortgeschrittener Furchung des befruchteten Eies nachweisbar sind. Wie allen Forschern in den siebziger Jahren des vorigen Jahrhunderts war für Hertwig die Bildung der Richtungskörper ein vollständiges Rätsel. Seine erste Ansicht, daß die Veränderungen des Keimbläschens und die Bildung von Richtungskörpern „zwei nicht zusammengehörige Prozesse sind, welche man mit Unrecht in genetischen Zusammenhang gebracht hat",[57] mußte er bald aufgeben. Es zeigte sich, daß die „Bildung eines jeden Richtungskörpers nach Art der Zellteilung erfolgt".[58] Bei zwei aufeinanderfolgenden Teilungen erhält man „zuletzt drei Körnchenzonen, je eine in beiden Richtungskörpern und eine dritte in der Dotterrinde. Diese letztere gibt die Grundlage ab, aus welcher sich der Eikern ... entwickelt"[59] (Abb. 2.6-9). Kernsubstanz in Form von Körnchen wurde also bei der Eireifung aus dem Ei eliminiert. Im Gegensatz zu Bütschlis Ansicht war es nicht das ganze Keimbläschen, was da entfernt wurde, sondern nur ein Teil. Warum das geschah, wußte Hertwig nicht. Doch am genetischen Zusammenhang zwischen dem Nucleolus und der Bildung dieser Körnchen hielt er hartnäckig fest und er veröffentlichte weitere Befunde an Seesternen zur Stützung dieser Theorie. Am Keimfleck des Seesternabkömmlings unterschied er zwei Teile, einen mit Karmin stärker färbbaren kleineren Teil und einen größeren, blasseren Teil. Anhand fixierter und gefärbter Präparate stellte Hertwig die von ihm erhaltenen Befunde, die er im lebenden Zustand nicht beobachten konnte, „so zusammen, wie sie sich naturgemäß aufeinander folgen müssen"[60] (Abb. 2.6-10). Der Vorgang begann nach seiner Beschreibung mit einer während der Eireifung im Keimfleck auftretenden Vacuole. „Der in der Vacuole eingeschlossene Kernteil verlängert sich in eine kleine Spitze und nimmt hierdurch eine birnenförmige Gestalt an (Abb. 2.6-10, Fig. 18a). Dadurch, daß das Spitzchen wächst, geht der birnenförmige Körper in einen mehr keulenförmig beschaffenen über (Abb. 2.6-10, Figs., 13a, 18b). Dieser endlich

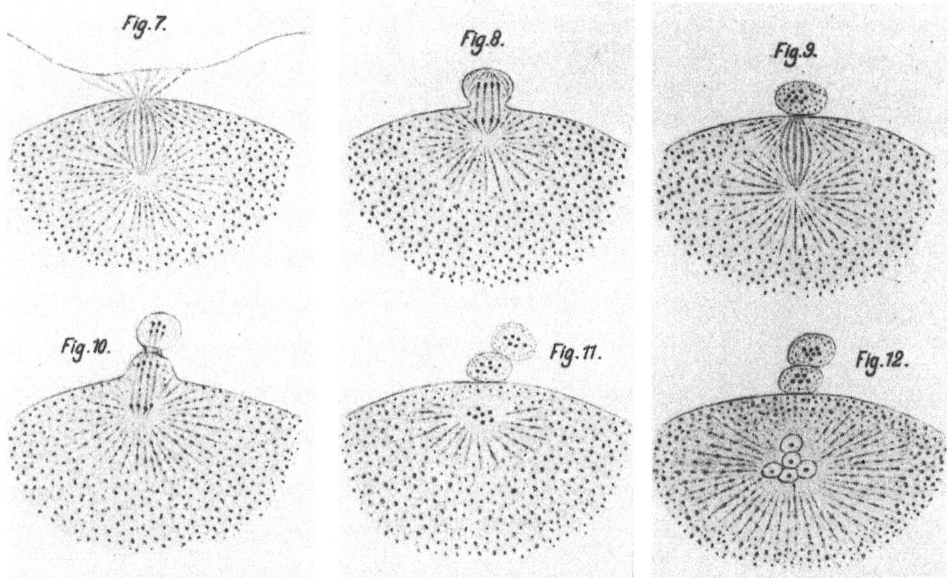

Abb. 2.6-9. Bildung der Richtungskörper im Ei von *Asteracanthion*. (Aus O. Hertwig (1878) Taf. VIII, Fig. 7–12; vergrößert, 1,4 ×). Bei den *Figuren 7, 8, 9, 10, 12* liegen Essigsäurepräparate (1–2%ige Essigsäure) zu Grunde, bei *Fig. 11* ein Osmium-Carminpräparat. *(Fig. 7)* „Ei mit Richtungsspindel. Zwei Stunden nach Ablage." *(Fig 8–11)* „Bildung des ersten und zweiten Richtungskörpers." *(Fig. 12)* „Bildung des Eikerns." (Hertwig (1878) S. 175) Die Bildung des Eikerns erfolgt nach Hertwig so, daß sich um jedes „aus Kernsubstanz bestehende Korn" (dort S. 166) eine Vakuole bildet. Die Vakuolen verschmelzen bald zu einer einzigen größeren Vakuole (vgl. Abb. 2.6-8). Zur Herkunft der „Körner" (der Chromosomen in der von Waldeyer (1888) eingeführten Terminologie) vgl. Hertwigs Theorie in Abb. 2.6-10. Die in Abb. 2.6-8,9 dargestellten Beobachtungen führten Oskar Hertwig zu einer ersten Formulierung des Paradigma einer ununterbrochenen Folge von Kerngenerationen (vgl. Flemmings ‚omnis nucleus e nucleo'; Kap. 2.7, Anm. 15. „Der an der Eiperipherie entstehende Kern (stammt) von der Kernspindel ab und zwar von der Hälfte derselben, welche nach Abschnürung des zweiten Richtungskörpers im Dotter zurückbleibt. In der Art und Weise, wie der periphere Kern sich bildet, wiederholen sich vollkommen die Erscheinungen, wie sie nach jeder Kernteilung zu beobachten sind, wo aus den Körnchen jeder Verdichtungszone zunächst durch Aufnahme von Zellsaft eine Anzahl von kleinen Vacuolen entsteht, welche anwachsen und endlich zu einer einzigen verschmelzen. Der Haufen kleiner Vacuolen entspricht daher nicht einer Vielheit, sondern einem einzigen Zellkern. Da nun die Spindel selbst wiederum von der Kernsubstanz des Keimbläschens sich hat ableiten lassen, so erhalten wir das wichtige Resultat, daß vom Keimbläschen bis zum Furchungskern ein ununterbrochener Zusammenhang zwischen den verschiedenen Kerngenerationen herrscht" (Hertwig (1877) S. 29 f.)

wandelt sich in ein langes dünnes Stäbchen um, welches von Stelle zu Stelle perlschnurartige Anschwellungen trägt."[60] (Abb. 2.6-10, Fig. 13b). „An dem freien Ende des Stäbchens, da wo es in den Protoplasmahöcker hineinragt und den Mittelpunkt einer Strahlung bildet, treten einzelne Körnchen auf und ordnen sich kreisförmig an. Sie bestehen aus Kernsubstanz und haben sich daher offenbar von den Stäbchen selbst abgelöst (Abb. 2.6-10, Figs. 13c, 18c)."[61] Hertwigs Theorie eines „genetischen" Zusammenhangs zwischen dem Keim-

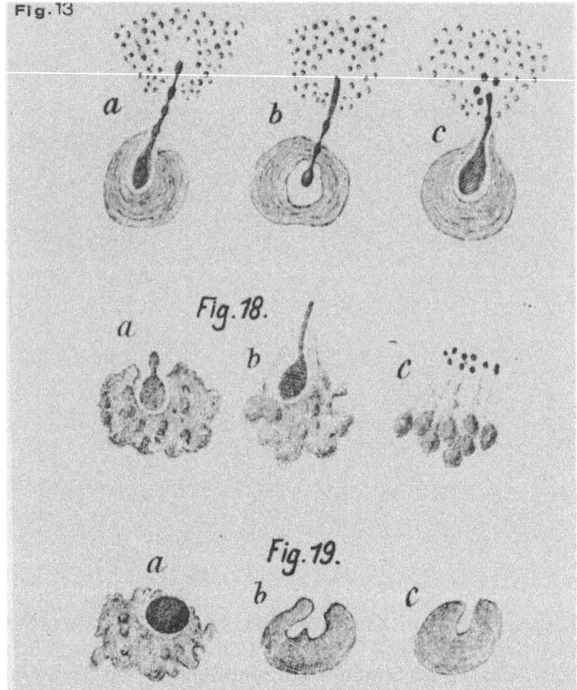

Abb. 2.6-10. Oskar Hertwigs Theorie der Entstehung von Chromosomen („Körner aus Kernsubstanz") aus dem Nucleolus („Keimfleck"). (Aus O. Hertwig (1878) Taf. VIII, Fig. 13, 18,
19; vergrößert, 1,6×) Eier von *Asteracanthion*, Fixierung mit Osmium, Färbung mit Carmin.
(Fig. 13) „Veränderte Keimflecke von Eiern, die seit 35 Minuten in Meerwasser sich befanden." *(Fig. 18 u. 19)* „Veränderte Keimflecken von Eiern, die 30–40 Minuten in Meerwasser
sich befanden." (Hertwig (1878) S. 175)
Die Chromosomen entstehen nach Oskar Hertwig aus dem mit Carmin dunkler färbbaren Anteil des Keimflecks *(Fig. 19a)*. Dieser Teil wandert als stabförmiges Gebilde in das Protoplasma aus *(Fig. 13a–c; 18a, b)* und bildet einen „Körnchenkreis" *(Fig. 13c, 18c)*. Der größere,
blassere Teil des Keimflecks bleibt zurück und „(läßt) oft noch die Höhlung erkennen, aus
welcher das stabförmige Gebilde austrat." *(Fig. 19b, c dort S. 164)*

fleck und den Körnchen des Eikerns behauptet also in moderner Terminologie,
daß die Chromosomen aus dem Nucleolus entstehen. Im Nucleolus, so glaubte
Hertwig, war alle wesentliche Kernsubstanz enthalten. Es gab noch keine
Theorie, die den oben bereits erwähnten blassen Fäden in der Kernflüssigkeit
irgendeine Bedeutung zuschrieb. Der Nucleolus war somit vom Kernproduzen-
ten bei Schleiden zum Chromosomenproduzenten bei Hertwig avanciert. Auch
diese Theorie wurde schon wenige Jahre später eindeutig widerlegt. Aber Hertwig behauptete noch 1878, daß sich der von ihm postulierte „genetische" Zusammenhang zwischen Eikern und Keimfleck „aus dem von mir Schritt für
Schritt beobachteten Verlauf der Erscheinungen und den hierdurch übermittelten
Übergangsstadien (ergibt)."[62] Ein Leser ohne Kenntnisse der modernen Zellbiologie hat keine Kriterien zur Hand — auf diesen Punkt kommt es nun entscheidend an —, die ihm eine Prognose über die Zukunft von Hertwigs heute ge-

sicherter Vorstellung der Vereinigung von Ei- und Samenkern bei der Befruchtung und seiner bald widerlegten Nucleolustheorie erlauben würde. Beide Theorien müssen ihm gleich schlüssig und gleich gut abgesichert erscheinen. Die falsche Nucleolustheorie diente ironischerweise als Beweisstück für die Theorie eines ununterbrochenen Zusammenhangs zwischen den aufeinanderfolgenden Kerngenerationen, das zu den bewährtesten Paradigmata der modernen Biologie gehört. Wer Hertwig vorwerfen wollte, er habe seine Nucleolustheorie voreilig aufgestellt, müßte diesen Vorwurf auch auf die bewährten Elemente seiner Theorie der Befruchtung anwenden. Sie sind bei Hertwig keineswegs besser abgesichert: Nicht einmal das Eindringen eines Spermatozoons in das Ei hatte er ja direkt beobachtet. Diese Beobachtung verdanken wir Bütschli und Fol[63] (Abb. 2.6-11). Hertwig gehörte aber heute nicht zu den Helden in der Ahnengalerie der Zellbiologen, wenn er allzugroße Skrupel bei der Theoriebildung gehabt und es in seinen Arbeiten bei der Aufzählung von, wie wir gesehen haben, einigen heute teils widerlegten, teils bestätigten Beobachtungen belassen hätte. Eine solche Arbeit ohne das Band einer Theorie wäre wohl von den verwirrten Lesern mit einem Achselzucken beiseite gelegt worden. Durch die klare Formulierung einer kühnen und weitreichenden Hypothese löste Hertwig Zustimmung, Widerspruch und — was das Entscheidende ist — eine Fülle weiterer Untersuchungen aus. Zwar bemühte sich Hertwig, Befunde, die ihm unumstößlich schienen und ihre zugegebenermaßen spekulative Deutung im Aufbau und in den einzelnen Formulierungen seiner Veröffentlichung eindeutig voneinander zu trennen. Wenn wir die Entstehung der Nucleolus-Theorie im Detail nachvollziehen, sehen wir aber, daß nach heutiger Kenntnis eindeutig falsche, aber mit dem Brustton der Überzeugung als richtig ausgegebene Befunderhebungen mit falschen und richtigen theoretischen Erwägungen in einer nicht zu trennenden Wechselbeziehung stehen. Hertwigs vermeintlich theoriefreie Beschreibung seiner Beobachtungen ist selbst bereits unlösbar mit seiner Theorie verknüpft.

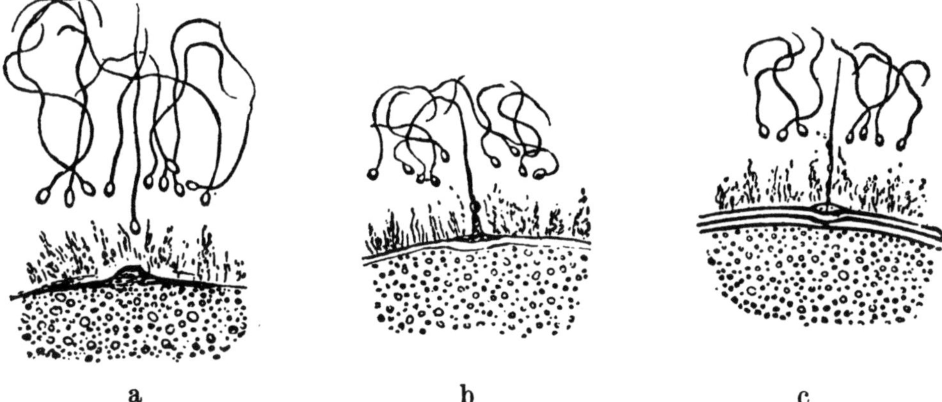

a   b   c

Abb. 2.6-11 a–c. Kleinere Abschnitte von Eiern von *Asterias glacialis;* Fol (1877a). Die Abbildung wurde entnommen aus O. Hertwig (1917). Die Figuren **a–c** zeigen drei verschiedene Stadien vom Eindringen eines Samenfadens in das Ei

2.7 Die Entdeckung der Chromosomen

Die Entdeckung der Chromosomen (die Bezeichnung wurde 1888 von Waldeyer eingeführt[1]) in sich teilenden tierischen und pflanzlichen Zellen fällt in die siebziger Jahre des 19. Jahrhunderts. Sie war vor allem eine Folge des Interesses an den Teilungsvorgängen des befruchteten Eies. Vermutlich hat der eine oder andere Forscher schon früher Chromosomen „gesehen" (Abb. 2.5-3 und 2.6-1). Flemming verweist 1882 in einer historischen Übersicht auf einige Abbildungen schon bei Virchow (1857)[2] und bei Remak (1858)[3], später bei Heller (1869)[4] und Kowalewsky (1871)[5], die er als Stadien einer indirekten Kernteilung deutete. Remaks Schema der Zellteilung — Teilung des Kernkörperchens, dann Durchschnürung des Kerns, dann Durchschnürung des Zellkörpers — wurde aber in diesen Arbeiten nicht ernsthaft in Frage gestellt.[6]

Der erste Forscher, der die indirekte Kernteilung und ihre Haupterscheinungen (chromatische Kernfigur, achromatische Spindel und Polstern) als ein regelmäßig auftretendes und wichtiges Phänomen erkannt und beschrieben hat, war 1873 der Zoologe Anton Schneider (Abb. 2.7-1). Er beobachtete, daß der Kern eines befruchteten Eies von *Mesostomum Ehrenbergii*, einer Plathelmintenart, schwindet, und „sich in einen Haufen feinlockig gekrümmter, auf Zusatz von Essigsäure sichtbarwerdender Fäden verwandelt. An Stelle dieser dünnen Fäden traten endlich dicke Stränge auf, zuerst unregelmäßig, dann zu einer Rosette angeordnet, welche in einer durch den Mittelpunkt der Kugel gehenden Ebene (Äquatorialebene) liegt. Dem Anschein nach bilden diese Stränge den Umriß einer flachen, vielfach eingebuchteten Blase; indeß überzeugt man sich bei genauerer Ansicht, daß ihre Kontur an dem inneren Winkel der Zipfel vielfach unterbrochen ist. Die in dem Ei befindlichen Körnchen haben sich in Ebenen gruppiert, welche sich in einer senkrecht auf die Äquatorialebene und in deren Mittelpunkt stehenden Linie schneiden. An dem frischen Ei ist von dieser Anordnung wenig zu sehen — durch Zusatz von Essigsäure heben sie sich aber kräftig ab. Wenn die Zweiteilung beginnt, haben sich die Stränge vermehrt und so geordnet, daß ein Teil nach dem einen Pol, der andere nach dem anderen sich richtet. Endlich schnürt sich das Ei ein und die Stränge treten in die Tochterzellen. Die Reihen der Körnchen strecken sich in die Länge und lassen sich aus der einen Zelle in die andere verfolgen".[7] Unabhängig von Schneider, dessen Arbeit in den wenig verbreiteten Jahrbüchern der Oberhessischen Gesellschaft für Natur- und Heilkunde erschien, haben Eduard Strasburger und Otto Bütschli 1875 und 1876 die gleichen Phänomene beschrieben. Bütschli erzählte später seinem Schüler Richard Goldschmidt, Strasburger habe ihn vor der Veröffentlichung seiner Entdeckung besucht. Man habe die Präparate gegenseitig angesehen und Strasburger habe die Sequenz

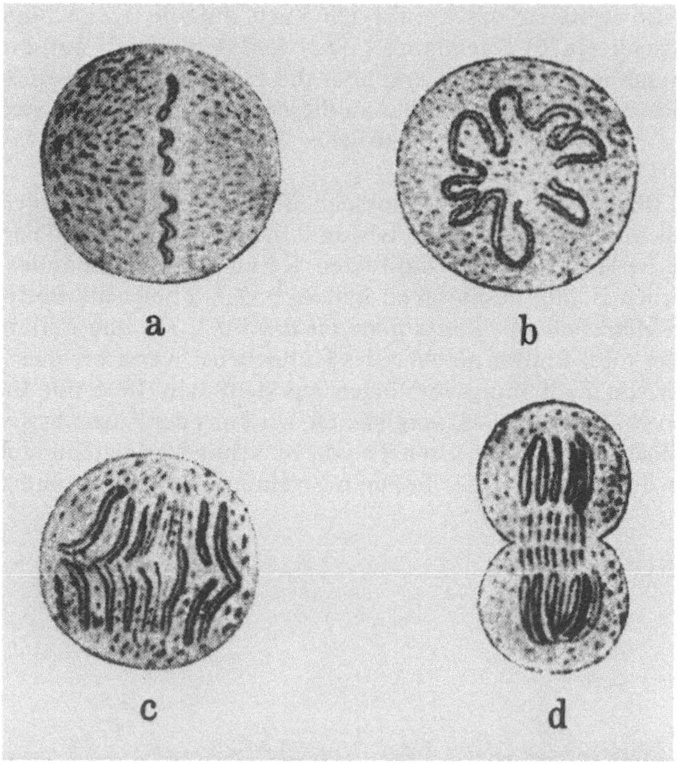

Abb. 2.7-1 a–d. Darstellung der indirekten Kernteilung beim Sommerei von *Mesostomum Eh-renbergii*. Aus Schneider (1873), Taf. V, Fig. 5 b–e (vergrößert, 2×). **a** Seitliche, **b** polare Ansicht der Kernfigur, **c** späteres Stadium in seitlicher Ansicht, **d** beginnende Durchschnürung des Eies mit der Teilung der Kernfigur. Schneider bemerkte zu seinen Beobachtungen: „Sie zeigen uns zum ersten Mal deutlich, welche umständliche Metamorphose der Kern (das Keimbläschen) bei der Zellteilung eingehen kann." (dort S. 115)

der Ereignisse erst erkannt, nachdem Bütschli seine eigenen Entdeckungen mit ihm diskutiert hatte.[8]

Mit Fragen der Priorität einzelner Entdeckungen bei der „Kernmetamorphose" wollen wir uns nicht weiter beschäftigen. Neben Schneider, Bütschli und Strasburger sind hier Edouard van Beneden,[9] Leopold Auerbach, Hermann Fol und besonders Walther Flemming zu nennen. Prioritätsfragen sind in der Geschichte der Cytologie immer wieder Anlaß für bittere Streitigkeiten der beteiligten Wissenschaftler gewesen und ihre Entscheidung ist oft außerordentlich kompliziert. Am Anfang einer wichtigen Entwicklung stehen in der Regel einige neue Befunde, die aber vom Standpunkt der später herrschenden Theorie noch nicht „richtig" interpretiert werden.[6] Zum Verständnis der eigentlich interessierenden Frage, wie das Wachstum wissenschaftlicher Erkenntnis vor sich geht, tragen Untersuchungen der Prioritätsstreite, die oft erst viele Jahre nach den eigentlichen Entdeckungen in voller Schärfe entbrannten, meist wenig bei.

Im weiteren beschränke ich mich auf die Darstellung der Befunde bei Bütschli (1876), Flemming (1882) und schließlich auf die 1883 erschienene „Hypothetische Erörterung über die Bedeutung der Kernteilungsfiguren" von Wilhelm Roux. Wir werden an diesem Beispiel erneut sehen, wie entscheidend das Wachstum wissenschaftlicher Erkenntnis von der Formulierung kühner Hypothesen abhängt.

Bütschli untersuchte ausschließlich lebende oder mit Essigsäure fixierte, ungefärbte Zellen. Um so bewundernswerter ist die Fülle an Details, mit der er die Serie der bei der indirekten Kernteilung aufeinander folgenden Stadien zeitlich richtig beschrieben hat. Abb. 2.7-2 zeigt als Beispiel die Teilung der Urkeimzellen von *Blatta germanica*, Abb. 2.7-3 den Teilungsvorgang embryonaler roter Blutkörperchen des Hühnchens. Wenn wir diese beiden Darstellungen von Zellteilungsvorgängen aus dem Jahr 1876 mit Bütschlis Darstellung von 1873 (Abb. 2.6-4) vergleichen, wird uns der Zuwachs seiner Erkenntnis eindrucksvoll klar. Die Grenzen von Bütschlis Untersuchung ergaben sich aus der für die Erhaltung der feineren Strukturverhältnisse ungünstigen Essigsäurefi-

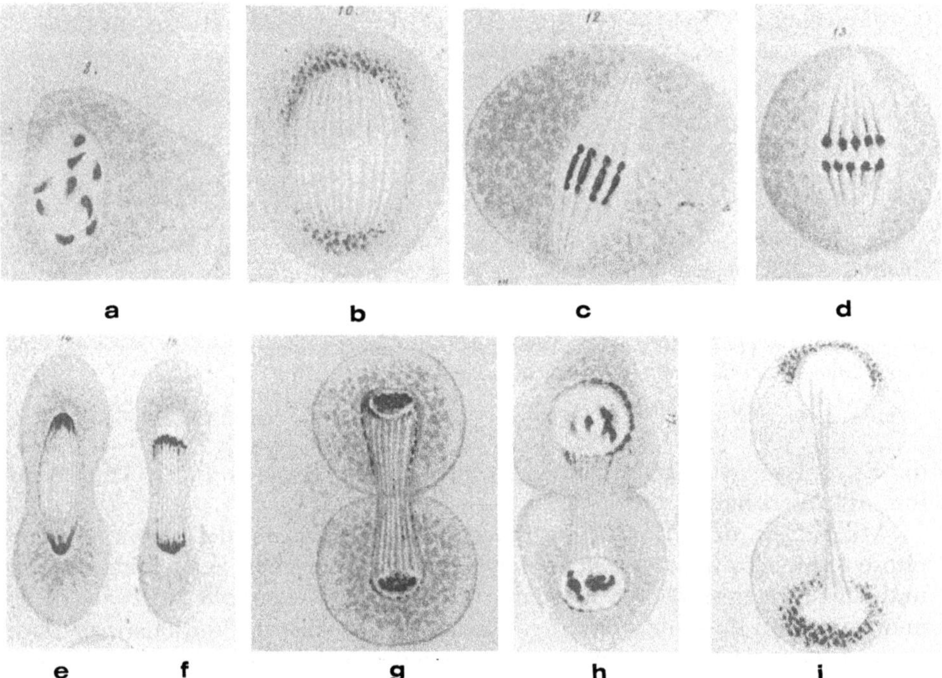

a   b   c   d

e   f   g   h   i

Abb. 2.7-2 a–i. Teilung der Urkeimzellen der Spermatozoen von *Blatta germanica;* aus Bütschli (1876), Taf. V. **a** „Eine Urkeimzelle; der Kern in Vorbereitung zur Teilung (Essigsäurepräparat)." **b** Zelle „mit zur Spindel sich umformendem Kern (in indifferenter Flüssigkeit)". **c** „Zelle mit ausgebildeter Kernspindel (Essigsäurepräparat)." **d** „Teilung der Kernplatte (Essigsäurepräparat)." **e** „Die Kernplattenhälften sind in die Enden der Kernspindel gerückt, die Teilung des Zellenleibes hat begonnen (Essigsäurepräparat)." **f** „Weiterer Fortschritt der Teilung (Essigsäurepräparat)." **g** „Erste Differenzierung der Tochterkerne aus den Kernplattenhälften (Essigsäurepräparat)." **i** „Zwei Tochterzellen in schon ziemlich ausgebildeten Kernen, welche nur durch wenige Fasern noch zusammenhängen"

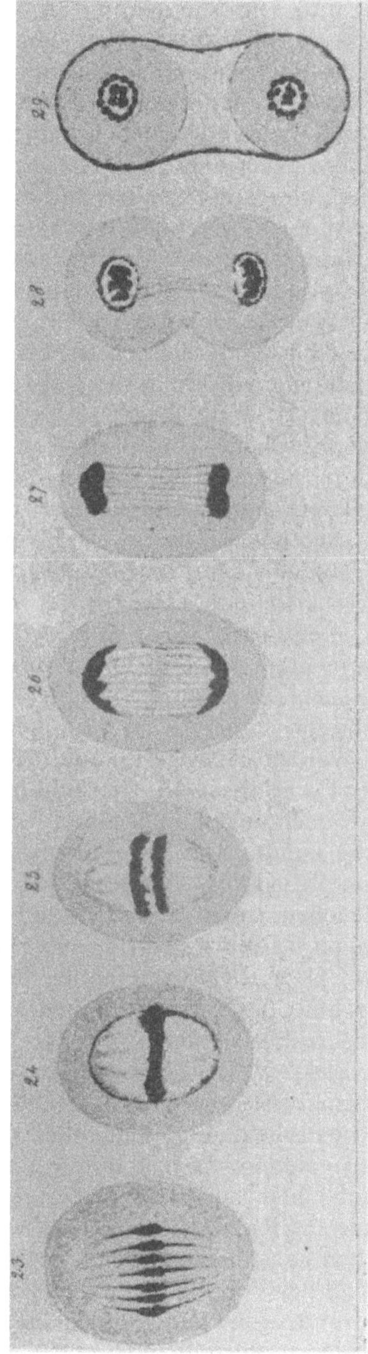

Abb. 2.7-3. „Teilungszustände embryonaler roter Blutkörperchen des Hühnchens." Aus Bütschli (1876) Taf. VI, Fig. 23–29

xierung und dem Mangel an Färbemethoden. So nahm Bütschli an, daß „die Elemente der Kernplatte (bei den embryonalen Blutkörperchen des Hühnchens) zu einer zusammenhängenden Scheibe verschmelzen".[10] Die „Körner oder Stäbchen" der Kernplatte faßte er als Anschwellungen der Spindelfasern auf.[10] Außerdem hing er noch immer — in Treue fest — der alten Vorstellung an, „daß die Vermehrung des Kernes wenigstens in vielen Fällen durch den völligen Untergang des alten und die Neubildung junger Kerne sich vollziehe. Diese Art der Kernvermehrung hat denn neuerdings Auerbach die palingenetische getauft".[11] Während Auerbach allerdings glaubte, daß diese palingenetische Kernbildung mit der Bildung einer Flüssigkeitshöhle im Protoplasma beginnt, vertrat Bütschli die Ansicht, daß der „homogene und dichte Zustand die ursprünglichste und einfachste Form des Auftretens der Kerne sei ... Die erste Verdichtung zur Bildung des Zellkerns läßt sich in fast punktförmiger Größe bemerken".[12] Immer wieder (vgl. Kap. 2.6, Seite 103) war es die damals so selbstverständliche Vorstellung von der Auflösung und Neubildung der Zellkerne, die Bütschli daran hinderte, aus seinen Beobachtungen die entscheidenden theoretischen Konsequenzen zu ziehen. Dabei war Bütschli selbst ein genialer Theoretiker. Das erweisen vor allem seine späteren physikalisch-chemischen Modelle der Protoplasmastruktur, mit denen er völliges Neuland betrat.[13] Aber gerade seine theoretischen Neigungen hinderten ihn wohl auch daran, „bewährte" Theorien leichtfertig in Frage zu stellen, und er suchte zunächst mehrere Jahre nach Auswegen, die eine Interpretation seiner Befunde im Rahmen des alten Theoriengebäudes zulassen sollten.

In ihren feineren, strukturellen Details wurde die Kernmetamorphose durch Walther Flemming aufgeklärt.[14] In Epithelzellen der Salamanderlarve fand er ein geeignetes Untersuchungsobjekt, an dem er Lebendbeobachtungen und Beobachtungen an geeignet fixierten und gefärbten Zellen glücklich kombinieren konnte. Die Ergebnisse dieser Untersuchungen beschrieb er in drei umfangreichen Veröffentlichungen 1879 bis 1880, und schließlich in dem 1882 erschienenen Buch „Zellsubstanz, Kern- und Zelltheilung" (Abb. 2.7-4, 5). Flemming war ein hervorragender Methodiker und seine Verbesserungen der Fixierungs- und Färbemethoden fanden ihren Niederschlag in Zeichnungen, die noch heute seinen Ruhm begründen. 1880 formulierte Flemming den Satz „Omnis nucleus e nucleo" mit der für ihn typischen Ergänzung, „so viel wir bis jetzt wissen".[15] Trotz dieses Satzes trug Flemming, wie wir gleich sehen werden, zur Entstehung einer tragfähigen Theorie über die indirekte Kernteilung keinen entscheidenden Gedanken bei. Flemming hat noch 1882 an der „Möglichkeit einer freien Zellbildung und freien Kernbildung, für Gegenwart und Vergangenheit, ausdrücklich festgehalten" und er hegte die Hoffnung, „daß sich die Bedingungen für solche Vorgänge einst werden näher erkennen und künstlich nachahmen lassen".[16] Auf den ersten Blick ist man geneigt zu glauben, daß der Vorgang der Mitose in Flemmings akuraten Zeichnungen in seinen Grundzügen richtig wiedergegeben ist. Die Chromosomen erscheinen im Gegensatz zu Bütschli auch in der Äquatorialplatte als getrennte Elemente und sie zeigen — das war Flemmings bedeutende neue Entdeckung — eine Längsspaltung. Sehen wir uns jetzt das von Flemming für die Mitose angegebene Schema an (Abb. 2.7-6). Die Kernmetamorphose beginnt bei Flemming mit einem Knäuelstadium. In diesem Stadium wird ein einziger Faden sichtbar, die Unterbrechungen, die wir in Abb. 2.7-6, a erkennen, waren für Flemming nur durch den optischen Schnitt des Mikroskops vorgetäuscht. Erst im weiteren Verlauf, gelegentlich aber auch schon früher (vgl. Abb. 2.7-4, Fig. 31-36), zerfällt der Faden in eine Anzahl gleich langer Stücke. Ungleich lange Fadenstücke (z.B. in Abb. 2.7-4, Fig. 33) führt Flemming auf optische Verkürzungen zurück. An den Fadenstücken erkennt Flemming jetzt auch eine Längsspaltung (Abb. 2.7-4, Fig. 39-41; 2.7-6, b). In Abb. 2.7-6, c sehen wir die Anlage der chromatischen Figur (Kranz- bzw. Sternform) und der achromatischen Spindel in der Polaransicht. Das weitere Schema bezieht sich der Übersichtlichkeit halber nur auf vier Chromosomen. Abb. 2.7-6, d zeigt die fertig ausgebildete achromatische Spindel, die Segmentierung des Fadens ist links noch nicht abgeschlossen. In e sind auf der linken Seite nach Abschluß der Segmentierung „die Längsspaltstrahlen wieder konglutiniert dargestellt", ein Artefakt, das — wie Flemming ausdrücklich hervorhebt — häufig durch Reagenzien entsteht. In den weiteren Abbildungen (Abb. 2.7-6, f-o; 2.7-4, Fig. 39-46) sehen wir wie

Abb. 2.7-4. Darstellung der indirekten Kernteilung bei Flemming (1882) Taf. III. Alle Figuren sind nach fixierten und gefärbten Präparaten gezeichnet, die mit Ausnahme von Fig. 32 (Endosperm von *Lilium corceum*) und *Fig. 33* (Omentum eines saugenden Kätzchens) von *Salamandra* stammen. *Fig. 39 und 40* stammen von Endothelzellen des parietalen Bauchfells der Salamanderlarve, die übrigen von Epithelzellen. Als Fixationsmittel wurden Chromsäure, teils kombiniert mit Essigsäure und Osmiumsäure verwendet, als Färbemittel teils Hämatoxylin, teils Gentiana. Für weitere Einzelheiten siehe den Text. *Fig. 31,* „Umbildungsstadium zur Knäuelform." *Fig. 32-35,* Knäuelformen mit erhaltener Kernmembran (Prophase in der heute gebräuchlichen von Strasburger (1884b) stammenden Nomenklatur). In *Figur 33* findet Flemming die Segmentation des zunächst einheitlichen Fadens „schon geschehen (die Segmente liegen zum Teil in optischer Verkürzung und scheinen deshalb sehr ungleich lang; dies gilt zugleich für die folgenden Figuren)." *Fig. 34* zeigt „erste Spuren der Pole und achromatischen Figuren." *Fig. 36,* „Kernmembran geschwunden. Manche Fäden viel länger als andere, Segmentation noch nicht vervollständigt." (NB: Die Beobachtung zeigt Fäden ungleicher Länge, doch verlangt Flemmings Theorie *gleichlange* Fäden als Folge eines fortschreitenden Segmentationsvorganges eines zunächst durchgehenden Fadens. Aus dieser Theorie folgt, daß die hypothetisch angenommenen Bruchstellen im Faden nicht zufällig verteilt sind und daß die Länge der einzelnen Fadensegmente in den Zwischenstadien des Segmentationsprozesses ein ganzzahliges Vielfaches der am Ende des Segmentationsprozesses erreichten Länge sein muß. Flemmings Theorie gab damit Anlaß, die Länge und das Verhalten einzelner Fadensegmente während der Zellteilung im Detail zu beobachten. Es zeigte sich, daß die aus der Theorie abgeleiteten Vorhersagen nicht zutreffen (vgl. Rabl (1885); Kap. 2.9, S. 150f. und Kap. 3.4, S. 270f.). Flemmings Theorie erfüllte zwei für das Wachstum der Erkenntnis entscheidende Bedingungen. Sie war falsifizierbar und sie lenkte die Aufmerksamkeit auf die feineren morphologischen Verhältnisse der Chromosomen, die kurze Zeit zuvor noch als in Auflösung begriffene geronnene Klumpen gegolten hatten (vgl. Abb. 2.6-1)). *Fig. 37 u. 38,* „Pole mit Polstrahlung" bzw. „Spindelfäden" treten deutlich hervor. „Die Spindelfäden hören in der Mitte nicht auf, sind hier nur durch die Mittelbrücke der chromatischen Figur verdeckt und undeutlich." *Fig. 39-41,* Sternform der Kernfigur (Metaphase in der heute üblichen Terminologie, siehe Strasburger (1884b)), „Äquatorialansicht" *(Fig. 39, 41)* und „Polaransicht" *(Fig. 40).* „Längstrennung der Fäden war hier" (in den *Fig. 40 und 41*) „so weit fortgeschritten, daß das Reagenz (Chromessigsäure) nicht mehr Konglutination der Spalthälften bewirkt hat." *Fig. 42, 43* „Umordnungsstadium: Metakinese"; von Flemming auch „Äquatorialplatte" genannt. (In Strasburgers Terminologie, Beginn der Anaphase). *Fig. 44, 45* „Tochtersternformen" (Anaphase in heutiger Terminologie). *Fig. 46,* „Knäuelform der Tochterkerne" (Telophase in heute üblicher Terminologie; Strasburger (1884b))

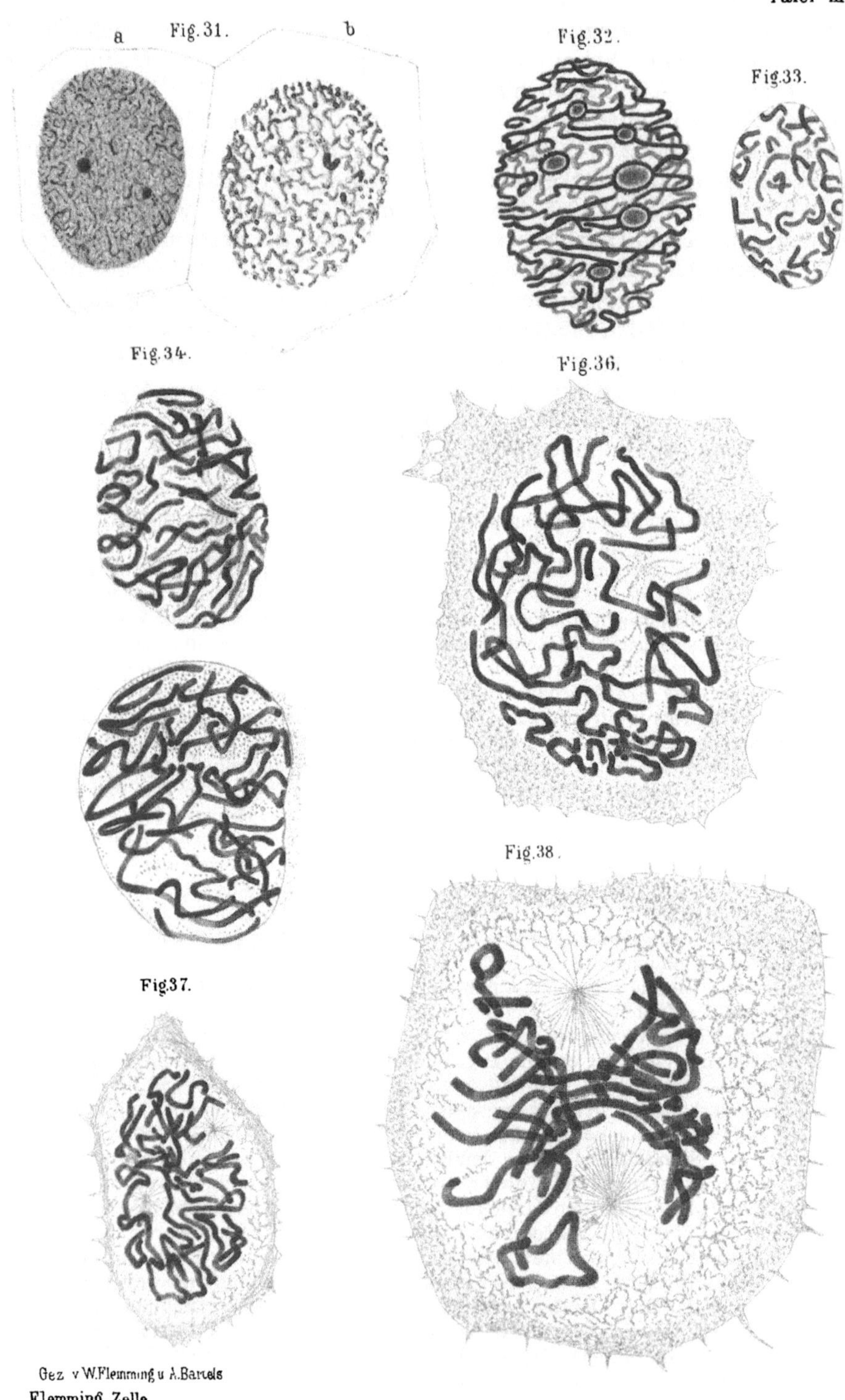

Abb. 2.7-4 (s. S. 127)

Tafel III.b.

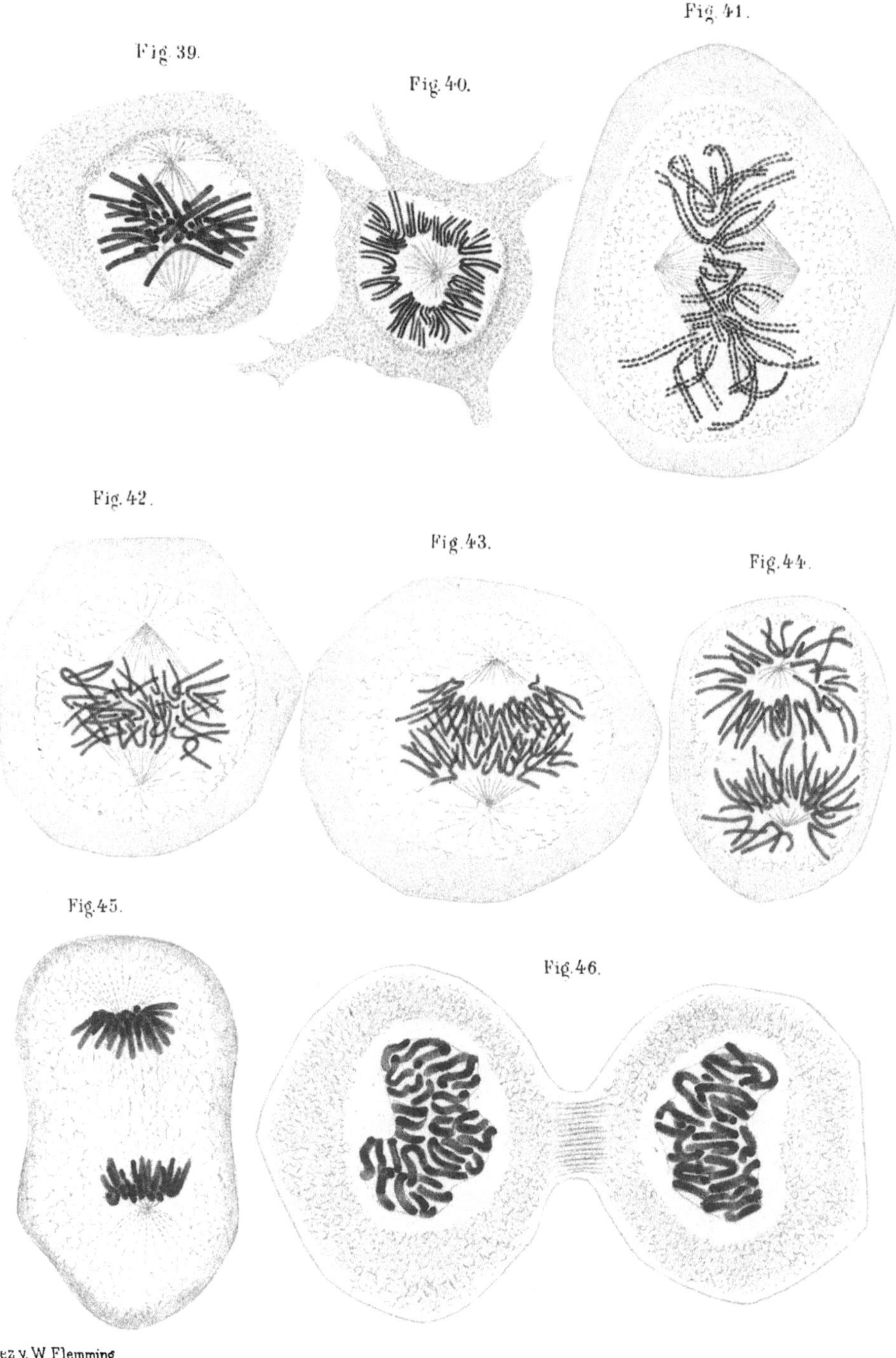

Abb. 2.7-4 (s. S. 127)

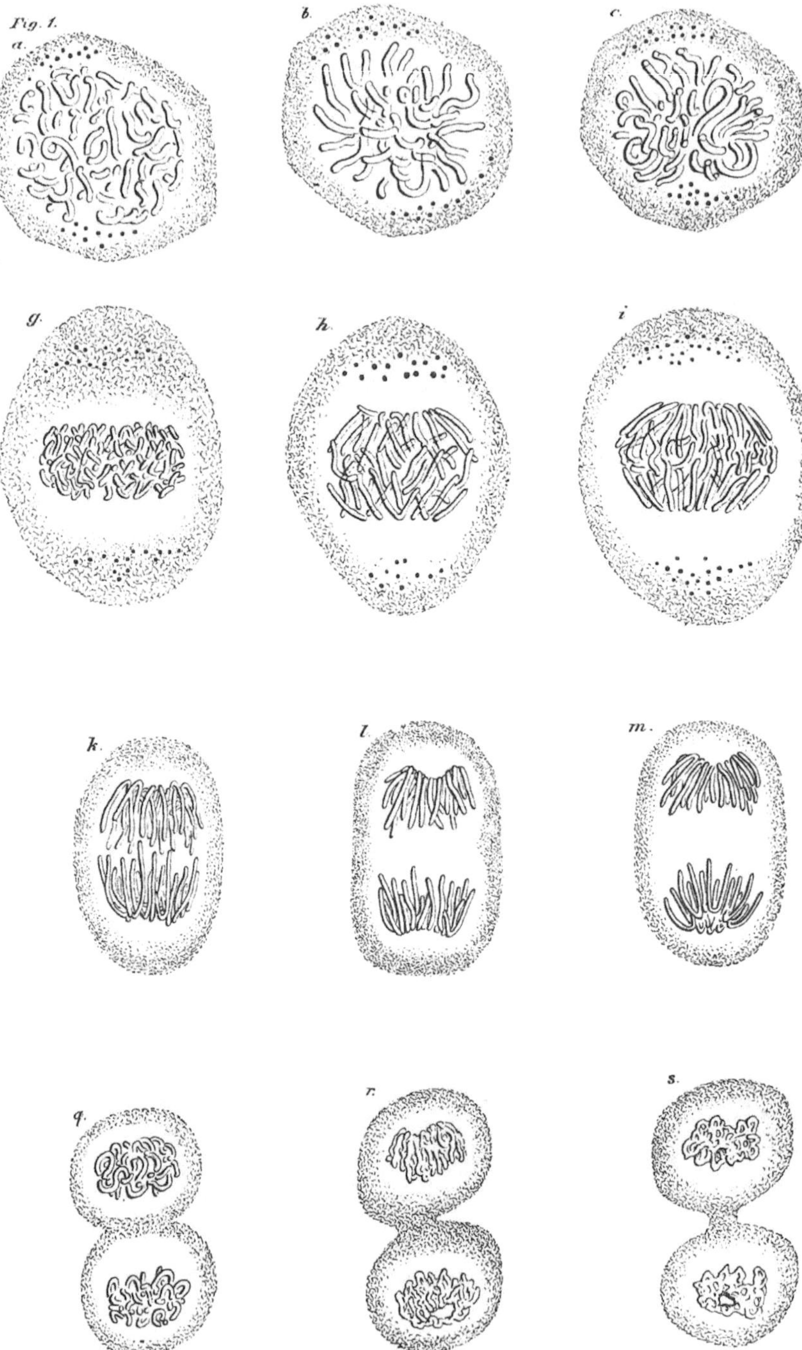

FLEMMING, Zelle.

Abb. 2.7-5 (s. S. 132)

Tafel VI.

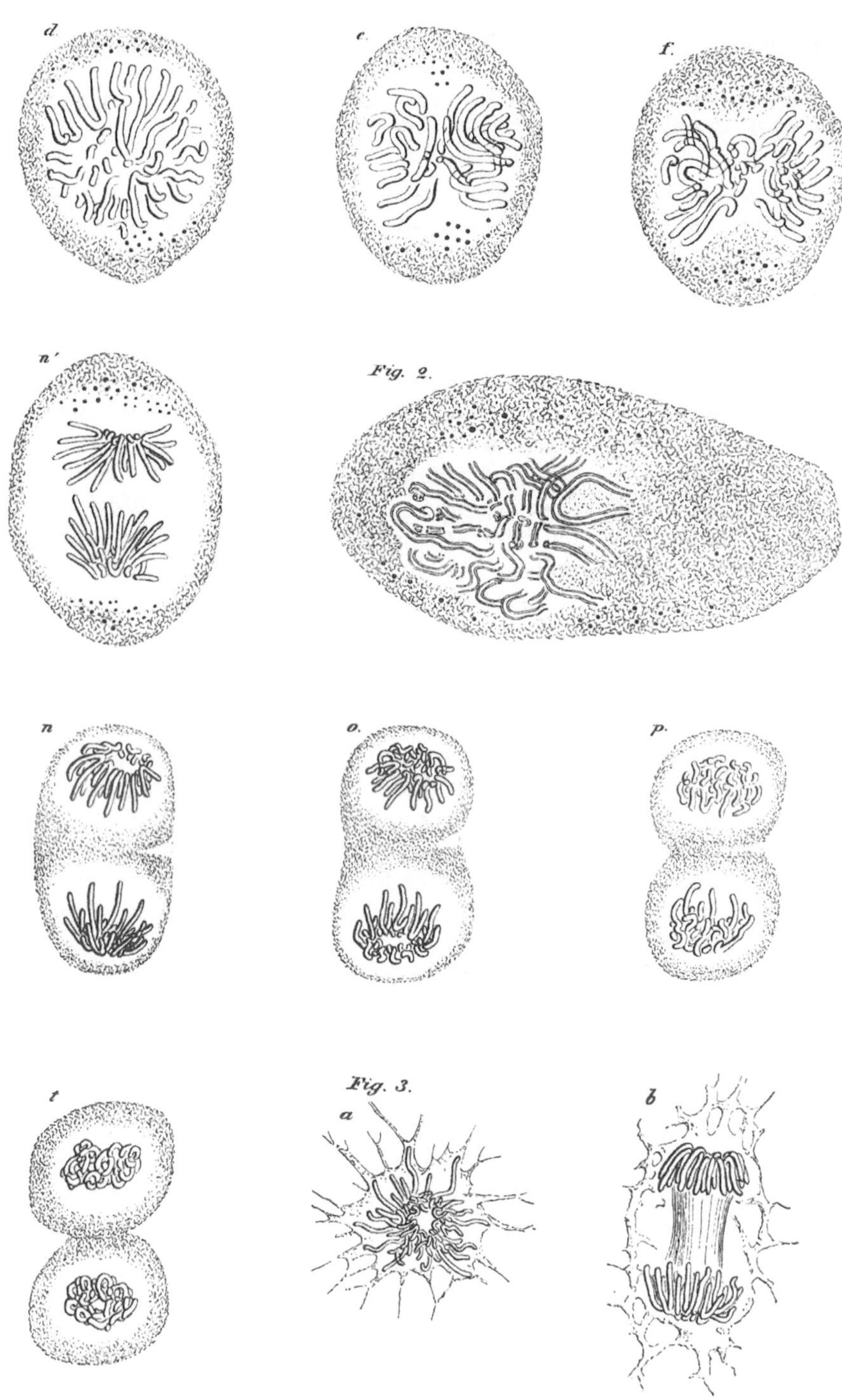

Abb. 2.7-5 (s. S. 132)

Abb. 2.7-5. *Fig. 1* „Überblick der Bilderfolge bei der lebenden Zelltheilung, Epithel, Salamanderlarve … mit Zugrundelegung von Präparaten gleicher Stadien, die durch Chrom-Essig-Osmiumbehandlung der lebenden Objekte gewonnen wurden und die Kernfiguren verstärkt zeigen." Aus Flemming (1882) Taf. VI. (Vgl. Abb. 2.7-4). *Fig. 1a* „Knäuel", *b–f* „Sternformen", *g–i* „Metakinese (Äquatorialplatte)", *k–t* „Tochtersterne", „Knäuelformen der Tochterkerne"). *Fig. 2,* „Fädenlängsspaltung an der lebenden Zelle erkennbar." *Fig. 3a* „Sternform (der Mutterkernfigur) an einer lebenden Leydigschen Schleimzelle." *3b* „Sternformen der Tochterkerne, ebenso. Achromatische Fäden hier deutlich"

die einzelnen Fadensegmente in die Spindel einwandern. Erst dabei erhalten sie Anschluß an die Spindelfasern. Schließlich wandern die einzelnen Fadensegmente längs des Spindelapparates den Polen zu und es entstehen die sogenannten „Tochtersternformen" (Abb. 2.7-6, l + m; vgl. 2.7-4, Fig. 44 + 45), schließlich die „Tochterknäuel" (Abb. 2.7-6, n + o; 2.7-4, Fig. 46). Die Abb. 2.7-6, p und q zeigen die Sternform bzw. Knäuelform eines Tochterkerns in polarer Ansicht. Damit ist die Kernmetamorphose im wesentlichen abgeschlossen. Etwas Entscheidendes war Flemming dabei allerdings entgangen. *Beide* Spaltstücke eines Fadensegmentes wanderten bei ihm in *einen* Tochterkern. Dies geht aus den schematischen Teilungsfiguren in Abb. 2.7-7 eindeutig hervor. Flemming bemerkt in der Legende zu seinem Schema, „Auf die Längsspaltung ist in diesem Schema keine Rücksicht genommen". Sie spielte für ihn keine Rolle bei der Aufteilung der quergeteilten Fadensegmente. In Abb. 2.7-7, a ist die Segmentierung noch unvollendet, in b ist sie vollendet, während c die „definitive Ordnung zu den Tochterkernfiguren" zeigt. Dabei haben sich die Ansatzstellen der Spindelfasern zur Mitte der Fadensegmente hin verschoben. Bei Flemming gibt es noch keine für jedes Chromosom charakteristische Spindelfaseransatzstelle, also keine Zentromere.

Abb. 2.7-8 sei als ein speziell den Humangenetiker interessierendes Kuriosum hinzugefügt. Sie zeigt die erste Darstellung menschlicher Chromosomen, mit Chromsäure fixiert und mit Safranin gefärbt. Flemming beschreibt sie als eine „aus vielen gesehenen Teilungen aus der menschlichen Cornea". Die Zahl der von Flemming bezeichneten Chromosomen (ich habe 26 gezählt) liegt allerdings erheblich unter der normalen Zahl einer somatischen, menschlichen Zelle (2n = 46). Es sollte noch bis 1956 dauern, ehe die genaue Zahl der menschlichen Chromosomen eindeutig festgelegt wurde.[17] Aus heutiger Sicht ist bemerkenswert, daß Flemming die kleinen Chromosomen vorzugsweise im Zentrum, die größeren in der Peripherie der Metaphaseplatte darstellt und damit einen der wenigen Befunde vorwegnimmt, die heute über eine nicht zufällige Verteilung menschlicher Chromosomen bekannt sind.[18]

Welchen Zuwachs an Erkenntnis der indirekten Kernteilung hat Flemming erreicht? Die Zerlegung eines zunächst aus einem einzigen Faden bestehenden Knäuels in eine gerade Zahl gleichlanger Segmente und die gleichmäßige Ver-

Abb. 2.7-6. *a–q* „Schemata der Teilung für *Salamandra;* es ist nur eine geringe Anzahl von Fadenstücken bzw. Windungen angegeben." Für weitere Einzelheiten siehe den Text. ▶
r „Zur Erläuterung der Ansicht einer Figur mit schrägliegender Teilungsachse, etwa wie Fig. 37, 38, Taf. IIIa (Abb. 2.7-4), wie sie sehr häufig sind." *s* „Ebenso, mit geraden Strahlen. Man denke sich beide Figuren von oben gesehen." Aus Flemming (1882) Taf. VIII, Fig. 1

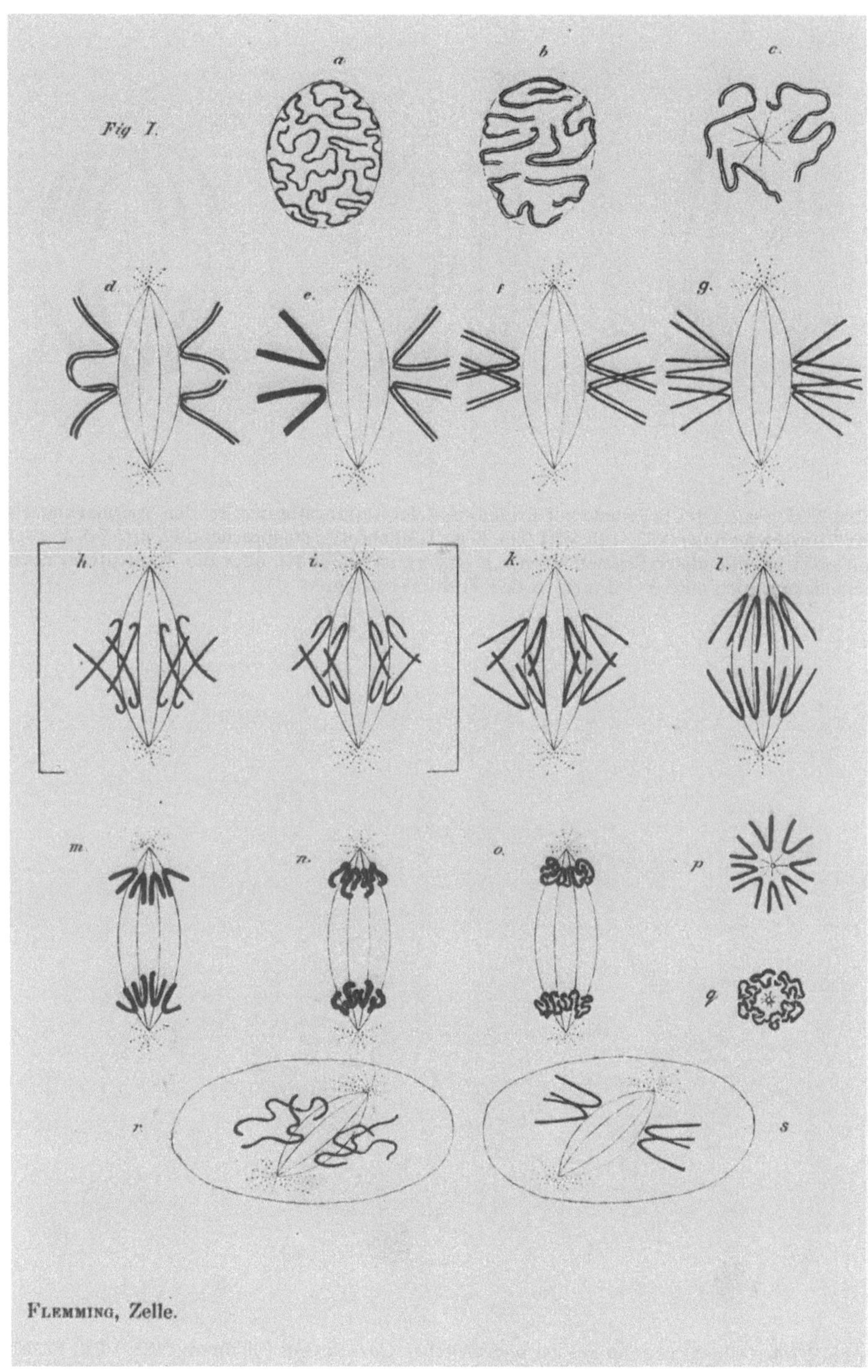

Fig. 1.

FLEMMING, Zelle.

Abb. 2.7-7 a–c. „Drei Schemata zur Erläuterung der Teilungsfiguren bei den Spermakeimzellen." Aus Flemming (1882) Taf. VIII, Fig. 2. **a** „Tonnenform, entsprechend *Figur 2.7-6, k,* aber mit noch unvollendeter Segmentierung; **b** letztere ist vollendet, aber die Tonnenform noch beibehalten; **c** definitive Ordnung zu den Tochterkernfiguren"

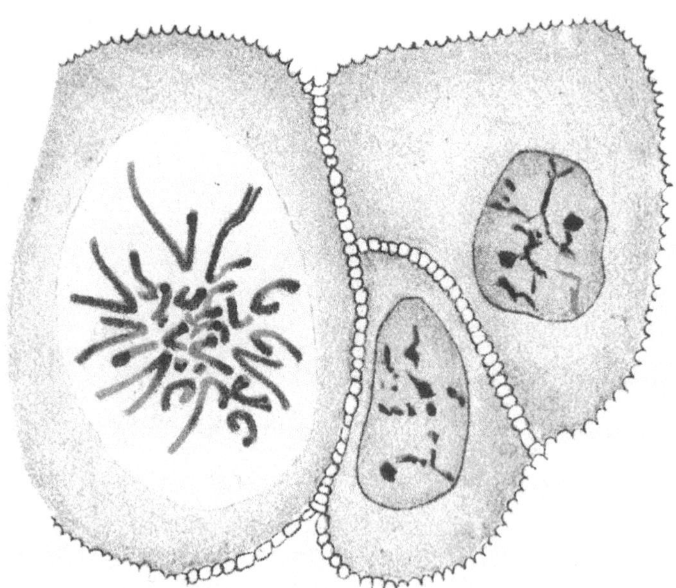

Abb. 2.7-8. Teilungsstadium aus der menschlichen Cornea. Aus Flemming (1882) Taf. IV, Fig. 71, Chromsäure-Safranin (Vergrößerung, 1,9 ×)

teilung dieser Segmente auf die beiden Tochterkerne mit Hilfe des Spindelapparates führte zu einer quantitativ gleichmäßigen Aufteilung der chromatischen Substanz auf die Tochterzellen. Völlig unklar war, ob die Bruchstellen im Knäuel nur an bestimmten oder an beliebigen Stellen auftreten können, aber wenigstens waren die Chromosomen nicht mehr bloße Verdickungen des Spindelapparates wie noch bei Bütschli oder Oscar Hertwig. Sie bekamen in Flemmings Konzept eine erste, wenn auch vergleichsweise noch sehr bescheidene Eigenständigkeit zugesprochen.

Warum aber die Natur diese aufwendige Art einer indirekten Kernteilung und nicht eine direkte Kernteilung nach dem simplen Schema von Remak durchführte, darauf hatte Flemming keine Antwort. Für einen leidenschaftlichen Datensammler bot der Stand der Beobachtungen auch wenig Anlaß für eine weitreichende Hypothese. Aber solche kühnen und aus der Sicht der Datensammler immer etwas anrüchigen und vorzeitigen Spekulationen sind für das Wachstum wissenschaftlicher Erkenntnis ebenso wichtig wie die Beobachtungen selbst.[19] Sie legen die Richtung der weiteren Forschung fest und führen, falls sie sich bewähren, zu einer rascheren Annäherung an die Wahrheit.[20] Flemming besaß keine Theorie über die funktionelle Bedeutung der indirekten Kernteilung und gerade dieser Mangel führte ihn bei aller seiner Vorsicht in theoretischen Dingen immer wieder auf Abwege[21] bei der Interpretation seiner Beobachtungen. Der Theoretiker, der mit Flemmings Befunden etwas anzufangen wußte und Flemmings Schema dabei entscheidend korrigierte, war Wilhelm Roux. Rouxs oben bereits genannte, kurze Arbeit aus dem Jahr 1883 ist ein klassisches Beispiel dafür, wie eine unerhört tragfähige Theorie auf dem Boden einiger weniger Befunde entstehen kann. Es war die Anwendung von Darwins Evolutionstheorie auf ein Problem der Zellbiologie, die Rouxs Denkansatz außerordentlich fruchtbar gemacht hat. Hören wir Roux zu. „Wir wünschen nun zu erfahren, wozu dieses ganze weitläufige Formenspiel da ist, welchen Nutzen es für den Endzweck der Teilung des einfachen Kernes in zwei Hälften hat. Da hier ein elementarer Vorgang vorliegt, welchen fast alle Zellen bei ihrer Teilung durchmachen, welcher aber Zeit und Kraft erfordert, so muß er einen sehr evidenten Nutzen haben, um überhaupt durch allmähliche Züchtung entstanden und erhalten worden zu sein. Er muß also in viel höherem Maße den biologischen Bedürfnissen entsprechen, als der Zeit und Kraft sparende Vorgang der direkten Halbierung des Kernes durch Ein- und Abschnürung in der Mitte desselben. Im Fall der Zweck der Kernteilung bloß eine einfache Halbierung der Masse des Kerns und die räumliche Trennung beider Hälften voneinander wäre, so erhellt, daß der Vorgang der indirekten Kernteilung einen enormen Umweg für dieses nahe Ziel darstellte, daß er also durchaus unzweckmäßig wäre. Anders wird das Urteil, wenn das Ziel der Kernteilung nicht bloß eine beliebige Halbierung der Kernmasse, sondern eine bestimmte Sonderung auch der Qualitäten, welche diese Masse zusammensetzen, ist."[22] Unter dieser Voraussetzung, so folgert Roux weiter, führt eine Halbierung der Kernmasse durch Teilung in der Mitte bloß dann zum Ziel, „wenn unter übrigens günstigen Umständen von jeder Qualität so viel Substanz vorhanden ist, daß sie gleichmäßig in der ganzen übrigen Substanz verteilt werden kann ... Ist aber von jeder Substanz nur so wenig vorhanden, daß sie höchstens selber nur in eine ganz geringe Anzahl gleichartiger Teile teilbar ist, oder wird eine beliebige Vermischung der Qualitäten nicht ohne Alteration derselben vertragen, so wird das Problem der Halbierung der ganzen Masse unter Halbierung der Masse auch jeder einzelnen Qualität ein schwieriges".[23] Roux zeigt nun, daß der ganze komplizierte Mechanismus der Kernteilung verständlich wird, wenn man zwei Hypothesen annimmt:

a) „Die Kernteilungsfiguren sind Mechanismen, welche es ermöglichen, den Kern nicht bloß seiner Masse, sondern auch der Masse und Beschaffenheit seiner einzelnen Qualitäten nach zu teilen."[24]

b) „Die zweite Hypothese, auf welcher unsere ganze Erklärung beruht und mit welcher sie steht und fällt, ist die ungemeine Mannigfaltigkeit des Kernes an Qualitäten".[25] („Hypothese von der komplizierten Zusammensetzung des Chromatins").[26]

Den rein morphologisch denkenden Cytologen der damaligen Zeit mußte diese Vorstellung mehr als kühn vorkommen,[27] denn das Chromatin, „welches gerade der Hauptgegenstand der feinsten Teilung ist", erschien ihnen doch als „vollkommen homogen".[28] Auf diesen Einwand antwortete Roux, „Die scheinbare Homogenität der ganzen Chromatinmasse wird denjenigen nicht täuschen, der sich vergegenwärtigt, daß wir das Molekulargeschehen der Zelle nur wie eine große Fabrik aus einem in den höchsten Regionen schwebenden Luftballon betrachten".[29] Er nennt die „anerkannten minimalen Vorgänge des Lebens", nämlich Assimilation, Dissimilation, Ausscheidung, Reflexbewegung, Selbstregulation in allen Vorgängen und die Fähigkeit der Gestaltung aus chemischen Prozessen, und schließt „Es muß aus den komplizierten Verrichtungen des scheinbar homogenen organischen Substrates mit Sicherheit eine komplizierte Struktur gefolgert werden. Der Umstand, daß für die Kernteilung so komplizierte Einrichtungen zur qualitativen Teilung getroffen sind, welche für den Zelleib fehlen, läßt dann rückwärts schließen, daß der Zelleib in viel höherem Maße durch Wiederholung gleichbeschaffener Teile gebildet wird als der Kern."[29]

Sah man also im Chromatin ein Gemenge von Körnern unterschiedlicher Qualität, dann würde die Aufteilung nach Roux so vor sich gehen müssen, daß jedes Korn in zwei Hälften zerlegt und die getrennten „Halbierungskörner" in entgegengesetzte Richtungen transportiert werden. Das könnte dadurch erreicht werden, „daß jedes noch ungeteilte Korn schon an zwei von den beiden künftigen Anordnungszentren ausgehende Fäden gelegt ist, so daß auch nach der Teilung sofort jedes Halbierungskorn an einen Faden gelegt ist, an welchem es sicher seinem Ziele zugeführt werden kann, unbeirrt, ob lebhafte Bewegungen in der Umgebung die Teile gegeneinander verschieben, wenn nur die Leitfäden selber nicht zerrissen und nicht von ihrem Zentrum losgelöst werden".[30] Allerdings ergeben sich bei dieser Verteilungsweise der hypothetisch angenommenen Halbierungskörner Schwierigkeiten, „wenn die Zahl der zu halbierenden Mutterkörner eine sehr große ist, wenn sie selber aber sehr klein sind".[30] Auch diese Schwierigkeit, so dachte Roux seinen Gedankengang weiter, waren aber lösbar, dadurch daß eine „Aufreihung der Mutterkörner zu Fäden" besteht und „der Mutterfaden sich durch ... Teilung unter Erhaltung der Anordnung der Länge nach in zwei Tochterfäden spaltet. In diesem Falle bedarf zu dem Hinführen der Tochterteile gegen das neue Zentrum statt jedes einzelnen Kornes jetzt bloß noch jeder einzelne, aus hunderten oder tausenden von Körnern gebildete Tochterfaden eines Leitfadens."[31] Damit sind wir beim erstaunlichsten Teil von Roux's „hypothetischer Erörterung" angelangt, denn Roux machte nun als Konsequenz seiner Theorie eine Voraussage, die im glatten Widerspruch zu Flemmings Schema der indirekten Kernteilung stand. „Wenn diese Bedeutung der Massenteilung richtig ist, dann muß die Beobachtung erweisen, daß normalerweise nie demselben Mutterfaden entstammende Tochterfäden auf dieselbe Seite kommen, sondern daß sie stets auf beide Seiten verteilt werden, denn ohne dies würde das, was nach unserer Meinung der Zweck der ersten, der Molekularteilung ist, wieder aufgehoben und diese selber demnach überflüssig werden."[32] Zu seiner Rechtfertigung verwies Roux auf einige Beobachtungen Strasburgers in dieser Richtung und auf eine Vermutung Flemmings.[32] Flemmings theoretische Erörterungen aber waren wenig er-

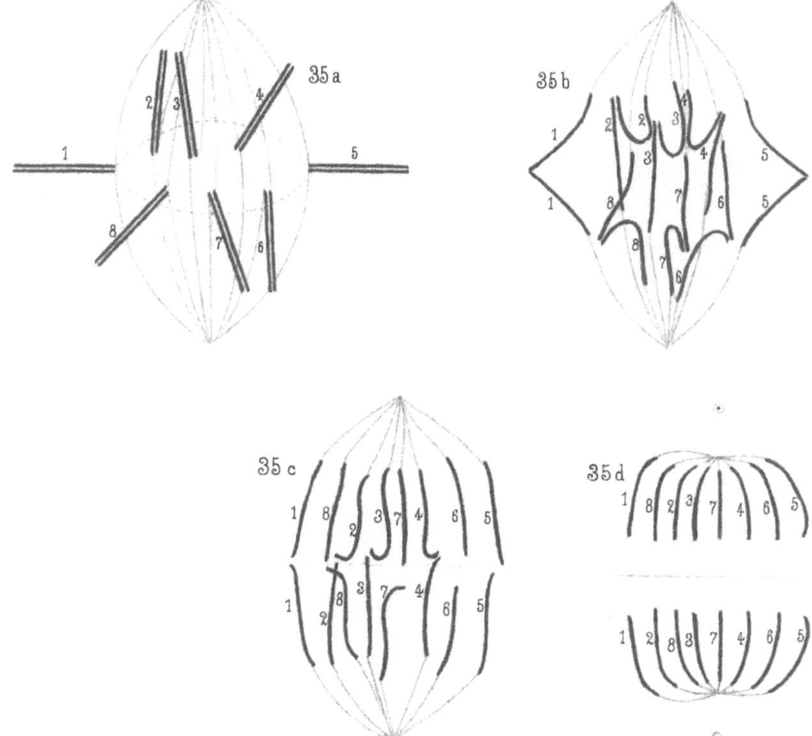

Abb. 2.7-9. Aus Heuser (1884) Taf. II, Fig. 35. „Schematische Darstellungen der Spaltung und Umordnung der Strahlen. Die Zahlen beziehen sich auf die rechts von ihnen befindlichen Strahlen." Mit „Strahlen" bezeichnet Heuser die Chromosomen. Man beachte, daß die beiden Spalthälften der Chromosomen bei Heuser (1884) im Gegensatz zu den Darstellungen Flemmings (1882), Abb. 2.7-6,7 auf verschiedene Tochterkerne verteilt werden

giebiger Art. Er sah offenbar gar keine unlösbaren Widersprüche, vermutlich weil er die einzelnen Elemente verschiedener Theoriengebäude mehr oder wenig isoliert betrachtete. Roux's aus der Theorie abgeleitete Vorhersage fand bald, unabhängig voneinander und wohl auch unabhängig von Roux's Arbeit in den Arbeiten von Guignard[33], Heuser[34] und van Beneden[35], ihre Bestätigung (Abb. 2.7–9). Seine hypothetische Erörterung über die Bedeutung der Kernteilungsfiguren ist ein Glanzstück der theoretischen Biologie.

2.8 Zweiter Exkurs[1]: Zur Rolle von Wissenschaftssprache und esoterischen Objekten beim Wachstum wissenschaftlicher Erkenntnis

Der Eine: ,,Wissenschaftssprache ist esoterisch, also nur für Eingeweihte verständlich. Aber für diese Eingeweihten beschreibt sie tatsächliche Zusammenhänge der objektiven Welt in einer bewundernswerten Klarheit. Das unterscheidet sie von Morgensterns Silbenspielereien".

Der Andere: ,,Welche Fachzeitschriften lesen Sie? Kennen Sie keine Wissenschaftler, die hinter einer neunmalklugen Sprache die Banalität ihrer Gedankenwelt verbergen? Andererseits finde ich Morgensterns Gedankenwelt keineswegs banal, schon gar nicht die Welt seiner Galgenlieder. Da wäre zunächst zu fragen, was Morgenstern in diesen Liedern zu sagen hat und warum er es vielleicht nur in dieser Sprache sagen kann."

Der Eine: ,,Ich gebe zu, kein Fachmann von Morgensterns Lyrik zu sein. Ich wollte eigentlich nur auf einen mir offensichtlich erscheinenden Unterschied hinweisen zwischen der um Objektivität ringenden Sprache der Wissenschaftler und der Sprache eines Dichters, der uns subjektive Empfindungen mitteilen möchte. Sicherlich stimmen Sie mir zu, daß der Mißbrauch der Wissenschaftssprache, von dem Sie eben gesprochen haben, nichts gegen ihren großartigen Wert als Mittel unserer Verständigung über die Struktur der objektiven Welt sagt?"

Der Andere: ,,Ich stimme Ihnen zu. Aber bedenken Sie auch, daß sich im lebendigen Entwicklungsgang einer Wissenschaft der Sinn von Worten ständig verändert. So bewundernswert klar, wie wir manchmal meinen, ist auch die Wissenschaftssprache nicht. Wir müssen uns immer wieder neu über den Sinn von Worten und ihrer Verknüpfung zu Sätzen verständigen. Ohne diese Verständigung bleibt die Wissenschaftssprache für uns ebenso unverständlich wie ,,Das große Lalula" von Christian Morgenstern."

Fachsprachen markieren Verständigungsgrenzen[1] in ebenso ausgeprägter Weise wie Landessprachen. Wer nicht französisch spricht, wird sich nicht wundern, wenn er einer französisch geführten Unterhaltung nicht folgen kann. Er benötigt einen Dolmetscher. Von ihm wird schlicht erwartet, daß er den Sachverhalt präzise übersetzt. Was macht aber ein Dolmetscher, der beispielsweise eine Unterhaltung von Eskimos über Schneeverhältnisse, sagen wir ins Kikam-

ba, die Stammessprache der Kamba in Kenia übertragen soll: Ihm fehlen die
Worte. Schnee heißt in Kikamba „umbalavu" und das ist ein aus dem Suaheli
entlehntes Fremdwort. Damit hat es sich. Er muß sich also mit Umschreibungen helfen und die werden einem Akamba, also einem Angehörigen des Stammes der Kamba, dem Schnee niemals etwas bedeutet hat, wenig nutzen. Eine
äußerst differenzierte Sprache über alles, was mit Schnee zu tun hat, ist für Eskimos lebensnotwendig, nicht für Akamba. Deren Sprache wiederum ist reich
an Ausdrücken über Rinderzucht, die in der Eskimosprache fehlen. Kurz,
Sprachen unterscheiden sich nicht einfach dadurch, daß für die gleichen Objekte und Sachverhalte verschiedene Worte benutzt werden; sie sind Spiegel
der Lebensgeschichte eines Volkes.

Auch Wissenschaftler sind in einem gewissen Sinne Eskimos, und Laien
sind für sie Akambas. Statt über Schneeverhältnisse sprechen sie in einer
ebenso differenziert entwickelten Fachsprache, falls sie beispielsweise Cytogenetiker sind, über Chromosomen und Gene, Mitose und Meiose und ihre Bedeutung in der modernen Vererbungstheorie. Einem Laien wird es dabei oft so
gehen, wie einem Akamba, der der Unterhaltung von Eskimos über Schneeverhältnisse zuhört, selbst dann, wenn man sich bemüht, die Sache zu dolmet-
schen. Er kramt in den Resten seiner Schulbildung, hat da und dort etwas in
Zeitungen und Zeitschriften gelesen, vielleicht auch einige Abbildungen gesehen, aber, wenn er ehrlich ist, ist ihm das Ganze doch fremd.

Ohne Fachsprache ist aber eine ausreichend genaue Mitteilung von wissenschaftlichen Sachverhalten nicht möglich. Die Entwicklung der Cytogenetik
war unvermeidlich mit der Entwicklung einer Fachsprache verbunden, schon
deshalb, weil für das Neue, was es zu sagen gab, zunächst die Worte fehlten.
Ohne Fachsprache können sich Wissenschaftler über ihr Fachgebiet ebensowenig verständigen wie Eskimos über Schneeverhältnisse. Die „Mikroskopischen
Untersuchungen" Schwanns von 1839 enthielten noch vergleichsweise wenig
Fachsprache über die Zellen. Schwann war ein sanfter wissenschaftlicher Re-
volutionär. Es gab noch keine Fachgruppe der Zellbiologen, und schon deshalb mußte er, um Wissenschaftler, die in anderen Rastern zu denken gewohnt
waren, von seiner Zelltheorie zu überzeugen, eine verständliche Sprache benutzen. Dabei durfte er ohne besondere Erläuterung nur solche Fachausdrücke
verwenden, die den Botanikern und Zoologen seiner Zeit geläufig waren. Gerade diese Ausdrücke, die der disziplinären Matrix einer vergangenen wissenschaftlichen Epoche der Biologie angehören, führen übrigens bei heutigen
Zellbiologen zu Verständnisschwierigkeiten. Soweit Schwann aber neue zelluläre Begriffe verwendete, mußte er sie ausführlich definieren und begründen.
Als Walter Flemming 1882 sein Buch über „Zellsubstanz —, Kern und Zellteilung" veröffentlichte, hatte sich diese Situation bereits entscheidend verändert:
Eine neue Fachsprache der Zytologen hatte sich zwischen 1840 und 1880 entwickelt. Die Sprache wurde zunehmend esoterisch und man legte auf Allge-
meinverständlichkeit auch zunehmend weniger Wert.

Worte wie Protoplasma, Paraplasma, Interfilarmasse, Plastis, Mitom, Para-
mitom, Cytoplasma, Karyoplasma, Karyomitom, Cytomitom, Nucleohyalo-
plasma, Nucleomikrosomen, Achromatin, Chromatin, Karyokinesis usw. gingen
den Zytologen der achtziger Jahre des vorigen Jahrhunderts flüssig von den

Lippen. Jedes Wort stand als Chiffre für bestimmte experimentelle Ergebnisse und Theorien. Diese Chiffren waren auf ein Wort gebrachte Zusammenfassungen, nur dem Eingeweihten verständlich. Heutigen Zellbiologen wird auffallen, daß sie mit einigen Worten etwas anfangen können, mit anderen nicht. Mit der Weiterentwicklung der Zellbiologie hat sich auch ihre Fachsprache weiterentwickelt. Worte kamen aus der Mode, neue wurden eingeführt. Aber auch dort, wo die Begriffe gleichgeblieben sind, hat sich der mit dem Begriff verbundene wissenschaftliche Gehalt meistens fundamental verändert. Chromatin beispielsweise war für Flemming zunächst nichts weiter als „färbbare Substanz des Kerns", während die heutigen Genetiker mit dieser Chiffre ein weites Feld biochemischer und funktioneller Eigenschaften im Rahmen der Chromosomentheorie der Vererbung verbinden. Wissenschaftliche Revolutionen gehen auch mit einem tiefgreifenden Bedeutungswechsel von Chiffren in der Wissenschaftssprache einher. Aber Chiffren verändern sich nicht nur mit der Zeit, ihre Bedeutung erscheint auch zu einer bestimmten Zeit in der Regel nicht völlig klar festgelegt. Flemming beispielsweise klagte, „Die Verwendung des Wortes Protoplasma ist heutzutage eine so unbestimmte und schrankenlose geworden, daß man sich mit Recht fragen kann, ob durch seinen jetzigen Gebrauch wirklich Nutzen und nicht viel mehr Verwirrung gestiftet wird? Für die einen bedeutet Protoplasma überhaupt jede lebende und wirkende Substanz, also auch die ganze Substanz der Zelle, einschließlich des Kerns, abzüglich der Membran, wo es eine gibt. Für die anderen bedeutet es die Substanz der Zelle, abzüglich der Membran und des Kerns. Für wieder andere gilt der Name Protoplasma nicht mehr für die Substanz solcher Zellen, die irgendwelche spezifische Beschaffenheit bekommen haben, wobei es offenbar äußerst schwer bleibt, die Grenze zu bestimmen, mit der man dies anfangen lassen will."[2] Wenn man unter Protoplasma ,lebende und wirkende Substanz' verstehen will, was ist dann eigentlich ,lebend' und ,wirkend'? Kann man diese Eigenschaften nur der Zelle insgesamt oder kann man sie auch einzelnen ihrer Bestandteile zuschreiben? Niemand wußte das so genau und darum konnte auch niemand mit Bestimmtheit sagen, was Protoplasma ist.

Die Schwierigkeiten, die wir am Beispiel des Protoplasma kennengelernt haben, lassen sich auch für viele andere Beispiele aufzeigen. Begriffsunschärfen dokumentieren die Schwierigkeiten wahrer Erkenntnis. Würde der Verzicht auf Chiffren die Sache besser machen? Sicherlich nicht: Eine Chiffre wie Protoplasma verhalf dazu, die Diskussionen um die Begriffe „lebendig" und „wirkend" in einer naturwissenschaftlich sinnvollen Weise zuzuspitzen. Wer den Zellkern nicht zum Protoplasma zählte, machte damit eine Aussage, die zu einer experimentellen Prüfung reizte: Was passiert, wenn man die Zelle in ein kernhaltiges und kernloses Fragment zerteilt? Würde der Zellkern für das Leben und Wirken der Zelle nicht benötigt, dann wäre kein Unterschied im Verhalten des kernhaltigen und kernlosen Zellfragments zu erwarten. In Kapitel 2.10 werden wir solche Experimente kennenlernen.

Die Chiffren einer Wissenschaftssprache sind also mehr als simple Definitionen, die sich brav auswendig lernen lassen und ein für alle mal festliegen. Das zeigt sich exemplarisch, wenn gute Wissenschaftler unvorbereitet aufgefordert werden, Begriffe wie — sagen wir beispielsweise, um eine Chiffre der modernen Cytogenetik zu nennen — Heterochromatin exakt zu definieren. Eine Konferenz von Fachleuten kann in leichte Verwirrung geraten, wenn ein Teilnehmer — nachdem der Begriff bereits stundenlang wie selbstverständlich benutzt worden ist — scheinheilig nachfragt, was denn nun Heterochromatin „eigentlich" sei. Was Heterochromatin eigentlich ist, läßt sich heute ex cathedra ebensowenig endgültig beantworten, wie damals die Frage, was eigentlich Protoplasma ist. Chiffren werden zu einem Zeitpunkt in die Wissenschaftssprache eingeführt, zu dem noch längst nicht klar ist, was sie „eigentlich" bedeuten sollen. Wenn wir die Suche nach Wahrheit in der Wissenschaft in einem etwas gewagten Vergleich mit Goldgräberei vergleichen, dann steckt die Chiffre ein Gebiet ab, in dem Gold vermutet wird. Worte wie das 1888 von Waldeyer eingeführte Chromosom oder das 1909 von Johannsen eingeführte Gen erwiesen sich als Chiffren in diesem Sinne.

Wenn das so ist, wie lernt ein Anfänger dann die Chiffren einer Wissenschaftssprache kennen? Ich meine, in einer experimentellen Wissenschaft wie der Cytogenetik erlernt er ihren Gebrauch am besten an Hand von Musterbeispielen. Erst durch das Paradigma wird die Chiffre lebendig. Diesen sehr theoretisch klingenden Satz wollen wir im folgenden an einem Beispiel aus einem ganz anderen Bereich verdeutlichen, dessen Wirklichkeitsnähe vielleicht hilfreich ist.

> Backe, backe Kuchen!
> Der Bäcker hat gerufen!
> Wer will guten Kuchen backen,
> Der muß haben sieben Sachen,
> Eier und Schmalz,
> Zucker und Salz,
> Milch und Mehl,
> Safran macht den Kuchen gehl.
> Schieb, schieb in Ofen rein,
> Bald wird er gebacken sein.

Das genannte Textbeispiel behandelt in knappster Form Material und Methoden des Kuchenbackens. So wie er abgefaßt ist, ist der Text nur Eingeweihten zugänglich, kurz, er ist esoterisch. Für Menschen eines anderen Kulturkreises, die noch nie an einem Musterbeispiel erlebt haben, wie ein „Kuchen" entsteht, ist es offenbar unmöglich, einen „Kuchen" allein nach diesen Angaben zu backen. Was beispielsweise ist „Safran" und wie muß man es verwenden, damit der Kuchen gelb wird? Die Gestalt des Kuchens ist mehr als „Eier und Schmalz, Zucker und Salz, Milch und Mehl" in erhitzter Form. Um Kuchen nach dem Kochbuch backen zu können, muß man darum die Begriffe der Küchensprache theoretisch und praktisch beherrschen. Das lernt man am besten anhand von Musterbeispielen. Das Kind lernt „Backe, backe, Kuchen", während es helfen darf, einen Kuchen zu backen.

In der Wissenschaft geht es ähnlich zu. Auch hier ist der Abschnitt Material und Methoden in einer wissenschaftlichen Publikation nur Menschen verständlich, die die Fachsprache theoretisch und praktisch beherrschen. Das geschieht am besten so, daß man einige Zeit in einem Labor mitarbeitet wie das Kind in der Küche. Man kann die Fachsprache einer experimentellen Wissenschaft zwar anhand eines Lehrbuches erlernen, wirklich begreifen wird man sie aber erst anhand praktisch durchgeführter Musterbeispiele. Wenn man so eingeweiht worden ist, werden schließlich ähnlich dürftige Methodenbeschreibungen, wie wir sie eben über das Kuchenbacken kennengelernt haben, als völlig ausreichend empfunden. Vielleicht wird man hier anmerken wollen, die Durchführung wissenschaftlicher Experimente sei doch unvergleichlich viel komplizierter als Kuchenbacken. Aber erstens sind viele experimentelle Abläufe, ich möchte sagen glücklicherweise, eher einfacher und zweitens ist die hohe Kunst der Küche, was Konzentration beim Arbeiten, Geschicklichkeit und Koordination von Zeitabläufen angeht, mit schwierigen Experimenten durchaus vergleichbar. Wer die Welt von Rottenhöfers Kochbuch auf dem Tisch erstehen lassen will, darf nicht weniger geschickt sein als ein guter Biochemiker. Zwar kann das für die Durchführung eines Experimentes benötigte wissenschaftliche Instrumentarium wesentlich teurer und komplizierter sein als die Ausrüstung einer Küche, aber in den meisten Fällen bedeuten auch heute Geschicklichkeit und Fleiß des Experimentators alles für das Gelingen eines Versuches.

Die für den Nichteingeweihten unvermeidlich unverständliche Fachsprache mag zu dem Vorurteil verleiten, Wissenschaft spiele sich grundsätzlich in Sphären ab, die für einen Laien nicht mehr zugänglich sind, bei einem Wissenschaftler sei zwingend ein besonders hohes Maß an kreativer Begabung vonnöten. Ein großer Teil der Wissenschaft besteht aber einfach darin, vorgegebene Fragestellungen zu bearbeiten und dabei ein Arsenal von erprobten Methoden einzusetzen. Dazu wird nicht mehr (aber auch nicht weniger) schöpferische Phantasie benötigt, als sie einem Musiker zur Verfügung stehen sollte, der ein Stück von Mozart vom Blatt spielt. Die großen schöpferischen Gestalten der Wissenschaftsgeschichte sind Menschen, die ein neues Paradigma, eine neue disziplinäre Matrix, kurz einen neuen eigenständigen Zweig am Baum wissenschaftlicher Erkenntnis hervorgebracht haben. Sie geben die Noten vor, nach denen wir anderen das Spiel der normalen Wissenschaft betreiben. Die Entwicklung der Kochkunst und die Fähigkeit, anhand von Rezepten schmackhafte Gerichte herzustellen, beschreiben zwei Dimensionen, die es auch in der Wissenschaft zu unterscheiden gilt.

Wir sind, sofern wir einigermaßen bescheiden strukturiert sind, geneigt, Unverständlichkeit der Sprache bei einem anderen bis zum Beweis des Gegenteils für ein Zeichen von besonders hoher Komplexität der darin ausgesagten Inhalte zu halten. Diese Bescheidenheit wird denn auch gern ausgenutzt, wenn es darum geht, geistiger Dürftigkeit ein blendendes Gewand anzuziehen. Dagegen gibt es ein Mittel, das wir uns leider im Laufe der Kindheit abzugewöhnen pflegen: Fragen. Das Kind fragt unbefangen, weil es noch gar nicht auf die Idee kommt, man könne sich durch Fragen bloßstellen. Wäre auch einem Erwachsenen diese Idee noch fremd, nicht nur wissenschaftliche Kongresse, die Welt würde anders aussehen.

Esoterische Objekte

Ein Unterschied zwischen Kuchenbacken und, sagen wir, Pferdespulwürmer untersuchen ist offensichtlich. Eine Sachertorte ist als Resultat vorzeigbar und ihr Sinn leuchtet beim Verzehr unmittelbar ein, beim Pferdespulwurm ist das nicht der Fall. Wissenschaftler haben nicht nur eine esoterische Sprache und esoterische Methoden, die haben die Zuckerbäcker auch, sondern sie bearbeiten auch oft im Sinne des breiten Publikums höchst esoterische Objekte. Nur aus dem genauen Verständnis der leitenden Paradigmata eines Faches wird die Bedeutung eines Untersuchungsobjektes für eine Gruppe von Wissenschaftlern verständlich. In den folgenden Kapiteln werden wir verstehen lernen, warum zwei Objekte wie der Pferdespulwurm und die Fruchtfliege für die Entwicklung der Chromosomentheorie der Vererbung eine so unerhört große Bedeutung gewonnen haben. An dieser Stelle möchte ich nur eine Bemerkung vorausschicken. Die Untersuchungsobjekte einer Wissenschaft werden nicht nach dem Gesichtspunkt besonderer Ausgefallenheit ausgesucht, sondern allein danach, ob sie zur Untersuchung einer bestimmten Frage geeigneter erscheinen als andere Objekte. Ihr esoterischer Charakter bedeutet also gerade nicht, daß diesen Objekten etwas Unbegreifliches oder gar Mystisches anhaftet, das die intellektuellen Möglichkeiten eines gewöhnlichen Sterblichen weit überschreitet. Dieser Charakter ergibt sich einfach daraus, daß die Objektwahl von der disziplinären Matrix und den Paradigmata eines Faches bestimmt wird. Solche Objekte können, wenn die Untersuchungsergebnisse nicht mit den Erwartungen übereinstimmen, Krisen auslösen, als deren Resultat sich die disziplinäre Matrix der Gruppe grundlegend ändert. Ein neues Paradigma ist entstanden. Unvermeidlich aber war die Wahl des Objekts, das Anlaß zum Paradigmawechsel gegeben hat, noch von den Gesichtspunkten der alten disziplinären Matrix mitbestimmt. In vielen Fällen wird es also nach einer wissenschaftlichen Revolution nötig werden, neue Objekte zu finden, die unter dem Gesichtspunkt des neuen Paradigmas geeigneter sind. Das Seeigelei beispielsweise hatte sich hervorragend bewährt, solange es darum ging, anstelle der alten Befruchtungstheorien das neue Paradigma von der Vereinigung von Eikern und Spermakern zu setzen. Es war aber ungeeignet, um die Rolle zu erkennen, geschweige denn zu analysieren, die die Chromosomen bei diesem Prozeß spielen. Oskar Hertwig hatte nur eine unbestimmte Zahl von „Körnchen" festgestellt, die er für Verdickungen des Spindelapparats hielt und vom Nucleolus ableitete. Erst als geeignetere Untersuchungsobjekte, darunter der Pferdespulwurm unter seinem adeligen Namen *Ascaris megalocephala* in die Dienste der Zell- und Vererbungsforschung traten, wurde das anders.

2.9 Kontinuität oder Auflösung der Chromosomen in der Interphase? Das Paradigma der Chromosomenindividualität

Wenn wir von Chromosomen sprechen, dann meinen wir damit in der Regel die Mitosechromosomen. Im Interphasekern sieht man, von einigen Sonderfällen abgesehen, die Chromosomen nicht. Damit sind wir beim Punkt, um den es sich im Folgenden handelt: Wir benötigen eine Theorie, die uns sagt, was mit den Chromosomen, ihrer Struktur und ihrer Anordnung während der Interphase passiert. Existieren Chromosomen im Interphasekern überhaupt, oder lösen sie sich während jeder Interphase auf? Ist jedes Chromosom ein Individuum mit einer bestimmten genetischen Zusammensetzung, oder bilden sich die Chromosomen bei jeder Mitose aus den Bestandteilen des Kerns in beliebiger Weise neu? Die Antwort ist für uns heute selbstverständlich. Sie war es lange Zeit nicht. Was wir heute selbstverständlich nennen, ist mit den Worten Theodor Boveris „nichts anderes als die Erscheinung, daß uns ein Faktum so geläufig geworden ist, daß wir im gewöhnlichen Leben nicht mehr darüber nachdenken".[1] In diesem Kapitel wollen wir uns mit der Entdeckung der Interphasechromosomen und der Individualitätstheorie der Chromosomen beschäftigen. Boveri bezeichnete diese Theorie als den „Versuch, in dem ruhenden Kern etwas, was man nicht darin sieht, als doch darin vorhanden zu erweisen".[2]

Wie stand es vor 100 Jahren mit dem Wissen um den Zellkern und seine Struktur? Flemming (1882) unterschied ein Kerngerüst (Netzwerk), die Nucleolen, den Kernsaft und die Kernmembran. „Das Gerüst verdankt sein Lichtbrechungsvermögen, die Art seiner Reaktion und insbesondere eine bedeutende Färbbarkeit einer Substanz, die ich mit Rücksicht auf die Letztere vorläufig Chromatin genannt habe. Es ist möglich, daß diese Substanz geradezu identisch ist mit Nucleinkörpern ... Ich behalte den Namen Chromatin so lange bei, bis der Entscheid hierüber durch die Chemie gegeben wird, und bezeichne mit ihm ganz empirisch die Substanz im Zellkern, die bei Kerntinktionen die Farbe aufnimmt".[3] Flemming sah also Strukturen im Kern. Aber was bedeuteten sie und in welchem Zusammenhang standen sie mit den Chromosomen der sich teilenden Zelle? Flemming bezweifelte, „daß das Chromatin identisch sein soll mit dem Gerüst des Kerns und der Nucleolen."[4] Chromatin war für ihn „mehr ein chemischer als ein morphologischer Begriff"[5], und es erschien ihm „ganz möglich, daß chromatische Substanz in irgendeiner diffusen, gelösten, aufgequollenen Form im Kernsaft verteilt sein könnte, wenn auch die Hauptmasse immer in den geformten Teilen des Kerns steckt und bei einigen Kernformen ganz darin angehäuft ist".[6] Die Prophase (Knäuelform der Teilung), so nahm Flemming weiter an, „läßt sich aus der Struktur des ruhenden Kerns nicht wohl anders ableiten als durch die Annahme, daß das unregelmäßige Bälkchengerüst des Ruhezustandes allmählich sich zu einem Fadengeflecht von gleicher Dicke, gleichmäßigen Windungen, gleichmäßigem Windungsabstand umformt".[7] (Abb. 2.7-4, Fig. 31b, 32). Nahm Flemming also eine Kontinuität der Chromosomen im Interphasekern an, bei der jedes Chromosom einen Teil des Bälkchengerüsts bildet? Flemming (1882) referierte alle ihm zugänglichen Meinungen der zeitgenössischen Autoren. Das Gerüst, so nahm er an, war zusammengesetzt aus Chromatin und achromatischen Substanzen und er vermutete, daß „das Chromatin, evtl. in Form der Pfitznerschen Körnerchen[8] (in eine achromatische Grundmasse) eingelagert ist".[7] Dementsprechend vermutete er, daß das Chromatin beim Eintritt in die Mitose „in den Knäuelfäden verdichtet angehäuft wird und achromatische Substanz davon trennt". Diese achromatische Substanz sollte dann die Kernspindel bilden. Die Vorstellung einer „feinen Fadenstruktur" im ruhenden Zellkern bei Flemming[8] und anderen zeitgenössischen Zytologen wie Pfitzner,[9] Klein,[10] Retzius[11] und Strasburger[12] bedeutete also nicht ohne Weiteres, daß diese Fadenstruktur identisch war mit dem — wie Flemming glaubte — zusammenhängenden Faden am Beginn der Mitose. Und selbst wenn man — nach dem Geschmack von Flemming wohl etwas allzu simpel — die hypothetische feine Fadenstruktur im Interphasekern mit dem Faden am Beginn der Prophase gleichsetzte, eines schien jedenfalls klar: Die Chromosomen bildeten sich erst während der Mitose durch Querteilung dieses Fadens. Mit anderen Worten: Im Interphasekern gab es vielleicht irgendwelche Strukturen, Körper, Fäden usw., die irgendetwas mit den Chromosomen zu tun hatten, aber jedenfalls gab es da keine Chromosomen. Diese Gebilde lösten sich wohl bei der Bildung des Interphasekerns mehr oder weniger vollständig auf. Diese Vorstellungen über den Interphasekern führten zu einer Blickverengung, die weitreichende Folgen hatte, wie wir gleich sehen werden. 1881 beobachtete Balbiani in den Speicheldrüsenkernen von Chironomuslarven, daß die chromatische Substanz hier in Form eines relativ dicken Fadens mit deutlicher Querschichtung vorkommt (Abb. 2.9-1a; 2.9-3A). Flemming versäumte nicht, „sich diese höchst interessante Kernstruktur selbst genau anzusehen"[13] und bestätigte in der Hauptsache Balbianis Beschreibung, wenn er auch die Querschichtung des Fadens nicht so regelmäßig fand, wie Balbianis Figuren zeigten (Abb. 2.9-1b). Flemmings Schluß war, „daß bei einer Tierform (wenigstens der Larve) die Kerne aller oder der meisten Gewebe dauernd einen Zustand ihrer Innenstruktur bewahren können, sehr ähnlich demjenigen, welchen die chromatische Kernsubstanz in den Anfangs- und Endstadien der Zellteilung annimmt", ja er nahm an, „daß hier eine vital gegebene Struktur der Kernfäden vorliegt, deren Wesen eine Zusammensetzung aus different beschaffenen Längenabschnitten (Flemming sprach auch von Querscheiben) ist. Und danach wird der Analogieschluß naheliegen, daß jene Granulierung der Fäden in anderen Kernen, wenn sie auch verwaschener und vielfach nicht demonstrierbar sind, auf dasselbe Prinzip des Baues hinauskommen."[14]

Ermutigt durch Balbianis Befunde, schloß Flemming an die Darstellung der Speicheldrüsenkerne von Chironomus noch eine weitere Beobachtung an, die er zunächst „unveröffentlicht ließ, weil ich nicht sicher war und bin, ob man etwas davon und wieviel für Artefakt halten soll oder nicht".[14] Im Kern unreifer Eier von Amphibien und Fischen sah er nach Fixierung und Färbung

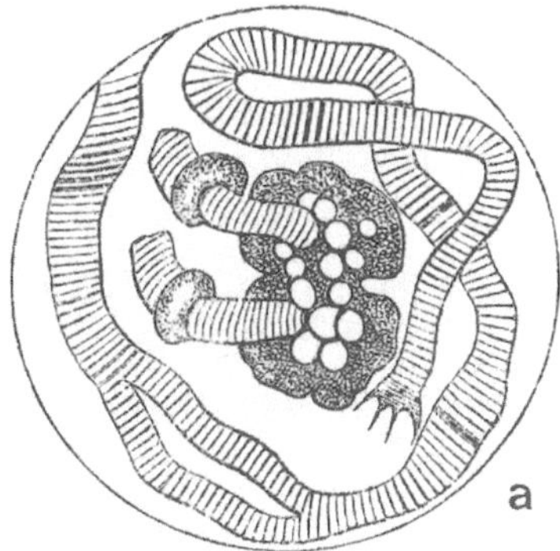

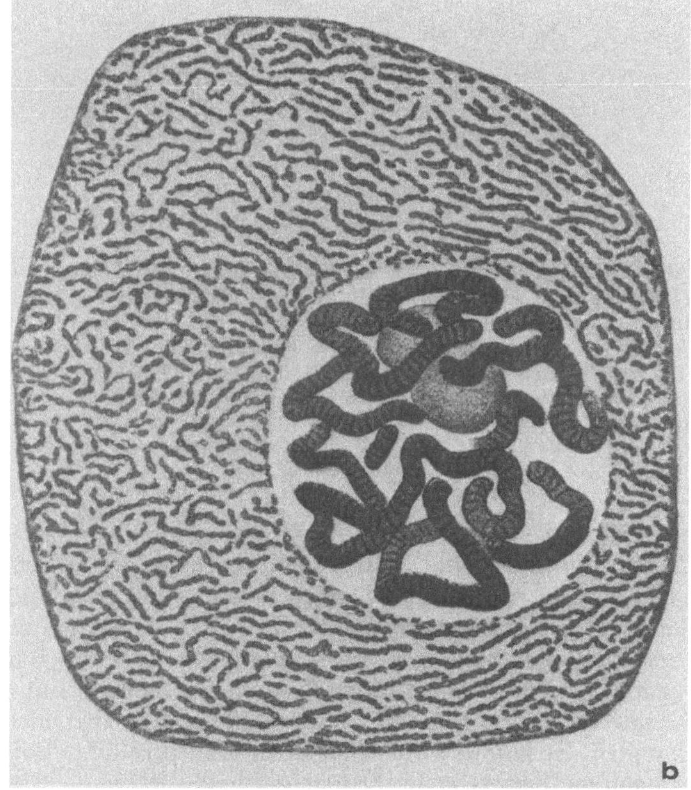

Abb. 2.9-1. a Darstellung von Chironomus-Speicheldrüsen-Chromosomen bei Balbiani (1881). **b** „Speicheldrüsenzelle von *Chironomus spec.,* Larve." Aus Flemming (1882) Taf. I, Fig. 14 (vergrößert, 1,9 ×). „Frisch mit Zusatz von 1 p.c. Ameisensäure. Struktur der Zellsubstanz; Balbianischer Fadenknäuel im Kern, die Windungen nur soweit gezeichnet als verfolgbar; Querschichtung des Fadens; derselbe ist dunkel dargestellt, entsprechend, wie er sich nach Tinction ausnimmt. Windungen nur so weit im Zusammenhang gezeichnet, wie verfolgbar" (dort S. 402)

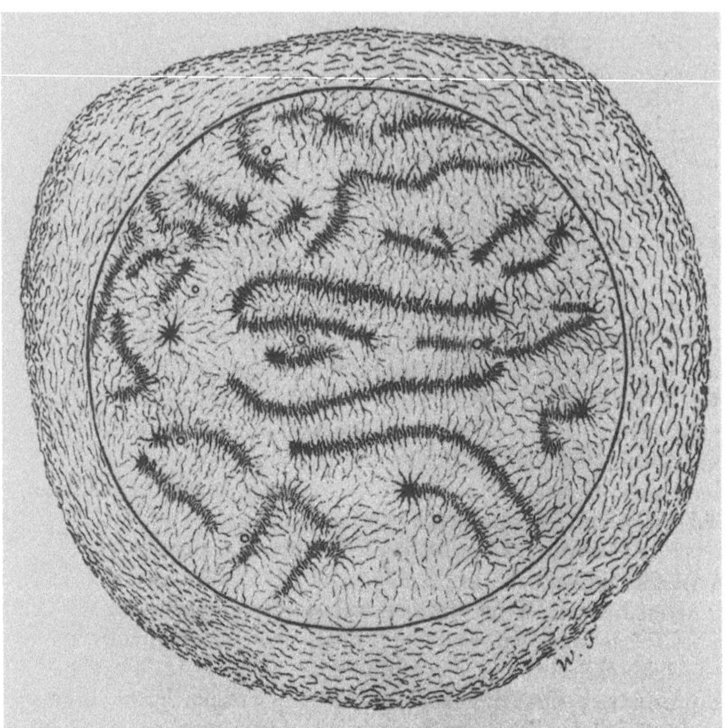

Abb. 2.9-2. Schnitt durch ein junges Eierstocksei von *Siredon pisciformis*. Aus Flemming (1882) Fig. G, S. 134. Fixierung Chromsäure, Nachbehandlung mit Alkohol, Hämatoxylinfärbung. „Quergestrichelte Gerüststränge im Kern. Dieser ist groß, kugelrund, von deutlicher Membran begrenzt, die mitgefärbt ist. Nucleolen klein (in älteren Eiern größer), rund, zum Teil in dickeren Stränge gelegen, zum Teil nicht so. Die Nucleolen sind, trotz tagelanger Tinction, viel blasser und in mehr gelbem Ton gefärbt als die Fadenstränge. Sie sind hier im Zinkdruck nur als Kreischen angedeutet"

ein gefärbtes Strangwerk im Kern (Abb. 2.9–2). „Nach den vielen anderweitigen Erfahrungen über Zellkernbau, die hier und anderswo besprochen sind, wird man es naheliegend nennen müssen, daß jene Bilder der Amphibieneikerne dem Naturzustand entsprechen und ein Kerngerüst repräsentieren mit besonders gleichmäßiger Anordnung: Mit dickeren Balken, die wieder aus quergelagerten Strängen oder Portionen bestehen, und einem feineren Bälkchenwerk, das von diesen ausstrahlt. Ich wage aber nicht dies positiv zu behaupten. Es könnten vielleicht doch Kunstprodukte dabei vorliegen."[15] Was Flemming hier als erster beobachtet hatte, waren — wie wir heute wissen — transkriptionell aktive Lampenbürstenchromosomen. Flemming bemerkte ausdrücklich, „daß diese Erscheinung bei den jüngeren Eiern nicht auftritt", aber es fehlte ihm eine zündende Theorie. Bei aller bewundernswerten Beobachtungstechnik und allen seinen Beiträgen zur Struktur des Zellkerns und zum Verhalten der Chromosomen bei der Zellteilung brachte Flemming den Wurf einer großen Theorie selbst nie zustande. Das schmälert seine Bedeutung nicht, aber es unterscheidet ihn von Forschern wie Theodor Boveri, August Weismann oder Wilhelm Roux. Erst die kühnen Hypothesen dieser Forscher haben dafür gesorgt, daß die in der Mitte der achtziger Jahre des 19. Jahrhunderts angesammelten zytologischen Befunde zu lebendigem Wissen wurden.

Zog man aus Balbianis und Flemmings Befunden den Schluß, daß Chromosomen auch während der Interphase erhalten bleiben? Es ist für uns heute schwer begreiflich, daß dieser naheliegende Schluß nicht gezogen wurde. Balbianis Meinung, daß seine "Knäuelkerne" im typischen Fall einen einzigen, einheitlichen Kernfaden enthielten, spielte dabei eine unglückliche Rolle. Sie paßte gut zu Flemmings Vorstellung eines in sich geschlossenen Fadens in der Prophase, der erst später in eine Anzahl von Teilabschnitten, die Chromosomen, zerfällt. Aber dieser Chromosomenfaden war, wie wir bereits gehört haben, nach der Auffassung der alten Zytologen vielleicht etwas ganz anderes als die feinen Fäden, die gelegentlich in Interphasekernen beobachtet wurden. Balbianis merkwürdiger Faden enthielt ebenso wie die Mitosechromosomen Chromatin; soviel war klar. Aber als sich langsam die Vorstellung durchsetzte, daß Chromosomen als distinkte Elemente bereits im Zellkern vorhanden sind (siehe unten), war Balbianis Knäuelfaden bereits als kariologisches Kuriosum abgestempelt, „dessen Analyse für die Chromosomenforschung keine Aufschlüsse von allgemeiner Gültigkeit zu versprechen schien".[16] Niemand von den alten Zytologen kam auf die Idee, daß er in den Speicheldrüsenkernen Riesenchromosomen vor sich sah. Teilungsfiguren konnte man in den Speicheldrüsenzellen nie beobachten, schon deshalb schien ein unmittelbarer Zusammenhang zwischen Balbianis Kernfaden und den Chromosomen ausgeschlossen.

Balbianis Befunde wurden aber nicht einfach vergessen. Etwa 50 Jahre lang wurde seine Vorstellung von einem einzigen, einheitlichen Kernfaden kritiklos in die Lehrbücher übernommen (Abb. 2.9–3 A–C).[17] Zwar gab es in dieser langen Zeit immer wieder einzelne Autoren, die behaupteten, daß der Kernfaden in mehrere Stücke zerfallen könne. Bolsius (1911) scheint sogar bemerkt zu haben, daß in den Speicheldrüsenkernen der Chironomus-Larve regelmäßig vier Fäden auftauchen (Abb. 2.9–3 D). Rambousek (1912) hatte schließlich ausdrücklich „auszusprechen gewagt, daß jene eigentümlichen Gebilde … Chromosomen sind" (Abb. 2.9–3 E). Aber alles das half nicht. Rambouseks Arbeit über „Zytologische Verhältnisse der Speicheldrüsen der Chironomuslarve" wurde in den Sitzungsberichten der Königlich-Böhmischen Gesellschaft für Wissenschaft begraben und noch in den zwanziger Jahren unseres Jahrhunderts erschienen Arbeiten, die ausdrücklich jegliche Homologie des Kernfadens mit Chromosomen leugneten.[18]

Erst in den dreißiger Jahren unseres Jahrhunderts wurde die Chromosomennatur der Kernfäden in Dipteren-Zellkernen von Heitz und Bauer (1933), Painter (1933) und King und Beams (1934) sichergestellt. Aus dem Kuriosum wurde eines der ertragreichsten Untersuchungsobjekte der modernen Zytogenetik, das glänzendste Beweismaterial für die Chromosomentheorie der Vererbung (Abb. 2.9–4; vgl. S. 192 f., 306). Den Erstentdeckern der Riesenchromosomen fehlte die zündende Theorie.[19] Ohne kühne Theorien gibt es kein Wachstum wissenschaftlicher Erkenntnis. Die Fata morgana einer falschen Theorie auf der anderen Seite führt in die Irre und macht in einer Weise erkenntnisblind, die für spätere Generationen von Wissenschaftlern kaum mehr nachvollziehbar ist. Einen Ausweg aus diesem Dilemma hat Karl Popper gewiesen. Kühne Hypothesen müssen immer wieder neu aufgestellt und durch scharfe Kritik verbessert oder ganz eliminiert werden. Die Elimination unzutreffender Hypothesen ist entscheidend für den Prozeß einer schrittweisen Annäherung an die Wahrheit.[20]

Der erste, der eine kühne und tragfähige Theorie über die Struktur des Zellkerns entwarf, war Carl Rabl (1885). In seiner Arbeit „Über Zellteilung" beschrieb er fixierte und gefärbte Teilungsstadien von *Salamandra maculata* und Proteus. Die Präparate wurden dazu zwischen zwei gleichmäßig dünne Deckgläschen eingeschlossen. Dieser einfache Trick war für den Erfolg der Untersuchung ausschlaggebend. Er ermöglichte es Rabl, mit Hilfe einer „Camera lucida" den Verlauf der Fäden in den Teilungsstadien eines Zellkerns von beiden Seiten zu verfolgen und jeden Faden genau in derselben Anordnung, Länge und Form zu zeichnen, wie er im Präparat vorkommt. Dabei machte Rabl zwei entscheidende Beobachtungen.

Bereits in der frühen Prophase fand er eine Anzahl Fäden sehr ungleicher Länge (Abb. 2.9-5). „Die Behauptung, daß beim Beginn der Knäuelbildung ein einziger kontinuierlich zusammenhängender, windungsreicher Faden den ganzen Kern durchziehe", nannte Rabl „eine Angabe, die sich wie eine Erbsünde durch fast alle Arbeiten über Zellteilung hindurchzieht".[21] In sieben günstigen Fällen zählte Rabl bei Salamandra 24 Fäden, in einer größeren Zahl von Knäueln betrug die Anzahl der sicher unterscheidbaren Fäden etwas weniger, in keinem Fall aber mehr als 24 Fäden. Rabl baute darauf eine kühne Hypothese. Er hielt „diese Zahl für die Epithel- und Bindegewebszellen der Salamandralarven für konstant" und behauptete, „daß für jede Zellenart ein ganz bestimmtes Zahlengesetz existiert".[22] Vielleicht, so räumte er ein, ist die Zahl in den Hodenepithelien „eine geringere, aber gleichfalls ganz konstante ... bei anderen Tieren kann und wird die Zahl eine größere oder kleinere sein. Aber ich bin zu sehr von der Gesetzmäßigkeit aller auch der unscheinbarsten Vorgänge überzeugt, als daß ich mit Retzius glauben könnte, die Schleifenzahl könne bei einem und demselben Tiere und in demselben Gewebe einem Wechsel unterworfen sein".[22] Flemming hatte bereits früher die Zahl der Schleifen „in einigen deutlich durchblickbaren Fällen (Epithelzellen von Salamandra) auf 24 bestimmen können", hatte aber „das zeitraubende Suchen behufs des Zählens aufgegeben, weil ich von vornherein sah, daß es sich um ein ganz durchgehendes Zahlengesetz hier nicht handeln kann".[23] Ob die Segmentierung schon von

Abb. 2.9-3. A–C aus Wilson (1896), Fig. 11, S. 25. **A** "Permanent spireme-nucleus, salivary ▶ gland of *Chironomus* larva. Chromatin in a single thread composed of chromatin discs (chromomeres), (terminating at each end in a true nucleolus or plasmosome (Balbiani)". **B** Permanent spireme-nuclei, intestinial epithelium of dipterous larva *Psychoptera* (van Gehuchten). **C** "The same, side view". **D, E** Darstellungen von Chironomus-Speicheldrüsenchromosomen bei Bolsius (1911) **D** und Rambousek (1912) **E** Abbildungen entnommen aus Beermann (1962)

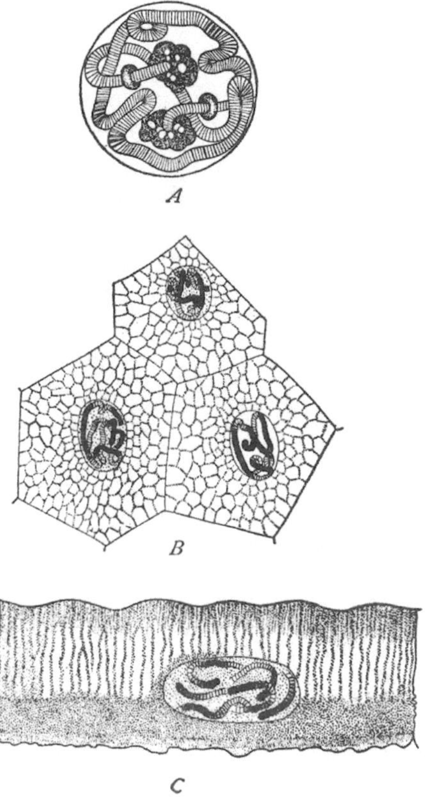

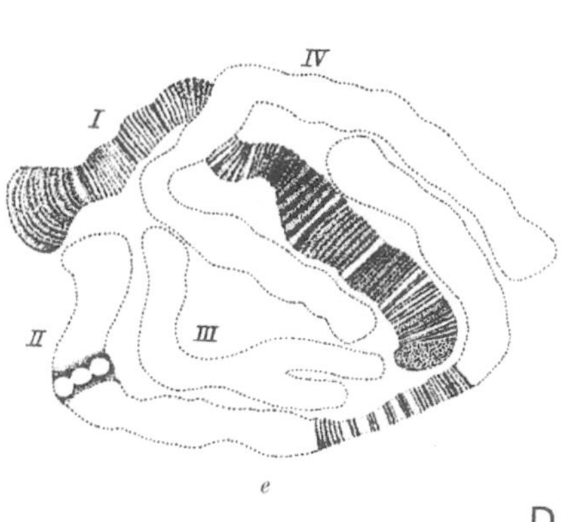

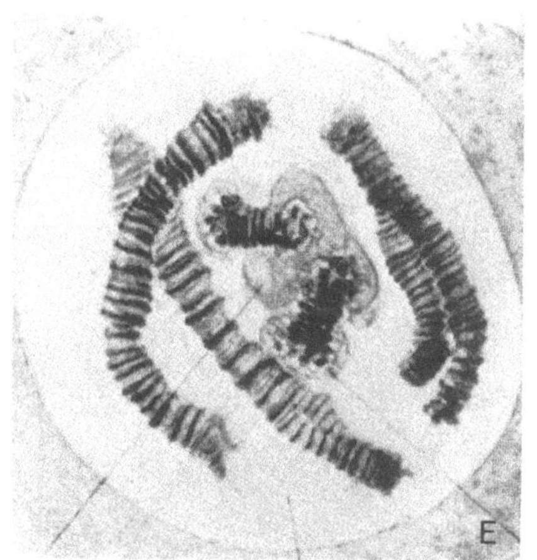

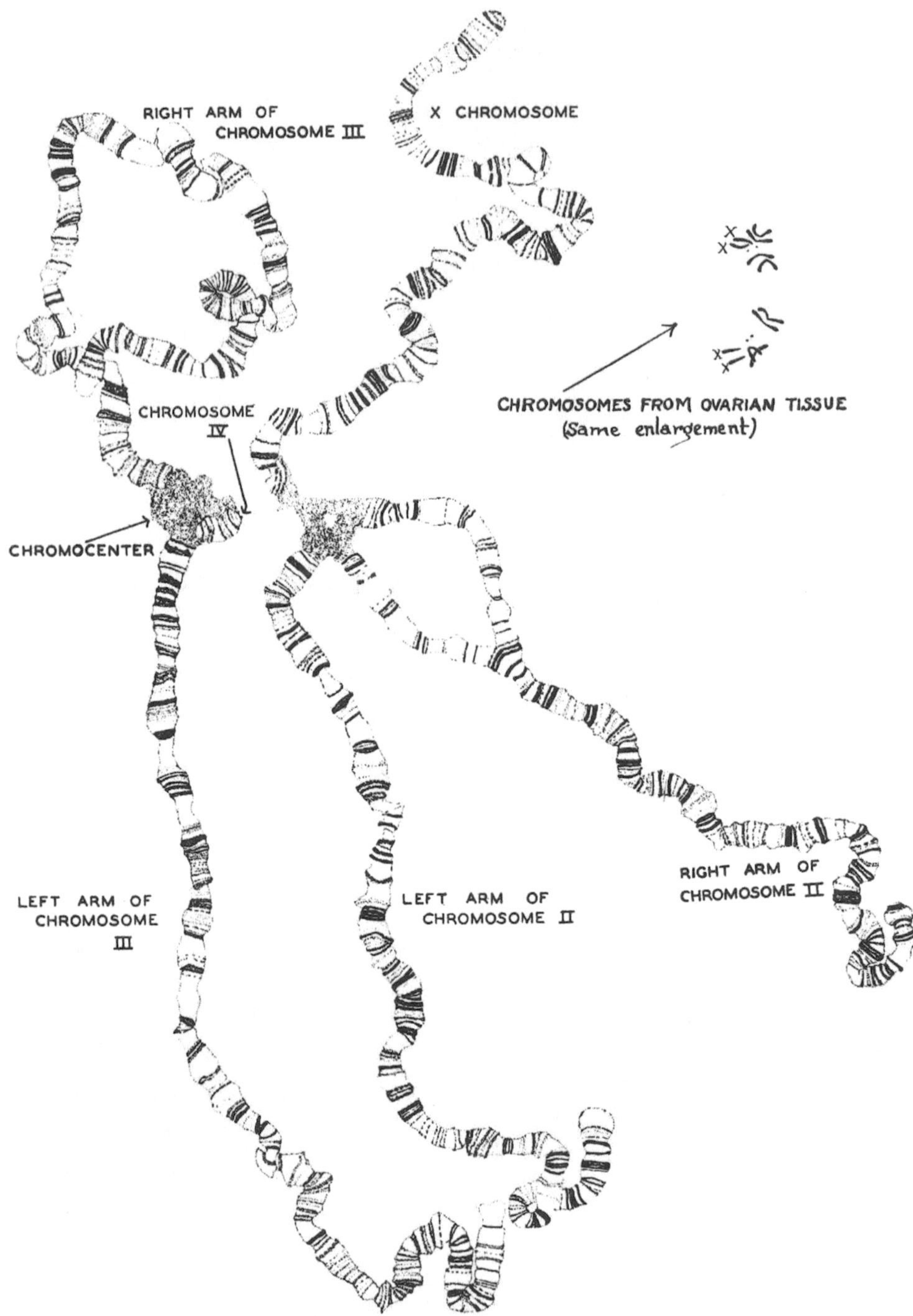

Abb. 2.9-4. Vergleich der Größenverhältnisse von Riesenchromosomen aus Speicheldrüsenkernen von *Drosophila melanogaster* mit Metaphasechromosomen aus ihren Ovarien. Aus Painter (1934a)

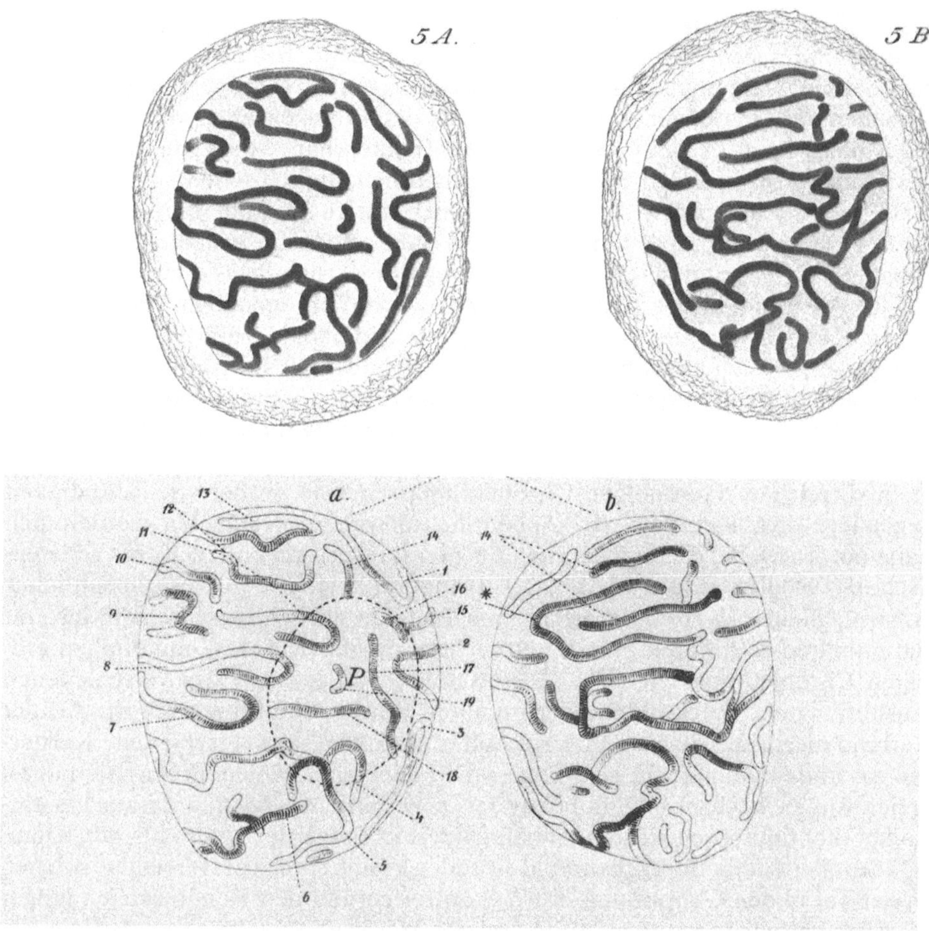

Abb. 2.9-5. Teilungsstadium des „lockeren Knäuels" (in heutiger Terminologie Prophase) „einer Epidermiszelle von *Salamandra maculata*." Aus Rabl (1885) Taf. VII und Taf. XIII. *5A* Darstellung von der Polseite, *5B* von der Gegenpolseite aus gesehen; *a* und *b* zeigen die Verhältnisse schematisch. *P:* Polfeld

vornherein vorhanden oder ob sie an ein bestimmtes Stadium der frühen Karyokinese gebunden ist, vermochte Rabl nicht zu entscheiden.

Rabls zweite fundamentale Beobachtung betraf die Anordnung der Fäden im Knäuel. „Sowie sich ein Kern zur Teilung anschickt oder aus einer Teilung hervortritt, läßt er ganz deutlich eine Polseite und eine Gegenpolseite erkennen und an der Polseite selbst wieder eine enger begrenzte Stelle, das Polfeld (Abb. 2.9–5 A, a). Die einzelnen Regionen werden durch den Verlauf der Fäden charakterisiert. Diese laufen von der Gegenpolseite aus, ziehen nach der Polseite und ins Polfeld, biegen hier schlingenförmig um und kehren wieder zur Gegenpolseite zurück. Nur insofern weichen die Tochterknäuel von den jungen Mutterknäueln ab, als in ihnen die Fäden dicker sind und weniger gewunden verlaufen. Diese typische Übereinstimmung in den Anfangs- und Endstadien der Teilung findet sich nicht allein, wie ich gezeigt habe, bei den Tierzellen, sondern kommt, wie man aus den Untersuchungen Strasburgers und Heusers schließen darf, in derselben Weise auch bei den Pflanzenzellen vor". ... „Es ist gewiß kein Spiel des Zufalls, daß junge Tochterknäuel den Anfangsknäueln des Mutterkerns in ihrem Bau so außerordentlich ähnlich sehen".[24] Zur Hypothese von der Konstanz der Chromosomenzahl fügte Rabl nun eine zweite ebenso kühne Hypothese hinzu. „Es liegt daher wohl die Annahme nahe, daß auch im Ruhezustand, nach der Ausbildung des Kerngerüstes oder Kernnetzes, ein Rest dieser Fäden erhalten bleibt mit wesentlich derselben Verlaufsweise wie im Knäuel. Von diesen Fäden, die ich als „primäre Kernfäden" bezeichnen will, gehen, wie ich annehme, feine sekundäre Fäden als Fortsätze aus, von diesen vielleicht noch tertiäre, etc. Die einzelnen Fäden können untereinander in Verbindung treten und in den Knotenpunkten des dadurch entstandenen Netzes können sich gröbere Chromatinmassen zu nucleolenartigen Gebilden sammeln. Erreichen dann solche Chromatinmassen eine größere Selbständigkeit gegenüber dem Kernnetz, so können sie zu wahren Nucleolen werden. Ich habe auf Tafel XII Figur 12a und 12b den Bau des ruhenden Kerns schematisch darzustellen gesucht. (Abb. 2.9-6) Figur 12a stellt den Kern in seitlicher Ansicht, Figur 12b in der Ansicht vom Polfelde dar; linkerseits habe ich nur die primären Kernfäden gezeichnet, rechterseits das Kernnetz mit einigen gröberen Chromatinmassen".[25] ... „Es ist klar, daß je nach der verschiedenen Ausbildung und Rückbildung der primären Kernfäden und je nach der Art der Verbindungen, die sie oder ihre Ausläufer eingehen, sehr verschiedene Kernarten zustande kommen müssen. Treten die Fäden eines Tochterknäuels an ihren freien Enden wechselseitig miteinander in Verbindung, so muß daraus ein einfacher, kontinuierlich zusammenhängender, in Folge des Querbaus der Knäuelfäden gleichfalls quergebauter Kernfaden resultieren, wie wir einen solchen in der Tat in den Chironomus-Kernen antreffen und den Keimbläschen junger Eier des Proteus vermuten. ... Ein anderes Mal kann es geschehen, daß die pri-

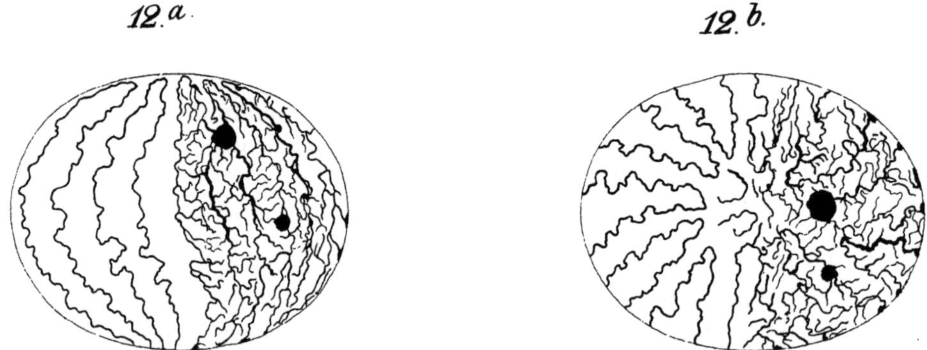

Abb. 2.9-6. Modell des Interphasekerns von Rabl (1885) (Vergrößerung, 1,6 ×). Für weitere Einzelheiten siehe Text; für neue experimentelle Evidenz einer Rabl-Orientierung der Interphase-Chromosomen siehe Cremer et al. (1982)

mären Kernfäden an ihren polaren Winkeln durch Ausläufer oder direkte Aneinanderlagerung und Verschmelzung in Verbindung treten, so daß Kerne entstehen, wie sie zum Beispiel R. Hertwig in den malpighischen Gefäßen einer Sphingidenraupe beobachtet hat. ... Kurz, es ergibt sich eine große Mannigfaltigkeit der möglichen Bauverhältnisse des ruhenden Kerns. Es ist ganz gut denkbar, obwohl es bisher nicht bewiesen ist, daß bestimmte Formzustände des Kerngerüstes immer auch bestimmten Funktionszuständen des Kerns entsprechen".[26]

Zwei kühne, neue Hypothesen waren formuliert: Konstanz der Chromosomenzahl und Kontinuität der Chromosomen in der Interphase. Beide Hypothesen verdanken ihr Leben mindestens ebenso sehr der Überzeugung Rabls, daß in der Natur überall feste Gesetze herrschen, wie ihrer vergleichsweise spärlichen Datenbasis. Schon bei Proteus hatte das mühsame Geschäft des Schleifenzählens zu keinem sicheren Resultat geführt. Einwände gegen die Kontinuitätshypothese wies Rabl mit der Feststellung zurück, „niemand wird annehmen wollen, daß die Fäden im Mutterknäuel aufschießen wie die Kristalle in einer Mutterlauge, oder daß beim Übergang des Tochterknäuels zur Ruhe die Fäden sich vollständig auflösen oder in Stücke zerfallen".[27] Aber gerade das nahmen die Gegner von Rabls Theorie des Interphasekerns an. Sehen wir weiter.

Ein besonders gewichtiger Gegner der Kontinuitätshypothese war (bis zu seinem Tod 1922) Oscar Hertwig. „Es ist eine beliebte Vorstellung", schrieb Hertwig 1890, „daß die chromatische Substanz in morphologischer Hinsicht aus zahlreichen Pfitznerschen Körnern (Chromomeren) aufgebaut sei. Nehmen wir an, daß diese Teilchen Polarität erhalten, wenn Kräfte, die im Ruhezustand des Kerns latent waren, bei Beginn der Teilung in Wirkung treten, dann scheint es mir recht gut verständlich zu werden, daß die angenommenen morphologischen Einheiten der Kernsubstanz, die Körner, sich in Reihen hintereinander anordneten etc."[28] Im Zellkern, so glaubte Hertwig, kann es durchaus zu einer Vermischung der Körner kommen.[29] Erst unmittelbar vor dem Beginn der Karyokinese bauen sich „die Chromatinteilchen oder Chromatineinheiten (auf), die im ruhenden Kern auf dem achromatischen Gerüst verteilt gefunden werden".[30]

Es war Theodor Boveris Verdienst, daß er Rabls Hypothese von der Kontinuität der Chromosomen im Interphasekern zu einer Theorie der Chromosomenindividualität weiterentwickelte und diese Theorie elegant begründete. Im Gegensatz zu Rabl kam es ihm dabei nicht so sehr auf die Frage einer ständigen morphologischen Kontinuität der Chromosomen an als auf den Nachweis, daß „jedes neue Chromosom (das in dem zur Teilung sich vorbereitenden Kern sichtbar wird) mit einem bestimmten der in den Kern eingegangenen identisch ist".[31]

Wir werden jetzt nachvollziehen, wie Boveri mit einfachsten Mitteln diese weitreichende Behauptung — sie begründete ein tragendes Paradigma der modernen Zytogenetik — begründet hat. Als Untersuchungsobjekt wählte Boveri ein unappetitliches, aber geeignetes Objekt, befruchtete Eier des Pferdespulwurms, bei denen er die ersten Zellteilungen verfolgen konnte. Van Beneden hatte 1883 *Ascaris megalocephala* in die Zytologie eingeführt. Dieser Wurm kommt in zwei Varietäten vor, die eine Varietät, *A. m. univalens* mit zwei Chromosomen, die andere *A. m. bivalens* mit vier Chromosomen. (Heute würden wir sagen mit einem bzw. zwei Paaren homologer Chromosomen, aber das war vor 100 Jahren noch unbekannt.) Boveris erste Arbeiten zum Problem der Chromosomenindividualität erschienen 1887 und 1888, wir beziehen uns aber im weiteren vor allem auf eine Arbeit aus dem Jahr 1909 „Die Blastomerenkerne von *Ascaris megalocephala* und die Theorie der Chromosomenindividualität".

Boveris Weg zur Prüfung der genannten Frage war in seinen eigenen Worten der folgende: „Die Beobachtung der Vorgänge bei der Bildung der ruhenden Kerne lehrt, daß, solange sich überhaupt der Verlauf der Tochterchromosomen noch erkennen läßt, deren Gestalt und gegenseitige Stellung nicht wesentlich verändert wird. Geht nun jedes neue Chromosoma genau aus dem Kernbezirk hervor, den ein Tochterchromosoma gebildet hatte, der Art, daß jedes frühere Ende wieder zu einem Ende wird, so muß beim Sichtbarwerden der neuen Chromosomen im Prinzip die gleiche Gruppierung auftreten, die vor der Kernbildung bestanden hatte. Die Entscheidung wäre einfach, wenn man diese Verhältnisse im Leben verfolgen könnte. Da dies nicht der Fall ist, handelte es sich darum, ein Mittel zu finden, um die Frage auf indirektem Weg zu entscheiden. Dieses Mittel ist gegeben in der Vergleichung der beiden Schwesterkerne. Da diese beiden Kerne sich aus prinzipiell gleicher Schleifengruppierung ableiten, müssen sie, falls der ruhende Kern die ihm zugrunde liegende Chromosomenanordnung dauernd bewahrt, auch in den Prophasen der nächsten Teilung wieder beide die gleiche Schleifenstellung aufweisen. Und wird nun eine solche Übereinstimmung in der Tat gefunden, so darf es, da die Schleifengruppierung von Ei zu Ei variabel und also innerhalb dieser Grenzen funktionell bedeutungslos ist, als sehr wahrscheinlich bezeichnet werden, daß ... sich die gegebene Anordnung durch den Ruhezustand hindurch erhalten hat".[32]

An fixierten Präparaten von *A. m. univalens* bestimmte Boveri zunächst den Verlauf der Chromosomen in der Äquatorialplatte. Er unterschied dabei sieben Typen in unterschiedlicher Häufigkeit (Abb. 2.9-7). Bei den Typen 1–3 sind beide Schleifen gestreckt oder leicht gebogen. Bei den Typen 4 und 5 ist eine Schleife gestreckt oder leicht gebogen, die andere U-förmig zusammengebogen. Bei den Typen 6 und 7 schließlich sind beide Schleifen U-förmig gebogen. Beim Übergang in die Interphase quellen die Chromosomen „zu blassen, undeutlichen und unregelmäßig begrenzten Bändern"[33] auf. Nur die Schleifenenden bleiben noch kompakter und stärker färbbar. Um diese Enden herum bildet die Kernhülle Blindsäcke (Abb. 2.9-8,9), die während der gesamten Interphase als „Kernfortsätze" sichtbar bleiben. Die Zahl der Kernfortsätze beträgt bei *A. m. univalens* maximal 4, bei *A. m. bivalens* maximal 8. In diesen Fällen liegen alle Chromosomenenden bei der Bildung der Kernhülle weit voneinander entfernt. In anderen Fällen, in denen zwei oder mehr Chromosomenenden nah benachbart sind, bilden diese Enden einen gemeinsamen Kernfortsatz aus. Ein Kernfortsatz kann also in Boveris Terminologie ein- oder mehrwertig sein, je nachdem, wie viele Chromosomenenden in ihm liegen. Boveri fand, daß die verschiedenen aus dieser Überlegung abzuleitenden Kernformen (Abb. 2.9-7) tatsächlich in dem gleichen Mengenverhältnis auftreten wie die verschiedenen Typen in der Äquatorialplatte des Eies. Eine gewisse Variabilität in den Tochterkernen erklärte er daraus, daß „sehr geringe Distanzunterschiede darüber entscheiden können, ob zwei Schleifenenden einen gemeinsamen Blindsack bilden oder jedes einen für sich allein".[34] Außerdem ereignet es sich (in Folge der Eigenbewegungen der Tochterchromosomen während der Anaphase) nicht selten, daß beim Auftreten der Kernvakuole die Enden des einen Kerns weiter herausragen als ihre Antagonisten im anderen Kern. Dementsprechend müssen auch die Blindsäcke verschieden groß werden".[35] Boveri folgerte aus seinen Beobachtungen: Kernfortsätze sind keine Bildungen, „die während der Existenz des Ruhekerns auftreten oder verschwinden können; vielmehr dürfen wir mit Bestimmtheit sagen: so viele Kernfortsätze nach voller Ausbildung der Kernmembran vorhanden sind, so viele erhalten sich an genau gleicher Stelle bis zur Kernauflösung. Es kommt keiner weg und keiner dazu. ... Zahl und Anordnung der Fortsätze sind ausschließlich bedingt durch die Lage, welche die Schleifenenden der Tochterchromosomen zur Zeit der Kernbildung einnehmen. Die Lage der Tochterchromosomen ist abhängig von zwei Umständen: erstens und vor allem von der Chromosomenstellung in der Äquatorialplatte des Eies, zweitens von Lage- und Gestaltveränderungen, welche diese Elemente vor der Kernbildung erfahren. ... Da der mitotische Prozeß zu einer symmetrischen Anordnung der Tochterschleifen führt, stimmen auch die aus ihnen entstehenden Kerne in Zahl und Lage ihrer Fortsätze spiegelbildlich miteinander überein".[36] Doch können in einzelnen Fällen, wenn die Tochterschleifen vor der Kernbildung ihre Lage und Form stark verändern, Tochterkerne entstehen, die in der Ausbildung ihrer Fortsätze gar keine Ähnlichkeit miteinander haben. Eine weitere Schwierigkeit bei der Analyse, durch die ein

Abb. 2.9-7. Anordnung der Chromosomen von *Ascaris megalocephala univalens.* (Aus Boveri (1909) Taf. VII, Fig. 1-8). Boveri unterschied sieben verschiedene „Gruppierungstypen" *(Fig. 1a-7a).* „In jeder von diesen Figuren zeigt *(a)* die Äquatorialplatte eines Eies in polarer Ansicht, *b* und *c* stellen die Schwesterkerne zweier ½-Blastomeren dar, gleichfalls in polarer Ansicht." (dort S. 267) Es handelt sich (in moderner Terminologie) um Prophasen der Schwesterkerne aus dem Zweizellstadium. Man beachte die Symmetrie in der Anordnung der Prophasechromosomen beider Kerne.
Typ 1–3. Beide Chromosomen gestreckt oder leicht gebogen. Typ 1 *(Fig. 1),* die vier Schleifenenden weit voneinander entfernt. Typ 2 *(Fig. 2),* die beiden Schleifen mit ihrem einen Ende benachbart. Typ 3 *(Fig. 3),* jedes Ende der einen Schleife einem Ende der anderen benachbart.
Typ 4–5. Eine Schleife gestreckt oder leicht gebogen, die andere U-förmig zusammengebogen. Typ 4 *(Fig. 4),* die Enden der gestreckten Schleifen von denen der U-förmigen weit entfernt. Typ 5 *(Fig. 5),* ein Ende der gestreckten Schleife den beiden Enden der U-förmigen benachbart.
Typ 6–7. Beide Schleifen U-förmig gebogen. Typ 6 *(Fig. 6),* die Enden der einen Schleife von denen der anderen weit entfernt. Typ 7 *(Fig. 7),* alle vier Schleifenenden benachbart. *Fig. 8a–c* stellt ein weiteres Beispiel vom Typ 6 dar.
Man beachte, daß die Ausbuchtungen an den Interphasenkernen (Kernfortsätze; vgl. Abb. 2.9-8, 9) den Enden der einzelnen Chromosomen entsprechen. Zahl und Verteilung der Kernfortsätze ergeben sich danach aus dem jeweiligen Typ der Chromosomenanordnung. Je nach der Zahl der in einem Kernfortsatz mündenden Chromosomenenden bezeichnete Boveri die Kernfortsätze als ein-, zwei-, drei- oder vierwertig. Die Analyse der Verteilungsmuster der Chromosomen in der Mitose und der Lage der Kernfortsätze im Interphasekern war entscheidend für Boveris Indizienbeweis einer Chromosomenindividualität

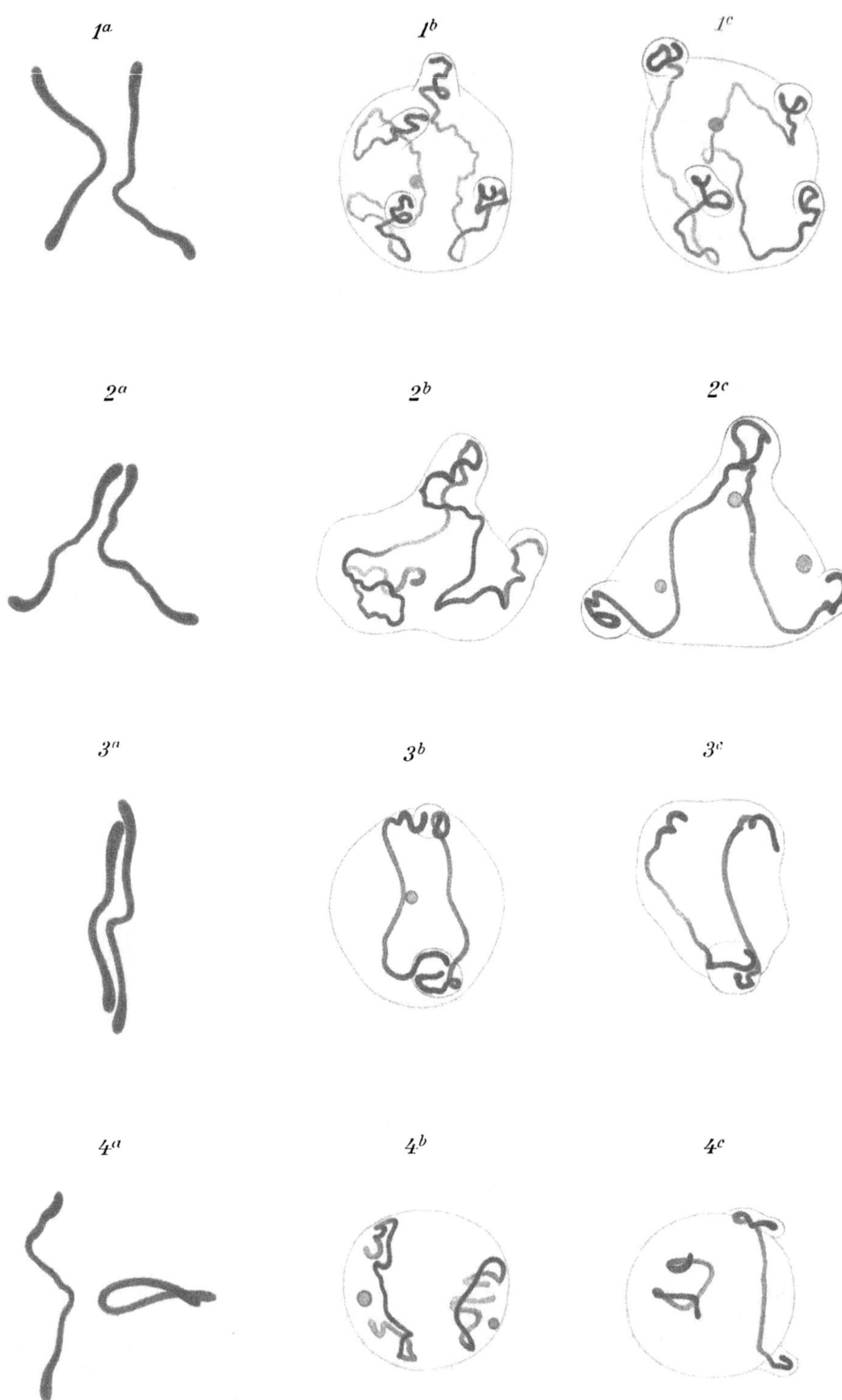

Abb. 2.9-7. (s. S. 157)

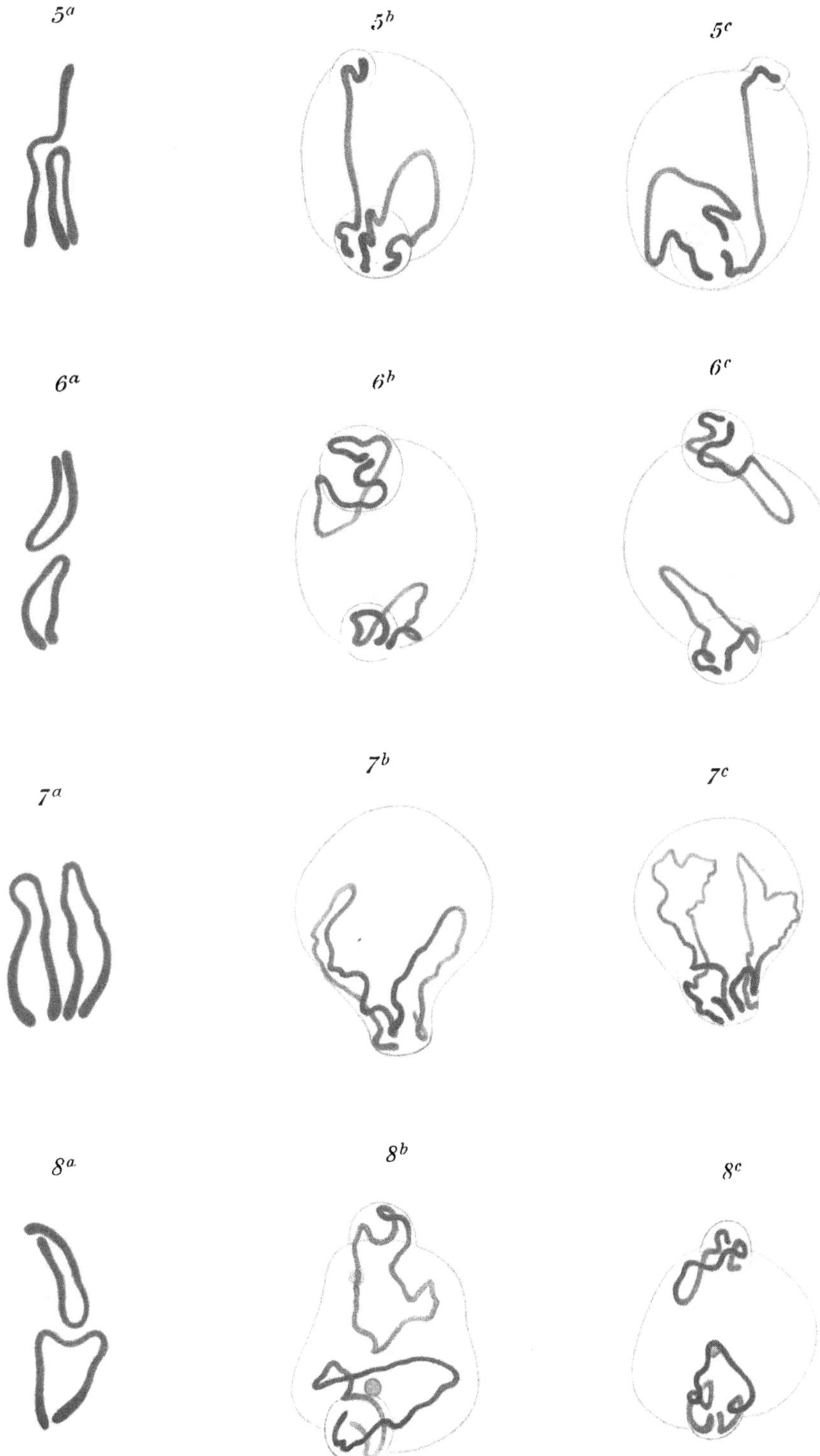

Abb. 2.9-7. (s. S. 157)

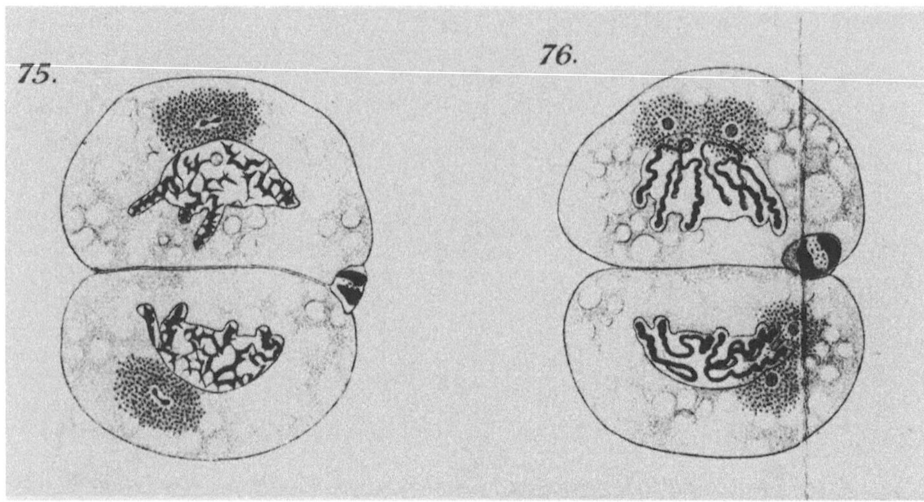

Abb. 2.9-8. Kerne von Schwesterzellen der ersten Furchungsteilung beim befruchteten Ei von *Ascaris megalocephala bivalens*. (Aus Boveri (1888) Taf. XXII, Fig. 75 und 76; Vergrößerung, 1,4 ×). *Fig. 75* zeigt zwei Interphasekerne mit den Kernfortsätzen; *Fig. 76* zwei Prophasekerne. Man beachte die Symmetrie in der Anordnung der Chromosomen in den beiden Schwesterkernen

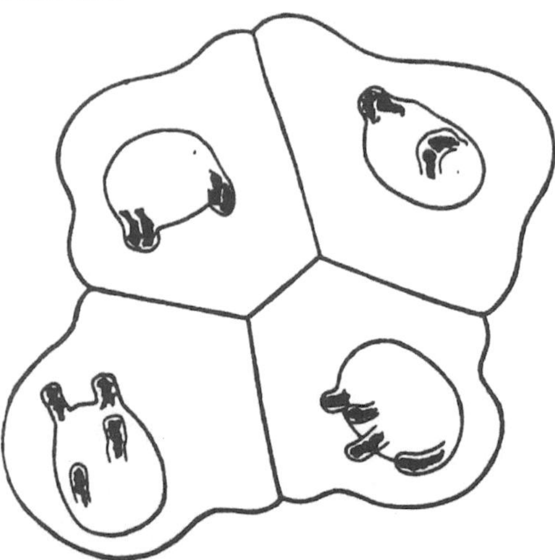

Abb. 2.9-9. Beispiel eines Vierzellstadiums bei *Ascaris megalocephala univalens*. Aus Boveri (1909) S. 207, Fig. I. Die beiden oberen Zellen und die beiden unteren Zellen stellen jeweils Paare von Schwesterzellen dar. Die beiden oberen Kerne zeigen „zwei zweiwertige Kernfortsätze“. (Vgl. Typ 3 und Typ 6 in Abb. 2.9-7). Die beiden unteren Kerne zeigen „vier einwertige Kernfortsätze“ (vgl. Typ 1 in Abb. 2.9-7). Die Kerne sind „aus ihrer symmetrischen Anordnung mehr oder weniger stark verlagert worden“. Die Zuordnung der Schwesterkerne ergibt sich aus dem Vergleich der Kernfortsätze. Die Unterschiede der Chromosomenkonfiguration in den beiden Paaren von Schwesterkernen führt Boveri darauf zurück, daß die Chromosomen in den beiden Zellkernen des Zweizellstadiums „nach der Kernauflösung mehr oder weniger stark bewegt (werden), bis sie in der neuen Äquatorialplatte zur Ruhe kommen“. Der weitere Ablauf der Mitose führt dann in der Regel wieder zu einer symmetrischen Anordnung der Chromosomen in den beiden Schwesterkernen, die während der ganzen Interphase erhalten bleibt. Ist es wirklich so? Vgl. Boveris Beweisführung S. 155 ff.

flüchtiger Beobachter irregeführt werden kann, ergibt sich durch Kerndrehungen innerhalb der Tochterzellen. Um die Kernfortsätze der beiden Tochterkerne in richtiger Weise miteinander zu homologisieren, müssen die Kerne zunächst symmetrisch orientiert werden. Dies gelingt meistens, wenn man berücksichtigt, daß die Kernfortsätze stets auf der „Gegenpolseite" (Abb. 2.9-5 B, b) des Kerns entspringen.[37] Insgesamt entsprachen nach Boveris Befunden die Variationen in der Zahl und Lage der Kernfortsätze, die von einem Keim zum anderen gefunden werden „nicht nur im allgemeinen, sondern auch prozentisch den verschiedenen Schleifenstellungen, die in den Äquatorialplatten der Eier des gleichen Tieres zur Beobachtung kommen".[38]

Was hat Boveri in seiner Beweisführung bis jetzt erreicht? So viel: Die Kernfortsätze bei den Blastomerenkernen von *A. megalocephala* entsprechen den Chromosomenenden. Ihre Zahl und Verteilung lassen sich aus der Anordnung der Chromosomen der Äquatorialplatte herleiten und stimmen in den Tochterkernen in gewissen Grenzen überein. Mit den Kernfortsätzen haben wir damit erste überzeugende Markierungspunkte für die Lagebeziehungen bestimmter Chromosomenabschnitte in der Interphase und Mitose gewonnen. Das Verhalten der übrigen Chromosomenanteile bleibt aber zunächst noch völlig offen. Ob sich diese Anteile, nachdem im Interphasekern jede Spur des Schleifenverlaufs geschwunden ist, auflösen und miteinander vermischen oder ob sie ebenfalls ihre Individualität bewahren und entsprechend den Vorstellungen Boveris, Rabls und Strasburgers Territorien im Zellkern bilden,[39] läßt sich so nicht entscheiden. Um der Frage der Individualität weiter nachzugehen, untersuchte Boveri die Chromosomenanordnung vergleichend in beiden Tochterkernen zu Beginn der nächsten Prophase. Bevor wir seine Befunde beschreiben, wollen wir uns kurz überlegen, was nach der einen oder anderen Vorstellung zu erwarten wäre. Nehmen wir an, daß die mittleren Abschnitte der Chromosomen sich während der Interphase vollkommen in Untereinheiten auflösen, die sich zu Beginn der Prophase wieder zufällig zusammenordnen, allerdings mit der für diesen Fall nicht selbstverständlichen Einschränkung, daß dabei immer die für *A. m. univalens* oder *bivalens* charakteristische Chromosomenzahl herauskommt. Was würde daraus folgen? Sehen wir uns den Typus 1 der Äquatorialplatte in der Zygote nochmals genauer an (Abb. 2.9-10). Die vier Enden der alten Chromosomen werden in den Blindsäcken der Kernhülle einzeln fixiert. Die neuen Chromosomen würden diese Enden in beliebiger Weise verbinden. Die Fälle a und c sind nicht unterscheidbar. Fall b dagegen führt zu einem neuen Anordnungstyp mit einmaliger Überkreuzung der beiden Chromosomen. Diesen Typ aber fand Boveri weder in der Äquatorialplatte der Zygote noch in den darauf folgenden Mitosen des sich entwickelnden Ascaris-Eies. Aus Typ 2 könnte durch eine Umgruppierung der Enden Typ 4 entstehen; aus Typ 3 der Typ 6 und umgekehrt (2.9-10). Wäre es so und würden diese Umgruppierungen in der Interphase beider Tochterkerne unabhängig voneinander verlaufen, dann würden wir häufig in den beiden Prophasen von Tochterkernen unterschiedliche Anordnungsmuster beobachten. Doch findet Boveri, daß „ausnahmslos beide Kerne bei der Vorbereitung der Teilung den gleichen Typus darbieten".[40] Er schließt daraus, „Diese stets konstatierte identische Gruppierung in den beiden Schwesterkernen (kann) unmöglich Zufall

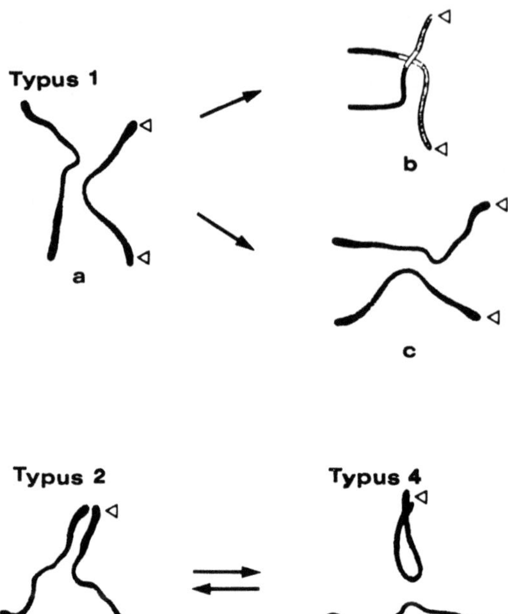

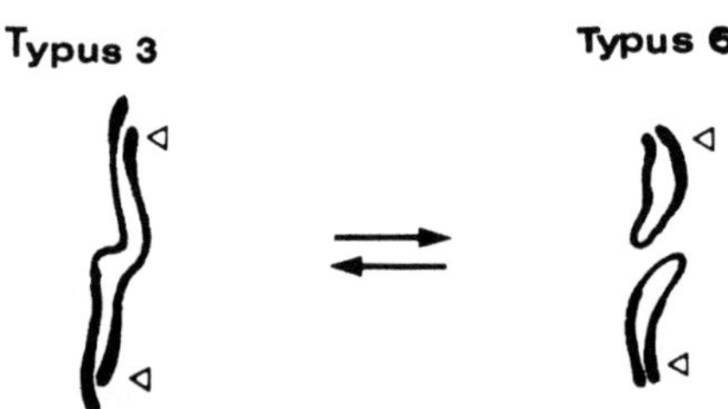

Abb. 2.9-10. Hypothetische Veränderungen der Zusammensetzung von Chromosomen bei *Ascaris megalocephala univalens* durch Neuverknüpfung der (in den Kernfortsätzen fixierten) Chromosomenenden während der Interphase. Boveris Beweisführung gegen eine solche Neuverknüpfung und damit für das Paradigma der Chromosomenindividualität ist im Text ausführlich dargestellt

sein; vielmehr wird sich kaum ein anderer Schluß ziehen lassen, als der: Es ist in diesen Kernen eine Einrichtung vorhanden, welche dafür sorgt, daß stets die nämlichen Enden verbunden werden, die vorher zusammengehört haben".[40] Die einfachste Annahme für eine solche Einrichtung ist natürlich die strukturelle Kontinuität der Chromosomenindividuen durch die gesamte Interphase hindurch. Aber wie zwingend ist Boveris Beweisführung an diesem Punkt und wo sind ihre Grenzen? Wir dürfen ja nicht vergessen, daß Boveri seine Behauptung auf die Auswertung fixierter Stadien der Keimentwicklung bei Ascaris stützt, nicht auf die Lebendbeobachtung individueller Zellen von einer Mitose bis zur folgenden. Sein Kunstgriff ist die vergleichende Beobachtung von Schwesterkernen. Ein „ad hoc" Einwand gegen Boveris Argumentation wäre, daß die Tendenz zur Umgruppierung der Enden beide Tochterzellen grundsätzlich in gleicher Weise erfaßt. Aus einer Anordnung des Typus 6 könnte dann beispielsweise in der folgenden Mitose beider Tochterzellen der Typus 3 entstehen. Das mag so sein. Aber wir geraten hier auf eine zweifelhafte Straße in unserer Argumentation. Woher soll die eine Tochterzelle bei einem Wechsel der Verknüpfungen „wissen", was die andere Tochterzelle macht. An die Stelle einer einfachen Hypothese setzen wir ohne Zwang eine wesentlich kompliziertere, die nicht einmal mehr erklären kann. Vielleicht wird die kompliziertere Hypothese im Verlauf der weiteren Untersuchung unvermeidlich. Wenn wir aber Hypothesen als Instrumente verstehen, mit denen wir uns schrittweise an die Wahrheit herantasten wollen, dann sehen wir leicht ein, daß die einfachere Hypothese zunächst vorzuziehen ist. Je geringer die Zahl von Zusatzannahmen ist, je mehr verschiedene Phänomene eine bestimmte Hypothese auf einen Schlag zu erklären vermag, desto eher und leichter läßt sie sich auch widerlegen, desto rascher werden wir uns – falls die Hypothese nicht zutrifft – im weiteren Gang der Untersuchungen in unlösbare Widersprüche verwickeln. Je mehr Phänomene eine Hypothese gleichzeitig zu erklären vermag, desto unwahrscheinlicher wird es aber auch – falls sie sich immer wieder bewährt –, daß sie einfach aus der Luft gegriffen ist. Eine Hypothese, die die uns interessierenden Erscheinungen erklärt und Voraussagen macht, die durch spätere Experimente bestätigt werden, wird schließlich zur Theorie, auf die wir uns mit Recht verlassen. Ob diese Theorie die objektive Wirklichkeit so beschreibt wie sie in Wahrheit ist, wissen wir allerdings immer noch nicht. Gerade deshalb stellen wir uns vernünftigerweise am Anfang auf den skeptischen Standpunkt, daß unsere einfache Erklärung sehr unwahrscheinlich, vermutlich falsch ist.[41] Je unwahrscheinlicher uns aber eine Theorie in diesem Sinne zunächst erscheint, je mehr möglicherweise voneinander zunächst ganz oder zumindest weitgehend unabhängig erscheinende Phänomene sie unter einem Hut zusammenfaßt, desto überzeugender finden wir die Theorie, sofern sie sich in immer neuen Tests immer wieder bewährt. Boveris Theorie der Chromosomenindividualität hat sich im weiteren Verlauf der Geschichte als eine Theorie von dieser Qualität erwiesen.

Gegen das Argument gleichsinnig wirkender Veränderungen in beiden Kernen führte Boveri an, daß die außerordentlich unterschiedliche prozentuale Häufigkeit der verschiedenen Anordnungstypen in der Äquatorialplatte der Zygote auch in der darauf folgenden Mitose in genau gleicher Weise gefunden wird. So findet Boveri den Typus 6 in den aufeinanderfolgenden Mitosen weitaus am häufigsten, Typus 3 dagegen sehr selten. Eine Umgruppierung hätte aber zu einer Zunahme von Typus 3 in der zweiten Mitose führen sollen.

Boveri kann also zugunsten seiner Theorie geltend machen machen: 1. Die Beobachtungen werden so in einfachster Weise erklärt. 2. Die konkurrierende Theorie einer zufallsgemäßen Neuverknüpfung der Chromosomenenden kann als widerlegt gelten. 3. Eine Theorie nicht zufallsgemäßer Neuverknüpfungen findet in den oben ausgeführten Überlegungen ebenfalls keine Stütze. Bislang wurde aber nur gezeigt, daß offenbar immer wieder die gleichen Chromosomenenden, die in der Telophase miteinander verbunden waren auch in der nächsten Prophase noch (oder wieder?) miteinander verbunden sind. Daraus läßt sich logisch nicht zwingend ableiten, daß das Chromatin, das diese gleichen Enden in der Prophase verbindet, mit dem Chromatin identisch ist, das diese Enden während der vorhergegangenen Telophase verbunden hat. Eines aber ist sicher: Die Hypothese, daß die richtigen Enden von Zellzyklus zu Zellzyklus durch immer wieder anderes Chromatin miteinander verbunden werden, postuliert komplizierte Mechanismen, für deren Existenz es keinen Hinweis gibt. Eine weitere Stütze seiner Theorie findet Boveri in der Beobachtung von Ascaris-Eiern mit abnormer Chromosomenzahl. Er findet, „daß jedes (überzählige) Chromosoma, das ein Kern enthält, sich auch in den von ihm abstammenden Zellen noch als überzählig nachweisen läßt".[42] ... „Das Wiederauftreten einmal festgestellter Zahlenabnormitäten (zwingt) zu der Vorstellung, daß sich im ruhenden Kern irgendetwas Zählbares erhält, derart, daß die Zahl der Stücke, in denen dieses Etwas vorkommt, für die Zahl der aus dem Kern herausgehenden Chromosomen bestimmend ist. Das heißt, wir werden durch diese Tatsache ... abermals auf die Annahme hingewiesen, daß im Ruhekern individualisierte Gebilde vorhanden sein müssen. Daß diese Individuen die metamorphosierten Chromosomen selbst sind, ist damit noch nicht gesagt. Das Gesetz der Zahlenkonstanz soll aber auch nicht ein Beweis für die Theorie der Chromosomenindividualität sein, sondern ... nur deren unerläßliche Basis."[43]

Den Übergang eines Chromosoms von der Mitoseform in die Interphaseform verglich Boveri „mit der Pseudopodienbildung eines Rhizopoden. Auf al-

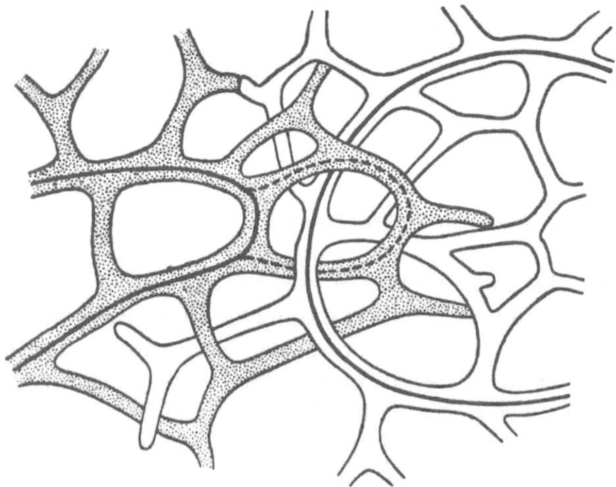

Abb. 2.9-11. Hypothetische Struktur des Chromatins während der Interphase. Aus Boveri (1909) Fig. III, S. 211. Boveri nahm an, „daß die von einem Chromosoma ausgehenden Bälkchen miteinander anastomosieren und auf diese Weise Ringe bilden". Das so aus den einzelnen Chromosomen entstehende Schwammwerk bildet nach Boveri getrennte Territorien aus, die Bälkchen eines Territoriums kommunizieren dabei nicht mit Bälkchen eines anderen Territoriums. Nur in sehr seltenen, abnormen Fällen kann es nach Boveris Modell vorkommen, daß zwei Ringe von benachbarten Chromosomen wie Glieder einer Kette ineinandergreifen und damit zu einer Verklammerung der betreffenden Chromosomen in der folgenden Mitose führen. Einen solchen hypothetischen Fall hat Boveri hier dargestellt

len Seiten erhebt sich die oberflächliche Schicht eines jeden Chromosoms zu Fortsätzen, die immer länger und zahlreicher werden, miteinander anastomosieren und so ein Schwammwerk bilden, in welches schließlich der Chromatinkörper aufgegangen ist".[44] (Abb. 2.9–11) Jedes Chromosom sollte so ein eigenes Reticulum, ein eigenes Kernterritorium bilden, der Interphasekern der höheren Tiere und Pflanzen also aus einer Anzahl solcher „Territorien" bestehen.[39] Aber das war reine Spekulation.

Die Grenze in Boveris Beweisführung lag darin, daß ihm keine Methode zur Verfügung stand, um die Verteilung der Chromosomen im Interphasekern direkt sichtbar zu machen. Wie sehr er sich dieser Grenze bewußt war, zeigt sich bei seinem Begriff der Individualität. „Selbst eine ... völlige Auflösung und Durchmischung aller Chromosomen (hält) sich im Rahmen der Individualitätstheorie, falls nur alle von einem Chromosoma stammenden Teilchen eine gewisse Affinität für einander besitzen, so daß sie sich beim neuen Sammeln immer wieder in einem Körper zusammenfinden."[45] Boveri betrachtete die Chromosomen „als Individuen, ich möchte sagen elementarste Organismen, die in der Zelle ihre selbständige Existenz führen".[46] Aber Individualität bedeutete für ihn „nicht Unveränderlichkeit, nicht eine dauernde Identität im mathematischen Sinne, sondern daß wir ein organisiertes Gebilde noch als das gleiche Individuum bezeichnen, wenn auch kein Teilchen mehr das gleiche ist, wenn Größe und Gestalt und alle Funktionen sich fundamental geändert haben".[47] Als Beispiel führt Boveri sogar den Schmetterling an, den man „das gleiche Individuum nennt wie die Raupe, aus der er sich entwickelt hat".[47] Um uns klar zu machen, wie extrem dieses Beispiel vom gleichen Individuum ist, müssen wir uns daran erinnern, daß sich bei den Schmetterlingen und anderen höheren Insekten die Imago, also das fertig entwickelte Tier, zum großen Teil aus kleinen Zellbezirken entwickelt, die während der gesamten Entwicklung der Larve in einem embryonalen Zustand verharren und damit für das Leben der Larve ohne Bedeutung sind. Diese Eigenart der Insektenentwicklung war auch Theodor Boveri bekannt, denn August Weismann hatte diese Vorgänge bereits 1863 entdeckt und die Zellbezirke zunächst Bildungsscheiben, später präziser Imaginalscheiben genannt.[47a] Unser Begriff der Chromosomenindividualität hat sich gegenüber Boveri erheblich verändert. Er ist durch unser Wissen über die chemische Struktur der Erbsubstanz in den Chromosomen, die DNA, und den Mechanismus der DNA-Vermehrung wesentlich präzisiert worden. Boveris Beispiel zeigt aber, mit welchen dramatischen Veränderungen der inneren Struktur der Chromosomen während des Zellzyklus und während der Entwicklung er rechnete. Nur auf den entwicklungsmäßigen Zusammenhang der einzelnen Chromosomenindividuen in den aufeinanderfolgenden Zellgenerationen kam es ihm an. Er hielt es bereits 1904 für möglich, daß die Paarung homologer Chromosomen (s. Kap. 2.12) zum Austausch von Erbsubstanz führen könnte. („Es [könnte] sich hierbei möglicherweise um einen Vorgang handeln, der der Konjugation einzelliger Wesen entspräche, so daß, wenn wir sagen: die Kopulanten lösen sich in der zweiten [oder ersten] Reifungsteilung wieder voneinander, dies nicht anders aufzufassen wäre, als wenn wir von zwei konjugierten Paramecien diese Aussage machen. Es sind eben nicht mehr die gleichen, die sich vereinigt haben, denn sie haben gewisse Bestandteile gegenseitig ausgetauscht. Ganz ebenso könnte es bei der Kopulation der Chromosomen geschehen.")[48] Während Boveri sich in seinen frühen Arbeiten zur Individualitätstheorie der Chromosomen unmittelbar auf dem Boden von Rabls Kontinuitätshypothese bewegte, kam es ihm in den späteren Arbeiten auf die Frage einer strukturellen Kontinuität der Chromosomen im Interphasekern immer weniger an. Hier machte er Zugeständnisse an seine Kritiker. Gerade diese Liberalität bot Gelegenheit für weitere Attacken seiner Widersacher. Boveri aber kam es auf Wahrheit an, nicht auf die Immunität seiner Theorie.

Oscar Hertwig meinte 1917, Boveri habe seine ursprüngliche Theorie „so wesentlich geändert, daß man sich fragen muß, ob er nicht richtiger gehandelt hätte, sie ganz fallen zu lassen".[49] Wenn Boveri überhaupt die Möglichkeit zugab, daß Chromosomen sich während der Interphase in Teilchen auflösen können – so weit hergeholt ihm selbst diese Annahme erschien – warum wehrte er sich dann so vehement gegen seinen Hauptkritiker Rudolph Fick? Nach Ficks „Manövrierhypothese" stellten die Chromosomen einfach die „taktischen Einheiten für die Chromatinteilungsmanöver der Zelle dar. Sie werden nur ‚auf Zeit' gebildet, entstehen und vergehen, sind aber in Zahl und Form der betreffenden Organismenart genau angepaßt, kehren daher bei jeder Teilung in der alten Zahl und Form wieder".[50] Die Zahlenkonstanz der Chromosomen erschien Fick nicht wunderbarer als die bestimmte Zahl der Staubfäden und Blütenblätter. Im Zellkern sollte sich der essentielle Inhalt der Chromosomen in isolierte Partikelchen zerstreuen, vergleichbar den Soldaten in einem mobilen Manöververband, und sich erst zur nächsten Mitose wieder zu den taktischen Verbänden der Chromosomen zusammenschließen. Der entscheidende Unterschied zwischen der Betrachtungsweise von Fick und Boveri war folgender: Boveri forderte, daß „alle früher in einem Chromosoma vereinigten Partikel sich bei der Vorbereitung zur nächsten Teilung wieder in einem zusammen finden".[51] Diese Forderung war ein entscheidender Pfeiler seiner Chromosomentheorie der Vererbung. Wir werden diesen Teil von Boveris Argumentation in Kap. 2.12 genau kennenlernen. Nur soviel sei hier schon vorausgeschickt. Nach Boveris Theorie der Vererbung sind Chromosomen essentiell verschieden und sie können ihre Funktionen nur in ganz bestimmten Kombinationen erfüllen. Beliebige Vermischung der Partikel während der Interphase mußte aber bei jeder Zellteilung zu einer zufälligen Veränderung in der Kombination der Vererbungssubstanz führen. Für Boveri stand oder fiel seine Theorie der Vererbung mit dem Paradigma der Chromosomenindividualität. Was immer auch mit den für die Vererbung essentiellen Bestandteilen der Chromosomen während der Interphase passierte, sie mußten in den Mitosechromosomen so zusammengefügt sein, daß beide Tochterzellen, nicht nur der Quantität, sondern auch der Qualität nach, die für die normale Entwicklung richtige Kombination der Bestandteile erhielten. Traf die Individualitätshypothese zu, dann war diese Forderung unmittelbar erfüllt. Mit einer einzigen Hypothese konnte Boveri „alle Tatsachen, die wir über die Wiederkehr bestimmter Zahlen, Größen, Formen und Gruppierungen der Chromosomen in normalen und abnormalen Fällen kennen, sowie die Tatsache über die Reduktion der Chromosomenzahl in den Keimzellen einheitlich erklären".[52] Fick dagegen konnte es recht sein, wenn sich beliebige Partikel in den Chromosomen zusammenfanden, weil ihm im Gegensatz zu Boveri die Chromosomentheorie der Vererbung insgesamt als ein haltloses Gebäude von Hypothesen erschien.[53] Alle militärischen Gleichnisse seiner Manövrierhypothese erklärten nichts von den Phänomenen der Vererbung (vgl. Kap. 2.12). „Wo die Individualitätshypothese fertig ist und unser Kausalitätsbedürfnis völlig befriedigt, da geht für denjenigen, der auf dem Standpunkt Ficks steht, die Aufgabe erst an."[52]

Die cytogenetische Forschung, der heute verschiedene Bänderungsverfahren zur Unterscheidung der individuellen Chromosomen zur Verfügung stehen und die sich mit der chromosomalen Feinlokalisation von Genen beschäftigt, benötigt Boveris ursprüngliche Beweisführung für das Paradigma der Chromosomenindividualität nicht mehr. Vielen Cytogenetikern ist vielleicht gar nicht mehr bewußt, daß dieses Paradigma zunächst einer so scharfsinnigen Begründung bedurfte. Hätte sich eine variable Schleifenstellung in den Prophasen der

Abb. 2.9-12. Theodor Boveri (1862–1915) im Alter von 46 Jahren. Aus „Erinnerungen an Theodor Boveri", Tübingen 1918: J.C.B. Mohr (Paul Siebeck)

beiden Schwesterzellen als Regelfall herausgestellt, so hätte Boveri für die Begründung seines Paradigmas nichts gewonnen. Denn solche Variabilität hätte entweder bedeuten können, daß Interphasechromosomen als Individuen in ständiger Bewegung sind oder daß sich die Chromosomen im Verlauf der Interphase auflösen und am Ende wieder in unterschiedlicher Weise neu bilden. Es wäre dann erforderlich gewesen, zunächst Methoden zur einwandfreien Identifizierung einzelner Chromosomen zu entwickeln. Der Scharfsinn der Beweisführung Boveris zeigt sich gerade darin, daß er das Paradigma bereits formulieren und elegant begründen konnte, bevor solche Methoden zur Verfügung standen.[54]

Bevor wir weitergehen in der Geschichte der Chromosomentheorie, wollen wir noch einen Augenblick bei Theodor Boveri stehen bleiben (Abb. 2.9–12). Lohnt es eigentlich heute noch die Mühe, Boveris Beweisführungen im Detail nachzuvollziehen? Wer Boveri liest, findet nicht nur glänzende Beispiele für das Wesen einer naturwissenschaftlichen Erklärung,[55] er erhält eine Vorstellung von der staunenswerten Intuition, die zur Entstehung der tragenden Paradigmata der Cytogenetik und der modernen Zellbiologie insgesamt geführt haben. Boveris Untersuchungen beschränkten sich dabei nicht nur auf die Rolle des Zellkerns und der Chromosomen bei der Vererbung (vgl. Kap. 2.10,12), sie behandelten ebenso den Einfluß des Cytoplasmas bei der Befruchtung und der Entwicklung des Eies, die Natur und Funktion des Centrosoms und die Rolle der Polstrahlung bei der Karyokinese.[56] Boveris Fähigkeit, das Netz einer kühnen Theorie zunächst an Hand weniger Befunde zu knüpfen und weit auszuwerfen, die zwingende Art und Weise, in der er die theoretischen und experimentellen Voraussetzungen und Konsequenzen seiner Hypothesen kritisch geprüft und alternative Erklärungen ausgeschlossen hat, stellen ihn in die erste Reihe der großen Naturforscher.

2.10 Chromosomentheorie der Vererbung vor 1900: August Weismanns Versuch einer „realen" Theorie

In einem 1890 veröffentlichten Aufsatz unterscheidet der Freiburger Zoologe August Weismann zwischen zwei Arten von Theorien, idealen und realen. Beide Formen finden sich „häufig in ein und derselben Theorie vermischt zusammen, sollten aber dennoch dem Begriff nach auseinandergehalten werden. Die ideale Theorie will nur zeigen, daß es Voraussetzungen gibt, unter welchen die betreffenden Erscheinungen verständlich, das heißt begreiflich werden."[1] Dabei spielt es zunächst keine Rolle, ob das zur Erklärung angenommene „Prinzip selbst irgendeinen Grad von Realität hat ... Reale Theorien aber machen nicht beliebige Voraussetzungen, sie bemühen sich nur solche zu machen, welche einen gewissen Grad von Wahrscheinlichkeit für sich haben, sie möchten nicht nur eine formale, sondern wenn möglich die richtige Erklärung geben".[2]

Sind ideale Theorien wertlos? Weismanns Antwort ist: „Sicherlich nicht! Sie sind der erste und oft ganz unentbehrliche Schritt, den wir auf dem Wege zum Verständnis verwickelter Erscheinungen zu tun haben und bilden die Grundlage, auf welche sich allmählich eine reale Theorie aufbauen kann. Sie geben vor allem den Anstoß, die zu erklärenden Erscheinungen wieder und wieder auf ihre Realität zu prüfen."[2]

Als Beispiel einer idealen Theorie nennt Weismann Darwins Pangenesis. Darwin nahm bekanntlich an, daß sich Keimchen (gemmules) in den somatischen Geweben bilden und über den Blutkreislauf zu den Keimzellen gelangen. Dort sollten sie die Vererbung erworbener Eigenschaften bewirken. „Vielleicht wäre ich," schreibt Weismann, „niemals darauf verfallen, die Vererbung erworbener Eigenschaften zu leugnen, wenn mir nicht Darwins Pangenesis gezeigt hätte, daß dieselbe nur durch eine so schwierig denkbare Annahme erklärbar erscheinen könnte, wie die der Abgabe, Circulation und Wiederansammlung von gemmules!"[3]

Ideale Theorien sollen also zu realen Theorien hinführen. Die meisten Theorien (ich möchte hinzufügen, vermutlich alle interessanten Theorien) sind eine Mischung von beidem.

Als Weismann seine Chromosomentheorie der Vererbung entwarf, wußte er nichts von Mendel und seinen Resultaten. Es fehlte ihm also ein aus unserer heutigen Sicht entscheidendes Element für eine „reale" Theorie. Sie konnte erst von Sutton und Boveri nach der Wiederentdeckung des Mendelschen Paradigma geschaffen werden (s. Kap. 2.11). Weismann wollte aber eine reale Theorie entwickeln. Wir werden sehen, was bei diesem Versuch herauskam. Dabei sollten wir Karl Poppers Satz im Gedächtnis behalten. „Sie (die Wissenschaften) bestehen nicht aus positivem oder sicherem Wissen, sondern aus kühnen Hypothesen, die wir durch scharfe Kritik dauernd verbessern oder ganz eliminieren. Damit kommt es zu einer schrittweisen Annäherung an die Wahrheit".[4]

Die folgende Darstellung der Chromosomentheorie der Vererbung bei August Weismann stützt sich auf eine Reihe von Aufsätzen Weismanns aus den achtziger Jahren des vorigen Jahrhunderts. In gesammelter Form erschienen sie 1892 unter dem Titel „Aufsätze über Vererbung und verwandte biologische Fragen". Im gleichen Jahr veröffentlichte Weismann ein weiteres bedeutendes Buch „Das Keimplasma, eine Theorie der Vererbung" mit dem schönen von Goethe stammenden Motto auf dem Titelblatt „Naturgeheimnis werde nachgestammelt".

Welche Voraussetzungen einer (realen) Chromosomentheorie der Vererbung waren bei Weismann gegeben? Es war zunächst der generelle Satz, daß Vererbung an ein materielles Substrat gebunden ist. Dieses Substrat nannte Weismann das Keimplasma. Weiter konnte er davon ausgehen, daß ein neues Lebewesen durch die Vereinigung zweier Geschlechtszellen entsteht. Oskar Hertwig, Fol, Strasburger hatten gezeigt, daß der Befruchtungsprozeß mit einer Kernkopulation einhergeht (siehe Kap. 2.6). Den Stand des Wissens hatte Balfour 1880 so zusammengefaßt,[5] „Der Befruchtungsakt läßt sich also darstellen als eine Verschmelzung des Eies und des Spermatozoons, und der wichtigste Zug an diesem Akte scheint die Vereinigung eines männlichen und eines weiblichen Kerns zu sein". Am schärfsten hatte Strasburger eine weitere Randbedingung einer Vererbungstheorie formuliert: „Das Cytoplasma ist an dem Befruchtungsvorgang nicht beteiligt".[6] Akzeptierte man den oben genannten generellen Satz und die weiteren Randbedingungen, dann folgte nach dem Kausalitätsprinzip zwingend, daß der Zellkern das materielle Substrat der Vererbung enthält. Weismann selbst hat in seiner Argumentation nicht von generellen Sätzen und Randbedingungen gesprochen. Ich habe seinen Gedankengang hier in der modernen Terminologie des Schemas von Hempel und Oppenheim formuliert.[7] Einen Sachverhalt erklären oder eine Prognose über ihn treffen, „bedeutet in der Wissenschaft, ihn auf generelle Sätze („Gesetze") und auf die systemspezifischen Randbedingungen zurückzuführen."[8]

Weismann hatte zunächst einigen Zweifel an der Richtigkeit von Strasburgers Randbedingungen. Zwar hatte man beobachtet, daß der Schwanz des Spermatozoons nicht mit in das Ei eindringt, „allein der Kopf und ein Teil des Mittelstücks, welche die Befruchtung bewirken, enthalten jedenfalls nicht bloß Kernsubstanz, sondern auch etwas vom Zellkörper, und wenn die Menge von Zellsubstanz, welche damit ins Ei gelangt, auch sehr gering sein mußte, so konnte sie doch zur Übertragung der Vererbungstendenzen vollkommen genügen."[9] Dieser Zweifel war selbstverständlich für einen Wissenschaftler, dem es erklärtermaßen darauf ankam, „die zu erklärenden Erscheinungen wieder und wieder auf ihre Realität zu prüfen" und er war, wie wir gleich sehen werden fruchtbar. Für Weismann erledigte sich das Problem damit, daß er „die Beobachtung Strasburgers über die Befruchtung des Phanerogamen-Eies durch einen *bloßen* Kern"[10] akzeptierte.

Damit war der entscheidende Schritt zunächst zu einer Kerntheorie der Vererbung getan. Die Theorie war richtig, wie sich später erweisen sollte, nicht aber die Beobachtung Strasburgers, auf deren Richtigkeit die Begründung der

Theorie zunächst so wesentlich beruhte. Den Pollenschlauch hinunter wanderten, wie sich später zeigte, nicht nackte Spermakerne, wie Strasburger glaubte, sondern kleine Zellen.[11]

Der Paradigmawechsel, den Oscar Hertwig 1875 in der Befruchtungslehre einleitete, bedeutete nicht, daß die Wissenschaftler mit einem Schlag den Zellkern als materiellen Träger einer Vererbungssubstanz anerkannt hätten.

Vererbungstheoretiker wie Nägeli kümmerten sich zunächst nicht sonderlich um die Konsequenzen von Hertwigs und Strasburgers Befunden für die Frage der Lokalisation der Vererbungssubstanzen in der Zelle. Im Gegenteil, nach Nägeli sollte sich die Vererbungssubstanz wie ein Netz durch alle Zellen des gesamten Körpers erstrecken:[12] „Das Idioplasma besteht also eigentlich aus strangförmigen Körpern, welche während jeder ontogenetischen Periode mit dem Wachsthum des Individuums stetig sich verlängern. Ferner müssen die Idioplasmastränge, da alle erblichen Vorgänge chemischer und plastischer Natur durch sie geregelt werden, überall im Organismus selbst an den verschiedenen Stellen jeder Zelle gegenwärtig sein, und ebenso muß, wie sich bei Betrachtung der phylogenetischen Veränderung ergeben wird, eine Communication zwischen den in verschiedenen Teilen eines Organismus befindlichen Idioplasmapartien stattfinden. Es ist daher eine kaum von der Hand zu weisende Annahme, daß das Idioplasma durch den ganzen Organismus als zusammenhängendes Netz ausgespannt sei; dasselbe wird in den Zellen selbst je nach der Beschaffenheit derselben eine verschiedene Gestalt annehmen, in den größeren Pflanzenzellen aber gewöhnlich innerhalb der Membran die Oberfläche überziehen, ferner auch häufig durch den Zellraum verlaufen und besonders auch im Kern zusammengedrängt sein! Der in Pflanzenzellen so häufig vorkommenden netzförmigen Anordnung des Plasmas und der netzförmigen Beschaffenheit der Kernsubstanz liegt wahrscheinlich das Idioplasmanetz zu Grunde."[12a] Die Idioplasmatheorie Nägelis lieferte zudem eine Erklärung für das damals akute Problem der Vererbung erworbener Eigenschaften. „Die von außen kommenden Reize treffen den Organismus gewöhnlich an einer bestimmten Stelle; sie bewirken aber nicht bloß eine locale Umänderung des Idioplasmas, sondern pflanzen sich auf dynamischem Wege auf das gesamte Idioplasma, welches durch das ganze Individuum in ununterbrochener Verbindung sich befindet, fort und verändern es überall in der nämlichen Weise, so daß die irgendwo sich ablösenden Keime jene localen Reizwirkungen empfunden haben und vererben."[13]

Forscher wie Friedrich Meves konzentrierten sich auf diejenigen Bestandteile des Spermatozoons, die außer dem Kopf in das Ei eindringen. Er kam 1908 zu der Auffassung, daß die Plastosomen „das materielle Substrat für die verschiedensten Differenzierungen bilden, welche im Lauf der Ontogenese auftreten".[14] Noch 1918 erschien im angesehenen Archiv für mikroskopische Anatomie ein Übersichtsartikel von Meves, in dem die Plastosomentheorie der Vererbung gegen die Einwände verschiedener Autoren, unter ihnen Hans Nachstsheim,[15] hartnäckig verteidigt wurde. Grundlage dieser Theorie war erstens die von Altmann 1890 postulierte Kontinuität der Plastosomen, „omne granulum e granulo".[16] Zweitens beobachteten Benda,[17] L. und R. Zoja,[18] sowie Meves[19] selbst, daß die Plastosomen — man nannte sie auch Plastidulen,

Chondriosomen, Plastochondrien, Plastokonten, Chrondriokonten oder (so zuerst Benda) Mitochondrien — bei Ascaris und anderen Tieren während „der Befruchtung ins Eiprotoplasma ausgestreut werden". (Abb. 2.10-1). In dem genannten Übersichtsreferat wird deutlich, daß der Zellkern als alleiniger Träger der Vererbungssubstanz, so wie es von Oscar Hertwig, Strasburger und Weismann postuliert wurde, von vielen Forschern auch mehrere Jahrzehnte nach Oscar Hertwigs epochemachender Untersuchung am Seeigel nicht ohne Vorbehalte anerkannt wurde. Meves' Standpunkt bezeichnete den extremen Gegenpol zu dieser Kerntheorie der Vererbung. Während die einen schon längst ihrer normalen Wissenschaft auf der Grundlage des neuen Paradigmas nachgingen, versuchte Meves ebenso entschieden sein konkurrierendes Paradigma durchzusetzen, und wieder andere waren unsicher, was von solchen konkurrierenden Theorien zu halten war, ein Zeichen für das Andauern einer Krise.

Die Krise hatte einen einleuchtenden Grund. Wenn alle Vererbungssubstanz im Zellkern gespeichert ist, wie nimmt diese Vererbungssubstanz dann Einfluß auf die Entwicklung eines Organismus und die Funktion seiner Zellen? Schließlich kommt es ja nicht bloß darauf an, das Keimplasma von Generation zu Generation weiterzugeben. Nach Weismann wird jede Zelle durch ihr spezifisches Idioplasma beherrscht. Wie sollte so etwas möglich sein, wenn das Idioplasma getrennt vom Cytoplasma im Zellkern verpackt war? In Nägelis oder Meves' Theorien der Vererbung erledigte sich wenigstens dieses Problem von selbst. Vererbungssubstanz war einfach überall dort vorhanden, wo sie benötigt wurde.

Heute ist das Problem einer cytoplasmatischen Vererbung gelöst: Es gibt sie.[20] Es gibt Gene außerhalb der Chromosomen, nämlich ringförmige DNA-Moleküle beispielsweise in Mitochondrien und Chloroplasten. Meves ständige Opposition gegen ein Kernmonopol der Vererbung erlebte damit einen späten Triumph. Er war bescheidener als Meves erhofft hatte, denn heute ist ebenso klar, daß das meiste an genetischer Information tatsächlich in den Chromosomen steckt. Doch würden wir ohne diese cytoplasmatischen Gene nicht existieren. Das macht sie wichtig genug. Aus dem Blickwinkel der Chromosomentheorie der Vererbung blieb Meves Außenseiter, dafür gehört er zu den Wegbereitern unserer Erkenntnisse über cytoplasmatische Vererbungsvorgänge. Außenseiter werden vergessen, aber sie spielen eine wichtige Rolle im Wachstum wissenschaftlicher Erkenntnis. Sie zwingen die Vertreter eines herrschenden Paradigmas, dieses Paradigma ständig zu rechtfertigen und sich mit seinen Anomalien zu beschäftigen.

Kehren wir zur Zeit August Weismanns zurück. Welche weiteren Argumente konnte man am Ende des 19. Jahrhunderts zugunsten einer Theorie des Zellkerns als Träger der Vererbungssubstanz vorbringen und darüber hinaus zugunsten einer Chromosomentheorie der Vererbung anführen und wie wollte man das Problem der Wechselwirkung zwischen Kern und Cytoplasma lösen?

Eine Folgerung aus der Kerntheorie der Vererbung war, „daß der Kern in dem Leben der Zelle auch auf alle diejenigen Funktionen von Einfluß sein muß, welche er später vererbt. Es wäre doch zum mindesten höchst unwahrscheinlich, daß ein Gebilde, welches in dem ganzen Leben der Zelle einen so

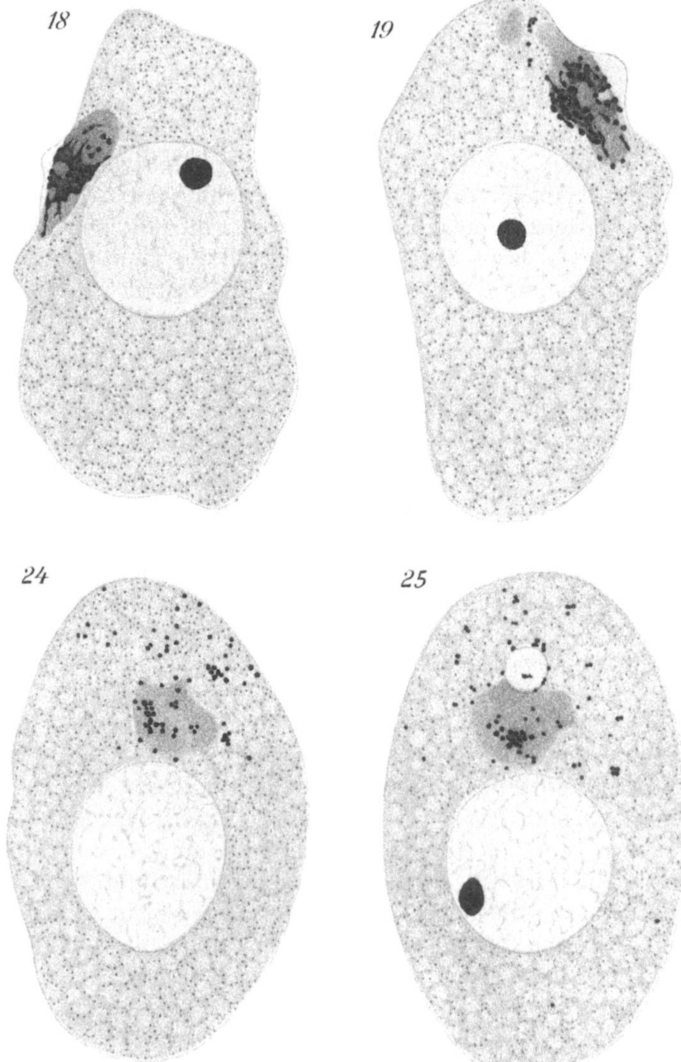

Abb. 2.10-1. Aus Meves (1915) Taf. I, Ausschnitte. *Fig. 18, 19* „Befruchtete Eizellen" (von *Filaria papillosa R.*). „Eiplastochondrien infolge stärkerer Differenzierung ... nur noch grau gefärbt. Spermium eben eingedrungen, unmittelbar unter der Zelloberfläche gelegen." *Fig. 24, 25* „Das Spermium liegt zwischen dem Eikern und dem in den Figuren oberen Pol der Eizelle. Auswanderung der männlichen Plastochondrien." (Schwarze Punkte). In weiteren Figuren stellt Meves die Verteilung dieser männlichen Mitochondrien im gesamten Cytoplasma der Eizelle dar

konstanten Bestandteil derselben darstellt, nur zur Zeit der Fortpflanzung in Aktion treten, dennoch aber der Träger aller elterlichen, vererbbaren Funktionen sein sollte".[21] So schreibt der Zoologe Bruno Hofer in der Einleitung zu einer 1889 erschienenen Arbeit „Experimentelle Untersuchungen über den

Einfluß des Kerns auf das Protoplasma". Hofer gehört zu einer Reihe von Forschern, die an verschiedenen einzelligen Lebewesen künstliche Teilungsversuche durchführten. Die Versuchsobjekte wurden dazu auf dem Objektträger mit einer Lanzette zerschnitten oder durch sanften Druck auf das Deckgläschen in kleine Fetzen zerrissen, unter denen sich kernhaltige und kernlose Stücke befanden. Die Natur ließ sich auf diese vergleichsweise grobe Art der Fragestellung ein, das heißt, die Fragmente überlebten in glücklichen Fällen, mehr noch, sie regenerierten gelegentlich wieder zu vollständigen Einzellern. In allen diesen Fällen — das war das entscheidende Resultat — enthielt das überlebende Fragment einen oder mehrere Zellkerne. Kernlose Fragmente dagegen gingen stets nach einiger Zeit zugrunde. Die ersten derartigen Versuche wurden wohl 1877 von Brandt an *Actinosphaerium Eichhornii* und 1879 von Schmitz an Algenzellen durchgeführt. In den achtziger Jahren kamen Versuche von Nussbaum[22] an ciliaten Infusorien, von Gruber[23] an Stentor und Amoeba und von einigen anderen Autoren[24] hinzu. Max Schultze hatte 1861 die Zelle definiert als „ein Klümpchen Protoplasma, in dessen Innerem ein Kern liegt."[25] Jede Zelle „führt ein, so zu sagen, in sich abgeschlossenes Leben, dessen Träger wieder vorzugsweise das Protoplasma ist, obgleich auch dem Kern jedenfalls eine bedeutende, freilich bis jetzt nicht näher zu bezeichnende Rolle zufällt."[25] Wie stand es nun um diese Rolle angesichts der neuen Befunde? Daraus, „daß der Kern die Wiederherstellung des verstümmelten Tieres leitet", folgerte Weismann, der die Versuche Grubers am Freiburger Zoologischen Institut veranlaßt hatte, „daß in ihm also das Wesen des ganzen Organismus mit allen seinen Einzelheiten in irgendeiner Weise enthalten sein muß."[26] War diese Folgerung zulässig? Sie war konsistent mit den Folgerungen, die man aus einer Kerntheorie der Vererbung ziehen mußte. Doch war sie — im Gegensatz zu Weismanns Ansicht — keineswegs zwingend. Das läßt sich leicht zeigen. Wie Verworn in einer 1892 erschienenen Untersuchung betonte, erleiden auch Kerne, die ihres umgebenden Protoplasmas beraubt sind, den unvermeidlichen Tod, ebenso wie kernlose Protoplasmafragmente. Verworn folgerte, „Es besteht demnach die Tatsache, daß von einer Zelle weder das Protoplasma ohne Kern, noch der Kern ohne Protoplasma dauernd lebensfähig ist."[27] Verworn hielt den Zellkern einfach für ein wesentliches Organell im Stoffwechselkreislauf der Zelle. Er nimmt aus dem Cytoplasma Stoffe auf, setzt sie um und gibt sie wieder an das Cytoplasma ab. Von Vererbung ist hier nicht die Rede. Nach Verworns Theorie konnte natürlich ein Zellfragment ohne Kern nicht lange überleben, selbst dann, wenn dieses Fragment alle zum Überleben notwendigen genetischen Informationen enthalten würde, denn es kommt ja nicht nur darauf an, Informationen zu besitzen, sondern ebenso auf die Fähigkeit sie zu gebrauchen.

War der Zellkern vielleicht ein Stoffwechselzentrum und steckte die Vererbungssubstanz am Ende doch mehr oder weniger vollständig im Cytoplasma? Regenerationsexperimente genügten zur Prüfung dieser Theorie nicht, genetische Experimente waren erforderlich.

Mit den Feststellungen Verworns war das Problem der Wechselwirkungen zwischen Kern und Cytoplasma nicht erledigt. Boveri gebrauchte dafür einen drastischen Vergleich. Die Erkenntnis, daß Cytoplasma und Zellkern beide für die Funktion der Zelle erforderlich sind, erschien ihm als Antwort auf das Problem der Lokalisation der Vererbungssubstanz, „ganz ebenso leer, wie wenn wir den analogen Satz aufstellen: Weder das Hirn noch der übrige Körper spielt allein die Hauptrolle im menschlichen Organismus, sondern beide sind in beständiger Wechselwirkung an dem Zustandekommen der Lebensfunktionen beteiligt. Wonach wir streben, das ist eben, die Art der Wechselbeziehungen, wie im Gesamtorganismus, so auch zwischen Kern und Protoplasma zu erforschen, wobei wir von vornherein, entgegen dem Verwornschen Satz[28] behaupten dürfen, daß beide Teile jedenfalls nicht ‚in gleicher Weise' am Zustandekommen der Lebenserscheinungen beteiligt sind."[29]

Es war der geniale Theodor Boveri, dem wir die Anfänge einer eigentlich experimentellen Cytogenetik verdanken. Auf einer Sitzung der Gesellschaft für Morphologie und Physiologie in München im Jahre 1889 wies er einleitend auf die Dürftigkeit der bisherigen Befunde der Kerntheorie der Vererbung hin. „Obgleich der Satz, daß die charakterbestimmenden und -vererbenden Substanzen der Zelle ausschließlich im Kern enthalten seien, manchen Ortes nicht mehr lediglich als höchstwahrscheinliche Hypothese, sondern bereits als Tatsache angesprochen wird, ließe sich doch leicht zeigen, daß derselbe weder durch die uns bekannten Erscheinungen bei der Befruchtung des Eies, noch durch die bis jetzt angestellten Versuche über die Rolle des Kerns bei den Protozoen bewiesen werden kann".[30] Boveri beschreibt dann, wie ein genetisches Experiment zu dieser Frage idealerweise aussehen sollte. „Eine einfache Überlegung ergibt vielmehr, daß die Entscheidung, ob die in dem ausgeführten Satz augesprochene Vererbungstheorie richtig ist oder nicht, überhaupt nur auf einem einzigen Wege erlangt werden kann, und dieser besteht — bei allgemeinster Fassung des Problems — darin, daß man von zwei verschiedenartigen Zellen von der einen das Protoplasma, von der anderen den Kern nimmt und diese Teile zu einer neuen Zelle vereinigt. Sind Kern und Protoplasma so beschaffen, daß sie die für ihr Bestehen notwendigen Beziehungen zueinander anknüpfen können, so werden die Eigenschaften, die an dieser künstlich erzeugten Zelle hervortreten, die gestellte Frage beantworten. Denn je nachdem entweder ausschließlich Qualitäten derjenigen Zelle zur Entfaltung gelangen, welche den Kern geliefert hat, oder derjenigen, von welcher das Protoplasma stammt, oder endlich eine Mischung beider, ist entweder nur der Kern das Bestimmende, oder nur das Protoplasma, oder es ist endlich jeder von beiden Bestandteilen fähig, die ihm seiner Herkunft gemäß innewohnenden Eigenschaften dem anderen Teil gegenüber aufrecht zu erhalten, so daß eine gegenseitige Beeinflussung und Anpassung statt hat. Dem Begriff der Vererbung im engeren Sinn entspricht eine solche Wahl der beiden Zellen, daß die aus dem Kern der einen und dem Protoplasma der anderen künstlich erzeugte Zelle ein entwicklungsfähiges Ei darstellt. Überdies wird dieser Fall, wie kein anderer zur Entscheidung unserer Frage geeignet sein; denn für keine andere Zelle besitzen wir ein so feines Maß der ihr zukommenden Qualitäten, als ein solches für das Ei in der Gestaltung des ausgebildeten Organismus gegeben ist."[31]

Ein erstes Experiment der geforderten Art hatte bereits Rauber (1886) angestellt. „An einem Froschei wurde eine Stunde nach der Befruchtung durch eine

vorsichtig eingeführte feine Spritze der Kern der ersten Furchungskugel extra-
hiert; dasselbe Verfahren ward an einem befruchteten Krötenei mit einer zweiten Spritze vorgenommen. Ich vertauschte darauf die beiden Spritzen und
führte in das Froschei den Krötenkern, in das Krötenei den Froschkern ein.
Enthält der Kern allein die Vererbungsfunktionen, so mußte sich aus dem
Froschei nunmehr eine Kröte, aus dem Krötenei ein Frosch entwickeln."[32] Boveris Kommentar zu diesem Versuch klang pessimistisch genug. „Wie wohl
vorauszusehen war, entwickelten sich die Eier nicht weiter, und auf den ersten
Blick scheint überhaupt gar keine Aussicht vorhanden, daß ein derartiges Experiment je gelingen würde. Wenn wir auch im Stande sind, aus manchen Zellen ohne jede weitere Schädigung den Kern zu entfernen, so dürfte doch die
künstliche Einführung eines neuen Kerns kaum auszuführen sein, ohne daß
durch tiefgreifende Alterationen des einen oder anderen Teiles ein Weiterleben
für beide unmöglich gemacht wird."[33]

In dieser Situation kam Boveri ein Zufall der Natur zu Hilfe. Die Brüder
Hertwig[34] hatten gefunden, daß Seeigeleier, wenn man sie in Reagenzröhrchen
mit wenig Wasser längere Zeit schüttelt, in Stücke zerfallen, von denen eines
den Kern enthält, während die anderen kernlos sind. Boveri stellte nun fest,
daß sich befruchtete kernlose Eifragmente „ebenso weit züchten lassen und
sich zu ganz ebenso gestalteten Larven entwickeln, wie ein kernhaltiges ganzes
Ei."[35] Boveri brauchte jetzt nur „statt eines Spermatozoon der gleichen Art das
einer anderen Art zu verwenden, um in der Tat den hypothetischen Fall (des
Kröteneies mit dem Froschkern) verwirklicht zu haben."[36] Boveri benutzte
zwei Seeigelarten, deren Larven in der Körperform und im Skelettbau beträchtlich voneinander abweichen, *Echinus microtuberculatus* und *Sphaerechinus gra-
nularis*. Sphaerechinus-Eier wurden „zerschüttelt" und mit Sperma von Echinus zusammengebracht. Die Voraussage war: „Ist die Kernsubstanz allein die
Trägerin der elterlichen Qualitäten, so mußten Larven mit reinem Echinus-Typus entstehenen."[37] Einen Einwand gab es allerdings noch gegen eine solche
Folgerung. „Es wäre ja denkbar, daß die Merkmale der beiden Spezies sich
nicht mischen könnten, daß die Larve, je nach Umständen, entweder nur dem
Vater oder nur der Mutter nachschlüge, während die Qualitäten der anderen
elterlichen Art latent blieben."[38] Der Nachweis von Larven mit reinem Echinus-Typus in dem genannten Experiment würde in diesem Falle nur bedeuten,
daß die von der Mutter stammende Vererbungssubstanz in kernlosen Eifrage-
menten inaktiv bleibt. Dieser Einwurf wurde durch die Untersuchung von echten Bestarden der beiden Spezies weitgehend entkräftet. Sie zeigten „ohne eine
einzige Ausnahme, ... sowohl in der Körpergestalt wie im Skelett eine ziemlich
genaue Mittelform zwischen den beiden Eltern."[38] Das Schlüsselexperiment
(„zerschüttelte" Sphaerechinus Eier vermischt mit Echinus Spermien) erbrachte das erwartete Resultat. Es zeigten sich einzelne echte Bastardformen
von normaler Größe. Sie wurden als Resultat der Befruchtung intakt gebliebe-
ner Eier gedeutet. Eine Bastardform wiesen auch viele Zwerglarven auf. Boveri
nahm an, daß diese Larven aus der Befruchtung kernhaltiger Eibruchstücke
entstanden waren. Ein anderer Teil der Zwerglarven dagegen zeigte vollkommen den Echinus-Typus. Außerdem zeigten Zwerglarven mit dem Bastardty-
pus wesentlich größere Kerne als Zwerglarven mit dem Echinus-Typus. Auch

dies wurde verständlich, wenn man annahm, daß die Kerne der einen Zwerglarven aus der Verschmelzung je eines Ei- und eines Spermakerns hervorgegangen waren, die Kerne der anderen Zwerglarven dagegen Nachkömmlinge eines einzigen Spermakerns waren. Boveri folgerte, Zwerglarven mit Echinus-Typus müssen offenbar aus der Befruchtung von kernlosen Fragmenten hervorgegangen sein. Um diese Interpretation zu sichern, versuchte er kernlose Eibruchstücke zu isolieren und getrennt zu befruchten. Dieser Versuch scheiterte jedoch an technischen Schwierigkeiten.

Boveri hatte also — das war jedenfalls seine Interpretation — in den Zwerglarven vom Echinus-Typus einen geschlechtlich erzeugten Organismus ohne mütterliche Eigenschaften erhalten. "Die aus kernlosen Eifragmenten erzeugten Larven (tragen) ausschließlich Charaktere der väterlichen Spezies zur Schau .... Mit dem mütterlichen Kern sind zugleich die mütterlichen Vererbungstendenzen beseitigt. Das mütterliche Protoplasma, obgleich es ja auch in diesem Fall materiell den weitaus größten Anteil an der Bildung des neuen Organismus nimmt, ist auf die Form desselben ohne allen Einfluß."[39]

„Und damit ist auch der Satz, daß lediglich der Kern Vererbungsträger sei, bewiesen."[39] Der Eleganz des experimentellen Ansatzes und der Logik von Boveris Gedankengang kann man sich kaum entziehen. Boveris Folgerung erscheint uns schlüssig. Wie war es aber um die Beweiskraft seines Experiments tatsächlich bestellt vor dem Gerichtshof der Wissenschaft, vor dem gefundene Resultate immer und immer wieder an der Realität überprüft werden müssen? Sehen wir weiter.

Schon bald erkannte Boveri, daß seine Versuche zur Entscheidung der Frage nicht genügten. Seeliger (1895, 1896), Morgan, (1894, 1895) und Vernon (1900) zeigten nämlich bald „daß Bastardlarven von rein väterlichem Typus auch aus kernhaltigen Eifragmenten, ja sogar aus ganzen Eiern entstehen können, wodurch die Beweiskraft des Versuchs erschüttert wurde, was Boveri selbst auch freimütig zugegeben hat."[40] Die neuen Befunde bedeuteten nicht notwendig, daß Boveri mit seiner Interpretation unrecht hatte, der Befund, daß die Zellkerne in Boveris Zwerglarven vom Echinus-Typus deutlich kleiner waren als in denjenigen vom Bastard-Typus, war nicht von der Hand zu weisen. Boveris kleiner Vortrag von 1889, so schrieb Edmund B. Wilson später, „war wie ein Keim, von dem aus sich neue Richtlinien des Wachstums nach vielen Richtungen ausbreiteten."[41] In späteren Experimenten hat Boveri dann „durch geniale Experimente die Beziehungen zwischen der Größe des Kerns, der Zahl der Chromosomen, die ihn aufbauen und der Zahl und Größe der entstehenden Zellen erschöpfend erforscht."[42] Seine glänzenden Beiträge zur „modernen" Chromosomentheorie der Vererbung werden wir in Kapitel 2.12 kennenlernen. Bis zu seinem Tod — Boveri starb 1915 erst 53 Jahre alt — beschäftigte Boveri sich immer wieder mit den ungelösten Fragen seiner „Merogonie-Versuche" (meros = Teil, gonos = Erzeugung).

Noch 1918 erschien im Archiv für Entwicklungsmechanik posthum eine letzte Arbeit „Zwei Fehlerquellen bei Merogonieversuchen und die Entwicklungsfähigkeit merogonischer und partiell-merogonischer Seeigelbastarde". Diese Arbeit enthält eine schonungslose Kritik der Unzulänglichkeiten seiner ersten Versuche von 1889. In einem Vorwort schreibt Frau Boveri, „Es war sein

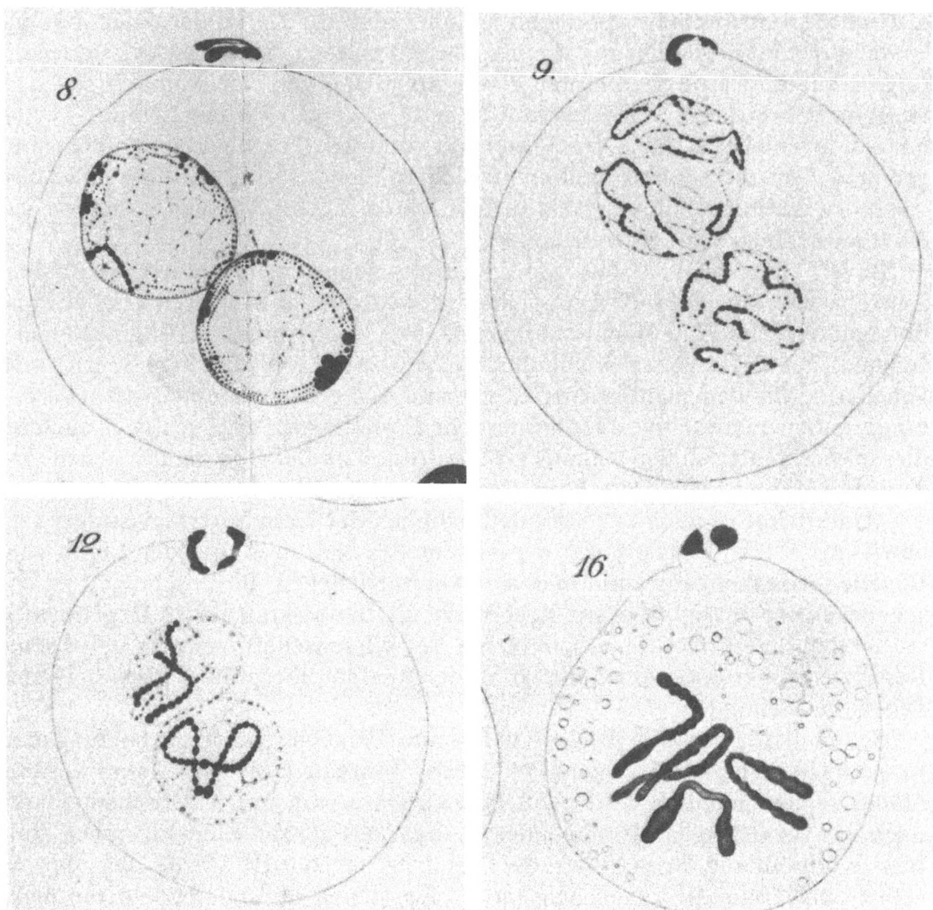

Abb. 2.10-2. Vorgänge im befruchteten Ei von *Ascaris megalocephala bivalens*. Aus van Beneden (1883) Taf. XIX bis, Ausschnitte. *Fig. 8*, Eikern und Spermakern („pronucleus") liegen nebeneinander. Der Spermakern ist aufgequollen und hat die gleiche Größe wie der Eikern erreicht. *Fig. 9, 12, 16*, beim Eintritt in die erste Furchungsteilung entstehen aus jedem der beiden Kerne zwei morphologisch gleichartige Schleifen (Chromosomen). („Formation des quatre anses chromatiques primaires.") Van Beneden war ein Anhänger der Vorstellung, daß zunächst ein in sich geschlossener Chromatinfaden entsteht (vgl. den unteren Kern in *Fig. 12*), der erst später in Stücke zerfällt (vgl. die Darstellung Flemmings in Abb. 2.7-4, Fig. 32, 33). Man beachte daß der Chromatinfaden in *Fig. 12* wie eine Perlenkette aus Chromatinkugeln aufgebaut erscheint (vgl. die Darstellungen Pfitzners und Weismanns in Abb. 2.10-6, b, c). Während die Gebrüder Hertwig (1887) noch davon ausgingen, daß sich die Substanzen von Ei- und Spermakern bei der Verschmelzung vollständig durchdringen („Verschmelzungstheorie der Kerne") behauptete van Beneden, daß sich die Fadenschleifen nicht vermischen, sondern in zwei Halbfäden aufspalten. Ein Halbfaden geht in die eine, der andere in die andere Tochterzelle. Jede Zelle des Körpers sollte so auf dem Wege der Fadenlängsspaltung männliche und weibliche Fadenschleifen enthalten. Dementsprechend glaubte van Beneden, daß jede Zelle außer den beiden Keimzellen hermaphroditisch ist. Die Meiose diente nach seiner Theorie der Befruchtung dem Zweck, die männlichen bzw. weiblichen Fadenschleifen aus den Keimzellen zu eliminieren. Erst dadurch sollte es zu rein weiblichen und rein männlichen Keimzellen kommen (van Beneden (1883); van Beneden und Julin (1884); vgl. Rabl (1915) S. 62 ff.; Rückert (1895))

ausdrücklicher Wunsch, daß die Arbeit trotz ihres unvollendeten Zustandes veröffentlicht werde, da ... er mit den mitgeteilten Resultaten einen alten, von ihm in die Wissenschaft eingeführten Irrtum zu berichtigen hoffte."

Boveri lebte vor, was Karl Popper von einem Wissenschaftler fordert, „Wann immer wir nämlich glauben, die Lösung eines Problems gefunden zu haben, sollten wir unsere Lösung nicht verteidigen, sondern mit allen Mitteln versuchen sie selbst umzustoßen".[43]

Betrachten wir jetzt Weismanns Argumente für eine Lokalisation der Vererbungssubstanz in den Chromosomen. Weismann nennt an erster Stelle van Benedens Beobachtungen über die Befruchtung von *Ascaris megalocephala*.[44] Dieser Schmarotzer kommt in zwei Varietäten vor, einer Varietät *univalens* mit zwei Chromosomen und einer Varietät *bivalens* mit vier Chromosomen. Van Beneden konnte zeigen, daß „die Kerne von Ei- und Samenzelle nicht etwa regellos miteinander verschmelzen, sondern daß ihre Kernschleifen sich zu zwei und zwei regelmäßig aneinander gegenüberlagern und so einen neuen Kern, den Furchungskern, bilden".[45] Damit war zum ersten Mal gezeigt, daß Eikern- und Spermakern gleichviel Chromosomenmaterial zum Furchungskern beitragen (Abb. 2.10-2, 3). Die Chromosomen erfüllten damit eine wichtige Forderung an die Vererbungssubstanz (Abb. 2.10-4).[46] Aus der Annahme, daß Vater und Mutter in gleichem Maße zur Vererbung von Eigenschaften beitragen, folgte, daß jeder Nachkomme von beiden Elternteilen gleichviel an Vererbungssubstanz erhalten mußte.

Zweitens verweist Weismann auf die Vorgänge der Kernteilung und den „Nachweis eines höchst wunderbaren und minutiösen Teilungs-Apparates durch Auerbach, Bütschli, Flemming und andere ... offenbar dazu bestimmt, die bis dahin noch rätselhafte ‚chromatische Substanz' des Kerns, die sogenannten Kernschleifen, aufs genaueste der Länge nach halbiert den zwei neu sich bildenden Tochterkernen zuzuführen."[47]

Drittens hatten Untersuchungen der Samen- und Eibildung von *Ascaris megalocephala*, var. bivalens, ergeben, „daß zuerst die ursprüngliche Zahl der Stäbchen von vier auf acht verdoppelt wird, um dann durch zwei aufeinanderfolgende Teilungen zunächst halbiert dann geviertelt zu werden. Das Endresultat ist somit eine Halbierung der in den Ursamenzellen enthaltenen Stäbchenzahl. Bekanntlich geschieht genau dasselbe durch die beiden Richtungsteilungen der Eizelle".[48] (Abb. 2.10-5) Bei der Eizelle allerdings mit dem Unterschied, „daß die Zellteilung hier eine so ungleiche ist und daß die Tochterzellen, welche aus ihr hervorgehen, nicht alle als Eier funktionieren können, vielmehr nur die größte von ihnen, diejenige, die allein das nötige Nahrungsmaterial zum Aufbau des Embryo in sich erhält."[49] Dieses Verhalten der Chromosomen entsprach einer Forderung von Weismann nach einer Halbierung der Zahl der Ahnenplasmen (so nannte Weismann die von ihm postulierten Einheiten der Vererbung, siehe unten) in den Keimzellen vor jeder geschlechtlichen Fortpflanzung. Denn wenn „bei jeder Befruchtung zwei individuell verschiedene Keimplasmen sich im Kern des Eies zusammenordneten", dann mußte „die Zahl dieser verschiedenen Keimplasma-Arten ... notwendig mit jeder weiteren Generation sich verdoppeln."[50] Nahm man nun weiter eine Minimalgrenze der Masse funktionsfähiger Ahnenplasmen an, dann „konnte ge-

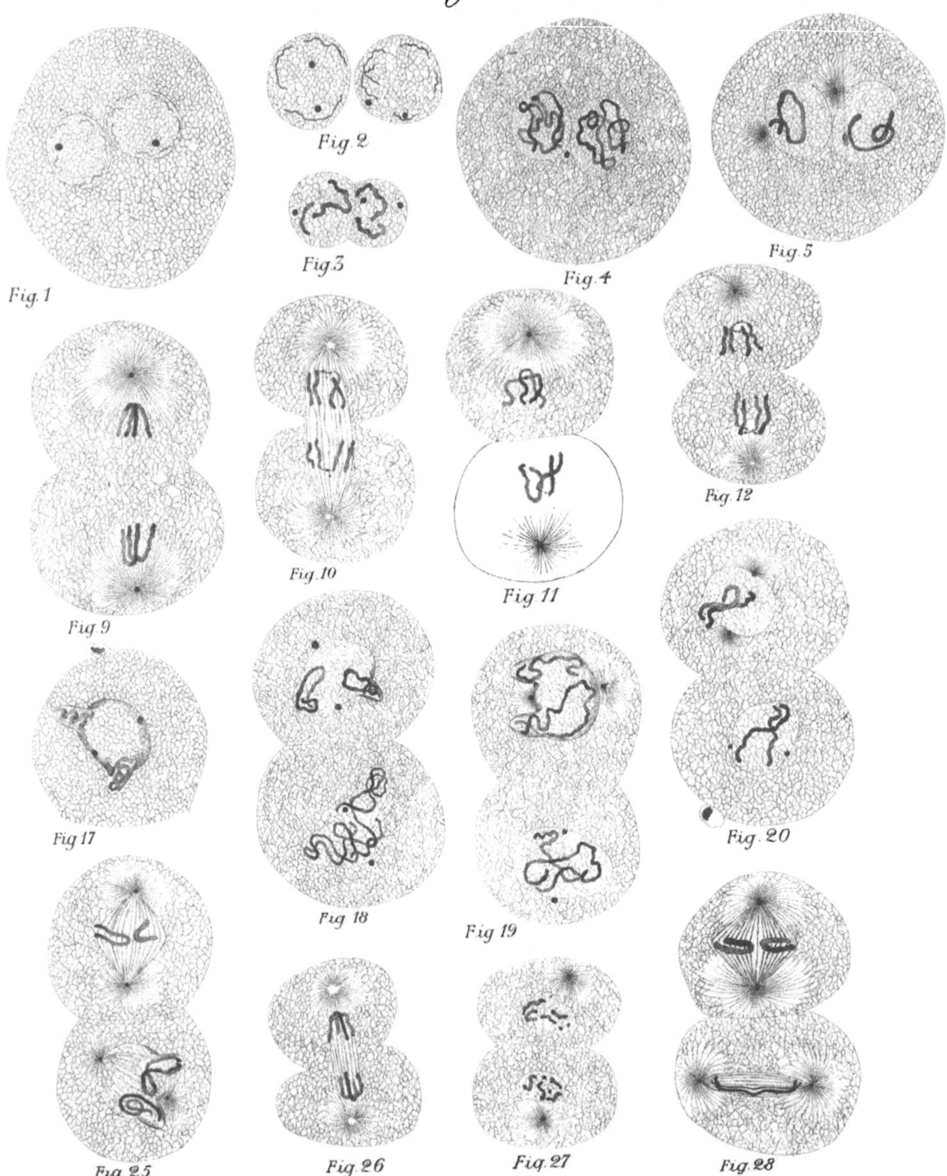

Abb. 2.10-3. Erste Entwicklungsstadien des befruchteten Eies bei *Ascaris megalocephala univalens*. Aus Carnoy und Lebrun (1897), Taf. II (verkleinert, 0,7 ×) (vgl. das Schema Weismanns in Abb. 2.10-4.). Aus dem Eikern und dem Samenkern *(Fig. 1)* bilden sich je ein Chromosom *(Fig. 4–6)*, während van Beneden (vgl. 2.10-2) je zwei Chromosomen gefunden hatte. Dieser Unterschied stiftete zunächst Verwirrung, bis man erkannte, daß van Beneden und Carnoy zwei verschiedene Varietäten von *Ascaris megalocephala* untersuchten. Die Vorzüge von *Ascaris megalocephala* für eine Untersuchung der Rolle der Chromosomen bei der Reifung der Keimzellen und beim Befruchtungsprozeß sind evident, wenn man dieses Objekt

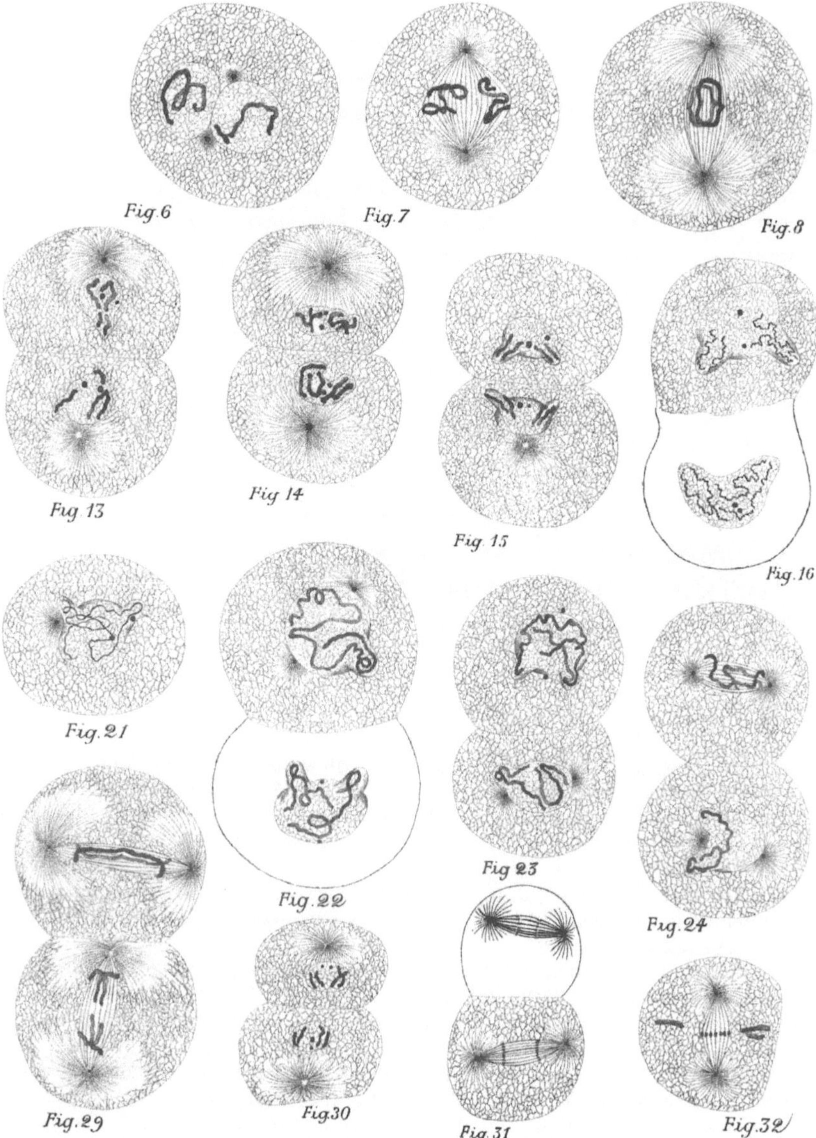

etwa mit dem Seeigelei vergleicht (vgl. Abb. 2.6-6. und die Schemata Weismanns in den drei folgenden Abbildungen).

Die *Figuren 31 und 32* zeigen eine zuerst von Boveri (1887c) beobachtete Besonderheit der Entwicklung von Ascaris megalocephala. Während in den Zellen der Keimbahn die ganzen Chromosomen erhalten bleiben, erfolgt in den übrigen somatischen Zellen eine Chromosomendiminuition. Die mittleren Anteile der beiden großen Chromosomen lösen sich dabei in eine Anzahl kleiner Chromosomen auf. Nur diese kleinen Chromosomen finden Anschluß an den Spindelapparat, während die lateralen Abschnitte der Chromosomen (vgl. *Fig. 32*) liegenbleiben und verloren gehen. Dementsprechend enthalten die Kerne der somatischen Zellen weniger Chromatin und sind kleiner als die Kerne von Zellen in der Keimbahn. Von Nussbaum (1902) und Fick (1906) wurde die Chromosomendiminuition als Argument gegen Boveris Paradigma der Chromosomenindividualität verwendet (Kap. 2.9)

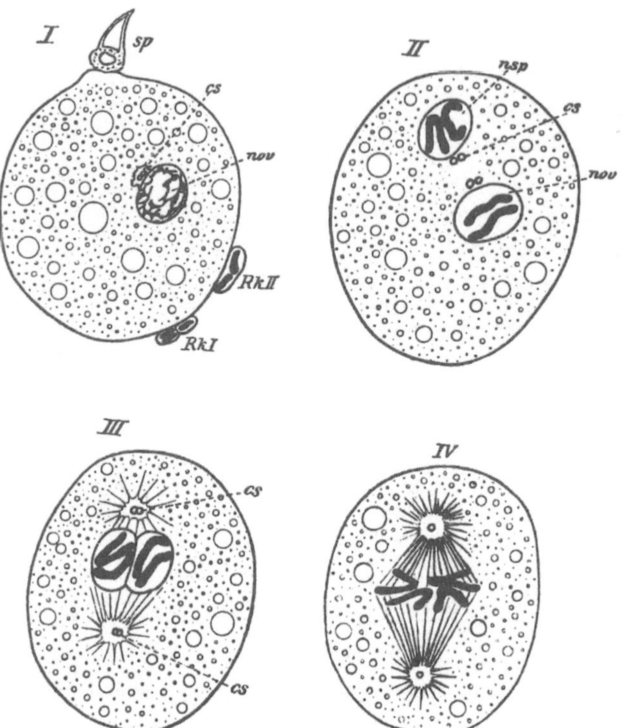

Abb. 2.10-4. „Schema der Befruchtung des Eies von *Ascaris megalocephala,* frei nach den Abbildungen und Angaben verschiedener Forscher." Aus Weismann (1892b) Fig. 18, S. 306.

I „Die Samenzelle (sp) ist im Begriff in das Ei einzudringen, in dessen Inneren der Eikern
(nov) mit seinem Centrosoma (cs) liegt. Rk I und Rk II die beiden primären Richtungskörper, das erste in zwei sekundäre geteilt, jedes mit zwei Idanten im Innern."

II „Der Spermakern (nsp) liegt im Inneren des Eies; ihm gegenüber der Eikern (nov). Jeder
von beiden enthält zwei Idanten und ist von einem durch Teilung verdoppelten Centrosoma (cs) bekleidet."

III „Die beiden Kerne haben sich aneinander gelegt, die paarweise gekoppelten Centrosomen
mit ihren Attraktionssphären liegen an den Polen der bereits sichtbaren Spindelfigur."

IV „Die Membran der Kerne ist verschwunden und die erste embryonale Kernteilung im
Gang."

In Fig. III sind das Ei- und das Spermacentrosom an je einen der beiden Pole der Spindel ge-
wandert. Beide nehmen also aktiv an der Bildung der Spindel teil. Nach Boveris Auffassung
dagegen ist das Centrosom des reifen Eies dagegen inaktiv. Die Pole der beiden Attraktionssphären in Fig. IV gehen aus der Teilung des allein aktiven Spermacentrosoms hervor (Boveri
(1887a, 1902)). In doppelt befruchteten Eiern (mit zwei aktiven Spermacentrosomen entstehen
dementsprechend in der Regel vier Attraktionsphären (vgl. Abb. 2.12-3, 4, 5). Dieses zunächst
sehr speziell erscheinende Detail wird später (Kap. 2.12) in Boveris experimenteller Beweisführung einer qualitativen Verschiedenheit der Chromosomen bedeutsam werden

Abb. 2.10-5. Eibildung *(oben)* und Samenbildung *(unten)* von *Ascaris megalocephala* bivalens. ▶
Schemata aus Weismann (1892a) S. 698 und 697. **A** „Urkeimzelle (Ukz)"; **B** „Mutterkeimzelle
(Mkz)"; **C** „erste Reduktionsteilung (Red. I). **D** Bei der Eireifung (oben) bildet sich als Ergebnis der ersten Reduktionsteilung der erste „Richtungskörper" (Rk1), in heutiger Terminologie
der erste Polkörper. Bei der Samenbildung (unten) entstehen bei der ersten Reduktionsteilung
zwei funktionell gleichwertige Tochterzellen. **E** Zweite Reduktionsteilung. **F** Reife Eizelle mit
den drei Eipolkörperchen (oben); vier Enkelzellen-Samenzellen (unten)

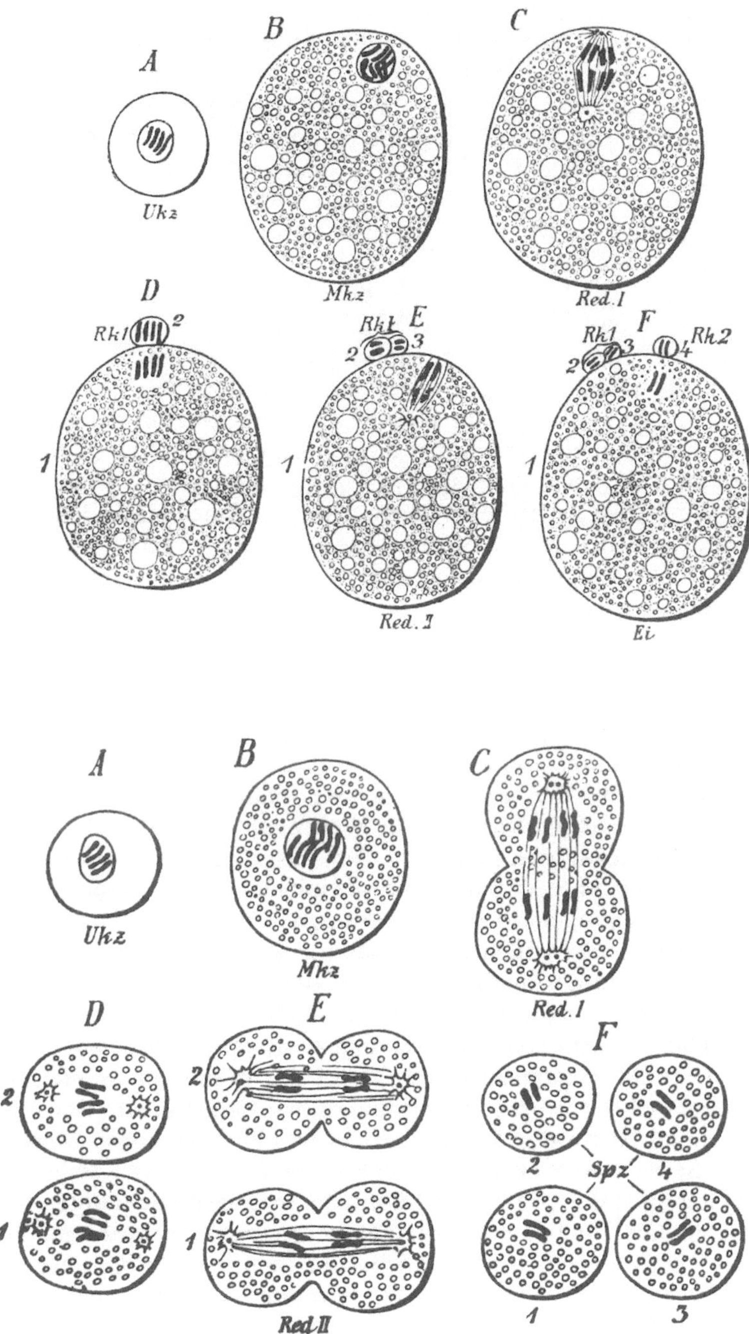

schlechtliche Fortpflanzung nur dadurch ermöglicht werden, daß entweder die Kernsubstanz an Masse fort und fort um das Doppelte anwuchs, oder — da dies nicht möglich war — dadurch, daß vor jeder Befruchtung das Keimplasma jeder Keimzelle halbiert wurde, nicht bloß der Masse nach, sondern vor allem der darin enthaltenen Individualitäts-Einheiten nach, eben jenen Ahnen-Keimplasmen, oder wie ich sie kurz nannte: Ahnenplasmen."[50] „Wenn die von mir geforderte Reduktionsteilung überhaupt existiert, so muß sie hier liegen, denn soweit überhaupt ein Beweis durch Beobachtung für dieselbe geleistet werden kann, so weit liegt er hier vor. Die Zahl der Kernstäbchen wird auf die Hälfte herabgesetzt, die Masse der Kernsubstanz wird also jedenfalls halbiert. Wenn wir aber annehmen müssen, daß die Kernstäbchen eines Kerns nicht absolut gleich sind, sondern aus verschiedenem, von verschiedenen Vorfahren herrührendem Keimplasma, das heißt, aus Ahnenplasmen bestehen, dann ist damit auch die Reduktion der Ahnenplasmen zugestanden."[51] (Abb. 2.10-6) Ein Rätsel blieb: Zwei Teilungen waren für die Halbierung des Kernmaterials erforderlich „weil die Zahl der Stäbchen sich vor Beginn der Reduktionsteilungen zuerst verdoppelt. Aber wozu diese Verdoppelung? Das ist der dunkle Punkt, den auch die Spermatogenese von Ascaris nicht ohne weiteres aufklärt."[52]

Wir haben vorhin eine zeitgemäße, konkurrierende Hypothese kennengelernt, die den Kern als Stoffwechselzentrum betrachtet, dagegen seine Eigenschaft als alleinigen Träger einer Vererbungssubstanz abstreitet. Verworn selbst nahm an, daß Kern und Protoplasma (Cytoplasma) beide Träger der Vererbungssubstanzen sind, da beide an der Befruchtung teilnehmen und „gezeigt worden ist, daß weder Protoplasma ohne Kern, noch Kern ohne Protoplasma lebens-, fortpflanzungs- und vererbungsfähig ist."[53] Die Erörterung der verschiedenen Hypothesen sollte dazu dienen, die Grenzen naturwissenschaftlicher Erkenntnis von der Funktion des Zellkerns im Jahr 1892, dem Erscheinungszeitpunkt der beiden Bücher Weismanns über die Vererbung, deutlich zu machen. Betrachten wir jetzt alle Weismann über den Zellkern und seine Chromosomen bekannten Fakten in der Zusammenschau, dann werden rasch die Schwierigkeiten deutlich, in die wir mit der konkurrierenden Hypothese geraten. Wir benötigen ad hoc Hypothesen, um das Verhalten der Chromosomen zu erklären, während sich alle Befunde in die Chromosomentheorie der Vererbung nicht nur zwanglos einfügen lassen, sondern zum Teil — wie die Reduktionsteilung — von dieser Theorie ausdrücklich gefordert werden. Das Netz der Chromosomentheorie zieht sich zusammen und es hält.

Die Chromosomentheorie erklärt die bekannten Fakten (die sich immer wieder selbst als brüchig entpuppen, wie Strasburgers Behauptung einer Befruchtung allein durch den Spermakern) in einer konsistenten Weise. Das allein beweist aber noch nicht, daß diese Theorie auch wahr ist. Die objektive Welt mag anders sein als die konsistente Theorie behauptet. Ich habe mich in dieser Darstellung auf Weismanns Beitrag zur Chromosomentheorie der Vererbung konzentriert. Ausdrücklich anmerken möchte ich aber, daß auch Oscar Hertwig und Strasburger zu den Begründern dieser Chromosomentheorie noch vor der Wiederentdeckung Mendels gehören.[54]

Weismann begnügte sich nicht mit der Rechtfertigung der Hypothese, daß die Chromosomen die Vererbung bewirken sollen. Der Wurf seiner Theorie

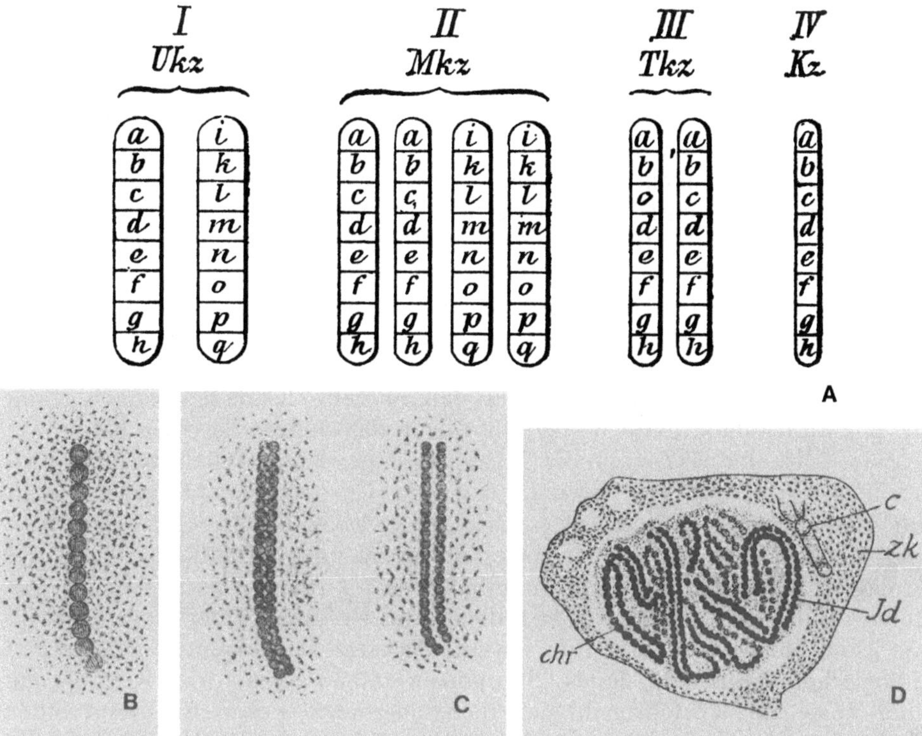

Abb. 2.10-6. A „Schema des Verhaltens der Idanten in den verschiedenen Stadien der Keimzellenentwicklung bei *Ascaris m. univalens*." Aus Weismann (1892a) S. 719. Jeder der beiden Idanten (Chromosomen) in der Urkeimzelle (Ukz, I) ist aus einer Reihe von Iden in linearer Reihenfolge aufgebaut. (Zum Begriff der Ide oder Ahnenplasmen als Einheiten der Vererbung bei Weismann vgl. den Text.) In den Mutterkeimzellen (Mkz, II) haben sich die Idanten mit den Iden verdoppelt. In den Tochterkeimzellen (Tkz, III) nach der ersten Reduktionsteilung sind nur noch zwei Idanten mit identischem Gehalt an Ahnenplasmen *(a–h)* enthalten. Die Idanten mit den Ahnenplasmen *(i–q)* sind in die andere Tochterkeimzelle (bei den Eizellen in das 1. Polkörperchen) gelangt. Im Verlauf der zweiten Reduktionsteilung entsteht schließlich die Keimzelle (Kz IV) mit nurmehr einem Idanten. Man beachte, daß die beiden Chromosomen in der Urkeimzelle von A.m. univalens einen unterschiedlichen Satz an Ahnenplasmen enthalten. Die Vorstellung von Paaren homologer Chromosomen existierte 1892 noch nicht. Die Reihenfolge der Ide *a–h* bleibt in dem hier dargestellten Idanten während des Bildungsprozesses der Keimzellen erhalten. Doch hielt Weismann es für möglich, daß sich die Zusammensetzung der Idanten „bei den ungeheuer langen Generationsfolgen" gelegentlich dadurch verändern kann, daß „Ide, die früher zu dem Idanten A gehörten, später einmal in die Zusammensetzung des Idanten B oder C eintreten." (Weismann (1892b) S. 312 f.) **B, C)** Aufbau eines Chromosoms aus einer Reihe von „Chromatinkugeln" *(b)*. Bei der Längsspaltung der Chromosomen zerfallen diese Chromatinkugeln in je zwei kleinere Kugeln *(c)*. Aus Pfitzner (1882) Fig. 1, 2. Nach der Auffassung früher Zytologen wie Balbiani (1876), Pfitzner (1882) und Strasburger (1884) sind die Chromosomen aus Chromatinkugeln (Pfitzner) oder Mikrosomenscheiben (Strasburger) zusammengesetzt und durch eine achromatische Zwischensubstanz (Nucleo-Hyaloplasma von Strasburger) zu einem Chromatinfaden aufgereiht. Der Id-Begriff bei Weismann entstand in dem Versuch die „Tatsache" solcher „Balbiani-Pfitznerschen Chromatinkörper" (Waldeyer 1888, S. 10) im Rahmen seiner Chromosomentheorie der Vererbung zu deuten. **D)** Samenmutterzelle (Spermatocyt) des Salamanders; aus Weismann 1913a, Fig. 86, S. 286. Die Zusammensetzung der Chromosomen (chr) aus Iden (Id) „(tritt) deutlich hervor"

reichte viel weiter. Mit der weiteren Ausgestaltung der Theorie wollen wir uns jetzt beschäftigen.

Welche Anforderungen waren an eine Vererbungssubstanz zu stellen? „Das Keimplasma, oder — wenn man lieber will — das Idioplasma der Keimzelle ist zwar gewiß in seiner feinsten Struktur äußerst kompliziert, aber trotzdem doch eine Substanz von ungemein großem Beharrungsvermögen, eine Substanz, die sich ernährt und wächst bis ins Ungeheuere, ohne dabei im Geringsten ihre komplizierte Molekularstruktur zu ändern. Wir dürfen dies mit Nägeli mit aller Bestimmtheit behaupten, obwohl wir direkt von dieser Struktur nichts erfahren können. Wenn wir aber sehen, daß manche Arten Jahrtausende hindurch sich fortgepflanzt haben, ohne sich zu verändern — ich erinnere nur an die heiligen Tiere der alten Ägypter, deren einbalsamierte Körper doch zum Teil 4000 Jahre alt sein müssen —, so beweist uns dies, daß ihr Keimplasma heute noch genau dieselbe Molekularstruktur besitzt, die es vor 4000 Jahren besessen hat."[55]

Wie stellte sich Weismann die Organisation des Keimplasmas in den Chromosomen vor? Weismann nahm an, daß jedes Chromosom eine gewisse Zahl von Ahnenplasmen (oder Iden) enthät (Abb. 2.10-6). Ein Id stellt die Einheit eines Keimplasmas dar, die geringste Substanzmenge, die nötig ist, damit *alle* „Anlagen" des Individuums darin enthalten sein können. Das Id ist eine „zur Hervorrufung eines vollständigen Individuums befähigte Vererbungs-Einheit" und „von sehr verwickeltem Bau, zusammengesetzt aus ungemein zahlreichen biologischen Einheiten." Jedes Chromosom enthält danach das Keimplasma einer Reihe von Vorfahren in der kleinstmöglichen Form. An dieser Stelle macht sich Weismanns Unkenntnis von Mendel besonders deutlich bemerkbar.[56] (siehe Kap. 2.11.).

Weismann nimmt in Anlehnung an Boveri und Rabl an, „daß die „Chromosomen" (Idanten) sich im ruhenden Kern nur scheinbar auflösen, daß sie in Wirklichkeit aber erhalten bleiben."[57] Er vermutet dementsprechend, „daß die Anordnung und Zusammensetzung der Idanten aus Iden von der elterlichen bis zur kindlichen Keimzelle sich gleichbleibt."[57] Weismann stützte seine „Vermutung von einer Kontinuität der Chromosomen vor allem auf die „nicht seltene Beobachtung, daß das Kind vorwiegend, ja fast ausschließlich dem einen der Eltern allein in hohem Grade gleicht. Würden die Elemente der Chromatinstäbchen, das heißt die Ahnenplasmen in jedem Ruhestadium des Kerns regellos durcheinandergemengt, um später dann in beliebiger Zusammenordnung auf die Idanten verteilt zu werden, dann könnten kaum jemals die zerstreuten Ide sich wieder zu den ursprünglichen mütterlichen oder väterlichen Idanten zusammenfinden. Das individuelle Gepräge des Kernstäbchens (Idanten) kann aber nur auf seiner Zusammensetzung aus bestimmten Iden beruhen. Trotzdem werden wir uns diese Zusammensetzung nicht als etwas ein für alle Mal Unveränderliches denken dürfen. Der tatsächlich beobachtete stete Wechsel der Individualität im Laufe der Generationen, die Nimmerwiederkehr ein und desselben Individuums erfordern, so scheint mir, die Annahme, daß auch die Anordnung der Ide innerhalb des Idanten gelegentlich verändert werden kann, wenn auch nicht bei jeder Rekonstruktion desselben, sondern nur dann und wann im Laufe der Generationen."[58] Weismann schreibt also der genauen Anordnung seiner Ide in den Chromosomen eine wesentliche Funktion zu, wenn auch die Ähnlichkeit eines Kindes mit einem der Eltern eine (aus heutiger Sicht) dürftige Begründung für eine so weitreichende Behauptung ist. Weismann ist sich dieser Schwäche bewußt, denn er gesteht zu, „für mich würde ... an und für sich die Auflösung der Chromatinstäbe oder Idanten bei jedem Ruhestadium des Kerns nichts Unannehmbares enthalten, wenn dabei nur die einzelnen Ide unaufgelöst bleiben."[57] Sein Argument zugunsten einer Kontinuität der Chromosomen im Verlauf der Zellteilung tauchte später bei Boveri in abgewandelter Form wieder auf. Es gewann ungemein an Schärfe, sobald Boveri erkannte, daß einzelne Chromosomen zwar eine Vielfalt einzelner Erbanlagen (Gene)[59] enthalten, aber keine vollständigen Ahnenplasmen. Unter der Voraussetzung einer qualitativen Verschiedenheit der Chromosomen hat die Durcheinandermengung von Genen in jedem Ruhestadium des Kerns und beliebige Neuordnung in den sich dann bei jeder Zellteilung neu konstituierenden Chromosomen allerdings fatale Folgen. Sie würde dazu führen, daß manche Gene in den resultierenden Zellen in der Überzahl, andere dafür gar nicht vorhanden sind (vgl. Kap. 2.12, S. 229 f.).

Die soeben betrachteten Anschauungen Weismanns betreffen nur die Frage der möglichen Organisation der Vererbungssubstanzen in den Chromosomen. Eine plausible Theorie mußte aber auch erklären, wie die in den Chromosomen gespeicherten Anlagen überhaupt Einfluß auf die Zelle nehmen können. Weismann nahm an, daß jedes Id eine Anzahl von Determinanten enthält.[60] Diese Determinanten sollten die Fähigkeit besitzen, sich zu gegebener Zeit in eine Anzahl Biophoren aufzuteilen.[61] Den Biophoren schrieb Weismann die Fähigkeit zu, „durch sehr klein anzunehmende Poren der Kernmembran"[61] hindurchzutreten, in den Zellkörper auszuwandern und so eine bestimmte Differenzierung der Zelle in Form und Funktion zu bewirken. Jede differenzierte Zelle sollte so von einer einzigen Sorte von Determinanten beherrscht werden. Weismanns Determinante ist mit anderen Worten eine Art Supergen, das alle Funktionen in einer Zelle steuert.

Wie kommt es dann, daß von den „hunderttausenden solcher Determinanten"[62] nur die jeweils richtige wirksam wird? Dieses Problem verlegte Weismann in die Ontogenese.[63] Er nahm an, daß die Veränderungen des Keimplasmas in der Ontogenese „in einer gesetzmäßigen Zerlegung der Determinanten in immer kleinere Gruppen bestehen, die so lange fortgeht, bis schließlich in jeder Zelle nur noch eine Art von Determinanten enthalten ist, diejenige, welche sie zu determinieren hat." Die Entstehung verschieden differenzierter Zellen während der Entwicklung eines Individuums faßte Weismann dementsprechend als Folge von qualitativ ungleichen Kernteilungen auf. „Bei jeder der Zellteilungen, durch welche das Ei zum ganzen Organismus wird, spaltet sich dieses Idioplasma in zwei, der Masse nach gleiche Hälften für die Kerne der beiden Tochterzellen; diese sind aber ihrem Wesen nach nicht immer gleich, vielmehr nur da, wo Zellen gleicher Bedeutung entstehen, überall da aber verschieden, wo Zellen von verschiedener Entwicklungsbedeutung aus der Teilung hervorgehen."[64] Nur in den Zellen der Keimbahn sollte ein kleiner Teil des Keimplasmas unverändert erhalten bleiben. Zunehmende Differenzierung von Zellen bedeutet in der Theorie Weismanns die fortgesetzte Vereinfachung in der Zusammensetzung des Idioplasmas aus Determinanten.[65]

In seiner Theorie der Vererbung hat Weismann das Postulat einer Kontinuität des Keimplasmas begründet. Sie wird durch die ununterbrochene Generationenfolge der Zellen bewerkstelligt, die Keimplasma enthalten, in Tieren also durch die Zellen der Keimbahn (Abb. 2.10-7). Nur diese Zellen tragen zur Entstehung von Nachkommenschaft bei. Die Konsequenz seiner Theorie für die Frage einer Vererbung erworbener Eigenschaften hat Weismann in voller Schärfe gezogen. Damit eine im Laufe des Lebens eines Individuums erworbene Abänderung, Weismann nennt als Beispiel eine durch Verletzung bestimmter Strukturen des Nervensystems erworbene Epilepsie, erblich werden kann, muß sie „eine Veränderung in der feinsten Molekülarstruktur des Keimplasmas ... veranlassen, und zwar eine solche, die zur Folge hat, daß diese Keimzelle, wenn sie befruchtet wird und sich zum neuen Tier aufbaut, zu der nämlichen epileptogenen Molekülarstruktur jener Nervenelemente in dem grauen Kern des Pons und der Medulla oblongata führte, wie sie die Eltern erworben hatten! Wie sollte das geschehen? Was sollte überhaupt in die Ei- oder Samenzelle hineingeführt werden, damit sie die betreffende Veränderung erlit-

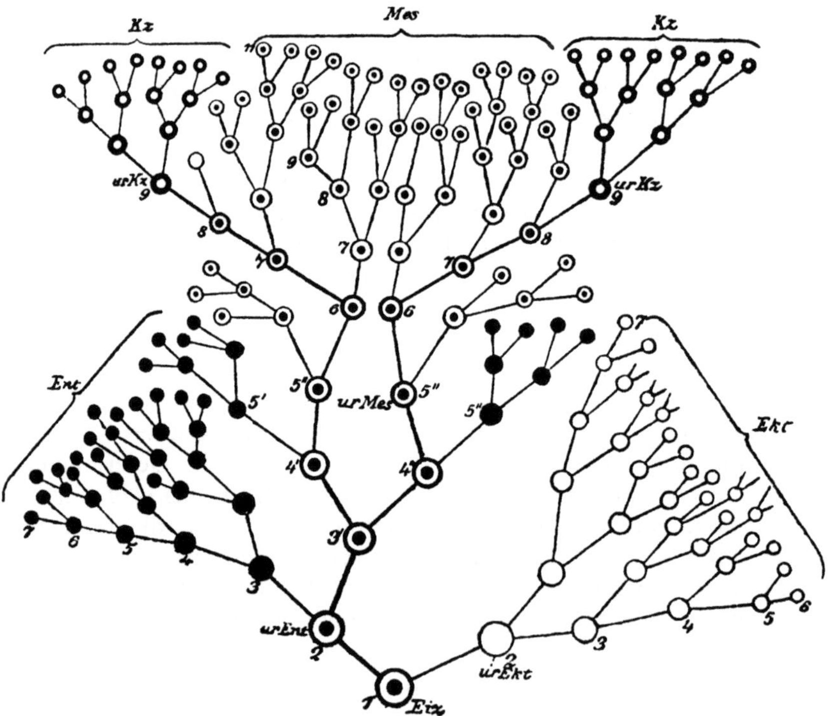

Abb. 2.10-7. „Schematische Darstellung der Keimbahn eines Wurmes, *Ascaris nigrovenosa.*" Aus Weismann 1892b, Fig. 16, S. 258. „Die Zellgenerationen sind mit arabischen Ziffern bezeichnet, alle Zellen der Keimbahn durch dicke Striche verbunden und die verschiedenen Hauptarten der Zellen verschieden gekennzeichnet, die Zellen der Keimbahn durch schwarzen Kern, die des Mesoblasts (Mes) durch einen Punkt im Innern, die des Entoblasts (Ent) ganz schwarz, die Urkeimzellen (urKz) mit weißem Kern. Die Zellfolgen sind höchstens bis zur 12. Generation eingezeichnet"

te? Darwinsche „Keimchen" vielleicht? Aber diese repräsentieren ein jedes eine Zelle; hier aber haben wir es nur mit Molekülen oder Molekülgruppen zu tun, man müßte also für jede Molekülgruppe ein besonderes Keimchen annehmen und somit die ohnehin schon unendliche Zahl der Keimchen noch um etliche Milliarden vermehrt denken! Aber gesetzt selbst, die Theorie der Pangenesis sei richtig, es zirkulierten wirklich ‚Keimchen' im Körper und unter ihnen auch solche von jenen erkrankten Gehirnelementen, und auch von letzteren gelangte ein Teil in die Keimzellen des Tieres, zu welch' abenteuerlichen Vorstellungen führte die weitere Verfolgung dieser Idee! Welch' unfaßbare Menge von Keimchen müßte sich da in einem einzigen Samenfaden zusammenfinden, wenn jedes Molekül oder jede Molekülgruppe (Micell) des ganzen Körpers, welche zu irgendeiner Periode der Ontogenese an ihm teilgenommen hatte, nun auch in der Keimzelle durch ein Keimchen vertreten sein müßte! Und doch wäre dies die unvermeidliche Konsequenz der Annahme, daß erworbene Molekularzustände bestimmter Zellgruppen sich vererben könnten".[66]

Wer die Chromosomentheorie der Vererbung in irgendeiner Form akzeptierte — sei es in der Form von Weismann oder Hertwig, sei es später in der Form von Sutton oder Boveri oder Morgan — *und* an einer Vererbung erworbener Eigenschaften festhalten wollte, mußte das Rätsel lösen, wie erworbene Eigenschaften zu genau korrespondierenden Veränderungen in der komplizierten Struktur der Vererbungssubstanz führen können. Roux, der Weismann zustimmte, empfand dessen Stellungnahme gegen eine Vererbung erworbener Eigenschaften als „Erlösung von einem auf unserem Erkenntnisvermögen lastenden Alp", als Befreiung von Problemen, „welche schwerer lösbar erscheinen als das der Entstehung des Zweckmäßigen ohne zwecktätiges Wirken".[67] Oscar Hertwig dagegen gab zwar zu, „daß die Erklärung der Übertragung (von Veränderungen des ‚Personalteiles' auf den ‚Germinalteil') zu den schwierigsten Problemen gehört", fand aber, daß diese Schwierigkeit nicht minder für den umgekehrten Prozeß besteht, für die Entfaltung der in der Erbmasse der Zelle gegebenen unsichtbaren Anlagen zu den sichtbaren Eigenschaften des Personalteiles".[68] Die „schier unüberwindlichen theoretischen Hindernisse", die Weismann gegen die Annahme einer Vererbung erworbener Eigenschaften geltend machte, akzeptierte Hertwig nicht. Noch in der 1920 erschienenen 5. Auflage seines Lehrbuchs „Allgemeine Biologie" vertrat er die These, daß Abänderungen dieser oder jener Funktion während des individuellen Lebens zu korrespondierenden Veränderungen des Idioplasmas führen können. „Die Erbmasse des Organismus wird um ein neues Glied, eine neue Anlage bereichert, welche bei der Entwicklung der nächsten Generation sich wieder manifestiert, indem das neuentstehende Individuum jetzt schon ‚vom Keim aus' oder aus inneren Ursachen die von den Eltern im individuellen Leben, im Verkehr mit der Außenwelt, erworbenen Eigenschaften mehr oder minder reproduziert".[69]

Die These einer Vererbung erworbener Eigenschaften zwingt zu der Behauptung, daß die in den Chromosomen der Keimzellen enthaltene genetische Information während des Lebens eines Individuums in einer *planvollen* Weise verändert und erweitert werden kann. Alle Experimente, die zugunsten dieser Behauptung vorgebracht wurden, ließen sich entweder auch anders interpretieren oder sie stellten sich methodisch als unhaltbar heraus.[70] Oscar Hertwigs

Argument ist heute widerlegt. Die molekulare Genetik bietet wenigstens in Ansätzen plausible Modelle wie „die Entfaltung der in der Erbmasse der Zelle gegebenen unsichtbaren Anlagen zu den sichtbaren Eigenschaften des Personalteiles" vor sich geht. Dagegen führt der Versuch einer Erklärung der Vererbung erworbener Eigenschaften im Rahmen des Erkenntnishorizontes der molekularen Genetik in der Tat zu unlösbaren Schwierigkeiten und Widersprüchen. Damals war das anders. Neben Oscar Hertwig und seinem Bruder Richard hielten viele der bedeutendsten Biologen des ausgehenden 19. Jahrhunderts wie Darwin, Spencer, Virchow, Haeckel, Hering, Nägeli und andere an dieser Möglichkeit fest.[71] Weismanns Behauptung, daß die Vererbung erworbener Eigenschaften unvorstellbar sei, war nur schlüssig im Rahmen seiner Theorie des Keimplasmas. Aber diese Theorie eilte dem Stand einer experimentell fundierten Vererbungswissenschaft weit voraus. Anstelle der Einschachtelungstheorie der Präformisten im 17. und 18. Jahrhundert setzte Weismann seine Vorstellung der eingeschachtelten geformten Anlagenkomplexe. Weismanns moderne Präformationstheorie erschien vielen seiner Zeitgenossen ebenso unvorstellbar wie einem heutigen Biologen die Vererbung erworbener Eigenschaften. Weismann warf Steine auf die Vertreter der Vererbung erworbener Eigenschaften, aber er saß dabei selbst im Glashaus einer anfechtbaren Theorie. Nahezu alles an August Weismanns Chromosomentheorie der Vererbung erwies sich später im Detail als unhaltbar. Und doch erwiesen sich seine Gedanken für das Problem der Vererbung als außerordentlich fruchtbar. Überlassen wir Theodor Boveri das letzte Wort in diesem Kapitel. „Jeder, der die Geschichte unseres Wissensgebietes in den letzten 20 Jahren verfolgt hat," so schrieb Boveri 1904 in seiner berühmten Arbeit „Ergebnisse über die Konstitution der chromatischen Substanz des Zellkerns", „wird bereitwillig und dankbar anerkennen, wie wertvoll, ja vielleicht unersetzlich gerade auf unserem Feld der Versuch gewesen ist, aus spärlichen Tatsachen durch Verbindung mit einem konsequenten Hypothesenwerk ein Bild dessen zu konstruieren, was in seiner wahren Gestalt vielleicht von einer fernen Zukunft erhofft werden darf. Denn es ist nicht zu bezweifeln, daß der Wunsch nach Verwirklichung solcher theoretischer Luftschlösser ein mächtiger Antrieb zu mühevollsten Einzeluntersuchungen gewesen ist. Allein wo wir uns über den wirklichen Fortschritt Rechenschaft geben wollen, müssen wir uns klar darüber sein, wie weit Beobachtung und Experiment für sich allein zur Zeit zu reichen vermögen. ... aber freilich wollte ich bei der Beschränkung auf diese Grenzen nicht auf die allernächste Hypothesenatmosphäre verzichten, ohne die jeder Tatsachenkörper tot bleiben muß".[72]

2.11 Die Geburt der Genetik: Das Paradigma von Gregor Mendel

Der Aufstieg der Genetik begann im Jahr 1900, als die Botaniker Hugo de Vries, Carl Correns und Emil Tschermak im Verlauf eigener Experimente auf eine schmale Veröffentlichung „Versuche über Pflanzenhybriden" des Augustinerpaters Gregor Mendel aus dem Jahre 1866 aufmerksam wurden. Sie fand sich im IV. Band der Verhandlungen des Naturforschenden Vereines in Brünn und war seitdem völlig der Vergessenheit anheim gefallen.[1] Es zeigte sich, daß der 1884 als Abt des Augustinerstiftes St. Thomas zu Brünn verstorbene Mendel in seiner Arbeit bereits zu denselben Resultaten und derselben Deutung gekommen war wie de Vries, Correns und Tschermak 35 Jahre später.[2] Die Ergebnisse dieser Untersuchungen sind uns heute als die Mendelschen Regeln vertraut: die Uniformitätsregel, die Spaltungsregel und die Unabhängigkeitsregel der Vererbung „mendelnder" Merkmale. Die Untersuchungen Mendels, von denen wir gleich ausführlich zu sprechen haben, und seiner Wiederentdekker wurden zum Fundament der modernen Genetik. Seine Taufe erhielt das neue Fach 1906 auf der „Dritten Internationalen Konferenz für Bastardierung und Pflanzenzüchtung" in London. Diese Konferenz stand bereits ganz im Zeichen Mendels. Ihr Präsident, William Bateson, ein Pionier der neuen Richtung, betonte in seiner Eröffnungsprache, daß eine ganz neue Wissenschaft sich zu entwickeln begonnen hatte. „Die Wissenschaft", so fuhr Bateson wörtlich fort, „hat noch keinen Namen, wir können die Art unserer Arbeit nur durch umständliche und oft mißverständliche Umschreibungen wiedergeben. Um diese Schwierigkeit zu beseitigen, schlage ich dem Kongreß den Ausdruck Genetik vor, der hinreichend zu erkennen gibt, daß unsere Arbeiten der Aufhellung der Erscheinungen der Vererbung und Variation gewidmet sind."[3] Im Programm dieses eigentlich dem Gartenbau dienenden Kongresses gab es sogar schon einige Vorträge, die sich mit Vererbungsversuchen an Mäusen, Kaninchen und Hühnern beschäftigten, ein Beleg dafür, wie eng das neue Paradigma von Mendel die Botanik und die Zoologie wieder zusammengeführt hatte. Die Genetik erwies sich als Brückenwissenschaft zwischen den verschiedenen biologischen Disziplinen.[4] Der nächste Kongreß, der 1911 in Paris stattfand, trug bereits den Titel „Vierte Internationale Konferenz für Genetik". Hans Nachtsheim schreibt dazu, „Während die früheren Tagungen reich waren an Vorträgen über neue Blumensorten, während hübsche Orchideen und Nelken, prächtige Gladiolen und Rosen, Primeln und Narzissen zur Schau standen, waren nunmehr an ihre Stelle Versuchspflanzen getreten, die zwar unser ästhetisches Empfinden weniger befriedigen, uns in der Erbanalyse jedoch rascher weiterbringen als die alten Versuchsobjekte. Daneben gab es zahlreiche Berichte über Mendel-Versuche mit Tieren, mit Ratten und Meerschweinchen, Kanarienvögeln, Fasanen und Haushühnern sowie Schmetterlingen, ja sogar die in der

Folgezeit zu großer Berühmtheit gelangte Drosophila stand bereits auf dem Programm. Aber auch der Mensch fehlte nicht als Objekt der Genetik. Im Jahre 1905 hatte der amerikanische Arzt Farabee zum ersten Male das Mendeln einer menschlichen Anomalie, der Brachydaktylie beschrieben; auf der Tagung in Paris konnte die einfach-dominante Vererbung dieser Anomalie an einer englischen Sippe bestätigt werden. Selbst die Vererbung ausgesprochen menschlicher Erbleiden, vor allem des Nervensystems, wie der Huntingtonschen Chorea, der Friedreichschen Ataxie, der progressiven Muskeldystrophie, sodann des Auges wie der Retinitis pigmentosa, des Nystagmus, standen bereits zur Diskussion"[5] Eine neue Gruppe von Wissenschaftlern hatte sich konstituiert, die Gruppe der Genetiker. Sie vereinigte „Botaniker und Zoologen, Pflanzen- und Tierzüchter, Anthropologen und Mediziner der verschiedensten Spezialgebiete".[6] Sie alle hatten eines gemeinsam: Das Paradigma Mendels.

Verschaffen wir uns zunächst einen Überblick über die wichtigsten Linien der weiteren Entwicklung. Das neue Paradigma bewährte sich in seiner durch Thomas Morgan und seine Schule erweiterten Form als ein grundlegendes Paradigma der modernen Biologie.[7] Thomas Hunt Morgan erkannte bald die besondere Eignung der Fruchtfliege *Drosophila melanogaster* für genetische Experimente. Diese seit 1910 durchgeführten Untersuchungen trugen vor allem zu einer Erweiterung von Mendels Konzept um vier weitere Prinzipien bei. Morgan bezeichnete diese Prinzipien „als das der Koppelung, das des Faktorenaustausches, das der linearen Anordnung der Gene und das Prinzip der begrenzten Zahl der Koppelungsgruppen".[8] Die Untersuchungen Morgans und seiner Schüler, wie Bridges, Sturtevant, Muller und viele andere, auf deren Darstellung im Rahmen dieser Schrift nicht näher eingegangen werden soll, gehören zu den überzeugenden, geschichtlichen Belegen für Kuhns These von der rätsellösenden Kraft einer durch eine Reihe von Paradigmata geleiteten „normalen" Forschungsperiode.

Das Resultat dieser Forschung war der Triumph der Cytogenetik, in der eine Vereinigung zwischen den zunächst völlig getrennten Gebieten der Genetik und der Cytologie erreicht wurde. Kreuzungsexperimente, die dem von Mendel an Erbsenrassen vorgegebenen Musterbeispiel folgten, führten die Genetik zur Vorstellung einer partikularen Vererbung in Form von Genen. Die Chromosomentheorie von Sutton und Boveri wiederum zeigte „daß das Verhalten der Chromosomen im Befruchtungsprozeß, in der darauf folgenden Entwicklung und während des Reifungsprozesses der Geschlechtszellen den Schlüssel für das Verständnis der Mendelschen Gesetze liefert."[9] Was Schwann in seiner Zelltheorie auf der Grundlage einer falschen Theorie der Zellbildung behauptet hatte, das konnte die Cytogenetik in ihrer Weiterentwicklung zur molekularen Cytogenetik schließlich Punkt für Punkt belegen: Die Einheit des Lebendigen auf unserer Erde. Sie beruht auf der allen Zellen gemeinsamen Weise, Erbinformation in Form von DNA zu speichern, zu vermehren und weiterzugeben. Die Chromosomen pflanzlicher und tierischer Zellen erwiesen sich dabei als die Träger dieser Erbinformation.

Die erste Phase in dieser Beweiskette wurde in den dreißiger Jahren unseres Jahrhunderts abgeschlossen. Hier spielte die 1933 erfolgte Wiederentdeckung der Riesenchromosomen in den Speicheldrüsenzellen von Drosophila und anderen Dipteren durch Emil Heitz, Hans Bauer und Theophilus S. Painter (Abb. 2.9-4) eine entscheidende Rolle.* An diesen Speicheldrüsenchromosomen, die die Größe der Chromosomen in der Keimbahn und in anderen somatischen Geweben um etwa das hundertfache übertreffen, ließ sich in ebenso vielfältiger wie augenfälliger Weise demonstrieren, daß Veränderungen der chromosomalen Struktur, wie Inversionen, Translokationen und Deletionen, zu genau vorhersagbaren Veränderungen in den durch Kreuzungsexperimente erschlossenen Kopplungsgruppen führen. [10] Umgekehrt ließ sich bei einer durch Kreuzungsexperimente gefundenen Änderung in der linearen Anordnung der Gene voraussagen, welche Chromosomenveränderungen damit einhergehen mußten. Genetik und Cytologie paßten dabei zusammen wie der Schlüssel zu einem komplizierten Schloß. Erste cytologisch-genetische Beweise für die Chromosomen als Ort des von der Morganschen Theorie postulierten Faktorenaustausches hatte bereits Kurt Stern in mühevollster Weise an den vergleichsweise winzigen Chromosomen von Eierstockpräparaten der Fruchtfliege vorgelegt. [11] Eine große Hilfe war dabei Mullers Entdeckung, daß die Häufigkeit von Chromosomentranslokationen durch Röntgenbestrahlung drastisch gesteigert werden kann. [12]

Die zweite Phase der Beweiskette reicht vom Nachweis der DNA als der lange gesuchten materiellen Grundlage der Vererbung durch Avery und Mitarbeiter 1944, über die Aufklärung der DNA-Struktur durch Watson und Crick 1953, die Entschlüsselung des genetischen Codes bis hin zur Isolierung und Sequenzierung von Genen und den erst kürzlich erschlossenen Möglichkeiten einer Etablierung und Charakterisierung von Genbibliotheken spezifischer Chromosomen mittels der Verfahren der Chromosomensortierung und Gentechnologie.

Nach dieser Übersicht wollen wir uns im weiteren auf die Darstellung der beiden von Mendel selbst entdeckten Grundprinzipien der Vererbung, nämlich die Spaltung und freie Kombination mendelnder Merkmale oder (wie wir seit 1909 sagen) der Gene beschränken. Wie kam ausgerechnet ein Mönch dazu, diese Prinzipien zu entdecken? [13] Warum wurden diese Prinzipien 35 Jahre lang nicht weiter beachtet? [13] Schließlich, worin lag die hohe Bedeutung der Entdeckung Mendels, die zu den größten naturwissenschaftlichen Leistungen überhaupt gezählt wird? Im nächsten Kapitel soll dann die Rolle dargestellt werden, die Mendels Paradigma bei der Formulierung der Chromosomentheorie der Vererbung durch Sutton und Boveri spielte.

Mendel kam 1822 in Heinzendorf in Mähren als Sohn eines Kleinbauern zur Welt. Der Vater starb früh. Auf Empfehlung seines Lehrers durfte Mendel ein Gymnasium besuchen; 1843 trat er in das Augustinerkloster in Brünn ein. „Er sah sich", so schreibt Mendel in einer Selbstbiographie, „gezwungen, in einen Stand zu treten, der ihn von den bitteren Nahrungssorgen befreite. Seine Verhältnisse entschieden seine Standeswahl." Nach Beendigung der theologischen Studien und der Priesterweihe wurde er 1849 — 5 Jahre vor dem Beginn

---

* vgl. Kap. 2.9 S. 146–150

seiner Kreuzungsexperimente mit Gartenerbsen — als Hilfslehrer an einem Gymnasium in Znaim angestellt. Soweit läßt nichts an dieser Karriere ahnen, daß wir es mit dem Lebensweg eines überragenden Naturforschers zu tun haben. Um diese Zeit begann Mendel sich als Autodidakt dem Studium der Naturwissenschaft zu widmen mit dem Ziel, auch naturwissenschaftliche Fächer am Gymnasium zu unterrichten. Er fiel aber 1850 bei der Lehramtsprüfung durch.[14] Der damalige Abt des Klosters, der Prälat Napp, tat nun etwas, was wir als den entscheidenden Glücksfall in Mendels Entwicklung ansehen müssen. Er schickte Mendel von 1851–1853 zum Studium der Naturwissenschaften nach Wien.

Mendels akademische Lehrer an der Wiener Universität waren unter anderen Franz Unger und Christian Doppler. Unger war Professor der Pflanzenphysiologie und in den Augen Wiener klerikaler Kreise ein Verderber der Jugend, den man gerne von der Universität entfernt hätte. Er leugnete das, was nach ihrer Ansicht die Grundlage von Gottes festgefügterer Schöpfung war, nämlich die Konstanz der Arten. Statt dessen behauptet er (1852!), daß sich die Pflanzenwelt schrittweise und allmählich entwickelt habe. In seinem Textbuch der Pflanzenphysiologie zitierte er die von Gärtner und Koelreuter an Pflanzen durchgeführten Hybridisierungsexperimente, die Mendel später in der Einleitung seiner „Versuche über Pflanzenhybride" nennt. Unger war außerdem ein Verfechter der neuen Zelltheorie und nannte die Zelle das „Faktotum" und den „Proteus", aus dem sich alle höheren Strukturen aufbauen. Kurz, Mendel erhielt bei ihm einen Biologieunterricht auf der Höhe der Zeit.[15]

Christian Doppler war Professor für Experimentalphysik — der Doppler-Effekt ist noch heute mit seinem Namen verbunden — und hatte ein besonderes Interesse an der mathematischen Analyse physikalischer Probleme. Mendel arbeitete eine zeitlang als Demonstrator am Physikalischen Institut und wir dürfen annehmen, daß seine Fähigkeit, Probleme quantitativ zu analysieren, eine mathematisch exakte Theorie zu entwerfen und diese Theorie experimentell zu testen, hier eine ihrer Wurzeln hat. Die Wiener Zeit war also eine Zeit glückhafter Umstände für Mendel, nur durch die Prüfung fiel er wieder durch. Denn hinter seiner äußerlich kernig-kräftigen Erscheinung verbarg sich eine merkwürdige Empfindsamkeit. Diese Empfindsamkeit behinderte ihn nicht nur in Prüfungssituationen. Sie machte ihn nach dem Urteil des Prälaten Napp auch für die Seelsorge weniger geeignet, „weil er am Krankenlager und beim Anblicke der Kranken und Leidenden von einer unüberwindlichen Scheu ergriffen wird und davon selbst in eine gefährliche Krankheit verfiel, worauf ich mich veranlaßt sah, ihn von dem Seelsorgedienste zu entheben."[16]

Nach dem zweiten Durchfall beim Examen war es mit Mendels Hoffnung, ein „richtiger" Gymnasialprofessor zu werden, endgültig aus. Seit 1854 war er wieder als Supplent an der Realschule in Brünn tätig. Er begann jetzt das Doppelleben zu führen, das uns noch heute fasziniert. Auf der einen Seite war es das Leben eines Augustinerpaters, in dem er 1868 zur Würde des Abtes seines Klosters gelangte. Auf der anderen Seite war es das Leben eines Außenseiters der Wissenschaft (Abb. 2.11-1). Er fing bald an, im stillen Klostergarten des Brünner Stiftes jene umfangreichen Kreuzungsuntersuchungen an Erbsen und anderen Pflanzen durchzuführen, die später zum Fundament der Genetik wer-

Abb. 2.11-1. „Johann Gregor Mendel im Kreise seiner Ordensbrüder" (aus Iltis (1924) Taf. 4). Neben Pater Mendel sehen wir Pater Joseph Lindenthal und Pater Alipius Winkelmeyer, die nach Angaben von Mendels Biograph Iltis (1924) Mendel bei der Durchführung seiner umfangreichen Experimente teilweise unterstützt haben. Nach heutiger Veröffentlichungspraxis würden wir sie also vielleicht als Mitautoren von Mendels Arbeit kennen

den sollten. Auf den ersten Blick scheint es, daß diese beiden Leben völlig beziehungslos nebeneinander herlaufen; ich kenne jedenfalls keine Darstellung, die eine Verknüpfung versuchen würde. Vielleicht liegt das daran, daß viele Naturwissenschaftler sich unter religiösem Denken nur ein Festhalten an einem Kanon einmal fixierter Dogmen vorstellen können, ein Denken, das als der genaue Gegenpol zu einer jedes Dogma in Frage stellenden kritischen, „rationalen" Diskussion erscheint. Nicht umsonst hat ja in Kuhns Essay „Über die Struktur wissenschaftlicher Revolutionen" die These von einer unvermeidbaren Irrationalität auch im Wissenschaftsprozeß die meiste Ablehnung erfahren. In kirchlichen Kreisen andererseits gab es im 19. und beginnenden 20. Jahrhundert (und gibt es leider teilweise heute noch immer) eine ausgesprochene Enge gegenüber dem Erkenntnisprozeß in der Naturwissenschaft. Über der Verteidigung der Religion gegenüber den Vertretern eines allzu plattgestrickten Positivismus und in ihrer Sorge um den Verfall kirchlicher Autorität waren viele führenden Kirchenleute blind für die Bereicherung menschlicher

Erkenntnis durch die Naturwissenschaften und die zwingende Kraft ihrer Methoden bei der Erforschung der anorganischen und organischen Welt.

Und doch vermute ich, daß Mendels Doppelleben nicht beziehungslos nebeneinander herlief. Aus der Enge klerikaler Gesinnung des 19. Jahrhunderts trat er hinaus. Als Abt beispielsweise war er ein ständiger Leser der Wiener „Neuen Freien Presse", während sein Diener, der alte Josef, die klerikale Zeitung „Das Vaterland" gar nicht auf den Tisch legen durfte. In der Klosterbibliothek fanden sich die Werke von Charles Darwin mit Anmerkungen von Mendels Hand. Der ‚Index', die Liste der von der römischen Kurie verbotenen Bücher, blieb in dieser Bibliothek unaufgeschnitten erhalten. Eine überlieferte Bemerkung schließlich über den Brünner Bischof Schaffgotsch („Der hat auch mehr an seinem Fett als an seinem Verstand zu schleppen") ist auch nicht gerade ein Beleg für Obrigkeitsgläubigkeit. Mendel war ein freidenkender Mann. War er also ein liberaler, eigentlich ganz unkirchlicher Geist, den allein äußere Umstände zum Mönch gemacht hatten? Wir haben auch die andere Seite seines Wesens zur Kenntnis zu nehmen, den Priester und Klosterabt, der seine Pflichten in jeder Hinsicht ernst nahm und bei seinem Tod als ein Wohltäter der Armen betrauert wurde.[17] Vielleicht steht Mendels an Augustinus geschulte theologische Bildung in einem unmittelbareren Zusammenhang mit seiner wissenschaftlichen Kreativität als wir zunächst vermuten möchten. Vielleicht hat gerade diese Seite seines Denkens Mendel darin bestärkt, nach einfachen, klaren Gesetzmäßigkeiten im Bereich des Lebendigen zu suchen.

Mendel hatte sich das Ziel gesetzt „ein allgemein gültiges Gesetz für die Entwicklung der Hybriden aufzustellen".[18] „Wer die Arbeiten auf diesem Gebiete überblickt, kommt zu der Überzeugung, daß unter den zahlreichen Versuchen keiner in dem Umfange und in der Weise durchgeführt ist, daß es möglich wäre, die Anzahl der verschiedenen Formen zu bestimmen, unter welchen die Nachkommen der Hybriden auftreten, daß man diese Formen mit Sicherheit in den einzelnen Generationen ordnen und die gegenseitigen numerischen Verhältnisse feststellen könnte. Es gehört allerdings einiger Mut dazu, sich einer so weit reichenden Arbeit zu unterziehen; indessen scheint es der einzig richtige Weg zu sein, auf dem endlich die Lösung einer Frage erreicht werden kann, welche für die Entwicklungsgeschichte der organischen Formen von nicht zu unterschätzender Bedeutung ist."[19] Um diese Aufgabe zu lösen, stellte er an seine Versuchspflanzen mehrere Anforderungen. „Die Versuchspflanzen müssen notwendig 1. konstant differierende Merkmale besitzen. 2. Die Hybriden derselben müssen während der Blütezeit vor der Einwirkung jedes fremdartigen Pollens geschützt sein oder leicht geschützt werden können. 3. Dürfen die Hybriden und ihre Nachkommen in den aufeinanderfolgenden Generationen keine merkliche Störung in der Fruchtbarkeit erleiden."[20]

Die Gartenerbse schien ihm aus mehreren Gründen besonders geeignet. Sie pflanzt sich normalerweise durch Selbstbefruchtung fort, ist also relativ gut gegen unkontrollierte Fremdbefruchtung geschützt. In zweijährigen Vorversuchen gelang es Mendel, 22 Sorten ausfindig zu machen, die sich in bestimmten Merkmalen konstant unterscheiden: runde oder kantige, gelbe oder grüne Erbsen, großwüchsige oder kleinwüchsige Pflanzen, Unterschiede in der Stellung der Blüten usw. Diese Sorten wurden während der gesamten Versuchsdauer von acht Jahren angebaut. Kreuzungen konnten durch künstliche Befruchtung leicht durchgeführt werden. Dazu öffnete Mendel die Blüte vorzeitig, also vor Eintritt der Selbstbefruchtung, entfernte mit einer Pinzette vorsichtig die unverletzten Staubbeutel und ihren Polleninhalt und belegte mit einem feinen Pinsel die Narbe mit Pollen der fremden Sorte. Zuletzt wurde die Blüte mit einem Beutelchen aus Kattun umhüllt als Schutz vor einer unerwünschten Pollenübertragung durch Insekten. Bei wechselseitigen Befruchtungen zwischen den reinen Sorten zeigte sich eine vollständige Fruchtbarkeit der resultierenden Hybridpflanzen und ihrer weiteren Nachkommenschaft. Damit waren die von Mendel gestellten Forderungen an das Versuchsobjekt erfüllt.

Wir wollen jetzt die verschiedenen von Mendel durchgeführten Kreuzungsexperimente an einem Musterbeispiel betrachten und dabei die eingangs erwähnten Mendelschen Vererbungsregeln rekapitulieren. Um Mendels geistige Leistung deutlich zu machen, betrachten wir zuerst ausschließlich Mendels Daten und erst in einem zweiten Schritt seine Interpretation.

Im Frühjahr des ersten Versuchsjahres säen wir Erbsen einer reinzüchtenden großwüchsigen Sorte und einer reinzüchtenden kleinwüchsigen Sorte aus. Die Blüten der großwüchsigen Pflanzen öffnen wir unter den oben beschriebenen Vorsichtsmaßregeln und bestäuben sie mit Pollen der kleinwüchsigen Pflanze und umgekehrt. Im Sommer ernten wir die Erbsen aus diesem Experiment, die im Frühjahr des zweiten Versuchsjahres ausgesät werden. Im darauf folgenden Sommer erhalten wir die ersten Pflanzenhybriden. Es sind in allen Fällen großwüchsige Pflanzen (Abb. 2.11-2). Das Merkmal „Großwüchsigkeit" hat sich also gegenüber dem Merkmal „Kleinwüchsigkeit" durchgesetzt. Hören wir Mendel: „In der weiteren Besprechung werden jene Merkmale, welche ganz oder fast unverändert in die Hybridenverbindung übergehen, somit selbst die Hybridenmerkmale repräsentieren, als dominierende und jene, welche in der Verbindung latent werden, als rezessive bezeichnet. Der Ausdruck ‚rezessiv' wurde deshalb gewählt, weil die damit benannten Merkmale an den Hybriden zurücktreten oder ganz verschwinden, jedoch unter den Nachkommen derselben, wie später gezeigt wird, wieder unverändert zum Vorschein kommen. Es wurde ferner durch sämtliche Versuche erwiesen, daß es völlig gleichgültig ist, ob das dominierende Merkmal der Samen- oder Pollenpflanze angehört; die Hybridform bleibt in beiden Fällen genau dieselbe."[21] Die F 1 (erste Filial-) Generation hat sich bei unserem Experiment als uniform erwiesen. Auf diese interessante Erscheinung hatten bereits Vorläufer von Mendel wie Gärtner und Kölreuter hingewiesen.[22]

Im Frühjahr des dritten Versuchsjahres säen wir Erbsen der F 1-Generation aus und erhalten im Sommer Pflanzen der (wie wir heute sagen) F 2-Generation oder in Mendels eigener Terminologie die erste Generation der Hybriden. Wir erhalten in Mendels Experiment insgesamt 1 084 Pflanzen, davon 787 großwüchsige und 277 kleinwüchsige Pflanzen.

Die Erbsen jeder großwüchsigen und kleinwüchsigen Pflanze bewahren wir getrennt auf und säen sie im nächsten Jahr wieder aus. Es ist jetzt schon das vierte Versuchsjahr, von den zwei Jahren, die wir zu Vorversuchen benötigt haben, ganz abgesehen. Im Sommer dieses Jahres erhalten wir die F 3-Generation, in Mendels Terminologie die 2. Generation der Hybriden. Es zeigt sich,

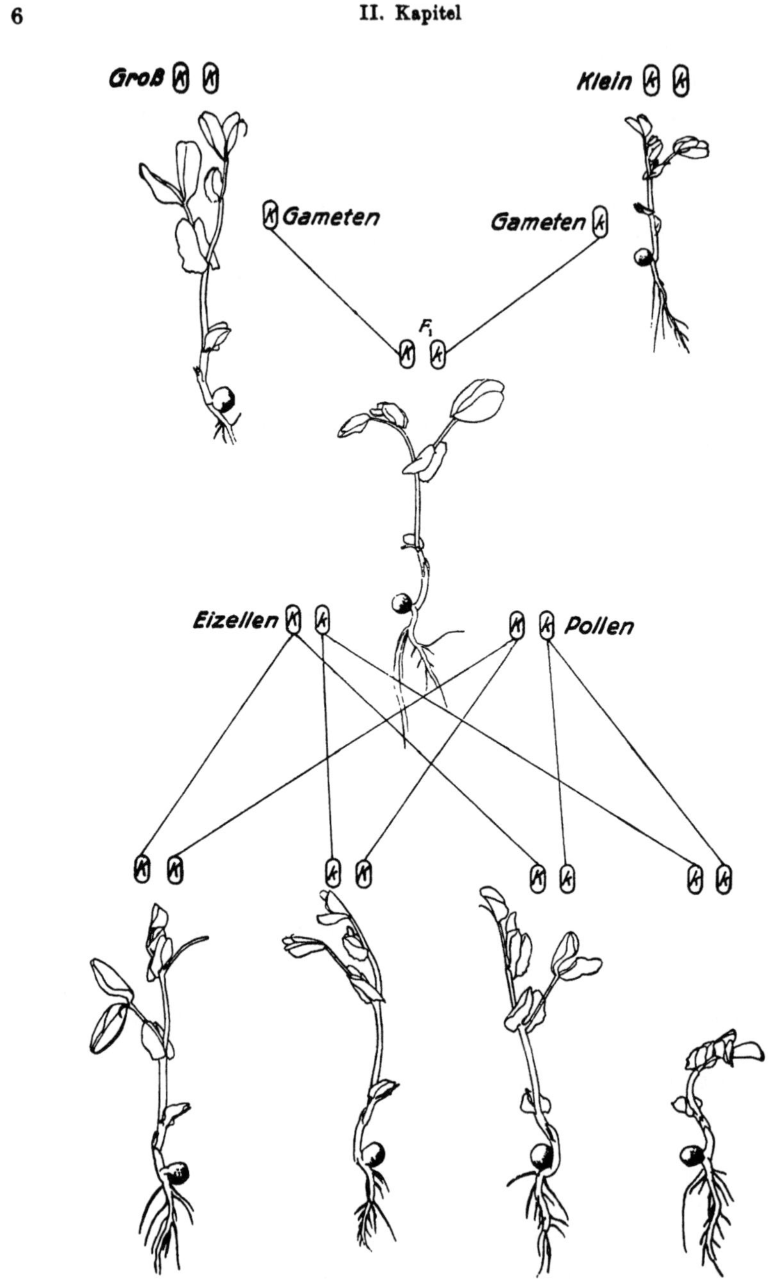

6   II. Kapitel

Abb. 2.11-2. „Kreuzung zwischen einer großen und einer kleinen Erbsenrasse. Die F1-Generation ist groß, die F2-Generation besteht aus großen und aus kleinen Individuen im Verhältnis 3:1." Aus Morgan (1921) Fig. 1, S. 6

daß die Erbsen von kleinwüchsigen Pflanzen ausschließlich kleinwüchsige Nachkommenschaft hervorgebracht haben (wie der rein züchtende kleinwüchsige Elternstamm). Ein Teil der großwüchsigen Pflanzen der F 2-Generation züchtet ebenfalls rein weiter, also mit ausschließlich großwüchsiger Nachkommenschaft. Ein anderer Teil der großwüchsigen F 2-Pflanzen aber hat offenbar das Merkmal der Kleinwüchsigkeit noch in einer verborgenen („rezessiven") Form behalten. Denn bei Selbstbefruchtung erhalten wir von diesen Pflanzen in der F 3-Generation erneut großwüchsige und kleinwüchsige Pflanzen. Mendel testete insgesamt 100 großwüchsige Pflanzen der F 2-Generation. „Die Nachkommen von 28 Pflanzen erhielten die lange Achse, die von 72 Pflanzen teils die lange, teils die kurze."[23]

Vielleicht ist uns die Darstellung des einen Versuchsprotokolls schon etwas langatmig vorgekommen, dann sollten wir bedenken, daß dieses Protokoll uns nur einen kleinen Ausschnitt aus Mendels Kreuzungsexperimenten schildert. Später im Stadium der Verklärung, der Heldenverehrung, die es auch in der Wissenschaft gibt, erscheint alles das, was Mendel getan hat, als gradlinige Straße zum Erfolg. „Da schreitet," so schreibt Mendels Biograph Hugo Iltis, „der zweiunddreißigjährige Gregor Mengel durch die hallenden Gänge und über die Treppen hinunter zu seinem kleinen, sonnigen Gärtchen, wo er mit Erlaubnis des Prälaten Napp seine Blumen zieht und die Erbsen, mit denen er seine Kreuzungsversuche vorzunehmen beabsichtigt. Dann, nach einem Stündchen froher Arbeit, setzt er den Zylinder auf den Kopf und wandert rüstig die Bäckergasse hinauf, den Krautmarkt hinunter zum ragenden Gebäude der Staatsrealschule, wo seine Buben den über alles geliebten Lehrer freudig erwarten."[24] Wer sich allerdings nur frohe Stündchen bereiten will, wird kaum mehrere Generationen von Pflanzenbastarden über Jahre hinweg individuell ernten und quantitativ analysieren und diese Nachkommen, auch wenn sie äußerlich übereinstimmen, weiter isoliert anbauen. Mendel hat sich dieser Mühe unterzogen. Warum tat er das?

Im Verlauf der Experimente, jedenfalls lange Zeit vor ihrem Abschluß, muß Mendel die Theorie zu seinen Versuchen eingefallen sein, die ihn so faszinierte, daß er keine Mühe scheute, diese Theorie zu beweisen. Anders läßt sich die Zielgerichtetheit seiner Versuche nicht erklären. Mendels Paradigma war — so können wir vermuten — ein großartiger geistiger Wurf, der sich im Lauf der Experimente bewährte. Für diese Vorstellung gibt es einen Indizienbeweis. Die statistische Analyse der Mendelschen Daten durch Fisher 1936 zeigte, daß die Übereinstimmung von Mendels Daten mit dem von der Theorie geforderten Spaltungszahlen zu gut war.[25] Fisher errechnete eine Wahrscheinlichkeit von 1:8 000 dafür, in einer völlig auslesefreien Serie von Experimenten derart gute Ergebnisse zu bekommen. Daten, die zu gut zu einer Theorie passen, entstehen entweder durch Betrug — dagegen spricht alles, was wir sonst von Mendel und der Entstehungsgeschichte seiner Arbeit wissen —, durch Weglassen einzelner besonders stark von der Theorie abweichender Ergebnisse oder durch eine Vielzahl von unbewußten Auswertungsfehlern, die einem von einer Theorie voreingenommenen Wissenschaftler unterlaufen können. Beides mag bei Mendel zutreffen, der — auch das mag in diesem Zusammenhang von Interesse sein — bei einem Teil der Experimente von Hilfskräften, nämlich den

Patern Alibius Winkelmayer und Josef Lindenthal unterstützt wurde (Iltis (1924) S. 26–27).

Mendels große Leistung der Einführung statistischer Verfahren in die Vererbungslehre wird dadurch natürlich nicht geschmälert.

„Theorien sind Netze, nur der wird fangen, der auswirft." Das schöne Wort des Novalis — so möchte ich behaupten — trifft auf Mendel zu. Kreative Wissenschaftler führen jahrelange Serien von Experimenten, die dem Zuschauer zunächst ebenso mühselig wie langweilig erscheinen müssen, nur dann durch, wenn sie hoffen, daß sie am Ende in dem sich schließenden Netz eine wahre Erkenntnis der objektiven Welt vorfinden werden. Das Paradigma, damit kehren wir zu einer Überlegung im ersten Abschnitt des Buches zurück, erscheint Mendel als eine mögliche Gestalt von dem Ausschnitt der objektiven Welt, für den er sich besonders interessierte, nämlich als Lösung für das Problem der auffallenden Regelmäßigkeit, mit der in der Nachkommenschaft der Hybridformen die Ausgangsformen immer wiederkehren.

Wie sah die Gestalt von Mendels Theorie aus? Mendel bildete zunächst aus seinen Resultaten Verhältniszahlen und er fand für die Aufspaltung der Merkmale für die Pflanzen in der F 2-Generation: „Werden die Resultate sämtlicher Versuche zusammengefaßt, so ergibt sich zwischen der Anzahl der Formen mit dem dominierenden und rezessiven Merkmal das Durchschnittsverhältnis 2,98:1 oder 3:1."[26] (In unserem Beispiel 787:277 = 2,84:1) (Abb. 2.11-2). „Jene Formen, welche in der ersten Generation (der Hybriden) den rezessiven Charakter haben, variieren in der zweiten Generation (der Hybriden) im Bezug auf diesen Charakter nicht mehr. Sie bleiben in ihren Nachkommen konstant. Anders verhält es sich mit jenen, welche in der ersten Generation das dominierende Merkmal besitzen. Von diesen geben zwei Teile Nachkommen, welche in dem Verhältnisse 3:1 das dominierende und rezessive Merkmal an sich tragen, somit genau dasselbe Verhalten zeigen, wie die Hybridformen; nur ein Teil bleibt mit dem dominierenden Merkmale konstant."[26] Mendel bezeichnete ein Durchschnittsverhältnis von 2:1 als gesichert, obwohl in einzelnen Versuchen recht erhebliche Abweichungen davon nach oben und unten auftraten, (in unserem Beispiel 72:28 = 2,6:1!). Mendel war also klar, daß das von ihm behauptete Spaltungsverhältnis in der F 2- und F 3-Generation nicht mit eherner Notwendigkeit in jedem Einzelexperiment eintrat, sondern nur statistisch, als „Durchschnittsverhältnis". Ein Zufall mußte wie beim Würfeln eine Rolle spielen. Betrachten wir jetzt — endlich — die Theorie, die alle Probleme auf einen Schlag erklärte, in Mendels eigenen Worten. Mendel nahm an, „daß die Erbsenhybriden Keim- und Pollenzellen bilden, welche ihrer Beschaffenheit nach in gleicher Anzahl allen konstanten Formen entsprechen, welche aus der Kombinierung der durch die Befruchtung vereinigten Merkmale hervorgehen. Die Verschiedenheit der Formen unter den Nachkommen der Hybriden, sowie die Zahlenverhältnisse, in welchen dieselben beobachtet werden, finden in dem eben erwiesenen Satze eine hinreichende Erklärung. Den einfachsten Fall bietet die Entwicklungsreihe für je zwei differierende Merkmale. Diese Reihe wird bekanntlich durch den Ausdruck:

$$A + 2Aa + a$$

bezeichnet, wobei A und a die Formen mit den konstant differierenden Merkmalen und Aa die Hybridgestalt beider bedeuten. Sie enthält unter drei verschiedenen Gliedern vier Individuen. Bei der Bildung derselben werden Pollen- und Keimzellen von der Form A und a durchschnittlich zu gleichen Teilen in die Befruchtung treten, daher jede Form 2 mal, da vier Individuen gebildet werden. Es nehmen demnach an der Befruchtung teil:

Die Pollenzellen A + A + a + a
die Keimzellen A + A + a + a

Es bleibt ganz dem Zufalle überlassen, welche von den beiden Pollenarten sich mit jeder einzelnen Keimzelle verbindet. Indessen wird es nach den Regeln der Wahrscheinlichkeit im Durchschnitte vieler Fälle immer geschehen, daß sich jede Pollenform A und a gleich oft mit jeder Keimzellform A und a vereinigt; es wird daher eine von den beiden Pollenzellen A mit einer Keimzelle A, die andere mit einer Keimzelle a bei der Befruchtung zusammentreffen, und ebenso eine Pollenzelle a mit einer Keimzelle A, die andere mit a verbunden werden.

Pollenzellen A A a a

Keimzellen A A a a

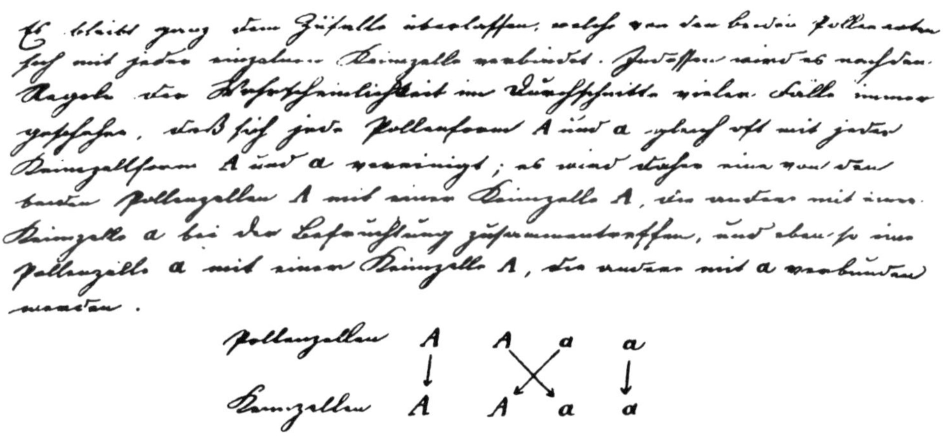

Abb. 2.11-3. Faksimile aus dem Originalmanuskript Mendels „Versuche über Pflanzenhybride." (verkleinert, 0,7 ×). Mendels Biograph Iltis (1924) fand das Manuskript „in einer Kiste unter alten, zum Verbrennen bestimmten Papieren" (dort S. 121) und übergab es dem Naturforschenden Verein zu Brünn. (Vgl. die Wiedergabe des handschriftlichen Ausschnittes im Text)

Das Ergebnis der Befruchtung läßt sich dadurch anschaulich machen, daß die Bezeichnungen für die verbundenen Keim- und Pollenzellen in Bruchform angesetzt werden, und zwar für die Pollenzellen über, für die Keimzellen unter dem Striche. Man erhält in dem vorliegenden Falle:

$$\frac{A}{A}+\frac{A}{a}+\frac{a}{A}+\frac{a}{a}\text{``}[27] \quad (Abb. 2.11-3).$$

Wenn wir für das Merkmal A „Großwüchsigkeit", für das Merkmal a „Kleinwüchsigkeit" setzen, erhalten wir — da A gegenüber a dominant ist — unmittelbar das berühmte Verhältnis 3:1 in der ersten Generation der Hybriden, also der F 2-Generation. Die Pflanzen mit dominanter Merkmalsausprägung unterscheiden sich aber in ihrer Zusammensetzung. Pflanzen vom Typ A/A werden rein weiterzüchten, Pflanzen A/a oder a/A werden sich erneut in konstante (A/A oder a/a) und Hybride (A/a oder a/A) Formen aufspalten. Mendels genetische Betrachtung der F 2-Generation ergibt also unmittelbar ein Spaltungsverhältnis von 1 (konstant großwüchsige Pflanzen) : 2 (Hybriden) : 1 (konstant kleinwüchsige Pflanzen) und dieses Verhältnis erklärt sofort die Befunde in der F 3-Generation. (Mendel führte die Experimente teilweise über sechs Generationen!). Ebenso einleuchtend erklärt Mendels Theorie zufallsgemäße Abweichungen in den Spaltungsziffern. „Abgesehen davon, daß die Anzahl, in welcher beiderlei Keimzellen im Fruchtknoten vorkommen, nur im Durchschnitte als gleich angenommen werden kann, bleibt es ganz dem Zufall überlassen, welche von den beiden Pollenarten an jeder einzelnen Keimzelle die Befruchtung vollzieht. Deshalb müssen die Einzelwerte notwendig Schwankungen unterliegen, und es sind selbst extreme Fälle möglich, wie sie früher bei den Versuchen über die Gestalt der Samen und die Färbung des Albumens angeführt wurden. Die wahren Verhältniszahlen können nur durch das Mittel gegeben werden, welches aus der Summe möglichst vieler Einzelwerte gezogen wird; je größer ihre Anzahl, desto genauer wird das bloß Zufällige eliminiert."[28]

Mathematisch läßt sich leicht zeigen, welche Spaltungsziffern in Kreuzungsexperimenten mit mehreren differierenden Merkmalen zu erwarten sind, wenn jedes der Merkmalspaare die von Mendel angegebenen Gesetzmäßigkeiten erfüllt und in seiner Vererbung unabhängig von den anderen Merkmalspaaren ist. Auch diese Vorhersage seiner Theorie hat Mendel experimentell geprüft. Er kreuzte beispielsweise Pflanzen, die Erbsen von runder Gestalt und gelber Farbe hervorbrachten, mit Pflanzen, deren Erbsen kantig und grün waren. Das Ergebnis entsprach quantitativ den Erwartungen (Abb. 2.11-4). Bemerkenswert waren besonders neue Merkmalskombinationen, Pflanzen mit gelb-kantigen oder grün-runden Erbsen, die rein weiterzüchteten. Mendel schloß aus diesen Resultaten, „daß das Verhalten je zweier differierender Merkmale in hybrider Verbindung unabhängig ist von den anderweitigen Unterschieden an den beiden Stammpflanzen"[29] und weiter, „daß konstante Merkmale, welche an verschiedenen Formen einer Pflanzensippe vorkommen, auf dem Wege der wiederholten künstlichen Befruchtung in alle Verbindungen treten können, welche nach den Regeln der Kombination möglich sind."[29]

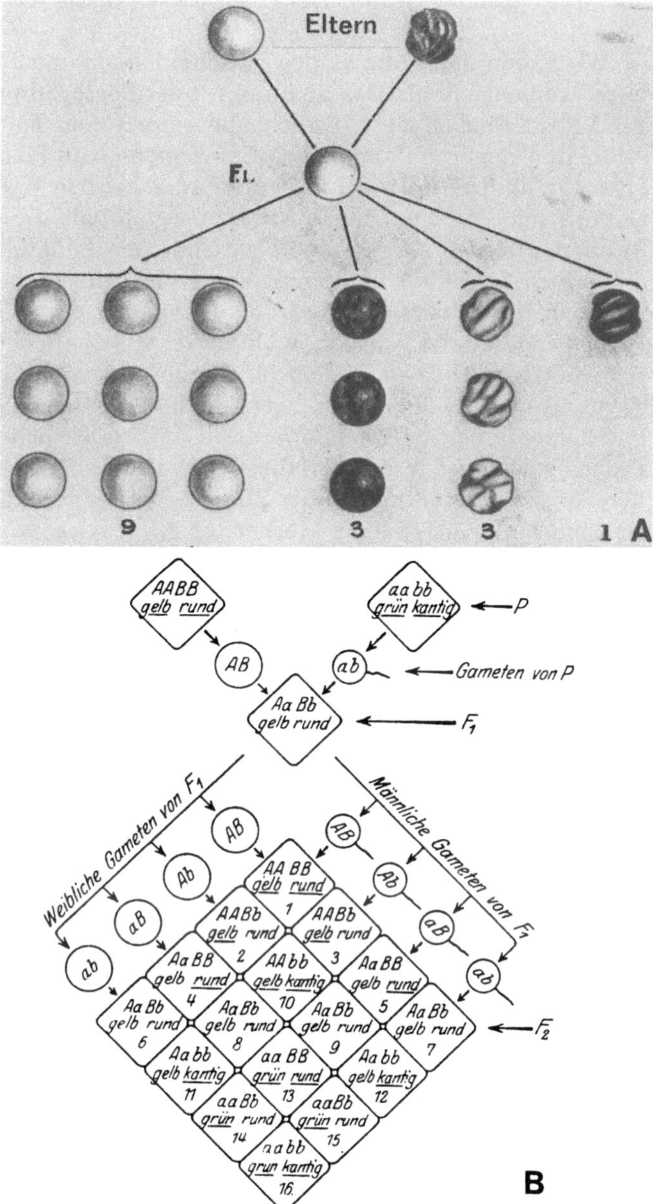

Abb. 2.11-4. A Kreuzungsexperimente nach dem Schema Mendels zwischen einer Erbsensorte mit runden und gelben Erbsen und einer anderen Sorte mit grünen und runzeligen Erbsen. In der F1-Generation entstehen ausschließlich runde und gelbliche Erbsen: die Merkmale „rund" und „gelb" sind dominant über die Merkmale „runzelig" und „grün". In der F2-Generation ergibt sich eine Merkmalsaufspaltung. Im statistischen Mittel kommen auf neun gelbe und runde Erbsen, drei grüne und runde, drei gelbe und runzelige, sowie eine grüne und runzelige Erbse (nach Morgan (1913)). Das Schema **B** zeigt, wie die genannte Aufspaltung der Merkmale in der F2-Generation zustande kommt unter der Voraussetzung, daß die Merkmalspaare gelb/grün und rund/runzelig nach dem Mendelschen Schema, unabhängig voneinander vererbt werden. Aus Iltis (1924), Abb. 31, S. 259. Merkmale, für die ein bestimmtes Individuum homozygot ist, sind unterstrichen

Wir haben damit die beiden entscheidenden von Mendel entdeckten „Gesetze" kennengelernt: Das Spaltungs- oder Segregationsgesetz und das Gesetz der Selbständigkeit der Anlagen und ihrer freien Kombinierbarkeit. Mendel prüfte in weniger umfangreichen Experimenten an Phaseolosarten, „ob das für Pisum gefundene Entwicklungsgesetz auch bei den Hybriden anderer Pflanzen Geltung habe."[30] Die Ergebnisse bestätigten teils die mit Erbsen gefundenen Resultate, wichen aber in einem wesentlichen Punkte ab. Während bei Pisum die Farben der Blüten und Samen in den Hybridgenerationen unverändert hervortreten, zeigte sich bei *Phaseolus multiflorus* der „Fall einer merkwürdigen Farbenwandlung".[31] „Aber auch diese rätselhaften Erscheinungen würden sich wahrscheinlich nach dem für Pisum geltenden Gesetze erklären lassen", davon ist Mendel überzeugt, „wenn man voraussetzen dürfte, daß die Blumen- und Samenfarbe des *Ph. multiflorus* aus zwei oder mehreren ganz selbständigen Farben zusammengesetzt sei, die sich einzeln ebenso verhalten, wie jedes andere konstante Merkmal an der Pflanze. Wäre die Blütenfarbe A zusammengesetzt aus den selbständigen Merkmalen $A_1 + A_2 + \ldots$, welche den Gesamteindruck der purpurroten Färbung hervorrufen, so müßten durch Befruchtung mit den differierenden Merkmalen der weißen Farbe a die Hybridenverbindung $A_1 a + A_2 a + \ldots$ gebildet werden, und ähnlich würde es sich mit der korrespondierenden Färbung der Samenschale verhalten. Nach den obigen Voraussetzungen wäre jede von diesen hybriden Farbenverbindungen selbständig und würde sich demnach ganz unabhängig von den übrigen entwickeln. Man sieht dann leicht ein, daß aus der Kombinierung der einzelnen Entwicklungsreihen eine vollständige Farbenreihe hervorgehen müßte."[32] Der kreative Akt der Paradigmabildung bei Mendel ist abgeschlossen. Das theoretische Netzwerk des „Mendelismus" (Kuhns disziplinäre Matrix) ist geknüpft. Mendel beginnt mit dem Prozeß der „normalen" Forschung, die in der umfassenden Anwendung des Paradigmas besteht. Dabei stößt er auf die ersten Anomalien und sucht nach Erklärungen, die sich im Rahmen des vorgegebenen Paradigmas bewegen.

Mendel unternahm einen Versuch, aus der Rolle des wissenschaftlichen Außenseiters herauszutreten. Er wandte sich 1866 an den in München lehrenden Karl Wilhelm von Nägeli, einen führenden Botaniker seiner Zeit. Diesem Nägeli wird in populären Darstellungen der Genetik gerne die Rolle des Schurken zugeschoben, der mit seiner geheimrätlichen Arroganz verhinderte, daß Mendel zu seinen Lebzeiten die ihm gebührende wissenschaftliche Anerkennung erhielt. Dagegen spricht schon die Tatsache eines Briefwechsels zwischen Mendel und Nägeli in den Jahren 1866 bis 1873, der schließlich von Mendel (nicht von Nägeli!) abgebrochen wurde, wohl einfach deshalb, weil Mendels Verpflichtungen als Abt seiner wissenschaftlichen Tätigkeit ein Ende setzten. Im Nachlaß Nägelis fanden sich 10 Briefe Mendels.[33] Nägeli hat das, was er Mendel antwortete, in einzelnen Stichworten notiert. Seine Briefe sind leider nicht erhalten. Er schrieb noch 1874 und 1875 an Mendel, „zum Teil sehr eingehend (hat) aber keine Antwort mehr erhalten."[34] Die Geschichte vom ebenso mißgünstig gesinnten, wie inkompetenten „Establishment", das Außenseiter nicht hochkommen lassen will, erklärt die verspätete Anerkennung Mendels nicht. Nägeli schrieb an den „verehrtesten Herrn Kollegen" Mendel in einem Brief von 1867, seine „Arbeit sei wohl nur der Vorläufer einer ausführlichen mit allen Details der Versuche. Die Formeln wären wohl nur empirische (nicht rationelle) und die konstanten Formen noch weiter zu prüfen."[35] Läßt sich mit diesem Zitat wenigstens die Beschränktheit Nägelis belegen? Erkannte er nicht den Umfang der Experimente, die Schlüssigkeit und Eleganz der Interpretation? Bedenken wir, daß wir uns im Jahre 1867 befinden. Die Cytologie hatte noch nicht ihren großen Aufschwung durch die Befruchtungslehre von Oscar Hertwig und Strasburger erfahren. Die Chromosomen waren noch nicht entdeckt, geschweige denn eine Chromosomentheorie der Vererbung formuliert. De Vries' bedeutendes Buch über „Intracelluläre Pangenesis" (1889) war noch nicht erschienen. Dürfen wir da von Nägeli erwarten, daß es ihm beim Lesen der Mendelschen Arbeit wie Schuppen von den Augen fiel — welche tiefen Zusammenhänge eigentlich sollten ihm schlagartig klar werden? Hätte nicht auch ein Karl Popper vielleicht unter ähnlichen Umständen dem Sinne nach Ähnliches geschrieben? Die Theorie des verehrtesten Kollegen Mendel erschien zwar konsistent, soweit es die äußerst knappe Darstellung der Daten — Mendel hatte es nicht einmal für nötig befunden, den Stammbaum der Nachkommenschaft auch nur eines Hybriden vollständig zu dokumentieren[36] — erkennen ließ. Aber das bedeutete doch noch lange nicht, daß diese Theorie im Sinne Poppers mit den Fakten übereinstimmen mußte oder in Nägelis Formulierung eine „rationelle" Basis hatte. Noch mehr als 50 Jahre später, mußte sich Morgan gegen den Vorwurf wehren, „die Faktorenhypothese sei keine wissenschaftliche Hypothese, denn sie wiederhole lediglich die Tatsachen, indem sie alles in den Ausdruck Faktor kleide und dabei mit Zahlen jongliere, die vortäuschten, es sei irgendetwas erklärt."[37] Dieser Vorwurf hatte auch in den ersten Jahrzehnten des 20. Jahrhunderts noch seine Berechtigung. Er zeigte den wunden Punkt der Mendelschen Theorie. Mendel selbst ließ völlig offen, wann und wie die Aufspaltung der Erbanlagen (Gene)[38] erfolgt. Die Chromosomentheorie von Sutton und Boveri, die wir im nächsten Kapitel kennenlernen, gab darauf zwar eine Antwort, aber das zentrale Problem, was Gene eigentlich sind und wie sie ihre wundersamen Leistungen erfüllen, blieb auch in der ersten Hälfte des 20. Jahrhunderts noch völlig ungeklärt.

Aber selbst wenn man den Vorwurf einer gewissen Unfähigkeit, in Mendels Versuchen den genialen Funken zu erkennen, an Nägelis Adresse aufrecht erhalten will, ein Vorwurf, der dadurch einiges an Substanz gewinnt, daß Nägeli in seinem 1884 veröffentlichten Buch über Abstammungslehre Mendel nicht einmal dem Namen nach erwähnt, so bleibt immer noch die Tatsache zu bedenken, daß die Verhandlungsberichte des Naturforschenden Vereins zu Brünn an 120 Bibliotheken des In- und Auslandes verschickt wurden. In Übersichtswerken über Pflanzenhybriden wurde Mendels Arbeit schon vor 1900 zitiert.[1] Das Zitat war sogar schon in der neunten Auflage der Encyclopedia Britannica (1881–1895) in einem Artikel über „Hybridism" enthalten.

Damit kommen wir zu einer zweiten, oft vorgebrachten Begründung für die lange Nichtbeachtung der Mendelschen Arbeit: Mendels Theorie sei, gemessen am Wissensstand der damaligen Zeit, vorzeitig entdeckt worden.[39] Diese auf den ersten Blick faszinierende Erklärung wirft aber bei näherem Hinsehen neue schwerwiegende Probleme auf, die die Rolle der Theorie im Wachstumsprozeß wissenschaftlicher Erkenntnis betreffen. Wenn es *vorzeitige* Theorien gibt, was sind dann *rechtzeitige* Theorien? Die Vorstellung, die Entwicklung einer Theorie sei das ausschließliche Ergebnis von Datensammeln in der Wissenschaft — erst die Daten, dann die Theorie — verrät wenig Einblick in eine der interessantesten Fragen, die eine Wissenschaftstheorie zu beantworten hat, die Frage nach der Rolle der Kreativität für das Wachstum wissenschaftlicher Erkenntnis. Die großen Theorien entstehen als „Gedankenblitze"; ihre eigentliche theoretische und experimentelle Fundierung mag dann Jahrzehnte in Anspruch nehmen. Diese Hypothese wird, so scheint mir, durch zahlreiche wissenschaftsgeschichtliche Untersuchungen vor allem in der Physik,[40] aber auch in anderen naturwissenschaftlichen Fächern, nicht zuletzt durch Mendels Geschichte gestützt. Der Gedankenblitz beleuchtet eine bislang nicht bekannte und überraschende Gestalt der objektiven Wirklichkeit. Oft zeigt er aber auch nur eine Fata morgana, die sich bald wieder auflöst. Was von beidem zutrifft, kann nur das Experiment entscheiden. Gedankenblitze sind in einem erkenntnistheoretischen Sinne immer vorzeitig. Sie bekümmern sich nicht um die Ordnungsvorstellungen eines bürokratisch organisierten Wissenschaftsbetriebes. Sie lassen sich nicht „rechtzeitig" zuweisen, wie Lebensmittelmarken in einer Planwirtschaft. War Mendels Entdeckung also wirklich vorzeitig? Paßte sie wirklich nicht in die wissenschaftliche Landschaft von 1866? Darauf möchte ich mit einer Gegenthese antworten. Vorzeitigkeit gehört zu den Kennzeichen jeder produktiven Wissenschaft. Einmal sind es neue Daten, mit denen man noch nichts Rechtes anzufangen weiß, wie Brown mit der Entdeckung des Zellkerns oder wie die führenden Cytologen des 19. und frühen 20. Jahrhunderts mit der bereits 1882 erfolgten Entdeckung der Riesenchromosomen durch Balbiani, ein anderes Mal sind es neue Theorien wie bei Mendel. Mendel ist keine dramatische Ausnahme, so folgenreich die Nichtbeachtung seiner Arbeit für die Bildung von Vererbungstheorien im 19. Jahrhundert war.[41] Die Behauptung der Vorzeitigkeit verrät vielleicht bloß den Wunsch nach einem kontinuierlichen und mit möglichst wenig Leerlauf verbundenen, „ökonomischen" Wachstum der Wissenschaft.

Wenn die Vorstellung der Vorzeitigkeit von Mendels Paradigma überhaupt Sinn macht, dann vielleicht in einem wissenschaftssoziologischen Sinne. Eine Entdeckung ist dann vorzeitig, wenn es nicht gelingt, eine zeitgenössische Gruppe von Wissenschaftlern für diese Entdeckung zu interessieren. Wenn wir so fragen, müssen wir zeigen, warum eine später als grundlegend empfundene Veröffentlichung von wichtigen zeitgenössischen Adressaten in ihrer Bedeutung verkannt wurde bzw. anderen Adressaten gar nicht erst unter die Augen kam. Diese Vorstellung von „vorzeitig" läßt sich durch eine wissenschaftsgeschichtliche Analyse prüfen.

Wissenschaftler wie Nägeli interessierten sich nicht sonderlich für die Spaltungsgesetze, die sich aus Mendels Kreuzungsexperimenten an Erbsenrassen ergaben, weil die Fata morgana ihrer eigenen Theorien in eine andere Richtung führte. Das machte sie Mendel gegenüber blind. Um 1866 war Darwins Evolutionstheorie ein beherrschendes Thema unter den Biologen. Man interessierte sich für die Frage, wie neue Arten entstehen. Heute ist uns die Bedeutung Mendels auch für dieses Problem evident. In den Augen eines Nägeli war das nicht der Fall. Er interessierte sich für die Hieracien, die Habichtskräuter, eine der formenreichsten Gattungen des Pflanzenreiches. Hier bot sich ein reiches Feld für Hybridisierungsexperimente zwischen Arten. Nach Nägelis Theorie waren Rassen im Freien nicht konkurrenzfähig. Dementsprechend konnten in der Vorstellungswelt Nägelis Mendels an typischen Rassen angestellte Versuche zum Artbildungsproblem nichts beitragen. Er empfahl, was hätte er aus seiner Sicht Besseres tun können, Mendel die Habichtskräuter für weitere Untersuchungen.[42] Das war Mendels Unglück. Die Habichtskräuter waren zur weiteren Prüfung seines Paradigmas ein denkbar ungeeignetes Objekt. Neben der geschlechtlichen Fortpflanzung zeigen sie nämlich eine als Apomixis bezeichnete Art der Fortpflanzung, das heißt eine Embryobildung auch ohne Befruchtung. Schon deshalb konnte Mendel die bei den Erbsen gefundenen Spaltungsregeln an den Habichtskräutern nicht bestätigen. Hinzu kam, daß Kreuzungen zwischen verschiedenen Spezies, die sich bereits in ihrem Chromosomensatz mehr oder weniger weitgehend unterscheiden, nicht die von Mendel selbst gestellte Forderung einer gleichen Fruchtbarkeit aller möglichen genetischen Kombinationen in den folgenden Generationen der Hybriden erfüllen. Mendel wußte selbstverständlich nicht, worauf er sich einließ, als er Nägelis Rat folgte, weil ihm diese Eigenheiten der Habichtskräuter ganz unklar bleiben mußten. Das Ergebnis, das er 1869 als seine zweite und letzte Arbeit zum Vererbungsproblem wieder in den Verhandlungen des Naturforschenden Vereins in Brünn veröffentlichte „Über einige aus künstlicher Befruchtung gewonnene Hieraciumbastarde" war das Eingeständnis einer experimentellen Katastrophe seiner Theorie zumindest was die Frage ihrer generellen Gültigkeit anging. „Bei Pisum haben die Bastarde, welche unmittelbar aus der Kreuzung zweier Formen gewonnen werden in allen Fällen den gleichen Typus, ihre Nachkommen dagegen sind veränderlich und variieren nach einem bestimmten Gesetze. Bei Hieracium scheint sich nach den bisherigen Versuchen das gerade Gegenteil davon herausstellen zu wollen."[43] Damit war für Nägeli klar, daß Mendels „Gesetze" zu seinem Problem der Artenbildung bei Habichtskräutern nichts beitragen konnten.

Es gibt noch einen sehr simplen Grund für die lange Nichtbeachtung der Mendelschen Entdeckungen: Pech. Bereits im 19. Jahrhundert war die Flut wissenschaftlicher Publikationen kaum zu bewältigen. Arbeiten, die nicht rasch zum Diskussionsgegenstand einer Gruppe von Wissenschaftlern werden, laufen Gefahr, der Vergessenheit anheim zu fallen. Was sollte Forscher wie Darwin, Galton, Weismann, Roux, Boveri usw. veranlassen, bei der großen Fülle aktueller Publikationen in entlegenen Journalen nach vergrabenen Schätzen zu fahnden? Nicht einmal der Titel von Mendels Arbeit versprach aufregende Neuigkeiten. Versuche über Pflanzenhybriden gab es damals bereits zu hunderten. Nehmen wir an, Mendel hätte sich — entsprechend dem Rat von Nägeli — entschlossener um eine ausführliche Darstellung seiner Versuche bemüht und in weiteren Publikationen immer wieder auf seine Theorie verwiesen. Unveröffentlichte Ergebnisse hatte er ja genug. Seine Briefe an Nägeli zeigen, wie Correns schreibt, „daß das, was Mendel veröffentlicht hat, in der Tat in gar keinem Verhältnis steht zu dem, was er gearbeitet hat."[44] Allein mit Kreuzungen von verschiedenen farbigen Levkojen-Sippen beschäftigte er sich mindestens sechs Jahre lang, und er experimentierte noch mit mehr als einem Dutzend weiterer Arten.[45] Klappern gehört zum Handwerk: Von dieser praktischen Seite der erfolgreichen Bekanntmachung einer Theorie verstand Mendel gar nichts. Wäre er auch in dieser Hinsicht ein begabter Stratege gewesen — hätte er beispielsweise Freunde gehabt wie sein Zeitgenosse Charles Darwin bei der öffentlichen Bekanntmachung seiner Evolutionstheorie — er wäre kaum so lange unbeachtet geblieben. Galton beispielsweise wäre der Zusammenhang von Mendels Ergebnissen mit einer seiner eigenen, wilden Spekulationen über Vererbung sicher nicht entgangen. Er führte mit seinem Vetter Darwin einen Briefwechsel über dessen „Pangenesistheorie" der Vererbung. In einem Brief vom 19. 12. 1875, den Olby in einem exzellenten Buch über die Ursprünge des Mendelismus abgedruckt hat, schreibt Galton an Darwin: „Wenn es nur zwei Keimchen gäbe und jedes davon weiß oder schwarz wäre, dann müßte in einer großen Zahl von Fällen ein Viertel immer ganz weiß sein, ein Viertel ganz schwarz und eine Hälfte grau. Wenn es drei Moleküle wären, sollten wir vier Grade der Färbung finden (eins ganz weiß, drei leicht grau, drei dunkelgrau, eins ganz schwarz usw.), entsprechend den aufeinanderfolgenden Zeilen des Pascalschen Dreiecks. Dieser Weg, die Dinge anzusehen, würde vielleicht zeigen a) ob die Zahl bei jeder Sorte von Molekülen konstant und b) wenn ja, wie groß diese Zahl wäre. Immer Dein treuer Francis Galton."[46] Galton verfolgte die Idee nicht weiter, sie war ihm wohl doch zu unwahrscheinlich, um einer weiteren Prüfung wert zu sein. Sie zeigt uns aber, wie Mendel selbst sehr frühzeitig auf den entscheidenden Gedanken gekommen sein mochte.

Ich fasse meine These zusammen. Im Zeitraum zwischen 1866 und 1900 gab es genügend Adressaten, die sich für Mendels Ergebnisse interessiert und die Bedeutung seiner Theorie auch erkannt hätten. Die Zahl solcher potentieller Adressaten nahm natürlich gegen Ende des Jahrhunderts stark zu. Diese Adressaten hat Mendels Theorie nicht erreicht. Weismanns Keimplasmatheorie beispielsweise wäre sonst sicherlich anders ausgefallen. Das war Pech. Hätte Mendel mehr Glück gehabt, hätte die Diskussion über die Vorzeitigkeit seiner Entdeckungen gar nicht erst geführt werden brauchen.

In jeder Abhandlung über Gregor Mendel erwartet der Leser irgendwann Antwort auf die Gretchenfrage: Was war das eigentlich Bedeutende an Mendels Leistung? Mit dieser Frage wollen wir uns im letzten Teil dieses Kapitels beschäftigen. Ich stelle die Frage zunächst mit umgekehrten Vorzeichen. Was war das eigentlich Bedeutende an Mendels Leistung *nicht?*

Das Bedeutende bestand nicht in der Aufstellung von unfehlbaren Gesetzen für die Vererbung irgendwelcher Merkmale. Nichts ist leichter als diese Gesetze durch beliebig viele Gegenbeispiele zu falsifizieren. Mendel ging es so mit den Habichtskräutern, de Vries mit Hybriden von *Oenothera Lamarckiana*, mit denen er seit 1880 experimentierte. Er erhielt in der F 2-Generation nicht die „Mendelschen" Zahlen, die er in Kreuzungsexperimenten mit anderen Spezies beobachten konnte und glaubte daher (zunächst) nicht, daß diese Zahlen ein Phänomen mit universeller Gültigkeit wiederspiegeln. Nicht zuletzt kennen wir zahlreiche menschliche Vererbungsgänge, in denen Mendelsche Zahlenverhältnisse keineswegs evident sind, einer der Gründe, die den Biometriker Karl

Pearson nach 1900 zu einer entschiedenen Ablehnung des „Mendelismus" veranlaßten. Der Streit zwischen den Mendelisten, den „Mendelians" um Bateson auf der einen und den Biometrikern um Pearson auf der anderen Seite nahm bald heftige Formen an. Die Zeitschrift „Biometrika" akzeptierte keine Beiträge der Mendel-Anhänger und selbst „Nature" sperrte vorübergehend ihre Spalten für die Mendelians. Fassen wir uns an die Nase: Die Vererbung ihrer Form folgt nicht Mendelschen Spaltungsziffern, für die Körpergröße, die Intelligenz und viele andere Eigenschaften ist das auch nicht der Fall. Damit hatten die Biometriker natürlich recht. Sie verteidigten Galtons Konzept einer kontinuierlichen Variation der Merkmale gegen das Mendelistische Konzept einer diskontinuierlichen Variation.

Als „Mendelisten" fällt es uns *heute* leicht zu zeigen, daß die vielen Gegenbeispiele und Einwände gegen das Mendelsche Paradigma, das auf bestimmten, von Mendel selbst definierten Voraussetzungen beruht (S. 196), den Kern des Paradigmas nicht betreffen. Wir wollen uns hier darauf beschränken, das grundlegende Mißverständnis, das dem ganzen Streit zugrunde lag, darzustellen. Es betraf die Verwechslung von Genotyp und Phänotyp,[47] eine Unterscheidung, die wir Johannsen verdanken. Die äußere Gestalt ist eben nicht das unmittelbare Abbild der Gene, sie ist kein Mosaik, in dem jedem „Steinchen", also jeder Struktur, jeder Funktion ein Gen unmittelbar entspricht. Nur in besonderen Fällen, eben bei den mendelnden Merkmalen, erlauben uns die an differierenden Merkmalspaaren des Phänotyps beobachteten Spaltungsverhältnisse bei den Hybridgenerationen den unmittelbaren Einblick in die Verteilung von Genen (Allelen) beim Vererbungsvorgang. Damals aber machten viele der heftigsten Streithähne in den sich befehdenden Lagern keinen klaren Unterschied zwischen den genetischen Elementen, für die Johannsen 1909 den Begriff Gene einführte, als einem Programm und den tatsächlichen materiellen Strukturen, aus denen diese Gene und der Körper mit seinen sichtbaren Merkmalen aufgebaut sind. Diese Konfusion hatte weitreichende Folgen. Eine Folge betraf den Streit zwischen Genetikern und Lyssenkoisten in der Sowjetunion[48] (Kap. 2.13). Eine andere Folge war die primitive Form eines Mendelismus, auf die sich die Nationalsozialisten in ihren Erbgesundheitsgesetzen stützten.[49] Die diesen Gesetzen zugrundeliegende Konzeption einer Erbgesundheitspflege war beides zugleich: ethisch verwerflich und unter eugenischen Gesichtspunkten abenteuerlich naiv.

Mendels Bedeutung lag auch nicht darin, daß er als erster die Uniformität von Hybriden in der F 1-Generation und die merkwürdige, erneute Aufspaltung in der F 2-Generation entdeckt hätte. Das hatten schon die Vorläufer Mendels getan, wie Olby beeindruckend nachgewiesen hat.[50] Schon Kölreuter zeigte, daß F 2-Hybriden äußerlich teilweise einer der beiden Großelterngenerationen ähneln, teilweise den F 1-Hybriden. Das Phänomen der Dominanz gewisser Merkmale über andere Merkmale war gleichfalls schon bekannt. Man hatte sogar schon Aufspaltungsverhältnisse von 3:1 gefunden. Einen Reim hatte sich aber darauf niemand machen können. Zumindest Gärtners Hauptwerk (1849), in dem die Resultate von beinahe 10 000 Kreuzungsexperimenten mit hunderten von Spezies veröffentlicht sind, war Darwin ebenso wie Mendel genau bekannt.[51] Aber trotz seines enzyklopädischen Umfangs lieferte Gärtners Werk Darwin keinen Schlüssel zum Vererbungsproblem. Warum waren Mendels Vorläufer blind? Ich vermute, derselbe Grund, den wir bereits oben für Nägelis Blindheit angegeben haben, trifft auch für sie zu: Ihre Interessen, die Fata morgana ihrer eigenen theoretischen Überzeugungen, lag in einer anderen Richtung. Sie dachten typologisch und waren am Verhalten eines Typus als Ganzem im Verlauf der Generationen interessiert.[52] Damit kommen wir zu den Punkten, die die überragende Bedeutung Mendels aus der Sicht eines Genetikers ausmachen.

Mendel beschränkte sich mit der Intuition eines genialen Forschers darauf, die Vererbung *einzelner* klar unterscheidbarer Merkmale zu untersuchen und er wählte möglichst einfache und gut kontrollierbare experimentelle Bedingungen: Musterbeispiele für jedes genetische Experiment. Während seine Vorläufer in der Regel verschiedene Spezies gekreuzt hatten und als Folge davon nur sehr selten auf Mendelsche Spaltungsverhältnisse in der F 2-Generation gestoßen waren, beschränkte Mendel sich auf Rassen. Er war zudem der Erste, der statistische Gedanken in die Vererbungslehre einführte und — am wichtigsten — er hatte den Gedankenblitz einer Theorie, die alle Aufspaltungsverhältnisse der Merkmale in den aufeinanderfolgenden Generationen der Hybriden erklärte. Diese Theorie prüfte er dann, indem er ihre Voraussagen durch weitere umfangreiche Kreuzungsexperimente testete. Nicht zuletzt waren seine Theorie und seine Experimente die bis dahin überzeugendste Stütze, erstens, daß die Entstehung eines Individuums aus der Verschmelzung *einer* väterlichen mit *einer* mütterlichen Keimzelle hervorgeht, zweitens, daß die Elemente der Vererbung in diesen beiden Zellen vollständig enthalten sein müssen, und drittens, daß beide Zellen zur Vererbung von Merkmalen gleichviel beitragen. Hören wir dazu Mendel. „Nach Ansicht berühmter Physiologen vereinigen sich bei den Phanerogamen zu dem Zwecke der Fortpflanzung je eine Keim- und Pollenzelle zu einer einzigen Zelle, welche sich durch Stoffaufnahme und Bildung neuer Zellen zu einem selbständigen Organismus weiterzuentwickeln vermag. Bei Pisum ist es wohl außer Zweifel gestellt, daß zur Bildung des neuen Embryos eine vollständige Vereinigung der Elemente beider Befruchtungszellen stattfinden müsse. Wie wollte man es sonst erklären, daß unter den Nachkommen der Hybriden beide Stammformen in gleicher Anzahl und mit allen ihren Eigentümlichkeiten wieder hervortreten? Wäre der Einfluß des Keimsackes auf die Pollenzelle nur ein äußerer, wäre demselben bloß die Rolle einer Amme zugeteilt, dann könnte der Erfolg einer jeden künstlichen Befruchtung kein anderer sein, als daß die entwickelte Hybride ausschließlich der Pollenpflanze gleich käme, oder ihr doch sehr nahe stände. Das haben die bisherigen Versuche in keinerlei Weise bestätigt. Ein gründlicher Beweis für die vollkommene Vereinigung des Inhalts beider Zellen liegt wohl in der allseitig bestätigten Erfahrung, daß es für die Gestalt der Hybride gleichgültig ist, welche von den Stammformen die Samen- oder Pollenpflanze war."[53] Die geniale Leistung dieser Interpretation von Entwicklung wird uns bewußt, wenn wir uns erinnern, welches Chaos an Befruchtungs- und Entwicklungstheorien zu Mendels Zeit herrschte! (Vergleiche Kap. 2.6)

Mendels Paradigma hatte zwei tiefgreifende Konsequenzen. Die eine Konsequenz war, daß Vererbung ein partikularer Prozeß ist, an dem bestimmte, diskrete Vererbungsfaktoren beteiligt sind. Damit war der Wegweiser aufgestellt, der zur Entdeckung der Gene und ihrer Struktur führte. Die andere Konsequenz betraf eine Randbedingung dieser partikularen Vererbung. Die Ausprägung eines jeden mendelnden Merkmals hängt von zwei (und nur zwei!) Faktoren, in moderner Terminologie zwei Allelen eines Gens ab. Der eine Faktor stammt vom Vater, der andere von der Mutter. Diese Folgerung schließt natürlich nicht aus, daß noch weitere Faktoren für die Ausbildung eines bestimmten Merkmals, beispielsweise der Farbe einer Blüte, erforderlich sind. Solange diese Faktoren aber in den väterlichen und mütterlichen Keimzellen von gleicher Beschaffenheit sind, kann ihr Vorhandensein in einem Kreuzungsexperiment nicht erkannt werden. Mendels tiefe Erkenntnis von *zwei* „differierenden Elementen", ihrer Aufspaltung bei der Bildung von Keimzellen und freien Kombinierbarkeit bei der Verschmelzung zweier Keimzellen zur Zygote eines neuen Individuums revolutionierte alle Vorstellungen, die die bedeutenden Biologen der zweiten Hälfte des 19. Jahrhunderts angefangen von Darwin bis zu Weismann und de Vries von der Vererbung hatten. Als Beispiel haben wir im vorangegangenen Kapitel die Chromosomentheorie der Vererbung von Weismann kennengelernt. Im nächsten Kapitel werden wir sehen, wie Sutton und Boveri Mendels Erkenntnis in eine neue Chromosomentheorie der Vererbung eingebracht haben.

Die Theorie einer partikularen Vererbung räumte mit der alten Vorstellung auf, daß sich die Charaktere bei der Vererbung vermischen („blending inheritance").[54] Den Unterschied zwischen den beiden Konzepten machen wir uns leicht an folgendem Beispiel klar: In ihrer einfachsten Form nahm die Vermischungstheorie an, daß väterliches und mütterliches Erbgut sich bei der Befruchtung vollständig durchdringen und durchmischen wie zwei Flüssigkeiten. Sie erklärte damit, warum die Hybriden als Typus betrachtet zwischen den Typen beider Eltern angesiedelt sind. Stellen wir uns als Beispiel solcher Vererbungsessenzen zwei Flüssigkeiten vor, die eine dunkelrot, die andere klar. Dann erwarten wir von der Mischung eine hellrote Farbe. Vermischungstheorien hatten eine Konsequenz, die für die Darwinisten fatal war. Voraussetzung für das Funktionieren der Darwinschen Evolutionstheorie ist ein genügender Vorrat an erblicher Variation, mit dem die natürliche Selektion arbeiten kann. Nach der Vermischungstheorie würden aber alle neu auftretenden Variationen rasch wieder verschwinden. Angenommen, in einer Population, sagen wir einer Population von Schmetterlingen, würde bei einem Individuum eine günstige Mutation eintreten, die zu einer gegenüber Feinden besser tarnenden Körperfarbe führen würde. Der glückliche Besitzer dieser Neumutation und seine Nachkommen würden sich dann mit normalen Partnern paaren, die in der großen Mehrzahl sind. Seine direkten Nachkommen würden nurmehr 50% des brauchbaren Merkmals erben, die Enkel 25%, die Urenkel 12,5% usw.. Durch diesen Verdünnungseffekt würde das brauchbare Neue an erblicher Variation immer wieder wie ein Tropfen im Ozean verschwinden, lange bevor die natürliche Auslese eine Chance hätte, seine Ausbreitung in der Population zu bewirken.

In ihren komplizierteren Formen setzte die Vermischungstheorie aber nicht notwendigerweise voraus, daß das genetische Material sich ständig wie eine

Flüssigkeit verhält. Es mochte durchaus strukturiert erscheinen. Nägelis Vererbungstheorie ist ein Beispiel für eine solche kompliziertere Vermischungstheorie. Ihr Kernpunkt besteht, wie Ernst Mayr ausgeführt hat, in der Fusion sich entsprechender väterlicher und mütterlicher Vererbungseinheiten, den Mizellarsträngen bei der Befruchtung.[55] Aus zwei mach eins: Die väterliche und mütterliche Anlage wird zu einer neuen Tochteranlage in gleicher Stärke. Nur wenn die elterlichen Anlagen wesentlich verschieden sind, lagern sich die Mizellarstränge einfach seitlich aneinander an ohne zu fusionieren. Wie immer sich die Anhänger von Vermischungstheorien den Vorgang auch im Detail vorstellten, entscheidend ist die Annahme, daß die Vermischung elterlicher Anlagen ein irreversibler Prozeß ist. Eine erneute Aufspaltung von differierenden Merkmalspaaren, wie sie Mendel in der F2-Generation beobachtet hatte, und ihre unabhängige Weitergabe durch viele Generationen war daher nicht zu erwarten.

Partikulare Vererbungstheorien lösten die Schwierigkeiten der Darwinisten.[56] Hier bleiben die Faktoren, die für die Vererbung bestimmter Merkmale verantwortlich sind, als diskrete Einheiten bestehen. Die väterlichen und die mütterlichen Anlagen fusionieren nicht: Zwei bleibt zwei während des Befruchtungsprozesses. Die günstige Mutation wird nicht verdünnt, sondern nach dem „Alles oder Nichts" Prinzip an die Nachkommenschaft weitergegeben. Partikulare Vererbungstheorien erklären, wie genügend Variabilität bei relativ niedrigen Mutationsraten zustande kommen kann. Unabhängig von Mendel hat Weismann eine partikulare Vererbungstheorie entwickelt.

Wir haben von der Bedeutung des Mendelschen Paradigmas für die Genetik und die Evolutionstheorie gesprochen. Wie weit aber war Mendel selbst sich dieser Bedeutung seiner Theorie bewußt? War er wirklich der strikt partikular denkende Vererbungstheoretiker, den wir heute gerne in ihm sehen? Mendel spricht von Elementen: „Die unterscheidenden Merkmale zweier Pflanzen können zuletzt doch nur auf Differenzen in der Beschaffenheit und Gruppierung der Elemente beruhen, welche in den Grundzellen derselben in lebendiger Wechselwirkung stehen."[57] Das klingt vollständig partikular und wir sind versucht, anstelle von „Element" den Begriff „Gen" zu setzen. Andererseits formuliert Mendel seine „Hypothese" in den Schlußbemerkungen zu seiner Arbeit ausdrücklich als „die hier versuchte Zurückführung des wesentlichen Unterschiedes in der Entwicklung der Hybriden auf eine *dauernde* oder vorübergehende Verbindung der differierenden Zellelemente." (Hervorhebung von mir) Und seine Formel für das Spaltungsverhältnis der Elemente in der F2-Generation lautet:

A + 2Aa + a

Heute lernen wir diese Formel im Unterricht mit einer auf den ersten Blick vielleicht belanglos erscheinenden Modifikation. Diese Modifikation könnte indessen auf einen entscheidenden Unterschied zwischen der Vorstellung Mendels und der Vorstellung der Mendelianer hinweisen:

AA + 2Aa + aa

Mendels in den Ohren von Mendelianern merkwürdig klingendes Wort von der Möglichkeit einer *dauernden* Verbindung der Elemente mag im Zusammenhang mit seiner Schreibweise darauf hinweisen, daß er die dauernde Verbindung bei gleichen (oder jedenfalls wenig verschiedenen) Elementen als Regelfall ansah. Nur bei differierenden Merkmalspaaren — und nur solche Fälle hatte Mendel untersucht — würden die beiden Elemente einer Fusion so stark widerstreben, daß es ihnen gelingen kann „bei der Entwicklung der Befruchtungszellen ... aus der erzwungenen Verbindung herauszutreten."[57]

Die ketzerische Behauptung, Mendel sei, was die Vererbung gleicher oder wenig differierender Elemente, kurz den Normalfall der Vererbung angeht, eher ein Anhänger der Vermischungstheorie (ähnlich Nägeli) gewesen, wird durch eine sorgfältige Lektüre seiner Arbeit jedenfalls eher gestützt als widerlegt. Zur Theorie Darwins äußerte sich Mendel in seiner Schrift nicht, obwohl er Darwins Buch über die Entstehung der Arten kannte und Darwins Theorie auch in den Sitzungen des Naturforschenden Vereines in Brünn diskutiert wurde. Ob Mendel privat ein entschiedener Anhänger von Darwins Evolutionstheorie war, muß dahin gestellt bleiben. Vermuten dürfen wir aber, daß er diese Theorie zumindest nicht völlig ablehnte. Für sein Schweigen gibt es einen naheliegenden Grund: die tonangebenden kirchlichen Kreise seiner Zeit waren entschiedene Gegner von Darwins Theorie. In den Chor der einmütigen Ablehnung nicht einzustimmen, war damals für Mendel wohl der einzig erträgliche Ausweg, den Konflikt seines Doppellebens zu bewältigen, gleichzeitig Kirchenmann und Naturforscher zu sein.

War Mendel ein Mendelist? Wer sich nur für das Resultat interessiert, zu dem das Wachstum naturwissenschaftlicher Erkenntnis schließlich führt, wird diese Frage vielleicht als eine intellektuelle Haarspalterei empfinden. Wer sich aber dafür interessiert, *wie* naturwissenschaftliche Erkenntnis wächst, mag diese Frage zum Anlaß nehmen, über die Gestaltänderungen einer bedeutenden Theorie im Verlauf einer Zeitspanne von hundert Jahren nachzudenken.

2.12 Chromosomentheorie der Vererbung nach 1900: Walter S. Sutton und Theodor Boveri

Im vorigen Kapitel haben wir erfahren, mit welcher Schnelligkeit Mendels Paradigma sich nach seiner Wiederentdeckung im Jahr 1900 durchgesetzt und die weitere Forschung auf dem Gebiet der Vererbung bestimmt hat — trotz des zunächst heftigen Widerstandes der Biometriker. Dieser (vgl. Kap. 2.11, S. 209) für das Wachstum der Erkenntnis notwendige und fruchtbare Streit führte zu einem guten Ende. Aus ihm entstand das Arbeitsfeld der Populationsgenetik. Zwar gab es weiterhin Stimmen, die Mendels Paradigma ablehnten oder jedenfalls nicht als ein Prinzip von universeller Gültigkeit akzeptieren wollten, aber alles das trübte die Aufbruchstimmung unter den Genetikern nicht: Man war überzeugt, einen Schlüssel zu den Geheimnissen der Vererbung in Händen zu halten.

Wichtige, ungelöste Fragen betrafen jetzt vor allem die Lokalisation der Mendelschen Vererbungselemente in der Zelle und den Mechanismus ihrer Aufspaltung. Rekapitulieren wir kurz die Chromosomentheorie der Vererbung, die vor der Wiederentdeckung Mendels durch August Weismann, Oscar Hertwig und andere Forscher entwickelt worden war (vgl. Kap. 2.10). Ihr Kernpunkt bestand in der Behauptung, daß jedes Chromosom Träger der Gesamtheit aller für die Entwicklung eines Individuums benötigten Anlagen ist. Wollte man diese Annahme *und* die Mendelsche Theorie akzeptieren, dann geriet man unvermeidlich in Konflikte. Wie sollte man die Mendelsche Aufspaltung differierender Merkmalspaare in der F 2-Generation im Rahmen einer Chromosomentheorie der Vererbung verstehen, in der alle Chromosomen alle Vererbungselemente enthalten?

Es ist das Verdienst von Walter S. Sutton und Theodor Boveri, daß sie diesen Konflikt durch die Formulierung einer neuen Chromosomentheorie der Vererbung gelöst haben. Die entscheidende Veränderung des Denkens gegenüber der alten Theorie betraf die Annahme, daß die Chromosomen in ihrem Gehalt an Erbanlagen und damit in ihrer funktionellen Bedeutung nicht alle gleichwertig sein können. Sutton begründete diese Annahme mit dem Nachweis der morphologischen Verschiedenheit der Chromosomen und ihrem Verhalten während der Meiose, während Boveri die experimentelle Begründung für eine unterschiedliche funktionelle Rolle der Chromosomen bei der Entwicklung lieferte.

Die neue Theorie war die eigentliche Geburtsstunde der Cytogenetik. Aus diesem Grunde möchte ich einige Bemerkungen zur Frage der Priorität vorausschicken (eine häufig ebenso schwierige wie unergiebige Fragestellung). Sutton war der erste, der 1903 in einer Arbeit „The Chromosomes in Heredity" die neue Theorie ausführlich formulierte. Aber er stützte sich, wie er selbst ausdrücklich hervorhebt, bereits auf Boveris Arbeit von 1902 „Über mehrpolige

Mitosen als Mittel zur Analyse des Zellkerns." In dieser Arbeit, deren Bedeutung für die neue Theorie wir später ausführlich besprechen werden, bemerkte Boveri in einer Fußnote „auf die Beziehungen zu den Ergebnissen der Botaniker über das Verhalten der Bastarde und ihrer Abkömmlinge soll an anderem Ort eingegangen werden".[1] Dies tat Boveri zunächst im Rahmen eines Referates „Über die Konstitution der chromatischen Kernsubstanz", das er 1903 auf der 13. Jahresversammlung der Deutschen Zoologischen Gesellschaft hielt (Suttons neueste Arbeit kannte er dabei schon)[2] und in einer 1904 erschienenen ausführlicheren Arbeit „Ergebnisse über die Konstitution der chromatischen Substanz des Zellkerns". Soviel zur formalen Seite der Prioritätsfrage.

Für das eigentlich interessante Problem — wie wächst wissenschaftliche Erkenntnis — ist die Frage viel wichtiger, ob die Entdeckungen morphologischer und funktioneller Unterschiede zwischen einzelnen Chromosomen und die Entdeckung homologer Chromosomenpaare unabhängig von der Suche nach einer cytologischen Erklärung von Mendels Paradigma erfolgte oder ob erst die Mendelsche Theorie zu diesen Entdeckungen führte. Boveri behauptet dazu folgendes: „Wir sehen hier auf zwei Forschungsgebieten, die sich ganz unabhängig voneinander entwickelt haben, Resultate erreicht, die so genau zusammenstimmen, als sei das eine theoretisch aus dem anderen abgeleitet".[3] Eine entsprechende Meinung vertritt Sutton in seiner berühmten Arbeit von 1903: „The general conceptions here advanced were evolved purely from cytological data, befor the author had knowledge of the Mendelian principles".[4] Prüfen wir zunächst, wie weit diese Behauptungen zutreffen.

Hinweise auf eine morphologische und funktionelle Verschiedenwertigkeit von Chromosomen gab es bereits in den neunziger Jahren des 19. Jahrhunderts, also vor der Wiederentdeckung Mendels. Den ersten Hinweis auf ein morphologisch und funktionell besonderes Chromosom fand 1891 Henking bei der Untersuchung der Spermatogenese der Feuerwanze Pyrrhocoris. Henking beobachtete zwei Arten von Spermatozoen, die einen enthielten nur elf Chromosomen, die anderen noch ein zwölftes. Solche Chromosomen wurden bald bei zahlreichen Insekten entdeckt.[5] McClung nannte sie akzessorische Chromosomen und behauptete, daß sie irgendwie mit Geschlechtsbestimmung in Zusammenhang stünden.[6] 1894 hatte Rückert bei einer Untersuchung der Eireifungsvorgänge von Cyclops erste Belege für eine Paarung von Chromosomen erbracht und gezeigt, daß die Reduktion der Chromosomenzahl bei der Bildung der reifen Eizelle so erfolgt, daß von jedem Chromosomenpaar ein Chromosom bei der Teilung in die eine Tochterzelle, das andere in die andere Tochterzelle gelangt. (Auf den Streit, welche der beiden in der Meiose aufeinanderfolgenden Teilungen diese Aufgabe erfüllt, wollen wir hier nicht weiter eingehen[7]). Rückerts Befunde entsprachen in etwa der Weismannschen Vorstellung,[8] brachten aber weitere Komplikationen. Wozu paaren sich die Chromosomen vor der Reduktionsteilung? Nach der alten Chromosomentheorie der Vererbung (Kap. 2.10) gab es dafür keinerlei einleuchtenden Grund. Die genannten Befunde führten aber zunächst zu keinen ernsthaften Zweifeln an der gültigen Vorstellung, daß Chromosomen essentiell gleichwertige Gebilde sind (Ausnahmen bestätigen die Regel!). Wer die vor der Wiederentdeckung Mendels formulierten Chromosomentheorien der Vererbung überhaupt akzeptierte, hatte daran keinen Zweifel. Das gilt für Weismann ebenso wie für Boveri, die Gebrüder Hertwig oder Rabl. Auch der Nachweis morphologisch unterscheidbarer Chromosomenindividuen allein bedeutete keinen entscheidenden Schlag gegen diese Theorie. Das eine Chromosom mochte nach der Vorstellung Weismanns fünf Ahnenplasmen enthalten, das andere zwanzig. Da bereits ein Ahnenplasma alle Erbanlagen eines Ahnen enthalten sollte (vgl. Kap. 2.10, S. 186), bedeutete das nur einen quantitativen Unterschied. Was brachte Boveri dazu, die Vorstellung essentiell gleichwertiger Chromosomen zu bezweifeln? Seine experimentellen Untersuchungen, die sich gezielt mit der Fragestellung einer qualitativen Verschiedenwertigkeit der einzelnen Chromosomen beschäftigten, wurden erst nach der Wiederentdeckung Mendels angestellt. Vielleicht wären sie auch unabhängig davon durchgeführt worden, aber der zeitliche Zusammenhang, vor allem Boveris rasches Interesse an den Ergebnissen der neuen Züchtungsforschung (siehe oben) läßt vermuten, daß Boveris Forschung bereits bald von der Suche nach einer cytologischen Deutung des Mendelschen Paradigmas geleitet oder wenigstens in starkem Maße stimuliert wurde. Dies trifft vermutlich auch auf die Untersuchungen Suttons zu. Denn Sutton war ein Schüler von E. B. Wilson, der sehr rasch die Bedeutung Mendels erkannte.[9] Wenn wir Sutton auch abnehmen dürfen, daß er seine Untersuchungen ohne Kenntnis des Mendelschen Paradigmas begonnen hat, dann war ihm dieses Paradigma zumindest in der späteren und vielleicht entscheidenden Phase seiner Untersuchungen bekannt. Sowohl Sutton als auch Wilson weisen bereits in Arbeiten von 1902 auf Mendel hin. Das Fazit dieser Anmerkungen ist: Sutton und Boveri wurden bei ihren Untersuchungen wahrscheinlich bereits stärker von Mendels Paradigma beeinflußt als ihnen das selbst bewußt war.

Bei seinen Untersuchungen über die Spermatogenese der Heuschrecke *Brachystola magna* fand Sutton während mehrerer aufeinanderfolgender Zellgenerationen in den Spermatogonien und Spermatiden ein akzessorisches Chromosom.[10] Insgesamt waren 23 Chromosomen nachweisbar und auch die übrigen 22 Chromosomen ließen sich durch alle Generationen hindurch in zwei Gruppen sondern, sechs sehr kleine Chromosomen und sechs größere. Auch in den Gruppen selbst vermeinte Sutton wieder feinere Abstufungen zu erkennen und — nun kommt das eigentlich Neue — er glaubte auf Grund genauer Camera-lucida-Zeichnungen der Chromosomen den Nachweis führen zu können, daß jedenfalls bei der Gruppe der kleineren Chromosomen jede Größe paarweise vorkommt. Für die größeren Chromosomen war ein paarweises Auftreten nicht sicher nachweisbar, aber Sutton hielt es immerhin für wahrscheinlich. In der Meiose zeigten sich anstelle der sechs kleinen Chromosomen drei kleine Tetraden und anstelle der sechzehn größeren Chromosomen acht größere Tetraden (Abb. 2.12-1). Jede Tetrade bestand offenbar aus zwei aneinander gelagerten gleich großen „homologen" Chromosomen und jedes dieser Chromosomen zeigte wieder eine einfache Längsspaltung. Nur das akzessorische Chromosom, das bereits in den Spermatogonien nur einmal vorhanden war, machte eine Ausnahme. Es zeigte eine einfache Längsspaltung und keine Paarung mit einem anderen Chromosom (Abb. 2.12-1). Die gleichen Verhältnisse fand Sutton auch in den Ovarien der weiblichen Heuschrecken vor, nur das akzessorische Chromosom fehlte. Daraus schloß Sutton, daß die Zellen bei *Brachystola*

FIG. 6.   FIG. 7.

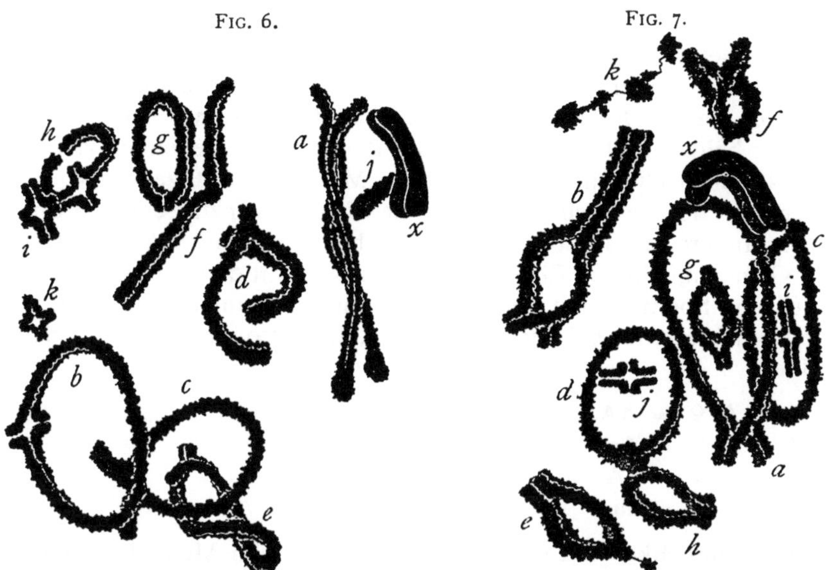

Abb. 2.12-1. Spermatogenese der Heuschrecke. „Teilweise kondensierte Spireme in der mittleren Prophase einer primären Spermatozyte. Alle Chromosomen, einschließlich des akzessorischen Chromosoms (X) zeigen Andeutungen einer Längsspaltung." Aus Sutton (1902) Fig. 6, 7, S. 29. Man beachte, daß ausnahmslos Chromosomen genau gleicher Länge (homologe Chromosomen) gepaart erscheinen. In heutiger Terminologie handelt es sich um das Stadium der Diakinese der ersten meiotischen Teilung. Nach vollständiger Paarung der homologen Chromosomen, ist eine Lockerung der Paarung erkennbar. Nur an den Überkreuzungsstellen (Chiasmata) bleibt zunächst noch eine enge Paarung erhalten. Die gepaarten Chromosomen (Bivalente) sind aus vier Chromatiden zusammengesetzt und werden daher in diesem Stadium auch als Tetraden bezeichnet. Die Bivalente der rechten Zelle sind etwas stärker kondensiert als links. Kurze Zeit später erfolgt die Metaphase und Anaphase der 1. meiotischen Teilung, in der die homologen Chromosomen eines jeden Bivalents, wie bereits von Sutton (1903) postuliert, zufallsgemäß auf die beiden Tochterzellen verteilt werden (vgl. Abb. 2.12-2). Die Buchstaben bezeichnen die verschiedenen Bivalente nach abnehmender Größe

magna vor der Reduktion mit Ausnahme des akzessorischen Chromosoms zwei äquivalente Sätze von je elf Chromosomen enthalten, der eine vermutlich väterlicher, der andere mütterlicher Herkunft. Er schloß sich Montgomerys Deutung an,[11] daß der merkwürdige, bereits von Henking,[12] Rückert,[13] Moore[14] und Korschelt[15] beobachtete Vorgang einer Zusammenlagerung von Chromosomen in den Keimzellen vor der Reduktionsteilung auf der Paarung von väterlichen und mütterlichen Chromosomen beruht. Der Begriff „homolog" bedeutete aber zunächst nichts weiter als eine Übereinstimmung in der Größe.

Wenn wir Sutton glauben wollen, waren seine Untersuchungen soweit nicht durch Theorie geleitet. Wenn es so war, darf man allerdings über die nachtwandlerische Sicherheit staunen, mit der Sutton mit seiner vergleichsweise bescheidenen Methodik zu so weitreichenden Folgerungen kam (aber siehe oben!). Der Schlüssel zu einer Deutung des merkwürdigen Verhaltens der

Chromosomen bei der Reifung der Keimzellen lag, wie Sutton weiter zeigte, in den Mendelschen Spaltungsziffern. Die Chromosomen taten genau das, was sie unter der Annahme tun mußten, daß sie Träger Mendelscher Vererbungseinheiten waren. Die in jeder Tetrade gepaarten Chromosomen werden im Verlauf der beiden Reifungsteilungen auf die dabei entstehenden vier Zellen verteilt (4 Samenzellen in der männlichen Meiose, eine Eizelle und drei Polkörperchen in der weiblichen Meiose). Bezeichnen wir das eine Chromosom mit A, das andere mit a, dann entstehen dabei in gleicher Häufigkeit vier Sorten von Gameten, nämlich Eizellen und Spermien mit dem Chromosom A und Eizellen und Spermien mit dem Chromosom a. Daraus ergeben sich vier mögliche Kombinationen bei der Befruchtung, die Sutton in folgendem Schema darstellte:

$$A \, \male + A \, \female = AA$$
$$A \, \male + a \, \female = Aa$$
$$a \, \male + A \, \female = aA$$
$$a \, \male + a \, \female = aa$$

Die Ähnlichkeit mit dem Spaltungsschema von Mendel ist schon auf den ersten Blick frappierend. „Denken wir uns nun", so schreibt Boveri 1903,[16] „... die rote Blütenfarbe auf ein Chromosom (A) der einen Elternpflanze lokalisiert, die weiße Blütenfarbe auf das homologe Chromosom (a) der anderen Elternpflanze, so werden alle Abkömmlinge der ersten Generation die Kombination Aa in ihren Kernen enthalten. Wenn nun in den Keimzellen die Reduktion stattfindet, so werden diese homologen Chromosomen wieder auf verschiedene Eizellen und Samenzellen verteilt und zwar wird ganz genau die eine Hälfte der Samenzelle (A), die andere (a) besitzen, ebenso bei den Eizellen. Werden nun diese Ei- und Samenzellen bei der nächsten Befruchtung wieder miteinander verbunden, so müssen bei großen Zahlen nach den Gesetzen der Wahrscheinlichkeit die drei denkbaren Kombinationen (AA), (aa) und (Aa) in dem Verhältnis 1 (AA), 2 (Aa), 1 (aa) auftreten, das heißt genau in dem Prozentsatz der Mendelschen Regel".

Welche weiteren Anforderungen an das Verhalten und die genetische Konstitution der Chromosomen lagen in der Konsequenz von Suttons und Boveris Gedanken? Cannon hatte in einer bereits 1902 publizierten Arbeit „A cytological basis for the Mendelian laws" angenommen, daß bei der Reduktionsteilung eine Trennung des gesamten väterlichen vom gesamten mütterlichen Chromosomensatz erfolgen würde. In diesem Fall gab es nur zwei Sorten von Keimzellen bei jedem Elternteil und dementsprechend nur vier verschiedene Kombinationsmöglichkeiten bei den Nachkommen eines Paares; außerdem konnte unter diesen Voraussetzungen ein Nachkomme nicht Chromosomen von beiden väterlichen oder beiden mütterlichen Großelternpaaren zugleich erwerben. Diese Konsequenzen widersprachen nicht bloß täglicher Erfahrung, sie standen auch im Widerspruch zu Mendels Befunden einer unabhängigen Segregation mehrerer differierender Merkmalspaare über mehrere Generationen. Cannons Modell beschrieb den Vorgang der Chromosomenreduktion bei der Keimzellbildung also in einer offenbar zu simplen Weise. Sutton entwickelte deshalb eine neue Idee. Er nahm an, daß die Verteilung der homologen Partner in jedem gepaarten Chromosom auf eine der beiden Zellen bei der Reduktionsteilung rein zufällig und unabhängig von den anderen Chromosomenpaaren (Bivalenten) erfolgt und berechnete die Zahl der dann möglichen verschiedenen Chromosomenkombinationen in den Zygoten. Wenn er beim Menschen die niedrigste Schätzung der Chromosomenzahl (2n = 16) von Bardeleben zu Grunde legte, kamm er auf immerhin 16384 Kombinationen, bei einem diploiden Satz von 32 Chromosomen bereits auf über 4 Milliarden (Abb. 2.12-2). Diese hübsche Zahl an Kombinationsmöglichkeiten brachte auf einen Schlag die Chromosomentheorie in besseren Einklang mit den bekannten Fakten der Vererbung. Einen cytologischen Beweis für seine Annahme konnte Sutton allerdings nicht führen, weil er zwischen dem väterlichen und dem mütterlichen Partner in den Bivalenten morphologisch nicht unterscheiden konnte.

Suttons und Boveris Theorie erklärte nicht nur wie es zur genetischen Segregation Mendelscher Merkmale kommt, sie gab auch zum ersten Mal einleuchtende Erklärungen für Befunde, die zunächst gegen die Richtigkeit oder wenigstens die universelle Gültigkeit des Mendelschen Paradigmas sprachen. Befunde von Bateson und Saunders[17] hatten gezeigt, daß Mendelsche Merkmale gelegentlich entgegen der Theorie nicht unabhängig voneinander vererbt

| Chromosomes. | | Combinations in Gametes. | Combinations in Zygotes. |
Somatic Series.	Reduced Series.		
2	1	2	4
4	2	4	16
6	3	8	64
8	4	16	256
10	5	32	1,024
12	6	64	4,096
14	7	128	16.384
16	8	256	65,536
18	9	512	262,144
20	10	1,024	1,048,576
22	11	2,048	4,194,304
24	12	4.096	16,777,216
26	13	8,192	67,108,864
28	14	16,384	268,435,456
30	15	32,768	1,073,741,824
32	16	65,536	4,294,967,296
34	17	131,072	17,179,869,184
36	18	262,144	68,719,476,736

Abb. 2.12-2. Zahl der möglichen verschiedenartigen Kombinationen von mütterlichen und väterlichen Chromosomen in der Zygote in Abhängigkeit von der Chromosomenzahl einer Spezies (2n = 2 bis 36; linke Spalte). Aus Sutton (1903) S. 235. Sutton ging von der Hypothese aus „that the position of the bivalent chromosomes in the equatorial plate of the reducing division is purely a matter of chance — that is, that any chromosome pair may lie with maternal or paternal chromatid indifferently toward either pole irrespective of the positions of other pairs — and hence that a large number of different combinations of maternal and paternal chromosomes are possible in the mature germ-products of an individual." (dort S. 233f.) Sutton wußte 1903 noch nicht, daß an den Überkreuzungsstellen (Chiasmata) der Bivalente Austausche von Chromosomenabschnitten zwischen väterlichen und mütterlichen Chromosomen stattgefunden haben. Diese Austausche ergeben, wie wir heute wissen, nahezu unbegrenzte Möglichkeiten für verschiedene Kombinationen von mütterlichen und väterlichen Genen in der Nachkommenschaft

werden. Sutton nahm an, daß ein Vererbungselement für ein Mendelsches Merkmal, er nannte es „Allelomorph", nur einen Teil eines Chromosoms einnahm, daß also eine Anzahl verschiedener Allelomorphe in einem Chromosom untergebracht sein können und damit auch gemeinsam vererbt werden. Anderenfalls wäre die Zahl möglicher Allelomorphe durch die Zahl der Chromosomen begrenzt, was offensichtlich nicht stimmen konnte. Boveri ging in dieser Spekulation noch einen Schritt weiter. „Wenn sich eine Bastardierung auf zahlreiche Merkmale erstreckt und sich bei fortgesetzter Zucht ergibt, daß die Zahl der Kombinationen, in welchen die einzelnen Merkmale verbunden sein können, größer ist, als es den Kombinationsmöglichkeiten der vorhandenen Chromosomen entspricht, so wäre daraus zu folgern, daß die in einem Chromosoma lokalisierten Merkmale sich bei der Reduktionsteilung unabhängig voneinander in die eine oder die andere Tochterzelle begeben können, was auf einen Umtausch von Teilen zwischen den homologen Chromosomen hinweisen würde".[18]

Die neue Chromosomentheorie erklärte also nicht bloß die Mendelschen Spaltungsziffern, sie machte neue experimentell testbare Voraussagen, sie veranlaßte beispielsweise die gezielte Suche nach Kopplungsgruppen im genetischen Experiment. Sie behauptete, daß die Zahl dieser Kopplungsgruppen entweder mit der Zahl der Chromosomen übereinstimmen müsse oder — falls das nicht der Fall war —, daß Austausche zwischen homologen Chromosomen auftreten müßten. Der Reiz der Theorie lag in einer Überprüfung durch „systematische Züchtung und vor allem Bastardierung verbunden mit Chromatinstudien am gleichen Objekt",[19] in der „Verbindung der Vererbungslehre mit Chromosomenuntersuchungen".[20] Die Geschichte dieser Prüfung wurde in Kapitel 2.11 (S. 192f.) bereits skizziert. Sie überschreitet den Rahmen dieses Buches. Nur mit einer Konsequenz der Chromosomentheorie wollen wir uns im weiteren noch beschäftigen, denn mit ihr stand oder fiel die ganze Theorie von Anfang an. Die neue Theorie forderte eine qualitative Verschiedenheit der Chromosomen. Der Nachweis dieser Verschiedenheit und die Eleganz des dazu verwendeten Ansatzes erscheint mir als die großartigste unter Boveris zahlreichen wissenschaftlichen Leistungen.

Wie sollte man mit den methodischen Möglichkeiten am Beginn des Jahrhunderts eine qualitative Verschiedenheit der einzelnen Chromosomen beweisen? Es gab damals, wie Boveri bemerkte, keinerlei Methode, die von der Theorie behaupteten „Verschiedenheiten chemisch zu fassen. Denn nicht Zellkerne, ja auch nicht einzelne Chromosomen, sondern bestimmte Teile bestimmter Chromosomen aus bestimmten Zellen in ungeheuren Mengen zu isolieren und zur Analyse zu sammeln, das wäre die Vorbedingung dafür, daß der Chemiker in den Stand gesetzt wäre, feiner zu scheiden als der Morphologe".[20a] Boveris methodischer Traum ist erst heute mit dem Methodenspektrum der Chromosomensortierung und Gentechnologie Wirklichkeit geworden.

Ein direkter biochemischer Zugang war in der damaligen Situation verwehrt, was sollte man also tun? Die Frage, „ob die Chromosomen eines Kerns verschiedene Qualitäten besitzen oder nicht", konnte nach Boveris Ansicht „auf keine andere Weise entschieden werden als durch Herstellung einer von der Norm abweichenden Chromosomenkombination"[21] in den ersten Embryonalzellen. Der sich entwickelnde Embryo sollte dann die Rolle „eines Meßinstrumentes (spielen), an welchem Eigenschaften der ersten Embryonalzellen abgelesen werden sollen".[22] Waren die Chromosomen alle gleichwertig, wie die alte Theorie behauptete, dann durften abweichende Kombinationen die Entwicklung nicht beeinträchtigen. Nach der neuen Theorie kam es dagegen gerade auf die richtige Kombination an. Boveris Geniestreich bestand darin, ein Experiment der Natur auszunutzen, um diesen gedanklichen Ansatz zu verwirklichen.

Seit den Untersuchungen von Fol[22a] und Oskar Hertwig[23] war bekannt, daß die Befruchtung des Seeigeleies durch zwei Spermatozoen (Doppelbefruchtung, Dispermie) zu einer vierpoligen Mitose (Tetraster) und zu einer gleichzeitigen Vierteilung des Eies führt (Abb. 2.12-3). Man nannte solche Eier Simultanvierer. Gelegentlich kam es in dem disperm befruchteten Ei auch zu einer dreipoligen Mitose (Triaster). Das Ei teilte sich dann gleichzeitig in drei Blastomere, in sogenannte Simultandreier auf (Abb. 2.12-3, d + e). Die so entstandenen vier bzw. drei Zellen teilten sich dann wie üblich durch Zweiteilung weiter. Driesch fand bereits 1892, daß sich Simultanvierer gewöhnlich nicht über das Blastulastadium hinaus entwickelten. Gelegentlich kam es aber doch, wie Boveri[24] beobachtete, zur Gastrulation und Skelettbildung, doch war die

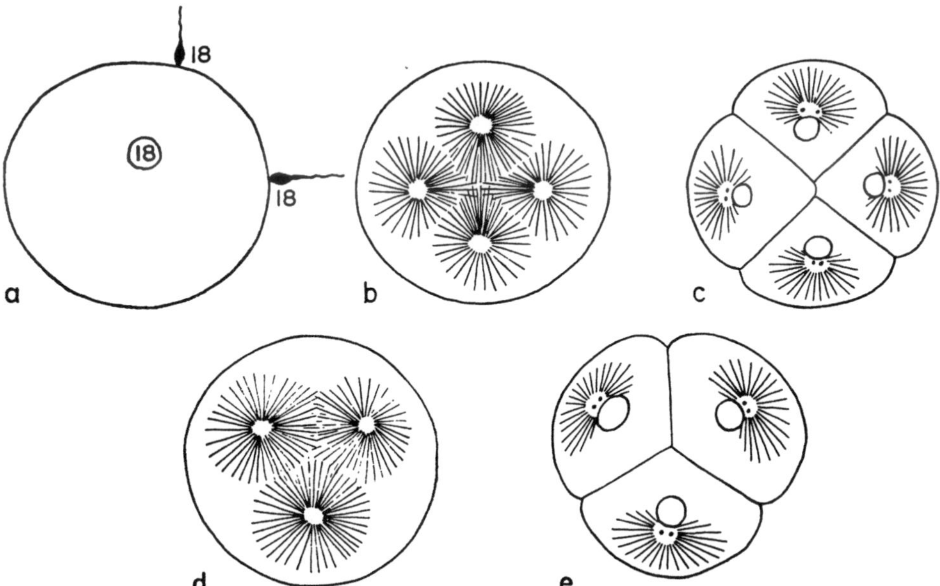

Abb. 2.12-3 a–e. Teilung in disperm befruchteten Seeigeleiern (schematisch). Aus Baltzer (1964) Fig. 4. **a** Befruchtung eines Eies mit zwei Spermatozoen. Die Zahl der Chromosomen im haploiden Genom beträgt 18. Durch Teilung der beiden aktiven Spermacentrosomen (vgl. Legende zu Abb. 2.10-4) entstehen vier Pole als Attraktionszentren der Chromosomen (Tetraster); unterbleibt die Teilung bei einem Spermacentrosom, entsteht ein Triaster. **b, c** Tetraster, der sich gleichzeitig in vier Zellen teilt („Simultanvierer"). **d, e** Triaster, der sich gleichzeitig in drei Zellen teilt („Simultandreier").

Entwicklung dann fast immer auffallend asymmetrisch und abnorm. Bei Simultandreiern verlief die Entwicklung meist günstiger, häufig bis zur Seeigellarve, dem sogenannten Pluteus. Aber auch diese Plutei waren in der Regel abnorm, insbesondere asymmetrisch gebaut. Das galt aber nicht für alle Fälle. Gelegentlich fanden sich auch völlig normal aussehende Plutei. Die Ursache dieser Entwicklungsstörung war zunächst ein Rätsel. Die Entstehung einer vierpoligen Mitose konnte Boveri auf die Einführung von zwei aktiven teilungsbereiten Spermazentrosomen zurückführen. Blieb die Teilung eines der beiden Spermazentrosomen beispielsweise unter dem Einfluß des Schüttelns eines frisch befruchteten Eies aus, dann bildete sich eine dreipolige Mitose. Am merkwürdigsten war aber die weitere Entwicklung mit ihrer „fast unbegrenzten Variabilität des Geschehens von völliger Normalität bis zu den hochgradigen Mißbildungen".[25] Woran lag das? Vielleicht waren die disperm befruchteten Eier bereits mehr oder weniger stark vorgeschädigt? Die Brüder Hertwig hatten gefunden, daß eine Schädigung der Eier das Eindringen mehrerer Spermatozoen begünstigt.[26] Aber diese simple Erklärung konnte Boveri bald ausschließen. Er fand, „daß der Prozentsatz doppelt befruchteter Eier in hohem Maße von der Spermamenge abhängig ist".[27] Offenbar gelang es auch völlig intakten Eiern bei hohen Spermakonzentrationen häufig nicht, das gleichzeitige Eindringen mehrerer Spermien zu verhindern. Die pathologische Entwicklung des Eies war also eine Folge der Dispermi und nicht umgekehrt. Was nun? Boveri kam eine Zufallsbeobachtung zu Hilfe, die er bereits 1888 veröffentlicht hatte. Bei befruchteten Eiern von *Ascaris megalocephala bivalens* traten gelegentlich spontan vierpolige Mitosen auf (Abb. 2.12-4) und Boveri beobachtete, daß die Einordnung der Chromosomen in diesen Fällen eine Sache des Zufalls ist. In dem abgebildeten Beispiel erhalten zwei Pole (a und c) jeweils nur eine Spalthälfte (Chromatid), ein Pol (d) erhält zwei und ein Pol (b)

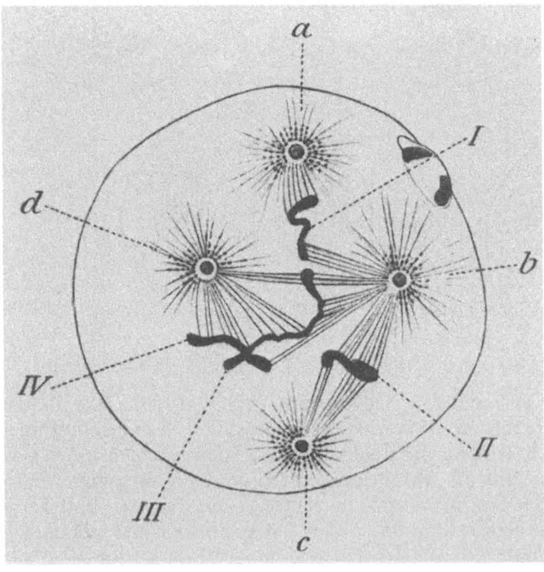

Abb. 2.12-4. „Spindelbildung in einem Ei (von *Ascaris megalocephala bivalens*) mit vier Polen." Aus Boveri (1888) Taf. XXIII, Fig. 93 (vergrößert, 2,2 ×). Die Spalthälften (Chromatiden) der einzelnen Chromosomen (I bis IV) sind nicht dargestellt. Man beachte, daß die Spindelfasern nach Boveris Darstellung an der gesamten Länge der Chromosomen ansetzen können. Das Zentromer als Ansatzstelle der Spindelfasern eines jeden Chromosoms war noch unbekannt. Für weitere Einzelheiten siehe den Text

vier Chromatiden. Boveri folgerte daraus bereits 1888, „die Karyokinese, die bei Anwesenheit zweier Pole ein Mechanismus von nahezu idealer Vollkommenheit ist, um einen Kern in zwei quantitativ und qualitativ identische Tochterkerne zu zerlegen, sie verkehrt diese Vorzüge gerade in das Gegenteil, sobald eine größere Zahl von Centrosomen in Wirksamkeit tritt" ... „Zahl, Größe und — falls wir den einzelnen chromatischen Elementen verschiedene Qualitäten zuerkennen müssen — auch die Qualität der entstehenden Tochterkerne sind vom Zufall bestimmt".[28] Abb. 2.12-5 zeigt ein Beispiel für eine vierpolige Mitose bei einem disperm befruchteten Seeigelei. Für den haploiden Chromosomensatz nahm Boveri 18 Chromosomen an, „was für die meisten Seeigelarten die typische Zahl zu sein scheint".[29] Das disperme Ei enthält demnach $3 \times 18 = 54$ Chromosomen, die sich ungleichmäßig zwischen den Spindeln anordnen. Während im normalen Fall jeder Kern im Vierzellstadium $2 \times 18 = 36$

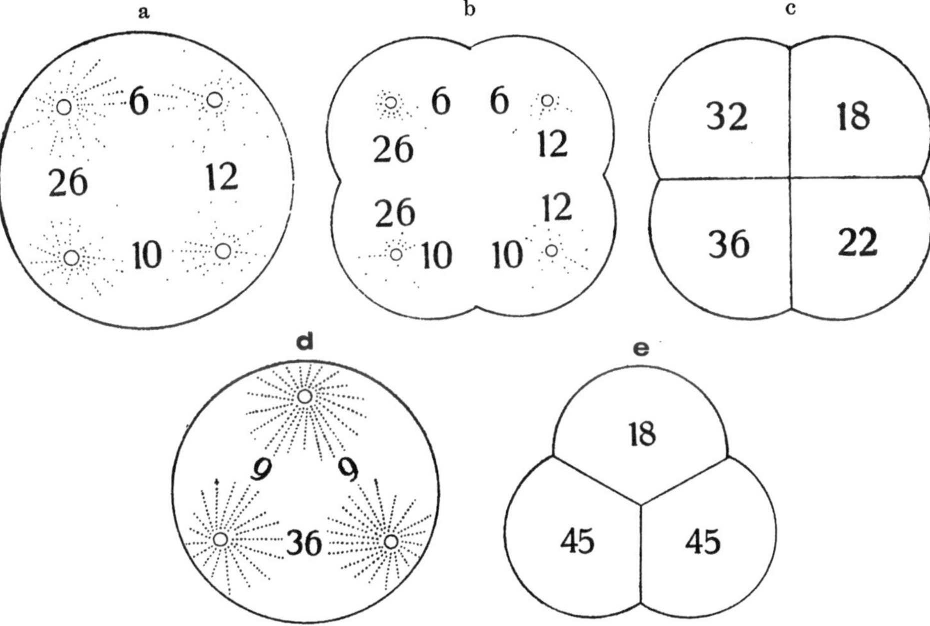

Abb. 2.12-5 a–e. Hypothetische Beispiele für die Teilung disperm befruchteter Seeigeleier in einen „Simultanvierer" (a–c) bzw. einen „Simultandreier" (d, e) (vgl. Abb. 2.12-3). (Aus Boveri (1908) Fig. 8, S. 33 und Fig. 47, S. 102). Während sich im normal befruchteten Ei nach Teilung des Spermacentrosoms zwei Aster ausbilden, sind es im disperm befruchteten Ei vier, gelegentlich auch drei Aster. Die Zuordnung der einzelnen Chromatiden zu einem dieser vier (bzw. drei) Aster erfolgt ganz unregelmäßig (vgl. Abb. 2.12-4). Die vier Zellkerne des entstehenden Simultanvierers (bzw. Simultandreiers) enthalten dementsprechend häufig von der normalen Anzahl 2n = 36) abweichende Chromosomenzahlen. Im hier gezeigten Simultanvierer (c) sind es 32, 18, 36 und 22 Chromosomen, im Simultandreier (e) 18, 45 und 45 Chromosomen. Dabei enthalten die Kerne als Folge der regellosen Chromosomenverteilung häufig eine unterschiedliche qualitative Zusammensetzung der Chromosomen. Einzelne Chromosomen mögen gar nicht (Nullosomie) oder einfach (Monosomie), andere Chromosomen wieder dreifach (Trisomie) vorhanden sein

Chromosomen enthält, ist dies in dem abgebildeten Simultanvierer nur bei einer Zelle der Fall, die anderen Zellen enthalten mehr oder weniger Chromosomen und zwar — so nahm Boveri aufgrund des abnormen Teilungsmechanismus an — in ganz beliebigen Kombinationen. Damit hatte Boveri, was er suchte, ein Naturexperiment, das von der Norm abweichende Chromosomenkombinationen lieferte. Seine Hypothese lautete: Die fast unbegrenzte Variabilität der Entwicklung bei den Simultanvierern und Simultandreiern kann „nur aus einem Vorgang erklärt werden, der einer ganz entsprechenden Variabilität unterworfen ist, und ein solcher liegt nur vor in der Verteilungsweise der Chromosomen".[30] Wir sind geneigt — aus unserem heutigen Blickwinkel — die Schlüssigkeit dieser Hypothese ohne viel Federlesen anzuerkennen. Sie entspricht ja unseren Vorstellungen. Damals aber ging es um die Begründung einer fundamental neuen Theorie von der essentiellen Verschiedenheit der Chromosomen. Boveris Interpretation des Naturexperiments war — aus dem Blickwinkel von 1902 gesehen — in keiner Weise selbstverständlich oder auch nur naheliegend. Noch 1908 schrieb Boveri, „aber selbst wenn sich die Notwendigkeit ergeben sollte, die hier vertretene Theorie durch eine andere zu ersetzen, hoffe ich, daß die Arbeit, die ich auf dieses Problem verwendet habe, keine vergebliche gewesen ist".[31] Blicken wir also mit den Augen eines kritischen Kollegen aus dem Jahr 1902, der von den späteren Beweisen der Cytogenetik nichts ahnen kann, und sehen wir zu, wie Boveri das Netz seiner Hypothese immer enger zusammenzieht, alternative Erklärungsmöglichkeiten kritisch diskutiert und sich schließlich davon überzeugt, daß seine Hypothese der Wirklichkeit, so weit sie mit seinen Möglichkeiten erforschbar ist, standhält.

Das in Abb. 2.12-3 betrachtete Beispiel Boveris war hypothetisch. Er konnte keine Chromosomenpräparationen an den Zellen von Seeigelembryonen durchführen und dabei die Chromosomen zählen. Als Indikator für die Chromosomenzahl diente ihm ausschließlich die Kerngröße, von der er nachweisen konnte, daß sie in einer engen Beziehung zur Chromosomenzahl der Ausgangszellen stand.[32] In den sich weiter entwickelnden Simultanvierern und Simultandreiern zeigten sich oft Bezirke unterschiedlicher Kerngröße. War Boveris Hypothese richtig, dann mußten die einzelnen Blastomeren der Simultanvierer bzw. Simultandreier je nach Zahl und Kombination der Chromosomen eine unterschiedliche Entwicklungsfähigkeit besitzen. Boveri nutzte zur experimentellen Prüfung dieser Vorhersage eine Entdeckung von Herbst, „daß kalkfreies Seewasser die Bindung zwischen den einzelnen Blastomeren des Seeigeleies löst".[33] Wurden normale Vierzellstadien auf diese Weise in ihre vier Blastomeren zerlegt und einzeln verfolgt, dann entwickelten sich in der Regel vier typisch gebildete Zwergplutei. Anders war es bei den Simultanvierern (Abb. 2.12-6). Die einzelnen Blastomeren entwickelten sich ganz unterschiedlich weiter. Einfache statistische Überlegungen zeigten Boveri,[34] daß die Chance der Zellen in einem Simultandreier, zufällig die richtige Zahl und Kombination von Chromosomen zu erhalten wesentlich höher als bei einem Simultanvierer ist. Entsprechend war auch die Zahl offenbar normal entwickelter Larven bei Simultandreiern wesentlich größer als bei Simultanvierern (wo sie fast nie vorkamen). Die abnorm entwickelten Plutei aus den Simultandreiern zeigten sich häufig aus drei asymmetrischen Regionen mit jeweils unterschiedlichen Kern-

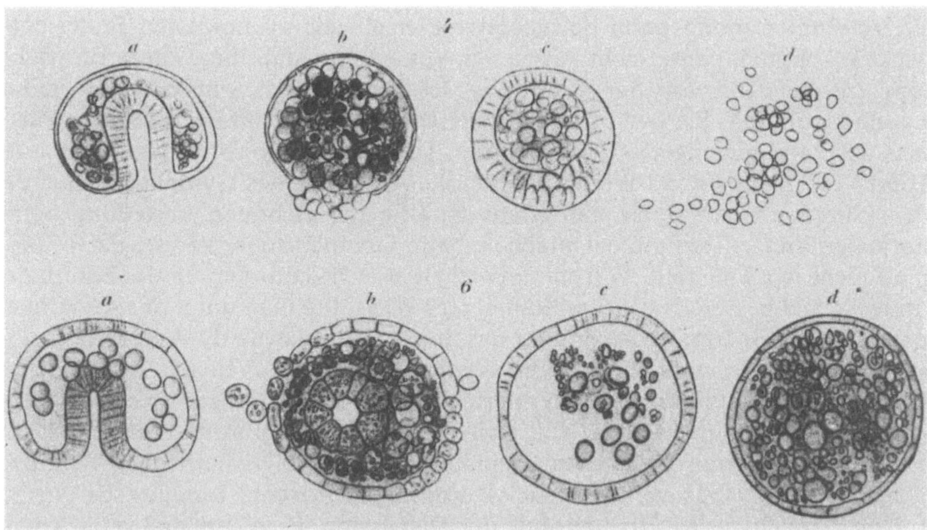

Abb. 2.12-6. „Zerlegungsversuche" von Boveri: Entwicklung isolierter Blastomere aus Simultanvierern. (Vgl. Abb. 2.12-3c, 2.12-5c) (Aus Boveri (1908) Taf. I, Fig. 4a–d (obere Reihe) und
Fig. 6a–d (untere Reihe)). Simultanvierer aus disperm befruchteten Seeigeleiern wurden in
kalkfreiem Meerwasser inkubiert. Die dabei in vier einzelne primäre Blastomere zerfallenden
Simultanvierer wurden in ein Schälchen mit normalem Meerwasser übertragen (Boveri
(1908) S. 41). Die obere Reihe zeigt „die aus den vier Blastomeren eines dispermen *Strongylocentrotus*-Eies nach etwa 48 Stunden entstanden Produkte. Die untere Reihe zeigt „vier
¼-Larven, aus den voneinander gelösten vier Blastomeren eines (anderen) dispermen *Strongylocentrotus*-Eies." Man beachte, daß die einzelnen Blastomere aus den Simultanvierern zu
weiterer Entwicklung in ganz unterschiedlicher Weise befähigt sind.
Obere Reihe: a „Fertige Gastrula von ziemlich normaler Form, aber pathologischen Elementen im Innern." *b* „Dünnwandige, in Auflösung begriffene Stereoblastula mit einem Ske-
lettdreistrahler." *c* „Dickwandige Stereoblastula, gleichfalls dem Absterben nahe." *d* „Haufen
isolierter Zellen." (Boveri (1908) S. 45)
Untere Reihe: a „Normale Gastrula." *b* „Kranke Gastrula in Auflösung." *c* „Blastula mit Me-
senchym, im Begriff krank zu werden." *d* „Stereoblastula. " (Boveri (1908) S. 47)
Während sich aus den einzelnen Blastomeren der Simultanvierer nur sehr selten Larven (sog.
Plutei) entwickelten, erhielt Boveri bei Kontrollversuchen mit normalen Vierzellstadien von
monosperm befruchteten Eiern „in der Mehrzahl der Fälle aus jeder der vier Blastomere einen Pluteus" (Boveri (1908) S. 43)

größen zusammengesetzt. Kurz, die Hypothese erwies sich als konsistent mit
allen Beobachtungen. Aber war sie auch wahr? Boveri prüfte alle Einwände,
auf die er selbst oder seine Kritiker kamen. Greifen wir einige der wichtigsten
heraus. Zunächst, konnte die abnorme Entwicklung nicht ebenso gut Folge einer abnormen Aufteilung des Cytoplasmas sein? Boveri stellte Versuche mit
Eiern an, die er durch Pressung deformierte. Es entstanden dabei häufig Blastomeren von erheblich verschiedener Größe und es war anzunehmen, daß
eine „hypothetische bilaterale Struktur" im Cytoplasma hierbei in anderer
Weise verteilt wurde als bei normal gefurchten Eiern. Gelegentlich gab es auch
Verzerrungen und Skelettmißbildungen, aber viele Eier entwickelten sich „vollkommen gesund und normal".[35] Auch die Tatsache, daß sich Blastomere aus

Vierzellstadien monosperm befruchteter Eier einzeln zu normalen Plutei entwickeln konnten, paßte nicht gut zu der Vorstellung, daß die weitere Entwicklung entscheidend von der Verteilung des Cytoplasmas während der ersten Furchung abhing. Sie „würde höchstens erlauben, eine Anisotropie des Plasmas aufgrund gleichgerichteter kleinster Teilchen mit spezifischem Vorn und Hinten anzunehmen".[36] Weiter konnte die Verteilung des Cytoplasmas bei einem Simultanvierer doch wenigstens zufällig der richtigen Verteilung beim normalen Vierzellstadium entsprechen, beim Simultandreier konnte das prinzipiell nicht der Fall sein. Warum entwickelten sich dann gerade die Simultandreier so viel besser als die Simultanvierer? Wie sollte man unter der Annahme, daß nicht der Spermakern, sondern das Spermacytoplasma die Vererbungssubstanz enthält, die charakteristische Asymmetrie der Larven aus disperm befruchteten Eiern erklären? Die erklärte Ansicht der Anhänger einer cytoplasmatischen Vererbung war ja, daß sich das Spermacytoplasma rasch mit dem Eicytoplasma vermischt. Warum stimmten dann die asymmetrischen Bereiche genau mit Bereichen verschiedener Kerngrößen überein? Eine solche Art zu fragen, bezeichnet Boveris Methode der Diskussion. Er zeigte, daß seine Theorie der qualitativen Verschiedenheit der Chromosomen mit allem harmonierte, was man von der Entwicklung dispermer Eier wußte. Den Befürwortern alternativer Theorien stellte er Fragen, an denen er zeigte, daß ihre zunächst gleich gut erscheinende Erklärung die verschiedenen Phänomene entweder nur zum Teil erklärte oder zu Widersprüchen führte. Ließen sie sich auf Boveris Argumentation ein, so wurde bald diese oder jene „ad hoc" Hypothese erforderlich, um auftretende Widersprüche zu beseitigen oder von der eigenen Hypothese nicht vorgesehene Erscheinungen zu erklären. „Unter ‚ad hoc' versteht man", so definiert es Boveri, „eine Annahme, die lediglich gemacht wird, um ein einzelnes Faktum zu erklären, das einer bestimmten, vorgefaßten Anschauung widerspricht. Meine Hypothese der Verschiedenwertigkeit der Chromosomen dagegen ist im Widerspruch zu einer von mir früher vertretenen Überzeugung entstanden, und sie ist nicht ausgedacht, um einen einzelnen isolierten Befund zu erklären, sondern sie ist die einzige mir möglich erscheinende Annahme, welche *alle* Tatsachen der dispermen Entwicklung einheitlich zu erklären vermag".[37] Andere mochten immer noch in einer Fehlverteilung des Cytoplasmas die entscheidende Ursache der abnormen Entwicklung sehen — vielleicht hatten sie damit am Ende (wir diskutieren aus der Sicht von Boveris Zeit) sogar recht. Daß eine Theorie viel erklären kann, beweist allein nichts für ihre Richtigkeit, sofern man unter Richtigkeit mehr als bloße Praktikabilität versteht. Man mag an einer Vorliebe für eine Theorie festhalten, die zunächst offenbar weniger erklären kann und hoffen, daß sich diese Theorie als entwicklungsfähig erweist. Die Theorie beispielsweise, daß geheimnisvolle vitalistische Kräfte für die Entwicklung der Organismen unmittelbar verantwortlich sind, „erklärt" alle Entwicklungsprozesse. Aber sie befriedigt uns dennoch nicht. Andere Theorien der Entwicklung sind in ihrer Erklärungskraft zunächst viel eingeschränkter. Aber wir werden solche eingeschränkten Theorien in der einen oder anderen Weise dennoch bevorzugen und von ihrer Fortentwicklung eher Hilfe erwarten. Das Beispiel zeigt, daß es nicht nur auf die formale Erklärungskraft einer Theorie ankommt, sondern darauf, ob wir bestimmten Grundannahmen zustimmen können oder nicht. Die Vorstellung, daß Vererbung materiell ist und daß es in den Zellen eine Vererbungssubstanz gibt, deren Lokalisation und Funktionsweise Gegenstand weiterer Untersuchungen werden mußte, war aus der Sicht der etablierten Mythen des Lebens zwar abenteuerlich genug, aber das galt für die Verfechter cytoplasmatischer und chromosomaler Vererbungstheorien gleichermaßen. Hatte man sich einmal auf diese Vorstellung eingelassen, dann wurde es zunehmend schwieriger, sich dem Zwang der Befunde zugunsten einer Chromosomentheorie der Vererbung zu entziehen.

Boveri hatte, wie wir gesehen haben, vergleichsweise leichtes Spiel, die formale Überlegenheit (nicht die Wahrheit) seiner Chromosomentheorie gegenüber den Vertretern cytoplasmatischer Vererbungstheorien zu demonstrieren. Aber wie stand es mit der Schlüssigkeit der Behauptung von der qualitativen Verschiedenheit der Chromosomen? Boveris Mitexperimentator, die Natur, veränderte bei seinem Experiment in unkontrollierter Weise *zwei* Parameter gleichzeitig, nämlich die Chromosomenzahl und die Kombination der Chromosomen. Kam es vielleicht einfach auf die Chromatinmenge in den Zellkernen an? Und führte die Variabilität der Chromosomenverteilung zu einem gestörten Verhältnis zwischen Kerngröße und Cytoplasmamenge? Richard Hertwig wies 1903 auf die Bedeutung dieser Kernplasmarelation für die Funktion der Zelle hin. Konnte die zufällige Veränderung dieser Kernplasmarelation vielleicht alles erklären? Dann wäre die Hypothese der qualitativen Verschiedenheit der Chromosomen durch die Befunde an disperm befruchteten Seeigeleiern nicht gedeckt und gerade auf eine von der Mendelschen Theorie völlig unabhängige cytologische Begründung dieser Verschiedenheit kam es ja Boveri an.

Ein relativ schwaches Argument ergab sich aus Boveris Merogonieexperimenten (vgl. Kap. 2.10, S. 175 ff.) und der Möglichkeit einer experimentell induzierten Parthenogenese (vgl. Kap. 2.6, S. 105). Eier, die nur die Hälfte des normalen Chromatinbestandes enthielten, konnten sich offenbar noch zu normalen Zwergplutei entwickeln. Abb. 2.12-7 zeigt die entscheidenden Befunde, mit denen Boveri seine Hypothese verteidigte. Unter den Plutei, die sich aus Simultandreiern entwickelten, fand Boveri gelegentlich Plutei mit weitgehend symmetrischem Körperbau, die Regionen mit deutlich unterschiedlichen Kerngrößen aufwiesen (Abb. 2.12-7, a, b) und er fand zum anderen Plutei mit deutlichen Asymmetrien, in denen die Kerne, soweit erkennbar, alle gleich groß waren[38] (Abb. 2.12-7, c, d). Kam es auf die richtige Kombination qualitativ verschiedenwertiger Chromosomen an, dann war dieses Resultat leicht zu erklären. In den Fällen a und b war die Kombination der Chromosomen trotz unterschiedlicher Mengenverhältnisse für eine weitgehend normale Entwicklung in allen drei Blastomeren bis zum Pluteusstadium offenbar hinreichend. In den Fällen c, d führte eine qualitativ verschiedenwertige Zusammensetzung der Kerne trotz etwa gleicher Chromatinmengen in den durch die Entwicklung der drei Blastomeren bestimmten Bereichen zu einem asymmetrischen Wachstum. Die Vertreter der konkurrierenden Theorie (Chromosomen sind essentiell gleichwertige Gebilde und es kommt ausschließlich auf den quantitativen Chromatingehalt des Kerns an) mochten zwar an den Fällen c und d bemäkeln, daß Boveri möglicherweise geringfügige Unterschiede der Chromatinmasse in den verschiedenen Bereichen der asymmetrischen Seeigellarve übersehen hatte. Wenn sie aber schwerwiegende Auswirkungen bereits von geringfügigen Mengenunterschieden behaupteten, wie wollten sie dann die Fälle a und b interpretieren?

Nachdem wir bis zu diesem Punkt verfolgt haben, wie Boveri das Netz seiner Theorie geknüpft und begründet hat, verstehen wir auch, warum das Paradigma der Chromosomenindividualität für Boveri eine unabdingbare Voraussetzung der neuen Chromosomentheorie ist. Boveri hat zeitweilig von der Möglichkeit gesprochen (sie wurde später auch von Haecker[39] und Strasburger[40] vertreten), „daß von jedem Chromosoma eine achromatische Grundsubstanz als Einheit zurückbleibt, aus der die Chromatinpartikel austreten und in der sie sich wieder sammeln."[41] Auf diese Weise wären die Beobachtungen Rabls an *Salamandra maculata* und Boveris an *Ascaris megalocephala* (Kap. 2.9) und die Hypothese von der Konstanz der Chromosomenzahl einschließlich der konstant zu beobachtenden Unterschiede in der Morphologie der Chromosomen auch ohne die Annahme einer strukturellen Kontinuität aller Chromatinpartikel erklärt. Diese Erklärung wäre auch dann zutreffend, wenn die Chromatinpartikel sich am Ende der Interphase in der achromatischen Grundsubstanz in beliebiger Weise neu sammeln. Akzeptieren wir aber

a) die bereits zu Boveris Zeit gängige Vorstellung, daß die Vererbungssubstanz im Chromatin enthalten ist und die bereits 1883 von Roux entwickelte Hypothese, daß es bei der Mitose auf eine qualitative Teilung des Chromatins ankommt,

b) die aus Boveris Experimenten an disperm befruchteten Seeigeleiern abgeleitete Vorstellung, daß es für die normale Entwicklung auf bestimmte Kombinationen qualitativ unterschiedlicher Chromosomen ankommt und als Spezialfall die Beobachtung, daß dem akzessorischen Chromosom wahrscheinlich eine besondere Rolle bei der Geschlechtsbestimmung zufällt,

Abb. 2.12-7 a–d. Entwicklung von *Strongylocentrotus*-Larven (Plutei) aus „Simultandreiern" ▶ (vgl. Abb. 2.12-3e). **a** „Pluteus von einem Simultandreier von *Strongylocentrotus,* von vorn … gesehen." (Aus Boveri (1908) Taf. II, Fig. 11a; Verkleinerung 0,7 ×). Drei Bezirke mit unterschiedlich großen Zellkernen sind durch feine Linien markiert. **b** „Pluteus von einem Simultandreier von *Sphaerechinus,* von vorn gesehen. Die Grenze des kleinkernigen Drittels ist durch eine (in der Originalabbildung) rote Linie markiert. Zu beiden Seiten dieser Grenze, soweit sie auf der Vorderfläche verläuft, sind einige Kerne eingetragen, um den Größenunterschied zu demonstrieren." (Aus Boveri (1908) Taf. III, Fig. 13; Verkleinerung, 0,7 ×). Ein solcher Pluteus könnte nach Boveri aus dem in Abb. 2.12-5e dargestellten Simultandreier hervorgegangen sein (dort S. 102). **c** „Asymmetrischer Dreierpluteus von *Strongylocentrotus.*" Aus Boveri (1908) Taf. IV, Fig. 28 (!!!). **d** „Stark asymmetrischer Dreierpluteus" ebenfalls von *Strongylocentrotus.* Aus Boveri (1908) Taf. IV, Fig. 21a (Vergrößerung 1,2 ×)
Man beachte, daß die in **a** und **b** dargestellten Plutei trotz großer Unterschiede in den Kerngrößen der verschiedenen Bezirke „in Körperform und Skelett fast genau symmetrisch" sind. Die Abbildungen **c** und **d** zeigen dagegen „asymmetrische Dreierplutei, deren Kerne überall gleich groß sind." (Boveri (1908) S. 113). Aus diesen Befunden leitete Boveri seine indirekte Beweisführung für eine qualitative Verschiedenheit der Chromosomen ab; für Einzelheiten siehe den Text

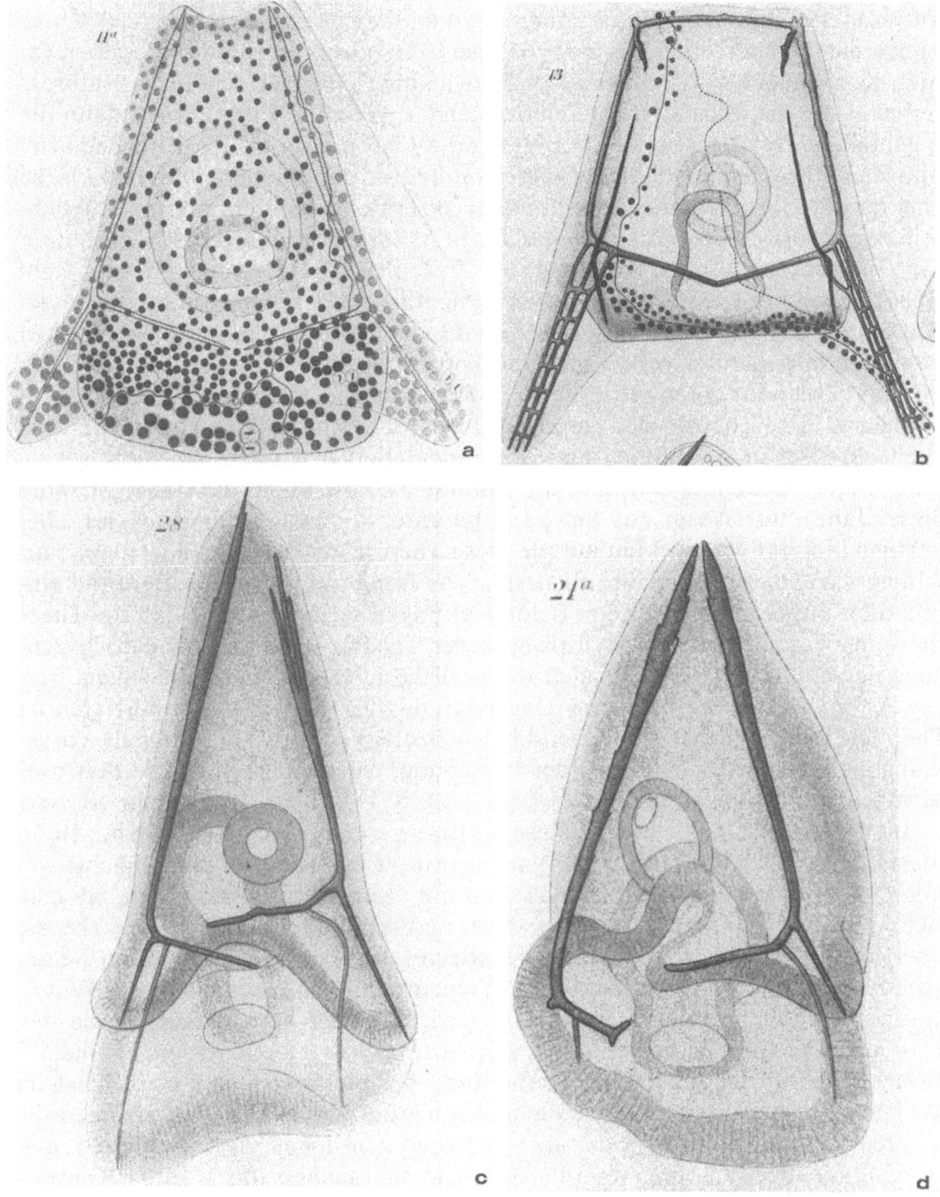

c) den von Sutton und anderen postulierten Mechanismus der Paarung homologer Chromosomen in der Meiose und den Mechanismus der Reduktionsteilung bei der Entstehung der Gameten und schließlich

d) das Mendelsche Paradigma,

dann ergibt sich zwingend, daß die Sammlung hypothetisch im Interphasekern ausgestreuter Chromatinpartikel in der achromatischen Grundsubstanz der Chromosomen nicht zufällig erfolgen darf. Zufälligkeit müßte nämlich zwangsläufig zu ebenso zufälligen Veränderungen in der Zusammensetzung des Chromatins der Tochterzellen bei jeder Mitose führen und es müßten dieselben fatalen Konsequenzen für die weitere Entwicklung eintreten wie beim Naturexperiment der disperm befruchteten Seeigeleier. Welchen Zweck sollte dann die augenfällige Präzision bei der Verteilung des Chromatins in der Mitose haben? Alle diese Probleme erledigten sich von selbst, sobald man die Boverische Theorie der Chromosomenindividualität akzeptierte. Die einfachste Möglichkeit war natürlich die Vorstellung einer beständigen strukturellen Kontinuität der Chromosomen auch während der Interphase, wie sie zuerst von Rabl (1885) behauptet wurde. Die Chromosomentheorie der Vererbung von Boveri und Sutton war ein Netz, das eine Vielzahl von cytologischen und genetischen Befunden miteinander verknüpfte und konsistent erklärte.

War es also für einen informierten Wissenschaftler — sagen wir um 1910 — zwingend, diese Theorie zu akzeptieren? Das war es nicht. Die Theorie beruhte auf theoretischen Annahmen und experimentellen Befunden, die nicht sakrosankt waren. Bedenken wir, daß die gesamte Theorie bis in die fünfziger Jahre dieses Jahrhunderts nur auf Beweisen beruhte, die zwar beeindruckend, aber letztlich indirekt waren. Man konnte diese Theorie als Paradigma weiterer Forschung akzeptieren oder ihre theoretischen Annahmen und die Befunde einzeln oder insgesamt bezweifeln. Beide Haltungen setzten voraus, daß die Theorie weiter geprüft wurde. Der Erfolg dieser Theorie kann zu Arroganz gegenüber Forschern verleiten, die sich dieser Theorie entgegengestellt haben. Solche Arroganz beruht auf einem Unverständnis für die Rolle konkurrierender Theorien beim Wachstum wissenschaftlicher Erkenntnis. Die damals vorgebrachten alternativen Theorien der Vererbung, wie zum Beispiel die Plastosomentheorie von Friedrich Meves (vgl. 2.10, S. 171 f.) erklärten nicht so viele Phänomene. Ihr Gehalt war in diesem Sinne geringer. Aber das machte sie in dieser Zeit nicht überflüssig oder gar illegitim. Eine Theorie, die zunächst weniger als eine andere Theorie erklären kann, mag verbessert werden, sie mag sich in weiteren Experimenten bewähren und schließlich diese andere Theorie überflügeln. Sie ist auf dem Markt der Ideen selbst dann zulässig, wenn sie mit scheinbar wohl etablierten Daten im Widerspruch steht, solange dieser Widerspruch offen zugegeben und begründet wird. Vielleicht widerspricht sie den Daten, „nicht weil sie unrichtig ist, sondern weil die Daten verseucht sind".[42] Rouxs Theorie der indirekten Kernteilung beispielsweise stand zunächst im Widerspruch zu einigen Daten Flemmings. Alternative Theorien zwingen die Vertreter etablierter Theorien, ihre Theorie deutlicher zu formulieren und durch mehr Beobachtungen zu belegen und sie machen durch ihren Kontrast die Vorurteile gewohnter Denkschablonen deutlich. Im Spiel der Erkenntnis sind alternative Theorien, sofern sie nicht einfach trivial sind, aus diesen Gründen immer willkommen. In der Praxis sind sie es natürlich häufig nicht, weil viele Wissenschaftler keine Glasperlenspieler sind, sondern sich eher wie verbissene Sektierer ihrer Theorie benehmen.[43]

2.13 Cytogenetik in der Lyssenko-Ära: Ein illegitimer Paradigmawechsel

> *„Die Chromosomen sind keine besondere Vererbungssubstanz, sondern ein gewöhnlicher Körper, ein Teil der Zelle, der eine bestimmte biologische Funktion, aber natürlich nicht die Funktion eines Vererbungsorgans erfüllt."*
>
> *T. D. Lyssenko* [*]

Im Verlag der Akademie der Wissenschaften der UdSSR erschien 1950 ein Buch mit dem Titel „Gegen den reaktionären Mendelismus-Morganismus".[1] Den Autoren dieses Buches war daran gelegen, eine wissenschaftliche Revolution durchzusetzen, nämlich den schöpferischen, sowjetischen Darwinismus von Mitschurin und Lyssenko.[2] Worum ging es dabei? Ich zitiere einige Kernsätze aus dem Vortrag, den Lyssenko 1948 zum „Stand der Biologie" hielt. „Die Mendelisten-Morganisten, die Weismann folgen, behaupten, daß Chromosomen irgendeine ‚Erbsubstanz' in sich tragen, die im Körper des Organismus wie in einer Hülle eingeschlossen bleibt und den weiteren Generationen übertragen wird. Unabhängig von der qualitativen Spezifik des Körpers und seinen Lebensbedingungen ... Nach dieser Theorie können die von Pflanzen und Tieren erworbenen Eigenschaften den weiteren Generationen nicht übertragen, also nicht vererbt werden."[3] Nach Lyssenko behaupteten die Mendelisten-Morganisten zudem fälschlicherweise, daß eine Mutation „keine bestimmte Richtung" aufweist. Demgegenüber vertrat Lyssenko einen fundamental verschiedenen Standpunkt. In seiner Theorie des schöpferischen, sowjetischen Darwinismus „sind die Lamarck'schen Ansichten, die ... die Vererbung erworbener Eigenschaften anerkennen, vollkommen richtig und wissenschaftlich".[4] Mit Hilfe dieses schöpferischen Darwinismus kann man „jede Art von Tieren und Pflanzen zwingen, sich in der vom Menschen gewünschten Richtung schneller zu verändern".[5] Durch die Schaffung von bestimmten Bedingungen zu einem bestimmten Moment der Entwicklung des Organismus lassen sich „die Veränderungen der Erblichkeit dieses Organismus lenken".[6] Zum Beispiel ist es mit Hilfe des sogenannten Mentor-Verfahrens (Mentor, d. h. der Erzieher) möglich, „daß in die Krone einer jungen Obstbaumsorte, welcher bestimmte Eigenschaften fehlen, Pfropfreise einer alten Sorte eingepfropft werden, durch welche die junge Sorte die ihr fehlenden Eigenschaften erwirbt".[7] In derartigen vegetativen Hybriden tragen die Samen „auch die Eigenschaften der anderen Art, mit der die erstere durch das Pfropfen vereinigt wurde".[8] Das Paradigma von Lyssenko eröffnete praktisch unbegrenzte Anwendungsmög-

---

[*] zit. nach Makarow (1953)

lichkeiten. Lyssenko selbst verweist besonders auf „die Versuche über die Umwandlung des Sommergetreides in die Winterung und des Wintergetreides in die ‚verstärkte Winterung‘, beispielsweise in Gebieten Sibiriens mit hartem Winter".[8] Wie Lyssenko richtig bemerkt, können „die Vertreter der Mendelistisch-Morganistischen Genetik keine gelenkte Veränderung der Erblichkeit erzielen".[8] Die „Nutzlosigkeit des Morganismus-Mendelismus" für die Wissenschaft und Praxis der Sowjetunion war für Lyssenko damit evident. Eine radikalere wissenschaftliche Revolution wie die von Lyssenko vorangetriebene, kann man sich kaum vorstellen.

Wie wir wissen, ist dieser Versuch auch in der Sowjetunion gescheitert und man könnte es bei dieser Feststellung belassen. Für den Wissenschaftshistoriker ist die Austragung dieses Konflikts aber ein Gegenstand von höchster Bedeutung. Denn es geht hier um den Zielkonflikt zwischen dem Anspruch einer totalitären Weltanschauung und der Unabhängigkeit naturwissenschaftlicher Erkenntnismethoden. Als wissenschaftliche Revolution war der von Lyssenko in einem beträchtlichen Teil der Welt vorrübergehend erzwungene Paradigmawechsel „illegitim". Die Anomalien, mit denen Lyssenko und seine Gefolgsleute diesen Wechsel begründeten, waren im wesentlichen ideologischer, nicht wissenschaftlicher Natur.[9] Die eigenen Experimente der Kritiker waren zur Begründung des Paradigmawechsels völlig ungeeignet. Betrachten wir zum Beleg, mit welchen Argumenten Boveris Paradigma von der Individualität der Chromosomentheorie der Vererbung in Zweifel gezogen wurden. Der Standpunkt Lyssenkos war klar. „Die Chromosomen sind keine besondere Vererbungssubstanz, sondern ein gewöhnlicher Körper, ein Teil der Zelle, der eine bestimmte biologische Funktion, aber natürlich nicht die Funktion eines Vererbungsorgans erfüllt."[10] Nach den Untersuchungen von Makarow, Nassonow und Alexandrow kann der Ruhekern strukturiert oder strukturlos sein, je nach seinem physiologischen Zustand.[11] In vielen Fällen jedenfalls ist das Kernmaterial von flüssiger Konsistenz und der Zellkern erweist sich als optisch leer. Eine Kontinuität der Chromosomen während der Interphase gibt es dementsprechend ebensowenig wie jene von Flemming als „Kernnetz" beschriebene Struktur, die jene Form widerspiegelt, welche die Chromosomen im Zeitraum von zwei Mitosen annehmen. Wie steht es nun mit dem tatsächlichen Bau des Interphasekerns? „Um die Berufungen der Zytogenetiker auf ein unsichtbares Kerngerüst endgültig zu widerlegen und den Vertretern der Kontinuitätstheorie der Chromosomen die letzte Zuflucht zu nehmen", hat Makarow eine Methode ausgearbeitet, durch die der mikroskopische Bau des Kerns in Dauerpräparaten in einer seinem lebenden Zustand adäquaten Form bewahrt werden sollte.[12] Er benutzte zur Fixierung der Zellen Osmiumtetroxyd und färbte die Kerne anschließend mit der Feulgenmethode. Dabei fand er an zahlreichen pflanzlichen und auch tierischen Objekten, daß der Kern mikroskopisch homogen ist. Nur in einigen besonderen Zelltypen ließen sich Kernstrukturen nachweisen (Abb. 2.13–1). Kernstrukturen — so Makarows Folgerung — können in Abhängigkeit vom physiologischen Zustand der Zelle auftreten und wieder verschwinden. Durch verschiedenartige Reizmittel läßt sich der Bau des Kerns zudem lenken und man kann wunschgemäß einmal strukturierte und zum anderen homogene Kerne erhalten. So entstehen in den Kernen diejeni-

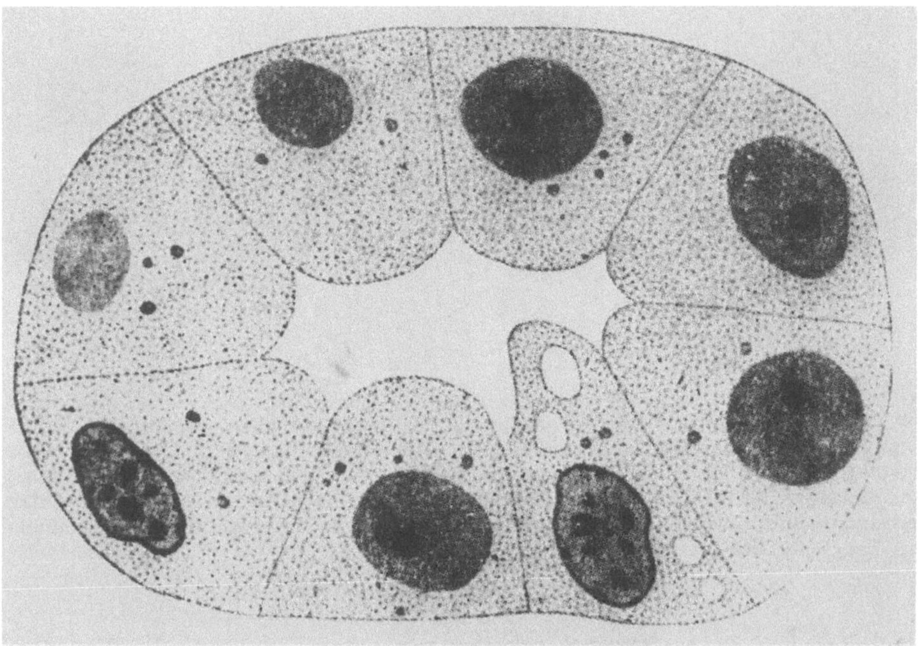

Abb. 2.13-1. „Harnkanal in der Froschniere nach der Fixierung mit OsO$_4$ und Färbung mit Böhmers Hämatoxylin und Eosin. Es sind zwei Zellen mit strukturierten Kernen zu erkennen, in den übrigen Zellen sind die Kerne homogen." (Aus Makarow (1953), Fig. 3, S. 233) Nach Makarow belegen diese Beobachtungen, daß Kernstrukturen in Abhängigkeit vom physiologischen Zustand der Zelle auftreten und wieder verschwinden können

gen Strukturen, denen die Morganisten eine derart wesentliche biologische Bedeutung verliehen haben. An Präparaten von Froschspermatozyten beispielsweise lassen sich in der entgegengesetzten Richtung, in der das Reizmittel eindringt, Schritt für Schritt die aufeinanderfolgenden Stadien der Strukturbildung verfolgen (Abb. 2.13-2). Die Bilder sind demzufolge nichts anderes als der Ausdruck eines durch die Wirkung des Fixierungsmittels hervorgerufenen starken Reizzustandes der Zelle (Abb. 2.13-3). Aus alledem folgt, „daß es im interkinetischen Kern Chromosomen weder in sichtbarer noch in verborgener Form gibt".[13] Im Lichte der von Makarow vorgelegten Tatsachen „stellen die Chromosomen zeitweilige, vorübergehende Zellstrukturen dar".[13] Die Theorie von der Kontinuität der Chromosomen erweist sich als ein Mythos.

Im Weiteren entwickelte Makarow eine Theorie der Neubildung der Chromosomen in jeder Prophase als Ausdruck einer der Zelle eigenen Fähigkeit zur Formbildung. Es wundert uns nicht, daß wir in diesem Zusammenhang auf die alte Manövrier-Hypothese von R. Fick verwiesen werden: „Ausgehend von seinen Vorstellungen über das Wesen der Mitose, unterzog Fick die zytologischen Grundlagen der Chromosomentheorie der Vererbung einer prinzipiellen Kritik, worin sein unzweifelhafter Verdienst besteht. Er vermochte seinen Auffassungen jedoch nicht die erforderliche Klarheit zu geben, um allen Deuteleien

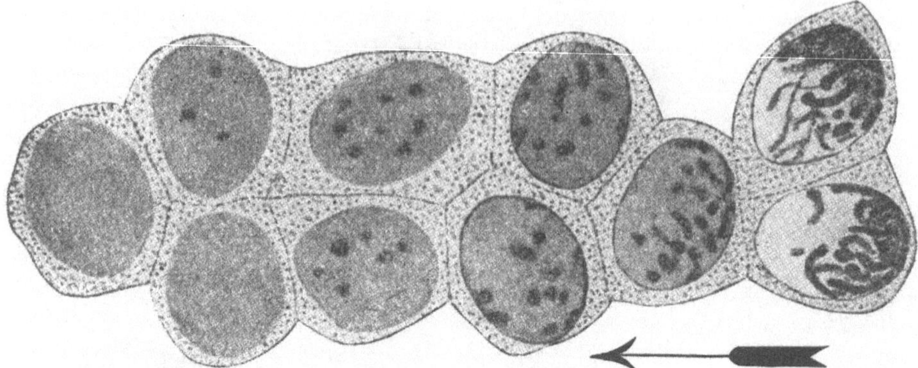

Abb. 2.13-2. „Froschspermatozyten 1. Ordnung. Aufeinanderfolgende Stadien des Werdegangs von Kernstrukturen unter Einwirkung von 0,01 normaler Essigsäure. Der Pfeil gibt die Richtung an, in der die Säure eindringt. Fixierung mit OsO₄, Behandlung nach Feulgen." (Aus Makarow (1953) Fig. 9, S. 245) Das Experiment zeigt nach Ansicht von Makarow, daß Kernstrukturen in normaler Weise homogenen Kernen unter der Einwirkung von Reizmitteln (hier Essigsäure) neu entstehen können

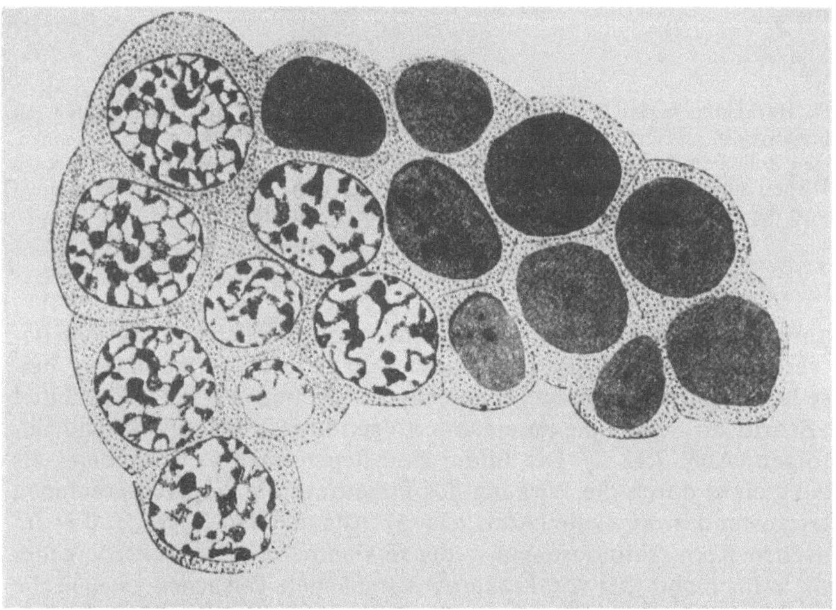

Abb. 2.13-3. „Spermatogonien von Triton. Bild der Umkehrbarkeit der Veränderungen, die nach Einwirkung von 0,01 normaler Essigsäure eingetreten waren. Fixierung mit OsO₄, Färbung mit Böhmers Hämatoxylin und Eosin. (Aus Makarow (1953) Fig. 5, S. 235) Spermatogonien von Triton wurden zunächst mit 0,01 normaler Essigsäure als Reizmittel behandelt (vgl. Abb. 2.13-2). „Nach Beseitigung des Reizmittels läßt sich an Osmiumpräparaten beobachten, wie die hervorgerufenen Strukturen allmählich verschwinden und bis zu kolloiden Ausmaßen dispergieren. Als Ergebnis dieses Prozesses wird der Kern erneut homogen … Indem man also ein Reizmittel hinzufügt, oder es beseitigt, lassen sich wunschgemäß einmal strukturierte und zum anderen homogene Kerne erhalten, läßt sich also der Bau des Kerns ‚lenken'." (dort S. 235 f.) Eine ständige mikroskopische Struktur, so Makarows Folgerung, „ist tatsächlich in den Kernen nicht vorhanden" (dort S. 236)

begegnen zu können."[14] Mit dieser Andeutung wird die gesamte Argumentation Boveris, dessen Arbeiten nicht zitiert werden, abgetan. Wenden wir uns jetzt dem Bau und den Eigenschaften der Chromosomen im speziellen zu. Nach Makarow findet das Postulat der Weismannisten-Morganisten eines außerordentlich komplizierten Baues des Kernmaterials auch in den Resultaten chemischer Analysen keine Bestätigung. Beispielsweise bestehen, wie Makarow betonte, die Köpfchen der Spermatozoen, die doch angeblich den gesamten Genbestand des väterlichen Organismus enthalten, aus Desoxyribonukleinsäure und einfachen Protaminen.[15] In der Tat wies Makarow hier auf eine der großen „Kenntnis-Anomalien" der Chromosomentheorie der Vererbung in den dreißiger und zum Teil auch noch in den vierziger Jahren unseres Jahrhunderts hin. Die materielle Struktur der Gene war unbekannt. Die Vorstellung von der Proteinnatur der Gene wurde durch die chemische Analyse der Spermatozoenköpfchen nicht gestützt. Soweit war Kritik wissenschaftlich legitim und fruchtbar. Die Arbeit von Avery und Mitarbeitern aus dem Jahr 1944, die an anderer Stelle des Buches „Gegen den reaktionären Mendelismus-Morganismus" von Nushdin[16] zitiert wird, hätte Makarow, sofern ihm die kritische Prüfung von Hypothesen unabhängig von Lyssenkos Scheuklappen etwas bedeutet hätte, allerdings auf die Idee bringen können, daß es mit der DNA etwas besonderes auf sich hat.[16]

Wir brechen hier die Kritik der zytologischen Grundlagen der Chromosomentheorie der Vererbung ab. Die Beispiele genügen als Dokument cytogenetischer Forschung in der Lyssenko-Ära. Wenden wir uns noch kurz Nushdins „Kritik an der idealistischen Gentheorie" zu.[17] Dort heißt es, „Die Morganisten phantasieren buchstäblich über Nukleinproteinmoleküle". Zum Beleg zitiert Nushdin eine Arbeit von Boivin aus dem Jahr 1947.[18] „Die erstaunlichen Tatsachen der Existenz einer unendlichen Mannigfaltigkeit von Zelltypen und Arten lebender Organismen wird im Endresultat auf die unzähligen Veränderungen in der Molekülstruktur einer einzigen fundamentalen chemischen Substanz zurückgeführt, nämlich der Nukleinsäure."[19] Eine klarere Formulierung über die Natur der Erbsubstanz läßt sich 1947 nicht denken. Welche Kritik bringt Nushdin dagegen vor? „Die modernen Theoretiker des Gens (gehen) noch weiter in Richtung auf den Idealismus … Es handelt sich hier nicht darum, daß die Morganisten heute mit real existierenden, materiellen Strukturen operieren, wie z.B. mit Chromosomen, Nukleoproteiden und Nukleinsäuren. Es handelt sich darum, daß sie diese materiellen Strukturen aus dem allgemeinen System des Lebendigen herausreißen und sie in etwas sich selbst Bestimmendes verwandeln. Eine spezielle Seite der Erscheinung der Vererbung erklären sie metaphysisch durch die Existenz der Erscheinung selbst und gelangen unausweichlich zum Idealismus. Diese Seite der metaphysischen Erkenntnismethode beleuchtete W. I. Lenin in seinem hervorragenden Fragment über die Dialektik in glänzender Weise. W. I. Lenin deckte die gnoseologischen Wurzeln des Idealismus auf, als er schrieb: „Die Erkenntnis des Menschen ist (respektive beschreibt) nicht eine gerade Linie, sondern eine Kurve, die sich einer Reihe von Kreisen, einer Spirale, unendlich nähert. Jedes Bruchstück, jeder Splitter, jedes Stückchen dieser Kurve kann in eine selbständige, ganze, gerade Linie verwandelt (einseitig verwandelt) werden, die (wenn man vor lauter Bäumen den Wald nicht sieht) dann in den Sumpf zum Pfaffentum führt (wo sie durch das Klasseninteresse der herrschenden Klasse verankert wird)."[20]

Ich habe von einem illegitimen Versuch einer wissenschaftlichen Revolution gesprochen. Im Abstand von dreißig Jahren und in einem Kreis von Wissenschaftlern, die dieselben Paradigmata teilen, fällt es leicht, ein solches Urteil zu fällen. Das für einen Naturwissenschaftler eigentlich Illegitime bei diesem Versuch besteht aber nicht darin, daß hier Wissenschaftler mit fragwürdigen Experimenten und Argumentationen eine Krise der Paradigmata der modernen Vererbungslehre konstruiert haben. Dies ist ihr gutes Recht, solange sie es persönlich in gutem Glauben tun. Illegitim war der Versuch vielmehr deshalb, weil der Paradigmawechsel durch Lyssenko und seine Anhänger nicht durch Überzeugung der Fachgenossen und nicht durch den Zwang der Argumente selbst vollzogen werden sollte, sondern, als viele Fachgenossen einfach nicht überzeugt werden konnten, durch die Gewalt einer politischen Partei, durch Einschüchterung und Existenzbedrohung.

Bei allen persönlichen Unterschieden, bei aller Bitterkeit des Streits gehört es zu den ungeschriebenen Regeln einer wissenschaftlichen Auseinandersetzung, daß Wissenschaftler die „Existenz einer allein kompetenten professionellen Gruppe und ihre Rolle als des ausschließlichen Schiedsrichters in Fragen fachwissenschaftlicher Leistung" anerkennen;[21] undenkbar, daß Männer wie Schleiden, Schwann, Virchow, Mendel, Weismann und Boveri, so unterschiedlich der Stil ihrer wissenschaftlichen Auseinandersetzung war, versucht hätten, einen wissenschaftlichen Streit durch Appelle an politisch Mächtige, an Parteien oder an ganze Bevölkerungen zu ihren Gunsten zu entscheiden. Bei Lyssenko war das nicht so. Er behauptete, daß den Führern der kommunistischen Partei auch in wissenschaftlichen Fragen ein letztes Urteil zukommt. Hören wir Lyssenko 1948: „Genossen, bevor ich zum Schlußwort komme, betrachte ich es als meine Pflicht, folgende Erklärung abzugeben: Auf einem der eingereichten Fragezettel wird die Frage gestellt, wie sich das Zentralkomitee zu meinem Vortrag verhält. Ich antworte darauf: Das Zentralkomitee der Partei prüfte meinen Vortrag und hat ihn gebilligt" (stürmischer Applaus, der in eine Ovation übergeht, alle Anwesenden stehen auf).[22]

„W. I. Lenin und J. W. Stalin entdeckten J. W. Mitschurin und machten seine Lehre zum Allgemeingut des sowjetischen Volkes. Mit all ihrer großen, vaterländischen Anteilnahme an seiner Arbeit retteten sie die hervorragende Mitschurinsche Lehre für die Biologie. Die Partei, die Regierung und J. W. Stalin persönlich sorgten ständig für die weitere Entwicklung der Mitschurinschen Lehre. Es besteht also für uns, sowjetische Biologen, keine ehrenvollere Aufgabe als die, für die schöpferische Entwicklung der Mitschurinschen Lehre und für die Einführung des Mitschurinschen Stils in unsere Arbeit der Erforschung der Natur und der Entwicklung von allem Lebenden zu sorgen."[23] Lyssenko verstieg sich bis zu der Behauptung, „daß Genosse Stalin auch für Erörterung der wichtigsten Fragen der Biologie bis in alle Einzelheiten Zeit gefunden hat. Er redigierte persönlich das Projekt des Vortrages „Die Situation in der biologischen Wissenschaft", erklärte mir ausführlich seine Berichtigungen und gab Hinweise für die Auslegung bestimmter Stellen des Vortrags ... Genosse Stalin ... enthüllte selbst eine Reihe wichtigster biologischer Gesetzmäßigkeiten".[24]

Wo die Staatsideologie in den wissenschaftlichen Paradigmenstreit eingreift und ihn entscheiden will, wird der wissenschaftliche Gegner zum politischen Feind. Entsprechend ändern sich Inhalt und Tonfall der Sprache. „Die Zerschmetterung der Mendel-Morganschen Genetik auf dem historischen Kongreß der Leninakademie für Agrarwissenschaften der UdSSR fand eine gewaltige internationale Resonanz. Die Mendel-Morgansche Pseudowissenschaft als Ausdruck der Altersschwäche und Degradierung der bürgerlichen Kultur hat ihren vollständigen Bankrott gezeigt. In Wahrheit war es nur eine Lüge, mit der sie ihre reaktionäre Propaganda über die Unveränderlichbarkeit der Vererbung untermauerte. Im Licht der gewaltigen praktischen und theoretischen Errungenschaften der fortschrittlichen Mitschurinschen Wissenschaft wurde es vollkommen klar, daß die Mendel-Morgansche Genetik kein Recht hat, sich Wissenschaft zu nennen. Es wurde offenkundig, daß ihre Entwicklung das Ergebnis des gewaltigen Interesses war, das die Kräfte der internationalen Reaktion an ihr hatten. Die als Verteidiger der reaktionären Richtung in der Wissenschaft und als Feinde von Fortschritt und Demokratie entlarvten angloamerikanischen Morganisten ... (dienen) offen der Reaktion, welche die verrottete Ideologie des Imperialismus unterstützt."[25] Soviel zur Sprache der Lyssenkoisten. Sie diente nicht mehr dem Zweck, das eigene von einem konkurrierenden Paradigma klar abzugrenzen. Sie beabsichtigte die Einschüchterung des Gegners. Der Biologe P. M. Shukowskij schrieb dazu 1945 in der Zeitschrift „Hochschulnachrichten": „Bei uns ist die Frage der Dissertationen auf dem Gebiet der Genetik akut. Dissertationen auf diesem Gebiet erscheinen bei uns sehr selten, ja nur vereinzelt. Dies erklärt sich nämlich durch die anomalen Verhältnisse, die den Charakter einer echten Feindschaft zwischen den Anhängern der Chromosomentheorie in der Vererbungslehre und ihren Gegnern tragen. Bleibt man bei der Wahrheit, so muß man sagen, daß es nämlich so aussieht, als wenn die ersteren Angst vor den zweiten haben, die in ihrer Polemik sehr aggressiv sind. Es wäre besser diesem Zustand ein Ende zu machen".[26]

Die Folgen des 1948 von der Partei abgesegneten Beschlusses, „eine grundlegende Umgestaltung der wissenschaftlichen Forschungsarbeit auf dem Gebiet der Biologie und eine Überprüfung der Lehrpläne der Unterrichtsanstalten für die Zweige der Biologie (sei) unbedingt erforderlich", liegen heute klar zutage.[27] Die Entwicklung der molekularen Genetik ist weitgehend in den westlichen Demokratien erfolgt, deren Wissenschaftler sich derartigen Beschlüssen nicht zu unterwerfen brauchten. Die Sowjetunion spielte bei dieser Entwicklung kaum eine Rolle. Als sich ihre bedeutenden Biologen, wie Rapoport, Alichanjan, Engelhardt, Z. A. Medvedev und andere vom Zwang der Lyssenkoisten endlich befreit hatten, war der Anschluß auf lange Jahre verpaßt.

Heute ist der Streit mit den Lyssenkoisten Geschichte. Auch in der Sowjetunion und ihrem unmittelbaren politischen Einflußbereich wird die Legitimität der Paradigmata der modernen Zellbiologie nicht mehr mit dem Hinweis auf eine angebliche Unvereinbarkeit mit der marxistisch-leninistischen Philosophie angezweifelt. Im Gegenteil, heute wird die Entsprechung zwischen dem materiellen Genbegriff als einem „objektiv existierenden Teilchen der lebenden Zelle" und dieser Philosophie als selbstverständlich herausgestellt.[28] Heute, zu einer Zeit, in der chemische Struktur und Eigenschaften der Nukleinsäuren als den materiellen Trägern der Erbinformation detailliert untersucht sind, in der Gene und Einzelheiten ihres Baus unter dem Elektronenmikroskop sichtbar gemacht, in der biologisch aktive Gene im Reagenzglas synthetisiert worden sind, in der bereits menschliche Genbanken existieren, mag es naheliegend erscheinen, einen Scharlatan wie Lyssenko und seine Vorstellungswelt einfach zu vergessen. Nicht vergessen sollten wir das eigentliche Problem: Das Problem der Freiheit einer durch ein gemeinsames Paradigma verbundenen Gruppe von Wissenschaftlern, die Tragfähigkeit ihres Paradigmas durch Experimente zu erproben, solange bis ein Paradigmawechsel durch den Gang der normalen Wissenschaft selbst erzwungen wird. Diese von Wissenschaftlern notwendig beanspruchte Freiheit steht in einem Spannungsverhältnis mit allen Weltanschauungen, die für sich in Anspruch nehmen, umfassend zu sein, ob sie nun religiös oder atheistisch sind. Sie hat aber auch die Folgen der eigenen Forschung zu bedenken. Diese Folgen, die in einem vor wenigen Jahrzehnten noch undenkbar erscheinenden Zuwachs an Gefahren *und* an humanen Möglichkeiten bestehen, sind eine Herausforderung, die eine bis auf den Grund gehende, also radikale Neubesinnung über die Rolle der Wissenschaften in der Gesellschaft und die persönliche Verantwortung der Wissenschaftler nötig macht.[29]

3 Betrachtungen zum Wachstum wissenschaftlicher Erkenntnis

> *,,Rückschauend glaube ich, es war schwieriger, die Probleme zu erkennen, als sie zu lösen, soweit mir dies überhaupt gelungen ist, und das erscheint mir ziemlich merkwürdig."*
>
> *Charles Darwin**

---

* Brief an Charles Lyell vom 30. September 1859; zit. nach Schmitz (1982) S. 143

3.1 Kuhns Theorie des Paradigmawechsels und die Geschichte der frühen Zell- und Vererbungsforschung: Ein kritischer Vergleich

Im ersten Teil dieses Buches haben wir uns um einen Zugang zur Wissenschaftstheorie von Thomas Kuhn bemüht. Im zweiten Teil haben wir einen Bilderbogen aufeinanderfolgender Theorien über die Zelle, den Zellkern und die Chromosomen kennengelernt. Virchows „Omnis cellula e cellula" löst die Cytoblastemtheorie Schwanns ab. Oscar Hertwigs Theorie von der Vereinigung eines mütterlichen und väterlichen Zellkerns bei der Befruchtung bedeutet das Ende zahlreicher alter Befruchtungstheorien. Die Vorstellung einer Auflösung und Neubildung von Zellkernen weicht dem zuerst von Flemming formulierten Paradigma „Omnis nucleus e nucleo". Die Vorstellung von den bei jeder Zellteilung sich neu formierenden und in der Interphase sich wieder auflösenden Chromosomen macht langsam und unter heftigen Auseinandersetzungen dem Rabl-Boverischen Paradigma von der Kontinuität bzw. Individualität der Chromosomen Platz. Die Chromosomentheorie der Vererbung bricht sich Bahn, die Vererbung wird partikular. Der Genbegriff taucht auf, erweist sich aber immer wieder als ungenügend und muß aufs Neue modifiziert werden. Morgan und seine Schule weisen diesen Genen feste Plätze in den Chromosomen zu „wie Perlen auf der Schnur". Auch dieser Rahmen erweist sich längst wieder als zu eng. Er ist durch die Entdeckung mobiler genetischer Elemente gesprengt worden. Die Vorstellung, die bereits so fest gefügt erschien, daß Gene bestimmte zusammenhängende DNA-Stücke sind, ist durch die Entdeckung „zerstückelter" Gene beseitigt worden. Die Bewegung geht weiter. Gibt Kuhns Theorie eine zutreffende Beschreibung für das Wachstum der Erkenntnis in dem von uns betrachteten Ausschnitt der Wissenschaftsgeschichte? Ich halte Kuhns Paradigmabegriff — das ist nach dem bisher Gesagten beinahe selbstverständlich — für außerordentlich fruchtbar, auch für das Verständnis dieser Geschichte. Eine andere Frage ist es aber, ob der von Kuhn postulierte Ablauf beim Wachstum wissenschaftlicher Erkenntnis als einem in festgesetzter Reihenfolge ständig fortlaufenden Wechselspiel von Paradigma, normaler Wissenschaft, Anomalie, Krise, Revolution und Etablierung eines neuen Paradigmas zutrifft. Für jeden einzelnen Abschnitt des Kuhnschen Prozesses bietet die Geschichte der Cytogenetik Beispiele genug, insgesamt aber entzieht sich der tatsächliche Ablauf dieser Geschichte auch immer wieder der Kuhnschen Dramaturgie. Die Geschichte verläuft unberechenbarer und chaotischer als es das Modell erwarten läßt. Das trifft um so mehr zu, je unbefangener und vorbehaltloser man sich mit den Akteuren dieser Geschichte auseinandersetzt. Denn es sind die Wissenschaftler selbst, die durch ihre Einfälle, ihre Vorlieben und Abneigungen, alle Ordnungskonzeptionen von Wissenschaftstheoretikern immer wieder über den Haufen werfen. Durch eine geschickte Auswahl des Materials läßt sich eine Wissenschaftsgeschichte, die brav dem Kuhnschen

Konzept folgt, ebenso schreiben wie die Geschichte eines kumulativen Wachstums der Erkenntnis.[1] Beim näheren Hinsehen aber entdecken wir, daß Krisen ganz unerwartet auftreten können, daß neue Paradigmata formuliert werden, während die eigentlich davon betroffene Gruppe von Wissenschaftlern noch ganz ungestört und bequem im Rahmen der alten Theorien lebt. Wir entdecken ausgedehnte zeitliche Überschneidungen konkurrierender Theorien und es fällt uns immer schwerer, die beiden Phasen der normalen Wissenschaft und der wissenschaftlichen Revolution zeitlich klar voneinander abzugrenzen. Die Entdeckung der Kernverschmelzung beim Befruchtungsvorgang durch Oscar Hertwig und Strasburger beispielsweise war Ausgangspunkt für einen grundlegenden Theorienwechsel in der Vererbungslehre, der sich in den darauf folgenden Jahrzehnten vollzog und den wir mit Recht als eine wissenschaftliche Revolution bezeichnen können. Diese Entdeckung bedeutete aber weder, daß die Mehrzahl der Forscher um 1875 die Situation der bis dahin geltenden Befruchtungstheorien als besonders krisenhaft empfunden hätten, noch daß danach Einhelligkeit bestanden hätte, die geheimnisvolle Vererbungssubstanz im Zellkern zu lokalisieren. Je nach Auswahl des Materials können wir die folgenden 50 Jahre als normale Wissenschaft auf dem Boden der neuen Kerntheorie der Vererbung oder als fortgesetzte Krise beschreiben.

Die Darstellung eines größeren Zeitraums der Wissenschaftsgeschichte besteht unvermeidlich in einer Ordnung von Gedanken, Experimenten, Theorien. Dabei entfernen wir uns von der Wirklichkeit schon durch die von uns getroffene Auswahl, insbesondere durch das, was wir aus Platzmangel, aus didaktischer Absicht oder einfach deshalb weglassen, weil es uns unbekannt geblieben ist oder weil wir es selbst nicht mehr recht verstehen.

Krise des Denkens, Revolution und Paradigmawechsel setzt nicht notwendig bereits eine Gruppe von Wissenschaftlern voraus. Der ganze Prozeß kann sich auch in einzelnen Köpfen abspielen. Die Entstehung von Mendels Paradigma ist ein Beispiel dafür. Das neue Paradigma erscheint dann im Kontext der Gesamtgeschichte wie ein ganz unerwarteter, völlig aus dem Rahmen fallender Zwischenruf in einer Gesellschaft, die anderen Denkschablonen verhaftet ist und sich für andere Themen interessiert. Ob der Zwischenrufer Gehör findet und wie lange es gegebenenfalls dauert, bis sein Anliegen zum allgemeinen Gesprächsthema wird, hängt vor allem von dem unvorhersagbaren Verhalten einzelner Personen ab. Werden sie aufmerksam? Zündet in ihnen der Gedanke, daß der Zwischenrufer ihrem eigenen Gespräch eine neue, wirklichkeitsbezogenere und damit auch interessantere Richtung geben kann? Darüber gibt es keine sicheren Prognosen. Nägeli beispielsweise erkannte die Bedeutung von Mendels Paradigma nicht (vgl. Kap. 2.11, S. 204 ff.). Die Cytogenetiker allgemein taten die Riesenchromosomen 50 Jahre lang als Kuriosum ab (vgl. Kap. 2.9, S. 149).

Kreative Wissenschaftler sind in einem ausgeprägten Maße Individualisten. In der Regel folgen sie am liebsten ihren eigenen Ideen. Dementsprechend haben sie häufig eine merkwürdige selektive Taubheit und Blindheit. Sie hören und sehen von der objektiven Welt nur das, was in das Netz ihrer eigenen Vorstellungswelt hineinpaßt. Nur sehr laute und wiederholte Zwischenrufe oder sehr massive eigene Krisenerlebnisse können sie zu einem Paradigmawechsel bringen.

Nach Kuhn ist „ein Paradigma das, was den Mitgliedern einer wissenschaftlichen Gemeinschaft, und nur ihnen gemeinsam ist". Zunächst hat Kuhn wohl dazu geneigt, den Paradigmabegriff zu benutzen, um wissenschaftliche Gemeinschaften zu definieren. „Der Besitz eines gemeinsamen Paradigmas (macht) aus einer Gruppe sonst unverbundener Menschen eine wissenschaftliche Gemeinschaft".[2] Später gelangte Kuhn dann zu der, wie mir scheint besseren Auffassung, daß „wissenschaftliche Gemeinschaften (zunächst) als unabhängig existierend erkennbar sein (müssen)".[2] Betrachten wir Wissenschaftler wie Driesch, Weismann, Oscar Hertwig, Rabl, Boveri und Fick, um nur einige zu nennen, die bei der frühen Entwicklung der frühen Zell- und Vererbungsforschung eine Rolle gespielt haben. Können wir sie als eine wissenschaftliche Gemeinschaft bezeichnen, deren Forschung auf einem gemeinsamen Paradigma, genauer auf einer gemeinsamen disziplinären Matrix beruht (vgl. Kap. 1.1)? Sicherlich nicht! Sie alle interessierten sich für das Problem der Vererbung. Daraus ergab sich eine fachliche Kommunikation, die gelegentlich zu einem erbitterten Streit geriet. Denn jeder dieser Forscher entwarf eigene Landkarten, um sich im Irrgarten des Vererbungsproblems zurecht zu finden. Driesch war ein Neovitalist. Er wehrte sich (zu Recht) gegen die Vorstellung von einer maschinenartigen Struktur der Eizelle und (zu Unrecht) gegen den Versuch, die entwicklungsbestimmenden Ursachen im Ei in seiner ursprünglichen materiellen Anordnung zu suchen.[3] Damit stand er natürlich im schärfsten Gegensatz zu Weismann, dem Oberhaupt der Neodarwinisten. Oscar Hertwig wiederum gehört zwar neben Weismann zu den Begründern der Chromosomentheorie der Vererbung, aber das hinderte ihn nicht, ein entschiedener Gegner von Boveris Individualitätstheorie zu sein (vgl. Kap. 2.9, S. 166) und im Gegensatz zu Weismann an der Vererbung erworbener Eigenschaften festzuhalten. Auch Rabl vertrat eine Vererbung erworbener Eigenschaften. Er hielt hartnäckig an der Vorstellung einer essentiellen Gleichwertigkeit aller Chromosomen fest und gehörte zu den Hauptkritikern von Boveris Theorie einer qualitativen Verschiedenwertigkeit der Chromosomen.[4] Fick schließlich lehnte die Theorie der Chromosomenindividualität ebenso wie die neue Chromosomentheorie der Vererbung in Bausch und Bogen ab und entwickelte seine eigene Variante einer Theorie zur Vererbung erworbener Eigenschaften, die im Kern ein etwas fader Aufguß von Darwins Pangenesistheorie war.[5] Solche Vorstellungen verbreitete Fick noch in den zwanziger Jahren in den angesehensten wissenschaftlichen Zeitschriften. Aus dem heutigen Blickwinkel erscheint Fick als ein merkwürdig sturer Außenseiter und so erschien er natürlich schon damals den Anhängern der von Morgan und seiner Schule weiterentwickelten Chromosomentheorie.[6] Doch müssen wir uns bewußt machen, daß diese Theorie damals bei der Mehrheit der Naturwissenschaftler noch keineswegs so selbstverständlich hingenommen wurde, wie wir das heute vielleicht vermuten.[7] Diese wenigen Anmerkungen (und natürlich der zweite Teil dieser Schrift insgesamt) sollen die Behauptung belegen, daß die Forscher in der frühen Phase der Zell- und Vererbungsforschung keine von allen Beteiligten anerkannte gemeinsame disziplinäre Matrix besaßen. Es gab keine gemeinsame

Landkarte, über die man sich, von einzelnen Außenseitern abgesehen, frühzeitig verständigt hätte und deren Brauchbarkeit dann in einer darauf folgenden zeitlich deutlich abgegrenzten Phase „normaler" Wissenschaft von allen mit dem Vererbungsproblem befaßten Forschern erprobt worden wäre. Es gab darum auch keine von allen Forschern gemeinsam und zur gleichen Zeit empfundenen Krisen. Wenn wir allerdings nur die Anhänger der neuen Chromosomentheorie berücksichtigen, dann erscheint uns natürlich die Periode, die mit der Aufstellung der Theorie durch Sutton und Boveri beginnt, als eine Periode „normaler" Forschung, die durch ein allgemein anerkanntes Paradigma geleitet wurde. In Wirklichkeit war aber die Schule von Thomas Morgan, die diese Periode aus heutiger Sicht so entscheidend prägte, nur eine Stimme in einem vielstimmigen Chor konkurrierender Anschauungen.

(Siehe auch *Flecks Theorie der Denkkollektive und die Geschichte der frühen Zell- und Vererbungsforschung* S. 323–344.)

3.2 Wie wächst wissenschaftliche Erkenntnis?

Zum Inhalt des folgenden Kapitels möchte ich einen in der Wissenschaftstheorie bewanderten Leser um Nachsicht bitten. Die Schwierigkeit des Themas ist mir bewußt — wovon man nicht sprechen kann, darüber muß man schweigen. Diese nützliche Regel Wittgensteins möchte ich hier bis zu einem gewissen Grad bewußt nicht befolgen. Ziel dieser Schrift ist es ja, bei einem Kreis von Menschen, die weder Wissenschaftstheoretiker noch Wisschenschaftsgeschichtler sind, wie Studenten, Lehrern, interessierten Wissenschaftlern anderer Fachdisziplinen und Laien, Interesse an der Wissenschaftsgeschichte der Zelle und ihrer Chromosomen und den damit unmittelbar verknüpften Fragen einer Wissenschaftstheorie zu wecken. Die Fragen, die dabei eigentlich interessieren — wie wächst wissenschaftliche Erkenntnis und was bedeutet eigentlich die Chiffre „Wachstum" in diesem Zusammenhang? — sind durch die chronologische Aufzählung einer Reihe von Entdeckungen und Theorien nicht beantwortet. Bei einer strengen Befolgung der Maxime Wittgensteins könnten wir einen Dialog über diese Fragen hier erst gar nicht eröffnen. Dieser Dialog erscheint mir auch dann noch nützlich, wenn bloß deutlicher wird, worüber man besser geschwiegen hätte.

Material für eine Antwort steckt bereits in den vorangegangenen Kapiteln. Im folgenden möchte ich nur einige wenige Gesichtspunkte nochmals ausdrücklich aufgreifen. Der Leser wird nach dieser Einführung keine leichthin fabrizierten Antworten erwarten dürfen oder — falls er mit der schwierigen Materie der Wissenschaftstheorie wesentlich besser als der Autor vertraut ist — befürchten müssen. Wir werden uns in erster Linie mit den Vorstellungen verschiedener Wissenschaftstheoretiker und bedeutender Forscher beschäftigen. Ich werde aber nicht versuchen, eigene Unsicherheit hinter dem Rücken anderer zu verstecken.

a) Was bedeutet „Wachstum" im Erkenntnisprozeß?

Bedeutet Wachstum der Erkenntnis bloß ein „stets anwachsendes Meer miteinander unverträglicher (und vielleicht inkommensurabler) Alternativen?"[1] Ist

---

* Motto aus Karl R. Poppers „Logik der Forschung"

„nie etwas endgültig ausgemacht",[2] wie Paul Feyerabend behauptet? Mit dieser These wollen wir uns jetzt auseinandersetzen. Auch Kuhn läßt Zweifel an der Vorstellung erkennen, daß das Wachstum wissenschaftlicher Erkenntnis näher an eine wahre Erkenntnis über die objektive Natur führt. „Wir müssen vielleicht die — ausdrückliche oder unausdrückliche — Vorstellung aufgeben, daß der Wechsel der Paradigmata näher und näher an die Wahrheit heranführt."[3] Die aufeinanderfolgenden Stadien sind zwar „durch ein zunehmend detailliertes verfeinertes Verstehen der Natur charakterisiert ... aber nichts von dem, was gesagt worden ist und noch gesagt werden kann, macht ihn zu einem Prozeß der Entwicklung auf etwas hin ... Wir sind alle fest daran gewöhnt, die Wissenschaft als das Unternehmen zu sehen, das unausgesetzt einem von der Natur gesteckten Ziel näher kommt. Aber muß es denn ein solches Ziel geben? Können wir nicht sowohl die Existenz der Wissenschaft wie auch ihren Erfolg im Sinne einer Entwicklung erklären, die vom Erkenntnisstand der Gemeinschaft zu irgendeinem Zeitpunkt ausgeht? Ist es wirklich eine Hilfe, wenn man sich vorstellt, daß es eine vollständige, objektive, richtige Erklärung der Natur gibt und daß das richtige Maß einer wissenschaftlichen Leistung der Grad ist, in dem sie uns diesem endgültigen Ziel näher bringt?"[3]

Wenn wir Feyerabend und Kuhn folgen und annehmen, daß es die endgültig bestätigte, objektiv gültige wissenschaftliche Theorie nicht gibt, stehen wir dann nicht vor dem Problem, daß über die Hintertür der Wissenschaftstheorie alle Erkenntnis schließlich vollständig subjektiv erscheint? Weicht die objektive Welt, von deren Existenz wir ausgehen wollen, dann nicht wie eine Fata Morgana zurück? Was nützt es, wenn wir das Paradigma von gestern durch das Paradigma von heute überwinden, wenn dieses Paradigma morgen wieder durch ein Neues abgelöst wird? Entspricht der Glaube an wissenschaftlichen Fortschritt also der Einbildung eines Wüstenwanderers, der sich unter größten Mühen einen weiteren Kilometer zu einem vermeintlichen Garten Eden vorgekämpft hat und sich stolz nach den zurückgebliebenen Wanderern umdreht, die es noch nicht so weit gebracht haben? Ist es nicht einigermaßen gleichgültig, ob wir Anhänger der Theorie von gestern oder von heute sind, wenn wir die Utopie einer vollständigen, objektiven, richtigen Erklärung der Natur nicht mehr zulassen wollen?[4]

Betrachten wir einen Text von Max Planck, der eine Gegenposition zu der These von Feyerabend formuliert.[5] „Was bedeutet nun aber dieser ständige Wechsel in dem, was wir als real bezeichnen? Ist er nicht für jeden, der endgültige wissenschaftliche Erkenntnis sucht, im höchsten Grade unbefriedigend? Darauf ist vor allem zu erwidern, daß es zunächst nicht darauf ankommt, ob der Tatbestand befriedigt, sondern darauf, was an ihm das eigentlich Wesentliche ist. Wenn wir aber dieser Frage nachgehen, dann machen wir vorhin eine Entdeckung, die wir unter allen Wundern, von denen wir gesprochen haben, als das größte und höchste betrachten müssen. Vorerst ist festzustellen, daß die beständig fortgesetzte Ablösung eines Weltbildes durch das andere nicht etwa einem Ausfluß menschlicher Laune und Mode entspringt, sondern daß sie einem unausweichlichen Zwang folgt. Sie wird jedesmal dann zur bitteren Notwendigkeit, wenn die Forschung auf eine neue Tatsache in der Natur stößt, welcher das jeweilige Weltbild nicht gerecht zu werden vermag ... Das ist an sich schon recht verwunderlich. Aber was in höherem Grade zur Verwunderung herausfordert, weil es sich durchaus nicht von selbst versteht, das ist der Umstand, daß das neue Weltbild das alte nicht etwa aufhebt, sondern daß es vielmehr dieses in seiner ganzen Vollständigkeit bestehen läßt, mit dem einzigen Unterschied, daß es ihm noch eine besondere Bedingung hinzufügt — eine Bedingung, die einerseits auf eine gewisse Einschränkung hinausläuft, andererseits aber eben dadurch zu einer erheblichen Vereinfachung des Weltbildes führt. In der Tat bleibt die klassische Mechanik vollkommen zutreffend für alle Vorgänge, bei denen die Lichtgeschwindigkeit als unendlich groß, das Wirkungsquantum als unendlich klein betrachtet werden darf ... Das frühere Weltbild bleibt also erhalten, nur erscheint es jetzt als ein spezieller Ausschnitt aus dem noch größeren, noch umfassenderen, noch einheitlicheren Bild".[6]

Plancks Utopie ist die „beständige Verfeinerung des Weltbildes durch Zurückführung der in ihm enthaltenen realen Elemente auf ein höheres Reales von weniger naiver Beschaffenheit. Das Ziel aber ist die Schaffung eines Weltbildes, dessen Realitäten keinerlei Verbesserungen mehr bedürftig sind und die daher das endgültig Reale darstellen. Eine nachweisliche Erreichung dieses Zieles wird und kann niemals gelingen".[7] Denn Planck sieht eine „unüberbrückbare Kluft zwischen der phänomenologischen und der metaphysisch realen Welt bestehen"[8] und er gewahrt hier „die Grenze, welche die exakte Wissenschaft nicht zu überschreiten vermag".[8] Wohl aber hält Planck eine beständige Annäherurng an dieses Ziel für möglich. Auch Karl Popper vertritt die Hoffnung auf eine schrittweise Annäherung an die Wahrheit dadurch, daß kühne Hypothesen durch scharfe Kritik dauernd verbessert oder auch ganz eliminiert werden, eine Vorstellung, die bei Popper nicht mit der naiven Überzeugung von positivem und sicherem Wissen verwechselt werden darf.[9]

Kuhns Position in dieser Frage erscheint weniger entschlossen als die von Feyerabend. Er vergleicht das Wachstum wissenschaftlicher Erkenntnis mit der biologischen Evolution. „Die aufeinanderfolgenden Stadien dieses Entwicklungspozesses (wissenschaftlicher Ideen) sind durch eine Steigerung der Artikulation und Spezialisierung markiert. Und der ganze Prozeß kann so vor sich gegangen sein, wie wir es heute von der biologischen Evolution annehmen, ohne den Vorteil eines wohlbestimmten Ziels, einer überzeitlichen, feststehenden wissenschaftlichen Wahrheit, von der jedes neue Stadium der Entwicklung wissenschaftlicher Erkenntnis ein besseres Abbild ist". Wenn dieser Vergleich mit der modernen Evolutionstheorie brauchbar ist, dann ist auch die Entwicklungsgeschichte der Erkenntnis ein Prozeß, der sich zwar stetig von primitiven Anfängen fort, aber nicht auf ein von Anfang an vorherbestimmtes Ziel hin bewegt[10] (vgl. dazu Kap. 3.3 und 3.4). „Die Analogie zwischen der Evolution von Organismen und der Evolution wissenschaftlicher Ideen kann", wie Kuhn einschränkend anmerkt, „leicht zu weit getrieben werden". Wenn wir aber davon ausgehen, daß die objektive Wirklichkeit kein starres, ein für alle mal festgefügtes System ist, sondern selbst in einer beständigen Entwicklung begriffen ist, deren Ziel zumindest in der Entwicklungsgeschichte des Lebendigen nicht eindeutig festgelegt ist, dann verändert sich auch unser Bild von einer schrittweisen Annäherung an die Wahrheit. Dieser Gedanke soll hier nicht fortgeführt werden, weil wir uns sonst allzu tief in die Frage, was Wahrheit in einem naturwissenschaftlichen Sinn sein könnte, verirren müßten. (Hier beginnt *für mich* der Gültigkeitsbereich von Wittgensteins einleitend zitiertem Satz).[11] Immerhin kommen wir vielleicht dem in den Kapiteln 3.4 und 3.5 noch etwas weiter ausgeführten Gedanken näher, daß eine brauchbare Erkenntnistheorie heute von dem Gedanken der Evolution ausgehen muß, daß auch die Wahrheit nicht wie ein auf Ewigkeit festgefügtes Gebirge objektiver Tatsachen vor uns liegt, das Schritt für Schritt und ein für alle Mal vermessen werden könnte. Brauchbare naturwissenschaftliche Theorien erscheinen uns dann am ehesten als Abbildungen von Bewegungen und Entwicklungsprozessen in der Natur. Je besser diese Abbildungen gelingen, desto eher werden zutreffende Vorhersagen über Sachverhalte wenigstens der unmittelbaren Zukunft möglich.

Wie optimistisch dürfen wir aber oder wie pessimistisch sollten wir im Hinblick auf die Grenzen unseres Erkenntnisvermögens sein? Mir scheint, daß viele der Wissenschaftler, denen wir die großen Bewegungen im Wachstum der frühen Zell- und Vererbungsforschung verdanken, sich durch einen aus der Sicht heutiger Wissenschaftstheoretiker naiven Erkenntnisoptimismus ausgezeichnet haben. Vielleicht sind Wissenschaftstheoretiker eher geborene Erkenntnispessimisten. „Daß die fundamentalen Erscheinungen der Vererbung sich als so außerordentlich einfach erwiesen haben", so schrieb Thomas Hunt Morgan, der führende Genetiker in der ersten Hälfte des zwanzigsten Jahrhunderts in der Einleitung zu seinem Buch über „Die stofflichen Grundlagen der Vererbung",[12] „bestärkt uns in der Hoffnung, es möge schließlich doch noch gelingen, ins Innere der Natur einzudringen. Ihre viel zitierte Unergründlichkeit hat sich als eine Illusion erwiesen, die hervorgerufen wurde durch unsere Unwissenheit. Das gibt uns Mut. Wäre die Welt, in der wir leben, ein so kompliziertes Gebilde, wie manch einer uns glauben machen möchte, so müßte man bezweifeln, daß die Biologie jemals eine exakte Wissenschaft werden könnte. Ich persönlich habe nichts für die Behauptung übrig, daß ‚das Problem der Entwicklung ein Problem ist, welches dem Biologen keine Ruhe läßt, obwohl, je länger er daran arbeitet, in desto weiterer Ferne seine Lösung entschwindet'. Im Gegenteil, die Ergebnisse der letzten Jahre und die Methoden, durch die diese Ergebnisse gewonnen worden sind, haben uns der Lösung einer der wichtigsten Fragen der Entwicklung, des Vererbungsproblems, in verhältnismäßig kurzer Zeit näher gebracht, als es vor wenigen Jahren überhaupt möglich erschien".

b) Gibt es Regeln für den Entwurf naturwissenschaftlicher Paradigmata?

Anmerkungen zur Rolle von Theorie und Beobachtung

> *„Aber sie glauben doch nicht im Ernst", entgegnete Einstein, „daß man in eine physikalische Theorie nur beobachtbare Größen aufnehmen kann?"*
>
> *„Ich dachte", fragte ich erstaunt, „daß gerade Sie diesen Gedanken zur Grundlage Ihrer Relativitätstheorie gemacht hätten ...?"*

,,Vielleicht habe ich diese Art von Philoso-
phie benutzt", antwortete Einstein, ,,aber sie
ist trotzdem Unsinn. Oder ich kann vorsichti-
ger sagen, es mag heuristisch von Wert sein,
sich daran zu erinnern, was man wirklich be-
obachtet. Aber vom prinzipiellen Standpunkt
aus ist es ganz falsch, eine Theorie nur auf be-
obachtbare Größen gründen zu wollen. Denn
es ist ja in Wirklichkeit genau umgekehrt. Erst
die Theorie entscheidet darüber, was man be-
obachten kann."
Werner Heisenberg, Der Teil und das Ganze.

Kuhn vergleicht das Paradigma mit einer „Landkarte", in der „Theorien, Methoden und Normen, gewöhnlich in einer unentwirrbaren Mischung" zusammengebracht sind.[13] Der Sinn einer Landkarte ist natürlich, daß man sich in
der objektiven Welt zurecht findet. Ihre Qualität zeigt sich, wenn man an Hand
der Karte Wanderungen unternimmt und Ziele erreichen möchte. Während es
für die Herstellung von geographischen Karten allgemein anerkannte Regeln
gibt, ist es ganz außerordentlich schwierig, Regeln für die Entstehung der
„Landkarte" einer wissenschaftlichen Theorie (Kuhns „disziplinäre Matrix")
festzulegen. Denn es ist in keiner Weise selbstverständlich, welche Beobachtungen und Leitsätze Eingang in diese Landkarte finden und wie Beobachtung
und Theorie dabei verknüpft werden sollen. Gibt es überhaupt unabdingbare
Regeln für den Entwurf naturwissenschaftlicher Paradigmata?

Wir kennen bewährte Regeln dafür, wie man die Landkarten der Wissenschaft benutzt. Das Hempel-Oppenheim-Modell ist ein Beispiel dafür (Abb.
3.2-1). Es sagt uns, wie man bestimmte Sachverhalte erklären oder voraussagen
kann, wenn man bestimmte generelle Sätze („Gesetze") eines Systems und bestimmte Randbedingungen und/oder Anfangsbedingungen akzeptiert.[14] Beispiele dafür haben wir im zweiten Teil der Schrift zur Genüge kennengelernt.
Wissenschaftler wie Boveri haben das Modell, das Hempel und Oppenheim
1948 explizit formuliert haben, schon lange vorher intuitiv verwendet. Auf
diese Weise lassen sich Theorien überprüfen, widerlegen oder gegebenenfalls
bis zu einem gewissen Grad bestätigen. Das Modell sagt uns aber nichts über

$$
\begin{array}{ll}
\left.\begin{array}{l} L_1, L_2 \text{------} L_n \\ C_1, C_2 \text{-----} C_m \end{array}\right\} \text{Explanans (Prämissen)} & \left.\vphantom{\begin{array}{l}a\\b\\c\end{array}}\right\} \text{Erklärung} \\
\hline
\quad E(P) \qquad\qquad\quad \big\} \text{Explanandum (Prognose)} & \text{(Voraussage)}
\end{array}
$$

Abb. 3.2-1. „Die logische Struktur der wissenschaftlichen Erklärung und Voraussage nach
Hempel und Oppenheim (deductive-nomologic model of explanation). Die Erklärung eines
bestimmten Sachverhalts (Explanandum) bedeutet, daß wir das Explanandum auf wissenschaftliche Gesetze ($L_1 - L_n$) und auf die systemspezifischen Rand- und/oder Anfangsbedingungen ($C_1 - C_m$), zusammen als Explanans bezeichnet, zurückführen. Bei der Voraussage
eines bestimmten Ereignisses benützen wir die Gesetze und die Rand- und/oder Anfangsbedingungen als Prämissen." Aus Mohr (1978) Fig. 1

den eigentlich kreativen Akt, nämlich den Vorgang beim ersten Entwurf einer neuen Landkarte. Wie kommt man dazu, bestimmte generelle Sätze zu formulieren und nach bestimmten systemspezifischen Randbedingungen zu suchen, aus denen die erste Vorhersage im Rahmen eines neuen Paradigma formuliert wird? Sehen wir uns im folgenden zwei Leitsätze an, die die meisten Wissenschaftler bei ihrer Forschung wenigstens implizit anerkennen, nämlich das Kausalitätsprinzip[15] und das Prinzip der logischen Widerspruchsfreiheit.[16]

Die meisten Wissenschaftler betreiben ebenso wie der Autor dieser Schrift ihre Forschung im Rahmen festgefügter Paradigmata und ihre eigene Erfahrung betrifft ausschließlich den Bereich normaler Wissenschaft. Vermutlich darum erscheinen den meisten Wissenschaftlern ebenso wie mir die genannten Leitsätze bei der Aufstellung naturwissenschaftlicher Theorien so selbstverständlich. Feyerabends Satz, daß selbst die Verfahrensregeln „der Logik nur vorläufige Anweisungen sind, die sich als abwegig herausstellen können (und das gilt für alle Regeln und Grundsätze auch für ganz ‚grundlegende‘ wie a = a)“ hat mich darum sehr überrascht.[17] In meinem eigenen Bereich, nämlich der Cytogenetik und ihrer Wissenschaftsgeschichte sehe ich keine Probleme, bei denen es sinnvoll erscheinen würde, eines der beiden Prinzipien oder gar beide zusammen in Frage zu stellen. Die Erfolge von Theodor Boveri und August Weismann, die von allen Wissenschaftlern aus der frühen Phase der Zell- und Vererbungsforschung den tiefsten Eindruck auf mich gemacht haben, scheinen mir gerade darauf zu beruhen, daß sie beide Prinzipien bei der Entwicklung ihrer Theorien konsequent befolgt haben.

Macht Feyerabend sich einen Spaß, um humorlose Wissenschaftler in Verwirrung zu stürzen, die in einer Wissenschaftstheorie nur tiefschöpfende, lange bedachte Sätze vermuten? Er bezeichnet sich selbst als einen leichtsinnigen Dadaisten, der „sofort Verdacht (schöpft), wenn die Leute nicht mehr lachen und jene Haltung und jenen Gesichtsausdruck annehmen, die anzeigen, daß jetzt etwas Bedeutendes kommen soll“.[18] „Dada“, schreibt Feyeraband, „hatte nicht nur kein Programm, sondern war gegen jedes Programm“[19] und „um ein wirklicher Dadaist zu sein, muß man auch Antidadaist sein“.[20] Denkt man aber so, dann mag man den Grundsatz a = a in einem Fall vehement verteidigen und in einem anderen Fall aufgeben — *anything goes*.[21] Auch Kuhn — weit entfernt vom erkenntnistheoretischen Anarchismus Feyerabends — stürzt uns in Verwirrung. Zwar stellt er fest, „daß unvereinbare Regeln für die Ausübung einer Wissenschaft nicht koexistieren können“ — durch diese beruhigende Erklärung ist Feyerabends erkenntnistheoretischer Alptraum für einen Moment beseitigt — aber der Nachsatz enthält die merkwürdige Einschränkung, „es sei denn in Zeiten der Revolution, wenn es die Hauptaufgabe einer Fachwissenschaft ist, alle Regelsysteme bis auf eines auszuschalten“.[22] Welches Regelsystem im Einzelfall beibehalten werden soll, verrät Kuhn nicht.

Beide, Kuhn und Feyerabend beziehen ihre wissenschaftsgeschichtlichen Beispiele vorzugsweise aus der Physik, also einem Wissenschaftsbereich, der sich für mathematisch formulierte, quantifizierbare Modelle besonders zugänglich erwiesen hat. Das macht die Angelegenheit zunächst noch merkwürdiger. Schauen wir uns bei den Physikern um. In Werner Heisenberg finden wir einen Physiker, der uns sagt, daß es für das Wachstum wissenschaftlicher Erkenntnis notwendig sein kann, gelegentlich sogar erkennbare Widersprüche in einer Theorie zu dulden.[23] Er findet die „Bohrsche Physik trotz aller Schwierigkeiten sehr faszinierend. Bohr muß ja auch wissen, daß er von Annahmen ausgeht, die in sich Widersprüche enthalten, die also in dieser Form nicht stimmen können. Aber er hat einen untrüglichen Instinkt dafür, wie man mit diesen unhaltbaren Annahmen zu Bildern vom atomaren Geschehen kommt, die doch einen entscheidenden Teil Wahrheit enthalten. Bohr benützt die klassische Mechanik oder die Quantentheorie eigentlich nur so, wie ein Maler Pinsel und Farbe benützt. Durch Pinsel und Farbe ist das Bild nicht bestimmt, und die Farbe ist nie die Wirklichkeit; aber wenn man das Bild vorher, wie der Künstler, vor dem geistigen Auge hat, so kann man es durch Pinsel und Farbe — vielleicht nur unvollkommen — auch den anderen sichtbar machen".[24] Das ist kein Freibrief für Leute, die nicht logisch denken können. Es ist aber eine Rechtfertigung für die Freiheit kreativer Forscher, in ihren theoretischen Modellen Bilder von der Wirklichkeit auch dann noch zu entwerfen, wenn diese Bilder — vielleicht nur zunächst, vielleicht immer — widersprüchlich erscheinen. Eine partielle Aufgabe des Prinzips der Widerspruchsfreiheit erscheint aber — das ist eigentlich selbstverständlich — nur in äußersten Notfällen legitim. Sie wäre unsinnig, solange sich widerspruchsfreie Modelle entwickeln lassen, die die Beobachtungen erklären und zu testbaren Vorhersagen führen. Dies scheint mir bei der Chromosomentheorie der Vererbung bis heute der Fall zu sein. Vorübergehend schien es bei der Entwicklung des Genbegriffs so zu sein, daß die aus der Theorie sich ergebenden Forderungen an die Konstanz der Gene über tausende von Zellgenerationen hinweg im Widerspruch zu den Erkenntnissen der physikalischen Chemie stehen. Schrödinger hat die entscheidende Frage formuliert, „wieso es etwa das winzige Gen für die Habsburger Lippe fertig gebracht habe, bei einer Temperatur von 310° über dem absoluten Nullpunkt seine spezifische Struktur über Jahrhunderte zu erhalten".[25] Chlorophyll hat die gleiche Struktur in höheren Blütenpflanzen wie in niederen Algen. Wenn wir davon ausgehen, daß die gemeinsamen Vorfahren dieser Pflanzen vor vielen hundert Millionen Jahren gelebt haben und die Generationenfolgen, die zu den höheren Pflanzen bzw. zu den niederen Algen geführt haben, seitdem genetisch vollständig getrennt verlaufen sind, dann gewinnt das von Schrödinger formulierte Problem noch an Schärfe. Auf solche Widersprüche konnten die Anhänger Lyssenkos hinweisen, wenn sie die Genetiker als „idealistische Metaphysiker" verketzerten.[26] Thomas Morgan hätte seine Gentheorie also nicht aufstellen können, wenn er sich allzu sehr um Widerspruchsfreiheit im Rahmen der damals bekannten Daten aus der Biologie, Physik und Chemie gekümmert hätte. Inzwischen hat sich der zunächst so tiefgreifend erscheinende Widerspruch längst aufgelöst. Selbstverständlich ist auch das genetische Material ständig Veränderungen unterworfen. Aber wir kennen biochemische Korrekturmechanismen und Reparatursysteme, durch die Fehler bei der Vermehrung dieses Materials oder Mutationen durch andere Einwirkungen in einem hohen Grade wieder eliminiert werden können. Die Konstanz des Gens für Chlorophyll können wir damit erklären, daß Mutanten dieses Gens im Laufe der Evolution immer wieder eliminiert wurden, weil sie einen Verlust der Chlorophyllbildung zur Folge hatten. Auf diese Weise konnte sich die genetische Information über hunderte Millionen von Jahren erhalten. Veränderlichkeit und Wachstum der genetischen Information sind eine unabdingbare Voraussetzung der Evolution, aber die Höhe der Fehlerrate ist selbst dem Prozeß der Selektion unterworfen. Sie darf weder zu groß noch zu klein werden. Die Entwicklung der Gentheorie im 20. Jahrhundert, das geht aus dem Gesagten hervor, wurde durch die Bereitschaft beschleunigt, vorübergehend Widersprüche zu dulden. Es entsprach dem erkenntnistheoretischen Optimismus von Thomas Morgan, daß er von der weiteren Forschung eine Beseitigung der Anomalien in seiner Theorie erwartete.

Betrachten wir jetzt eine Bemerkung Heisenbergs zum Kausalitätsprinzip in der Philosophie Kants.[27] Das Prinzip behauptet eine eindeutige Verknüpfung von Ursache und Wirkung.[15] „Wir können", so behauptet Heisenberg, „beim einzelnen Radium B-Atom keine Ursache dafür angeben, daß es gerade jetzt und nicht früher oder später zerfällt, daß es gerade in dieser Richtung und nicht in einer anderen das Elektron aussendet. Und wir sind aus vielen Gründen überzeugt, daß es auch keine solche Ursache gibt".[28] Nach der Überzeugung der Atomphysiker kann man nämlich prinzipiell nicht voraussagen, wann ein bestimmtes Atom zerfallen wird. Das Problem scheint also nicht nur darin zu bestehen, daß die Kenntnis des Zustandes der einzelnen Atome unvollständig ist.

Wir haben zwei Leitsätze betrachtet, von denen wir sofort einsehen, daß wir mit ihnen in der Naturwissenschaft nicht nach Lust und Laune umgehen dürfen, gewissermaßen heilige Kühe der normalen Wissenschaft. Gleichzeitig haben wir gesehen, wie schwierig es ist, Verfahrensregeln für die Aufstellung naturwissenschaftlicher Theorien aufzustellen, die in jedem Fall und zu jeder Zeit, also auch in jeder Phase einer wissenschaftlichen Revolution, Gültigkeit beanspruchen können.

Wenden wir uns jetzt einem weiteren Gesichtspunkt zu. Nach dem gängigen Schema werden naturwissenschaftliche Veröffentlichungen in einen Methodenteil, einen Resultateteil und einen Diskussionsteil aufgegliedert. Diese Aufgliederung beruht auf der für die normale Wissenschaft ebenso notwendigen, wie aus dem Blickwinkel wissenschaftlicher Revolutionen naiven Überzeugung „objektiver" Tatsachen, die mit wissenschaftlichen Methoden festgestellt werden können.[29] Im zweiten Teil dieser Schrift haben wir bereits genügend Beispiele kennengelernt, die zeigen, wie naiv die Forderung ist, zunächst ein für alle mal unumstößliche Fakten zu sammeln und zu hoffen, daß sich diese Fakten schließlich wie von selbst zu einer unangreifbaren Theorie zusammenfinden. Heisenberg vergleicht den Prozeß der Theoriebildung mit einer Bergwanderung im Nebel. „In der Atomphysik waren wir im Winter 1924/25 offenbar schon in jenen Bereich gelangt, in dem zwar der Nebel oft undurchdringlich dicht war, in dem es aber sozusagen über uns schon heller wurde".[30] Einzelne Hypothesen und Beobachtungen erlauben dem kreativen Forscher Durchblicke auf die Landschaft, die wahrscheinlich vor ihm liegt. Doch gibt es offenbar nur sehr selten Beobachtungen, die ohne Leitung durch eine bereits vorhandene Theorie zustande kommen. Browns Entdeckung des Zellkerns ist vielleicht eines dieser seltenen Beispiele.[31] Brown machte auf Darwin großen Eindruck „wegen der minutiösen Art seiner Beobachtungen und wegen deren vollkommener Genauigkeit ... sein Wissen war außerordentlich bedeutend, und vieles ist mit ihm zu Grabe gegangen in Folge seiner übertriebenen Furcht, jemals ein Versehen zu begehen".[32] Diese Furcht hinderte Brown wohl auch daran, eine Hypothese über die Rolle des Zellkerns auszusprechen, obwohl aus der Art seiner Formulierungen hervorgeht, daß er diese Entdeckung für durchaus bedeutsam hielt. Vom heutigen Standpunkt aus erscheint das nur allzu berechtigt. Eine Hypothese Browns hätte sich sicherlich ebenso als falsch herausgestellt wie die Hypothese Schleidens. Die Frage ist allerdings, ob wir den heutigen Standpunkt, von dem aus wir die frühen Hypothesen beurteilen, ohne solche heute längst abgetanen Hypothesen überhaupt hätten erreichen können. Meine Überzeugung ist, daß dies nicht der Fall wäre. Die auf Grund sehr weniger Informationen entworfene Landkarte einer wissenschaftlichen Hypothese oder Theorie mag sich zwar schon bald als unbrauchbar herausstellen. Die alte Landkarte muß durch eine neue Landkarte ersetzt werden. Der Verzicht auf Landkarten bedeutet aber, daß man einfach aufs Geratewohl geht und das ist in der Regel die schlechteste aller Möglichkeiten. Nach dem Motto, das Karl Popper für seine „Logik der Forschung" gewählt hat, dem bereits oft zitierten Bild des Dichters Novalis „Hypothesen sind Netze, nur der wird fangen, der auswirft ..." erscheint das Bemühen, Befunde ohne Leitung durch eine Theorie zu erhalten wie der Versuch, Fische zunächst ohne Netz zu fangen und erst später zu bestimmen, mit welcher Art von Netzen man den Fischfang am besten betrieben hätte. In dem von uns betrachteten Abschnitt der Wissenschaftsgeschichte, sei es bei Schwann, Remak, Oscar Hertwig, Weismann oder Boveri usw., finden wir, wohin wir auch sehen, immer wieder, daß die Landkarte oder das Netz — beide Bilder sind gleich zutreffend — von Theorien entscheidend für das Vorgehen bei der Forschung, für die Wahl der Forschungsobjekte und die dabei erhaltenen Ergebnisse gewesen sind. Diese untrennbare Verknüpfung von Theorie und Beobachtung finden wir auch in der Physik, wie sich bei Werner Heisenbergs Darstellung der Geschichte der Atomphysik nachlesen läßt. Heisenberg zitiert Einstein „Vom prinzipiellen Standpunkt aus ist es ganz falsch, eine Theorie nur auf beobachtbare Größen gründen zu wollen. Erst die Theorie entscheidet darüber, was man beobachten kann".[33] Welcher Seite das Primat beim Wachstum der Erkenntnis zukommt, der Theorie oder der Beobachtung, darüber wurde in der Physik leidenschaftlich gestritten.[34] Mir scheint, auch diese Frage gehört zu den Fragen, auf die sich eine für jede Situation gültige Antwort nicht finden läßt. Welche Regeln in einer bestimmten Situation der Wissenschaft gelten, muß im Verlauf immer wieder neuer Diskussionen der beteiligten Wissenschaftler geklärt werden.[35] Je weiter sich eine Wissenschaft entwickelt, desto mehr ist sie wohl bei ihren Beobachtungen von bereits existierenden Theorien abhängig. Im Vergleich zur Atomphysik ist die Cytogenetik noch ein Bereich verhältnismäßig unmittelbarer visueller Erfahrungen. Aber auch dies bietet wenig Trost für einen Positivisten, der an Beobachtungen glauben möchte, die als Fakten unabhängig von jeder Interpretation ein für alle mal feststehen. Denn die unmittelbare sinnliche Wahrnehmung ist nichts anderes als eine im Verlauf der Evolution entwickelte, pragmatische Theorie, in der unser Gehirn die durch Lichtquanten erzeugten visuellen Stimuli verarbeitet (vgl. Kap. 3.3).

Wir wollen diesen Abschnitt über die Rolle der Theorie bei der Beobachtung mit einer Bemerkung von Charles Darwin abschließen, einem Forscher, dessen Thema dem Genetiker vertrauter ist als die Atomphysik. „Ich war ständig bestrebt, meinen Geist frei zu erhalten, um jede Hypothese, so sehr ich sie auch geliebt haben mochte (und ich kann dem Drange nicht widerstehen, mir über alle Gegenstände eine solche zu bilden), aufzugeben, sobald nachgewiesen werden kann, daß ihr Tatsachen widersprechen. Ich hatte allerdings keine andere Wahl, als so zu handeln, denn mit Ausnahme der Korallenriffe kann ich mich keiner zuerst aufgestellten Hypothese erinnern, die nicht nach einiger Zeit hätte aufgegeben oder erheblich modifiziert werden müssen. Dies hat mich natürlich veranlaßt, dem deduktiven Denkverfahren in den angewandten Wissenschaften stark zu mißtrauen. Andererseits bin ich nicht sehr skeptisch — eine Geistesverfassung, die, wie ich glaube, dem Fortschritt der Wissenschaft schädlich ist. Ein ordentliches Maß von Skeptizismus in einem Wissenschaftler ist ratsam, um viel Zeitverlust zu vermeiden“.[36] Skeptizismus, aber nicht zu viel Skeptizismus ist bei der Entwicklung von Hypothesen und Theorien erforderlich. Mit dieser Sybillinischen Bemerkung läßt uns Darwin allein. Wie kam Darwin auf seine Theorie über die Korallenriffe, die er für so außergewöhnlich fest begründet hielt? „Ich hatte mir die ganze Theorie schon an der Westküste von Südamerika ausgedacht, noch ehe ich ein echtes Korallenriff gesehen hatte. Ich brauchte daher meine Ansichten nur durch eine sorgfältige Untersuchung lebender Riffe zu verifizieren und zu erweitern“.[37] Fügen wir ergänzend hinzu, daß dieses Bemühen meist zur Widerlegung von Theorien führt, dann scheint mir Darwins Beispiel paradigmatisch für das Wachstum wissenschaftlicher Erkenntnis und den Zusammenhang von Theorie und Beobachtung zu sein.

Ich blicke die Sache aus dem mir vertrauten Winkel der Cytogenetik an. Vielleicht ist es angemessen, am Ende dieses Abschnittes etwas von der Haltung zu sagen, der ich mich selbst verpflichtet sehen möchte. Diese Haltung ist stark durch Vorstellungen Karl Poppers bestimmt. Sie ist durch zwei Spielregeln gekennzeichnet, an die sich, soweit ich sehe, Theodor Boveri immer gehalten hat. Die beiden *Spielregeln* lauten:

(i) man formuliere die Leitsätze und die experimentell gefundenen Randbedingungen einer Hypothese oder Theorie so unmißverständlich wie möglich;
(ii) man vertrete seine Leitsätze, experimentellen Randbedingungen und Schlußfolgerungen in dem Bewußtsein, daß sie teilweise oder insgesamt falsch sein könnten und verlasse sich ausschließlich auf den Zwang der Argumente selbst.

Die kritische und rationale Diskussion von Theorien erweist sich, so scheint mir, bei der Befolgung dieser beiden Regeln als ein Verfahren, durch das man auf die Dauer gezwungen werden kann, bestimmte Theorien aufzugeben und die wenigstens vorläufige Berechtigung anderer Theorien anzuerkennen, auch dann wenn die neue Theorie unserer persönlichen Vorliebe nicht entspricht. Mein Einwand gegen die oben genannte These Feyerabends (Wachstum der

Erkenntnis besteht nur in einem stets anwachsenden Meer miteinander unverträglicher und vielleicht sogar inkommensurabler Alternativen) ist, daß die Alternativen einfach nicht gleichwertig sind und daß der Entwicklungsprozeß der aufeinanderfolgenden Theorien offenbar nicht umkehrbar ist. Es gibt — so wie im Ablauf der Evolution die Saurier nicht wiederkehren — auch in der Wissenschaftsgeschichte endgültig eliminierte Theorien. Die Schwannsche Theorie einer Entstehung von Zellen in einem extrazellulären Zytoblastem kann heute nicht mehr als gleichwertige Alternative zu der Theorie gelten, daß Zellen durch Zellteilung entstehen, die Theorie einer Auflösung und Neubildung von Zellkernen ist nicht ebenso brauchbar wie die Theorie, daß jeder Zellkern aus einem Zellkern entsteht, die Weismannsche Chromosomentheorie erklärt die Vererbung nicht im Grunde ebenso gut, wie die Chromosomentheorie von Sutton und Boveri.[38] Die Erwartung, man könne sich der Wahrheit schrittweise im Wechselspiel von Theorie und Beobachtung, von kühnen Hypothesen und ihrer experimentellen Widerlegung oder Bestätigung nähern, erweist sich dabei als unverzichtbare regulative Idee.

Auf einen Versuch weiter zu definieren, was eine rationale Diskussion ist, möchte ich mich nicht einlassen. Erneut beginnt *für mich* der Gültigkeitsbereich von Wittgensteins einleitend zitiertem Satz. Der Begriff der Rationalität ist einer der schwierigsten Begriffe der Wissenschaftstheorie,[39] und es scheint mir am besten zu sein, auf Musterbeispiele zu verweisen. Boveris Arbeiten sind Musterbeispiele für eine kritische und rationale Diskussion über Sachverhalte in der Cytogenetik. Die Befolgung der zweiten Spielregel nötigt uns, Argumente gegen unsere eigenen Theorien ernst zu nehmen und (wenn wir Popper folgen) selbst vordringlich nach solchen Argumenten zu suchen. Ich glaube aber nicht, daß Poppers Forderung, Wissenschaftler sollten versuchen, ihre eigenen Theorien mit allen Mitteln selbst umzustoßen, realistisch ist. Jedenfalls haben sich die Wissenschaftler in dem von uns im zweiten Teil der Schrift betrachteten Abschnitt der Wissenschaftsgeschichte nicht nach diesem Popperschen Imperativ verhalten. Sie versuchten vielmehr ihre Theorien, so gut es ging, zu bestätigen und in der wissenschaftlichen Gemeinschaft zur Geltung zu bringen. Sicherlich gibt es sehr viele Situationen, in denen die strikte Befolgung von Poppers Forderung für das Wachstum der Erkenntnis sehr hilfreich sein kann. Aber es gibt auch viele andere Situationen, in denen die strikte Befolgung des Popperschen Imperativs vermutlich zu einem unzeitigen Tod von Theorien führen würde.[40] Ob Bohr als folgsamer Jünger Poppers seine Atomtheorie veröffentlicht hätte, erscheint mir fraglich. Vielleicht wäre diese Theorie wegen ihrer Widersprüchlichkeit einer Selbstzensur ihres Erfinders zum Opfer gefallen.[41] Doch war diese Theorie trotz ihrer von Bohr und den übrigen Atomphysikern selbst betonten Widersprüchlichkeit ein unabdingbares Element in der Entwicklung der Atomtheorie. Die gleiche Erfahrung machen wir, wenn wir die Geschichte der Chromosomentheorie betrachten. Der Antrieb für die außerordentlichen Mühen der Forschung kann nicht bloß in dem Wunsch bestehen, jede Theorie mit allen Mitteln umzustoßen. Dieser Antrieb entsteht auch aus dem Gefühl, daß eine Theorie trotz vorläufig unauflösbarer Widersprüche einen entscheidenden Teil Wahrheit enthält. Der Wunsch, das „Belvedere" einer herrschenden Theorie mit allen Mitteln einzureißen und durch ein

neues Belvedere zu ersetzen, erwacht erst dann, wenn in einem Forscher die
Überzeugung reift, daß das neue Belvedere wirklich eine bessere Gestalt der
Wirklichkeit entwirft. Oft werden bestimmte Elemente des alten Belvedere in
den neuen Bau übernommen. Diese Elemente sind es, die uns das Wachstum
der Wissenschaft aus dem Blickwinkel der Lehrbücher als kumulativ erscheinen lassen.[42] Manchmal handelt es sich aber bei einem. Paradigmawechsel
auch (zu Recht oder Unrecht) um den Versuch, das alte System mit Stumpf
und Stiel zu beseitigen.[43] Nur ist aus psychologischen Gründen nicht zu erwarten, daß der Erfinder einer Theorie sich daran mit allen Kräften beteiligt. Solange man die zweite Spielregel beachtet, scheint mir dieses Verhalten dem
Wachstum wissenschaftlicher Erkenntnis nicht abträglich. In einer offenen Gesellschaft, in der Gegenargumente nicht unterdrückt werden, gibt es glücklicherweise immer genügend andere, die sich um die Falsifizierung einer interessanten Theorie bemühen.[44] Es muß, so scheint mir, vor dem Gerichtshof der
Wahrheit nicht nur Ankläger, sondern auch Verteidiger einer Theorie geben.
Die extrem großen Mühen beispielsweise der Schule von Thomas Morgan bei
der Entwicklung der Drosophilagenetik wurden in der Erwartung unternommen, daß sich das Rätsel der Vererbung im Rahmen der Chromosomentheorie
der Vererbung verstehen und lösen läßt. Warum soll man sich extrem anstren-
gen, wenn man doch nichts anderes erwartet als die Widerlegung der eigenen
Vorstellungen. Auch das Mendelsche Paradigma benötigte am Anfang Verteidiger, die es gegenüber den bald auftretenden Schwierigkeiten zunächst durch
einige ad hoc Hypothesen am Leben erhielten. Darwin, so scheint mir, hat mit
seiner sybillinischen Bemerkung über den Skeptizismus recht: Im Wachstum
wissenschaftlicher Erkenntnis werden erkenntnistheoretische Optimisten benötigt, deren Theorien von den erkenntnistheoretischen Pessimisten sofort und
mit allen Mitteln einer freien Diskussion angegriffen werden. Entscheidend für
eine naturwissenschaftliche Haltung scheint mir weniger zu sein, ob man an
Verifikationsstrategien oder Falsifikationsstrategien glaubt — beide haben ihre
erkenntnistheoretischen Probleme, persönlich erscheint mir die Möglichkeit einer Falsifikation einleuchtender[45] —, sondern die Bereitschaft, Theorien so zu
formulieren, daß sie zu experimentell prüfbaren Vorhersagen führen und alle
ihre Schwierigkeiten so ungeschminkt wie möglich darzulegen. Das verlangt einen Grad an Offenheit und Wahrhaftigkeit der wissenschaftlichen Diskussion,
der bereits mehr Utopie als Wirklichkeit ist.

3.3 Der Wunsch nach geschlossenen Theorien und die Unvermeidbarkeit von Krisen im Wachstum der Erkenntnis. Bemerkungen aus dem Blickwinkel einer evolutionären Erkenntnistheorie

*„— Oh viele Spiegel sind notwendig um hinter
die Spiegel zu sehen ..."*
Max Beckmann, Tagebuch vom 7. Juli 1949

Wachstum der Erkenntnis, so haben wir an den Musterbeispielen der Zelltheorie, der Befruchtungstheorie und der Chromosomentheorie der Vererbung gesehen, vollzieht sich in immer neuen Krisen. Ist die objektive Welt so unendlich kompliziert, daß wir immer wieder auf neue Entdeckungen stoßen, die alles, was wir bereits zu wissen glaubten, in einem ganz neuen Bedeutungszusammenhang erscheinen lassen? Über diese Frage möchte ich nicht weiter spekulieren. Ich möchte aber das Problem, warum das Wachstum der Erkenntnis immer wieder zu Krisen führt, von einem anderen Blickwinkel her betrachten, der in den letzten Jahren durch die Arbeiten beispielsweise von Konrad Lorenz, Karl Popper, Rupert Riedel und Gerhard Vollmer zunehmend mehr Bedeutung gewonnen hat.[1] Es ist der Blickwinkel einer evolutionären Erkenntnistheorie. Diese Theorie ermöglicht, so sagt Popper, „ein besseres Verständnis der Evolution wie der Erkenntnistheorie, soweit sie mit der wissenschaftlichen Methode zusammenfallen. Sie ermöglicht ein besseres Verständnis auf logischer Grundlage".[2] Die evolutionäre Erkenntnistheorie behandelt erkenntnistheoretische Fragen unter den Rahmenbedingungen einer naturwissenschaftlichen Theorie, nämlich der Evolutionstheorie.[3]

Die Hypothese, die wir betrachten werden, lautet: Die Unvermeidbarkeit von Krisen im Wachstum der Erkenntnis wird besser verständlich, wenn wir eine im Prinzip neodarwinistische Evolution des Gehirns (also ohne alle teleologischen Zutaten) als Randbedingung eigener Erkenntnisfähigkeit ernstnehmen. Die evolutionäre Erkenntnistheorie zeigt uns, daß objektive Tatsachen nicht in ein leeres, zunächst „theoriefreies" Bewußtsein eintreten und sich dort wie Elemente eines Puzzlespiels schließlich nach einigem Probieren zu objektiv richtigen Theorien über die Welt zusammenfinden.[4] Unser Gehirn ist voller vorprogrammierter Theorien über die objektive Welt. Diese vorprogrammierten Theorien zeigen sich in der Art und Weise unserer Informationsaufnahme und der Art und Weise unseres Denkens. Sie wurden im Laufe eines über lange Zeiträume der Evolution sich erstreckenden Selektionsprozesses entwickelt, in dem es auf das Überleben und nicht primär auf objektive Erkenntnis der Wirklichkeit ankam. Sie sind darum pragmatische und bis zu einem gewissen Grad konsistente, aber nicht unbedingt „wahre" Theorien der

Wirklichkeit.[5] Aber sie sind Abbilder dieser Wirklichkeit, nämlich der Umwelt, in der sich unsere Evolution vollzogen hat. Darauf beruht unsere Fähigkeit, etwas von der objektiven Wirklichkeit zu erkennen. Diese Fähigkeit ist aber — das ist ein entscheidender Gesichtspunkt — kein absichtsvoll angesteuertes Ziel der Evolution. Mit der Erläuterung und einigen Konsequenzen dieser Hypothese wollen wir uns im Folgenden beschäftigen.

Jede Theorie der Erkenntnis, die von dem Vorhandensein einer Wirklichkeit ausgeht, die unabhängig von uns besteht und teilweise erkannt werden kann (hypothetischer Realismus),[6] muß erklären, wie es kommt, daß wir die objektiven Strukturen dieser Wirklichkeit mit Hilfe unseres Erkenntnisapparates wenigstens teilweise erkennen können. In seinem Buch „Evolutionäre Erkenntnistheorie" hat Gerhard Vollmer die Frage so formuliert: „Wie kommt es, daß Erkenntnisstrukturen und reale Strukturen (teilweise) übereinstimmen?".[7] Die Evolutionstheorie gibt uns eine Antwort auf diese erkenntnistheoretische Frage. „Unser Erkenntnisapparat ist ein Ergebnis der Evolution. Die subjektiven Erkenntnisstrukturen passen auf die Welt, weil sie sich im Laufe der Evolution in Anpassung an diese reale Welt ausgebildet haben. Und sie stimmen mit den realen Strukturen (teilweise) überein, weil nur eine solche Übereinstimmung das Überleben ermöglicht".[8] Wir können so vom *Passungscharakter* unseres Erkenntnisapparates an die objektive Welt sprechen.[9]

In einer neodarwinistischen Evolution wird das Ergebnis, in unserem Fall Wahrnehmungsstrukturen mit bestimmten Fähigkeiten, nicht von vornherein geplant. Der Wert von Wahrnehmungsstrukturen wird auf jeder Stufe ihrer Evolution ausschließlich danach beurteilt, daß sie ihrem Träger zu einem das Überleben besser oder schlechter sichernden Umgang mit der objektiven Welt verhelfen. In dieser Evolution gibt es keine immateriellen Lebensprinzipien (wie z. Blumenbachs „nisus formativus" oder E. v. Hartmanns „höhere Richtkräfte" oder Bergsons „élan vital" usw.) und keine absichtsvoll angesteuerten Ziele, kurz, keine Teleologie im Sinne einer Zielintention.[10] Im Spiel dieser Evolution kommt es auf den relativen Beitrag der verschiedenen Genotypen zum Genpool zukünftiger Generationen an. Die Entscheidung darüber wird durch Selektion zwischen Individuen (oder Gruppen) gefällt, die sich in ihrer Umwelt je nach ihrer genetischen Ausstattung besser oder weniger gut behaupten und fortpflanzen können. Darwin hat dafür den Begriff „struggle for life" geprägt, zu deutsch — mit einem etwas unglücklichen teutonischen Beigeschmack — „Kampf ums Dasein".[11] Spontane Veränderungen des genetischen Materials in der Keimbahn (sogenannte Mutationen) erfolgen ohne jede Beziehung zu der Frage, ob die jeweilige Veränderung sich im „Kampf ums Dasein" der davon betroffenen Individuen über kurz oder lang günstig oder ungünstig auswirken wird. Erst die Selektion, Darwins „natürliche Zuchtwahl", entscheidet, welche Änderungen beibehalten und welche eliminiert werden. Die neodarwinistische Evolutionstheorie gibt so einen gedanklichen Ansatz, wie die hohe Zweckmäßigkeit biologischer Strukturen durch die Entwicklung und Optimierung genetischer Informationsprogramme erklärt werden kann, ohne daß dieser Entwicklung ein absichtsvoller Plan zu Grunde liegt.[12] Das Phänomen der Zweckmäßigkeit, auf das jeder stößt, der einen unbefangenen Blick auf die lebendige Natur wirft, ergibt sich aus dem arterhaltenden Wert von Funktionen. Um den vitalistischen Beigeschmack des Begriffs Teleologie zu vermeiden, hat C. Pittendrigh (1958) den Begriff der Teleonomie eingeführt.[13] Teleonomie wirkt in der beschriebenen Weise zielgerichtet ohne „Kenntnis des Ziels".[14] Wir sprechen ausdrücklich von einer *neo*darwinistischen Evolutionstheorie, weil Darwin selbst neben der natürlichen Zuchtwahl auch der Vererbung erworbener Eigenschaften eine wichtige Rolle in der Evolution zugebilligt hat. Die neodarwinistische Evolutionstheorie dagegen bestreitet die Möglichkeit, daß Fähigkeiten, die ein Individuum im Laufe seines Lebens erwirbt, an nachfolgende Generationen weitergegeben werden können.

Die Spielregel, die sich für die neodarwinistische Evolution unserer Erkenntnisstrukturen ableiten läßt, heißt: Weltbilder, die diese Erkenntnisstrukturen vermitteln, müssen nicht objektiv im Sinne der ganzen Komplexität der objektiven Wirklichkeit sein, sie müssen aber Informationen so strukturieren, daß sie überlebensrelevante Reaktionen ermöglichen. In diesem Sinne mußten sich die „Gestalten", die das Gehirn auf jeder Stufe seiner Evolution von der Wirklichkeit entwerfen konnte, in der Wirklichkeit bewähren. Sie mußten Passungscharakter haben. Dieser Passungscharakter hat einen hohen Selektionswert. Ein Mäusehirn, das Weltbilder produziert, in denen die Katze keine Rolle spielt, kann nicht erfolgreich sein. Wer die Gefahren der realen Welt nicht wahrnehmen kann, geht zugrunde. Ein Gehirn, das eine „Gestalt" der unmittelbaren, für das Überleben relevanten Umwelt vermitteln würde, deren Passungscharakter mit der Wirklichkeit ausgesprochen schlecht ist, hätte keine Chance, das Überleben einer Spezies zu gewährleisten. Mit der nötigen Vorsicht und Zurückhaltung dürfen wir sogar vermuten, daß eine subjektiv als harmonisch und spannungsfrei empfundene Gestalt einen besseren Passungscharakter mit der Wirklichkeit hat als eine von vornherein als ungenügend, als defekt empfundene Gestalt. Es ist darum vielleicht nicht so abwegig wie es zunächst aussieht, wenn man sich bei der Beurteilung einer Theorie auch von ästhetischen Kriterien leiten läßt. Dabei setze ich als selbstverständlich voraus, daß ästhetische Kriterien in der Naturwissenschaft nicht einfach an die Stelle logischer Kriterien treten dürfen. Ästhetische Kriterien spielen aber, ebenso wie die Phantasie, bei jedem Entwurf eines Paradigmas eine vermutlich beträchtliche Rolle.[15] Die neue Chromosomentheorie der Vererbung war in ihrer harmonischen und spannungsfreien Verknüpfung vieler vorher ganz vereinzelt dastehender Befunde für einen Wissenschaftler von der künstlerischen Empfindungskraft eines Theodor Boveri sicherlich auch ästhetisch ein Genuß. Vorüberziehende Wolkengebilde, in denen wir Luftschlösser erkennen, können uns einen solchen Genuß bereiten. „Es ist nicht zu bezweifeln", so hören wir Boveri von diesen Gestalten sprechen (vgl. S. 190), „daß der Wunsch nach Verwirklichung solcher theoretischer Luftschlösser ein mächtiger Antrieb zu mühevollsten Einzeluntersuchungen gewesen ist".[16] Unsere Phantasie ist ein Resultat, ich möchte sagen, ein nicht vorhersehbares Geschenk der Evolution. Und auch sie entwirft, so dürfen wir annehmen, Bilder mit einem gewissen Passungscharakter an die Wirklichkeit. Sie zeigt aber auch besser als andere Fähigkeiten die Grenzen diese Passungscharakters. „Sie ist", so schreibt Johannes Müller, der zuerst die Zelltheorie auf die Analyse von Tumoren angewendet hat, „ein unentbehrliches Gut; denn sie ist es auch, durch welche neue

Kombinationen zur Veranlassung wichtiger Entdeckungen gemacht werden. Die Kraft der Unterscheidung des isolierenden Verstandes sowohl als der erweiternden und zum Allgemeinen strebenden Phantasie sind dem Naturforscher in einem harmonischen Wechselwirken notwendig. Durch Störung dieses Gleichgewichts wird der Naturforscher von der Phantasie zu Träumereien hingerissen, während diese Gabe den talentvollen Naturforscher von hinreichender Verstandesstärke zu den wichtigsten Entdeckungen führt".[17] Die Phantasie gibt sich nicht damit zufrieden, die „Steine" sogenannter objektiver Tatsachen zu einem großen Haufen zusammenzutragen. Sie sucht und formt auch die Steine selbst. Sie entwirft Gebäude, in denen diese Steine zu einem sinnvollen Ganzen strukturiert sind und sie füllt Lücken aus, wo die Steine nicht reichen. Die Phantasie, so sagt Johannes Müller weiter, ist aber auch „das Organ des Geistes, durch welches die meisten Irrtümer in den Naturwissenschaften entstanden sind, denn sie verdirbt nicht bloß die Resultate, sondern auch die Beobachtung im Keim". Und er fordert darum „zuerst, daß man unermüdet sei im Beobachten und Erfahren, und dies ist die erste Anforderung, die ich an mich selbst mache und unausgesetzt zu erfüllen strebe".[18]

Welche Randbedingungen ergeben sich aus diesen Gedanken zur Evolution von Erkenntnisstrukturen für eine Theorie der Erkenntnis? Das Problem der Grenzen unseres Denkens tritt nicht nur auf, weil die Welt schier quantitativ in ihrer Informationsfülle viel mehr an Figuren und Verknüpfungen in einem strukturierten Hintergrund beinhaltet als wir verarbeiten können, sondern weil das menschliche Gehirn und sein Denkvermögen in der Evolution von vornherein nur unter den Bedingungen eines kleinen Weltausschnittes getestet wurde. Alle Tests, die das Gehirn im Laufe der Evolution bestehen mußte, betrafen nur die im Hinblick auf das Überleben benötigten Fähigkeiten zur Wahrnehmung und Verknüpfung von Elementen aus einem winzigen Ausschnitt der objektiven Welt. In dieser Evolution kam es ausschließlich darauf an, daß Lebewesen sich in ihrem Weltsektor angepaßt verhalten können. Es gab, wenn wir die Evolution unseres Gehirns im neodarwinistischen Sinne begreifen, keine Zielintention dahingehend, daß wir die Welt im Größten und im Kleinsten möglichst objektiv begreifen und uns so den „Konstruktionsrahmen" dieser objektiven Welt in ihrer Gesamtheit vorstellen können. Kurz, in einer neodarwinistischen Evolution entwickeln sich Wahrnehmungsstrukturen nicht zum Zweck einer unmittelbaren, vorurteilsfreien Betrachtung der objektiven Welt.

Die Fähigkeit, abstrakt und logisch zu denken, zu philosophieren, eine geistige Welt zu entwerfen, zeigt eine Ebene einer endogenen Informationsentstehung und Verarbeitung im menschlichen Zentralnervensystem an, die über die Aufnahme und Verarbeitung unmittelbar einwirkender äußerer Reize grundsätzlich hinausgeht. Ihre Evolution gehört zu den schwierigsten Fragen einer Evolutionstheorie des Menschen, die weit über den Rahmen dieser Abhandlung hinausreichen. Für den Autor beginnt hier erneut und eindeutig der Gültigkeitsbereich von Wittgensteins Satz (vgl. S. 245). Wir führen logische Operationen mit dem Anspruch objektiver Gültigkeit durch, obwohl wir als Genetiker gleichzeitig annehmen, daß auch die Fähigkeit logisch zu denken, ebenso wie alle körperlichen Fähigkeiten, unter den Bedingungen einer neodarwinistischen Evolution entstanden ist. Diese Fähigkeit wurde also — vorausgesetzt, daß der Rahmen unserer Evolutionstheorie stimmt — nur im Rahmen einer für das Überleben erforderlichen Fähigkeit, einen bestimmten Weltausschnitt zu erfassen, durch Selektion erprobt und weiterentwickelt. Wir stehen damit vor einem unverstandenen Rätsel der Evolution unseres Gehirns. [19] Wir gehen von einem sicheren Grund des Denkens aus, ohne uns hinreichend darüber im klaren zu sein, wie weit diese Sicherheit reicht. Aber auch andere Theorien der Erkenntnis, in denen versteckt oder offen ein teleologischer Faktor angenommen wird, können unser Problem nur formal lösen und sie benötigen dabei Annahmen, die nach meinem Geschmack viel weniger überzeugend zu begründen sind als die Annahmen der neodarwinistischen Evolutionstheorie.

Wenn die evolutionäre Theorie richtig ist, wie sollen wir dann zu einem wahren Abbild der Wirklichkeit gelangen? Das Wachstum wissenschaftlicher Erkenntnis ist eng verknüpft mit der Erfindung von Instrumenten, die dort etwas „sehen", wo unsere eigenen Wahrnehmungsstrukturen unzureichend sind. Die Entwicklung des Mikroskops ist ein Beispiel dafür. Wie sollen wir aber herausfinden, ob Daten, die uns durch Apparate zur Verfügung gestellt werden, tatsächlich ein zutreffendes Bild der Wirklichkeit vermitteln. Wir bewegen uns hier auf einem schwierigen Feld. Der Weg, den Wissenschaftler einzuschlagen versuchen, ist generell der folgende: Sie versuchen, Daten nach Möglichkeit auf mehrere, unabhängige Weisen zu erhalten. Jede Methode erscheint als ein teilweise blinder, teilweise verzerrender Spiegel der objektiven Wirklichkeit. Im Spiegelkabinett unserer durch Apparate erweiterten Erkenntnisfähigkeit verlassen wir uns darum nicht auf die Information eines Spiegels, sondern versuchen, die objektive Wirklichkeit aus der Information aller Spiegel zu entschlüsseln. Die Erfindungen chemischer und physikalischer Methoden haben den Erkenntnisraum, in dem wir uns bewegen können, in ungeahnter Weise erweitert. Sind wir dadurch also in die Lage versetzt, die Welt wenigstens teilweise objektiv zu erkennen und zu beschreiben? Das menschliche Gehirn, also eine Erkenntnisstruktur, deren Evolution und deren Grenzen wir nicht begreifen, hat die Methoden ersonnen und es liefert letztlich die Interpretation der Resultate. Doch läßt uns die evolutionäre Erkenntnistheorie Raum für einen verhaltenen Optimismus. Sie sagt uns aber auch, warum wir uns unserer Erkenntnisse nie absolut sicher sein dürfen.

Die evolutionäre Erkenntnistheorie, so scheint mir, macht auch den tiefverwurzelten Wunsch nach geschlossenen Theorien besser verständlich, in denen alle Einzelbeobachtungen ihren Platz erhalten. Aus dem opportunen Blickwinkel des Überlebens hätte eine Vielzahl von Erkenntnissen, die unverknüpft nebeneinander bestehen, wenig Sinn. Die im Laufe der Evolution entwickelten Wahrnehmungs- und Denkstrukturen, so möchte ich darum behaupten, sind so angelegt, daß sie das aus der Fülle der Informationen selektiv Wahrgenommene zu einem beschränkten, aber für das Überleben brauchbaren Weltbild verarbeiten. Dieses Weltbild wird dann zunächst, auch das ist im Rahmen der Evolutionstheorie sinnvoll, als die gesamte objektiv existierende Umwelt genommen. Informationslücken spielen dabei so lange keine Rolle oder sind sogar zweckmäßig, so lange die bereitgestellten Informationen überlebensadäquate Reaktionen erlauben. So lange die aufgenommenen Reize und die dadurch ausgelösten Reaktionen diese Forderung erfüllen, ist das Weltbild im

Sinne der praktischen Zwecke unserer Wahrnehmungs- und Denkstrukturen vollständig. Die Welt ist in Ordnung. In dieser Welt besteht eine — wiederum durch Anpassung an eine bestimmte Umwelt hervorgerufene — prästabilisierte Harmonie zwischen der Reaktion auf bestimmte Umweltreize und der dadurch hervorgerufenen Veränderung der Umwelt. Wir haben bestimmte, offenbar nicht allein durch Erfahrung erworbene, sondern bereits in unserem Gehirn vorprogrammierte Erwartungen im Hinblick auf die durch eine bestimmte Reaktion eintretenden Veränderungen. Bereits der Säugling erwartet, daß eine hinter einem Wandschirm verschwindende Person sich nicht in nichts auflöst, sondern sich tatsächlich hinter diesem Wandschirm befindet. Das gehört zu den genetisch vorprogrammierten Erfahrungswerten seines Weltbildes, muß also nicht erst erlernt werden. Im Gegenteil, es löst schon beim Säugling Beunruhigung aus, wenn diese Erwartung in einem „ich verstecke mich — bin wieder da" Spiel nicht erfüllt wird. Ein solche Welt wird als unnormal und bedrohlich empfunden.

Bruchstückhafte Informationen, die ein bestimmtes Lebewesen durch seine Organe erhält, werden durch das zentrale Nervensystem mit Hilfe genetisch vorprogrammierter Theorien zu einer geschlossenen Theorie der räumlichen und zeitlichen Umwelt verarbeitet. Aus einzelnen Eindrücken wird so ein Gesamtvorgang, eine konsistente und praktisch verwertbare Theorie der überlebensrelevanten Umwelt konstruiert. Diese Behauptung läßt sich leicht an dem Beispiel Raubtier/Beutetier verdeutlichen. Die Selektion fördert die Fähigkeit, aus bruchstückhaften Informationen, einem Rascheln, einem kurzen Aufblitzen eines kleinen charakteristischen Körpermerkmals, eine „Theorie", da kommt ein Feind, dort bewegt sich eine Beute, zu entwickeln und entsprechend dieser Theorie zu reagieren.

Wenn wir davon ausgehen, daß die objektive Welt immer wesentlich mehr an Informationen enthält als sie das Gehirn zu einem bestimmten Zeitpunkt verarbeiten kann, dann ist die Unterdrückung unwesentlicher Informationen ebenso wichtig für das Überleben wie die Fähigkeit, wesentliche Informationen zu verstärken. Die Begriffe wesentlich und unwesentlich erhalten ihren Sinn hier ausschließlich im Kontext der Evolutionstheorie. Es geht dabei nicht um die Frage, ob bestimmte Informationen für eine objektive Beschreibung der Welt an und für sich wesentlich sind. Wie sollte man denn begründen, daß bestimmte Erscheinungen der objektiven Welt für das Problem, die Welt als Ganzes im Größten und Kleinsten zu verstehen, unwesentlich sind? Wesentlich aus dem Blickwinkel der Evolutionstheorie sind Informationen, deren Registrierung und Verarbeitung das Überleben, also die Fähigkeit fördert, zu dem zukünftigen Genpool der Spezies beizutragen. Unwesentliche Informationen sind solche, die hierzu nicht beitragen oder die Überlebenschancen sogar beeinträchtigen. Aus diesem Blickwinkel der evolutionären Erkenntnistheorie verstehen wir, daß „wahre" Erkenntnis im Sinne des Überlebens unwichtig, ja manchmal womöglich gar nicht wünschenswert ist.[20] Auch dann, wenn die Informationsmenge, die registriert und verarbeitet werden kann, im Laufe der Evolution bei einer Spezies ständig zunimmt, müssen wir — so lange wir im Rahmen der Evolutionstheorie denken — davon ausgehen, daß die Unterscheidung zwischen „wesentlicher" und „unwesentlicher" Information auf jeder

Stufe dieser Evolution grundsätzlich vorteilhaft gewesen ist. Denn es wird sich immer zeigen lassen, daß die Registrierung und Verarbeitung von unwesentlicher Information (im eben definierten Sinne) die Geschwindigkeit der Registrierung und Verarbeitung wesentlicher Informationen beeinträchtigt und damit die Chance des Überlebens verringert. Diese Strategie der Natur ergibt sich im Rahmen der heutigen Evolutionstheorie zwingend.

Fassen wir unsere Überlegungen zusammen. Die Fähigkeit zu selektiver Wahrnehmung und zur Verarbeitung des selektiv Wahrgenommenen zu einer geschlossenen Theorie, hatte, so nehmen wir an, bei der Evolution des Erkenntnisapparates von Lebewesen einen hohen Überlebenswert. Das „Weltbild", um das es hierbei zunächst ging, war das Bild der unmittelbaren räumlichen und zeitlichen Umwelt, die in ihrer Dynamik so erkannt werden mußte, wie es für das Überleben förderlich war. Eine geschlossene Theorie in diesem ursprünglichen Sinne war dann erreicht, wenn alle überlebensrelevanten Informationen aus dieser Umwelt registriert und alle in diesem Sinne nicht relevanten Informationen ausgeschlossen wurden. Je besser die Informationsverarbeitung in diesem die Fülle der objektiven Welt einschränkenden Sinne gelang, desto besser waren die Voraussetzungen für ein überlebensadäquates Verhalten. Die Natur hatte — um den oben beschriebenen Prozeß der Evolution des Erkenntnisapparates noch einmal anthropomorph verkürzt auszudrücken — nie ein Interesse daran, daß wir die Welt objektiv als Ganzes erkennen können. Sie beging im Laufe der Evolution genau die „Fehler", die Karl Popper der Kohärenztheorie (coherence theory) und der pragmatischen oder instrumentalen Theorie (pragmatic or instrumentalist theory) der Wahrheitsfindung vorhält. Die eine Theorie hält fälschlicherweise Konsistenz der Fakten für Wahrheit, die andere macht ihre Brauchbarkeit im praktischen Leben zum Maßstab der Wahrheit.[21] Wenn sich unser Gehirn — wie wir in allen diesen Überlegungen voraussetzen — im Rahmen einer neodarwinistischen Evolution entwickelt hat, bekümmerte sich die Natur nicht darum, ob die in unserem Gehirn vorprogrammierten Theorien den Ansprüchen der Philosophen an wahre Welterkenntnis genügen. Man kann sich wohl kaum einen pragmatischeren Gesichtspunkt vorstellen als den Gesichtspunkt des Überlebens. Für rasche Entscheidungen, von denen das Überleben abhängt, werden kohärente und pragmatische Theorien der Umwelt benötigt, die ständigen Zweifel der Philosophen an der objektiven Wahrheit solcher Theorien sind hier nicht hilfreich. Es ist keineswegs sicher, daß eine Theorie, die der objektiven Wirklichkeit als Ganzes besser entspricht, also wahrer Welterkenntnis näher ist als eine andere, für das Überleben besser geeignet ist.

Was haben solche Überlegungen mit unserer Fähigkeit zu wissenschaftlicher Erkenntnis zu tun? Was die Natur, wiederum anthropomorph ausgedrückt, sich bei der Evolution unserer Wahrnehmungs- und Denkstrukturen geleistet hat, ist unter dem Blickwinkel strenger Wissenschaftlichkeit fatal: Vorbehaltloses Registrieren aller erreichbaren Informationen über ein Problem ist unter diesem Blickwinkel ja gerade gefordert. Sofern unter praktischen Gesichtspunkten Einschränkungen unvermeidlich sind, bedarf es bereits einer Theorie, die uns sagt, warum wir uns gerade auf das Sammeln bestimmter Informationen beschränken und andere Bereiche wenigstens vorläufig ausklammern wollen. Ein Wissenschaftler, der zugeben müßte, daß er Informationen nach ganz opportunen Gesichtspunkten, beispielsweise seiner Karriere („Überleben") sammelt oder unterdrückt, würde sich damit selbst sofort disqualifizieren. In der Natur wird nun gerade, so haben wir behauptet, ein derartig opportunistisches Verhalten nach unserem heutigen Verständnis der Evolution nicht nur zugelassen, sondern als Überlebensstrategie zwingend gefordert. Wenn wir diesen Gedanken weiter fortdenken, können wir uns des Eindrucks schwer erwehren, daß die Vorstellung von objektiver Welterkenntnis völlig unabhängig von unseren subjektiven Vorstellungen und Sehnsüchten eine Fata morgana ist. Unter dem Gesichtspunkt einer Evolution von Wissenschaftlern, die nach objektiver Wahrheit streben, hat uns die neodarwinistische Evolution einen Streich gespielt, dessen Konsequenzen wir nicht vollständig übersehen können. Jedenfalls sehen wir ein, daß zahlreiche Vorsichtsmaßnahmen nötig sind, damit Wissenschaft wenigstens in Richtung einer Utopie objektiver Wahrheit betrieben werden kann. Die Wissenschaftler sind nicht diejenigen, die sie eigentlich im Hinblick auf ihre Zielsetzung sein sollten, sie sind es um so weniger, je weniger sie sich der Mängel ihrer Erkenntnisfähigkeit bewußt sind.

Es erscheint mir darum fruchtbar, den Wunsch von Wissenschaftlern, ihre Daten zu einer geschlossenen Theorie zu verknüpfen, ihre Fähigkeit, unerklärliche Phänomene zunächst zu verdrängen, unter dem Gesichtspunkt eines im Verlauf der Evolution in unserem Gehirn vorprogrammierten Wunsches nach geschlossenen Theorien zu sehen. Wir fürchten das Chaos vieler unverknüpfter Erkenntnispartikel und suchen darum ständig nach Mustern. Muster sind eine Eigenschaft vertrauter Dinge. Der Mensch ist ein mustermachendes Geschöpf und sucht Muster zu seiner Freude oder auch zu seinem Trost. Geschlossene Theorien sind Muster, die uns die objektive Welt vertrauter machen.

3.4 Sehen und räumliches Vorstellungsvermögen aus dem Blickwinkel einer evolutionären Erkenntnistheorie: Der Mesokosmos als ‚kognitive Nische' des Menschen

> *„Ich glaube jedoch, daß es zumindest ein philosophisches Problem gibt, das alle denkenden Menschen interessiert. Es ist das Problem der Kosmologie: das Problem, die Welt zu verstehen — auch uns selbst, die wir ja zu dieser Welt gehören, und unser Wissen. Alle Wissenschaft ist Kosmologie in diesem Sinn, glaube ich; und für mich ist die Philosophie, ebenso wie die Naturwissenschaft, ausschließlich wegen ihres Beitrages zur Kosmologie interessant."*
>
> *Karl R. Popper*[1]

Im vorigen Kapitel haben wir erfahren, wie eine evolutionäre Erkenntnistheorie zu erklären vermag, daß Erkenntnisstrukturen und reale Strukturen (teilweise) übereinstimmen. Unsere Erkenntnis ist also nicht bloß eine subjektiv gestaltete Fata morgana, die mit der objektiven Welt überhaupt nichts zu tun hat. Damit ist die Position eines hypothetischen Realismus umrissen. Auf der anderen Seite gibt uns aber gerade diese evolutionäre Erkenntnistheorie allen Grund skeptisch zu sein, wenn wir nach wahrer Erkenntnis fragen, also nach einer Beschreibung der objektiven Welt, die nicht nur einigermaßen mit dem übereinstimmt, was wir an „Fakten" von dieser Welt zu kennen glauben, sondern die Struktur dieser Welt tatsächlich in einer von subjektiven Mutmaßungen freien Weise wiedergibt.

In diesem Kapitel werden wir diesen Gedankengang zunächst am Beispiel des Sehens vertiefen, also der Tätigkeit, die beim Mikroskopiker eine entscheidende Rolle spielt. Danach werden wir uns mit den Grenzen unseres räumlichen Vorstellungsvermögens beschäftigen. Aus dem Blickwinkel der evolutionären Erkenntnistheorie werden wir sehen, warum dieses Vorstellungsvermögen auf einen Raum mittlerer Dimensionen begrenzt ist, den Mesokosmos. Dabei erweist sich dieser Mesokosmos als ‚kognitive Nische' des Menschen in einem Kosmos, in dem es unvorstellbar große und unvorstellbar kleine Dimensionen gibt.[2] In einem Glasperlenspiel soll verdeutlicht werden, wie die Grenzen des als Folge der Evolution in einem Mesokosmos vorgegebenen Vorstellungsvermögens durch Wissenschaft überschritten werden können.

Wir sehen Licht nur in einem begrenzten Wellenlängenbereich zwischen etwa 400 und 800 nm.[3] Für Sonnenstrahlung aus diesem Wellenlängenbereich hat die Atmosphäre ein „Fenster".[4] Das kürzerwellige, ultraviolette Licht und das längerwellige, infrarote Licht wird dagegen in der Atmosphäre stark absorbiert. Der Passungscharakter unseres Auges zeigt sich darin, daß seine Lichtempfindlichkeit dem Intensitätsmaximum der Sonnenstrahlung angepaßt ist. Manche Schlangen aber können die Wärmestrahlung, also Licht im Infrarotbereich, ihrer Beutetiere wahrnehmen. Das gehört zum Passungscharakter ihrer Wahrnehmungsstrukturen. Eine bestimmte Strecke in die Tiefe sehen, kann uns Angst machen, die gleiche Strecke horizontal gesehen, macht uns nichts aus. Unser Gehirn bewertet also gleichlange Entfernungen in ganz unterschiedlicher Weise. Objektiv erscheint das falsch. Im Hinblick auf das Überleben zeigt es den Passungscharakter unserer Wahrnehmungsstrukturen. Die unterschiedliche Beurteilung ist opportun. Licht aller Regenbogenfarben erscheint uns farblich neutral. Farbig erscheinen uns die Dinge, die sich so gegen den Hintergrund der normalen Beleuchtung abheben. Man stelle sich nur vor, es wäre anders. Die Fähigkeit von Lebewesen, Reize räumlich und zeitlich aufzulösen, ist nicht nur begrenzt, sie ist auch unterschiedlich bei verschiedenen Spezies. Kurz und gut, wir besitzen zwar Fähigkeiten, die objektive Welt zu erkennen, aber sie sind begrenzt und selektiv. Wir lachen, wenn wir auf der Kirmes ein Spiegelkabinett mit konvexen und konkaven Spiegeln betreten, in dem alle Menschen in die Länge oder Breite verzerrt werden, aber wir vergessen gerne, daß unsere Wahrnehmungsstrukturen selbst teils blinde, teils verzerrende Spiegel sind. Wo sie blind sind und wo sie verzerren, können wir um so besser verstehen, je mehr wir von der Evolution eines Lebewesens und der Umwelt wissen, an die es angepaßt ist, kurz, je genauer wir die ihm eigene ‚kognitive Nische' kennenlernen. Die unmittelbare Anschauung von Dingen, etwas mit eigenen Augen zu sehen, erscheint uns als besonders beweiskräftig. Wenn man jedoch vergißt, daß unsere Wahrnehmungsstrukturen als Konsequenz ihrer Evolution jene teilweise verzerrenden und teilweise blinden Spiegel sind, wie wir sie oben erläutert haben, kann uns gerade die unmittelbare Anschauung besonders in die Irre führen.

Das Problem, subjektiv empfundene Konturen von tatsächlich existenten Strukturen zu unterscheiden, stellte sich immer wieder für die Mikroskopiker. Gab es wirklich eine eigenständige Grenze, eine Kernmembran, zwischen Kern und Cytoplasma? Oder waren bestimmte Strukturen bloß eingebildet? Mußte man nicht mißtrauisch werden, wenn ein junger Forscher im Brustton der Überzeugung behauptete, er habe eine Struktur von äußerster Transparenz aufgefunden, eine Struktur, die allerdings ein langes Einsehen in das Präparat voraussetzte und die niemand vor ihm entdeckt hatte? Manchmal behielt der junge Forscher recht, die Entdeckung ließ sich bestätigen. Nicht selten schwieg er nach einiger Zeit still: er hatte sich getäuscht. Als Schaudinn 1905 vor der Berliner Medizinischen Gesellschaft über die Entdeckung des Syphilis-Erregers sprach und diesen Erreger als einen lebenden Organismus von äußerster Transparenz beschrieb, schloß der Vorsitzende, der berühmte Kliniker von Leyden, die Diskussion folgendermaßen: „Wir haben hier nun schon von zehn Entdeckungen des Syphiliserregers gehört, diese ist die elfte, und wir warten nun auf die zwölfte."[5] Richard Goldschmidt, der Zeuge von Schaudinns Vortrag war, erinnert sich, daß damals niemand Schaudinns Partei ergriff. Die Anwesenden betrachteten die Spirochäte als nicht existent und machten Witze über ihre Durchsichtigkeit. Heute mögen wir unsere Witze über die damaligen

Zuhörer machen, aber war ihr Zweifel nicht mehr als berechtigt? Schaudinn hatte sogar große Mühe, seinen Kollegen, den Militärarzt Hofmann, mit dem er die Entdeckung gemeinsam veröffentlichte, zu überzeugen. Er erzählte später, „wie er den Militärarzt hereinrief, und wie Hofmann außerstande war, überhaupt irgend etwas zu erkennen".[6] Die Fähigkeit, mehr zu sehen als andere, nennen wir später, wenn sich ein Befund als richtig herausgestellt hat, eine intuitive Beobachtungsgabe. Schaudinns erstaunliche Beobachtungsgabe ließ ihn Dinge sehen, um die sich andere lange vergeblich bemüht hatten. Die großen Mikroskopiker hatten diese Gabe, die wesentlich mehr als eine rein visuelle Begabung darstellt. Aber auch ihnen selbst — und erst recht vielen anderen — ging immer wieder die Phantasie durch. Sie sahen Verknüpfungen und Konturen, die sich später als Phantasieprodukte herausstellten.

Warum so etwas unvermeidlich immer wieder passiert, das verstehen wir besser, wenn wir uns klar gemacht haben, daß alles das, was wir als unmittelbares, elementares Sinnenerlebnis empfinden, bereits das Ergebnis eines außerordentlich komplexen Verarbeitungsprozesses von — in diesem Falle — visuellen Stimuli ist. Die Art und Weise, in der diese Informationsverarbeitung aus den von der Netzhaut registrierten Photonen im Gehirn erfolgt, hat ihre lange Vorgeschichte in der Evolution. In dieser Vorgeschichte kam es — wie wir uns inzwischen klar gemacht haben — auf das Überleben an, nicht auf objektive Erkenntnis an und für sich. Unsere Fähigkeit zu sehen, ist dazu da, daß wir uns in dieser Welt in einer das Überleben sichernden Weise zurecht finden.

Subjektiv gibt es kaum ein stärkeres Argument für die Richtigkeit einer Theorie als die Überzeugung, man habe einen Vorgang mit eigenen Augen gesehen. Aber gelegentlich narrt uns das Gehirn. Wir sehen Strukturen und Zusammenhänge, die es in Wirklichkeit nicht gibt. Sehen wir uns zunächst einige Beispiele an, bei denen uns das Gehirn narrt.[7] Danach werden wir uns unter dem Gesichtspunkt der Evolutionstheorie fragen, warum das Gehirn uns immer wieder solche Streiche spielt.

In Abb. 3.4–1 sehen wir:
a) ein weißes Dreieck, dessen Eckpunkte in ausgefüllten schwarzen Kreisen liegen, außerdem zwei senkrechte Striche; der rechte ist wohl etwas kürzer als der linke;
b) eine schräge schwarze Linie, die durch ein bandartiges weißes Feld unterbrochen wird; der linke und der rechte Teil der Linie sind offenbar etwas gegeneinander versetzt;
c) eine bogenförmig durch Muster horizontaler Striche verlaufende Linie;
d) zwei übereinander liegende Dreiecke.

Der Witz dieser Bilder besteht darin, daß alles das, was wir soeben beschrieben haben, objektiv so gar nicht existiert.[7] Was wir so sehen, ist das Resultat einer Vermutung, die uns das Gehirn als Ergebnis der Verarbeitung visueller Stimuli liefert. Viele Leser kennen natürlich die eine oder andere der dargestellten optischen Illusionen bereits. Das Selbstgefühl, man habe den Charakter optischer Illusionen durchschaut und falle nicht mehr auf sie herein, ist dabei so unberechtigt wie die Behauptung, es gäbe keine Witze, weil man von einigen die Pointe bereits kennt. Unser Gehirn hat eine ausgeprägte Fähigkeit,

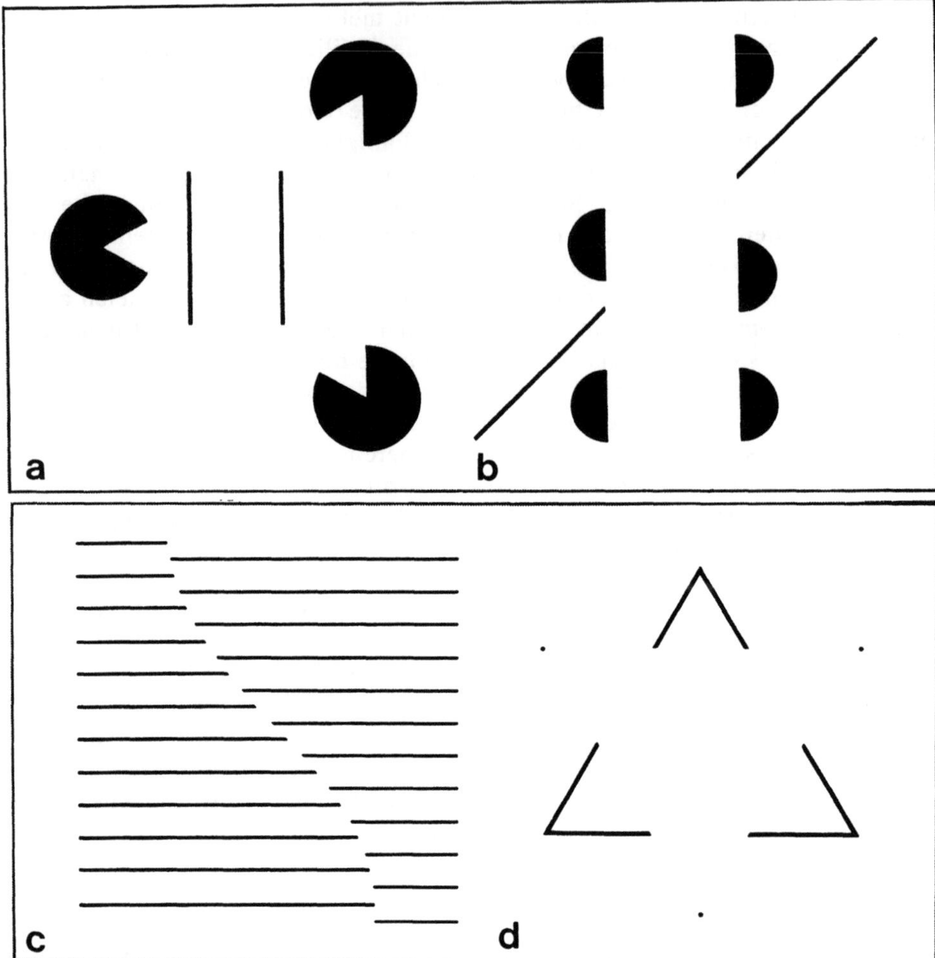

Abb. 3.4-1 a–d. Optische Illusionen; aus Kanizsa (1976). **a** Ponzo-Illusion. Obwohl die beiden vertikalen Linien genau gleich lang sind, erscheint die linke länger als die rechte. Die Täuschung wird hervorgerufen durch die *subjektiv* empfundenen Linien des weißen Dreiecks, in das die beiden vertikalen Linien eingezeichnet sind. Diese subjektiv empfundenen Linien des Dreiecks verschwinden, sobald man die drei schwarzen Kreissegmente abdeckt. Die beiden Linien erscheinen dann gleichlang. **b** Poggendorf-Illusion. Die schwarzen Halbkreise rufen den Eindruck eines zwischen ihnen liegenden weißen Bandes mit zwei *subjektiv* empfundenen feinen Randlinien hervor. Die beiden schrägen Linien erscheinen etwas versetzt. Deckt man die schwarzen Halbkreise ab, dann verschwindet sowohl der Eindruck des weißen Bandes als auch der Eindruck einer Versetztheit der schrägen Linien. Die Abbildungen a) und b) zeigen, daß subjektiv empfundene Konturen dieselben Effekte haben können wie tatsächlich vorhandene Konturen. **c** Kurze, gegeneinander versetzte Liniensegmente rufen hier den Eindruck einer S-förmigen Kontur hervor. **d** Der Betrachter hat den Eindruck von zwei übereinandergeschobenen, gleichseitigen Dreiecken. Auf einem schwarzumrandeten Dreieck, scheint ein zweites weißes Dreieck zu liegen. Der Betrachter hat zusätzlich zu den objektiv vorhandenen schwarzen Eckpunkten den subjektiven Eindruck, daß das Weiß des Dreiecks einen Kontrastunterschied zum Weiß der Umgebung aufweist. Dadurch ergibt sich eine subjektiv deutlich wahrgenommene Begrenzung. Sie verschwindet, sobald man die Eckpunkte des weißen Dreiecks abdeckt

subjektive Konturen zu bilden, Zusammenhänge herzustellen, die so in der objektiven Welt nicht existieren. Was aber, wenn es im Kontext einer wissenschaftlichen Erkenntnis gerade darauf ankommt zu sehen, daß ein bestimmter, scheinbar naheliegender Zusammenhang nicht gegeben ist? Die einfachen Beispiele der Abbildung stellen uns damit auf einmal vor die Frage, was „richtiges" Sehen überhaupt ist, sie führen uns zu dem rätselhaften Problem der Erkenntnis der objektiven Welt.

Wie sollen gerade optische Illusionen im „Kampf ums Dasein" weiterhelfen? Sehen wir weiter. Ein Gehirn, das uns anstelle eines Weltbildes, in dem die „wesentlichen" Figuren vom „unwesentlichen" Hintergrund abgetrennt sind, einfach nur das Chaos vieler unverknüpfter Erkenntnispartikel liefern würde und es grundsätzlich einem zweiten Schritt eines bewußten Nachdenkens überlassen würde, dieses Chaos zu einem mehr oder weniger geschlossenen Weltbild zu ordnen, würde seine eigentliche Aufgabe im Spiel der Evolution verfehlen. Das Gehirn erscheint vielmehr genetisch so strukturiert und programmiert, daß es aus einer begrenzten Zahl von visuellen Stimuli ein Gesamtbild konstruieren kann, das in der Regel ausreichend ist, um eine für das Überleben relevante Beurteilung einer Situation und eine überlebensadäquate Entscheidung auszulösen. Die Fähigkeit, subjektive Konturen wie tatsächlich vorhandene Konturen zu behandeln, kann hier sehr nützlich sein. Ein Beutetier, das die gesamte Kontur eines Raubtiers, das da gerade durch das Gebüsch schleicht, auch dann zu erkennen vermag, wenn tatsächlich nur ein Bruchteil der Kontur seines Verfolgers zu sehen ist, hat eine bessere Chance zu überleben. Kontrastverstärkung, subjektive Ergänzung von nicht vorhandener Information, Unterdrückung von anderer Information: alles das unterliegt dem entscheidenden Test der Selektion. Erfolg in diesem Test bedeutet Beteiligung der Gene eines Lebewesens am zukünftigen Genpool, Mißerfolg das Ausscheiden aus dem Genpool.

Das Bild, das uns das Gehirn vermittelt, ist eine erste Vermutung über die Welt. Sie wird ausgesprochen auf Grund der als Ergebnis der Evolution im Gehirn vorprogrammierten Bewertungsweise von Eindrücken. Stellt sich unsere Vermutung schließlich als falsch heraus, dann fühlen wir uns genarrt. Wir haben eine Sinnestäuschung erlebt. In der Regel aber liefert uns das Gehirn brauchbare Vermutungen über die objektive Welt. Es erscheint beispielsweise vernünftig, den Abbruch der Linien in Abbildung 3.4–1 (c) als das Resultat einer bogenförmigen Kontur zu interpretieren, die in einer bestimmten Weise die Unterbrechung und Verwerfung eines Musters horizontaler Linien ausgelöst hat. Denn bei der Erkennung ähnlicher Muster in der objektiven Welt ist es in der Regel eher sinnvoll, eine durchlaufende Bruchlinie zu „sehen" als das pingelige Vorhaben eines Zeichners, der uns mit abgebrochenen Linienzügen eine optische Illusion bescheren möchte. Immer wieder erweist es sich als notwendig, eine erste Vermutung zu korrigieren. Das ist natürlich um so schwieriger, je tiefer wir in die Vorstellung vernarrt sind, die Verknüpfung bestimmter Sinneserlebnisse zu einem bestimmten Weltbild sei einfach elementar, unumgänglich und damit auch unumstößlich.

Die Art, in der unser Gehirn seine Vermutungen anstellt, ist nicht nur abhängig von einer vorprogrammierten Weise der Informationsverarbeitung.

Diese Art hängt auch in hohem Maße von Theorien ab, die wir uns bereits zurecht gelegt haben. Überspitzt formuliert, wir sehen, was wir zu sehen erwarten, sobald die visuellen Stimuli auch nur den geringsten Anlaß zu solcher irreführenden Informationsverarbeitung bieten. Wer mitternächtlich im festen Glauben an die Realität einer Geisterstunde über einen Friedhof spaziert, interpretiert verständlicherweise jedes Geräusch, jede Bewegung eines Zweiges in besonderer Weise. Aber die Geister, die er in subjektiver Überzeugung gesehen hat, nehmen wir ihm nicht ab, weil wir an seine Geistertheorie nicht glauben. Vermutlich — darauf soll es hier nur ankommen — gibt es optische Täuschungen, auf die Mitglieder einer Gruppe mit einer bestimmten disziplinären Matrix besonders leicht hereinfallen. Sieben Schwaben, die auf Hasenjagd gehen, sind gegen Irrtum nicht besser gefeit als ein Schwabe. Das gilt bis zu einem gewissen Grade auch für die Gruppe der Wissenschaftler. Nicht nur richtige, sondern auch falsche Beobachtungen finden bei ihnen Anhänger. Sie sind überzeugt, „dasselbe" zu sehen. Je unmittelbarer eine bestimmte Beobachtung im Rahmen einer vorgegebenen disziplinären Matrix einsichtig erscheint, desto unkritischer wird sie akzeptiert. Beispiele haben wir zur Genüge kennengelernt, denken wir nur an die Beobachtung einer Urzeugung von Zellen unter dem Mikroskop, an Auflösung und Neubildung von Zellkernen während der Zellteilung usw. Zum Versuch wissenschaftlicher Welterkenntnis, etwa durch das Instrumentarium mikroskopischer Beobachtungen, gehört darum das fortgesetzte Bemühen, die subjektiven Elemente und die Begrenztheit dieser Welterkenntnis in den Blick zu bekommen.

Kehren wir nochmals zu dem bereits im Kapitel 3.2 erörterten Problem der Beziehung zwischen Theorie und Beobachtung zurück.

Sollen wir den Mikroskopikern als Ergebnis dieser Überlegung vorschlagen, bei ihren Beobachtungen zunächst möglichst ohne Theorie auszukommen? Wer sich von einem solchen Vorgehen erhofft, „vorurteilsfrei" an seine Beobachtungen heranzugehen, um damit leichter zu brauchbaren Theorien zu gelangen, verkennt den Stellenwert der Theorie im Vorgang wissenschaftlicher Welterkenntnis. Schauen wir uns Abb. 3.4–2 an.[8] Durch bloßes Anschauen werden wir keinen bemerkenswerten Unterschied zwischen den beiden Bildern herausfinden. Vielleicht nehmen wir zunächst an, es handele sich um Spiegelbilder der gleichen Struktur. Wir sehen eine Linie, die uns vielleicht — das ist beabsichtigt — ganz fern an das Knäuel von Chromosomenfäden in der Prophase der Zellteilung erinnern mag.[9] Ist es eine in sich geschlossene Linie oder sind es mehrere Linien? Wenn wir bei beiden Bildern vom Eindruck einer in sich geschlossenen Linie ausgehen, haben wir aus einem Vorurteil bereits eine Hypothese gemacht, die nur für die linke Abbildung zutrifft. In der rechten Abbildung existieren in der Tat zwei getrennte, aber in sich geschlossene Linien. Man kann das aber nicht unmittelbar sehen, sondern muß sich schon die Mühe machen, die Linien mit einem Stift nachzufahren. Erst jetzt ist der Unterschied offensichtlich. Wir haben eine detaillierte Analyse gemacht und dabei eine Hypothese geprüft. Sie hat sich bei der linken Abbildung bewährt, bei der rechten ist sie widerlegt worden. Man kann die beiden Abbildungen sehr lange „vorurteilsfrei" betrachten, ohne zu einem bemerkenswerten Resultat zu gelangen, solange man nicht auf die Idee kommt, gerade diese Hypothese zu

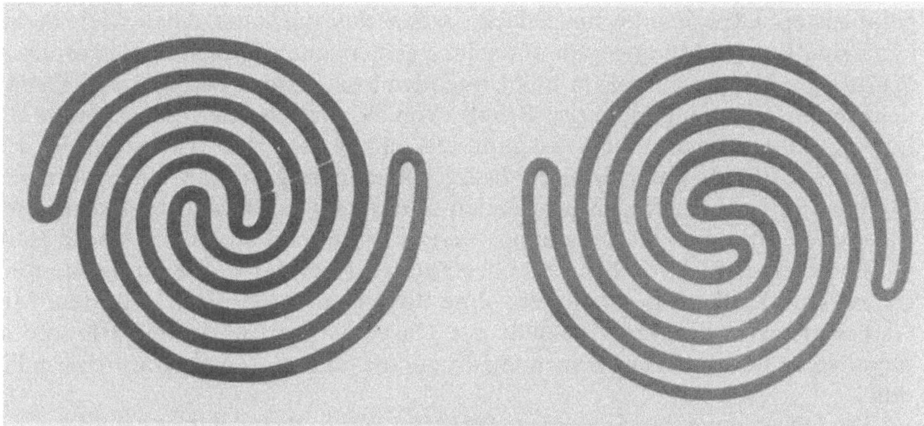

Abb. 3.4-2. Minski-Papert Spiralmuster. Die beiden Spiralen zeigen Grenzen unseres unmittelbaren Wahrnehmungsvermögens. Es ist nicht unmittelbar zu erkennen, daß die linke Figur aus einer in sich geschlossenen Linie besteht, während die rechte Figur aus zwei getrennten, in sich geschlossenen Linien aufgebaut ist. Aus Julesz (1975) S. 35. Vergleiche die in den Kapiteln 2.7 und 9 dargestellte Kontroverse der frühen Karyologen (Flemming, van Beneden, Rabl und andere), ob das Fadenknäuel in der frühen Prophase aus einem in sich geschlossenen Chromatinfaden oder aus mehreren, von vornherein getrennten Fäden (Chromosomen) besteht (Abb. 2.7-4., Fig. 32, 33 und Legende; Abb. 2.10-2. Fig. 12 und Legende)

testen. Vielleicht wird man schließlich aus Langeweile den einzelnen Linien entlang fahren und zufällig auf den entscheidenden Unterschied stoßen. Empfehlenswert ist ein solches Verfahren nicht. Die objektive Welt, etwa das Fadenknäuel eines Zellkerns, ist sehr viel komplizierter als unser Beispiel. Es gibt sehr viele unterschiedliche Möglichkeiten für eine genauere Untersuchung, und jede Untersuchung ist sehr viel zeitraubender und schwieriger als das Entlangfahren an einer Linie mit einem Stift. Nach welchen Kriterien soll man nun die eine Untersuchungsmöglichkeit der anderen vorziehen? Warum soll man sich überhaupt die Mühe einer zeitraubenden Detailanalyse machen? Die Antwort darauf ist: Weil man sich eine Theorie zurechtgelegt hat und jetzt sehen will, ob sich diese Theorie bei verschiedenen Tests bewährt oder ob sie widerlegt werden kann. Die Wahl dieser Theorie ist nicht vorurteilsfrei. Warum sollte man gerade viel Zeit und Mühe investieren um festzustellen, ob das im Prophasekern beobachtete Fadenknäuel aus einem in sich geschlossenen Faden oder aus zahlreichen Fäden besteht? Ob im letzteren Falle die einzelnen Fäden immer gleichlang oder ob sie verschieden lang sind? Wenn sie verschieden lang sind, ob die Längenverteilung zufallsbestimmt ist, etwa durch zufällig verteilte Bruchpunkte im Knäuel eines zunächst in sich geschlossenen Fadens, oder ob bestimmte Längen gesetzmäßig immer wieder auftreten? Es handelte sich hier ja nicht um die Gestaltung eines Nachmittagsvergnügens, bei dem man seine Zeit so oder so verbringen könnte. Der Bearbeitung von derartigen Fragen haben Forschergenerationen ihre Lebensarbeit gewidmet. Sie haben die merkwürdigsten Objekte untersucht, wie zum Beispiel den Pferdespulwurm, und sie haben jahrzehntelang ihre Untersuchungsmethoden verfeinert, die ausgefallensten Experimente ausgedacht, wenn das nur dem einen Ziel zugute kam, eine Entscheidung gerade für solche esoterischen Fragen herbeizuführen. Warum gerade diese, warum nicht irgendwelche andere Fragen? Der Grund liegt in der Überzeugung einer Gruppe von Wissenschaftlern, daß gerade die Lösung dieser Fragen etwas besonders Wichtiges für das Wachstum der Erkenntnis in ihrem Fach bewirkt. Diese Überzeugung enthält ein irrationales Element und sie stützt sich im Bereich normaler Wissenschaft auf den tiefen Eindruck bestimmter Paradigmata. Warum sollte man sich ohne Oscar Hertwigs Musterbeispiel von der Rolle des Zellkerns bei der Befruchtung so intensiv mit dem Zellkern beschäftigen, ohne Boveris an Ascaris vorgeführtem Musterbeispiel von der Individualität der Chromosomen und ohne Chromosomentheorie der Vererbung so intensiv gerade mit diesen merkwürdigen Fäden?

Das Paradigma ist nicht der Abschluß einer Entwicklung, sondern der Wegweiser in ein unbekanntes Land. Es gibt die Motivation, alles daran zu setzen, dieses unbekannte Land genau zu erforschen. Es enthält eine Vision, die alle Mühe zu lohnen scheint. Dabei können wir uns täuschen. Theorien können wie Seifenblasen platzen und sie tun es sogar in der Regel. In einem (übrigens sehr erfolgreich arbeitenden) Labor haben Wissenschaftler das Problem ihres Scheiterns an die Wand gemalt: „Wir müssen uns Sisiphos als glücklichen Menschen vorstellen". Aber das ist ein weites Feld.

Dritter Exkurs: Eschers Belvedere und das Raumproblem

Erinnern wir uns noch an den verwirrten, jungen Mann in Escher's Belvedere? (Abb. 1.4–1). Er wußte nicht mehr so recht, was vorne und hinten, oben und unten ist. Um aus seiner Erkenntniskrise herauszufinden, hatte er sich ein stark vereinfachtes Modell des Belvedere hergestellt. Escher hat sich hier einen weiteren Spaß erlaubt. Die Existenz eines solchen Modells ist in der dreidimensionalen Wirklichkeit unserer Welt ebenso unmöglich wie das Belvedere selbst. Die Geschlossenheit der Linien, die die Eckpunkte des Kubus verbinden, läßt sich nur zweidimensional auf dem Papier als Folge bestimmter perspektivischer Verkürzungen vorgaukeln. Wahrscheinlich können wir ein gewisses Überlegenheitsgefühl dem jungen Mann gegenüber nicht unterdrücken. Wir wissen schließlich, was vorne und hinten, oben und unten in unserer Welt zu bedeuten haben. Wissen wir es? Nun, wir werden sehen.

Wir sind gewohnt, die räumlichen Beziehungen von Gegenständen von unserem Blickwinkel aus zu interpretieren und wir wissen, was relativ zu diesem Blickwinkel vorne und hinten, oben und unten ist. Wenn wir einiges räumliches Vorstellungsvermögen besitzen, wird es uns auch nichts ausmachen, die Situation aus dem etwas veränderten Blickwinkel eines Mitmenschen zu interpretieren, der in einiger Entfernung neben uns, vielleicht auch tiefer oder höher steht. Es macht uns keine Mühe, sein Vorne und Hinten und unser Vorne und Hinten, kurz, sein Koordinatensystem und unser Koordinatensystem in richtige Beziehung zu setzen. Es macht uns weiter keine Mühe, uns einen bestimmten Gegenstand kleiner oder größer vorzustellen. Bei einer linearen Maßstabsvergrößerung ändert sich an den relativen Beziehungen der Objektpunkte zueinander nichts. Unser Koordinatensystem bleibt brauchbar. Gilt diese Behauptung ohne Einschränkung? Mit dieser Frage fängt unser Problem an, aus dem bald eine Krise wird.

Nehmen wir an, wir hätten Eschers Belvedere in Ordnung gebracht. Der zweite Stock steht so auf dem ersten, wie es im dreidimensionalen Raum erforderlich ist. Der Herr im ersten Stock und die Dame im zweiten schauen jetzt in die gleiche Richtung, wie es sich gehört. Aus dem Spukhaus ist ein etwas fader Pavillon geworden, der zum Ausgleich dafür baupolizeilich genehmigt werden kann. Wir haben das neue Haus in allen seinen konstruktiven Elementen verstanden und sind in der Situation des Studenten, dem alles bereits mehr oder weniger klar ist.

Nun tun wir in Gedanken etwas, das wir uns, wie wir oben festgestellt haben, doch ohne weiteres erlauben dürfen. Wir vergrößern das Gebäude linear (wir könnten es auch verkleinern) immer weiter und weiter. Unseren Blickwinkel halten wir dabei fest, so gut es geht. Bald würden wir dann nur noch einen winzigen Ausschnitt des Gebäudes sehen können. Um das auszugleichen, stellen wir uns weiter vor, wir würden nach einer von Lewis Carroll beschriebenen Methode[10] so mitwachsen, daß die gesamten relativen Größenverhältnisse zwischen uns und dem Belvedere erhalten bleiben. Würde sich dabei etwas Entscheidendes in unserem Weltverständnis ändern? Wenn wir diese Frage verneinen, dann haben wir gezeigt, daß wir gute Newtonianer sind. Wir stellen uns den Raum, wie er von Euklid erfunden wurde, unendlich groß vor. An irgendeiner Stelle liegen Sonne, Mond und Sterne unseres Weltbezirkes und außen liegt der unendliche Ozean des Raumes.[11] In diesem Raum können wir unser Belvedere und uns selbst in Gedanken beliebig vergrößern, ohne daß irgend etwas passiert, außer daß uns schließlich langweilig wird.

Escher, der ein extrem gut entwickeltes räumliches Vorstellungsvermögen besaß, drückte die Sache so aus: „Wir können uns nicht vorstellen, daß irgendwo hinter den fernsten Sternen am Nachthimmel der Raum ein Ende haben könnte, eine Grenze jenseits derer „nichts" mehr ist. Der Begriff „leer" sagt uns wohl noch etwas, denn ein Raum kann leer sein, jedenfalls in unserer Vorstellung, aber unsere Einbildungskraft ist unfähig, den Begriff „nichts" im Sinne von „raumlos" zu erfassen."[12]

Wir können uns zwar leicht eine zweidimensionale Welt vorstellen, die endlich ist und doch keine Grenzen hat: Genau das ist die Situation auf der Oberfläche einer Kugel. Wir können uns aber nicht mehr unmittelbar sinnlich vorstellen, daß es zu dieser zweidimensionalen Kugelwelt ein dreidimensionales Analogon gibt, „den dreidimensionalen sphärischen Raum, welcher von Rieman entdeckt worden ist."[13] Damit sind wir bei der Krise unseres räumlichen Vorstellungsvermögens angelangt. Wir haben Eschers Belvedere in Ordnung gebracht und nichts weiter getan, als uns dieses Belvedere in immer größeren Dimensionen vorzustellen. Was aber, wenn wir uns plötzlich mit der Behauptung von Einstein konfrontiert sehen, daß der Raum des Universums analog zur Kugeloberfläche ebenfalls endlich ist und doch keine Grenzen hat?[13] Genau das ist die Behauptung, die in dem dreidimensionalen sphärischen Raum von Riemann steckt.

Unsere Krise wird manifest, wenn wir uns das Belvedere in Dimensionen vorstellen wollen, die an die Größe des Universums heranreichen, von dem wir durch Einstein — im Grunde unseres Herzens wohl noch skeptisch — erfahren haben, daß es endlich und doch grenzenlos sein soll. Wo ist jetzt oben und unten, vorne und hinten in unserem Belvedere? Einstein sagt uns, daß diese seine Vorstellung vom Kosmos logisch durchaus einwandfrei und mathematisch beschreibbar ist. Es ist also nicht damit getan, daß wir einige unmögliche Verbindungen korrigieren wie in Eschers Belvedere. Setzen wir uns also bescheiden auf die Bank, auf der vor kurzem noch der junge Mann gesessen hat (Abb. 1.4-1). Wir können uns nicht einmal ein kleines, handgreifliches Modell machen, an dem wir unser Problem begreifen könnten. Es gibt kein Modell eines endlichen und grenzenlosen Riemannschen Raumes, das wir vor uns auf den Tisch stellen könnten, um zu sagen: So ist das also. Es gibt nur den abstrakt logischen Zugang über die Mathematik von Riemannschen Räumen, über Einsteins Relativitätstheorie und experimentelle Daten, die sich nach Ansicht seiner Anhänger besser im Rahmen dieser Einsteinschen Matrix verstehen lassen und — darauf kommt es an — jedenfalls nicht im Rahmen unserer gewöhnlichen Vorstellungswelt, in der der Raum des Universums im Grunde nichts weiter ist als der ins beliebig Große ausgedehnte Raum unserer alltäglichen Welt, ein unendlicher Raum, der unabhängig von darin befindlichen Objekten vorgegeben scheint.

Vielleicht fühlt sich der Leser an dieser Stelle verwirrt: Das Zeichen einer Krise. Ebenso wie dem Autor fehlt ihm, sofern er nicht gerade theoretischer Physiker ist, der tiefere Zugang zu Einsteins Kosmologie, trotz Einsteins eigener Versuche, die Hauptgedanken seiner Theorie gemeinverständlich ohne den mathematischen Apparat der theoretischen Physik darzustellen.[14]

Unsere Verwirrung hat aber einen im Rahmen der evolutionären Erkenntnistheorie einsichtigen Grund. Sie entsteht aus dem konsequenten Festhalten an Vorstellungsmustern, die sich in dem uns vorgegebenen Lebensbereich, dem Mesokosmos, bewährt haben, Passungscharakter haben. In der Evolution kam es ja ausschließlich darauf an, daß wir uns im Mesokosmos, also im Maßstab des Weltausschnittes, in dem wir leben, angepaßt verhalten können. Unser dreidimensionales Vorstellungsvermögen erweist sich dabei als eine pragmatische Theorie, mit der wir im Rahmen unserer Umwelt, also einem winzigen Ausschnitt des Universums, in einer konsistenten Weise zu Recht kommen können. Daß wir uns die Welt im Kleinsten und Größten räumlich vorstellen können, darauf kam es in unserer Evolution nie an. Wenn wir versuchen, uns einen Begriff vom Raum im Größten oder Kleinsten zu machen, verlassen wir die Dimensionen, auf die die als Ergebnis dieser Evolution vorprogrammierten Erfahrungen unseres Gehirns anwendbar sind.[15]

Der Ansatz einer evolutionären Erkenntnistheorie zeigt uns, daß wir selbst gegenüber zunächst so elementar erscheinenden Erfahrungen, wie unseren Raumbegriffen, skeptisch sein müssen. Auch sie selbst sind Theorien, die sich nur im Bereich mittlerer Dimensionen als praktikabel erweisen.

Vierter Exkurs: Naive und naturwissenschaftliche Raumerfahrung in einem zweidimensionalen Mesokosmos

> *In days of old*
> *When knights were bold*
> *And science not invented,*
> *The earth was flat*
> *And that was that*
> *With no man discontented.*
> *Spottvers, unbekannter Verfasser*

Das Konzept des Mesokosmos als ‚kognitive Nische' des Menschen soll im folgenden an einem kosmologischen Glasperlenspiel verdeutlicht werden, das von Einstein stammt. In diesem Spiel wollen wir beispielhaft erfahren, wie die als Ergebnis der Evolution von Lebewesen in einem bestimmten Mesokosmos entstandene naive Raumerfahrung im Bereich der Astrophysik versagt und durch eine neue naturwissenschaftliche Theorie des Raumes abgelöst wird. Glasperlenspiele im weiteren Sinne — diesen Gedanken können wir bei Hermann Hesse nachlesen[16] — enthalten ein „Aneinanderreihen, Ordnen, Gruppieren und Gegeneinanderstellen von konzentrierten Vorstellungen", aber sie sind darüber hinaus ein Weg zu einem immer erneuten und immer tieferen Erstaunen über die Andersartigkeit der Welt, die mit plattgezimmerten, geistigen Schablonen nicht begriffen werden kann. Zum Verständnis des folgenden Spiels benötigen wir nichts weiter als ein paar Formeln der Schulgeometrie. Der Begriff eines endlichen und doch grenzenlosen Raumes hat sich für uns als unvorstellbar erwiesen. Im Spiel werden wir nun auf eine Dimension des Raumes verzichten. Anstelle einer räumlich dreidimensionalen Welt betrachten wir also eine zweidimensionale Welt. Wir wollen die Krise unseres räumlichen Vorstellungsvermögens im dreidimensionalen Raum noch einmal in analoger Weise im zweidimensionalen Raum nachvollziehen. Einstein selbst benutzte dieses Gedankenspiel als Hinführung zu einer „möglichst exakten Einsicht" in seine Vorstellung von der „Möglichkeit einer endlichen und doch nicht begrenzten Welt". „Wir denken uns zunächst ein zweidimensionales Geschehen. Flache Geschöpfe mit flachen Werkzeugen, insbesondere flachen starren Meßstäbchen seien in einer Ebene frei beweglich. Außerhalb dieser Ebene existiere für sie nichts, sondern es sei das Geschehen in ihrer Ebene, welches sie an sich selbst und ihren flachen Dingen beobachten, ein kausal geschlossenes, insbesondere sind die Konstruktionen der ebenen euklidschen Geometrie mit den Stäbchen realisierbar."[17]

Schauen wir uns diese zweidimensionale Welt aus einer dreidimensionalen, „göttlichen" Perspektive an. Wir sehen, daß die zweidimensionalen Wesen in Wirklichkeit nicht auf einer Ebene, sondern auf einer Kugelfläche existieren, allerdings nur auf einem winzig kleinen Ausschnitt dieser Fläche. Die ganze Evolution dieser Wesen hat sich in diesem kleinen Ausschnitt zugetragen. Das ist ihr Mesokosmos. Wir verlassen jetzt die Weise, in der Einstein dieses Glasperlenspiel vorgespielt hat und spielen ein neues Spiel weiter: Wir nehmen an, daß es bei der Evolution der Wahrnehmungsstrukturen dieser Wesen ausschließlich darauf ankam, sich im zweidimensionalen Raum zurechtzufinden.

In dieser Welt soll es Raubtiere und Beutetiere geben. Um zu überleben, flüchten die Beutetiere vor den Raubtieren. Wäre der Radius der Kugelfläche klein, dann könnte es ihnen passieren, daß sie am Ende einer wilden Flucht plötzlich von hinten auf das Raubtier stoßen, dem sie erst vor kurzem davongelaufen sind. Aber alles das — so nehmen wir an — ist niemals während der Evolution in dieser Welt passiert, so rasch und so weit es wollte, konnte das Beutetier fortlaufen, es erlebte dabei immer nur, daß sich der Abstand zwischen ihm und seinem Verfolger vergrößerte. Auch die „Menschen" dieser zweidimensionalen Welt sind nie an eine greifbare Grenze gestoßen. Die weitesten Erkundigungsfahrten haben immer wieder bestätigt, daß die Welt weiter als jede Vorstellung reicht. Unter solchen Bedingungen ist es sinnvoll im Sinne des Überlebens, die Welt als grenzenlose Ebene zu begreifen. Diese Geschöpfe kennen keinen Himmel, keinen dreidimensionalen Raum, niemals hat eines von ihnen einen Kubus oder eine Kugel in Händen gehalten, denn dieser Raum hat nie für sie existiert. Sie können nicht von Bergen und Tälern, Höhen und Tiefen träumen oder sich in Gedanken dreidimensionale Gebilde und ihre perspektivischen Verkürzungen unter verschiedenen Blickwinkeln vorstellen. Denn diese Fähigkeiten, die uns in unserer Welt zustatten kommen, haben in ihrer Evolution für das Überleben (für ihre ‚inclusive fitness')[18] nie eine Rolle gespielt. Wir dürfen mit gutem Recht voraussetzen, daß es hier blinde Flecken in ihrem räumlichen Vorstellungsvermögen gibt. Wenn wir eine neodarwinistische Evolution in ihrer Welt unterstellen, dann kommen wir unausweichlich zu dem Resultat, daß sie sich ein dreidimensionales Gebilde nicht greifbar vorstellen können.

Betrachten wir nochmals Eschers Litographien „Belvedere" und „Wasserfall" (Abb. 1.4-1, 4). Wir können uns gar nicht dagegen wehren, diese Bilder dreidimensional aufzufassen. Die visuellen Stimuli, die unser Auge von diesen Bildern empfängt, werden von unserem Gehirn unausweichlich im Rahmen vorprogrammierter Theorien der dreidimensionalen räumlichen Wahrnehmung interpretiert. Den meisten von uns ergeht es ebenso bei der Betrachtung der „unmöglichen" Würfel (Abb. 1.4-2, 3). Für die Geschöpfe unseres Glasperlenspiels wären die „unmöglichen" Würfel dagegen nichts weiter als Anordnungen von Dreiecken und Vierecken. Auch wir können uns diese Anschauung zu eigen machen und damit die logischen Probleme einer dreidimensionalen Interpretation vermeiden. Bei solchen Glasperlenspielen begreifen wir die Abhängigkeit der Art und Weise unseres räumlichen Vorstellungsvermögens von der Evolution.

Dieses verschiedenartig vorprogrammierte Vorstellungsvermögen ist selbst ein „Abbild" der Welt, genauer des jeweiligen Mesokosmos, in dem sich unsere Evolution beziehungsweise die Evolution der zweidimensionalen Geschöpfe abgespielt hat.

Selbst wenn ein Einstein dieser zweidimensionalen Welt aufgrund mathematischer Überlegungen eine Ahnung von der Existenz einer Kugel oder eines Kubus haben würde, er könnte kein im platten Sinne „greifbares" Modell davon herstellen. Sehr wohl aber können diese Wesen Kreise, Kreisflächen, Kreisradien, Kreisumfänge in allen beliebigen Größen „begreifen". Weil sie die ebene euklidische Geometrie beherrschen, wissen sie, daß der Umfang eines jeden Kreises durch das Produkt 2 π r anzugeben ist, wobei r dem Kernradius entspricht und π jene altbekannte Konstante aus unserem Schulwissen ist, die sich als Zahl nicht ganz genau hinschreiben läßt. Sie wissen natürlich auch, daß der Durchmesser eines Kreises dem doppelten Kreisradius entspricht, und sie wissen — das ist ebenso trivial — daß der Quotient von Kreisumfang und

Kreisdurchmesser $\dfrac{2\pi r}{2r} = \pi$ ist.

Wir werden gleich sehen, zu welcher wissenschaftlichen Revolution ihrer Kosmologie dieses Schulwissen die zweidimensionalen Wesen führen wird. Mehr Mathematik benötigen wir nicht.

Gehen wir jetzt einen Schritt weiter. Können diese Wesen sich vorstellen, daß die Fläche, auf der sie leben, grenzenlos und doch endlich ist? Bei einer Umfrage in der zweidimensionalen Welt werden die meisten Leute unbedenklich mit nein antworten, bis wir auf einen Einstein stoßen, den die Frage nachdenklich macht. Dieser zweidimensionale Einstein wird uns nach einigem Nachdenken sagen: „Ich kann mir einen Inbegriff „räumlicher" Erfahrungen vorstellen, das heißt von Erfahrungen, die man beim Bewegen starrer Stäbchen haben kann und die mir sagen, daß die Ebene, auf der wir leben, grenzenlos und doch endlich ist."[19] Diese Aussage des zweidimensionalen Einstein können wir, das ist der Unterschied zum Einstein unserer Welt, mit den bereits aufgeführten bescheidenen Mitteln unserer Schulgeometrie nachvollziehen. Gehen wir bei Einstein in die Schule. Die zweidimensionalen Menschen der Kugelwelt brauchen keine Reise um die gesamte Kugelfläche zu machen, um zu erkennen, daß ihre naive Raumerfahrung von einer unendlich ausgedehnten Ebene, auf der sie wohnen, nicht haltbar ist. „Auf jedem Stück ihrer Welt, das nicht allzu klein ist, können sie sich davon überzeugen. Sie ziehen von einem Punkt nach allen Richtungen ‚gerade Strecken' (dreidimensional beurteilt, Kreisbögen) von gleicher Länge. Die Verbindung der freien Enden dieser Strecken werden sie als ‚Kreis' bezeichnen. Das Verhältnis des mit einem Stäbchen gemessenen Kreisumfangs zu dem mit denselben Stäbchen gemessenen Durchmesser des Kreises ist nach der euklidischen Geometrie in der Ebene gleich einer Konstanten π, welche unabhängig ist vom Durchmesser des Kreises."[20] Einstein hat sich hier für seinen zweidimensionalen Kollegen ein Experiment ausgedacht, das eine mathematisch unbezweifelbare Voraussage über das Resultat solcher Messungen möglich macht, wenn nur die gewohnte Vorstellung von der Welt als unendlich ausgedehnter Ebene richtig ist: Es lassen sich von einem Mittelpunkt aus immer größere Kreise schlagen und immer wieder sollte bei dem angegebenen Experiment die Konstante π herauskommen, gleichgültig wie groß der Kreisradius wird. Die gewohnte Theorie sollte sich bei diesen Messungen bewähren.[21] Die Anomalie, die bei solchen Messungen zutage treten muß, ergibt sich daraus, daß der vermeintliche Kreisdurchmesser ja in Wirklichkeit ein Kreisbogen auf einer riesigen Kugeloberfläche ist. Die Messung des vermeintlichen Kreisdurchmessers durch die Kollegen Einsteins in der zweidimensionalen Welt muß also, wenn sie genügend genau durchgeführt werden kann, regelmäßig etwas größer ausfallen als der erwartete Wert. Bei kleinen Radien, wie sie im täglichen Leben vorkommen, spielt diese Abweichung keine Rolle und sie ist im Rahmen der möglichen Meßgenauigkeit vielleicht gar nicht erkennbar. Bei immer größer werdenden Radien müssen die Abweichungen von der Erwartung aber dramatisch werden. Der Kreisumfang nimmt zwar, wie erwartet, zunächst weiter zu, aber nicht in dem Maße, wie es die Fachgruppe der theoretischen Physiker in der zweidimensionalen Welt vorhergesagt hatte. Einige Zeit läßt sich die Anomalie noch leugnen — wer weiß genau, was die Experimentalphysiker bei ihren Messungen für einen methodischen Unsinn anstellen —, aber schließlich wird die Krise offenkundig. Wenn ein bestimmter ‚Kreisdurchmesser' überschritten wird, nimmt der dazu gemessene Kreisumfang sogar wieder ab. Dieses Experiment wird wegen seines zunächst völlig unbegreiflichen Resultats oft wiederholt. Aber am Ergebnis ist nicht zu rütteln. Aus der „göttlichen" Perspektive, die wir vorhin eingenommen haben, kennen wir natürlich auch den Extremfall. Sollte es den zweidimensionalen Experimentalphysikern gelingen, gleichlange Schnüre als Radien bis zu dem genau entgegengesetzten Punkt der Kugelwelt zu spannen, dann wird der Kreisumfang Null, während der scheinbare Kreisdurchmesser dem Umfang der Kugelwelt entspricht. Von der Konstanten π, die das alte Weltverständnis als Ergebnis der Messungen so optimistisch vorausgesagt hatte, kann nicht mehr die Rede sein. Die experimentell ermittelten Quotienten reichen von null bis π. Sie treten aber nicht willkürlich auf, sondern in einer mathematisch genau definierbaren Beziehung zur Länge der Schnüre, die zur Festlegung des Kreisradius in jedem Experiment benutzt werden. Damit geben die Experimentalphysiker den Schwarzen Peter wieder an die Fachgruppe Theoretische Physik in unserer zweidimensionalen Welt zurück und dort wird jetzt dringend ein Einstein benötigt. Ihm wird auffallen, daß es bereits früher einige Mathematiker gegeben hat, die sich mit merkwürdigen und für das praktische Leben völlig unbrauchbaren mathematischen Glasperlenspielen beschäftigt hatten. Als Ergebnis dieser Spiele hatten sie formal-logisch eine weitere Dimension des Raumes eingeführt — merkwürdigerweise war das möglich, ohne in Widerspruch mit Axiomen der Mathematik zu geraten — und schließlich behauptet, daß man mathematisch Flächen beschreiben könne, die endlich und doch grenzenlos sind. Aber diese Mathematiker hatten nicht den geringsten Eindruck, daß sie das formale Rüstzeug für eine Revolution des wissenschaftlichen Weltbildes bereitgestellt hatten. Der geniale Geistesblitz des zweidimensionalen Einsteins besteht nun in der Behauptung, daß sich alle Messungen der verwirrten Experimentalphysiker verstehen lassen, wenn man gerade diese merkwürdige Mathematik zugrunde legt. Tut man das aber, dann folgt, daß die eigene zweidimensionale Welt nicht jene flache, unendlich ausgedehnte Ebene ist, wie es die alte Theorie behauptet hatte.

Die Revolution des wissenschaftlichen Weltbildes ist perfekt. Messungen, die ursprünglich zu nichts anderem dienen sollten, als das so festgefügte alte Paradigma noch einmal zu bestätigen, — eigentlich etwas langweilige Messungen, denn die Vorhersage war mathematisch ebenso klar wie trivial — haben diesen Umsturz des Weltbildes erzwungen. Sie haben ihn nicht nur nahegelegt im Sinne einer weiteren Interpretationsmöglichkeit, die auch noch zu bedenken wäre, sie haben einen unausweichlichen Zwang ausgeübt, das alte Weltbild durch ein neues abzulösen. Das nämlich kann Naturwissenschaft: die Ablösung eines Weltbildes durch ein anderes erzwingen. Es gibt dann keinen legitimen Weg mehr zurück zum alten Weltbild. Im Bereich des Mesokosmos allerdings erweist sich die alte Theorie weiterhin als Sonderfall der neuen Theorie brauchbar.

Zwar gibt es noch für einige Zeit eine „International Flat Earth Research Society". Sie versteht sich als „last pocket of resistance", aber sie ist isoliert und in ihrem vierteljährlich erscheinenden Journal „Flat Earth News" publizieren nur noch einige Unentwegte. Nur dann, wenn es dieser Gruppe gelänge, die Macht einer großen Partei für ihre Ansichten zu gewinnen, könnte die alte Raumtheorie noch einmal vorübergehend Bedeutung gewinnen. Ein vergleichbarer Fall ist in der Lyssenko-Ära passiert (s. Kap. 2.13).

Wissen die Menschen der von uns betrachteten zweidimensionalen Welt in der Nach-Einsteinperiode nun ein für allemal, wie die Welt wirklich beschaffen ist? Wenn die Oberfläche ihrer zweidimensionalen Welt unermeßlich groß ist im Vergleich zu dem Abschnitt, in dem sich ihre Evolution abgespielt hat, dann werden sie bestenfalls einen kleinen Teil dieser Oberfläche in der genannten Weise vermessen können. Die Abweichungen der Meßwerte vom theoretisch erwarteten Wert π werden also immer nur klein sein. Und doch heben sie, wenn sie experimentell gesichert werden können, das alte Weltbild aus den Angeln. Sind die Abweichungen aber zu klein, um sicher meßbar zu sein — all das hängt ganz von den Dimensionen der Kugelwelt ab, die wir in unserem Glasperlenspiel vorgeben —, dann spricht nichts dagegen, am alten Weltbild festzuhalten. Unser zweidimensionaler Einstein könnte zwar darauf hinweisen, daß die alte Vorstellung nicht die einzige ist, die die bekannten Daten erklärt, aber die Vorstellung einer gekrümmten Fläche hätte etwas Gewolltes, sie erschiene willkürlich. Warum sollte man die schöne, ebenso platte wie grenzenlos ausgedehnte Welt, in der man lebt, komplizierter machen als sie nach aller praktischen Erfahrung ist? Es kommt nicht darauf an, Theorien zu entwikkeln, nach denen die Welt anders beschaffen sein könnte als gemeinhin angenommen wird. Es kommt darauf an, die einfachste Theorie zu finden, die alle bekannten Phänomene der Raumerfahrung widerspruchsfrei erklären kann, Musterbeispiele von Experimenten vorzustellen, die mit der neuen Theorie, aber nicht mit der alten Theorie zufriedenstellend erklärt werden können. Darin liegt der Sinn des Kuhnschen Paradigmawechsels. Je öfter experimentelle Daten, die die neue Theorie vorausgesagt hat, tatsächlich aufgefunden werden, Daten die die alte Theorie nicht voraussagen konnte oder die sogar im Widerspruch zur alten Theorie stehen, desto bewährter erscheint die neue Theorie. Aber was heißt das? Ist sie nach zehn oder hundert verschiedenen Tests, die sie bestanden hat, zehn- oder hundertmal sicherer geworden als nach einem einzigen bestandenen Test? Wir sind geneigt, das zu glauben. Und doch läßt sich ein exakter Wert für die Wahrscheinlichkeit, daß die neue Theorie richtig ist, eigentlich nicht angeben. Wesentlich ist, daß sie auch nach hundert bestandenen Tests immer noch falsch sein kann. Genau darin liegt die Schwierigkeit, in die sich die Verfechter der verschiedenen probabilistischen Verifikationstheorien immer wieder verstricken. Es kommt darauf an, was man unter Wahrheit verstehen will: Wenn sich eine Theorie bei hundert voneinander unabhängigen Tests bewährt hat, dann ist es offenkundig schwierig, diese Theorie zu stürzen. Was aber, wenn beim tausendsten Test eine Anomalie entdeckt wird? Soll man dann sagen, die Theorie hat als Dietrich 999 Schlösser geöffnet, das tausendste bedauerlicherweise nicht, kein Grund, diesen so erfolgreichen Dietrich nicht weiter zu benutzen? Auch dieses Problem können wir im Rahmen unseres Glasperlenspiels vielleicht besser verstehen, wenn auch nicht lösen.

Aus unserer „göttlichen" Perspektive haben wir die Gesamtwelt, in der die zweidimensionalen Wesen leben, als Kugelwelt gesehen. Wir können nun auch diese Bedingungen des Spiels variieren. Zum Beispiel könnte die Kugelwelt an einer von dem kleinen Weltausschnitt dieser Wesen entfernten Stelle eine Beule haben; oder es könnte sich statt einer Kugel um ein Ellipsoid handeln oder um die Oberfläche eines viel komplizierter gestalteten dreidimensionalen Körpers; oder nehmen wir an, ein abgeschnittener Teil einer Kugel wäre auf eine Ebene aufgesetzt und die Evolution der zweidimensionalen Wesen würde sich auf einem winzig kleinen Abschnitt dieses Kugelsegments vollziehen. Je nach den Bedingungen, die wir als Schöpfer dieser Welten setzen, könnten die Astrophysiker dieser Welten mit ihren Meßinstrumenten Anomalien erkennen, die ihnen eines Tages sagen, daß auch das Kugelmodell nicht länger haltbar ist oder sie könnten es nicht, wenn ihre Meßmöglichkeiten dazu prinzipiell nicht ausreichen. Das Beispiel vom Kugelsegment auf einer Ebene enthält hier ein ironisches Moment: Nehmen wir an, daß die längsten Schnüre, die für das aufgeführte Musterexperiment zur Bestimmung des Quotienten von Kreisumfang und Kreisdurchmesser zur Verfügung stehen — sagen wir aus Kostengründen oder Gründen der schieren Entfernung —, nicht ausreichen, um auf die Ebene hinunterzugelangen. Der Einstein unserer zweidimensionalen Welt würde aus der Abweichung des experimentell bestimmten Quotienten vom vorhergesagten Quotienten unvermeidlich den tiefgründigen Schluß ziehen, daß die Welt grenzenlos, aber doch endlich ist, wenn er — was bleibt ihm anderes übrig — von den ihm zur Verfügung stehenden Daten ausgehend, über die Struktur des Kosmos im Ganzen nachdenkt. In Wirklichkeit würde es sich aber nur um eine lokale Anomalie, eine kugelförmige Ausbuchtung in der Ebene handeln. Einstein würde — mit der üblichen Verzögerung — alle oder fast alle Fachkollegen davon überzeugen, daß die alte Vorstellung von der unendlich ausgedehnten platten Welt unhaltbar ist. Damit hat er ja auch recht. Und doch würde die schließlich verlachte alte Vorstellung auf die Welt unseres zuletzt genannten Glasperlenspiels insgesamt besser zutreffen als die so zwingend erscheinende neue Theorie. Was für die Wesen der zweidimensionalen Welt gilt, gilt auch für uns: Wir müssen uns damit begnügen, Randbedingungen unserer Welt zu erkennen, die sich mit bestimmten Theorien vereinbaren lassen, während sie zur Verwerfung anderer Theorien führen.

Die ewig Unentwegten und Naiven
Ertragen freilich unsere Zweifel nicht,
Flach sei die Welt, erklären sie uns schlicht
Und Faselei die Sage von den Tiefen.
Denn sollt es wirklich andre Dimensionen
Als die zwei guten, altvertrauten geben,
Wie könnte da ein Mensch noch sicher wohnen,
Wie könnte da ein Mensch noch sorglos leben?
Hermann Hesse, Glasperlenspiel

Mit den Mitteln der Schulgeometrie haben wir in einer drastisch vereinfachten Welt spielend einen Ausflug in die Schublade „Kosmos" der Astrophysiker unternommen. Ich hoffe, ein Astrophysiker, der dieses Kapitel zufällig liest, wird diesen Ausflug mit Nachsicht behandeln, der ja seine Zuständigkeit für das Aussehen des wirklichen Kosmos nicht berührt. Unser Glasperlenspiel hat uns aber, so hoffe ich, wie ein Musterbeispiel Möglichkeiten und Grenzen einer theoriegeleiteten Forschung auf der Suche nach einem wahren Weltbild gezeigt.

Zum Schluß wollen wir die Ergebnisse dieses Kapitels zusammenfassen und einige Gesichtspunkte diskutieren, die sich daraus ergeben.

a) Die Grenzen unseres visuellen Wahrnehmungsvermögens und unseres räumlichen Vorstellungsvermögens lassen sich besser begreifen, wenn man eine im Prinzip neodarwinistische Evolution des Gehirns ohne teleologische Zutaten als Randbedingung eigener Erkenntnisfähigkeit ernst nimmt. Passungscharakter haben alle diese Fähigkeiten nur für die uns vorgegebene kognitive Nische, den Mesokosmos. Die Grenzen dieser uns vorgegebenen kognitiven Nische lassen sich durch Wissenschaft überschreiten. Mathematisch formulierte Theorien, die experimentell getestet werden können, erweisen sich dabei immer wieder als das entscheidende Instrument des Menschen, um zu neuen und völlig unvorhersehbaren Erkenntnissen über die Struktur der Welt außerhalb der Dimensionen unseres Mesokosmos zu gelangen.

b) Der Erkenntnisfortschritt im Rahmen eines fortgesetzten Paradigmawechsels wird durch das Ergebnis der Experimente erzwungen. Er erfolgt nicht willkürlich. Diese Zwangsläufigkeit läßt sich an einem abstrakten, mathematisch formulierten Beispiel unmittelbarer zeigen als in der Wirklichkeit der Wissenschaftsgeschichte. Ich bin überzeugt, daß dieser Zwang auch bei der Entwicklung der Chromosomentheorie der Vererbung bestanden hat, aber nur der mit der Entwicklung dieses Wissenschaftsgebietes Vertraute wird sein volles Gewicht empfinden.

c) Als Ergebnis eines mehrfachen Paradigmawechsels mag sich herausstellen, daß bestimmte Aspekte des ursprünglichen naiven Weltbildes gar nicht so grundlegend falsch waren, wie man unter dem Eindruck des ersten Paradigmawechsels gedacht hatte (vgl. dazu die Entwicklungsgeschichte des Prädeterminationsgedankens in Kapitel 3.5). Man betrachte als Beispiel diese Folge eines Paradigmawechsels in unserem Glasperlenspiel: erstes Paradigma, die Welt als unendlich ausgedehnte Ebene; zweites Paradigma, die Welt als endliche Kugelfläche; drittes Paradigma, die Welt als unendlich ausgedehnte Ebene mit einer lokalen kugelförmigen Ausbeulung usw.

Das bedeutet aber nicht, daß bei einem mit legitimen und logisch einwandfreien Mitteln betriebenen Spiel naturwissenschaftlicher Erkenntnis das ursprüngliche Weltbild als Ganzes jemals wieder erreicht würde. Der Erkenntnisfortschritt bewegt sich nicht im Kreis, er läßt sich aber ebenso wenig als Gerade darstellen. Wer so etwas behauptet, betreibt ein wissenschaftshistorisch illegitimes Spiel mit Verkürzungen und unzulässigen Verknüpfungen (vgl. dazu Kapitel 3.1, Anmerkung 1).

d) Es ist nicht auszuschließen, daß sich die Möglichkeiten experimenteller Prüfungen, durch die ein weiterer Paradigmawechsel erzwungen werden kann, schließlich erschöpfen. Es mag sein, daß schließlich eine Theorie gefunden wird, die alle Daten der uns zugänglichen Welt so verknüpft, daß es auf unabsehbare Zeit niemandem gelingen wird, vielleicht nicht mehr gelingen kann, eine neue „Anomalie" zu finden. Das bedeutet nicht zwingend, daß das zuletzt entstandene Theoriengebäude die objektive Wirklichkeit in einer vollständigen und wahrhaft gültigen Weise beschreibt. Es kann sich dabei einfach um eine nicht weiter zu überschreitende Grenze unserer Erkenntnisfähigkeit handeln. Das aber beweist bestenfalls den Passungscharakter dieser Theorie für den uns zugänglichen Weltausschnitt, nicht ihre Gültigkeit für die Welt im Ganzen. Der Naturwissenschaftler, der sein Glasperlenspiel ernstnimmt, wird allerdings versuchen, jede dieser Grenzen, beispielsweise durch die Entwicklung neuer Methoden, noch einmal zu überschreiten.

Die Vorstellung einer fortgesetzten Ablösung eines Weltbildes durch das andere im Rahmen von Erkenntniskrisen wird uns am Ende dieser Überlegungen im Grunde weniger merkwürdig vorkommen als der selbstbewußte Glaube, die neueste Theorie könne als letzter Schrei menschlicher Erkenntnisfähigkeit nie mehr in Frage gestellt werden. Die Physiker in unserem Spiel müssen grundsätzlich die Möglichkeit eines sich wiederholenden Paradigmawechsels einräumen. Sie können aber mit voller Überzeugung sagen, daß ihre experimentellen Daten zu bestimmten Aussagen des alten Weltbildes in einem logischen, d.h. mathematisch eindeutig nachweisbaren Widerspruch stehen. Insoweit können sie von einer Falsifizierung des alten Weltbildes reden, das so als Ganzes nicht zutrifft. Diese Fähigkeit muß man für bestimmte konkrete, experimentelle Situationen in der Naturwissenschaft zugeben, wenn man nicht — ungerechtfertigt, wie ich meine — eine völlig relativistische Position einnehmen will, in der letztlich Lyssenko ebenso recht hat wie Mendel und Morgan. Der Gesichtspunkt des Falsifizierbaren/Verifizierbaren in den Naturwissenschaften läßt sich aber, so scheint mir, befriedigend nur auf einzelne konkrete Verknüpfungen in der komplizierten Matrix eines Weltbildes anwenden.

Die Physiker in unserem Glasperlenspiel wissen nicht, ob ihr neues Weltbild die Struktur der Wirklichkeit im Großen sicher wiedergibt. Die Falsifizierung bestimmter Aspekte des alten Weltbildes sagt wenig über seinen Wahrheitsgehalt unter anderen Bedingungen als den experimentell getesteten aus.

Naturwissenschaft im Sinne von Hesses Glasperlenspielen führt zu einer Haltung der Bescheidenheit, nicht der Arroganz. Die evolutionäre Erkenntnistheorie ernst nehmen bedeutet, die uns durch die Struktur unserer Sinnesorgane und unseres Gehirns vorgegebene Beschränktheit unserer Erkenntnisfähigkeit ebenso ernst zu nehmen. Diese Beschränktheit einzugestehen, bedeutet aber nicht, jede Möglichkeit von ‚Erkenntnis' als verläßlichem Wissen abzustreiten und zu leugnen, daß wir mit Hilfe der Naturwissenschaften aus der uns vorgegebenen ‚kognitiven Nische' unseres Mesokosmos grundsätzlich ausbrechen können. Die hier erläuterte Haltung bekennt sich zur Idee der Wahrheit als regulativer Idee in den Naturwissenschaften: Wissenschaftliche Theorien sind nicht *gleich-gültig*. Diese regulative Idee der Wahrheit aufzugeben, würde in letzter Konsequenz bedeuten, politischer Macht und Willkür die Entscheidung über den Stellenwert wissenschaftlicher Theorien zu überlassen. Dann allerdings hätte in einem bestimmten politischen Kontext Lyssenko tatsächlich mehr Recht als Mendel.

3.5 Schlußbetrachtung: Entwicklung der Chromosomentheorie und Menschenbild

Mer hän so Professörli
un Döggter huffewiis,
wo chnoble in Labörli
am nechste Nobelpriis.

Die chärne n'us d'Atömli
so ring, as wär's e Nuß
un bringe d'Chromosömli
vom Mensch erst recht in Schuß.

Sie bäschele, muntire,
us luter Wunderfitz.
Meinsch d'Welt chönn 'ächst fallire
a dene Geischtesblitz?

Manfred Marquardt,[1]
Alemannischer Mundartdichter

„Die Naturwissenschaft ist die größte Be-
wußtseinsveränderung der Menschheit seit
dem Kommen der Hochreligionen und den
Kulturen des ersten vorchristlichen Jahrtau-
sends; ich nenne sie gern den harten Kern
der Neuzeit. Sie gibt uns eine nie dagewesene
intellektuelle, folglich technische, folglich poli-
tische Macht. Es ist undenkbar, daß die
Menschheit sich durch diese Macht nicht
selbst zerstört, wenn sie nicht eine ebenso ra-
dikale moralische Wandlung durchmacht."

Carl Friedrich von Weizsäcker[2]

„Der fortlaufende Übergang von einem Paradigma zu einem anderen auf dem Wege der Revolution ist das übliche Entwicklungsschema einer reifen Wissenschaft". Ist diese Behauptung Kuhns vielleicht selbst ein Paradigma, das zur Beschreibung bestimmter Epochen der Naturwissenschaften geeignet ist, aber schließlich wenigstens in einigen Bereichen durch die fortschreitende Wissenschaftsentwicklung überholt wird? Ist es nicht bei aller Fülle der beobachteten Naturerscheinungen so, um wieder Max Planck zu zitieren, daß „das aus ihnen abgeleitete wissenschaftliche Weltbild eine immer deutlichere und festere Form annimmt?". Dieser Frage wollen wir in einer Schlußbetrachtung am Beispiel der Chromosomentheorie der Vererbung nachgehen.

Die Vorstellung strukturell faßbarer Träger der Vererbung war am Anfang der Entwicklung der Cytogenetik ein Wurf, der weit über den damaligen Stand der Erkenntnisse hinausreichte. Nachdem es heute möglich geworden ist, die Reihenfolge der Basen in beliebigen DNA-Abschnitten zu bestimmen, die Struktur der Signale zu verstehen, die zur Verwertung der in den Genen gespeicherten Information notwendig sind, (menschliche) Gene gezielt zu modifizieren, in Bakterien zu vermehren und das entsprechende Genprodukt, zum Beispiel menschliches Insulin zu erhalten, erscheint für den Cytogenetiker die Chromosomentheorie der Vererbung mehr als eine gutbewährte Theorie, deren Falsifizierbarkeit aber dennoch zur Debatte stünde. Heute können die Cytogenetiker mit einem viel überzeugenderen Gewicht als Thomas Hunt Morgan[3] behaupten, daß die fundamentalen Erscheinungen der Vererbung erklärbar geworden sind. Die Erkenntnis der Schriftstruktur der DNA und ihre Rolle bei der Vererbung erscheint ihnen als ebenso evidente objektive Wahrheit wie beispielsweise die Existenz von Bäumen, die wir auf einem Spaziergang sehen. Die Erkenntnis, daß der normale menschliche Chromosomensatz aus 46 Chromosomen besteht, gehört heute zum gesicherten Schatz verläßlichen Wissens. Wir hören zwar die warnenden Stimmen der Erkenntnistheoretiker, „Nie ist etwas endgültig ausgemacht (Feyerabend)[4] oder „Es gibt ... in der Wissenschaft keine Ruhepunkte, keinen Punkt, von dem wir sagen können: ‚Jetzt haben wir die Wahrheit erreicht‘“ (Popper).[5] Aber sind diese Stimmen nicht allzu pessimistisch? Verraten sie genügend Verständnis für die Leistungsfähigkeit der Laborwissenschaft, die ja offensichtlich besteht trotz aller erkenntnistheoretischen Unsicherheit und Naivität der daran beteiligten Wissenschaftler.[5a] Natürlich werden spätere Generationen von Genetikern unseren heutigen Wissensstand belächeln. Bedenken wir nur, wie gering die heutigen Kenntnisse über das Zusammenspiel genetischer Informationen bei der Entwicklung der Lebewesen noch sind, wie wenig über die Pathogenese von chromosomal bedingten Erkrankungen wie beispielsweise dem Morbus Down oder über die Entstehung von „multifaktoriellen“ Erkrankungen bekannt ist.

„Je mehr wissenschaftliche Revolutionen, desto besser“ fordert Popper als Regel in der Wissenschaft.[5] Aber ist es nicht denkbar, daß eine — zugegebenermaßen noch wesentlich zu verbessernde, aber in ihren Grundzügen heute eben doch existierende Vererbungstheorie der molekularen Genetik alle überhaupt quantifizierbaren Probleme der Vererbung eines Tages (wenigstens in ihren Grundzügen) lösen kann, also keine von einer solchen Theorie nicht erklärbaren und vorhersagbaren Phänomene mehr auftauchen?

In der frühen Geschichte der Vererbungslehre gab es einen Wettbewerb grundlegend verschiedener Theorien zwischen vitalistischen und nicht-vitalistischen Weltbildern, zwischen Anhängern und Gegnern einer Vererbung erworbener Eigenschaften usw. In der molekularen Genetik heute scheint es mehr auf die Anwendung der allgemein akzeptierten Paradigmata anzukommen, beispielsweise darauf, wer bestimmte Gene rascher kloniert und sequenziert, als auf die Etablierung grundlegend neuer Paradigmata. Zwar sind die meisten Rätsel der molekularen Entwicklungsvorgänge nach wie vor ungelöst, aber es scheint, daß wir wenigstens wissen, wo die Lösung zu suchen ist: In der Analyse der DNA-Schrift und der Art und Weise wie diese Schrift die Entwicklung eines vielzelligen Organismus steuert. Die Methoden für diese Analyse sind vorhanden. Sind die Zeiten von Forscherpersönlichkeiten wie Theodor Boveri abgelaufen in einer neuen Ära, in der das Wachstum der Erkenntnis in wissenschaftlichen Großinstitutionen fabrikmäßig organisiert wird?

Mir scheint es nicht so zu sein. Diese Auffassung möchte ich im weiteren begründen, mich aber dabei nicht in unnützen Prognosen über Details einer zukünftigen Forschung in der molekularen Cytogenetik versuchen. Die molekulare Cytogenetik steht heute in einer Phase normaler Wissenschaft. Sie verfügt über außerordentlich erfolgreiche Theorien und Methoden. Ich sehe keinen Grund, mir die „guten, alten Zeiten" zurückzuwünschen, in denen es keine erfolgversprechenden genetischen Ansätze für die Analyse der normalen und pathologischen Entwicklung, die Analyse genetischer Faktoren bei der Entstehung von Krankheiten, keine Möglichkeit genetischer Diagnose und Beratung gab. Solche normale Forschung ist selbst ein Glasperlenspiel, das aber nicht nur für die beteiligten Wissenschaftler außerordentlich spannend sein kann. Von dieser normalen Forschung dürfen wir hoffen, daß sie für die Existenz vieler Menschen und für den weiteren Bestand der Kultur in einer äußerst bedrohten Zeit unmittelbar hilfreich werden kann. Zu den offenkundigen Gefahren dieser Forschung wird weiter unten noch etwas gesagt werden.

Die Erkenntnis, daß die Chromosomen Träger einer Vererbungssubstanz sind, die vor bald 100 Jahren Gestalt gewonnen und schließlich zur Erkenntnis der Schriftnatur der DNA geführt hat, wird, davon bin ich überzeugt, durch eine weitere Entwicklung der Vererbungstheorie nicht mehr eliminiert werden. Und doch bleibt diese Theorie, davon bin ich ebenfalls überzeugt, offen für tiefgreifende Veränderungen unseres Verständnisses. Ich meine, daß das Nachdenken über die mit Hilfe von Paradigmata selbst gezogenen Grenzen der eigenen Fachschublade nötig ist, wenn man sich in dieser Schublade nicht selbstzufrieden verschanzen will. Wer das Buch „Man and future" gelesen hat, das die Diskussionsprotokolle einer 1963 abgehaltenen Konferenz von Genetikern über dieses Thema enthält,[6] wird die Sorge verstehen, daß die Diskussion von Genetikern (Humangenetiker waren an dieser Konferenz übrigens nicht beteiligt), die sich in ihrer eigenen Schublade abkapseln oder darin allein gelassen werden, zu außerordentlich gefährlichen Konzepten einer vermeintlichen Menschheitsbeglückung führen kann: Man beachte besonders die Diskussion der beteiligten Molekularbiologen zum Thema Eugenik und Genetik.[7] Über vieles, was damals gesagt wurde, werden die Beteiligten heute wohl selbst nicht mehr glücklich sein. Doch waren es viele der damals führenden Genetiker, die auf dieser Konferenz zusammenkamen, und das macht diese Konferenzprotokolle als Dokument des Selbstverständnisses von Genetikern während einer der fruchtbarsten Phasen genetischer Forschung ebenso lesenswert wie erschreckend.[8] Auf dieser Konferenz sagte der Molekulargenetiker Joshua Lederberg, „Jetzt können wir den Menschen definieren. Genotypisch besteht er jedenfalls aus einer 180 cm langen bestimmten molekularen Folge von Kohlenstoff-, Wasserstoff-, Sauerstoff-, Stickstoff- und Phosphoratomen. Das ist die Länge der DNA, die im Kern des Ursprungseies und im Kern jeder reifen Zelle zu einer dichten Spirale gedreht ist, die 5 Milliarden gepaarte Nukleotide lang ist. Dieser Speicher für „Information" könnte 10 Millionen Arten von Proteinen spezifizieren".[9] Lederbergs Satz mag — je nach dem eigenen philosophischen Standort — optimistisch oder sehr pessimistisch stimmen. Kann man den Menschen so definieren? Die Chromosomentheorie der Vererbung gibt einen zwingenden Grund, menschliche DNA und ihre Evolution als eine entscheidende Bedingung menschlicher Existenz ernst zu nehmen und so weit wie möglich zu erforschen, nicht so zu tun, als beschränke sich die Bedeutung der Vererbung nur auf körperliche Funktionen und beträfe nicht den Bezirk des Geistigen und seiner Möglichkeiten selbst. Auf der anderen Seite aber bin ich nicht einmal überzeugt, daß man Struktur und Funktion einer Zelle in ihrer Gesamtheit durch ihre DNA allein definieren kann.[10]

Was bedeutet die DNA-Schrift, wenn wir sie nicht länger allein in der Gruppe der Genetiker, sondern gemeinsam mit der Gruppe der Psychologen, mit Philosophen und Theologen anschauen? Werden sich dabei neue Bilder entwickeln, die wir als harmonischer und umfassender empfinden als die alten? Ist die genetische Schrift das Menetekel an der Wand für ein Menschenbild, bei dem allzu selbstverständlich von der Freiheit und Schuld des Menschen geredet wird, als seien diese Begriffe unbezweifelbare Minimalelemente objektiver Erkenntnis und nicht metaphysische Festlegungen? Steckt also in der Chromosomentheorie der Vererbung die Konsequenz, daß der Mensch schließlich doch nichts anderes als eine an einem 2 m langen DNA-Faden bewegte Marionette ist? Aber welche Rolle spielen die Geschichte, die Umwelt eines Menschen, der einzigartige Zeitraum, die einzigartigen Umstände, die zur Biographie einer menschlichen Existenz beitragen? Auch das sind „Informationen" von entscheidendem Gewicht. Menschliche Existenz in einem liberalen Rechtsstaat, in einer Diktatur oder in den Resten einer zerstörten Kultur: das muß Folgen haben für die Definition des Menschen. Was wäre, wenn in einer weiteren Zukunft Menschen kloniert und unter den reproduzierbaren Bedingungen von Aldous Huxleys schöner neuer Welt aufgezogen werden könnten? Vielleicht mag so etwas bei Menschen eines Tages ebenso gelingen, wie heute bereits bei Pflanzen. Wäre dann das Bild der Marionette perfekt, wenn wir davon absehen, daß der einzigartige und der tausendfach reproduzierte Mensch sehr unterschiedliche Gefühle auslösen wird? Ein Joseph Knecht, wie wir ihn in Hesses Glasperlenspiel kennenlernen können, mag zwar eines Tages klonierbar sein, aber zum Magister Ludi im Glasperlenspiel wird er nur durch die einzigartigen Bedingungen in Hesses Welt. Dem Humangenetiker wird es nicht einfallen, die Bedeutung dieser Umwelt für die körperliche und geistige Entwicklung eines Menschen gering zu schätzen. Aber ist diese Umwelt, die Geschichte eines Menschen im weitesten Sinne, nur ein zweites Netz von Fäden, durch die die Marionette Mensch bewegt wird? Die Einzigartigkeit eines Menschen ginge dann zwar aus dem in der irreversibel fortschreitenden Menschheitsgeschichte nicht reproduzierbaren Zusammenhang von Genwirkungen und Umwelteinflüssen hervor. Das wäre aber nicht die Einzigartigkeit einer Freiheit, auf deren Möglichkeit ich als Person setze. Damit sind wir bei einem irrationalen Element angelangt, von dem auch die Bewertung der Chromosomentheorie der Vererbung und der Rolle der Gene bei der Entwicklung abhängt. Zur weiteren Vertiefung dieser Frage benötigen wir nämlich eine Theorie, die uns sagt, wie Freiheit der Entscheidung bei einem konsequenten Verständnis der Chromosomentheorie der Vererbung denkbar ist, wenn sie entgegen der Vorstellung mancher genetischer Prädeterministen überhaupt denkbar ist.[11] Wenn wir als Voraussetzungen einer solchen Theorie anerkennen, daß das Gehirn der strukturelle Träger aller unserer geistigen Möglichkeiten ist — und das ist ein für Naturwissenschaftler heute weithin selbstverständliches

Postulat der modernen Biologie — und weiter, daß die Entwicklung dieser Struktur durch Gene determiniert wird, dann ist es keineswegs selbstverständlich, daß diese Struktur Freiheit der Entscheidung in einem radikalen Sinne zuläßt, der mehr bedeutet als die Freiheit im Käfig der eigenen Existenz links herum oder rechts herum zu laufen. Ich meine, daß eine solche Möglichkeit radikaler Freiheit wenigstens nicht ausgeschlossen werden kann, auch dann, wenn man daran festhält, daß Gene im Einzelnen deterministisch wirken.[12]

Wir wollen in diesem Zusammenhang kurz die Entwicklungsgeschichte eines Gedankens umreißen, der für das Menschenbild aus einem bestimmten Blickwinkel der Genetik besonders wichtig ist, und die Begrenzung dieses Blickwinkels andeuten. Es ist der Gedanke der Präformation und Prädetermination. Die Entwicklungsgeschichte dieses Gedankens zeigt uns noch einmal deutlich, wie bestimmte Elemente eines alten Paradigmas in späteren Paradigmata in neuen Bedeutungszusammenhängen fortleben und dabei vielleicht eine ganz andere Wertigkeit erhalten (vgl. Kap. 1.4, S. 23 ff.; Abb. 1.4–8).

Kaspar Friedrich Wolff hat in seiner Theoria generationis, den Versuch einer „tabula rasa" gegenüber der alten Prädeterminationslehre unternommen (vgl. 2.6, S. 94 f.). Er hatte damit recht, soweit es um die konkreten Vorstellungen der Ovisten bzw. Spermatisten ging. Aber Wolffs neues Paradigma der Epigenesis erklärte nicht einfach in jeder Hinsicht mehr als die alte Vorstellung. Es bedeutete vor allem eine entscheidende Veränderung des Blickwinkels. Nach der alten Vorstellung bedeutete Entwicklung nichts weiter als die Entfaltung der eingeschachtelten, winzigsten aber doch vollständig präformierten Lebewesen. Damit war „erklärt", warum aus einer befruchteten menschlichen Eizelle ein Mensch und aus einer befruchteten Eizelle einer Katze wieder ein Katze oder ein Kater entstehen. Wenn Wolff von den verschiedenen Funktionen des Körpers und ihrer Entwicklung spricht, dann bekennt er sich als Anhänger Stahls.[13] „Am nächsten wird man wohl meine Ansichten treffen, wenn man an die Meinung Stahls ... denkt, der zufolge die in unserem Körper sich vollziehenden Funktionen der Tätigkeit einer immateriellen Seele zugeschrieben werden, die dieselben entweder leitet und frei handelt oder die durch den ihr auferlegten Zwang bestimmt wird. Ich möchte aber nicht, daß mir dies als ein Fehler angerechnet werde oder daß es scheine, als ob ich mir widerspräche, weil ich den gebräuchlichen Ausdrücken zuliebe in der ganzen Abhandlung so gesprochen habe, als ob alles sich auf mechanische Weise vollzöge".[14] Wolff, der Vorreiter der modernen Embryologie, war also ein erklärter Anhänger vitalistischer Ideen und diese vitalistische Deutung der Entwicklung steht uns heute in einer bestimmten Hinsicht noch ferner als die alte Prädeterminationslehre. Denn diese alte Lehre wurde — allerdings in völlig anderen Bedeutungszusammenhängen — mehr als hundert Jahre später in neuer Form durch Weismann wieder aufgegriffen. Es war nicht mehr das in winzigster Form eingeschachtelte Lebewesen selbst, sondern es waren die im Zellkern eingeschachtelten Determinanten des Idioplasmas, die die Entwicklung eines Lebewesens vorherbestimmten. Die Entwürfe großer Theorien — dazu gehört auch die Prädeterminationslehre — erweisen sich meist als nicht so grundlegend falsch, wie es die Verfechter konkurrierender Paradigmata in Zeiten einer Krise zunächst mit aller Leidenschaft behaupten (Epigenetiker gegen Präformisten, Mendelisten gegen Biometriker, Behavioristen gegen Genetiker usw.). Aber in Erkenntniskrisen rücken zunächst vor allem die Kontraste der verschiedenen Lösungsvorschläge zu einem Problem ins Blickfeld.[15] Der Gesichtspunkt der Prädetermination durch Einheiten einer Vererbungssubstanz war für manche Genetiker der frühen Phase so überwältigend, daß sie geneigt waren, die Einflüsse der Umwelt auf die Entwicklung für gering anzusehen. Sie riefen damit leidenschaftlichen Widerstand hervor. In der Frage, ob Erbe *oder* Umwelt für die Unterschiede zwischen den Menschen verantwortlich sind, standen sich zwei große ideologische Strömungen lange unversöhnlich gegenüber.[16] Inzwischen hat sich — wenigstens in den bedachteren Köpfen der beiden Lager — die Auffassung durchgesetzt, daß die Frage so im Ansatz unfruchtbar gestellt ist. Die Erkenntnis, daß genetische Programme für die Entwicklung bestimmter Fähigkeiten notwendig sind, steht nicht im Widerspruch zu der Erkenntnis, daß Umwelteinflüsse für die Realisierung dieser Programme einschließlich der strukturellen Voraussetzungen, z. B. der Verschaltung von Nervenzellen, ebenso notwendig sind. Ein Argument für diesen engen und unauflösbaren Zusammenhang von Erbe *und* Umwelt läßt sich aus dem Blickwinkel der neodarwinistischen Evolutionstheorie[17] ableiten. Wenn bestimmte Umweltreize, z. B. Lichteinfall in das Auge, nahezu ausnahmslos in einem kritischen Stadium der Entwicklung einer Fähigkeit, z. B. des Sehens, vorgegeben sind, dann besteht kein Grund für einen Selektionsdruck zugunsten eines genetischen Programmes, das auch den ausnahmsweisen Ausfall solcher Umweltreize funktionell kompensieren könnte. Dementsprechend ist die Fähigkeit zu sehen zwar genetisch vorprogrammiert, doch führt die Abdeckung der Augen in einer kritischen Zeitspanne der nachgeburtlichen Entwicklung zur zentralen Erblindung.[18]

Die Behauptung, Umwelteinflüsse allein seien für die unterschiedliche Entfaltung der körperlichen und geistig-seelischen Fähigkeiten verschiedener Menschen verantwortlich, läßt sich nur unter der Voraussetzung aufrecht erhalten, daß die bei der Entwicklung dieser Fähigkeiten zweifellos erforderlichen genetischen Programme bei allen Menschen praktisch identisch angelegt sind. Solche Leugnung jeder genetischen Variabilität bei der Entwicklung komplexer Eigenschaften wird durch das bis heute errungene, verläßliche Wissen über die chemische Natur und Evolution der Gene, ihre Regulation, ihre spontanen und unvorhersehbaren Veränderungen durch Mutationen, ihre Vermehrung und Neukombination im Ablauf der Generationen nicht gestützt. Überall dort, wo wir verläßliches Wissen bereits besitzen, gehört die genetische Variabilität zu den Grundphänomenen des Lebendigen. Die extreme Umweltposition läuft daher auf die Behauptung hinaus, daß genetische Variabilität zumindest im Bereich des Geistig-Seelischen keinerlei Rolle spielt. Sie grenzt zumindest diesen Bereich — mit welchem zureichenden Grund? — von allen anderen Bereichen prinzipiell ab, in denen, etwa bei der genetischen Disposition für bestimmte Erkrankungen, die genetische Variabilität des Menschen eine fundamentale Bedeutung hat. Solche Leugnung ebnet die einzigartige, eben nicht nur in seiner jeweiligen Biographie sondern auch genetisch einzigartige Individualität des einzelnen Menschen ein. Sie nivelliert seine genetisch vorgegebenen Besonderheiten, die harten Ecken und Kanten seines Wesens, die sich durch keine Erziehung, kein noch so ausgeklügeltes gesellschaftliches System einfach auf ein bestimmtes Idealbild hin umgestalten lassen. Die Absurdität solcher Leugnung ist eine Erkenntnis, die für mich persönlich sehr befriedigend ist. Denn die durch die genetische Variabilität des Menschen und seine Entscheidungsfreiheit begründbare Einzigartigkeit eines jeden Menschen und ihre Entfaltung, nicht die kollektive Normung, erscheint mir selbst als das wünschenswerte Ideal, auf das ich dort, wo es wissenschaftlich nicht begründbar ist, im Sinne einer metaphysischen Festlegung setze. Die Anerkennung solcher Einzigartigkeit leugnet ja nicht das Vorhandensein kollektiver, also für jeden Menschen gleichermaßen geltender Bedürfnisse. Leugnung der Einzigartigkeit aber verliert die besonderen Bedürfnisse eines jeden Menschen, die besonderen Bedingungen seines Lebensglücks aus dem Blick. Leugnung einer genetischen Variabilität, die bis in die geistigen Bereiche des Menschen, sein psychisches Wohlbefinden oder Kranksein hineinreicht, wird den individuellen menschlichen Bedürfnissen ebenso wenig gerecht, wie die polar entgegengesetzte Haltung, die alle Unterschiede der Umwelt mit einem — wissenschaftlich ebenso wenig begründbaren — Federstrich als praktisch irrelevant für die menschliche Entwicklung, für seelische Gesundheit und Krankheit abtun und alle Unterschiede auf die Variabilität genetischer Programme zurückführen möchte. Bei allen Auseinandersetzungen um die relativen Einflüsse von Genen und Umwelt beispielsweise bei der Intelligenzentwicklung handelt es sich nicht um einen Krieg mit dem Ziel vollständiger Kapitulation der anderen Seite oder um die Festlegung von Kompromissen mit Hilfe von ein für alle mal feststehenden „Heritabilitätskoeffizienten" (z. B. Intelligenz ist zu 20% umweltabhängig und zu 80% genetisch bedingt). Denn solche Zahlen erweisen sich selbst als abhängig von den Randbedingungen einer Kultur.[19] Offene Gesellschaften, die Entwicklungschancen für eine große Vielzahl verschiedener Begabungen bieten können, werden die genetische Variabilität des Menschen in geistiger Hinsicht, aber auch die Möglichkeiten freier Selbstbestimmung, die — so hoffe ich — von den Genen nicht prädeterminiert ist (siehe unten), stärker zur Entfaltung bringen als restriktive oder gar totalitäre Gesellschaftssysteme.

Fassen wir das Gesagte zusammen. Der Gedanke der Prädetermination spielte in den verschiedenen Phasen der Wissenschaftsgeschichte der letzten beiden Jahrhunderte eine ganz unterschiedlich bedeutsame Rolle, er ließ sich nie vollständig eliminieren, sondern tauchte in neuen Zusammenhängen immer wieder auf. Er spielt eine tiefe Rolle für unser menschliches Selbstverständnis. Er führte deshalb immer zu starken Gegenbewegungen, sobald er ganz in den Vordergrund einer wissenschaftlichen Theorie oder einer Ideologie über den Menschen rückte. Dieser Gedanke hat eine Grundlage, die wir in den vorangegangenen Kapiteln kennengelernt haben. Jeder Mensch steht unter den tiefreichenden Einwirkungen seiner im Lauf der Evolution angesammelten und in ihm selbst in einzigartiger Weise neu kombinierten genetischen Informationen. Darum kann auch sein Geist nicht mit einer leeren Tafel verglichen werden, die erst im Verlauf seiner Existenz durch Sinneseindrücke, durch gesellschaftliche Prozesse, vielleicht auch durch eigene Entscheidungen vollgeschrieben wird.[18] Das ist der harte Kern, der vom Prädeterminationsgedanken heute übrig geblieben ist. Es ist nicht hilfreich, diesen Gedankens in Bausch und Bogen leichtfertig abzutun. Die Auswirkungen dieses Gedankens hängen nun aber von dem Gesamtzusammenhang, dem Weltbild ab, innerhalb dessen dieser Gedanke reflektiert wird.

Persönlich hoffe ich folgendes: Die Prädetermination durch Gene und Umweltbedingungen beeinflußt zwar die Gestalt, in der menschliche Entscheidungsfreiheit sich entfalten kann, aber sie läßt den Bereich dieser Freiheit selbst offen. Ich äußere diese Hoffnung allerdings mit der Einschränkung, daß es auf der Suche nach wissenschaftlicher Erkenntnis nicht darauf ankommen darf, ob ein „Tatbestand befriedigt, sondern darauf, was an ihm das eigentlich Wesentliche ist".[20] Diese Entscheidungsfreiheit, auf die Theologen wie Karl Rahner oder Philosophen wie Karl Jaspers setzen, scheint mir allerdings, wenn sie möglich ist, wissenschaftlich nicht prognostizierbar, sondern nur existenziell erfahrbar.[21] Die Berechtigung dieser Hoffnung wird sich daran zeigen, ob wir Menschen es angesichts der Gefahren einer Selbstzerstörung zu den geschichtsmächtigen Veränderungen unseres Bewußtseins bringen, wie sie Karl Jaspers fordert. „Da sich Gewißheit nicht erreichen läßt, nimmt man die Verantwortung auf sich und wird ein reifer Mensch". Diese Forderung Feyerabends, die ich mir zu eigen mache, enthält ein irrationales Element. Sie schließt bei einem Humangenetiker den Wunsch ein, alles das über Funktion und Möglichkeit des menschlichen Geistes zu erfahren, was naturwissenschaftlich erfahrbar ist.

Der Fortgang naturwissenschaftlicher Erkenntnis wird in diesem Zusammenhang auch in Zukunft nicht einfach Baustein auf Baustein liefern. Neue Erkenntnisse werden eine Neubewertung der alten Fakten auch bei der Chromosomentheorie der Vererbung verlangen, wenn wir uns nicht damit zufrieden geben wollen, in der DNA eine Schrift an der Wand zu sehen, deren eigentliche Bedeutung für die Struktur des menschlichen Geistes und die Möglichkeit seiner Freiheit uns immer rätselhaft bleiben wird. Verglichen mit dieser Aufgabe scheint das bis heute erreichte Wachstum der Erkenntnis in der molekularen Cytogenetik nur als ein dürftiger Anfang.

Wir geraten, wie wir gesehen haben, in schwierigste Probleme, wenn wir anfangen, über die Frage nachzudenken, was die Chromosomentheorie der Vererbung in ihren Konsequenzen für das Verständnis unserer menschlichen Existenz bedeutet. Nun könnte man — wenn man einfach aus dem elfenbeinernen Turm bestimmter Wissenschaftstheorien heraus diskutieren wollte, ohne gesellschaftliche Konsequenzen zu bedenken — sagen, die Vorstellung vom Menschen als der Marionette seiner DNA wird schon, wenn sie nicht haltbar ist, im normalen Gang wissenschaftlicher Forschung die Krisen auslösen, die zu einem Wechsel dieses Menschenbildes führen. In der Naturwissenschaft geht es ja gerade nicht darum, Theorien zu entwerfen, in denen möglichst viel Raum für irrationale Momente und metaphysische Hoffnungen gelassen wird. Josua Lederbergs Definition ist wenigstens eine im wissenschaftlichen Sinne angreifbare und damit falsifizierbare Theorie. Gerade der Versuch, die Gestalt einer Theorie so zu beschränken, daß sie experimentell reproduzierbare Phänomene in möglichst einfacher Weise zu verknüpfen vermag und gleichzeitig zu Voraussagen einzelner neuer und wieder experimentell prüfbarer Phänomene führt, hat ja das Erfolgsrezept der Naturwissenschaft ausgemacht. Aber es handelt sich bei der Frage nach der Gestalt des Menschen nicht einfach um ein Problem der Naturwissenschaften, sondern um das Grundproblem menschlicher Existenz. Mir scheint hier ein anderer Weg legitim: Hilfreich und notwendig erscheint es mir, auf das großartigste Menschenbild zu setzen, das sich mit einer informierten Sicht der Welt vereinbaren läßt. Diese Haltung ist verletzlich, aber sie hält an einer Hoffnung fest, ohne die eine humane Welt schon im Ansatz zerstört wird. Der Naturwissenschaftler, der ja die Welt nicht einfach analytisch zergliedern will, bis sie in Scherben fällt, hat Grund, aufmerksam auf die Wahrheiten zu achten, die in den großen Mythen der menschlichen Religionen und der menschlichen Geistesgeschichte insgesamt verborgen sind. Dabei geht es nicht darum, den kleinsten gemeinsamen Nenner für einen faulen Kompromiß zu finden, bei dem die auch soziologisch bedeutsamen Mächte Wissenschaft und Religion möglichst unabhängig aneinander vorbeileben können. Es geht darum, beim Wachstum der Erkenntnis immer wieder neue und umfassendere Bilder aufzuzeigen, die als Paradigmata menschlicher Würde und Hoffnung empfunden werden können.

4 Anmerkungen

Sofern nicht ausdrücklich anders vermerkt, wurden Zitate den Originalarbeiten entnommen. Doch wurden Schreibweise und Interpunktion im Text heutigen Gepflogenheiten angeglichen.

1.1

1) Kuhn (1962) „The Structure of Scientific Revolutions"; alle Zitate im Weiteren nach der deutschen Übersetzung „Die Struktur wissenschaftlicher Revolutionen" 5. Auflage (1981); vgl. Lakatos und Musgrave (1970) **2)** Kuhn (1977); **3)** dort S. 392; **4)** dort S. 393; **5)** Kuhn (1981) S. 20; **6)** dort S. 25; **7)** dort S. 20; **8)** Diemer (1977) S. 4; **9)** dort S. 5; **10)** Kuhn (1981) S. 162; **11)** vgl. Kuhn (1981) S. 186-221; **12)** Diemer (1977) S. 5; **13)** Als Vertreter einer „solchen statischen und logisch-regelgeleiteten Konzeption von der analytischen Wissenschaftstheorie" nennt Diemer R. Carnap und W. Stegmüller. Feyerabend (1976) ist mit seiner anarchistischen Erkenntnistheorie Vertreter einer extrem entgegengesetzten Position.

1.2

1) Kuhn (1977) S. 389; **2)** Kuhn (1981) S. 8; **3)** Meine, sicherlich sehr ergänzungsbedürftige Kenntnis der Gestalttheorie und ihrer Geschichte stützt sich auf Arbeiten von Rausch (1966), Neel (1974), Jaroschewski (1975), Hermann (1976), Metzger (1976), Meili (1978); vgl. auch Lorenz (1959); **4)** Kuhn (1977) S. 403; **5)** vgl. Ehrenfels (1890) „Über Gestaltqualitäten"; zit. bei Rausch (1966) S. 877; **6)** vgl. Kap. 3.3 und 3.4; **7)** Kuhn (1981) S. 10; **8)** dort S. 9; **9)** vgl. Kuhn (1977); **10)** Margaret Mastermann „The nature of a paradigm" in Lakatos und Musgrave (1970). **11)** Kuhn (1977) S. 416; **12)** dort S. 415. Der Begriff Paradigma hat sich dennoch durchgesetzt. Wir verwenden ihn hier als Chiffre für die in Kap. 1.1 dargelegten Inhalte. Er steht also nicht nur für besonders erfolgreiche Musterbeispiele einer Forschungsarbeit (z. B. Mendels Kreuzungsexperimente), an denen sich die Mitglieder einer Gruppe von Wissenschaftlern (z. B. die Drosophilagenetiker um Thomas Hunt Morgan) orientiert haben, sondern für die disziplinäre Matrix einer solchen Gruppe insgesamt. In diesem Sinne hat der Begriff Paradigma die Funktion einer prägnanten Gestalt für Kuhns Wissenschaftstheorie. **13)** Text und Abbildungen haben für die Gestalt der Wissenschaftsgeschichte von der Zelltheorie bis zur Chromosomentheorie der Vererbung, die dieses Buch vermitteln möchte, gleich wichtige Funktionen. **14)** vgl. Kap. 3.3 und 4.

1.3

1) Piaget (1973; 1981); vgl. auch Meili (1978) über den Zusammenhang zwischen der Gestaltpsychologie und Piagets Entwicklungstheorie. **2)** Kuhn (1981) S. 8;   **3)** vgl. Kuhn (1977) S. 403–410;   **4)** vgl. Kap. 3.3 und 4;   **5)** vgl. Kap. 2.6;   **6)** vgl. Kap. 3.1, Anm. 1.

1.4

1) Bruno Ernst (1982);   **2)** vgl. Kap. 3.1, Anm. 1.

2.1

1) Meyen (1830) S. 23;   **2)** Carl von Linné (1707–1778). Linnés 1735 erschienene Abhandlung „Systema naturae" wurde zur Grundlage der modernen biologischen Systematik. Unter der Bezeichnung Homo sapiens stellte Linné den Menschen neben den Schimpansen und den Orang-Utan in die Ordnung der „Herrentiere".   **3)** Treviranus (1806), Vorwort S. V/VI;   **4)** Meyen (1830) S. 12;   **5)** Schleiden (1845) S. 104;   **6)** dort S. 106;   **7)** dort S. 104/105;   **8)** Zur Geschichte der Mikroskopie vgl. Harting (1859); Lemmerich und Spring (1980); Turner (1981);   **9)** Abbe (1873a);   **10)** Schleiden (1845) S. 96;   **11)** Abbe (1873b);   **12)** Zernike (1935);   **13)** Lemmerich und Spring (1980) S. 134;   **14)** Sander et al. (1982);   **15)** Meyen (1830) S. 146;   **16)** Schleiden (1838) S. 140;   **17)** z. B. Nägeli und Schwendener (1877); Ranvier (1875–1882); Kükenthal (1885); Behrens et al. (1889); Zimmermann (1892); Stöhr (1905); vgl. auch Bracegirdle (1978);   **18)** Schleiden (1845) S. 105.

2.2

1) Meyen (1830) S. 47;   **2)** ebendort;   **3)** dort S. 139ff.;   **4)** dort S. 148;   **5)** dort S. 149;   **6)** dort S. 178;   **7)** dort S. 183;   **8)** dort S. 212–216;   **9)** dort S. 212;   **10)** dort S. 272–276;   **11)** dort S. 274;   **12)** Hertwig (1920) S. 5;   **13)** Meyen (1830) S. 41;   **14)** dort S. 42;   **15)** Meyen (1837) S. 10;   **16)** dort S. 11;   **17)** Meyen (1838) S. 338f.;   **18)** dort S. 342;   **19)** Dumortier (1832): Recherches sur la structure comparée et la dévelopement des animaux et des végétaux, Bruxelles, S. 10; zit. bei Meyen (1838), S. 344;   **20)** Morren (1837): Bulletin de l'Acad. royale des scienc. etc. de Bruxelles, S. 300; zit. bei Meyen (1838), S. 342.   **21)** Allgemeine Deutsche Biographie (1885) Bd. 21, S. 549–553, Leipzig: Duncker und Humblot.   **22)** Meyen (1834).

2.3

1) Brown (1833) S. 710; Brown hielt diesen 1833 veröffentlichten Vortrag bereits im November 1831 vor der Linnean Society of London.   **2)** Schleiden

(1838) S. 137;   **3)** dort S. 138;   **4)** dort S. 139;   **5)** dort S. 141;   **6)** dort S. 145;   **7)** dort S. 146;   **8)** dort S. 147;   **9)** dort S. 166;   **10)** dort S. 167;   **11)** dort S. 172;   **12)** Meyen (1839) S. 334;   **13)** dort S. 335;   **14)** Schleiden (1844b) S. 37–66;   **15)** dort S. 61;   **16)** Schwann (1839), S. III (Vorrede);   **17)** dort S. IV (Vorrede);   **18)** dort S. 193;   **19)** dort S. III (Vorrede);   **20)** dort S. 43f.;   **21)** dort S. 204;   **22)** dort S. 205;   **23)** dort S. 200;   **24)** dort S. 208;   **25)** dort S. 209f.;   **26)** dort S. 213;   **27)** dort S. 212;   **28)** dort S. 213–214;   **29)** dort S. 241;   **30)** dort S. 254;   **31)** dort S. 10;   **32)** Virchow (1882) S. 391.

2.4

1) Schwann (1839) S. 220;   **2)** dort S. 14;   **3)** dort S. 25;   **4)** dort S. 26;   **5)** dort S. 55;   **6)** dort S. 45;   **7)** dort S. 221;   **8)** dort S. 226;   **9)** Platon (427–347 v. Chr.) bezeichnet als Demiurg den Weltbaumeister, der den chaotischen Raum nach ewigen Ideen zum Kosmos formt.   **10)** Schwann (1839) S. 224;   **11)** dort S. 221;   **12)** vgl. Kap. 3.3;   **13)** Schwann (1839) S. 222; vgl. die Formulierung von Osche (1975). „Teleonomie ist ‚Leistung nach Plan'; sie wirkt zielgerichtet ohne ‚Kenntnis' des Ziels."   **14)** Schwann (1839) S. 223;   **15)** dort S. 225f.;   **16)** dort S. 226;   **17)** dort S. 229;   **18)** dort S. 257;   **19)** Virchow (1882) S. 390;   **20)** Schleiden (1845) S. 4;   **21)** dort S. 5;   **22)** dort S. 3;   **23)** dort S. 15;   **24)** dort S. 17;   **25)** dort S. 13;   **26)** dort S. 8;   **27)** zit. nach Schleiden (1844) S. 31;   **28)** dort S. 31f.;   **29)** dort S. 50f.   **29 a)** Zwar bedeutete nach 1840 der Vorwurf „das ist Naturphilosophie" für viele Naturforscher eine schwere Disqualifizierung einer nach theoretischen Verallgemeinerungen strebenden Arbeit. Mit diesem Vorwurf lehnte es beispielweise J. C. Poggendorff 1842 ab, Arbeiten von R. J. Mayer und später auch von H. v. Helmholtz über das Prinzip der Erhaltung der Energie in den *Annalen der Physik* abzudrucken. Auf der anderen Seite veranlaßte Schellings Überzeugung, daß Elektrizität und Magnetismus als verschiedene Erscheinungsformen einer einheitlichen physikalischen Ursache aufzufassen seien, Hans Christian Oersted systematisch nach einer Beziehung von Elektrizität und Magnetismus zu suchen. Oersted entdeckte 1820 die magnetische Wirkung elektrischer Ströme, während M. Faraday 1831 in Umkehrung des Oersted'schen Versuche elektrischen Strom in einem sich veränderten Magnetfeld erzeugte. Schellings Postulat einer einheitlichen Auffassung der Naturkräfte führte also – so abstrus uns heute Abschnitte seiner „spekulativen Physik" vorkommen – zu einer theoriegeleiteten Forschung, aus der schließlich die Entwicklung der elektromagnetischen Feldtheorie hervorging (Treder 1984).   **30)** zit. nach Schleiden (1844) S. 51;   **31)** vgl. Smit (1972);   **32)** Schleiden (1844) S. 20;   **33)** dort S. 60;   **34)** dort S. 61;   **35)** dort S. 60f.;   **36)** dort S. 61;   **37)** v. Weizsäcker (1977) S. 374;   **38)** zit. nach v. Weizsäcker (1977) S. 367;   **39)** Popper (1982) Vorwort S. XXIV;   **40)** v. Weizsäcker (1977) S. 367;   **41)** v. Humboldt (1845) S. 68f.;   **42)** Jakob Friedrich Fries (1773–1843) ab 1805 Professor in Heidelberg, ab 1816 in Jena;   **43)** Schleiden (1845) S. 80;   **44)** dort, Vorwort S. XII;   **45)** dort S. 26;   **46)** dort S. 25;   **47)** Man vgl. mit der hier zitierten Vorstellung Schleidens das Motto, das Karl Popper seiner „Logik der Forschung" vorangestellt hat. „Hypothesen sind Netze, nur der wird fangen, der auswirft ..." (Novalis). Schleidens Fall ist ein treffliches Beispiel für die auch heute noch verbreitete Vorstellung, man könne in einem ersten Schritt die sicheren Beobachtungen, Tatsachen, Fakten aussondern und daraus in einem zweiten Schritt Theorien ableiten, die ein positives und sicheres Wissen darstellen (vgl. zu diesem Problem Kap. 3.2). In Kap. 2.5 werden wir sehen, in welchem Maß die Beobachtungen, die Schleiden selbst angestellt hat, theoriegeleitet waren.   **48)** Schleiden (1845) S. 18;   **49)** dort S. 19;   **50)** dort S. 5;   **51)** dort S. 5f.;   **52)** dort S. 9;   **53)** dort S. 39;   **54)** vgl. Popper (1982) S. 14ff.;   **55)** Hegel „Phänomenologie des Geistes" (herausgegeben von Hoffmeister) Leipzig, 1937, S. 10; zit. nach Heiss (1959) S. 182;   **56)** Heiss (1959) S. 82;   **57)** Die schöne Kennzeichnung der Zelle als Lebensherd stammt von Virchow (1855).   **58)** Smit (1972) S. 109; vgl. die Äußerungen von Einstein in Kap. 3.2, S. 248f.;   **59)** Popper (1982); Marcuse und Popper (1972) S. 36.

2.5

1) Virchow (1855) S. 23;   **2)** Virchow (1882) S. 390;   **3)** Eine Übersicht über die einschlägige Literatur gibt Remak (1855); vgl. auch die Jahresberichte „Über die Fortschritte der Mikroskopischen Anatomie" von Reichert, die in den Jahren 1841 bis 1857 im Archiv für Anatomie, Physiologie und wissenschaftliche Medicin (Müllers Archiv) erschienen sind.   **4)** Meyen (1838);   **5)** zitiert bei Remak (1855) S. 165;   **6)** Remak (1852; 1855);   **7)** Mohl (1835);   **8)** Nägeli (1844);   **9)** Reichert (1841), zit. bei Remak (1855) S. 167;   **10)** Bär, C.E.v. (1846);   **11)** Remak (1852) S. 48;   **12)** Henle (1882) S. V;   **13)** Schwann (1839) S. 207;   **14)** dort S. 209;   **15)** Schleiden (1845) S. 305;   **16)** Feyerabend (1976) S. 34;   **17)** dort S. 48f. „Jede einzelne Theorie, jedes Märchen, jeder Mythos, der dazugehört, zwingt die anderen zu deutlicherer Entfaltung, und alle tragen durch ihre Konkurrenz zur Entwicklung unseres Bewußtseins bei. Nie ist etwas endgültig ausgedacht, keine Auffassung kann je aus einer umfassenden Darstellung weggelassen werden."   **18)** z.B. Popper (1979);   **19)** Schleiden (1845) Vorwort S. XII.   **20)** Das Zitat wird oft Harvey zugeschrieben. Nach Jahn et al. (1982) S. 202 prägte jedoch Francesco Redi diesen Ausspruch.   **21)** vgl. Bergmann und Leuckart (1852) S. 543–547; Leukkart (1863) S. 22–25;   **22)** vgl. Tomcsik (1964) Pasteur und die Generatio spontanea; dort ausführliche Bibliographie.   **23)** Lepesinskaja O.B. (1950), zit. bei Brandt (1951), siehe dort. Prof. Lepesinskaja, die damalige Leiterin des zytologischen Laboratoriums des Instituts für experimentelle Biologie an der Moskauer Akademie medizinischer Wissenschaften verteidigte in einem Buch „Der Ursprung der Zellen aus lebender Substanz und die Rolle der letzteren im Organismus" die Zellbildungstheorie von Schwann gegen die „Mehrzahl ‚reaktionärer, bourgeoiser' Gelehrter, die ... diese Lehre abgelehnt" haben. Sie behauptete, daß Zellen sich aus der lebenden Substanz regenerieren können, „die aus mechanisch zerstörten Zellen hervorgeht, wobei die Zelle als solche zunächst zu existieren aufhört, aber ihr Protoplasma unter günstigen Bedingungen als lebende Substanz erhalten bleibt und sich in eine Zelle umwandelt." Konsequenterweise lehnte Lepesinskaja das „Procrustesbett" der Zellulartheorie Virchows und die gesamte weitere Entwicklung der Vererbungstheorie ab. Die theoretische Bedeutung ihrer Arbeit sah die Autorin in der „Zerschlagung der reaktionären Anschauung Weismanns, der die Grundlage zur Rassentheorie und anderen scheußlichen faschistischen Erfindungen abgab." **24)** Aristoteles, Die Lehrschriften (Hrsg. von P. Gohlke, 1949) S. 269-272; s. Literaturverzeichnis unter Aristoteles. **25)** Schleiden (1845) S. 205 f.; **26)** Remak (1852) S. 49 f.; **27)** dort S. 53; **28)** dort S. 56; **29)** dort S. 57; **30)** Remak (1855) S. 171; **31)** dort S. 178; **32)** dort S. 177; **33)** Siebold, Anatomie der wirbellosen Tiere, S. 142, zit. bei Remak (1855) S. 178; **34)** Remak (1855) S. 170; **35)** dort S. 174; **36)** Virchow (1855) S. 23. Im Text dort heißt es „omnis Cellula *a* cellula", später immer „omnis cellula *e* cellula"; vgl. Virchow (1862) S. 22 „Auch in der Pathologie können wir gegenwärtig so weit gehen, daß wir es als allgemeines Prinzip hinstellen, daß überhaupt keine Entwicklung de novo beginnt, daß wir also auch in der Entwicklungsgeschichte der einzelnen Teile, gerade wie in der Entwicklung ganzer Organismen die Generatio aequivoca zurückweisen. Der neueste Versuch von Pouchet, die Lehre von der Urzeugung wenigstens für Pilze und Infusorien wieder einzusetzen, darf wohl durch die vortrefflichen Experimente von Pasteur als zurückgeschlagen angesehen werden. So wenig wir noch annehmen, daß aus saburralem Schleim ein Spulwurm entsteht, daß aus den Resten einer tierischen und pflanzlichen Zersetzung ein Infusorium oder ein Pilz oder eine Alge sich bilde, so wenig lassen wir in der physiologischen oder pathologischen Gewebelehre es zu, daß sich aus irgendeiner unzelligen Substanz eine neue Zelle aufbauen könne. Wo eine Zelle entsteht, da muß eine Zelle vorausgegangen sein (Omnis cellula e cellula), ebenso wie das Tier nur aus dem Tiere, die Pflanze nur aus der Pflanze entstehen kann." **37)** Müller (1838); **38)** Virchow (1847b) S. 213; **39)** dort S. 208; **40)** dort S. 218; **41)** Virchow (1847a) S. 110; **42)** dort S. 110 f.; **43)** dort S. 201; **44)** vgl. Virchow (1856) S. 27; **45)** Virchow (1852) S. 315; **46)** Virchow (1858a); Weber (1858); **47)** Virchow (1854) S. 329; **48)** Henle (1882) S. XXXVIII.

2.6

1) Weismann (1864) S. 177; **2)** Brandt (1951); **3)** Remak (1855); **4)** vgl. Hertwig (1917) S. 5; **5)** Hofmeister, zit. bei Auerbach (1874) S. 180; **6)** Spallanzani (1785); **7)** vgl. Darlington (1959) S. 27 ff.; **8)** Wolff (1759), 1. Teil übersetzt und herausgegeben von P. Samassa, § 3, S. 4; **9)** zit. bei P. Hertwig S. 518; **10)** dort S. 518; **11)** vgl. O. Hertwig (1876) S. 390 ff.; **12)** Hertwig (1917) S. 31; **13)** Barry (1843; 1850); Nelson (1852); Keber (1852); Newport (1853); Bischoff (1854); Meissner (1855); alle zit. bei O. Hertwig (1876) S. 393 ff. Zur Bedeutung dieser Beobachtungen vgl. Waldeyer (1888) S. 66, Anm. 1. **14)** Hertwig (1876) S. 394 f.; **15)** Wundt (1865) Lehrbuch der Physiologie des Menschen S. 625 f.; **16)** Hertwig (1917) S. 7; **17)** Ernst Haeckel (1874) Anthropogenie, zit. nach Hertwig (1917) S. 6; **18)** Hertwig (1917) S. 10; **19)**

Hertwig (1876) S. 379; **20)** dort S. 382; **21)** dort S. 381; **22)** dort S. 383; **23)** dort S. 384; **24)** Bütschli (1873) S. 104; **25)** dort S. 102; **26)** dort S. 103; **27)** vgl. Goldschmidt (1953); Willer (1967); **28)** Bütschli (1892); vgl. Goldschmidt (1953) S. 228 f. Mit diesem Werk wurde Bütschli zum Vorläufer der Kolloidchemie. **29)** Strasburger (1884a) S. 77; vgl. auch Strasburger (1875; 1876). Strasburger nahm an, daß bei den Bedecktsamern (Angiospermen) zwei gleichwertige, generative Zellkerne den Pollenschlauch zur Samenanlage hinunterwandern. Erst später erkannte er, daß es sich dabei um zwei generative Zellen handelt (vgl. Lehrbuch der Botanik von Strasburger u. a., 9. Aufl. (1908)). Für die Kopulation mit dem Eikern wird nur ein Spermakern benötigt. Was geschieht mit dem anderen Kern? Strasburger (1884a) behauptete, daß er „rasch aufgelöst wird" und vielleicht „zu Ernährung des Keimkerns im befruchteten Ei dienen (mag)." (dort S. 66) Erst später zeigte sich, „daß im Embryosack nicht nur die Eizelle mit einer Spermazelle, sondern auch der Embryosackkern mit dem zweiten Spermakern des Pollenschlauchs verschmilzt, was als doppelte Befruchtung bezeichnet wurde." (vgl. Lehrbuch der Botanik von Strasburger u. a., 9. Aufl. (1908) S. 257). Aus dem so entstehenden Embryosackkern entsteht das Nährgewebe (Endosperm). **30)** Morgan (1896; 1899); **31)** Delage (1901) zit. bei Hertwig (1905) S. 2; Strasburger (1901) S. 359; **32)** Loeb (1899). Loebs Versuche wurden ausführlich von O. Hertwig (1905) referiert. **33)** Loeb (1901); **34)** Boveri (1902a) S. 39; **35)** Hertwig (1905) S. 5; **36)** dort S. 6; **37)** dort S. 7; **38)** vgl. Vogel und Propping (1981) S. 42 f.; **39)** Boveri (1887a; 1902a); **40)** Boveri (1902a) S. 22; **41)** Popper, Logik der Forschung, 7. Auflage (1982); **42)** Hertwig (1876) S. 406; **43)** dort S. 408; **44)** dort S. 414; **45)** dort S. 415; **46)** Treu dem Pilatuswort „Was ich geschrieben habe, habe ich geschrieben" kam O. Hertwig von dieser Vorstellung nie mehr los und wurde ein Gegner der von Rabl und Boveri begründeten Individualitätstheorie der Chromosomen (vgl. Kap. 2.9). **47)** Hertwig (1876) S. 351; **48)** dort S. 354; **49)** dort S. 355; **50)** dort S. 356; **51)** dort S. 357; **52)** Hertwig (1877) S. 30; vgl. die Legende zu Abb. 2.6-9. **53)** O. Hertwig (1917) S. 50 „Meine Lehre von der Kontinuität der Kerngenerationen und meine Beobachtungen, auf die ich sie begründet habe, (sind) von der Wissenschaft als die richtigen allgemein anerkannt worden." **54)** Kölliker (1861) S. 32; **55)** Hertwig (1917) S. 13; **56)** Hertwig (1878) S. 195; **57)** Hertwig (1877) S. 70; **58)** dort S. 28; **59)** Hertwig (1878) S. 166; **60)** dort S. 163; **61)** dort S. 163 f.; **62)** dort S. 167; 63) Fol (1877a); vgl. auch Waldeyer (1888) S. 66, Anm. 1. Nach Waldeyer beobachtete Fol als erster das Eindringen des Spermatozoons in das Ei von Echinodermen und beschrieb die morphologische Kontinuität zwischen dem Spermakopf und dem Spermakern O. Hertwigs (1876). Waldeyer übergeht Bütschli (1876), der das Eindringen *eines* Spermatozoons in das Ei ebenfalls beobachtete, aber noch nicht im Sinne von Hertwig deutete (vgl. Goldschmidt (1963)).

2.7

1) Waldeyer (1888) S. 27; **2)** Virchow (1857) S. 90, Taf. 1, Fig. 14a u. b. Figur

14a zeigt einen „verästelten Kern" in einer Zelle eines Pigmentkrebses mit einer „Reihe größerer und kleinerer kolbiger und keulenförmiger Fortsätze, von denen jeder ein Kernkörperchen enthielt und die sämtlich in der Mitte durch feine Stiele zu einem sternförmigen Zentralkörper zusammentrafen." Der Hinweis auf die Kernkörperchen (Nukleoli) zeigt, daß Virchow eher Mikrokerne als Chromosomen abgebildet hat. Abb. 14b zeigt eine mehrkernige Zelle und Virchow vermutet, daß solche Zellen aus den in Fig. 14a gezeigten Teilungsfiguren hervorgehen.   **3)** Remak (1858). Remaks Fig. 6y, z deutet Flemming „als Tochterformen der Karyokinese" und in Fig. 9 „die nicht bezeichnete Stelle rechts unten (als) eine Sternform" der indirekten Karyokinese (Flemming (1882) S. 386). Remak selbst vertrat in seiner Arbeit die Theorie einer direkten Kerndurchschnürung.   **4)** Heller (1869) „erkannte an Epithelzellen der Froschzunge (Regeneration nach Defekten) die Teilungsfiguren, deutete sie jedoch entsprechend den damaligen Anschauungen als direkte Kernteilungen" (Flemming (1882) S. 387).   **5)** Kowalewsky (1871) Taf. IV, Fig. 24. Kowalewsky interpretierte die von Flemming retrospektiv als Kernteilungsfiguren bezeichneten Vorgänge im furchenden Ei von Euaxes als Teilungen des Nucleolus.   **6)** Waldeyer (1888) führt an (S. 1) Henle habe „in seiner Splanchnologie (1865, S. 355) bei den Hodenzellen die erste Abbildung karyokinetischer Figuren gegeben." Weder Flemming (1882) noch Waldeyer (1888) verweisen auf die beeindruckenden, aber ganz anders interpretierten Darstellungen indirekter Kernteilungen bei Schleiden (1846) und Hofmeister (1867); vgl. Abb. 2.5-3 und 2.6-1. Die früheste publizierte Beobachtung von Chromosomen stammt wahrscheinlich von Nägeli (1842) bei Tradescantia. „In den Mutterzellen sehe ich, nachdem die ursprünglichen Cytoblasten verschwunden sind, teils einen nur körnigen Inhalt, teils in einer feinkörnigen Masse größere, kernkörperähnliche, aus Schleimkörnern zusammengeflossene Kügelchen." Nägelis Fig. 28d repräsentiert möglicherweise die zweite Metaphase der Meiose bei *Tradescantia virginiana* (vgl. Koopmanns (1961) S. 83 f.; Sirks (1952)). Diese Anmerkungen zeigen für das Beispiel der Entdeckung der Chromosomen, wie schwierig es häufig ist, den Zeitpunkt einer Entdeckung genau festzulegen. Die Entdeckung eines neuen Phänomens ist „ein komplexes Ereignis, zu dem sowohl die Erkenntnis gehört, *daß* etwas ist, als auch *was* es ist." (Kuhn (1981) S. 68).   **7)** Schneider (1873) S. 113 f.;   **8)** Goldschmidt (1953) S. 226;   **9)** Eine ausführliche Darlegung der Verdienste van Benedens und seiner zahlreichen Prioritätsstreitigkeiten gibt Carl Rabl (1915);   **10)** Bütschli (1876) S. 189;   **11)** dort S. 183;   **12)** dort S. 195;   **13)** vgl. 2.6, Anmerkung 28;   **14)** Flemming (1879; 1880 a und b; 1881; 1882);   **15)** Flemming (1880 b) S. 363 f. „Der Leser dieses Aufsatzes mag den Eindruck bekommen haben, daß ich darin für den Satz „omnis nucleus e nucleo" eingetreten bin. Ich tue dies aber nicht anders als unter Anhängung der Klausel: so viel wir bis jetzt wissen. Ich zweifle nicht" (!) „an der Möglichkeit einer freien Zellbildung, einer freien Kernbildung, einer Generatio spontanea überhaupt. Ich kann die Vorstellung einer solchen nicht einmal, wie andere es tun, abenteuerlich finden." Gleich darauf schränkt Flemming wieder ein, das was man „freie Zellbildung" zu nennen pflege, sei ja „nichts anderes als eine Territorienscheidung in einem gegebenen lebenden Protoplasmakörper, der mehrere Kerne enthält, also im Grunde nur eine besondere Form der Zellteilung. Also doch keine Generatio spontanea? Flemming fährt fort „mit dem obenstehenden aber meine ich auch eine eigentliche Generatio aequivoca von Protoplasma." Flemming ist teils dem mit dem Satz „omnis nucleus e nucleo" ausgesprochenen neuen Paradigma und teils noch dem alten Paradigma der Urzeugung verhaftet. Er hoffte, „daß sich die Bedingungen für solche Vorgänge einst werden näher erkennen und künstlich nachahmen lassen." Virchows „omnis cellula e cullula" erklärte ein Problem nicht, das die Generatio aequivoca zuvor „erklärt" hatte, die Entstehung einer Zelle. Flemming glaubte noch immer, daß ein geschickter Forscher die spontane Neubildung einer Zelle vielleicht doch eines Tages beobachten könne. Er schränkte aber ein, „bis jetzt hat diese Forschung mit Sicherheit noch keine andere Art solcher Neubildung gezeigt als: Zellenfortpflanzung durch Zellteilung mit Kernvermehrung durch metamorphotische Kernteilung." Dieser letzte Satz läßt sich, wenn man ihn von Flemmings übrigem Text isoliert zitiert, auch in einem modernen Lehrbuch der Zellbiologie weiter verwenden. So entsteht dann der Eindruck von Wissenschaftsgeschichte als kumulativer Anhäufung von Wissen (vgl. Kap. 3.1, Anm. 1). Auf so wackeligen Füßen kam 1880 der Satz „omnis nucleus e nucleo", das zweite bedeutende Paradigma in der Geschichte der Zellbiologie nach Virchows „omnis cellula e cellula" (1855) zur Welt. Zum Unterschied im Denken von Virchow und Flemming vgl. Anm. 36 zu Kap. 2.5. **16)** Flemming (1882) S. 367; **17)** Tijo und Levan (1956); Ford und Hamerton (1956); vgl. Murken und Wilmowsky (1973); Vogel und Motulsky (1979) S. 18 ff.; **18)** Hens et al. (1982); **19)** „Hypothesen sind Netze, nur der wird fangen, der auswirft …" (Novalis), vgl. Popper (1982). **20)** Zum Problem der „Annäherung an die Wahrheit" durch naturwissenschaftliche Forschung vgl. Popper (1979) und Kap. 3.2. **21)** vgl. Anm. 15; **22)** Roux (1883) S. 6; **23)** dort S. 7; **24)** dort S. 15; **25)** dort S. 17; **26)** dort S. 19; **27)** Der Anatom Waldeyer erwähnt in seinem großen Übersichtsreferat (1888) Rouxs Theorie der indirekten Kernteilung zusammen mit Theorien einiger anderer Autoren und bemerkt dazu, „Daß die gegebenen Theorien glücklich seien, wird schwerlich behauptet werden können. Es ist immer eine mißliche Sache zu theoretisieren, wenn die Tatsachen noch ungenügend bekannt sind… So sind wir auch jetzt noch nicht in der Lage irgend etwas gut Begründetes über die theoretische Seite der Karyokinese zu sagen." Rouxs Theorie hat die weitere Forschung nicht in dem Maße geleitet, wie wir das aus der heutigen Perspektive erwarten würden. Auf Männer wie Carl Rabl und Theodor Boveri allerdings machte sie einen tiefen Eindruck. **28)** Roux (1883) S. 18; **29)** dort S. 19; **30)** dort S. 9; **31)** dort S. 11; **32)** dort S. 17; **33)** Guignard (1884), Strasburger (1884 b) S. 256 zitiert Guignard (1883). Darin bestätigt G. die von Flemming entdeckte Längsspaltung der Segmente (Chromosomen). „Jede Hälfte der Segmente, welche an der Bildung der beiden Tochterkerne sich beteiligen sollen, wendet das eine ihrer mehr oder weniger umgebogenen Enden, oder den Winkel, den ihre beiden Schenkel bilden, falls die Krümmung in der Mitte erfolgt, nach der Richtung der Pole, welche zwei neue Attraktionscentra darstellen, um welche die verdoppelten Segmente eine strahlige Anordnung annehmen." **34)** Heuser (1884); **35)** van Beneden (1883), vgl. Legende zu Abb. 2.10-2.

2.8

1) Eine wissenschaftliche Exkursion verbindet einen besonderen wissenschaftlichen Zweck mit der aufgeräumten Stimmung einer Studienfahrt. Dieses Kapitel soll auf die Rolle hinweisen, die der Entwicklung einer Fachsprache und der Wahl geeigneter Untersuchungsobjekte beim Wachstum wissenschaftlicher Erkenntnis zukommt. Eingeschaltet zwischen relativ schwierige und spröde Abhandlungen über die Entwicklung unseres Wissens von den Chromosomen, soll dieses Kapitel einer heiter gestimmten Einführung dienen. Frau Liz Hubert, einer gebürtigen Kenianerin aus dem Stamm der Kamba (man beachte, die Menschen dieses Stammes sind die Akamba, ihre Sprache ist das Kikamba, die Region, in der sie leben, heißt Ukamba) danke ich für Gespräche über ihre Muttersprache, Dr. Dieter Stein, Professor für Linguistik in Gießen, für Gespräche, die in diesem Kapitel einen (von ihm nicht zu verantwortenden) Niederschlag gefunden haben. Ein Leser, der sich nach diesem Exkurs oder an seiner Stelle für seriöse Literatur interessiert, sei auf Heisenberg (1973) S. 150–167, Hymes (1974) „Studies in the History of Linguistics. Traditions and Paradigms"; Wunderlich (1976) „Wissenschaftstheorie der Linguistik" und auf das Kapitel „Sprache und Weltbild" in Vollmer (1981) hingewiesen.   **2)** Flemming (1882) S. 78.

2.9

1) Boveri (1909) S. 232;   **2)** dort S. 239;   **3)** Flemming (1882) S. 129. Erste bahnbrechende Arbeiten zur chemischen Beschaffenheit des Zellkerns führten vor allem Friedrich Miescher (1871; 1897) und Albrecht Kossel (1879; 1911) durch; weitere Literatur bei Davidson und Chargaff (1955). Vgl. Mieschers Spekulation zur Funktionsweise des „Nucleins" als Erbsubstanz, Kap. 3.5, Anm. 15.   **4)** Flemming (1882) S. 129;   **5)** dort S. 130;   **6)** dort S. 204;   **7)** dort S. 227;   **8)** Flemming (1882) S. 273;   **9)** Pfitzner (1881); **10)** Klein (1889);   **11)** Retzius (1881a,b);   **12)** Strasburger (1882; 1884b);   **13)** Flemming (1882) S. 122;   **14)** dort S. 133;   **15)** dort S. 136;   **16)** Beermann (1962);   **17)** Auch heute ist die Frage noch nicht entschieden, ob die Chromosomen besondere Abschnitte in einem großen ringförmigen DNA-Molekül sind, ob es also von Chromosom zu Chromosom kontinuierliche Verbindungen gibt, ob Chromosomen im Verlauf der Interphase beispielsweise über Telomer-Telomerfusionen sich zu größeren (ringförmigen?) Ketten zusammenlagern können.   **18)** Tamura (1923); Dawydoff (1930); vgl. Beermann (1962);   **19)** Immer wieder stoßen wir auf das Problem von Entdeckungszusammenhang und Bedeutungszusammenhang, der sich erst im Rahmen einer Theorie ergibt (vgl. Kap. 2.7, Anm. 6). Felice Fontana und Matthias Schleiden (1838) haben den Nukleolus entdeckt, aber ihre Vorstellungen von der Rolle dieses Gebildes unterscheiden sich von späteren Vorstellungen ebenso tiefgreifend wie die Vorstellung eines Inkapriesters von der Sonne sich von der Vorstellung eines modernen Physikers unterscheidet, der in der Sonne eine Energiequelle nach dem Schema des Bethe-Weizsäcker Zyklus sieht (vgl. S. 54f., 120). Balbiani beispielsweise betrachtete den Kern von Infusorien noch als Eierstock, das Kernkörperchen als Hoden (zitiert nach Brücke (1861) S. 398). Der Bedeutungswandel, den die Beobachtungen über die Zelle und ihre Strukturen deutlich gemacht haben, ist mit fundamentalen Veränderungen der Blickrichtung verknüpft. Aus einer färbbaren Substanz, dem Chromatin, wird eine Struktur von höchstem Informationsgehalt, aus einem Kuriosum Balbianis ein entscheidend wichtiges Objekt der modernen Genetik. Es ist die Änderung des Blickwinkels und des geistigen Standortes der Wissenschaftler im Laufe der Wissenschaftsgeschichte, die in den didaktisch meist auf Vermittlung des „neuesten" Wissensstandes hin angelegten Lehrbüchern der einzelnen Fachdisziplinen kaum ins Bewußtsein rückt. Die kurzen geschichtlichen Überblicke dieser Lehrbücher stellen Wissenschaftsgeschichte meist als Ausweitung des einen, heute gültigen Blickwinkels, einer Entfaltung der heute gültigen Paradigmata dar. Zu der Frage, wie das Wachstum der Erkenntnis vor sich geht, tragen sie in der Regel kaum etwas bei (vgl. Kap. 3.1, Anm. 1; Kuhn (1981) S. 151f.). **20)** Popper (1979; 1982); **21)** Rabl (1885) S. 236; **22)** dort S. 250; **23)** Flemming (1882) S. 210; **24)** Rabl (1885) S. 322; **25)** dort S. 323; **26)** dort S. 324f.; **27)** dort S. 323; **28)** Hertwig (1890) S. 108; **29)** Hertwig stand als Vererbungstheoretiker unter dem Einfluß der damals führenden Theorie einer Vermischung von väterlicher und mütterlicher Erbsubstanz („Verschmelzungstheorie der Kerne" Hertwig O. und Hertwig R. (1887); „blending heredity", vgl. Kap. 2.11, S. 211f.). Es kam ihm darauf an zu zeigen, daß „die Annahme einer Durchdringung väterlicher und mütterlicher Substanz bei dem gegenwärtigen Zustand unseres Wissens statthaft ist." Boveri (1890) S. 109; **30)** Hertwig (1917) S. 141. O. Hertwig betrachtete noch 1917 die Manövrierhypothese Ficks als mindestens gleichwertig mit der Individualitätstheorie Boveris. Die Theorie einer Persistenz der Chromosomen schien Hertwig zudem schlecht verträglich mit dem inzwischen bekannten Befund eines Austauschs genetischer Faktoren, der auf einen Austausch von Chromosomenmaterial zwischen homologen väterlichen und mütterlichen Chromosomen hindeutete. Im weiteren Verlauf von Kap. 2.9 und noch stärker im Kap. 2.12 werden wir sehen, daß O. Hertwig gegenüber den entscheidenden Argumenten Boveris *für* eine Individualitätstheorie der Chromosomen taub war. **31)** Boveri (1909) S. 182; vgl. auch Boveri (1908) S. 236; „Die Bezeichnung von Rabl aber: ‚Kontinuität der Chromosomen' scheint mir deshalb unbrauchbar, weil sie, ganz entsprechend den Rablschen Darlegungen von 1885, das Wesentliche nicht ausdrückt, nämlich den genetischen Zusammenhang je eines bestimmten aus dem Kern hervorgehenden mit einem bestimmten der in ihn eingegangenen Chromosomen." Der Begriff Kontinuität drückte nicht aus, was Boveri in den Chromosomen sah, nämlich so etwas wie winzige eigenständige Lebewesen, die sich entsprechend ihren Aufgaben in der Zelle entwickeln und dabei natürlich auch verändern können. **32)** Boveri (1909) S. 182f.; **33)** dort S. 187; **34)** dort S. 193; **35)** dort S. 191; **36)** dort S. 195; **37)** Es sind diese zahlreichen kleinen und größeren Fallstricke, an denen die experimentelle Durchführung eines kühn entworfenen Ansatzes scheitern kann und in vielen Fällen auch scheitert (vgl. Boveris Merogonie Experimente in Kap. 2.10). Die hier aufgeführten Fallstricke mögen als Beispiel dienen. **38)** dort S. 195; **39)** Boveri (1909) S. 181, Strasburger (1905) S. 12; **40)** Boveri (1909) S. 203; **41)** vgl. Popper (1979); **42)** Boveri (1909) S. 229; **43)** dort S. 233 f.; **44)** dort S. 210; **45)** dort S. 238; **46)** Boveri (1887b); vgl. Anm. 31; **47)** Boveri (1909) S. 240; **47 a)** Weismann (1863); Weismann (1864); vgl. Sander (1985); **48)** Boveri (1904) S. 76; vgl. Stern (1950); **49)** Hertwig (1917) S. 143; **50)** Fick (1906) S. 139; **51)** Boveri (1909) S. 256; **52)** dort S. 257; **53)** Fick (1905; 1906; 1925a und b); **54)** Neben Fick (1905; 1906) ist Ruzickas Arbeit über „Struktur und Plasma" (1906) zu empfehlen, wenn man erfahren möchte, gegen welche konkurierenden Vorstellungen zeitgenössischer Forscher sich Boveris Ideen durchzusetzen hatten. Für sie war der Zellkern auch 1906 noch ein Gebilde, das aus dem Protoplasma entstehen und wieder verschwinden, „respektive wieder im Zellleibe aufgehen" kann usw. Ruzickas Arbeit ist eine Fundgrube zahlreicher heute vergessener Arbeiten zur Stützung derartiger Theorien. Alle diese Vorstellungen werden wir noch einmal bei den Lyssenkoisten kennen lernen (Kap. 2.13). **55)** Mohr (1978), vgl. Kap. 3.2, S. 249, Abb. 3.1-1; **56)** Spemann (1918), dort findet man eine Bibliographie von Boveris Arbeiten.

2.10

1) Weismann (1892a) S. 649 f; **2)** dort S. 650; **3)** dort S. 651; **4)** Marcuse und Popper (1972) S. 36; **5)** Balfour (1880) Handbuch der vergleichenden Embryologie, deutsch von Vetter, Bd. I, S. 81; **6)** Strasburger (1884a) S. 77; **7)** vgl. Kap. 3.2 und Abb. 3.2-1; **8)** Mohr (1978) S. 1; **9)** Weismann (1892a) S. 210; **10)** dort S. 213; **11)** vgl. Belar (1928) S. 119, dort weitere Literaturangaben; **12)** Nägeli (1884). Erst Nägelis Theorie veranlaßte O. Hertwig (1884) und Strasburger (1884), die Lokalisation des Idioplasmas im Zellkern zu behaupten. Nägelis interessante, wenn auch falsche Hypothese, erwies sich so als überaus fruchtbar für das Wachstum der Erkenntnis über die Vererbung. **12a)** Nägeli (1884) S. 41; **13)** dort S. 534; **14)** Meves (1918) S. 43; Meves (1908); **15)** Meves (1918) S. 123, „Nachtsheim (1914) hat in einem Artikel der Naturwissenschaftlichen Wochenschrift: ‚Sind die Mitochondrien Vererbungsträger?' diese Frage ... verneint." **16)** Altmann (1890); **17)** Benda (1902) S. 781, „Trotzdem ist mit Bestimmtheit vorauszusagen, daß die Mitochondrien ebenso wie sie individualisiert die Mitosen überdauern, auch als individualisierte Bestandteile der männlichen Geschlechtszelle innerhalb der weiblichen wieder erscheinen und an der Befruchtung teilnehmen werden. Diese Feststellung ... (würde) die Rolle eines der Faktoren der Vererbung vindizieren, da das Vorhandensein der gleichen Gebilde in den weiblichen Geschlechtszellen von mir unzweifelhaft beobachtet ist." **18)** Zola L. und Zola R. (1891); **19)** Meves (1910); **20)** vgl. Correns (1909); Goldschmidt (1933); Sager (1965); Grun (1976); **21)** Hofer (1889) S. 106; **22)** Nussbaum (1886); **23)** Gruber (1885; 1886); **24)** Literaturübersicht bei Verworn (1892); **25)** Schultze (1861); vgl. Brücke (1861). Brücke betont in seiner Darstellung der Zelle als „Elementarorganismus" daß weder über die Entstehung noch die Funktion noch das konstante Vorkommen des Zellkerns gesicherte Kenntnisse vorliegen. Er hält es darum nicht für „gerechtfertigt, daß man den Kern als wesentlichen und notwendigen Bestandteil in das Schema aufnimmt, welches man sich für den Elementarorganismus entwirft." (dort S. 397)   **26)** Weismann (1892a) S. 786;   **27)** Verworn (1892) S. 91;   **28)** Verworn (1892) hatte unvorsichtigerweise formuliert; daß Zellkern und Protoplasma „in gleicher Weise am Zustandekommen der Lebenserscheinungen beteiligt sind." Er meinte wohl eher „in gleichberechtigter Weise", denn er sah im Kern ein Organell mit funktionellen Besonderheiten als Stoffwechselzentrum und Vererbungseigenschaften. Jedenfalls fand er es aber „durchaus ungerechtfertigt, dem einen von beiden Bestandteilen (Kern oder Protoplasma) allein die Vererbungsfähigkeit zuzuschreiben." (dort S. 99).   **29)** Boveri (1904) S. 104;   **30)** Boveri (1889) S. 73;   **31)** dort S. 73 f.;   **32)** Rauber (1886) S. 170;   **33)** Boveri (1889) S. 74;   **34)** Hertwig O. und Hertwig R. (1887);   **35)** Boveri (1889) S. 75;   **36)** dort S. 76;   **37)** dort S. 77;   **38)** dort S. 78;   **39)** dort S. 80;   **40)** Wilson (1918);   **41)** dort S. 98;   **42)** dort S. 98; vgl. Boveri (1905);   **43)** Popper (1982) Vorwort zur „Logik der Forschung" S. XV;   **44)** van Beneden (1883);   **45)** zit. nach Weismann (1892a) S. 213;   **46)** Die „Granula" von Altmann (1890) spielten in Weismann Welt der Befruchtung (Abb. 2.10-4) keine Rolle; vgl. dagegen Meves (Abb. 2.10-1). Abbildungen, vor allem die nach didaktischen Gesichtspunkten entworfenen Schemata der Lehrbücher, sind Theorien über die Wirklichkeit. Sie können so suggestiv sein, daß der Student (vielleicht sogar sein akademischer Lehrer) sie für das unmittelbare Abbild der Wirklichkeit hält.   **47)** Weismann (1892a) S. 688;   **48)** dort S. 698;   **49)** dort S. 699;   **50)** dort S. 694;   **51)** dort S. 700;   **52)** dort S. 701;   **53)** Verworn (1892) S. 99;   **54)** Hertwig (1884; 1890); Strasburger (1884a). Zur Prioritätsfrage siehe Weismann (1913a) S. 285. Weismanns Theorie war die spekulativ am weitesten ausgestaltete Theorie der Vererbung vor 1900. Mit Oskar Hertwigs Theorie hatte sie nur gemeinsam, daß die Chromosomen als Träger einer Vererbungssubstanz angesehen wurden. Gegen alle weiteren Spekulationen Weismanns verhielt sich Hertwig ganz ablehnend, beispielsweise empfand er Weismanns Unterscheidung „zwischen sterblichen somatischen Zellen und den unsterblichen Fortpflanzungszellen" (also die Unterscheidung zwischen den potentiell unbegrenzten Zellfolgen der Keimbahn und den möglicherweise in ihrer Teilungskapazität begrenzten Zellfolgen somatischer Gewebe außerhalb der Keimbahn) für „nicht empfehlenswert". (Hertwig (1890) S. 100; vgl. dazu Cremer (1980), Kirkwood und Cremer (1982);   **55)** Weismann (1892a) S. 329;   **56)** Weismanns Vorstellung der Ide bezieht sich auf die kurz zuvor behauptete Zusammensetzung der Chromosomen aus den Balbiani-Pfitznerschen Chromatinkörpern (vgl. Pfitzner (1881); Balbiani (1876); Waldeyer (1888) S. 10). Weismanns Theorie ordnete diesen Chromatinkörpern — sie wurden von Pfitzner als „Kugeln", von Strasburger (1888) als „Scheiben", von Weismann (1892b) als „Microsomen" bezeichnet — eine bestimmte Funktion im Rahmen der Vererbung zu. (vgl. Weismann (1892b) S. 90 f.). Später nach der Wiederentdeckung des Mendelschen Paradigmas suchte Weismann seine Keimplasmatheorie in Übereinstimmung mit den Resultaten mendelnder Vererbungsgänge zu bringen. Neben Volliden, so behauptete er (Weismann (1913b), S. 40–50), gibt es Teilide, die nur einen Teil der Vererbungsdeterminanten enthalten. Die Chromosomen, jedenfalls der höheren Organismen, sollten aus verschiedenartigen Teiliden zusammengesetzt sein. Im heutigen Sinne wären auch die Teilide immer noch als ein Komplex von Genen mit außerordentlich vielgestaltiger Funktion anzusehen. **57)** Weismann (1892a) S. 712; **58)** dort S. 713; **59)** vgl. Kap. 2.11 Anm. 38; **60)** Weismann (1892b) S. 84f.; **61)** dort S. 94; **62)** dort S. 251; **63)** Die Ontogenese ist bei Weismann (im Gegensatz zu Wolff (1759) eine durch das Keimplasma prädeterminierte Entwicklung. W. kehrte in einem neuen Bedeutungszusammenhang zur Lehre der Präformisten zurück. Die Präformisten hatten das Ei als ein nur scheinbar einfaches, in Wahrheit aber das fertige Tier bereits in winzigster Form enthaltendes Gebilde angesehen. Wolff nahm in seiner Theorie der Epigenesis das Ei als ein wirklich im Vergleich zum fertigen Tier einfach strukturiertes Gebilde an, aus dem erst die geheimnisvolle Kraft einer „vis essentialis" das Lebewesen formt (Abb. 2.6-2; vgl. Weismann (1913a), S. 287f. und Kap. 3.5). **64)** Weismann (1892a) S. 692; **65)** dort S. 230; **66)** dort S. 379f.; **67)** zit. nach O. Hertwig (1920) S. 715; **68)** dort S. 715; **69)** dort S. 729; **70)** Eine ausführliche Darstellung von Experimenten, die eine Vererbung erworbener Eigenschaften nachzuweisen scheinen, findet sich bei Hertwig (1920) S. 714–729, und bei Kammerer (1925) S. 273–283. Vgl. dazu das ebenso spannend wie informativ geschriebene Buch von Arthur Koestler (1972) „Der Krötenküsser. Der Fall des Biologen Paul Kammerer." Kammerers Leben endete 1926 tragisch durch Suicid, nachdem eine Fälschung an dem Präparat einer Geburtshelferkröte festgestellt worden war, die für Kammerers Beweisführung einer Vererbung erworbener Eigenschaften entscheidend war. Ob Kammerer selbst oder ein Mitarbeiter für die Fälschung verantwortlich war, ist nie geklärt worden. Es ist denkbar, daß Kammerer selbst ohne Täuschungsabsicht war, aber geleitet durch seine Überzeugungen, seine Befunde (aus heutiger Sicht) falsch interpretierte. Seine Zuchten an Feuersalamandern und Kröten wiesen vermutlich eine sehr erhebliche genetische Variabilität auf, so daß auch Selektion im Laufe der Experimente eine Rolle gespielt haben könnte. Kammerers Fall veränderte das Klima der Diskussion und hat zum Sturz der Theorie der Vererbung erworbener Eigenschaften in den zwanziger und dreißiger Jahren unseres Jahrhunderts ebenso stark beigetragen, wie die Argumente der Genetiker seit Weismann. In der Sowjetunion während der Lyssenko-Ära galt Kammerer als Held und Märtyrer, der bis zum Tod gegen die reaktionären Ansichten der Genetiker gekämpft hatte. (Vgl. Koestler (1972) S. 174–176); **71)** vgl. die ausführlichen Darstellungen bei O. Hertwig (1921; 1922). **72)** Boveri (1904) Vorwort S. IV.

2.11

1) Vor 1900 wurde Mendels Arbeit in einigen Werken über Pflanzenzüchtung zitiert, jedoch ohne weitere Würdigung, so bei W. O. Focke (1881) in einem Buch über Pflanzen-Mischlinge. Dort entdeckten Correns und Tschermak Mendels Zitat. Weiter wurde Mendel zitiert in L. H. Baileys Werk (1894) „Plant Breeding", im Royal Society Catalogue of Scientific Papers und in der 9. Auflage der Encyclopedia Britannica in einem Artikel über „Hybridism". De Vries wurde wahrscheinlich zuerst von seinem Freund Beyerinck auf Mendel aufmerksam gemacht (vgl. Stomps 1954). **2)** de Vries H (1900); Correns C (1900); Tschermak E (1900); **3)** zit. nach Nachtsheim (1955) S. 155; **4)** vgl. Hans Nachtsheim (1955) „Die Genetik als Brückenwissenschaft"; **5)** dort S.

156 f.;   **6)** dort S. 157;   **7)** Neben zahlreichen Einzelarbeiten, die zur Grundlage der Drosophilagenetik wurden, veröffentlichten T H Morgan und seine Schüler A H Sturtevant, C B Bridges und H J Muller mehrere Monographien, vgl. Morgan, Sturtevant, Muller, Bridges (1915); Morgan (1921); Morgan, Bridges, Sturtevant (1925); Morgan (1932);   **8)** Morgan (1921) S. 2;   **9)** Nachtsheim (1955) S. 158;   **10)** Painter (1934a, b); Mackensen (1935); Lefevre (1974);   **11)** Stern (1926); weitere Arbeiten mit Beweisen für die Chromosomentheorie der Vererbung durch die gegenseitige Überprüfung von genetischen und cytologischen Daten an aberranten Drosophilachromosomen erschienen in rascher Folge, z. B. Stern (1927); Muller (1929); Dobzhansky (1929); Painter und Muller (1929); Stern (1931). Einen ersten Beweis für pflanzliche Chromosomen brachte die Arbeit von Creighton und McClintock (1931). Den methodischen Durchbruch erbrachte aber erst die (Wieder-)Entdeckung der Riesenchromosomen.   **12)** Muller (1928; 1929);   **13)** Ich beziehe mich vor allem auf Iltis (1924); Krumbiegel (1957) zur Lebensgeschichte Mendels. Zur Frage der Nichtbeachtung von Mendels Arbeit zwischen 1866 und ·1900 und ihrer späteren Bedeutung vgl. Gasking (1959); Wilkie (1962); Zirkle (1964); de Beer (1964); vgl. auch Nachtsheim (1955). Die Frage der wissenschaftlichen Vorläufer Mendels wird gründlich in dem sehr empfehlenswerten Buch von Olby „The Origins of Mendelism" (1966) behandelt.   **14)** Vgl. die Schilderung der verunglückten Lehramtsprüfung bei Iltis (1924) S. 34–43. Die schriftlichen Arbeiten sind noch erhalten. Sie zeigen Mendels Befähigung zu „klarer, faßlicher Darstellung", aber ebenso die schweren Nachteile einer autodidaktischen Ausbildung.   **15)** vgl. Olby (1966) S. 103 ff.;   **16)** Iltis (1924) S. 31;   **17)** vgl. dazu Iltis (1924);   **18)** Mendel (1866) S. 3. Alle Zitate folgen dem Nachdruck in Ostwald's Klassikern der exakten Wissenschaften (1901).   **19)** dort S. 4;   **20)** dort S. 4 f.;   **21)** dort S. 10;   **22)** Kölreuter (1761–1766); Gärtner (1849); vgl. Olby (1966). Mendel (1866) weist auf die Verdienste Kölreuters und Gärtners hin;   **23)** Mendel (1866) S. 15;   **24)** Iltis (1923) S. 389;   **25)** Fisher (1936); de Beer (1964);   **26)** Mendel (1866) S. 14;   **27)** dort S. 28 f.;   **28)** dort S. 30;   **29)** dort S. 22;   **30)** dort S. 32;   **31)** dort S. 33;   **32)** dort S. 34;   **33)** Diese Briefe wurden von Carl Correns, der ein Schüler Nägelis war, herausgegeben; vgl. Correns (1924).   **34)** Correns (1924) S. 1281;   **35)** dort S. 1240. Die Angabe bezieht sich auf Stichworte Nägelis zu seinem Antwortbrief, der selbst nicht erhalten ist.   **36)** vgl. Correns (1924) S. 1240, dort Anm. 1;   **37)** Morgan (1921) S. 4;   **38)** Der Begriff Gen wurde von W. Johannsen (1909) eingeführt. Ich zitiere aus der 2. Auflage seiner „Elemente der exakten Erblichkeitslehre" (1913) S. 143 f. „Das von de Vries im Anschluß an Darwin eingeführte Wort „Pangene" ist wohl am häufigsten statt „Anlagen" benutzt worden. Jedoch war das Wort „Pangen" nicht glücklich gewählt, indem es eine Doppelbildung ist, die Stämme Pan (neutr. von πᾶς all, jeder) und Gen (von γί-γ(ε)ν-ομαι werden) enthaltend. Nur der Sinn dieses letzteren kommt hier in Betracht. Bloß die einfache Vorstellung soll Ausdruck finden, daß durch „etwas" in der Konstitution der Gameten die Eigenschaften eines sich entwickelnden Organismus bedingt bzw. mitbestimmt werden oder werden können. Keine Hypothese über das Wesen dieses konstitutionellen „Etwas" sollte aber dabei aufgestellt oder gestützt werden. Darum scheint es am ein-

fachsten, die uns allein interessierende Silbe „Gen" isoliert zu verwerten, um damit das schlechte, mehrdeutige Wort „Anlage" u. dgl. m. zu ersetzen. Wir werden somit statt dessen einfach „das Gen" bzw. „die Gene" sagen. Das Wort Gen ist also völlig frei von jeder Hypothese. Es drückt nur die Tatsache aus, daß Eigenschaften des Organismus durch besondere, jedenfalls teilweise trennbare und somit gewissermaßen selbständige „Zustände", „Faktoren", „Einheiten" oder „Elemente" in der Konstitution der Gameten und Zygoten — kurz, durch das was wir eben Gene nennen wollen — bedingt sind." 39) vgl. Gasking (1959); 40) vgl. Heisenberg (1973); 41) vgl. die Behandlung der Riesenchromosomen als karyologisches Kuriosum zwischen 1881 und 1933 (Kap. 2.9, S. 146-150). 42) vgl. den Briefwechsel zwischen Nägeli und Mendel (Anm. 33); 43) Mendel (1869) S. 53; 44) Correns (1924) S. 1234; 45) dort S. 1235; 46) Olby (1966) S. 72, meine Übersetzung; 47) Johannsen (1909) zit. nach Johannsen (1913) „(Man) könnte den statistisch bzw. rein deskriptiv hervortretenden Typus passend als Erscheinungstypus bezeichnen oder kurz und klar, als ‚Phaenotypus'" (dort S. 142). Den ‚Genotypus' definiert J. als „Inbegriff aller Gene ... als die grundlegende Konstitution des Organismus" (dort S. 146). 48) vgl. Geissler (1978); 49) Vgl. Verschuer (1937), S. 2. „Der Volkskörper ist hauptsächlich von vier Gefahren bedroht:

1. Entartung durch gehemmte Auslesung;
2. Entartung durch Gegenauslese;
3. Schädigung des Erbgutes;
4. Rassische Überfremdung."

Diesen Gefahren wollte Verschuer durch umfassende erbärztliche Begutachtung und Beratung entgegentreten. Nicht Hilfe für die einzelne betroffene Familie war das Ziel der Erbgesundheitsgesetze der Nationalsozialisten, sondern „Rassenhygiene", „Pflege des Volkskörpers ... durch Ausschaltung des krankhaften Erbgutes und durch Erhaltung der rassischen Eigenart unseres Volkes." In der Welt dieses primitiven Mendelismus glaubte man offenbar an eine klare Scheidung zwischen „guten" Genen, die erhalten, und „schlechten" Genen, die ausgemerzt werden mußten. Der Begriff der genetischen Bürde (Wallace (1974)) und der unabdingbaren genetischen Variabilität hatte in diesem Weltbild keinen Raum. Zur Geschichte der Vorurteile bei der Frage der Rassenmischung, vgl. Provine (1973). Die Geschichte des Gesetzes „zur Verhütung erbkranken Nachwuchses" vom 14. Juli 1933 und besonders dessen Anwendung im Dritten Reich ist ein Beispiel dafür, wohin die voreilige Überzeugung eines positiven, sicheren Wissens von Wissenschaftlern über komplexe biologische Probleme führt, wenn diese Überzeugung mit den Interessen einer brutalen Diktatur zusammentrifft. 50) Olby (1966) S. 17-54; 51) Olby (1966); 52) Mayr (1976) S. 335; 53) Mendel (1865) S. 40f.; 54) vgl. Olby (1966) S. 55-85; 55) Mayr (1976) S. 340; 56) Mayr (1976) S. 341f. Mayr führt aus, daß Darwin sich der Schwierigkeiten einer „blending inheritance" bereits 1857 bewußt war und deshalb von der Vermischungstheorie der Vererbung abrückte. Darwin dachte sich den Vererbungsvorgang als „sort of mixture, and not true fusion". 57) Mendel (1866) S. 42.

2.12

1) Boveri (1902b) S. 81;   **2)** Boveri (1903) S. 29;   **3)** Boveri (1904) S. 118;   **4)** Sutton (1903) S. 231;   **5)** Wilcox (1896);   **6)** Montgomery (1898; 1901a, b), Paulnier (1899); McClung (1899; 1902); Sinéty (1902); Sutton (1902);   **6)** McClung (1902);   **7)** vgl. Wilson (1896); Korschelt und Heider (1903);   **8)** Weismann (1887);   **9)** Wilson (1902);   **10)** Sutton (1902);   **11)** Montgomery (1901b);   **12)** Henking (1891);   **13)** Rückert (1894);   **14)** Moore (1895);   **15)** Korschelt (1895);   **16)** Boveri (1903) S. 32 f. Boveri spricht von einem Chromosoma D der einen Elternpflanze und einem homologen Chromosoma R der anderen Elternpflanze. Zur Anpassung an die Bezeichnungen Suttons wurde hier A für D und a und R gewählt.   **17)** Bateson und Saunders (1902);   **18)** Boveri (1904) S. 118;   **19)** dort S. 117;   **20)** dort S. 119;   **20a)** dort S. 123;   **21)** Boveri (1908) S. 220;   **22)** dort S. 3;   **22a)** Fol (1891);   **23)** zit. nach Boveri (1902b) S. 67;   **24)** Boveri (1902b, 1908);   **25)** Boveri (1902b) S. 71;   **26)** Hertwig O, Hertwig R (1887);   **27)** Boveri (1902b) S. 68;   **28)** Boveri (1888) S. 869;   **29)** Boveri (1908) S. 32;   **30)** Boveri (1902b) S. 71;   **31)** Boveri (1908) S. 3;   **32)** Boveri (1905);   **33)** Herbst (1900); Boveri (1902b) S. 68;   **34)** Boveri (1902b) S. 75 f.;   **35)** vgl. Boveri (1908) S. 210;   **36)** dort S. 211;   **37)** dort S. 223;   **38)** Boveri (1902b) S. 75; Boveri (1908) S. 113;   **39)** Haecker (1902);   **40)** Strasburger (1904);   **41)** Boveri (1908) S. 230;   **42)** Feyerabend (1976) S. 51;   **43)** Hesse „Glasperlenspiel".

2.13

1) Mitin et al. (1953);   **2)** Für Kap. 2.13 wurde folgende Lit. verwendet: Huxley (1949); Lyssenko (1948; 1951); Mitin et al. (1953); Morton (1954); Regelmann (1980; 1981); Nachtsheim (1957); Geissler (1978);   **3)** Lyssenko (1948) S. 10 f.;   **4)** dort S. 11;   **5)** J. W. Mitschurin (1948) Gesammelte Werke Bd. IV, Selchosgis, Moskau; zit. nach Lyssenko (1948) S. 26. Mitschurin (1885–1935) war ein Pflanzenzüchter, der von der Vererbung erworbener Eigenschaften überzeugt war — eine zu seiner Zeit gängige Vorstellung. Erst von Lyssenko wurde er zum geistigen Vater des „schöpferischen sowjetischen Darwinismus" ernannt.   **6)** Lyssenko (1948) S. 30 f.;   **7)** dort S. 31; das Mentorverfahren wurde von Mitschurin eingeführt.   **8)** dort S. 32.   **9)** Wissenschaftliche Argumente betrafen vor allem die Schwierigkeit der Genetik der dreißiger und vierziger Jahre, ein überzeugendes Modell für die molekulare Struktur der Gene anzubieten (vgl. Geissler [1978] und den zu Beginn des 20. Jahrhunderts neu belebten Streit zwischen „Epigenetikern" und „Präformisten" (vgl. Hertwig [1909] und Kap. 3.5).   **10)** zit. nach Makarow (1953) S. 219. Lyssenko (1948) S. 48 sagt aber auch, „Wird die Erblichkeit beim geschlechtlichen Prozeß durch Chromosomen übertragen? Natürlich, dies unterliegt ja keinem Zweifel." Die ganze Zelle mit allen ihren Strukturen war eben das Vererbungsorgan. Damit stand Lyssenko wieder dort, wo die Zytologie hundert Jahre zuvor begonnen hatte.   **11)** vgl. dazu und für die folgenden Argumente Makarow (1953); dort und bei Morton (1954) werden zahlreiche Originalarbeiten der Lyssenkoisten zu cytologischen Problemen zitiert.   **12)** Makarow (1953) S. 227;   **13)** dort S.

237; **14)** dort S. 240; **15)** dort S. 248; **16)** Nushdin (1953) S. 123. Die Resultate von Avery und seinen Mitarbeitern MacLeod und McCarthy werden von Nushdin zitiert. Doch folgert er, daß diese „nur zufällig gewonnenen Ergebnisse ... die Morganisten selbst in eine Sackgasse führen". (Wie sollte auch gerade die DNA, eine so relativ einfach zusammengesetzte Substanz, die nach Avery an die Stelle der Proteine als Vererbungssubstanz treten sollte, gerade das können, was die Genetiker von ihren Genen verlangten?) **17)** Nushdin (1953); **18)** Boivin (1947); **19)** Nushdin (1953) S. 144; **20)** dort S. 145; **21)** Kuhn (1981) S. 180. Das eigentliche Problem, so scheint mir, beginnt da, wo durch die Eigendynamik wissenschaftlicher Fortschritte schwerwiegende gesellschaftliche Probleme entstehen. Die scharfe Trennung in eine Seite der reinen wissenschaftlichen Erkenntnis (für deren Beurteilung ausschließlich die kompetente professionelle Gruppe zuständig wäre) und eine Anwendungsseite (über die in einer Demokratie die aufgeklärte Öffentlichkeit bzw. ihre demokratisch legitimierten politischen Vertreter zu entscheiden hätten) erscheint in der politischen Praxis naiv. Naturwissenschaftliche Erkenntnis verleiht intellektuelle, technische und damit politische Macht (vgl. Kap. 3.5, Anm. 1). Dieses Bewußtsein, nicht in erster Linie der Wunsch nach wahrer Erkenntnis, führte zu der enormen Förderung der Naturwissenschaften in allen politischen Systemen. **22)** Lyssenko (1948) S. 44; die Vorträge und Diskussionsbeiträge aller Teilnehmer an der berühmten Sitzung der Lenin Akademie der landwirtschaftlichen Wissenschaften vom 31. Juli bis zum 7. August 1948 liegen im Wortlaut vor. (The situation in biological science. Proceedings of the Lenin Academy of Agricultural Sciences of the U.S.S.R.; verbatim report; Foreign languages publishing house, Moscow 1949.) Ideologischer Druck dient der Wahrheitsfindung nicht. Das Wortprotokoll dieser Tagung gehört zu den eindrucksvollsten Belegen für diese Aussage aus der Wissenschaftsgeschichte. **23)** dort S. 43; **24)** Lyssenko (1953) „Der große Freund der Wissenschaft". Prawda 8. 3. 1953; zitiert nach Geissler (1978) Anmerkung 27; **25)** Studitski (1953) S. 427; **26)** Lyssenko (1948) S. 37 f., der Shukowskijs Sorge zitiert, bemerkt dazu, „daß die Ansichten des Morganismus der sowjetischen Weltanschauung vollkommen fremd sind". Im Klartext hieß das: Wer sich als Anhänger der Genetik bekannte, stellte sich gegen den Diktator Stalin und die von ihm beherrschte Partei. Er riskierte Kopf und Kragen. Es interessieren hier vorrangig die Liste der Opfer und ihre persönlichen Schicksale, über die bislang wenig bekanntgeworden ist (vgl. Medwedjew [1974]). **27)** Lyssenko (1948) S. 60. Resolution der Tagung der Allunions W. J. Lenin-Akademie der Landwirtschaft am 31. 7. 1948.

Lyssenko beherrschte das Mendelsche Paradigma nicht einmal formal (vgl. Geissler [1978] S. 22 f. und S. 28, Anmwerkung 3). Bedenken wir aber auch die verzweifelte Lage der Sowjetunion am Ende des 2. Weltkrieges.

Notzeiten begünstigen den Aufstieg von machtbewußten, rücksichtslosen Scharlatanen, die die Lösung von dringenden Problemen versprechen. Lyssenko versprach mit seiner Theorie eine riesige Steigerung der landwirtschaftlichen Erträge auch in ungünstigen Gebieten. Bei einer vorurteilslosen Bewertung von Lyssenkos Fähigkeiten wären auch seine Leistungen als praktischer Pflanzenzüchter mit einzubeziehen. Das von ihm geleitete Staatsgut beeindruckte noch Chruschtschow offenbar sehr. Nach der Ansicht von Kritikern beruhten die dortigen Erfolge aber auf den besonders günstigen Bedingungen dieses Musterguts und waren auf gewöhnliche Kolchosen nicht übertragbar (vgl. Medwedjew [1974]). **28)** Geissler (1978); **29)** s. z.B. v. Weizsäcker (1976).

3.1

1) Drei Beispiele für die lehrbuchmäßige Darstellung der Wissenschaftsgeschichte der Zellbiologie als einem kumulativen Prozeß (Wissensstein auf Wissensstein wird zu dem heutigen Gebäude zusammengetragen). Für die Gründe dieser Darstellungsweise siehe Kuhn (1981) S. 147–154.

a) Offensichtliche Unkenntnis der Wissenschaftsgeschichte:

„Theodor Schwann (1810–1888), a German professor of anatomy, began work with Schleiden's cell formation theory, which he accepted in its entirety, and expanded it into a general theory of the basis and origin of all life phenomena. He applied Schleiden's discoveries in plants to animals and invented the term cell theory in 1838; however, the term is generally attributed to Schleiden and Schwann and dated 1839. Schwann refined this theory in the following way:

1. The cell is the smallest building element of a multicellular organism and a unit is itself an elementary organism.

2. Each cell in a multicellular organism has a specific task to accomplish and represents a working unit.

3. A cell can only be produced from another cell by cell division.

This concept of the cell as a general unit of life and as a common basis for the vital phenomena in both the animal and vegetable kingdoms was immediately and universally accepted." Aus Schulz-Schaeffer (1980) Cytogenetics. Plants, Animals, Humans. New York, Heidelberg, Berlin: Springer Verlag, S. 6.

b) Neuverknüpfung von alten Beobachtungen im Rahmen der gültigen disziplinären Matrix ohne Berücksichtigung des Bedeutungswandels von Begriffen und unter strikter Eliminierung „falscher" Behauptungen (vgl. Abb. 1.4–8a und b).

„Die Erkenntnis, daß die Organismen aus Zellen zusammengesetzt sind, wurde von Theodor Schwann im Jahre 1839 zum ersten Mal in wissenschaftlich exakter Form bekundet. Er konnte sich dabei auf Untersuchungen von Matthias Schleiden aus dem Jahr 1838 stützen, in denen dieser den von Robert Brown entdeckten Zellkern als wichtigstes Organ der Zelle bei ihrer Entstehung erkannt hatte. Die von Schwann begründete Zellehre ist noch heute das wichtigste Fundament der gesamten Biologie." (Aus Benninghoff-Goertler, Lehrbuch der Anatomie des Menschen. 1. Bd., 9. Auflage (1964) München, Berlin: Urban und Schwarzenberg, S. 20).

Das fiktive dritte Beispiel macht das Schema der in Fall b gewählten Didaktik der Wissensvermittlung deutlich. Die einzelnen Behauptungen der alten Autoren werden so formuliert und verknüpft, daß sie von Studenten ohne Weiteres im Rahmen des Lehrziels aufgefaßt werden können. Dieses Ziel besteht ausschließlich in der Vermittlung der gültigen disziplinären Matrix des Faches.

„Wir haben gesehen, daß alle Organismen aus wesentlich gleichen Teilen, nämlich aus Zellen , zusammengesetzt sind, daß diese Zellen nach wesentlich denselben Gesetzen sich bilden und wachsen, daß also diese Prozesse überall auch durch dieselben Kräfte hervorgebracht werden müssen.[a] Wo eine Zelle entsteht, da muß eine Zelle vorausgegangen sein, ebenso, wie das Tier nur aus dem Tiere, die Pflanze nur aus der Pflanze entstehen kann. Auf diese Weise ist, wenngleich es einzelne Punkte im Körper gibt, wo der strenge Nachweis noch nicht geliefert ist, doch das Prinzip gesichert, daß in der ganzen Reihe alles Lebendigen, diese mögen nun ganze Pflanzen oder tierische Organismen oder integrierende Teile derselben sein, ein ewiges Gesetz der kontinuierlichen Entwicklung besteht.[b] Es teilt sich demgemäß das befruchtete Ei in das Zellenmaterial des Individuums und in die Zellen für die Erhaltung der Art.[c] Wir müssen deshalb den lebenden Zellen, abgesehen von der Molekularstruktur der organischen Verbindungen, welche sie enthält, noch eine andere und in anderer Weise komplizierte Struktur zuschreiben, und diese ist es, welche wir mit dem Namen Organisation bezeichnen.[d] Wir können demnach endlich den Satz aufstellen, daß sämtliche im entwickelten Zustand vorhandenen Zellen oder Äquivalente von Zellen durch eine fortschreitende Gliederung der Eizelle in morphologisch ähnliche Elemente entstehen und, daß die in einer embryonischen Organanlage enthaltenen Zellen, so gering auch ihre Zahl sein mag, dennoch die ausschließliche, ungegliederte Anlage für sämtliche Formbestandteile der späteren Organe enthalten.“[e]
Dieser Lehrbuchtext über die Zelle ist nichts weiter als eine Zusammenstellung von Zitaten aus Arbeiten, die zwischen 1839 und 1880 erschienen sind. Auch heutige Zellbiologen können ihn, vielleicht nach der einen oder anderen Rückfrage, ohne Bedenken unterschreiben. Das erste Zitat (a) stammt von Schwann (1839) S. 227, das zweite (b) von Virchow (1858a) S. 25, das dritte (c) von Nußbaum (1880) S. 112, das vierte (d) von Brücke (1861) S. 386, das letzte (e) von Remak (1855) S. 140. Es handelt sich um Leitsätze, die Edmund B. Wilson einzelnen Kapiteln in der Erstauflage seines Lehrbuches „The Cell in Development and Inheritance“ im Jahre 1896 vorangestellt hat. Das gültige Lehrgebäude über die Zellen können wir so in wörtlichen Zitaten Satz für Satz geradlinig und ohne jeden erkennbaren Bruch entstehen lassen.

„Das Lehrbuch stellt es so dar, daß sich die Wissenschaftler seit Beginn des wissenschaftlichen Unternehmens genau um die Ziele, die in den heutigen Paradigmata verkörpert werden, bemüht haben. Zug um Zug haben die Wissenschaftler in einem Prozeß, der oft mit dem Aufeinanderhäufen von Ziegelsteinen bei einem Bau verglichen wird, ein neues Faktum, einen Begriff, ein Gesetz oder eine Theorie dem Bestand von Informationen, den die jeweiligen wissenschaftlichen Lehrbücher liefern, hinzugefügt.“ (Kuhn [1981] S. 151f.).   **2)** Kuhn (1977) S. 390;   **3)** Driesch (1905; 1928);   **4)** Rabl (1904; 1906); vgl. Boveri (1908) S. 225ff.;   **5)** Fick (1923) S. 147;   **6)** vgl. die Kontroverse zwischen Fick (1925) und Belar (1925) in den „Naturwissenschaften“.   **7)** vgl. dazu Darlington (1960) S. 2 „Morgans ‚Theory of the Gene' appeared in 1926. Its reception in England could scarcely have been more unfavourable. Seven men might have been willing to assert their belief in the chromosome theory and give their reasons for it. But against this view were seven hundred who held a contrary opinion."

3.2

1) Feyerabend (1976) S. 48;   **2)** dort S. 49;   **3)** Kuhn (1981) S. 182;   **4)** Wenn wir wissenschaftliche Theorien unter dem Gesichtspunkt eines Zuwachses an Macht betrachten, ist es ganz offensichtlich nicht gleichgültig, welcher Theorie gefolgt wird. Die moderne Genetik und nicht der „schöpferische" Darwinismus der Lyssenkoisten bietet Ansatzpunkte für die Bewältigung der Ernährungsprobleme der wachsenden Erdbevölkerung.   **5)** Planck „Sinn und Grenzen der exakten Wissenschaft" S. 100f.;   **6)** Plancks Bild der Wissenschaftsgeschichte trifft auf die Entwicklungsgeschichte der Zelltheorie so *nicht* zu. Die Vorstellung einer Generatio aequivoca von Zellen beispielsweise noch bei Schleiden wurde aus der modernen Zelltheorie vollständig eliminiert, ebenso wie teleologische Vorstellungen aus der modernen Evolutionstheorie (vgl. Kap. 3.3).   **7)** Planck „Sinn und Grenzen der exakten Wissenschaft" S. 101;   **8)** dort S. 103;   **9)** Marcuse und Popper (1972) S. 36;   **10)** Kuhn (1981) S. 184;   **11)** man lese dazu Popper (1979);   **12)** Morgan (1921) S. 1;   **13)** Kuhn (1981) S. 121f.;   **14)** Mohr (1978); Hempel und Oppenheim (1948);   **15)** Zur Geschichte des Kausalitätsbegriffes vgl. Wuketits (1980). Einen Ansatz für einen spezifischen Kausalitätsbegriff der Naturwissenschaften bietet das Hempel-Oppenheim-Modell der Erklärung (vgl. Anmerkung 14). In der „Kritik der reinen Vernunft" schreibt Immanuel Kant (1781) „Das Naturgesetz, daß alles, was geschieht eine Ursache habe, daß die Kausalität dieser Ursache, das ist die Handlung, da sie in der Zeit vorhergeht und in Betracht einer Wirkung, die da entstanden, selbst nicht immer gewesen sein kann, sondern geschehen sein muß, auch ihre Ursache unter den Erscheinungen habe, dadurch sie bestimmt wird und daß folglich alle Begebenheiten in einer Naturordnung empirisch bestimmt sind, dieses Gesetz, durch welches Erscheinungen allererst eine Natur ausmachen und Gegenstände einer Erfahrung abgeben können, ist ein Verstandesgesetz, von welchem es unter keinem Vorwande erlaubt ist abzugehen oder irgendeine Erscheinung davon auszunehmen" (zitiert nach der ehemal. Kehrbach'schen Ausgabe, hrsg. von R. Schmidt, S. 611). Auf das „dynamische Gesetz der Kausalität" gründet sich die Möglichkeit „aus irgendeinem gegebenen Dasein" (einer Ursache) „a priori auf ein anderes Dasein" (die Wirkung) „zu schließen" (dort S. 321). Die Ursache muß zwar der Wirkung immer vorangehen, doch werden Ursache und Wirkung häufig zugleich angetroffen, weil „die Ursache ihre ganze Wirkung nicht in einem Augenblicke verrichten kann" (dort S. 295). Kant führt als Beispiel Wärme im Zimmer (Wirkung) an, die durch einen Ofen (Ursache) hervorgerufen wird. Für Kant ist „der Verstand … die Bedingung a priori der Möglichkeit einer kontinuierlichen Bestimmung aller Stellen für die Erscheinungen dieser Zeit, durch die Reihe von Ursachen und Wirkungen, deren die erstere der letzteren ihr Dasein unausbleiblich nach sich ziehen, und dadurch die empirische Erkenntnis der Zeitverhältnisse für jede Zeit (allgemein) mithin objektiv gültig machen" (dort S. 302). In einer strengen Form behauptet dieses Kausalitätsprinzip, daß ein Ablauf für die Vergangenheit und die Zukunft (z. B. die Bewegung der Erde und des Mondes um die Sonne und die daraus entstehenden Sonnen- und Mondfinsternisse) genau vorhergesagt werden kann, falls *alle* Randbedingungen der Ursache- und Wirkungsbeziehung zu einem bestimmten Zeitpunkt genau bekannt sind. (Wie weit zurück in die Vergangenheit oder voraus in die Zukunft unter den genannten Bedingungen Zustände in der Vergangenheit erklärt bzw. Zustände in der Zukunft vorhergesagt werden können, bleibt zunächst unbestimmt). Die meisten Wissenschaftler werden vermutlich zustimmen, daß genau gleiche Randbedingungen (gleiche Ursachen) zu genau gleichen Wirkungen führen sollten. Denn sie glauben an die Reproduzierbarkeit von Experimenten, die unter kontrollierten Bedingungen durchgeführt werden. Die Beschreibung von Material und Methoden in wissenschaftlichen Arbeiten dient der Reproduktion von Randbedingungen. Werden sie wieder hergestellt, dann sollen die gleichen Phänomene beobachtet werden, gleichgültig ob sich ihre Interpretation verändert oder nicht. In der Biologie wenigstens ist es wegen der Variabilität alles Lebendigen unmöglich, genau gleiche Randbedingungen zu reproduzieren. Doch erwarten wir, daß ähnliche Randbedingungen zu ähnlichen Wirkungen (im Rahmen einer statistischen Variationsbreite) führen. Aus der Fachschublade der Physiker hören wir für den Zytogenetiker schwer verständliches Gemurmel, das die Gültigkeit solcher starker Kausalitätsbeziehungen in Frage stellt. Aus sehr ähnlichen Randbedingungen können unter Umständen extrem unterschiedliche Wirkungen entstehen, die eine Vorhersage für den einzelnen Fall unmöglich machen (vgl. Zeemann [1976]; Deker und Thomas [1983]). **16)** Das Prinzip logischer Widerspruchsfreiheit – man darf nicht Behauptungen aufstellen, die sich gegenseitig ausschließen – erweist sich ebenfalls als kompliziertes Problem (vgl. die folgende Anmerkung 17). **17)** Feyerabends Satz erinnert mich an den Streit, den Schleiden gegen die Auffassungen Hegels führte (Kap. 2.4, S. 72). Dinge können aus sehr verschiedenen Blickwinkeln betrachtet und in sehr verschiedenen Bedeutungszusammenhängen interpretiert werden. Offensichtliche Widersprüche in den Behauptungen verschiedener Wissenschaftler finden häufig darin ihre Ursache. Die verschiedenen Blickwinkel erscheinen häufig wie verschiedene Fenster, durch die verschiedene Ausschnitte der objektiven Wirklichkeit erkannt werden. Wenn man unter bestimmten Umständen Regeln wie a = a außer Kraft setzen möchte, muß man kritisch diskutieren, was a = a eigentlich bedeuten sollte, und in welchem Netz von logischen Verknüpfungen wir uns über seine Eigenschaften unterhalten wollen (vgl. Schleidens Kritik an Schelling, Kap. 2.4, S. 70f.). Mir scheint, es gibt nur eine Sprache, in der a = a unter allen Umständen aufrechterhalten werden kann, die Sprache der mathematischen Formulierung einer Theorie. Die logische Stärke der mathematischen Sprache ist es, die die mathematische Formulierung naturwissenschaftlicher Theorien wünschenswert macht. Aber nicht alles und sicher nicht das Wichtigste, was uns bei der Erkenntnis des Lebendigen bewegt, läßt sich in der Sprache der Mathematik „quantifizieren"

(vgl. Osche [1975] und Kap. 3.5; **18)** Feyerabend (1976) S. 34; **19)** dort S. 52; **20)** dort S. 263; **21)** Feyerabend redet dabei nicht gedanklicher Willkür das Wort, sondern dem existentiellen Element, das in der Wahl einer bestimmten disziplinären Matrix liegt. „Da sich Gewißheit nicht erreichen läßt, nimmt man die Verantwortung auf sich und wird ein reifer Mensch" (Feyerabend 1976 S. 49). **22)** Kuhn (1981) S. 182; **23)** Heisenberg (1973) S. 39–56 und S. 74–87; **24)** dort S. 49; **25)** zit. nach Geissler (1978) S. 26; **26)** vgl. Geissler (1978); **27)** Heisenberg (1973) S. 141–149; **28)** dort S. 143; **29)** vgl. dazu Anm. 15; **30)** Heisenberg (1973) S. 76; **31)** Neue Entdeckungen, die nicht bereits das Resultat einer durch eine bestimmte Theorie geleiteten Forschung sind, entstehen in der Regel als Folge grundlegend neuer Methoden. Die Entwicklung des Lichtmikroskops war eine solche Methode. Wie sollte man vorher auf die Idee eines Zellkerns kommen? In diesen Momenten wird ein neues Fenster auf die Wirklichkeit hin geöffnet. **32)** Charles Darwin, Autobiographie, zit. nach Schmitz (1982) S. 80; **33)** Heisenberg (1973) S. 80; **34)** vgl. den Streit zwischen den Anhängern Einsteins und den Anhängern Lenards in Beyerchen (1980); **35)** vgl. Feyerabend (1974) S. 45 f.; **36)** Charles Darwin, Autobiographie, zit. nach Schmitz (1982) S. 111; **37)** dort S. 76; **38)** Das bedeutet natürlich nicht, daß diese Alternativen nicht zum Zeitpunkt ihrer Entstehung gleichwertig, wenn nicht sogar eindeutig überlegen erschienen wären und es mindert nicht die Bedeutung dieser großartigen, heute als Bilder der Wirklichkeit nicht mehr brauchbaren Theorien im Wachstumsprozeß der Erkenntnis. **39)** vgl. Popper (1982); Feyerabend (1974); **40)** vgl. Feyerabend (1974) Kap. 8, S. 138–156; **41)** Ein Anhänger Poppers wird darauf verweisen, daß Popper ja zur Aufstellung *kühner* Hypothesen aufruft. Dieser Hinweis löst aber nicht das psychologische Problem, wie ein Wissenschaftler, der alle seine Hypothesen mit allen Mitteln umwerfen möchte, der Gefahr einer voreiligen Eliminierung entwicklungsfähiger Hypothesen entgeht. Vielleicht wird er ein Pessimist und endet als Wissenschaftstheoretiker. **42)** vgl. Anm. 1 zu Kap. 3.1; **43)** Goethe hatte eine solche „tabula rasa" im Sinn bei dem Versuch, seine Farbenlehre gegen Newtons Optik durchzusetzen, und er hat den Paradigmawechsel als kompletten Abriß eines alten und Aufbau eines neuen Gebäudes trefflich formuliert. „Wenn davon die Rede ist, ein eingewurzeltes Vorurteil zu zerstören" (nämlich Newtons Optik), „erreicht man keineswegs seinen Zweck, indem man bloß das Hauptaperçu überliefert. Es ist nicht genug, daß man zeigt, das Haus sei baufällig und unbewohnbar — denn es könnte doch immer noch gestützt und notdürftig eingerichtet werden —; ja es ist noch nicht genug, daß man es einreißt und zerstört, man muß auch den Schutt wegfahren, den Platz räumen und ebnen: dann möchten sich allenfalls wohl Liebhaber finden, einen neuen, kunstgemäßen Bau aufzuführen" (J. W. Goethe, Farbenlehre, polemischer Teil, § 134). In einer reifen Wissenschaft wird es allerdings die Regel sein, daß Bauteile des alten Baues beim neuen Bau wiederverwendet werden. Immer wieder aber wird ein Teil des alten Baus zunächst oder für immer als Schutt weggeräumt, andere Teile werden in neuen Konstruktionszusammenhängen weiter verwendet (vgl. die Entwicklung der Prädeterminationslehre in Kap. 3.5). **44)** Popper (1982) „Logik der Forschung" Vorwort zur ersten englischen Ausgabe S. XV; **45)** vgl. Kuhn (1981) S. 157 f.

3.3

1) Vgl. Lorenz (1971; 1973) zu einer evolutionären Erkenntnistheorie seitens der Verhaltensforschung und Popper (1974) seitens der Philosophie; vgl. weiter Popper und Eccles (1977); Riedl (1975; 1979; 1980). Vollmer (1981) gibt eine sehr gut lesbare Einführung in das Problem der Evolution angeborener Erkenntnisstrukturen im Kontext von Biologie, Psychologie, Linguistik, Philosophie und Wissenschaftstheorie. Als kurzer Einstieg sind Kaspar (1980) und Mohr (1983) empfehlenswert. Die Gedanken dieses und des folgenden Kapitels beziehen auf die hier angegebene Literatur. In jüngster Zeit wurde die evolutionäre Erkenntnistheorie von einigen Fachphilosophen stark kritisiert, vgl. Spaemann, Koslowski und Löw (1984). Diese Kritik ist schon deshalb sehr lesenswert, weil sie die Sprach- und Vorstellungsbarrieren aufweist, die noch immer zwischen Naturwissenschaftlern und Geisteswissenschaftlern bestehen. Die Fruchtbarkeit der evolutionären Erkenntnistheorie für das menschliche Selbstverständnis bleibt aber nach meiner Auffassung unbeschadet davon bestehen, daß die Berechtigung von Kritik in vielen einzelnen Punkten einleuchtet. Denn es erscheint mir unvorstellbar, daß sich irgendeine weitreichende, für das menschliche Selbstverständnis bedeutsame Theorie entwerfen läßt, deren Argumente völlig frei von Äquivokationen, Zirkel- und Fehlschlüssen sind.   **2)** Popper (1974) S. 85;   **3)** Der Begriff „evolutionäre" Erkenntnistheorie ist sprachlich inkorrekt, aber suggestiv (vgl. Vollmer 1981, S. 103 f.). Popper zitiert Campbell als den Erfinder des Begriffes (Popper 1974) S. 81; Campbell 1974).   **4)** vgl. Popper (1974) S. 74–78;   **5)** vgl. Popper (1979);   **6)** Riedl (1980) bezeichnet das Leben selbst als hypothetischen Realisten. Sobald wir die Theorie einer Neo-darwinistischen Evolution unseres Gehirns akzeptieren, erscheint uns ein hypothetischer Realismus als eine Grundbedingung einer kritischen Diskussion von Phänomenen in allen Bereichen unseres Lebens.   **7)** Vollmer (1981) S. 54;   **8)** dort S. 102;   **9)** dort S. 97–102;   **10)** vgl. Wuketits (1982); dort weitere Literatur;   **11)** Die gebräuchliche Übersetzung für Darwins Chiffre „struggle for life" mit „Kampf ums Dasein" klingt nach unmittelbarer Auseinandersetzung zwischen Feinden: einer unterliegt, der andere überlebt als Folge eines persönlich ausgetragenen Kampfes. Diese sprachlich suggestive Bedeutung trifft aber den Sachverhalt in den meisten Fällen nicht. „To struggle" meint (vgl. Webers „New World Dictionary") „to make great efforts or attempts" bzw. „to make ones way with difficulties". „Struggle for survival" läßt sich in diesem Sinne als eine äußerste „Anstrengung" um das Überleben verstehen. Der Erfolg solcher Anstrengungen hängt von sehr viel mehr Faktoren ab als von einem unmittelbaren Kampf gegen Konkurrenten.   **12)** Vgl. Wuketits (1982);   **13)** dort S. 3;   **14)** Osche (1975);   **15)** vgl. die Charakterisierung der Denkweise bei Nils Bohr durch Werner Heisenberg (1973) S. 49, Kap. 3.2 S. 251); vgl. dort (S. 273) auch die Hoffnung von Pauli und Heisenberg, daß eine bestimmte Gleichung, die den beiden Forschern wegen ihrer Einfachheit und hohen Symmetrie als ein einmaliges Gebilde erschien, „der richtige (!) Ausgangspunkt für eine einheitliche Feldtheorie der Elementarteilchen sein müßte."   **16)** Boveri (1904) Vorwort S. IV;   **17)** Müller (1834) S. 3 f.;   **18)** Müller (1830) Vorrede S. VIII; zit. nach Virchow (1858b), S.

41. Müller wandte sich gegen eine „falsche Naturphilosophie..., die so verführerisch für das verflossene Zeitalter geworden ist und die uns in die Zeiten der Jonischen Philosophie zurückversetzte." 19) Solange wir die Utopie einer wahren, objektiven Erkenntnis der Welt, also unabhängig von unseren subjektiven Wünschen und Sehnsüchten verfolgen, können wir uns mit dem Begriff eines Passungscharakters unserer Denkstrukturen nicht ganz beruhigen. Wenn die Art und Weise, wie wir die Welt sehen, durch die Überlebensstrategie der Evolution entscheidend bestimmt ist, dann ist es keineswegs selbstverständlich, daß wir eine objektive Sicht der Welt von einer subjektiven Sicht überhaupt abtrennen können. 20) vgl. Feyerabend (1976) S. 240. „Denn wer hat den Mut oder auch nur die Einsicht, zu erklären, die „Wahrheit" könnte unwichtig, ja womöglich gar nicht wünschenswert sein?" 21) vgl. Popper (1979).

3.4

1) Popper (1982): Vorwort zur ersten englischen Ausgabe 1959, S. XIV; 2) Mohr (1983b); 3) Vollmer (1981) S. 98; 4) dort S. 99; Gamow und Harris (1973); 5) Goldschmidt (1959) S. 124; 6) dort S. 123; 7) Kanizsa (1976); 8) Julesz (1975); 9) vgl. Kap. 2.7; Abb. 2.7-4; 2.9-5; 2.10-2; 10) Lewis Caroll, Schriftstellernahme von C. L. Dodgson (1832–1898), Mathematiker am Christ Church College in Oxford, ist Autor von „Alice's Adventures in Wonderland". Das dort angegebene Verfahren zur Vergrößerung oder Verkleinerung wurde bislang erfolgreich nur bei Alice selbst angewendet. 11) vgl. Albert Einstein „Kosmologische Schwierigkeiten der Newtonschen Theorie" In: Einstein (1972), S. 67; 12) zitiert nach Ernst (1982), S. 200; 13) vgl. Albert Einstein „Die Möglichkeiten einer endlichen und doch nicht begrenzten Welt" In: Einstein (1972), S. 68–71; 14) Einstein (1972); 15) Mohr (1983b); 16) Hesse (1943); 17) Einstein (1972), S. 68. Ein sehr anregendes Buch zum Problem des Raumes wurde kürzlich von Rucker (1984) veröffentlicht. Insbesondere das zweite Kapitel von Ruckers Buch über „Flatland" sei dem Leser zur Vertiefung dieses Exkurses empfohlen. Flatland bezeichnet die zweidimensionale Welt von zweidimensionalen Lebewesen, den Flachländern (Flatlander) und wurde 1884 von Edwin A. Abbott (1838–1926) erschaffen. In Abbotts Welt Flachland gibt es beispielsweise geschlossene Räume, in die zwar kein zweidimensionales, wohl aber ein dreidimensionales Wesen eindringen kann. In analoger Weise könnte man nach Rucker eine Welt vierdimensionaler Wesen entwerfen, für die Türen und Wände unseres dreidimensionalen Mesokosmos keinerlei Hindernis darstellen. „Höhe ... Breite ... und Tiefe in die zweidimensionale Fläche zu verwandeln" sagte Max Beckmann, einer der großen Maler dieses Jahrhunderts, „ist mir stärkstes Zaubererlebnis, aus der mir eine Ahnung jener vierten Dimension entsteht, die ich mit meiner ganzen Seele suche." (Mathilde Q. Beckmann (1985)). 18) Bei der ‚Darwinian fitness' handelt es sich im Kern um ein Bewertungssystem, bei dem die genetische Ausstattung eines Organismus in der Währung der Nachkommen gemessen wird. Die Bewertungsgrundlage ist also ausschließlich die relative Vermehrungsfähigkeit verschiedener Genotypen.

„‚Inclusive fitness' ist die Summe der fitness, die ein Individuum als solches besitzt plus aller Einflüsse, die das Individuum auf die fitness seiner genetischen Verwandten ausübt. Inclusive fitness bedeutet also, daß die genetische fitness eines Individuums nicht nur am Überleben und an der Reproduktion seiner selbst und seiner Nachkommen gemessen werden darf, sondern auch an der Förderung der fitness genetischer Verwandter. Inclusive fitness schließt also jene Einflüsse ein, die das Individuum zu der Überlebenschance der Sozietät, der es angehört, beisteuert." Mohr (1983a), S. 154; **19)** vgl. Einstein (1972), S. 70; **20)** dort S. 69; **21)** vgl. auch Ditfurth (1983). Die Ausmessung der Winkel „riesiger" Dreiecke, die im Verhältnis zum Krümmungsradius der zweidimensionalen Welt vergleichsweise groß sind, würde zu Winkelsummen von mehr als 180 Grad führen.

3.5

1) Manfred Marquardt (1979) S. 25, Strophen aus dem Gedicht „Wüsseschaft". Die tiefe Sorge über die Rolle der Wissenschaft läßt sich nicht einfach mit einer optimistischen Version über ihre Erfolge beantworten. Doch ist Forschung ein nicht zu entbehrendes Element unserer Kultur, die heute unabdingbar auf der Basis einer technischen Zivilisation existiert und fortentwickelt werden muß. Wer diesen Zusammenhang übersieht oder leugnet, verfolgt ein Konzept, das zu einer Katastrophe führen muß. Die Rolle der Wissenschaft in der Gesellschaft und ihr Verhältnis zur politischen Macht darf aber nicht länger in den Denkmustern einer grenzenlosen Fortschrittsgläubigkeit abgehandelt werden. Wer diesen Zusammenhang übersieht oder leugnet, verfolgt ebenfalls ein Konzept, das den Untergang unserer Kultur zur Folge haben muß. „Die Illusion des Verifizierbaren/Falsizifierbaren", schreibt George Steiner, „hat den westlichen Menschen zur persönlichen Entfremdung und kollektiven Barbarei geführt". Philosophie versteht Steiner heute als das „Denken des Widerstandes gegen die technisierte Zerstörung." (Georg Steiner „Martin Heidegger", Edition Albin Michel; zit. nach Frankfurter Allg. Zeitung 18. Sept. 1982, S. 23). Darüber nachzudenken, erscheint mir lebensnotwendig. Es scheint, daß eine tiefe pessimistische Grundstimmung heute anwächst. So wie aber der Prozeß der Erkenntnis nicht allein durch erkenntnistheoretische Pessimisten geleitet werden kann, sondern immer wieder Optimisten (wie z. B. Thomas Hunt Morgan) braucht, so scheint mir auch die Kulturkritik Denker zu benötigen, die mit einem informierten Blick auf die Welt die Fähigkeit zur Formulierung von Utopien verbinden, die geschichtsmächtige Hoffnungen erzeugen können. Die Verbitterung und Verzweiflung, die aus Erwin Chargaffs Buch (1980) über die Entwicklung der Wissenschaft herauszuhören ist, kann aufrütteln. Sie ist aber keine Antwort auf die Frage einer realen Utopie im eben genannten Sinne. **2)** C. F. v. Weizsäcker, Entgegnung auf die Ansprache des Präsidenten der Max Planck Gesellschaft zum 70. Geburtstag (1982). Weizsäcker fährt fort „Diese Wandlung ist mehr als der liberale Rechtsstaat und etwas anderes als der Sozialismus; aber beide sind, so scheint mir, aus einer rationalisierten Hoffnung auf eine solche Wandlung hervorgegangen." Zur Vertiefung dieser Aussagen vgl. Weizsäcker (1976). **3)** Vgl. Kap. 3.2, S. 248; **4)** Feyerabend (1974) S. 49; vgl. Kap. 3.2; **5)** Marcuse und Popper (1972) S. 36; **5a)** Mohr (1983a). Auch ein Erkenntnistheoretiker, dem nie etwas endgültig ausgemacht ist, hält es doch immerhin für ausgemacht, daß ein Flugzeug ihn zu einem vorbestimmten Zielort bringen kann und von einem Unglücksfall abgesehen auch bringen wird. Er verläßt sich dabei zumindest implizit auf die Wahrheit der Naturwissenschaften und die Möglichkeit von Erkenntnis als verläßlichem Wissen. Vielleicht ist sein Glaube an die praktische Anwendbarkeit naturwissenschaftlicher Erkenntnis im Grunde ebenso notwendig naiv wie der Glaube vieler Laborwissenschaftler an die Beweiskraft ihrer Experimente. **6)** Wolstenholme, Hrsg. (1963); **7)** dort Kap. 6, Eugenik und Genetik, S. 277-324. Francis Crick beispielsweise, schlug eine „Besteuerung von Kindern" vor. Leute, die für die Gemeinschaft besonders erwünscht sind, sollten durch finanzielle Anreize veranlaßt werden, mehr Kinder zu bekommen, während unerwünschte Leute dadurch abgeschreckt werden sollten. Crick bemerkte dazu, „Für einen guten Liberalen muß das schrecklich klingen, denn es ist das genaue Gegenteil von dem, was er sein Leben lang gelernt hat. Aber zumindest ist es logisch." Im Anschluß an Mullers Ideen über die Anlagen von Samenbanken von Spendern hervorragender Fähigkeiten und Anlagen, stellt Crick Überlegungen über den „Einfluß der Gesellschaft auf die endgültige Wahl des Samenspenders" an. „Vernünftig wäre wohl, die beteiligten Individuen bis zu einem gewissen Grade selbst wählen zu lassen. Man müßte auch für die Mütter bezüglich der erlaubten Kinderzahl Zulassungen einführen ... Nach Einführung dieses Verfahrens stellt vielleicht das eine Land ein ausgedehnteres Programm auf als ein anderes, und nach 20, 25 oder 30 Jahren könnten sich recht erstaunliche Ergebnisse zeigen. Man stelle sich vor, daß plötzlich alle Nobelpreise nach Finnland gehen, weil dort eine intensivere Verbesserung der Bevölkerung eingeführt ist!" Die wahre Schwierigkeit bei der Einführung derartiger Verfahren sah Crick „ganz allgemein im Fehlen verbreiteter biologischer Kenntnisse." (dort S. 303 f.) Solche Vorschläge wurden durchaus im Stile ruhiger akademischer Diskussionen entgegengenommen und nicht wesentlich kritisiert. Nur am Ende der Diskussion erfahren wir wenigstens von Alex Comfort, „Es ginge uns nicht sehr gut mit einer Bevölkerung, die ausschließlich aus Menschen mit einem sehr hohen IQ bestünde, die aber schlecht angepaßt, ja vielleicht sogar psychopathisch wären." (dort S. 324) **8)** „Man and his future" ist weithin das Dokument eines grenzenlosen Optimismus über den Nutzen der Genetik bis hin zur genetischen Verbesserung ganzer Populationen oder zumindest zur Bildung von Führungseliten, die nach genetischen Gesichtspunkten geplant werden. Es ist damit das Dokument einer teilweise geradezu aberwitzig anmutenden politischen Naivität von Gelehrten: Zauberlehrlinge, die politische Geister auf den Markt rufen, deren Wirkungen ihnen nur allzubald über den Kopf wachsen würden (vgl. Kap. 2.11, Anm. 49). **9)** dort S. 292; **10)** Die Gestalt der Zelle als Ganzes enthält mehr an Informationen als die DNA, die im Zellkern und anderen Zellorganellen lokalisiert ist. Der DNA wurde vermutlich im Verlauf der Evolution nie die Aufgabe gestellt, die Information für die Bildung einer neuen Zelle de novo zu liefern, sondern immer nur die Aufgabe, im Rahmen einer existierenden Zelle die Information für Vermehrung und (bei vielzelligen

Organismen) Entwicklung zu liefern. Peter Sitte (1982) verweist auf die noch viel zu wenig beachtete Tatsache, daß Biomembranen eine genetische Kontinuität besitzen. „Die lebende Zelle läßt Membranen immer nur aus schon bestehenden Membranen durch Intussusceptions-Wachstum und schließliche Abgliederung durch Membranfluß entstehen." (dort S. 573–574). Zwar liegt die genetische Information für bestimmte Proteine, z. B. Rezeptoren, die in der Membran vorkommen, ebenso wie für Enzyme, die bei der Membransynthese benötigt werden, im Zellkern, aber die Membran selbst bildet ein zeitliches Kontinuum, das ebenso wie die Nucleinsäuren immer erhalten bleiben muß („omnis structura e structura"). Die erste primitive „Zelle" könnte man sich als Kompartiment vorstellen, in dem informationstragende, zur Vermehrung befähigte Makromoleküle existieren. Wir gelangen damit wieder zu der alten Frage, die die Theorie einer Generatio spontanea in falscher Weise „beantwortet" hatte, bevor sie durch Virchows Satz „omnis cellula e cellula" verdrängt wurde: Wie entstand die erste Zelle? Auch Darwins Evolutionstheorie behandelte zunächst nur die weitere Entwicklung des Lebendigen, nicht seine Entstehung selbst (vgl. Eigen und Schuster 1977; 1978). Selbst wenn wir annehmen, daß die im Verlauf der Evolution entstehende genetische Information die vollständige Beschreibung einer Zelle (ihre Definition) irgendwann einmal vollständig enthalten hat, bleibt das Problem, daß eine Degeneration dieser Information im Verlauf der weiteren Evolution bis zu einem gewissen Grade möglich erscheint. Stellen wir uns einen Computer vor, der alle Abläufe einer sehr komplexen Firma kontrolliert. Dann ist bei vielen Abläufen durch die Gesamtstruktur der Firma bereits vorgegeben, was bei bestimmten Befehlen geschieht. Ein Wagen auf Schiene a, der am Ort A gestartet wird, kommt notwendig bei B an, ohne daß Informationen über die Einzelheiten der Wegstrecke im Computer gespeichert sein müßten. Falls eine solche Information im Computer gespeichert wäre, könnte sie jedenfalls zunehmend defekt werden, ohne daß sich irgend ein Nachteil in der Funktion der Firma bemerkbar machen würde. Die Situation verändert sich, wenn der Computer auch für den Aufbau von Tochterfirmen verantwortlich ist. Tochterfirmen können auf der grünen Wiese entstehen, sofern Information, Material und ausführende Menschen und/oder Maschinen vorhanden sind. Sie können so *de novo* entstehen. Bei der Zelle ist das anders. Die neue Zelle entsteht ja ausschließlich aus der Teilung einer alten. Ihre DNA hatte daher nie die Aufgabe zu erfüllen, die dem Bau einer Tochterfirma auf der grünen Wiese analog wäre, nämlich die Bildung einer neuen Zelle in einem relativ einfach strukturierten Cytoblastem zu veranlassen, das nichts weiter als Materialien in Form von Aminosäuren, Kohlehydraten und Lipiden enthalten würde und Vorrichtungen für die Übersetzung der genetischen Information in Enzyme und Strukturproteine. (Betrachten wir ein noch einfacheres Beispiel: Ein Computer enthalte alle Informationen, die erforderlich sind, um die Einzelteile eines komplizierten Puzzles herzustellen, zusammenzusetzen, zu erhalten und zu reduplizieren. Als Randbedingung nehmen wir an, daß bei der Zusammensetzung der Elemente zu neuen Puzzles immer bereits ein schon vorhandenes Puzzle als Vorlage dient. Die genaue Lage der einzelnen Elemente muß dann im Computer nicht als Information gespeichert sein.) Wie weit solche Beispiele auf den Informationsgehalt der DNA zu übertragen sind, ist ein Problem, dessen Lösung offen ist. Immerhin ist es, so viel folgt aus diesem Gedankengang, nicht selbstverständlich anzunehmen, daß die DNA die vollständige Information enthält, die zur Beschreibung der komplexen Struktur einer Zelle notwendig ist.   **11)** Die Erkenntnis aus der „Chaostheorie", daß die weitere Zukunft eines komplexen Systems aus den Randbedingungen zu einem bestimmten Zeitpunkt nicht deterministisch erschlossen werden kann (vgl. Anm. 15 zu Kap. 3.2), läßt sich auch optimistisch interpretieren. Der Abschied von rein deterministischen Weltbildern läßt auch mehr Raum für humane Utopien in der zukünftigen Entwicklung.   **12)** vgl. dazu Hassenstein (1972) „Diese Aussagen" (der Mensch ist willensfrei, sein Handeln ist nicht kausal gebunden) „halte ich für wissenschaftlich und zwar auch dann, wenn man die Bewußtseinsvorgänge lückenlos als Repräsentanten von restlos kausal determinierten zentralnervösen Prozessen betrachtet. Legt man dies zu Grunde, so sind die Prozesse als solcherart organisiert — oder durch Lernvorgänge zusätzlich so organisierbar — anzusehen, daß sie bis zu den Grenzen ihrer Kapazität beliebige Inhalte und beliebige Verknüpfungsregeln in sich abbilden können. Sobald dann sowohl die Inhalte wie die Verknüpfungsregeln ‚programmiert' sind, muß man sich eine ‚Meta-Ebene' vorstellen, in der der Funktionsablauf den einprogrammierten Gesetzen folgt und nicht mehr die Verknüpfungsgesetze der Bauelemente wiedergibt." (dort S. 93);   **13)** Georg Ernst Stahl (1660–1734) war Professor der Medizin in Halle und vertrat die Vorstellung, daß eine unsterbliche Seele mit ihren immateriellen Bewegungen alle organischen (normalen oder pathologischen) Vorgänge im Körper steuert.   **14)** Wolff (1759) Theoria generationis, 2. Teil, S. 81;   **15)** Bei den Diskussionen über das Problem von Epigenesis und Prädeterminination, die gegen Ende des 19. und zu Beginn des 20. Jahrhunderts mit erneuter Heftigkeit geführt wurden (vgl. Oskar Hertwig (1909)) vermissen wir noch die fruchtbare Gedankenwelt der Informationstheorie und der Kybernetik. Die Informationstheorie, die Claude Shannon (1948) im Hinblick auf das Problem einer Übertragung von Nachrichten entwickelte, ging von der Frage aus, wie man mit einem Minimum an Symbolen (eines Codes) ein Maximum an Informationen übermitteln kann. Man begann nach dem Informationsgehalt von Nachrichten zu fragen und diesen Informationsgehalt zu quantifizieren. Diese Art des Fragens ist erst im Zeitalter der Computer selbstverständlich geworden. Die Entwicklung der Regelungstechnik und der Regelungstheorie als einem Teilgebiet der von Norbert Wiener (1894–1964) begründeten Kybernetik erfolgte ebenfalls erst später im 20. Jahrhundert. Ein tieferes Verständnis von der Rolle der Chromosomen bei der Vererbung und Entwicklung wurde erst im Rahmen dieser Theorien und der Entschlüsselung des genetischen Codes möglich. Wir sprechen heute wie selbstverständlich von der Schriftnatur der DNA (Blumenberg (1981). In seinem berühmten Essay „Was ist Leben" hat Erwin Schrödinger (1944) ohne Kenntnis von der im gleichen Jahr erschienenen Arbeit von Avery und Mitarbeitern von der „Schlüsselschrift" gesprochen, durch die Funktionen der Zellen gesteuert werden. F. Miescher äußerte bereits 1892 in einem Brief an W. His die Ansicht „aller Reichtum und alle Mannigfaltigkeit erblicher Übertragungen (können) ebenso gut darin" (d.h. in der kolossalen Menge von Stereoisomerien der an der Zusammensetzung der Erbsubstanz beteiligten chemischen Bauformen) „ihren Ausdruck finden, als die Worte und Begriffe aller Sprachen in den 24–30 Buchstaben des Alphabets" (zit. nach Blumenberg (1981) S. 395). Diese Metapher von einem Alphabet eilte aber dem damaligen Stand der Vererbungstheorie weit voraus.Vererbungstheoretiker wie beispielsweise Nägeli (1884) und Weismann (1892b) dachten über das Problem in ganz anderen Bildern (vgl. Kap. 2.10). Es erscheint bemerkenswert, daß die Formulierung der Informationstheorie der Entdeckung der Struktur der DNA (Watson und Crick 1953a, b) und des genetischen Codes (Crick et al. 1961; vgl. Kurland (1982)) vorangegangen ist. Man darf vermuten, daß ein Wechsel der Metaphern (z. B. Schrödingers Begriff „Schlüsselschrift") das Gedankenfeld vorbereitete, auf dem diese Entdeckungen möglich wurden. **16)** vgl. Vogel und Propping (1981) s. 339 ff.; **17)** dort S. 86–122; **17)** Stebbins und Ayala (1985); **18)** Singer (1985); **19)** vgl. Popper (1974) S. 74–76 „Kübeltheorie" oder „tabula-rasa-Theorie" des Geistes. **20)** Max Planck „Sinn und Grenzen der exakten Wissenschaft" S. 100; **21)** Vergleiche mit Joshua Lederbergs Definition Karl Rahners anthropologische Kurzformel des Menschen (Rahner (1976) S. 437) oder Karl Jaspers immer wieder beschworene Hoffnung auf „Umkehr", das heißt auf eine grundlegende Wandlung des politisch-philosophischen Bewußtseins der Menschen angesichts der „Gefahren der Zerstörung von bisher nicht gekanntem Ausmaß" und sogar „des Untergangs der Menschheit" (Jaspers (1961)). Die Bilder dieser und anderer bedeutender Theologen und Philosophen setzen voraus, daß Menschen bei ihren existentiellen Entscheidungen frei gewählten Verknüpfungsregeln folgen können. Sie setzen damit voraus, daß eine Ebene menschlicher Entscheidung möglich ist, auf der ein Mensch mehr ist als das komplizierte Produkt von Genwirkungen und Umwelteinflüssen. Diese Ebene ist eine ˙Hoffnung, die auch ein hypothetischer Realist, der die moderne Evolutionstheorie akzeptiert, wohl haben darf (vgl. Anm. 12 zu diesem Kapitel und Anm. 21 zu Kapitel 3.2). Wir sind geschichtliche Wesen, nicht nur in einem gewöhnlichen historischen Sinne, sondern auch durch die Geschichte der Information, die in unserer DNA niedergeschrieben ist. Theologen, Philosophen, Psychologen, aber auch Molekulargenetiker sollten diese doppelte Geschichtlichkeit ernst nehmen, wenn sie vom Menschen und seinen Möglichkeiten reden. Hier könnte der Humangenetik die Funktion einer Brückenwissenschaft zukommen.

5 Postscriptum — Ludwik Fleck (1896–1961) der Vorläufer von Thomas Kuhn: Die Theorie vom Denkstil und den Denkstilumwandlungen in wissenschaftlichen Gemeinschaften

Im Vorwort seines Essays „Die Struktur wissenschaftlicher Revolutionen" macht Thomas Kuhn auf „Ludwik Flecks fast unbekannte Monographie *Entstehung und Entwicklung einer wissenschaftlichen Tatsache* (Basel 1935)" aufmerksam, die viele seiner eigenen Gedanken vorweggenommen habe. Damit gab Kuhn den Anstoß für eine Wiederbeschäftigung mit Flecks Schriften, er bezieht sich jedoch an keiner späteren Stelle seines Essays mehr auf Fleck. Dies dürfte mit dazu beigetragen haben, daß Flecks erkenntnistheoretischer Beitrag in der wissenschaftlichen Öffentlichkeit bis heute nicht seiner Bedeutung entsprechend wahrgenommen und zitiert wird. Weil ich erst in einem fortgeschrittenen Stadium der Drucklegung auf Flecks Bedeutung aufmerksam wurde,[1] profitiert auch das vorliegende Buch nur indirekt — über Kuhns Essay — von Flecks Vorstellungen zum Wachstum wissenschaftlicher Erkenntnis. Es bleibt zu hoffen, daß die Neuherausgabe von Flecks Monographie und seiner weiteren wissenschaftstheoretischen Schriften in zwei schmalen Bänden[2] dazu verhilft, Flecks Gedankenwelt wenigstens im Gefolge der Wirkungsgeschichte von Kuhns Essay in einer breiteren Öffentlichkeit zu diskutieren. Beide Bände sind ungemein lesenswert. Denn „Ludwik Flecks gegenwärtig so gut wie unbekannte Schrift ‚Entstehung und Entwicklung einer wissenschaftlichen Tatsache' könnte unter günstigeren Umständen heute im Rang eines Klassikers der Wissenschaftsgeschichte stehen."[3] Dieses Urteil der Herausgeber Lothar Schäfer und Thomas Schnelle erscheint nicht nur im Hinblick auf ihre Eigenschaft als Vorläufer von Kuhns eigenen wissenschaftstheoretischen Vorstellungen gerechtfertigt, sondern auch im Hinblick auf weitere „Potentiale ... die nicht in Kuhns Werk Eingang fanden."[4] Ihre systematische Aufarbeitung steht noch aus.

Die Geschichte von Flecks Werk macht deutlich, daß es für die Wirkungsgeschichte von wissenschaftlichen Gedanken, für ihren öffentlichen Einfluß und ihre öffentliche Bewertung nicht bloß auf ihre Qualität (im Urteil *späterer* Wissenschaftshistoriker und einer *späteren* wissenschaftlichen Öffentlichkeit) ankommt, sondern auf die Bereitschaft und Fähigkeit bereits bestehender wissenschaftlicher Gemeinschaften, diese Gedanken aufzunehmen, weiterzuentwickeln und bekannt zu machen. Gelingt dies nicht, so bleiben die Gedanken wenigstens zunächst unfruchtbar. Sie können sogar wieder verloren gehen und müssen dann neu erfunden werden. Ihre ursprünglichen Erfinder erhalten aufgrund der Arbeit akribischer Wissenschaftshistoriker am Ende vielleicht nur mehr eine Fußnote als Vorläufer einer bestimmten Ideengeschichte. Flecks Nichtbeachtung als Wissenschaftstheoretiker ist so ein eigenes negatives Beispiel für die Bedeutung, die Fleck, wie wir gleich sehen werden, einer soziologischen Betrachtungsweise in der Wissenschaftstheorie zugemessen hat. Lud-

wik Fleck — polnischer Wissenschaftler jüdischer Herkunft, Überlebender des
Holocausts in den Konzentrationslagern von Auschwitz und Buchenwald, Bak-
teriologe von Rang — ein leidgeprüfter Mann, mag diesen Teil seines Schicksals mit Gelassenheit ertragen haben.[5] Denn er war allem Heroenkult abhold,
mit dem die Öffentlichkeit das Wachstum an Erkenntnis der ausschließlichen
Leistung einzelner überragender Individuen zuschreiben möchte. Solche Gestaltung der Wissenschaftsgeschichte ist zwar soziologisch verständlich. Denn
es gibt immer ein öffentliches Bedürfnis nach Heroen, mit deren Erfolgen man
sich bequem identifizieren kann, während man gleichzeitig die Last eigenstän-
diger Arbeit und Verantwortung abschiebt. Solche Gestaltung weiß aber nichts
von allem, was Ludwik Fleck in seinem wissenschaftstheoretischen Schlüssel-
begriff vom *Denkkollektiv* ausgesagt hat.

Denkstil, Denkstilumwandlung, Denkkollektiv — die Begriffe bei Ludwik Fleck

Einen Denkstil definiert Fleck „als Bereitschaft für gerichtetes Wahrnehmen
und entsprechendes Verarbeiten des Wahrgenommenen."[6] Solche Ausrichtung
des Denkens führt zu einer „stilgemäßen Beschränkung", welche Probleme von
einem Wissenschaftler bzw. einer wissenschaftlichen Gemeinschaft als interessant und welche Urteile als evident empfunden werden und umgekehrt, welche
Probleme unbeachtet bleiben „oder als unwichtig oder sinnlos abgewiesen werden."[7]
  Der Denkstil bedingt also eine besondere Form der Wahrnehmung. Dabei
geht Fleck davon aus, „daß jede Wahrnehmung vor allem das Sehen irgendwelcher Ganzheiten ist, man aber ihre Elemente erst danach sieht. Manchmal
können sie sogar unerkannt bleiben. Einen bekannten Menschen oder eine bekannte Blume erkennen wir auf den ersten Blick, oft hingegen sind wir im allgemeinen nicht imstande, die von den anderen unterscheidenden Merkmale
anzugeben... Eben genau solche Ganzheiten, die sich den sinnlichen Wahrnehmungen direkt aufdrängen, in hohem Maße unabhängig von ihren Bestandteilen, nennt die Psychologie ‚Gestalten'."[8] Erst „die Kenntnis einer Gestalt
schafft die Disposition, sie wahrzunehmen (Wahrnehmungsbereitschaft), deren
Stärke bei verschiedenen Menschen verschieden ist, abhängig unter anderem
vom Ausbildungsgrad auf diesem Gebiet."[9] „Eigentlich sehen wir erst, wenn
die Gestalt als Ganzheit, vollendet, Element weiterer übergeordneter Gestalten
wird, sobald wir ihre Elemente und Struktur zumindest zum großen Teil vergessen. Sonst verschleiern uns die Bäume den Wald, erlauben uns die Silben
nicht, Worte und Sätze zu erkennen. Um zu sehen, muß man zuerst wissen, und
dann kennen und einen gewissen Teil des Wissens vergessen. Man muß eine
gerichtete Bereitschaft zum Sehen besitzen."[10] Fleck bezeichnet es als „unmöglich, den Gegenstand der Beobachtung unabhängig vom Denkstil abzuson-
dern"[11] und er beruft sich dabei auf Nils Bohrs Argument: „Überhaupt enthält
der Begriff der Beobachtung eine Willkür, indem er wesentlich darauf beruht,
welche Gegenstände mit zu dem zu beobachtenden System gerechnet werden."[12] Welche Apparate und welche Methoden ein Wissenschaftler verwen-

det, alles das „ist immer Ausdruck eines gewissen, bereits entwickelten Stils des Denkens."[13] Diese wenigen Zitate belegen bereits zur Genüge, welche Bedeutung der Psychologie der Wahrnehmung, insbesondere der Gestalttheorie in Flecks Denken zukommt (vgl. dazu die Position Kuhns in Kap. 1.2).

Welche Bedeutung hat nun ein bestimmter Denkstil für das Wachstum wissenschaftlicher Erkenntnis und wie verändert er sich während dieses Prozesses? Dieser Frage geht Fleck anhand einer glänzend geschriebenen Analyse über die Geschichte des Syphilisbegriffs nach. Sie ist gerade heute wieder aktuell, weil diese Geschichte in ihren wissenschaftlichen und gesellschaftlichen Bezügen, vor allem in ihren Bezügen zu ethisch-mystischen Krankheitsauffassungen mit dem Stigma des Schicksalshaften und Sündigen („Lustseuche") beispielhaft ist für die anstehende gesellschaftliche Auseinandersetzung mit der neuen Seuche AIDS und die existenzbedrohenden Folgen, die ein bestimmter Denkstil für davon Betroffene (z. B. AIDS als Problem sozialer Randgruppen („Schwulenpest")) haben kann. In diesen von Fleck unermüdlich betonten soziologischen Dimensionen gewinnt sein Begriff des Denkstils ein unmittelbares, öffentliches Interesse, das weit über die esoterischen Probleme eines Zirkels von Wissenschaftstheoretikern hinausreicht. Ob man ein Problem lösen, ob man einer Gefahr wie der Syphilis oder AIDS in einer wirksamen Weise begegnen kann, hängt vom Denkstil der Beteiligten ab. Von diesem Denkstil hängt ab, ob das wissenschaftliche Vorgehen zu verläßlichem Wissen über die kausalen Beziehungen zwischen den vielschichtigen Faktoren führt, die die Entstehung und Ausbreitung der Erkrankung fördern, ob rationale und irrationale Ängste der (noch) Nicht-Betroffenen angemessen berücksichtigt werden können und die Menschenwürde der Betroffenen gewahrt wird. Man kann nicht so optimistisch sein zu glauben, wir hätten einen solchen angemessenen Denkstil bereits entwickelt.

Diese Andeutungen können hier genügen, um einen Punkt deutlich zu machen: Der Denkstil in diesem umfassenden Sinne Ludwik Flecks ist nicht einfach Angelegenheit einzelner Individuen „vom Typus Julius Cäsars, der nach der Formel veni — vidi — vici seine Schlachten gewinnt."[14] Diesem weit verbreiteten Mythos, der sich schon bei der näheren Betrachtung von Beobachtungen und Experimenten eines einzelnen Wissenschaftlers als untauglich erweist, stellt Fleck seinen Begriff des *Denkkollektivs* entgegen. Dieser Begriff ermöglicht Fleck eine Antwort auf die Frage, wie sich ein bestimmter Denkstil als Ausgangspunkt jeder Erkenntnis entwickelt. „Jede Erkenntnis ist eine soziale Tätigkeit — nicht nur, wenn sie wirklich Kooperation erfordert, denn sie stützt sich immer auf Wissen und Fertigkeiten, die von vielen anderen überliefert worden sind. Sie ist sozial, weil während jedes andauernden Gedankenaustausches Ideen und Standards erscheinen und wachsen, die an keinen individuellen Autor geknüpft werden können. Es entwickelt sich eine gemeinschaftliche Denkweise, die alle Teilnehmer bindet und die sicherlich jede Erkenntnisfähigkeit bestimmt. Deshalb muß Erkenntnis als eine Funktion von drei Elementen verstanden werden: Sie ist eine Relation zwischen dem individuellen Subjekt, dem bestimmten Objekt und der gegebenen Denkgemeinschaft (Denkkollektiv), in dem das Subjekt handelt."[15] Fleck definiert ein Denkkollektiv „als Gemeinschaft der Menschen, die im Gedankenaustausch oder in gedanklicher

Wechselwirkung stehen" und sieht „in ihm den Träger geschichtlicher Entwicklung eines Denkgebietes, eines bestimmten Wissensbestandes und Kulturstandes, also eines besonderen Denkstiles."[16] Als Individuum erkennen wir etwas immer nur aufgrund eines „bestimmten Erkenntnisbestandes ... 'als Mitglied eines bestimmten Kulturmilieus' oder am besten 'in einem bestimmten Denkstil, in einem bestimmten Denkkollektiv'."[16]

Erkennen ist für Fleck darum „kein individueller Prozeß eines theoretischen 'Bewußtseins überhaupt'; es ist Ergebnis sozialer Tätigkeit, da der jeweilige Erkenntnisbestand die einem Individuum gezogenen Grenzen überschreitet."[16] Ein Denkkollektiv ist schon deshalb mehr als die Summe des Denkens einzelner Individuen, weil es das Denken seiner einzelnen Mitglieder beeinflußt. „Gedanken kreisen vom Individuum zum Individuum, jedesmal etwas umgeformt, denn andere Individuen knüpfen andere Assoziationen an sie an. Streng genommen versteht der Empfänger den Gedanken nie vollkommen in dieser Weise, wie ihn der Sender verstanden haben wollte... Nach einer Reihe Rundgänge innerhalb der Gemeinschaft, kehrt oft eine Erkenntnis wesentlich verändert zum ersten Verfasser zurück — und auch er sieht sie schon ganz anders an, erkennt sie nicht als seine eigene oder (ein häufiges Geschehen) glaubt, sie ursprünglich in der jetzigen Gestalt gesehen zu haben."[17] „Ein schlechter Beobachter, wer nicht bemerkt, wie anregendes Gespräch zweier Personen bald den Zustand herbeiführt, daß jede von ihnen Gedanken äußert, die sie allein oder in anderer Gesellschaft nicht zu produzieren imstande wäre. Eine besondere Stimmung stellt sich ein, der keiner der Teilnehmer sonst habhaft wird, die aber fast immer wiederkehrt, so oft beide Personen zusammenkommen. Längere Dauer dieses Zustandes erzeugt aus gemeinsamem Verständnis und gegenseitigen Mißverständnissen ein Denkgebilde, das keinem der Zwei angehört, aber durchaus nicht sinnlos ist. Wer ist sein Träger und Verfasser? Das kleine zweipersonale Kollektiv. Kommt ein Dritter hinzu, so macht er die frühere Stimmung verschwinden und mit ihr die besondere schöpferische Kraft des früheren Denkkollektives; ein neues entsteht."[18]

Von seinem soziologischen Denkansatz her kommt Fleck zu einem radikalen Schluß. Er behauptet, „daß ohne soziale Bedingtheit überhaupt kein Erkennen möglich sei, ja, daß das Wort 'Erkennen' nur im Zusammenhange mit einem Denkkollektiv Bedeutung erhalte."[19] „Der ganze Erkenntnisbestand und die kollektive gedankliche Wechselwirkung (wirkt) bei vielen einzelnen Erkenntnisakten (mit)."[20] Dementsprechend gibt es kein Individuum, das seine Erkenntnistätigkeit wie auf einer leeren Tafel beginnen würde. Nachdem wir bereits früher Grenzen unserer Erkenntnisfähigkeit kennengelernt haben, die durch eine neodarwinistische Evolution unserer Wahrnehmungsstrukturen vorgegeben sind, erfahren wir bei Fleck von einer weiteren soziologischen Dimension solcher Grenzen. Jede Entwicklung komplexer Ideen, Probleme und Standards, selbst die Inhalte und Begrenzungen einer Beobachtung wird von Denkstilen bestimmt, die nicht allein einem Individuum zugehören. Von Anfang an unterliegen wir als Individuen in unserem persönlichen Denkstil Zwängen durch die Denkkollektive, denen wir angehören. Diese Zwänge beeinflussen die Art und Weise, die Möglichkeiten und Grenzen unserer Fähigkeit zum Gestaltsehen. Erkenntnis stützt sich „immer auf Wissen und Fertigkeiten, die von vielen anderen überliefert worden sind."[21] Schon deshalb ist sie mehr „als eine Relation zwischen dem individuellen Subjekt und dem Objekt."[21]

„In der heutigen „Ära von Teamkooperation, von Artikeln, die von mehreren Koautoren veröffentlicht werden, von so vielen Zeitschriften, Rezensionen, Konferenzen, Symposien, Komitees, Vorständen, Gesellschaften und Kongressen wird die gemeinschaftliche Natur wissenschaftlicher Erkenntnis offensichtlich."[22] Soweit ist der Hinweis auf den soziologischen Charakter von Erkenntnis eigentlich trivial. Nicht trivial ist der Hinweis, daß sich die Mitglieder von Denkkollektiven der Zwänge in der Regel gar nicht bewußt sind, denen sie als Folge ihrer unvermeidlichen Teilnahme an bestimmten Denkkollektiven unterliegen. Das Denkkollektiv, so formuliert es Thomas Kuhn sinngemäß in seinem Vorwort zur englischen Übersetzung von Flecks Monographie, vermittelt seinen Mitgliedern so etwas wie Kantsche Kategorien, die zur notwendigen Vorbedingung all ihrer Gedanken werden.[23]

Bedeutet dieser Begriff des Denkkollektivs, daß Fleck den Anteil des Individuums am Erkenntnisprozeß letztlich geringschätzt und diesen Prozeß in einer sehr angreifbaren Fiktion seinem Denkkollektiv als einer Art von Überindividuum zuschreibt? Fleck spricht von einem Drei-Komponenten-Modell, in dem „die drei Komponenten der Erkenntnisfähigkeit untrennbar miteinander verbunden (sind). Zwischen dem Subjekt und dem Objekt gibt es ein Drittes, die Gemeinschaft. Es ist kreativ wie das Subjekt, widerspenstig wie das Objekt und gefährlich wie eine Elementargewalt."[24] Das Denkkollektiv hat „seine besondere psychische Gestalt, besondere Gesetze des Verhaltens."[25] Fleck ist sich der Problematik seines Begriffs teilweise bewußt. Diese Problematik besteht darin, daß Fleck dem Denkkollektiv insgesamt Eigenschaften zuweist, die aus der Individualpsychologie stammen. „Jedem, der das Denkkollektiv Fiktion, Personifikation des durch Wechselwirkung entstandenen Gemeinschaftsergebnisses nennt, könnte zugestimmt werden."[25]

Die Problematik des Begriffs wird noch dadurch erhöht, daß jeder Mensch nach Fleck mehreren Denkkollektiven angehört. „Als Forscher gehört er zu einer Gemeinschaft, mit der er arbeitet und oft unbewußt Ideen und Entwicklungen heraufbeschwört, die bald selbständig geworden, sich nicht selten gegen ihre Urheber wenden."[26] (Man vergleiche zum Beleg die Geschichte der Schleiden-Schwannschen Zellbildungstheorie, Kap. 2.3 und 2.5) „Als Parteimitglied, als Angehöriger eines Standes, eines Landes, einer Rasse usw. gehört er wiederum anderen Kollektiven an."[26] Die Denkstile, die in diesen verschiedenen Kollektiven vorgegeben sind, sind bei näherem Hinsehen häufig inkommensurabel und wir mögen solche Unvereinbarkeit selbst schmerzlich empfinden. Denkkollektive können — wenn wir diesen Gedanken ernst nehmen — in ihrem Denkstil nicht völlig abgeschlossen und unveränderlich bleiben. Sie nehmen schon über ihre Mitglieder notwendig teil an den Gedanken auch anderer Denkkollektive mit ihren teilweise inkommensurablen Denkstilen. Das einzelne Denkkollektiv mag zwar versuchen, ein „ausgebautes, geschlossenes Meinungssystem"[27] zu bilden, das gegenüber Widersprüchen ein stärkeres Beharrungsvermögen aufweist als es einem vereinzelten Individuum vielleicht möglich wäre. Je abgeschlossener ein Denkkollektiv ist, desto eher mögen seine Mitglieder der Gefahr erliegen, sich in ihren Ideen ständig zu bestärken und sie

„mit den Merkmalen objektiver Wirklichkeit (auszustatten)."[28] Das Kollektiv kann in einer „Harmonie der Täuschungen" Widerspruch gegen das eigene Meinungssystem eine Zeitlang für undenkbar halten. Alles, was in das System nicht hineinpaßt, mag für einige Zeit ungesehen oder verschwiegen bleiben oder „es wird mittels großer Kraftanstrengung dem Systeme nicht widersprechend erklärt"[29] — nicht aus unredlicher Absicht, sondern weil es einem bestimmten Denkstil, einem bestimmten Gestalt-Sehen entspricht, Dinge zunächst für belanglosen Hintergrund zu halten, die erst in einem neuen Denkstil ihre zentrale Rolle in einer neuen Gestalt spielen werden. Schließlich aber — wenn die Widersprüche bestehen bleiben — kommt es nach einigen Versuchen der Erweiterung und Ergänzung zu einer *Denkstilumwandlung*. Sie führt zu einer neuen Weise des gerichteten Sehens, zur Wahrnehmung einer neuen Gestalt.

Zum Vergleich der Begriffe bei Thomas Kuhn und Ludwik Fleck

Ebenso wie die Begriffe bei Thomas Kuhn lassen sich auch die Begriffe bei Ludwik Fleck adäquat nur verstehen, wenn man das beiden Denkern gemeinsame Interesse an der Gestaltpsychologie und der Soziologie wissenschaftlicher Gemeinschaften berücksichtigt. Was für die Formbarkeit der Begriffe bei Thomas Kuhn gilt (vgl. Kap. 1.2), gilt ebenso für die Begriffe bei Ludwik Fleck: ebenso wie die Begriffe „Paradigma" und „Paradigmawechsel" bei Thomas Kuhn, sind auch die Begriffe „Denkstil" und „Denkstilumwandlung" bei Ludwik Fleck Chiffren für die *Gestalt* einer Theorie der Erkenntnis insgesamt, die mehr beinhaltet als eine Summe präzise definierter, einzelner Elemente. Dies erschwert einen systematischen Vergleich der Begriffe bei Kuhn und Fleck und mahnt zur Vorsicht gegenüber simplen Gleichsetzungen. Umso bedeutsamer erscheinen mir die fundamentalen Rollen, die eine soziologische Perspektive in der Wissenschaftstheorie und die Gestalttheorie für beide Denker spielen, wobei Kuhn, wie es scheint, unabhängig von Fleck auf die Bedeutung der Gestalttheorie für sein eigenes Denken gestoßen ist.[30]

Es scheint, daß Fleck im Gegensatz zu Kuhn die unumgänglichen, ständig fortdauernden Veränderungen des Denkstils in der Regel nicht als abrupte Revolutionen betrachtet, durch die eine wissenschaftliche Krise auf ihrem Höhepunkt schließlich beseitigt wird. Zwar spricht Fleck gelegentlich auch von Denkrevolution oder von „'Mutationen' des Denkstils".[31] In der Regel scheint es aber für Fleck so zu sein, daß Denkstilumwandlungen von den Mitgliedern eines Denkkollektivs selbst nicht als wissenschaftliche Revolution wahrgenommen werden. Man glaubt am Ende, daß man im Grunde immer schon so gedacht hat, wie es dem zuletzt gültigen Kanon entspricht. Eine wissenschaftliche Krise im Sinne von Thomas Kuhn wird von den Mitgliedern des Kollektivs in solchen Fällen zu keinem Zeitpunkt der Entwicklung aktuell empfunden. Der Begriff der Krise ist dann eher ein Konstrukt, mit dem der Wissenschaftshistoriker im zeitlichen Abstand seinen Eindruck vom Ausmaß einer Denkstilumwandlung andeutet. Dieser Unterschied in den Auffassungen Flecks und Kuhns ist empirischen Untersuchungen zugänglich. Flecks Wissenschaftler erinnern uns an Piagets Beschreibung der Entwicklung des Weltbildes eines Kindes (Kap. 1.3). Das Kind nimmt die Erweiterungen und Umwandlungen seines Weltbildes nur teilweise bewußt wahr und jedenfalls nicht in der Weise, wie es der analysierende Psychologe tut. Ebenso reflektieren Wissenschaftler die Erweiterungen und Umwandlungen ihres Denkstils im Fortgang ihrer Untersuchungen nicht so wie der später analysierende Wissenschaftshistoriker.

Wie immer wir uns zur Problematik der Begriffe Flecks stellen, es ist sein hervorragendes Verdienst, daß er — schon lange vor Thomas Kuhn — die Rolle sozialer Wechselwirkungen in der wissenschaftlichen Gemeinschaft als wesentliches Moment für Art und Richtung naturwissenschaftlicher Erkenntnis herausgestellt hat. Diese soziologisch gefärbte Diskussion der Wissenschaftstheorie, die faktisch erst in jüngster Zeit in erheblichem Umfang begonnen hat, hätte unter anderen Umständen direkt mit dem Erscheinen von Flecks Monographie einsetzen können.

Was ist eine Tatsache?

Was bedeutet nun, wenn wir uns in Flecks Gedankengebäude bewegen, eine wissenschaftliche Tatsache? Was bedeutet wissenschaftliches Denken und was ist sein Ziel? „Was ist eine Tatsache?" Das ist Flecks erste Frage im Vorwort zu seiner Monographie. „Man stellt sie als Feststehendes, Bleibendes, vom subjektiven Meinen des Forschers Unabhängiges den vergänglichen Theorien gegenüber. Sie ist das Ziel der Einzelwissenschaften; die Kritik der Methoden, sie zu erlangen, bildet den Gegenstand der Erkenntnistheorie."[32] Diesen Tatsachenbegriff stellt Fleck radikal in Frage. Sein Begriff von einer „Tatsache" ergibt sich aus seinem Verständnis des Erkenntnisvorganges. In jeden Erkenntnisvorgang gehen Voraussetzungen ein, denkstilspezifische Festlegungen, die Fleck *aktive Koppelungen* nennt.[33] Eine präzise Zusammenfassung der Argumentation, die Fleck von dieser, seiner Grundvoraussetzung her entwickelt, finden wir bei Thomas Schnelle.[34] Aktive Koppelungen „werden nicht als verstandesmäßige, a priori-Kategorien verstanden, sondern sind historisch und soziologisch gewachsene Produkte. Auf ihrer Grundlage formen sich die Wahrnehmungen, die dem Erkennenden nun andererseits als konkrete Gestalten gegenüberstehen. Das heißt: Die in den aktiven Koppelungen angelegten Eigengesetzlichkeiten zeitigen aus ihnen zwangsläufig folgende Zusammenhänge zwischen ihnen, die Fleck entsprechend als *passive Koppelungen* bezeichnet. Sie stellen sich der freien Willkür des Denkens entgegen, leisten dem Erkennen Widerstand, indem sie sich in ihm zu konkreten Gestalten formen. „Erkennen" bedeutet in diesem Verständnis, zu gegebenen aktiven Koppelungen deren „zwangsläufige Ergebnisse" festzustellen. Im Rahmen eines spezifischen Denkstils kann es zu ihnen gar keine qualitative Alternative geben — Fleck spricht deswegen vom Denkzwang, dem das Kollektivmitglied unausweichlich ausgeliefert ist."[35] Solche passiven — Fleck spricht auch von zwangsläufigen — Koppelungen[36] werden von den Mitgliedern eines Denkkollektivs als „Tatsachen" empfunden. Wir gelangen jetzt zur entscheidenden Behauptung: Für Fleck „(sind) beide veränderlich: Denken und Tatsachen. Schon darum, weil Denkveränderungen in veränderten Tatsachen sich offenbaren und umgekehrt grundsätzlich neue Tatsachen nur durch neues Denken auffindbar sind."[37]

Fleck kennt also kein Denken, das „wenigstens als Ideal, als Denken, wie es sein soll ... ein Fixum, ein Absolutum" wäre.[38] Er begeht das Sakrileg, Kants festen Glauben an eine zeitlose, ganz unveränderliche logische Struktur unserer Vernunft anzuzweifeln.[39] Ich stelle das hier hin, indem ich zugleich zugebe, daß ich nicht weiß, was ich von diesem Zweifel halten soll. Man mag — mit dem Denkstil der von Kant geprägten Aprioriker — solchen Zweifel als unsinnig abtun. Auch ich würde mich gerne an der tröstlichen Sicherheit einer von aller evolutiven Vorgeschichte unseres Denkapparates und allen soziologischen Einflüssen letztlich unabhängigen, unveränderlichen und damit allgemeinverbindlichen Struktur eines logischen Denkens festhalten. (Einige Schwierigkeiten dieses Versuches sind in den Kapiteln 3.3 und 3.4 wenigstens implizit angedeutet.) Aber Fleck folgt ebensowenig den Philosophen, die „in der Tatsache das Fixum, im menschlichen Denken hingegen das Veränderliche" sehen.[40]

Bedeutet diese radikale Relativierung von Denken und Tatsachen, daß jeder Denkstil und jede sich auf der Grundlage eines spezifischen Denkstils entwickelnde Tatsache im Grunde gleichberechtigt nebeneinander stehen? Flecks Antwort lautet nein. Denn er führt für die Wahl eines wissenschaftlichen Denkstils ein Selektionskriterium ein: Fleck hält „das Postulat vom Maximum der Erfahrung für das oberste Gesetz wissenschaftlichen Denkens."[41] Und er verlangt darum: „Ein Denkprinzip, das mehr Einzelheiten und mehr zwangsmäßige Koppelungen wahrzunehmen erlaubt, verdient, wie die Geschichte der Naturwissenschaften lehrt, den Vorzug."[42] „Die Arbeit des Forschers heißt: im verwickelten Gemenge, im Chaos, dem er gegenübersteht, das, was seinem Willen gehorcht, von dem, was sich von selbst ergibt und sich dem Willen widersetzt, zu unterscheiden. Dies ist der feste Boden, den er, oder eigentlich das Denkkollektiv, sucht, und immer wieder sucht. Dies sind die passiven Koppelungen, wie wir sie nannten. Die allgemeine Richtung der Erkenntnisarbeit ist also: größter Denkzwang bei kleinster Denkwillkürlichkeit."[43]

Die Bestimmtheit, mit der ein Laborwissenschaftler, sagen wir ein Cytogenetiker, die Zahl der Chromosomen in menschlichen Zellen, oder ein molekularer Genetiker heute die Reihenfolge der Basen Adenin, Thymin, Guanin und Cytosin in einem klonierten DNA-Stück als Tatsache feststellen kann, ist der Bestimmtheit gleichzusetzen, mit der wir aussagen, der normale Mensch habe zwei Augen. Eine solche Tatsache „ist uns selbstverständlich worden, sie dünkt uns fast gar kein Wissen mehr, wir fühlen nicht mehr unsere Aktivität bei diesem Erkenntnisakte, nur unsere vollständige Passivität gegenüber einer von uns unabhängigen Macht, die wir „Existenz" oder „Realität" nennen."[44] Ausgangspunkt der Fleckschen Untersuchung sind aber nicht solche altbewährten Tatsachen des Alltags oder klassische Tatsachen der Physik oder Biologie, „denen der Mißstand praktischer Gewöhnung und theoretischer Abnützung anhaftet", sondern medizinische Tatsachen, „deren Wichtigkeit und Anwendbarkeit nicht geleugnet werden kann" und „die historisch wie phänomenologisch sehr reich gestaltet" sind, wie zum Beispiel „die Tatsache, daß die sogenannte Wassermann-Reaktion zur Syphilis Beziehung hat."[45]

Kehren wir unter diesem Gesichtspunkt zu unserem molekularen Genetiker mit seiner so wundervoll präzise bestimmten DNA-Sequenz zurück. Für sich genommen bleibt diese Tatsache völlig unerheblich. Sie wird erst interessant, wenn er beginnt, sie im Denkstil der Molekulargenetiker funktionell zu deuten. Was er am Ende dieses Prozesses als Tatsache zu wissen meint, ist weniger trivial. Sie ist wie Flecks medizinische Tatsachen zu einer historisch wie phänomenologisch sehr reich gestalteten Angelegenheit geworden. Ein umfangreiches Vorwissen, zahlreiche Theorien der Molekulargenetik sind eingeflossen. Sind sie alle so sicher bewährt, wie die ursprüngliche Ermittlung der DNA-Sequenz? Je weiter unser Molekulargenetiker geht in seiner Ausdeutung, desto mehr „aktive Koppelungen" gehen in seine Tatsache ein, die anfänglich so ausschließlich durch die Zwänge „passiver Koppelungen" bestimmt zu sein schien. Nun mag man zu Recht einwenden, das hier angesprochene Problem sei in erster Linie einem gedanklich unzulässigen Umgang der Wissenschaftler mit dem Tatsachenbegriff zuzuschreiben. Darauf ist zunächst zu antworten, daß Fleck aufgrund seiner soziologisch bestimmten Betrachtungsweise in der Tat solchen faktischen Umgang von Wissenschaftlern mit dem Tatsachenbegriff im Auge hat und nicht einen rein abstrakten Tatsachenbegriff. Stellen wir uns aber nun der weitergehenden Frage, ob ein solcher abstrakter Tatsachenbegriff, der darauf abzielen würde, nur das als Tatsache anzuerkennen, was unabhängig von allem Wandel wissenschaftlicher Theorien unabänderlich festzustehen scheint, für das Wachstum wissenschaftlicher Erkenntnis überhaupt wünschenswert und praktikabel wäre? Zwei Augen, 46 Chromosomen in einem „normalen" menschlichen Zellkern, die DNA-Sequenz TATA: das mögen zwar solche Tatsachen sein, aber sie gewinnen unser wissenschaftliches Interesse erst, wenn wir sie in die Gestalt einer uns bewegenden Theorie eingefügt sehen. Was wir als Tatsache *sehen,* ist eben nicht ein von allen Beziehungsgefügen vollständig isolierbares Faktum, sondern das Teil einer bestimmten Ganzheit unseres Denkstils.

Flecks Theorie der Denkkollektive und die Geschichte der frühen Zell- und Vererbungsforschung

Betrachten wir nun im Rückblick die Geschichte der frühen Zell- und Vererbungsforschung aus dem Blickwinkel von Flecks Begriff des Denkkollektivs. Welche der frühen Zell- und Vererbungsforscher bildeten damals ein solches Kollektiv Fleckscher Definition? Als ein erstes Beispiel betrachten wir die Zellbildungstheorie von Matthias Schleiden und Theodor Schwann. Sie zeichnen sich in ihrer Zellbildungstheorie durch einen gemeinsamen oder jedenfalls ähnlichen Denkstil aus, ihr „intrakollektiver Denkverkehr" führte, so können wir sehen (vgl. Kap. 2.3), „ipso sociologico facto — ohne Rücksicht auf den Inhalt und die logische Berechtigung — zur Bestärkung der Denkgebilde."[46] Schwann und vor allem Schleiden — der Verfechter einer rein induktiven Wissenschaft (s. S. 72ff.) — waren von der Richtigkeit ihrer Zellbildungstheorie zutiefst überzeugt, so sehr überzeugt, daß Schleiden gegenüber Kritik ganz aufgebracht und ausfallend reagieren konnte (vgl. die Kritik an Meyen S. 59). Ihre denkstilspezifischen Festlegungen — Rolle des Zellkerns als Zellenbildner, Vergleich des Zellwachstums mit einer Kristallbildung usw. — empfanden sie nicht, wie wir es heute tun, als *aktive Koppelungen,* die die Gestalt ihrer Zellbildungstheorie erst möglich gemacht haben. Vielmehr empfanden sie ihre Theorie als rein zwangsläufiges Ergebnis ihrer induktiven Forschung, also in Flecks Terminologie ausschließlich als *passive Koppelung.* Die Theorie wurde ihnen zur Tatsache. Sie verstanden es auch, durch die Überzeugungskraft ihrer Veröffentlichungen eine „gedankliche Solidarität Gleichgestellter", z. B. mit Rudolf Virchow, herzustellen und damit „gleichgerichtete soziale Kräfte" hervorzurufen, „die eine gemeinsame, besondere Stimmung schaffen und den Denkgebilden Solidität und Stilgemäßheit in immer stärkerem Maße verleihen."[45] Aber woran zerbrach dieses Denkkollektiv und sein gemeinsamer Denkstil? Ich meine, es lassen sich zwei Hauptgründe ausmachen. Ein Grund betrifft jede Art der Wissenschaft, der zweite Grund betrifft die Laborwissenschaften im besonderen.

1. Das Denkkollektiv um Schleiden und Schwann war nicht abgeschlossen. Schon was ihre wissenschaftstheoretischen Voraussetzungen angeht, zeigen Schleiden und Schwann bedeutsame Unterschiede in ihren Denkstilen (vgl. Kap. 2.4). Wichtiger aber sind die Kritiker, die bald auf den Plan treten und sich dem Schleiden-Schwannschen Denkkollektiv nicht unterordnen wollen (vgl. Kap. 2.5). Sie bringen weitere Zellbildungstheorien ins Spiel, deren Berechtigung als konkurrierende Theorien für die an der Debatte interessierten zeitgenössischen Wissenschaftler zunächst noch nicht recht abzuschätzen ist, die aber „ipso sociologico facto" den im Denkkollektiv zunächst selbstverständlichen Glauben an die Richtigkeit der Schleiden-Schwannschen Theorien in Frage stellen. Mag sich auch Schwann aus der Debatte zurückziehen, seine Anhänger — allen voran Virchow — müssen sich der Kontroverse stellen (vgl. Kap. 2.5).
2. Die einzigartige Besonderheit der Laborwissenschaft besteht in der Möglichkeit einer experimentellen Prüfung bestimmter Aussagen. Bei Remaks Suche nach nackten Zellkernen, die noch keine Zelle um sich herum gebildet haben (vgl. S. 85), erwies sich beispielsweise, daß dieser von Schleiden und Schwann bereits als zweifelsfreie Tatsache vorgestellte Befund in Wirklichkeit zu den aktiven Koppelungen ihres Denkstils gehörte. Beim Versuch, die passiven Koppelungen zu beweisen, die sich aus dem Denkstil und den Theorien einer wissenschaftlichen Gemeinschaft zwangsläufig ergeben, kann sich ein experimentell tätiger Wissenschaftler selbst in die Situation einer Krise hineinmanövrieren, durch die schließlich eine Denkstilumwandlung erzwungen wird. Ein Denkkollektiv aus fähigen Laborwissenschaftlern, das Poppers Imperativ befolgt (s. S. 255), wird sogar alles daran setzen, eine solche Krise aktiv und so rasch wie möglich herbeizuführen. In dieser Hinsicht erscheint die heutige Laborwissenschaft wesentlich weiter entwickelt als sie es zu den Zeiten von Schleiden und Schwann war. Offenbar ist es für die Erfinder eines bestimmten Denkstils am schwierigsten, der Gefahr einer „Harmonie der Täuschungen" zu entgehen und die einmal gesehene Gestalt der Wirklichkeit wieder aufzugeben. Es überrascht darum nicht, daß

die Anstöße zur Umwandlung der Zellbildungstheorie nicht von Schleiden und Schwann selbst ausgegangen sind.

Betrachten wir ein zweites Beispiel: Theodor Boveri und Rudolf Fick (vgl. Kap. 2.9, S. 155–168). Bildeten sie ein Denkkollektiv? Boveri fühlte sich zweifellos getroffen durch Ficks Angriffe gegen seine Individualitätstheorie der Chromosomen (s. S. 166). Er verwendete viel Mühe darauf, dessen Manövrierhypothese zu widerlegen und was noch wichtiger ist, er wurde durch die Angriffe Ficks und anderer Gegner seiner Theorie gezwungen, seine eigene Theorie zu verteidigen und durch weitere Befunde zu belegen (vgl. die ausführliche Darstellung in Kap. 2.9, S. 155 ff.). Dabei kam es zu deutlichen Veränderungen in seinem Denkstil. Er machte Konzessionen an die Befürworter einer Vermischungstheorie der Chromosomen im Zellkern während der Interphase (s. S. 165) und er grenzte seine Theorie dabei immer deutlicher gegen Carl Rabls Theorie einer strukturellen Kontinuität der Chromosomen im Interphasekern ab (s. S. 302, Anmerkung 31). In den Augen seines Kollegen Oscar Hertwig waren diese Änderungen in Boveris Theorie so weitgehend, „daß man sich fragen muß, ob er nicht richtiger gehandelt hätte, sie ganz fallen zu lassen." (s. S. 166)

Wir könnten in unsere Überlegungen nun Schritt für Schritt weitere Zell- und Vererbungsforscher einbeziehen, die sich an der Kontroverse um die Individualitätstheorie der Chromosomen beteiligt haben. Doch der Hinweis auf die Kontroverse zwischen Boveri und Fick mag genügen, um einen wesentlichen Gesichtspunkt deutlich zu machen: Sowenig sich beide Forscher persönlich leiden konnten, ihre Veröffentlichungen dokumentieren einen intensiven „Denkverkehr". Sie hatten aber keinen gemeinsamen Denkstil. Und darum bildeten sie im Sinne Flecks kein Denkkollektiv. Bei ihrer Auseinandersetzung handelte es sich darum in Flecks Terminologie um einen „*inter*kollektiven" und nicht um einen „*intra*kollektiven Denkverkehr" wie bei Schleiden und Schwann. Allerdings stoßen wir hier auf eine Schwierigkeit. Wir haben gesehen, daß in der Gruppe der frühen Zell- und Vererbungsforscher die unterschiedlichsten Denkstile vertreten waren (s. S. 243). Konsequenterweise müßten wir also zahlreiche Denkkollektive voneinander abgrenzen, und unsere Zuordnung einzelner Forscher zu bestimmten Kollektiven kann nicht ohne Willkür sein, wenn wir nicht am Ende bei Ein-Personen-Denkkollektiven angelangen wollen. Dieses Zuordnungsproblem wird noch dadurch verschärft, daß einzelne Forscher nacheinander oder sogar zu gleicher Zeit Anhänger verschiedener, aus unserer heutigen Sicht inkommensurabler Denkstile waren. Erinnern wir uns nur an Walter Flemming, der den neuen Denkstil oder das neue Paradigma „omnis nucleus e nucleo" zu einer Zeit vertrat, als er noch an der Generatio spontanea von Zellen festhielt (s. S. 299 f., Anmerkung 15). Der Gefahr einer Willkür bei der Abgrenzung von Denkkollektiven können wir nur entgehen, wenn wir nicht in erster Linie den gemeinsamen Denkstil, sondern den empirisch nachweisbaren wechselseitigen Einfluß von Forschern auf die Entwicklung ihrer jeweiligen Theorien, also die soziologische Komponente von Flecks Begriff des Denkkollektivs, und die gemeinsamen Fragestellungen (z. B. Wie bildet sich eine Zelle? Wie ist sie zu definieren? Was ist Vererbung?

Gibt es ein Vererbungsorgan in den Zellen? usw.) zum entscheidenden Kriterium eines wissenschaftshistorisch abgrenzbaren Denkkollektivs machen.

Ein solches Denkkollektiv könnten wir in einer Erweiterung des Fleckschen Begriffes als ein *offenes* Denkkollektiv bezeichnen. In diesem offenen Denkkollektiv entwickelt sich Erkenntnis im Zusammenprall von verschiedenen Denkstilen, Theorien, Meinungen und Befunden der teilnehmenden Forscher (vgl. S. 243). Ganz ohne Willkür wird man auch bei der wissenschaftshistorischen Beschreibung und Abgrenzung solcher offener Denkkollektive nicht auskommen. Um gemeinsame Fragestellungen bearbeiten zu können, benötigt man zumindest gewisse Übereinstimmungen des Denkstils und gewisse, wenigstens implizite Verständigungen über die wissenschaftstheoretischen Voraussetzungen des Erkenntnisprozesses. Ohne solche, wenigstens teilweisen Übereinstimmungen, beispielsweise bei der Anerkennung bestimmter experimenteller Verfahren, muß eine vermeintlich gemeinsame Fragestellung letztlich auf einem völligen Mißverstehen der jeweiligen denkstilhaften Voraussetzungen beruhen. Auch bei einer vorwiegend nach soziologischen Gesichtspunkten — Wer hatte gemeinsame Fragestellungen? Wer stritt dabei gegen wen? Wer veröffentlichte in den gleichen Zeitschriften? Wer vertrat dieselben, wer gegensätzliche Hypothesen? usw. — vorgenommenen Abgrenzung eines Denkkollektivs spielt also die Analyse gemeinsamer und unterschiedlicher Denkstile eine ausschlaggebende Rolle. Wir mögen dabei herausfinden, daß sich bestimmte Forscher bei einer intensiv geführten Auseinandersetzung in ihren denkstilhaften Voraussetzungen mißverstanden haben, aber das schließt nicht aus, daß dieses gegenseitige Mißverstehen für die weitere Entwicklung ihres jeweiligen Denkstils und schließlich für das Wachstum der Erkenntnis von höchster Bedeutung gewesen ist. Wissenschaftsgeschichte bedingt wie jede Form der Wissenschaft eine bestimmte Weise des Gestalt-Sehens. Sie rückt bestimmte Merkmale in den Vordergrund, vernachlässigt andere. Sie kann den historischen Ablauf, wie er einmal gewesen ist, grundsätzlich nicht vollständig rekonstruieren. Wir machen uns also Konstrukte zu diesem Ablauf, die wir zu belegen suchen, und dabei unterläuft uns unausweichlich selbst ein gewisses Maß an Willkür und Mißverstehen des tatsächlichen, geschichtlichen Vorgangs. Dies gilt auch für alle Versuche, diese Geschichte unter Flecks Blickwinkel der Denkkollektive, ihrer Denkstile und Denkstilumwandlungen zu sehen.

Schauen, sehen, wissen: Reflexionen zu Flecks Theorie der Erkenntnis

„Schauen, sehen, wissen" heißt der Titel eines zuerst 1947 in polnischer Sprache erschienenen Essays von Fleck.[13] An einer Photographie, von der wir zunächst nicht wissen, was sie eigentlich darstellt — vielleicht die Haut einer Kröte unter dem Mikroskop oder eine Kultur des Penizillinpilzes oder eine Wolkenformation? — zeigt Fleck uns, wie wir uns beim Anschauen eines Bildes in den allzu zahlreichen Einzelheiten verlieren. Denn „um zu sehen, muß man wissen, was wesentlich und was unwesentlich ist, muß man den Hintergrund vom Bild unterscheiden können, muß man darüber orientiert sein, zu was für einer Kategorie der Gegenstand gehört. Sonst schauen wir, aber wir sehen nicht." Wenn wir jetzt erneut die Abbildungen dieses Buches durchblättern, dann wird uns Flecks Unterscheidung von Schauen und Sehen immer deutlicher. Als uninformierte Laien können wir uns diese Abbildungen zwar anschauen, wir sehen sie aber erst in dem von ihren Urhebern gemeinten Sinn, wenn wir uns deren Denkstil zu eigen gemacht haben. Wir sehen etwas anderes, wenn wir mit einem anderen Denkstil an diese Abbildungen herangehen (vgl. S. 78 f.).

Abbildungen sind, so sagt uns Fleck, „Sinnbilder (Ideo-Gramme)".[48] „Es gibt kein anderes Sehen als das Sinn-Sehen und keine anderen Abbildungen als die Sinn-Bilder".[49] Wir können auch von Analogiebildern sprechen.[50] Worin die Analogie besteht, können wir erst begreifen, wenn wir den zugrundeliegenden Denkstil kennen. Ebenso ergeht es uns mit Begriffen. Bei weit entfernten Denkstilen ist auch über gleichlautende Begriffe, z. B. den Begriff einer Tatsache, keine Verständigung mehr möglich.

Abbildungen und Begriffe sind Instrumente zur analogen Beschreibung der Wirklichkeit. Mit dieser Auffassung können wir uns leicht anfreunden, solange wir es mit alten, nach unserer begründeten Auffassung überholten Abbildungen und Begriffen zu tun haben. Wir geben gerne zu, daß es sich hierbei eher um die Erfüllung der „Wunschträume der Forscher"[51] oder um eine Art von objektiver „Dichtung ... im wissenschaftlichen Stile"[52] handelt als um die exakte, eindeutige Beschreibung der Wirklichkeit. Aber wir erliegen leicht der Gefahr, Abbildungen und Begriffe eines modernen Lehrbuches, das unserem augenblicklichen Denkstil entspricht, mit der Wirklichkeit selbst zu verwechseln. Es geht uns dann ähnlich wie jenem „französischen Sprachenforscher des 18. Jahrhunderts, der behauptete, pain, sitos, Brot, panis seien willkürliche, verschiedene Bezeichnungen desselben Dinges, aber es bestünde zwischen der französischen Sprache und den anderen der Unterschied, daß das, was französisch pain heiße, auch wirklich pain sei."[53]

Das Dilemma analoger Aussagen.
Mir scheint es nun — natürlich unter den Voraussetzungen eines Denkstils, der von der evolutionären Erkenntnistheorie beeinflußt ist (vgl. Kap. 3.3 und 3.4) — eine Tatsache zu sein, daß wir bei jeder Erkenntnis bestenfalls versuchen können, eine analoge Gestalt der Wirklichkeit zu entwerfen. Diese analoge Gestalt hat wiederum bestenfalls einen bestimmten Passungscharakter mit dieser (von uns in einem hypothetischen Realismus angenommenen) Wirklichkeit. Wir sehen einen oder auch verschiedene Schatten der Wirklichkeit, niemals die Wirklichkeit insgesamt und wir bleiben darum immer im Ungewissen über die Komplexität dieser Wirklichkeit. Um dieser unangenehmen Erfahrung zu entgehen, ernennen wir gerne die Schatten zur eigentlichen Wirklichkeit und wir behaupten vielleicht sogar, daß es außer diesen Schatten schlechterdings nichts mehr gäbe, um das wir uns zu kümmern hätten. Der Schatten macht sich dick und die Wirklichkeit, von der er doch eigentlich abhängt, tun wir am Ende vielleicht einfach als unfruchtbare Metaphysik ab, um die wir uns nicht zu bekümmern haben. Und doch sind diese Schatten der Wirklichkeit, die Analogiebilder, unser, so scheint es mir, einziger Zugang zur Wirklichkeit, und es ist wahrscheinlich nur eine schöne Selbsttäuschung, wenn wir glauben möchten, wir könnten mit unserem Denken allein in diese eigent-

liche Wirklichkeit vordringen. Das mag sehr abstrakt klingen. Aber sehen wir uns um: Was wir sehen, ist nicht die Wirklichkeit selbst, sondern eine analoge Gestalt, die unser Gehirn im Augenblick entwirft. Sie hat Passungscharakter. Er ermöglicht beispielsweise, daß wir, wenn wir vielleicht verärgert durch die Zumutung dieser eigentlich trivialen und natürlich nicht originellen Überlegung aufstehen und davongehen, mit der Wirklichkeit der Gegenstände unseres Zimmers nicht schmerzlich zusammenstoßen. Aber das löst nicht das Dilemma unserer Erkenntnisfähigkeit, das durch die Unvermeidbarkeit analoger Bilder und Begriffe vorgezeichnet ist. Dieses Dilemma der analogen Aussagen hat der Theologe Karl Rahner in einer für die Ohren eines Naturwissenschaftlers zunächst vielleicht sehr merkwürdig klingenden Weise charakterisiert. „Für ein ganz primitives schulmäßiges Verständnis des Begriffes der Analogie ist ein analoger Begriff dadurch gekennzeichnet, daß eine Aussage über eine bestimmte Wirklichkeit mit Hilfe dieses Begriffes zwar legitim und unvermeidlich ist, aber in einem gewissen Sinne immer auch gleichzeitig zurückgenommen werden muß, weil die bloße Zusage dieses Begriffes auf die gemeinte Sache hin allein und ohne gleichzeitige Rücknahme, ohne diese seltsame und unheimliche Schwebe zwischen Ja und Nein, den wirklich gemeinten Gegenstand verkennen würde und letztlich irrig wäre. Aber diese geheime und unheimliche, zur Wahrheit einer analogen Aussage notwendige Zurücknahme wird meistens nicht deutlich gemacht und vergessen."[54]

Rahner bezieht sich hier ausdrücklich auf „die Erfahrung, daß alle theologischen Aussagen, wenn auch noch einmal in verschiedenster Weise und verschiedenem Grad, analoge Aussagen sind."[54] Der Naturwissenschaftler, der Cytogenetiker beispielsweise, der die Aussage macht, eine bestimmte menschliche Zelle habe 47 Chromosomen mit einer Trisomie 21, wird von solcher geheimnisvoller Schwebe nichts halten. Er beabsichtigt zu Recht nicht, seine Aussage über diesen oder einen anderen, empirisch entscheidbaren Sachverhalt immer auch gleichzeitig zurückzunehmen. Dies macht zunächst Unterschiede im Thema und Denkstil eines Theologen und eines Naturwissenschaftlers deutlich. Aber es führt uns weiter zum wesentlichen Punkt dieses Gedankenganges. Sobald es um Überlegungen geht, die uns in unserer menschlichen Existenz wirklich berühren, beispielsweise um die Konsequenzen, die aus dem Befund Trisomie 21 bei einer pränatalen Diagnose zu ziehen sind, gerät auch der Naturwissenschaftler, wie jeder ehrlich bemühte Mensch in das Dilemma, daß es einfache, empirisch entscheidbare Antworten nicht mehr gibt und daß mit der Bestimmtheit einer Aussage oder Entscheidung gleichzeitig auch ein Zweifel an ihrer Richtigkeit wachsen kann. Soweit es sich um persönlich zu entscheidende, ethische Fragen handelt, wird er sich aus diesem Dilemma dadurch befreien, daß er eine Entscheidung nach bestem Wissen und Gewissen fällt und dazu steht. Soweit es sich um die verpflichtende Allgemeingültigkeit bestimmter ethischer Aussagen handelt oder um den Wirklichkeitsgehalt bestimmter philosophischer oder religiöser Aussagen beispielsweise zur menschlichen Freiheit oder zur Berechtigung bestimmter erkenntnistheoretischer Behauptungen, „welche sich auf die Reichweite, den Sicherheitsgrad und die Arten des menschlichen Erkennens beziehen",[55] muß er das Dilemma, das sich aus der Unvermeidbarkeit analoger Aussagen ergibt, aushalten.

Verlieren wir uns in unnütze Spitzfindigkeiten? Was gehen einen braven Naturwissenschaftler, der seine Grenzen anerkennt und „in aposteriorischer Erfahrung die Einzelphänomene, denen der Mensch (letztlich in sinnlicher Erfahrung) in seiner Welt begegnet, und ihre Zusammenhänge (erforscht)", die Probleme einer Theologie oder Philosophie an, die es „allerletztlich in einer apriorischen Frage, mit dem Ganzen der Wirklichkeit als solchem und ihrem Grund zu tun (hat)?"[56] Mir scheint, daß diese schöne Zweiteilung, in der der Naturwissenschaft auf der einen Seite, der Theologie und einer an „letzten Fragen" überhaupt noch eingestandenermaßen, interessierten Philosophie auf der anderen Seite, grundsätzlich verschiedene Betätigungsfelder zugewiesen werden, auf denen sie eigentlich prinzipiell nicht mehr ins Gehege kommen können, unter pragmatischen Gesichtspunkten eine elegante Lösung ist. Sie ist jedenfalls besser als der unsinnige, unselige Streit früherer Zeiten. Sie läßt sich aber denkerisch vermutlich nicht durchhalten. Beginnen wir mit einem uns gut geläufigen Einzelphänomen: Brot. Ein Brot, das wir unmittelbar mit unseren Sinnen sehen, riechen, ergreifen und schmecken können, *ist* doch der wirkliche Gegenstand selbst und nicht bloß eine Analogie davon? Darauf wäre zu antworten: Wir essen natürlich das Brot, aber was wir darüber erfahren und aussagen können, sind Analogien dieser Wirklichkeit, auch wenn es für das praktische Leben und den normalen Sprachgebrauch unumgänglich ist, die Analogien, die in unserem Gehirn von der Wirklichkeit gebildet werden, mit der Wirklichkeit selbst gleichzusetzen. Man stelle sich nun vor, mit Hilfe moderner Lasertechnik würde uns eine perfekte Holographie eines Brotes vorgezaubert. Wir sehen dieses perfekte, dreidimensionale Abbild und halten es selbstverständlich für die Wirklichkeit des Brotes selbst. Auf die Frage: Was ist das? antworten wir: Das ist ein Brot. Wir werden dann auf das Äußerste überrascht sein, wenn wir dieses Brot weder riechen, noch ergreifen, noch schmecken können. Der Grund unserer Überraschung liegt in dem tiefen Vertrauen, das wir dem Passungscharakter aller unserer Erfahrungsmöglichkeiten im Bereich unseres alltäglichen Mesokosmos entgegenbringen. Dieses Vertrauen beweist aber nichts gegen die Aussage, daß es sich bei allen diesen Erfahrungen grundsätzlich um die Konstruktion einer Analogiegestalt in unserem Gehirn handelt, nicht um die Wirklichkeit selbst. Damit fängt das Problem an, mit dessen Folgen für unser Erkenntnisvermögen wir uns hier beschäftigen. Wir gehen naiv von unseren Alltagserfahrungen aus und wir erwarten einen von uns als perfekt empfundenen Passungscharakter unserer Alltagserfahrungen mit der Alltagswirklichkeit, unserem Mesokosmos.

Die evolutionäre Erkenntnistheorie gibt uns sogar eine Begründung für die Entstehung dieses Passungscharakters (s. Kap. 3.3). Es ist aber keineswegs selbstverständlich, daß dieser weitgehend perfekte Passungscharakter unseres Erkenntnisvermögens auch dann noch zutrifft, wenn wir versuchen, die Wirklichkeit über unseren Mesokosmos hinaus zu begreifen. Wenn wir das doch einfach zu tun versuchen, müssen wir damit rechnen, daß wir bei dem Versuch, über die Gesamtgestalt dieser größeren Wirklichkeit nachzudenken, immer wieder an prinzipielle Grenzen der eigenen Erkenntnisfähigkeit stoßen. Die analogen Gestalten, die unser Gehirn von dieser größeren Wirklichkeit entwirft, mögen dann unvermeidbar Gemeinsames und Verschiedenes, Ähnliches und Unähnliches aus dieser Wirklichkeit in einer logisch nicht mehr weiter zu entschlüsselnden Weise enthalten. Im übrigen handelt es sich hier um eine alte Erkenntnis. Schon im IV. Lateran-Konzil finden wir den Satz „Von Schöpfer und Geschöpf kann keine Ähnlichkeit ausgesagt werden, ohne daß sie eine größere Unähnlichkeit zwischen beiden einschlösse."[57] Dies ist ein Schlüsselsatz der Theologie vom radikal unbegreiflichen Gott. Im Sinne Flecks enthält er natürlich die alles entscheidende aktive Koppelung, daß eine nur in solch äußersten Analogien aussagbare, von Anfang an unbegreifliche Wirklichkeit existiert, die eben von einem frommen Menschen mit Gott angesprochen werden kann. Das ist Glaubensangelegenheit. Aber das gemeinte Problem existiert auch für den Denkstil eines Agnostikers, der sich nicht auf diesen Begriff Gottes als der ursprünglichsten Erfahrung einer radikal unbegreiflichen Wirklichkeit einlassen will. Sobald man — in einer aktiven Koppelung — wenigstens hypothetisch von einer Wirklichkeit ausgeht, die über den unmittelbaren Erfahrungshorizont unseres Mesokosmos hinausreicht, hat man das Problem analoger Aussagen über diese Wirklichkeit bereits zugestanden, ein Problem, durch das selbst die angeblich unmittelbare Gewißheit, mit der man naiverweise Dinge und Tatsachen seines Mesokosmos zu begreifen glaubt (s. S. 73), in Frage gestellt wird.

Es gibt zwei Möglichkeiten, dieses Dilemma aufzulösen. Die erste Möglichkeit besteht in der Behauptung, daß es eine andersgeartete Wirklichkeit außerhalb des uns zugänglichen Erfahrungshorizontes gar nicht gibt. Die Gestalt der Wirklichkeit insgesamt ergibt sich dann einfach aus der linearen Extrapolation unserer Alltagserfahrungen. Aber auch bei dieser Annahme handelt es sich um eine aktive Koppelung, und sie hat dazu den Nachteil, daß sie im Sinne eines interessanten, erkenntnistheoretischen Spielansatzes außerordentlich öde wirkt. Bis zu einem gewissen Grade läßt sich diese Annahme dadurch in Frage stellen, daß man bei dem Versuch einer linearen Extrapolation der Alltagserfahrungen in unauflösbare Schwierigkeiten gerät (vgl. die Exkurse 3 und 4, S. 272–283).

Die zweite Lösungsmöglichkeit besteht darin, die *Möglichkeit* einer andersgearteten Wirklichkeit zwar zuzugeben, aber zugleich zu behaupten, daß diese Wirklichkeit mit der Wirklichkeit unseres Erfahrungshorizontes in keinerlei Wechselwirkung steht. Eine andersgeartete Wirklichkeit, sogar Gott mag es geben oder nicht geben, das Spiel der Erkenntnis, das wir in unserem Mesokosmos betreiben können und seine Ergebnisse werden von irgendwelchen Spekulationen zu dieser Frage in keiner Weise beeinflußt oder gar gefördert. Am besten ist es also, man eliminiert solche Fragestellungen. Sie sind erkenntnistheoretisch unfruchtbar. Wenn man dagegen ernsthaft mit der Möglichkeit einer Gesamtwirklichkeit rechnet, die radikal über unseren Erfahrungshorizont hinausgeht trotz aller Erweiterungen durch die Möglichkeiten der Naturwissenschaften, wenn man den eigenen Mesokosmos in dieser Gesamtwirklichkeit nicht als isolierten Erkenntnisraum betrachtet, sondern die Möglichkeit einer unvorstellbaren Wechselwirkung mit einer solchen unvorstellbaren Gesamtwirklichkeit offen läßt, dann bleibt das Dilemma analoger Aussagen über diese Gesamtwirklichkeit bestehen und noch schlimmer für jede feste, sich unumstößlich gebende Weltsicht: Schon wenn wir irgendeinem „simplen" Einzelphänomen vollständig auf den Grund gehen wollen, können wir an die Grenzen unserer Erkenntnisfähigkeit geraten und spüren, daß auch das Einzelphänomen nur in Analogien begreifbar ist, über deren eigentliche Berechtigung und Reichweite wir kein sicheres Urteil mehr haben. Unter diesem Gesichtspunkt steht hinter der Aussage, daß wir nicht das Brot selbst sehen, sondern nur eine von den Bildverarbeitungssystemen unseres Gehirns geschaffene Analogie, mehr als eine Spitzfindigkeit, nämlich bereits das gesamte Dilemma unserer Erkenntnisfähigkeit. Daß wir in unseren Alltagserfahrungen so selten oder auch nie auf dieses Dilemma stoßen, beweist nichts gegen seine Möglichkeit. Unser Unvermögen, das Dilemma in alltäglichen Dingen zu sehen, zeigt vielleicht eher unsere perfekte Fähigkeit, pragmatische Theorien von unserer Umwelt zu entwickeln, mit denen wir leben können, auch wenn ihre scheinbare Widerspruchsfreiheit nur auf einer „Harmonie der Täuschungen" beruht. Auch für diese Fähigkeit gibt uns die evolutionäre Erkenntnistheorie eine einleuchtende Erklärung (vgl. Kap. 3.3 und 3.4, besonders S. 260ff.). Aber wie gesagt, diesem Dilemma kann man sich (zunächst jedenfalls) leicht entziehen, man braucht nur die passenden aktiven Koppelungen in einem passenden Denkstil, dann kann man davon (zunächst jedenfalls) vollständig absehen. Dieser Versuch erscheint mir auch ganz legitim, solange man in seiner eigenen Lebenswirklichkeit und in seiner eigenen Wissenschaft keine Veranlassung sieht, sich diesem zunächst eher theoretisch empfundenen Problem als einem existentiellen Problem der Wahrheitsfindung zu stellen.

Die Vorstellung dieses Dilemmas und seiner Folgen darf darum nicht als Plädoyer für die Berechtigung jeder Form von wilden Spekulationen, unlogischem Denken, Aberglauben und unverständlichem Tiefsinn um jeden Preis mißverstanden werden. Es geht mir um eine Haltung im Sinne Ludwig Wittgensteins (wenn ich ihn in diesem Punkt wenigstens verstanden habe)[58]: Während des Versuchs zu sagen, was gesagt werden und zu erkennen, was erkannt werden kann, kann die Erfahrung Wittgensteins entstehen, daß es „Unaussprechliches" gibt, Fragen, die nicht mehr sinnvoll beantwortet werden können und die sich darum im Sinne Wittgensteins als eigentlich sinnlos erweisen. Aber auch Fragen, die sich später vielleicht als sinnlos erweisen, müssen gestellt, und Antworten, die sich später ebenfalls als sinnlos erweisen, müssen versucht werden. Denn die Unsinnigkeit von Fragen und Antworten ergibt sich erst am Ende eines Diskurses. Am Ende, so fordert Wittgenstein seinen Leser auf, solle er alle Sätze seines „Tractatus" als unsinnig erkennen, „wenn er durch sie — auf ihnen — über sie hinausgestiegen ist." Und erst am Ende eines äußersten Bemühens ist Wittgensteins berühmter Satz „Wovon man nicht reden kann, darüber muß man schweigen" nicht mehr die Trivialität einer gesellschaftlichen Spielregel, sondern die Quintessenz einer philosophischen Haltung.

An diese Grenze gelangt man natürlich nicht nach einem philosophisch verbrüteten Nachmittag. Andererseits glaube ich nicht, daß diese Erfahrung nur einzelnen Menschen vorbehalten bleibt.

Ich halte sie vielmehr für eine sehr allgemeine, menschliche Erfahrung, die jeder Mensch irgendwann persönlich macht, beispielsweise (wie der Autor) als genetischer Berater und Beteiligter im Dilemma eines Schwangerschaftsabbruches. Sie ist auch keine erstmalige Erfahrung in der Philosophie des 20. Jahrhunderts. Diese Grenze ist schon seit langem eine Erfahrung jeder ernstzunehmenden Theologie und jeder alten Erfahrung, daß unsere Erkenntnis Stückwerk bleibt. Wittgenstein hatte nur seinen ganz eigenen, persönlichen Weg, zu dieser Grenze zu gelangen. Die meisten Menschen gelangen zu dieser Grenze nicht auf dem Weg einer Kette logischer, aber später als sinnlos empfundener Sätze, sondern im Zusammenstoß mit eigenen, tragischen Lebenserfahrungen. Und selbst bei Wittgenstein sollte man sich erinnern, daß er seinen „Tractatus" als Soldat während des Ersten Weltkrieges niederschrieb.

Das Dilemma analoger Aussagen hat auch eine tröstliche Seite. Der Begriff von der analogen Aussage, die unauflösbar in jedem Akt des Erkennens gegeben ist und zwischen unserem Erkennen und unserem Erkenntnisgegenstand steht, berechtigt zur Gelassenheit gegenüber rationalistischen Ansätzen, die die Vernunft als festen Standort auf der Suche nach Erkenntnis betrachten und gegenüber einem Empirismus, bei dem die sogenannte Erfahrung die Wurzel aller verläßlichen Erkenntnis bildet, gegenüber allen Auseinandersetzungen um den Tatsachenbegriff, um die Möglichkeiten und Grenzen einer formalen, logischen Analyse, um Vernunftkritik und Sprachkritik und um die Frage, ob die Wirklichkeit für uns eindeutig bestimmbar ist oder nicht — sie ist es nicht nach meiner Überzeugung. Jedenfalls ist sie nicht von uns in den Griff zu bekommen. Diese Auseinandersetzungen sind unverzichtbar in jeder Kultur, aber man kann sie mit dem Ernst und der Hingabe führen, die einem spielenden Menschen zukommen (s. unten). Sie sind für einen Menschen, der das Dilemma menschlicher Erkenntnis ernst nimmt, prinzipiell nicht abschließbar im Sinne unumstößlicher, ein für allemal sicherer Ergebnisse und sie müssen deshalb in jeder Generation von Menschen in immer neuen Denkstilerweiterungen und Denkstilumwandlungen fortgeführt werden.

Man kann mit dieser Haltung unbefangener als zuvor die Schwierigkeiten eingestehen, die sich aus einer mangelnden, systematischen Schulung in philosophischen Fragestellungen und den Grenzen eigener Denkfähigkeit ergeben. Mit dieser Haltung leugne ich natürlich nicht das Mißliche solcher, persönlicher Mängel und Unterschiede in der Qualität des Denkens. Aber der Dialog zwischen Naturwissenschaftlern und Geisteswissenschaftlern kann eben doch gelassener geführt werden, wenn beide Seiten die Aussagen des Philosophen Stegmüller beherzigen, „daß selbst Jahrtausende langes Bemühen des Menschen keine definitive und unbezweifelbare Antwort auf auch nur eine einzige dieser Fragen zu erbringen vermochte",[59] wenn man weiß, daß bei einem Philosophen vom Rang eines Ludwig Wittgenstein die spätere Philosophie sich radikal gegen die frühe Philosophie wendet.[60] Die Diskussion könnte fruchtbarer geführt werden, wenn die Naturwissenschaftler sich von den Fragen nach dem Ganzen der Wirklichkeit und seiner menschlichen Sinngebung wieder stärker betroffen zeigen würden, Fragen, die sie bei der Untersuchung der sie interessierenden Einzelphänomene immer wieder aus dem Blick verlieren müssen und die sich mit dem naturwissenschaftlichen Methodenspektrum allein am wenigsten beantworten lassen.

Ich glaube nicht, daß eine der in diesem Buch vorgebrachten wissenschaftstheoretischen Vorstellungen insgesamt in einem beweisbaren Sinne vollständig richtig ist und umgekehrt, daß eine andere Vorstellung vollständig falsch ist und sozusagen mit Stumpf und Stiel ausgerottet werden müßte. Ich erwarte auch nicht, daß irgendwann eine vollständige Harmonisierung aller Vorstellungen gelingen wird.

Die unauflösbaren Spannungen, die zwischen den verschiedenen Vorstellungen bestehen bleiben, scheinen mir eher Ausdruck dafür zu sein, daß es eine einzige, in den Grenzen unseres Denkvermögens widerspruchsfreie und statische Gestalt der Erkenntnis überhaupt nicht gibt, die wir als eigentliches Ziel der Erkenntnissuche in den Griff bekommen könnten. Es scheint mir sogar gut zu sein, daß unserer Herrschsucht und unserer Bereitschaft zur Manipulation der erkannten und von uns vermeintlich bereits beherrschten Wirklichkeit damit Grenzen gesetzt sind. Vielleicht gibt es verschiedene, inkommensurable Gestalten der Erkenntnis, vielleicht ist diese Gestalt selbst veränderlich, wie es die Schatten der Wirklichkeit, die wir erfahren können, eben sind.[61]

Spiel der Erkenntnis und Verantwortung.
Ich möchte die Gedankengänge dieses Postscriptums mit einem Bild Flecks abschließen, das uns die Beziehung zwischen Individuum und Denkkollektiv beim Wachstum wissenschaftlicher Erkenntnis noch einmal auf einfachste Art veranschaulicht. „Man erlaube einen etwas trivialen Vergleich: Das Individuum ist dem einzelnen Fußballspieler vergleichbar, das Denkkollektiv der auf Zusammenarbeit eingedrillten Fußballmannschaft, das Erkennen dem Spielverlaufe. Vermag und darf man diesen Verlauf nur vom Standpunkte einzelner Fußstöße aus untersuchen? Man verlöre allen Sinn des Spieles!"[62] Es ist das Spiel der Erkenntnis, das einen denkenden Menschen fasziniert, oft ängstigt, gelegentlich tröstet, aber immer gefangen hält; nicht die Frage nach Tatsachen allein, die für sich genommen nicht mehr bedeuten als die Tatsache einzelner Fußstöße oder die Tatsache von 22 Beinen in einer Fußballmannschaft. Doch ist das Spiel und sein Verlauf ohne solche Detailkenntnis nicht zu verstehen. Und so kollektiv (oder wenn man es so lieber hören möchte gemeinschaftlich) das Spiel der Erkenntnis angelegt ist, es läßt jeden Raum für „selbständige, sozusagen persönliche Heldentaten."[63]

Flecks Vergleich erweckt natürlich, wenn man an den Zustand des heutigen professionellen Fußballs denkt, an das Ausmaß seiner Kommerzialisierung, an eine zunehmende Haltung der Gewalttätigkeit in den Fußballstadien, auch andere Assoziationen. Ich möchte aber hier nicht mehr diesen, von Fleck sicherlich nicht gemeinten Assoziationen nachgehen, sondern im letzten Gedankengang dieses Buches an die Haltung eines wahrhaft spielenden Menschen erinnern, die eine Utopie höchster menschlicher Kulturentfaltung ist. Diese Haltung hat eine besondere abendländische Tradition. Aber sie ist im Grunde weder spezifisch abendländisch noch spezifisch christlich.[64] Denn sie bezeichnet eine humane Gesinnung, die in jeder Kultur wachsen kann. Wo sie zerstört wird, beginnt die Barbarei. Sie bezeichnet eine Utopie, nicht die offensichtliche Wirklichkeit des heutigen Wissenschaftsbetriebes oder des politischen Lebens. Diese Diskrepanz zwischen Utopie und Wirklichkeit macht die Notwendigkeit und das Ausmaß der erforderlichen Denkstilumwandlungen deutlich, ohne die wir selbst oder die Generationen nach uns nicht überleben werden. Der

Mensch dieser Haltung weiß vor allem, daß man Menschen und die Natur insgesamt nicht in den Griff bekommen kann, ohne sie zu zerstören, und er befreit sich deshalb (vielleicht?) von Denkstilzwängen, in denen schließlich das ganze Leben nur noch unter dem Blickwinkel von Gewinn und Verlust, von Herrschaft und Unterwerfung, von Gewalt und Gegengewalt gesehen wird. Wenn man hier einwenden möchte, diese Haltung sei naiv und gehe an der Wirklichkeit des Lebens vorbei, dann bleiben mir darauf nur wenige Antworten. In einer ersten, schüchternen Antwort bleibt zu wiederholen, daß der spielende Mensch eine *Utopie* höchster Kulturentfaltung ist. Seine Vorstellung ist selbst nur eine von Hoffnung hervorgerufene Analogie der menschlichen Wirklichkeit. Man kann Beispiele von Menschen geltend machen, die gegen die Abweisung dieser Hoffnung stehen. Ich sehe aber keine Gestalt, in der diese Erfahrung mit anderen Erfahrungen der menschlichen Wirklichkeit harmonisch zu vereinbaren wäre, die von zerstörendem Leid, vom Willen nach gewaltsamer Unterdrückung, vom Bewußtsein eines Ausgeliefertseins her geprägt sind.

In einer zweiten entschlossenen Antwort bleibt darauf hinzuweisen, daß es ohne solche Utopien nicht einmal die Hoffnung eines Weges aus den drängenden Gefahren gibt. Diese Utopie aufzugeben, meine ich, heißt schon heute, der Barbarei das Feld zu überlassen. In einer dritten Antwort ist diese Utopie darum gegen den Vorwurf in Schutz zu nehmen, es handele sich hier bloß um eine Spielwiese schöngeistiger Menschen, die sich in eine Nachsommeratmosphäre flüchten und um drängende Probleme der Politik und des öffentlichen Lebens nicht weiter bekümmern. Diese Utopie zu verteidigen, bedeutet das genaue Gegenteil einer Haltung, mit der man allen Formen einer geistigen und materiellen Unterdrückung gelangweilt zusieht, solange man nicht selbst ihr unmittelbares Opfer wird. Eine letzte Antwort setzt auf die Hoffnung, daß die Befürchtung von der Unvermeidbarkeit einer Selbstzerstörung des Menschen und seiner Kultur und die immer wieder als unumstößliches, soziologisches Faktum vorgetragene Behauptung von der ständigen Notwendigkeit äußerster, gegenseitiger Gewaltandrohung mehr über die speziellen, epochebedingten Denkstilzwänge ihrer Urheber als über die generellen Grenzen menschlicher Fähigkeiten zu einer friedlichen Entwicklung aussagen. Ich gebe aber zu, daß diese Utopie vom spielenden Menschen äußerst gefährdet ist. Ich weiß nicht, ob sie endgültig zerbrechen wird, bei mir selbst, worauf es am wenigsten ankäme, aber auch als sinnstiftender Gedanke in der menschlichen Geschichte. Es ist nicht soweit und es muß nicht dazu kommen. Und solange diese Hoffnung gilt, scheint mir auch dieses Buch, der gemeinsame Gang durch ein Stück Wissenschaftsgeschichte, die damit verbundenen Betrachtungen zum Wachstum wissenschaftlicher Erkenntnis und die sich dabei unvermeidlich immer mehr aufdrängende Frage nach den Zielsetzungen und der Verantwortung der Naturwissenschaftler sinnvoll und notwendig zu sein, so wie es jede Weise einer eigentlich zweckfreien Tätigkeit ist.

Anmerkungen

1) Prof. Dr. Dr. Gundolf Keil habe ich für diesen Hinweis besonders zu danken. Für weitere Hinweise bin ich Prof. Dr. Lothar Schäfer und Dr. Thomas

Schnelle dankbar. **2)** Ludwik Fleck (1980) Entstehung und Entwicklung einer wissenschaftlichen Tatsache. Einführung in die Lehre vom Denkstil und Denkkollektiv. Mit einer Einleitung herausgegeben von Lothar Schäfer und Thomas Schnelle. Frankfurt: Suhrkamp Taschenbuch Wissenschaft. Im Folgenden als **„Monographie"** zitiert. Ludwik Fleck (1983) Erfahrung und Tatsache. Gesammelte Aufsätze. Mit einer Einleitung herausgegeben von Lothar Schäfer und Thomas Schnelle. Frankfurt: Suhrkamp Taschenbuch Wissenschaft 404. Im Folgenden als **„Aufsätze"** zitiert. **3) Monographie,** Vorwort der Herausgeber S. VIII **4) Aufsätze,** Vorwort der Herausgeber S. 10 **5)** 1960, ein Jahr vor seinem Tod, versuchte Fleck noch einmal auf seine Wissenschaftstheorie aufmerksam zu machen. Doch wurde sein Aufsatz, den er zuerst „Crisis and Science" und später „Towards a free and more human Science" nannte, von namhaften Zeitschriften als „nicht aktuell" abgelehnt. Siehe **Aufsätze** S. 27 und 175–181. **6) Monographie** S. 187, vgl. S. 130 **7)** dort S. 137 **8) Aufsätze** S. 149 **9)** dort S. 152 **10)** dort S. 154 **11)** dort S. 162 **12)** dort S. 163 **13)** dort S. 164. Flecks zuerst 1947 in polnischer Sprache erschienener Essay „Schauen, sehen, wissen" (dort S. 147–174) bietet eine ebenso knappe wie faszinierende Einführung in Flecks Sicht von der Psychologie des Wahrnehmens und der Soziologie des Denkens, die Thomas Kuhn bei der Abfassung seines Essays noch nicht bekannt war. **14) Monographie** S. 111 **15) Aufsätze** S. 178 **16) Monographie** S. 54 **17)** dort S. 58 f. **18)** dort S. 60 **19)** dort S. 59 f. **20)** dort S. 59 **21) Aufsätze** S. 176 **22)** dort S. 176 **23)** Ludwik Fleck (1979) Genesis and development of a scientific fact. Edited by Thaddeus J. Trenn and Robert K. Merton. Chicago and London: The University of Chicago Press. S. XI **24) Aufsätze** S. 178 f. **25) Monographie** S. 60 **26)** dort S. 61 **27)** dort S. 40 **28) Aufsätze** S. 178; vgl. den Versuch von Lyssenko und seinen Anhängern die Abgeschlossenheit ihres Denkkollektivs politisch zu erzwingen (Kap. 2.13). Fleck schildert die besonderen Probleme eines durch äußeren Zwang abgeschlossenen Denkkollektivs am Beispiel einer Gruppe von Häftlingen, die unter den schrecklichen Bedingungen des Konzentrationslagers Buchenwald an der Produktion von Typhusimpfstoff zu arbeiten hatten (dort S. 134–145). **29) Monographie** S. 40 **30)** vgl. dazu das Vorwort Kuhns zu „Die Struktur wissenschaftlicher Revolutionen" S. 8 und sein Vorwort zur englischen Ausgabe von Flecks Monographie (s. Anmerkung 23), S. VIII und IX. **31) Monographie** S. 38 **32)** dort S. 1 **33)** dort S. 68 **34)** Thomas Schnelle (1982) Ludwik Fleck — Leben und Denken. Zur Entstehung und Entwicklung des soziologischen Denkstils in der Wissenschaftsphilosophie. Hochschulsammlung Philosophie, Philosophie Band 3. Freiburg: HochschulVerlag. Abgesehen von einer nützlichen Zusammenfassung der Wissenschaftstheorie Flecks und einer umfassenden Bibliographie, sowie einer Biographie von Flecks Leben und wissenschaftlichem Werdegang, kommt Thomas Schnelle das Verdienst zu, daß er sich zuerst mit der Frage nach den geistesgeschichtlichen Wurzeln von Flecks Denken beschäftigt hat. **35)** dort S. 33 **36) Monographie** S. 125 **37)** dort S. 69 f. **38)** dort S. 69 **39)** dort S. 64; Fleck bezieht sich dabei auf den Wiener Professor Wilhelm Jerusalem (1854–1923) **40)** dort S. 69 **41)** dort S. 70 **42)** dort S. 34 **43)** dort S. 124 **44)** dort S. 1 **45)** dort S. 2 **46)** dort S. 140 **47) Aufsätze** S. 148 **48) Monographie** S. 183 **49)** dort

S. 186   **50)** Der Ausdruck findet sich bei Wolfgang Stegmüller (1969) Hauptströmungen der Gegenwartsphilosophie. 4. Auflage. Stuttgart: Alfred Kröner. Dieses Buch habe ich als Einführung in die Denkstile verschiedener, philosophischer Richtungen der Gegenwart als sehr hilfreich empfunden. Gleichzeitig wurde mir durch dieses Buch bewußt, welche unterschiedlichen Deutungen, Ausformungen und Umformungen philosophische Begriffe in der Geschichte der Philosophie erfahren haben und weiter erfahren, darunter Begriffe wie Tatsache, Sachverhalt, Analogie, Ding, Welt usw., die wir auch in unserer Alltagssprache unbekümmert gebrauchen. Das führt zu Mißverständnissen, wenn man nicht berücksichtigt, daß man die dahinter stehenden Denkstile kennen muß, wenn man über Begriffe redet. Einen philosophisch geschulten Leser bitte ich, die hier verwendeten Begriffe so zu verstehen, wie sie sich aus dem Denkstil im hier vorgeführten Zusammenhang ergeben und sie nicht mit den Assoziationen aus einer mehrtausendjährigen Philosophiegeschichte zu betrachten, die mir vielfach gar nicht bewußt sind. Diesen Leser bitte ich auch den unsystematischen Gebrauch der Begriffe beim folgenden Gedankengang zu entschuldigen. Er betrifft ein — wie ich meine — uraltes Grundproblem der Grenzen unserer Erkenntnisfähigkeit. Wir bewegen uns dabei auf einem Grenzgebiet zwischen den Natur- und Geisteswissenschaften und ich hoffe, das Grundproblem selbst wird deutlich trotz der von vornherein zugegebenen Mängel seiner Darstellung.   **51) Monographie** S. 46   **52)** dort S. 47   **53)** dort S. 69   **54)** Karl Rahner (1984) „Erfahrungen eines katholischen Theologen". In: Vor dem Geheimnis Gottes den Menschen verstehen. Karl Lehmann (Hrsg.). München und Zürich: Verlag Schnell & Steiner, S. 106.   **55)** vgl. Stegmüller (1969) (s. Anmerkung 50), Einleitung S. XXV   **56)** Wolfgang Wild (1984) „Vom Weltverständnis der heutigen Naturwissenschaften und seinen Konsequenzen für den Umgang mit der Welt". In: Vor dem Geheimnis Gottes den Menschen verstehen. S. 37 (vgl. Anmerkung 54)   **57)** vgl. die Darstellung des Begriffs Analogie durch E. Przywara in Lexikon für Theologie und Kirche (Josef Höfer und Karl Rahner, Herausgeber). Freiburg: Herder. Vom IV. Laterankonzil läßt sich die Geschichte des Begriffs weiter zurück bis zur Philosophie des Aristoteles und weiter vor bis zur Theologie und Philosophie der Gegenwart verfolgen; weitere Literatur am angegebenen Ort.   **58)** vgl. zum Folgenden Wolfgang Stegmüllers Einführung in die Philosophie Wittgensteins. In: Stegmüller (1969) Hauptströmungen der Gegenwartsphilosophie, S. 524–696; vgl. Anmerkung 50.   **59)** Stegmüller (1969), Einleitung S. XXVI, s. Anmerkung 50   **60)** dort S. 524–696   **61)** Wohin es führt, wenn der Schatten mit der Wirklichkeit selbst verwechselt wird, kann man bei Hans Christian Andersen nachlesen („Der Schatten").   **62) Monographie** S. 62   **63)** dort S. 61   **64)** vgl. Johan Huizinga (1939) Homo ludens, Amsterdam; neuverlegt im Rowohlt Taschenbuch Verlag: Hamburg; Hermann Hesse (1943) Das Glasperlenspiel. Die christliche Geschichte und Ausprägung dieser Haltung hat Hugo Rahner in seinem Buch „Der spielende Mensch" (1949), das mir viel bedeutet, beschrieben (Einsiedeln: Johannes Verlag, 10. Aufl. 1983). Man lese in den genannten Büchern nach, um eine Vorstellung von einer Haltung zu bekommen, die hier nicht mehr weiter ausgeführt werden kann.

6 Literatur

Abbe E (1873 a) Beiträge zur Theorie des Mikroskops und der mikroskopischen Wahrnehmung. Archiv für mikroskopische Anatomie 9:411–468

Abbe E (1873 b) Über einen neuen Beleuchtungsapparat am Mikroskop. Archiv für mikroskopische Anatomie 9:469–480

Abbott E A (1884) Flatland: A Romance of Many Dimensions. Reprint. New York: Barnes & Noble, 1983.

Altmann R (1890) Die Elementarorganismen und ihre Beziehungen zu den Zellen. Leipzig: Veit

Aristoteles Tierkunde. Die Lehrschriften. (Gohlke P, Hrsg.) Paderborn 1949: F. Schöningh

Auerbach L (1874) Organologische Studien, 1. und 2. Heft. Zur Charakteristik und Lebensgeschichte der Zellkerne Breslau: E Morgenstern

Avery O T, MacLeod C M, McCarthy (1944) Studies on the chemical nature of the substance inducing transformation of pneumococcal types. J. exp. Med. 79:137–158

Balbiani E G (1876) Sur les phénomènes de la division du noyau cellulaire. Comptes Rendus Hebdomadaires des Séances de l'Académie des Sciences (Paris) 83:831–834

Balbiani E G (1881) Sur la structure du noyau des cellules salivaires chez les larves de Chironomus. Zoologischer Anzeiger 4:637–641, 662–666

Balfour F M (1880, 1881) Handbuch der vergleichenden Embryologie. 1. Band (1880), 2. Band (1881). Jena: Gustav Fischer

Baltzer F (1964) Theodor Boveri. Science 144:809–815

Bär C E v (1846) Neue Untersuchungen über die Entwicklung der Thiere. Neue Notizen aus dem Gebiete der Natur- und Heilkunde (L Fr Froriep und R Froriep, Hrsg.) 39:32–39

Barry M (1843) Spermatozoa oberserved within the Mammiferous Ovum. Philosphical Transactions of the Royal Society of London for the year 1843:33

Beckmann M Die Tagebücher 1940–1950. München (1984): R. Piper

Beckmann MQ (1985) Mein Leben mit Max Beckmann. München: R. Piper

Beer G de (1964) Mendel, Darwin, and Fisher (1865–1965). Notes and Records of the Royal Society of London 19:192–226

Beermann W (1962) Riesenchromosomen In: Protoplasmatologia, Handbuch der Protoplasmaforschung (Alfert M, Bauer H, Harding Cv, Hrsg.) Bd VI, D. Wien: Springer Verlag

Behrens W, Kossel A, Schiefferdecker P (1889) Das Mikroskop und die Methoden der mikroskopischen Untersuchung. Braunschweig: Harald Bruhn

Belar K (1925) Chromosomen und Vererbung. Naturwissenschaften 13:717–724

Belar K (1928) Die cytologischen Grundlagen der Vererbung. In: Handbuch der Vererbungswissenschaft (Baur E, Hartmann M, Hrsg.) Lieferung 5 (I, B). Berlin: Gebr. Borntraeger

Benda C (1902) Die Mitochondria. Ergebnisse der Anatomie und Entwicklungsgeschichte 12:743–781

Beneden E van, Julin C (1884) La spermatogénèse chez l'Ascaride megalocéphale. Bulletin de l'Academie Royale des Sciences Belquique 7 (3. série).

Beneden van E (1883) Recherches sur la Maturation de L'Oeuf, la Fécondation et la Division Cellulaire. Gand und Leipzig: Librairie Clemm; Paris: G Masson

Beneden van E, Neyt A (1887) Nouvelles Recherches sur la Fécondation et la Division Mitosique chez L'Ascaride Mégalocéphale. Brüssel: Bulletin de L'Académie Royale de Belgique 14 (3 sér). 215–295

Bergmann C, Leuckart R (1852) Anatomisch-physiologische Übersicht des Thierreiches. Vergleichende Anatomie und Physiologie. Stuttgart: J. B. Müller'sche Verlagshandlung

Beyerchen A D (1980) Wissenschaftler unter Hitler. Physiker im Dritten Reich. Köln: Kiepenheuer & Witsch. Amerikanische Originalausgabe „Scientists under Hitler". New Haven and London 1977: Yale University Press

Bischoff T L W (1847) Theorie der Befruchtung und über die Rolle, welche die Spermatozoiden dabei spielen. Archiv für Anatomie, Physiologie und wissenschaftliche Medicin (Müllers Archiv) 14:422–442

Blumenberg H (1981) Der genetische Code und seine Leser. In: Blumenberg H, Die Lesbarkeit der Welt, S. 372–409. Frankfurt a. M.: Suhrkamp

Boivin A (1947) Directed mutation in colon bacilli by an inducing principle of desoxyribonucleic nature: its meaning for the general biochemistry of heredity. Cold Spring Harbor Symp. Quant. Biol. 12:7–17

Bolsius H (1911) Sur la structure spirale ou discoide de l'élement chromatique dans les glandes salivaires des larves de Chironomus Cellule 27:75–83

Boveri T (1887 a) Über den Antheil des Spermatozoon an der Theilung des Eies. Sitzungsberichte der Gesellschaft für Morphologie und Physiologie in München 3:151–164

Boveri T (1887 b) Über die Befruchtung der Eier von Ascaris megalocephala. Sitzungsberichte der Gesellschaft für Morphologie und Physiologie in München 3:71–80

Boveri T (1887 c) Über Differenzierung der Zellkerne während der Furchung des Eies von Ascaris megalocephala. Anatomischer Anzeiger 2:688–693

Boveri T (1888) Zellen-Studien II. Die Befruchtung und Teilung des Eies von Ascaris megalocephala. Jenaische Zeitschrift für Naturwissenschaft 22:685–882

Boveri T (1889) Ein geschlechtlich erzeugter Organismus ohne mütterliche Eigenschaften. Sitzungsberichte der Gesellschaft für Morphologie und Physiologie in München 5:73–87

Boveri T (1902 a) Das Problem der Befruchtung. Jena: Gustav Fischer

Boveri T (1902 b) Über mehrpolige Mitosen als Mittel zur Analyse des Zellkerns. Verhandlungen der physikalisch-medizinischen Gesellschaft zu Würzburg (Neue Folge) 35:67–90

Boveri T (1903) Über die Konstitution der chromatischen Kernsubstanz. In: Verhandlungen der Deutschen Zoologischen Gesellschaft, 13. Jahresversammlung zu Würzburg (Korschelt E, Hrsg.) S. 10–33. Leipzig: Wilhelm Engelmann

Boveri T (1904) Ergebnisse über die Konstitution der chromatischen Substanz des Zellkerns. Jena: Gustav Fischer

Boveri T (1905) Zellen-Studien V. Über die Abhängigkeit der Kerngröße und Zellenzahl der Seeigel-Larven von der Chromosomenzahl der Ausgangszellen. Jenaische Zeitschrift für Naturwissenschaft 39:445–524

Boveri T (1908) Zellen-Studien VI. Die Entwicklung dispermer Seeigel-Eier. Ein Beitrag zur Befruchtungslehre und zur Theorie des Kerns. Jenaische Zeitschrift für Naturwissenschaft 43:1–292

Boveri T (1909) Die Blastomerenkerne von Ascaris megalocephala und die Theorie der Chromosomenindividualität. Archiv für Zellforschung 3:181–268

Boveri T (1918) Zwei Fehlerquellen bei Merogonieversuchen und die Entwicklungsfähigkeit merogonischer und partiellmerogonischer Seeigelbastarde. Archiv für Entwicklungsmechanik der Organismen 44:417–471

Bracegirdle B (1978) A History of Microtechnique. Ithaka N. Y.: Cornell University Press

Brandt K (1877) Über Actinosphaerium Eichhornii. Inaugural-Dissertation. Halle

Brandt M (1951) Der Ursprung der Zellen aus lebender Substanz und die Rolle der letzteren im Organismus. Zentralbl. f. Allg. Pathol. u. Pathol. Anat. 88:127–130

Brisseau-Mirbel (1809) Exposition de la Théorie de l'Organisation Végétale, 2. Aufl., Paris: Dufart, Père, Libraire-Editeur

Brisseau-Mirbel (1813) Traité d'anatomie et de physiologie végétales, pour servir d'introduction a l'étude de la botanique. 2. Aufl., Paris: Dufart, Pére, Libraire-Editeur

Brown R (1833) On the Organs and Mode of Fecundation in Orchideae and Asclepiadeae. The Transactions of the Linnean Society of London 16/3:709–737

Brücke E (1861) Die Elementarorganismen. Sitzungsberichte der mathematisch-naturwissenschaftlichen Classe der kaiserlichen Akademie der Wissenschaften (Wien) 44 (Abt. II):381–406

Bunge M (1969) Alexander von Humboldt und die Philosophie. In: Alexander von Humboldt, Werk und Weltgeltung. (Pfeiffer H, Hrsg.) München: R. Piper & Co.

Bütschli O (1873) Beiträge zur Kenntniss der freilebenden Nematoden. Nova Acta der Ksl. Leop.-Carol. Deutschen Akademie der Naturforscher 36, Nr. 5:1–124

Bütschli O (1876) Studien über die ersten Entwicklungsvorgänge der Eizelle, die Zelltheilung und die Conjugation der Infusorien. Frankfurt a. M.: Christian Winter

Bütschli O (1892) Über mikroskopische Schäume und das Protoplasma. Mit Atlas mit 19 Mikrophotographien. Leipzig: Wilhelm Engelmann

Campbell D T (1974) Evolutionary epistemology. In: The philosophy of K R Popper (Schlipp P A, Hrsg.) S. 413–463. La Salle: Open Court

Carnap R (1959) Induktive Logik und Wahrscheinlichkeit. (Bearbeitet von W Stegmüller) Wien: Springer

Carnap R (1976) Einführung in die Philosophie der Naturwissenschaften. München: Nymphenburger

Carnoy J B (1886) La vésicule germinative et les globules polaires chez divers nématodes. La Cellule 3 (Heft 1):1–105

Carnoy J B (1887a) Les globules polaires de l'Ascaris clavata. La Cellule 3 (Heft II):247–256

Carnoy J B (1887b) Variations des cinèses; terminologie concernant la division — réponse à Flemming. La Cellule 3 (Heft 2):285–324

Carnoy J B, Lebrun H (1897) La fécondation chez l'Ascaris megalocephala. Lierre: Joseph Van; Louvain: A. Uystpruyst; auch erschienen in La Cellule 13:61–195

Chargaff E (1980) Unbegreifliches Geheimnis — Wissenschaft als Kampf für und gegen die Natur. Stuttgart: Klett-Cotta

Correns C (1900) G. Mendel's Regel über das Verhalten der Nachkommenschaft der Rassenbastarde. Berichte der Deutschen Botanischen Gesellschaft 18:158–168

Correns C (1909) Zur Kenntnis der Rolle von Kern und Plasma bei der Vererbung. Zeitschrift für induktive Abstammungs- und Vererbungslehre 2:331–340

Correns C, Hrsg. (1924) Gregor Mendels Briefe an Carl Nägeli. 1866–1873. In: Carl Correns, Gesammelte Abhandlungen zur Vererbungswissenschaft aus periodischen Schriften 1899–1924, S. 1233–1281. Berlin: Julius Springer

Corti B (1774) Osservazioni sulla Tremella e nulla Circolazione del Fluido in una Pianta acquajuola. Lucca. Zit. nach Meyen (1830), S. 176

Creighton HB, McClintock B (1931) A correlation of cytological and genetical crossing-over in *Zea mays* Proc. Natl. Acad. Sci. USA 17:492–497

Cremer T (1980) August Weismann's contribution to cytogerontology. In: Conference on structural pathology in DNA and the biology of ageing (1979, Freiburg, Breisgau), S. 283–306. Deutsche Forschungsgemeinschaft. — Boppart: Boldt

Cremer T, Cremer C, Baumann H, Luedtke E-K, Sperling K, Teuber V, Zorn C (1982) Rabl's Model of the Interphase Chromosome arrangement tested in chinese hamster cells by premature chromosome condensation and laser-UV-microbeam experiments. Human Genetics 60:46–56

Crick F H C, Barnett L, Brenner S, Watts-Tobin R J (1961) General nature of the genetic code for proteins. Nature 192:1227–1232

Darlington CD (1959) Die Gesetze des Lebens. Aberglaube, Irrtümer und Tatsachen über Vererbung, Rasse, Geschlecht und Entwicklung. Wiesbaden: F.A. Brockhaus. Englische Originalausgabe „The facts of live" London 1953: George Allen & Unwin

Darlington CD (1960) Chromosomes and the theory of heredity. Nature 187:892–895

Darwin C (1859) The origin of species by means of natural selection or the preservation of favoured races in the struggle for life. London: John Murray

Davidson J N, Chargaff E, Hrsg. (1955) The nucleic acids, S. 1–8, New York, N.Y.: Academic Press

Dawydov W (1930) Die Entwicklung des Kernes in den Zellen der Rochschen Organe im Zusammenhang mit den allgemeinen Grundsätzen des Baues des somatischen Kernes der Larve von *Mycetobia pallipes Meig.* Zeitschrift für Zellforschung und mikroskopische Anatomie 10:625–641

Deker U, Thomas H (1983) Unberechenbares Spiel der Natur. Die Chaos-Theorie. Bild der Wissenschaft 20 (Heft 1) 63–75

Delage Y (1901) Sur la maturation cytoplasmique et sur le déterminisme de la parthénogenèse expérimentale. Comptes Rendus Hebdomadaires des Séances de l'Académie des Sciences (Paris) 133:346–349

Diemer A (1977) Wissenschaftsentwicklung — Wissenschaftsrevolution — Wissenschaftsgeschichte. In: Die Struktur wissenschaftlicher Revolutionen und die Geschichte der Wissenschaften. (Diemer A, Hrsg.) Meisenheim am Glan: Anton Hain

Ditfurth H v (1983) Die unbegreifliche Realität. In: Geo special Nr. 8 „Weltraum", S. 24–33

Dobell C (1932) Antony van Leeuwenhoek and his „little animals". Being some account of the father of protozoology and bacteriology and his multifarious discoveries in these disciplines. Amsterdam: NV Swets & Zeitlinger

Dobzhansky TH (1929) Genetical and cytological proof of translocations involving the third and the fourth chromosomes of *Drosophila melanogaster.* Biologisches Zentralblatt 49:408–419

Driesch H (1905) Der Vitalismus als Geschichte und als Lehre. Leipzig: Johann Ambrosius Barth

Driesch H (1928) Philosophie des Organischen. 4. Auflage (1. Aufl. 1908) Leipzig: Quelle & Meyer

Ehrenfels C v (1890) Über Gestaltqualitäten. Vierteljahresschrift für wissenschaftliche Philosophie 14:249–292

Eigen M, Schuster P (1977) The Hypercycle. A principle of natural self-organization. Part A: Emergence of the hypercycle. Naturwissenschaften 64:541–565

Eigen M, Schuster P (1978) The Hypercycle. A principle of natural self-organization. Part B: The abstract hypercycle. Naturwissenschaften 65:7–41

Einstein A (1972) Über die spezielle und die allgemeine Relativitätstheorie (gemeinverständlich). Braunschweig: Friedr. Vieweg & Sohn

Ernst B (1982) Der Zauberspiegel des M.C. Escher. München: Deutscher Taschenbuch Verlag

Feyerabend P (1976) Wider den Methodenzwang. Skizze einer anarchistischen Erkenntnistheorie. Frankfurt a. M.: Suhrkamp. Originalausgabe „Against method. Outline of an anarchistic theory of knowledge" (1975)

Fick R (1905) Betrachtungen über die Chromosomen, ihre Individualität, Reduction und Vererbung. Archiv für Anatomie und Entwicklungsgeschichte 15 (Supplementband): 179–228

Fick R (1906) Vererbungsfragen, Reduktions- und Chromosomenhypothesen, Bastard-Regeln. Ergebnisse der Anatomie und Entwickelungsgeschichte 16:1–140

Fick R (1923) Weitere Bemerkungen über die Vererbung erworbener Eigenschaften. Zeitschrift für induktive Abstammungs- und Vererbungslehre 31:134–152

Fick R (1925a) Bemerkungen über einige Vererbungslehren. Naturwissenschaften 13:524–529

Fick R (1925b) Bemerkungen zur „Antwort" des Herrn Belar, Naturwissenschaften 13:723–724

Fleck L (1935) Entstehung und Entwicklung einer wissenschaftlichen Tatsache. Basel: Benno Schwabe & Co. 2. Aufl. 1980, Frankfurt am Main: Suhrkamp Verlag. 1. englischsprachige Auflage (1979) The genesis and development of a scientific fact. Ed. by T. J. Trenn and R. K. Merton. Chicago

Fleck L (1983) Erfahrung und Tatsache. Gesammelte Aufsätze. Herausgegeben von L. Schäfer und T. Schnelle. Frankfurt am Main: Suhrkamp Verlag

Flemming W (1879) Beiträge zur Kenntnis der Zelle und ihrer Lebenserscheinungen, Teil I. Archiv für mikroskopische Anatomie 16:302–436

Flemming W (1880a) Beiträge zur Kenntnis der Zelle und ihrer Lebenserscheinungen, Teil II. Archiv für mikroskopische Anatomie 18:151–259

Flemming W (1880b) Über Epithelregeneration und sogenannte freie Kernbildung. Archiv für mikroskopische Anatomie 18:347–364

Flemming W (1881) Beiträge zur Kenntnis der Zelle und ihrer Lebenserscheinungen, Teil III. Archiv für mikroskopische Anatomie 20:1–86

Flemming W (1882) Zellsubstanz, Kern und Zelltheilung Leipzig: F.C.W. Vogel

Fol H (1877a) Sur le commencement de l'hénogénie chez divers animaux. Archives des sciences physiques et naturelles (Génève) 58:439–472

Fol H (1877b) Sur les phénomènes intimes de la fécondation. Comptes Rendus Hebdomadaires des Séances de l'Academie des Sciences (Paris) 84:268–271

Fol H (1879) Recherches sur la fécondation et le commencement de l'hénogénie chez divers animaux. Memoires de la Soc. de physique et d'hist. natur. de Génève 26

Fol H (1891) Le quadrille des centres. Archives des sciences physiques et naturelles (II. Pér.) Bd. 25. Zitiert nach Boveri (1908).

Ford C E, Hamerton J L (1956) The chromosomes of man. Nature 178:1020–1023

Gamow R I, Harris J F (1973) The infrared receptors of snakes. Scientific American , May 1973, pp. 94–100

Gärtner C (1849) Versuche und Beobachtungen über die Bastarderzeugung im Pflanzenreich. Mit Hinweisung auf die ähnlichen Erscheinungen im Thierreiche etc. Stuttgart: K F Herring

Gasking E B (1959) Why was Mendel's work ignored? Journal of the History of Ideas 20:60–84

Geissler E (1978) Einige Bemerkungen zum Thema T D Lyssenko und die moderne Genetik. In: Philosophie und Naturwissenschaften in Vergangenheit und Gegenwart, Heft 12: Philosophie und Biowissenschaften in der Geschichte. Humboldt-Universität Berlin, Sektion Marxistisch-Leninistische Philosophie

Gerlach J (1858) Mikroskopische Studien aus dem Gebiete der menschlichen Morphologie. Erlangen: Ferdinand Enke

Goldschmidt R (1933) Protoplasmatische Vererbung. Scientia (Revue Internationale de Synthèse Scientifique), Februar 1933

Goldschmidt R (1953) Otto Bütschli, Pioneer of Cytology (1848–1920). In: Science, medicine and history. Essays on the evolution of scientific thought and medical practice written in honour of Charles Singer (Cumberlege G, Hrsg.) Oxford: Universitiy Press

Goldschmidt R (1959) Erlebnisse und Begegnungen. Aus der großen Zeit der Zoologie in Deutschland. Hamburg und Berlin: Paul Parey

Gregory RL (1968) Visual Illusions. Scientific American 219, No. 5:66–76

Gruber A (1883) Über die Einflußlosigkeit des Kerns auf die Bewegung, die Ernährung und das Wachstum einzelliger Tiere. Biologisches Centralblatt 3:580–582

Gruber A (1885) Über künstliche Teilung bei Infusorien. Biologisches Centralblatt 4:717–722

Gruber A (1886) Über künstliche Teilung bei Infusorien, Zweite Mitteilung. Biologisches Centralblatt 5:137–141

Grun P (1976) Cytoplasmic Genetics and Evolution. New York: Columbia University Press

Guignard L (1883) Sur la division du noyau cellulaire chez les végétaux. Comptes Rendus Hebdomadaires des Séances de l'Academie des Sciences Paris 97:646–648

Guignard L (1884) Recherches sur la structure et la division du noyau cellulaire. Ann. des Sciences nat. 17 (Sér VI Bot): 5–59

Haeckel E (1868) Natürliche Schöpfungsgeschichte. Gemeinverständliche wissenschaftliche Vorträge über die Entwicklungslehre. In: Haeckel E, Gemeinverständliche Werke (Schmidt-Jena H, Hrsg.) Bd. 1 und 2. Berlin 1924: Carl Henschel; Leipzig: Alfred Kröner

Haeckel E (1874) Anthropogenie oder Entwickelungsgeschichte des Menschen. 1. Teil, Keimesgeschichte des Menschen; 2. Teil, Stammesgeschichte des Menschen. Leipzig: Wilhelm Engelmann

Haecker V (1902a) Über die Autonomie der väterlichen und mütterlichen Kernsubstanz vom Ei bis zu den Furchungszellen. Anatomischer Anzeiger 20:440–452

Haecker V (1902b) Über das Schicksal der elterlichen und großelterlichen Kernanteile. Jenaische Zeitschrift für Naturwissenschaft 37:297–400

Harting P (1859) Das Mikroskop. Theorie, Gebrauch, Geschichte und gegenwärtiger Zustand desselben. Braunschweig: Friedrich Vieweg und Sohn

Hassenstein B (1972) Das spezifisch Menschliche nach den Resultaten der Verhaltensforschung. In: Neue Anthropologie (Gadamer, H-G, Vogler P, Hrsg.) Biologische Anthropologie, 2. Teil, S. 60–97. Stuttgart: Georg Thieme

Heisenberg W (1973) Der Teil und das Ganze. Gespräche im Umkreis der Atomphysik. München: Deutscher Taschenbuch Verlag

Heiss R (1959) Der Gang des Geistes. Eine Geschichte des neuzeitlichen Denkens. Bern — München: Francke

Heitz E, Bauer H (1933) Beweise für die Chromosomennatur der Kernschleifen in den Knäuelkernen von *Bibio hortulanus L.* Zeitschrift für Zellforschung und mikroskopische Anatomie 17:67–82

Heller A (1869) Untersuchungen über die feineren Vorgänge bei der Entzündung. Habilitationsschrift, Universität Erlangen

Hempel C G, Oppenheim P (1948) Studies in the logic of explanation. Philosophy of Science 15:135–175

Hempel CG (1974) Philosophy of Natural Science. Englewood Cliffs: Prentice Hall

Henking H (1891) Untersuchungen über die ersten Entwicklungsvorgänge in den Eiern der Insekten. I. Über Spermatogenese und deren Beziehung zur Entwicklung bei *Pyrrhocoris apertus L.* Zeitschrift für wissenschaftliche Zoologie 51:280–354

Henle J (1882) Theodor Schwann, Nachruf. Archiv für mikroskopische Anatomie 21:I–XLIX

Hens L, Kirsch-Volders M, Verschaeve L, Susanne C (1982) The central localization of the small and early replicating chromosomes in human diploid metaphase figures. Hum. Genet 60:249–256

Herbst C (1900) Über das Auseinandergehen von Furchungs- und Gewebezellen in kalkfreiem Medium. Archiv für Entwicklungsmechanik der Organismen 9:424–463

Hering E (1870) Über das Gedächtnis als eine allgemeine Function der organischen Materie. Almanach der Kaiserlichen Akademie der Wissenschaften (Wien) 20:255–278

Hermann T (1976) Ganzheitspsychologie und Gestalttheorie. In: Psychologie des 20. Jahrhunderts, Band 1, Die Europäische Tradition, S. 573–658. Zürich: Kindler

Hertwig O (1876) Beiträge zur Kenntnis der Bildung, Befruchtung und Theilung des thierischen Eies. Morphologisches Jahrbuch 1:347–434

Hertwig O (1877) Beiträge zur Kenntnis der Bildung, Befruchtung und Theilung des thierischen Eies, II. Teil. Morphologisches Jahrbuch 3:1–86

Hertwig O (1878) Beiträge zur Kenntnis der Bildung, Befruchtung und Theilung des thierischen Eies, III. Teil. Morphologisches Jahrbuch 4:156–213

Hertwig O (1884) Das Problem der Befruchtung und der Isotropie des Eies. Eine Theorie der Vererbung. Jena: Gustav Fischer

Hertwig O (1890) Vergleich der Ei- und Samenbildung bei Nematoden. Eine Grundlage für zelluläre Streitfragen. Archiv für mikroskopische Anatomie 36:1–138

Hertwig O (1905) Kritische Betrachtungen über neuere Erklärungsversuche auf dem Gebiete der Befruchtungslehre. Sitzungsberichte der Königlich Preussischen Akademie der Wissenschaften 17:1–10

Hertwig O (1909) Der Kampf um Kernfragen der Entwicklungs- und Vererbungslehre. Jena: Gustav Fischer

Hertwig O (1917) Dokumente zur Geschichte der Zeugungslehre. Eine historische Studie. Archiv für mikroskopische Anatomie 90/II:1–168

Hertwig O (1920) Allgemeine Biologie. 5. Auflage (bearbeitet von Hertwig O und Hertwig G), Jena: Gustav Fischer

Hertwig O (1921) Zur Abwehr des ethischen, des sozialen, des politischen Darwinismus. 2. Auflage (1. Auflage 1918), Jena: Gustav Fischer

Hertwig O (1922) Das Werden der Organismen. Zur Widerlegung von Darwins Zufallstheorie durch das Gesetz in der Entwicklung. 3. Auflage (1. Auflage 1916), Jena: Gustav Fischer

Hertwig O, Hertwig R (1887) Über den Befruchtungs- und Teilungsvorgang des tierischen Eies unter dem Einfluß äußerer Agentien. Jena: Gustav Fischer

Hertwig P (1952) Caspar Friedrich Wolff und Wilhelm Roux in ihrer Bedeutung für entwicklungsgeschichtliche Forschung. In: Festschrift zur 450-Jahrfeier der Martin-Luther-Universität Halle-Wittenberg, S. 515–523. Halle: Druckerei der Werktätigen

Hertwig R (1903) Über Korrelation von Zell- und Kerngröße und ihre Bedeutung für die geschlechtliche Differenzierung und Teilung der Zelle. Biologisches Centralblatt 23:49–62 und 108–119

Hesse H (1943) Das Glasperlenspiel. Versuch einer Lebensbeschreibung des Magisters Ludi Josef Knecht samt Knechts hinterlassenen Schriften. Frankfurt a. M. und Hamburg 1967: Fischer Bücherei

Heuser E (1884) Beobachtungen über Zellkerntheilung. Botanisches Centralblatt 17:27–32, 57–59, 85–95, 117–128, 154–157

Hofer B (1889) Experimentelle Untersuchungen über den Einfluß des Kerns auf das Protoplasma. Jenaische Zeitschrift für Naturwissenschaft 24:105–176

Hofmeister W (1867) Die Lehre von der Pflanzenzelle. Leipzig: Wilhelm Engelmann

Hooke R (1667) Micrographia: or some physiological descriptions of minute bodies made by magnifying glasses with observations and inquiries thereupon. London: James Allestry.

Humboldt A v (1845) Kosmos. Entwurf einer physischen Weltbeschreibung Bd. I. Stuttgart und Augsburg: J G Cotta'scher Verlag

Huxley J (1949) Soviet genetics and world science. Lysenko and the meaning of heredity. London: Chatto and Windus

Huxley J (1981) Ein Leben für die Zukunft. Erinnerungen München: Deutscher Taschenbuch Verlag

Hymes D (1974) Studies in the history of linguistics. Traditions and paradigms. Bloomington London: Indiana University Press

Iltis H (1923) Die Mendel-Jahrhundertfeier in Brünn. Studia Mendeliana. Brünn: Typos

Iltis H (1924) Johann Gregor Mendel. Leben, Werk und Wirkung. Berlin: Julius Springer

Jahn J, Löther R, Senglaub K (Hrsg.) (1982) Geschichte der Biologie. Theorien, Methoden, Institutionen, Kurzbiographien. Jena: VEB Gustav Fischer

Jaroschewski M (1975) Die Gestaltpsychologie und die Kategorie Abbild. In: Jaroschewski M, Psychologie im 20. Jahrhundert, S. 248–260. Berlin: VEB Volk und Wissen

Jaspers K (1958) Die Atombombe und die Zukunft des Menschen. Politisches Bewußtsein in unserer Zeit. München: R. Piper

Johannsen W (1913) Elemente der exakten Erblichkeitslehre. Mit Grundzügen der biologischen Variationsstatistik. 2. Aufl. (1. Auflage 1909), Jena: Gustav Fischer

Julesz B (1975) Experiments in the visual perception of texture. Scientific American 232, No. 4, S. 34–43

Kammerer P (1925) Allgemeine Biologie. 3. Auflage. Berlin und Leipzig: Deutsche Verlagsanstalt Stuttgart

Kanizsa G (1976) Subjective contours. Scientific American 234, No. 4, S. 48–64

Kant I (1781) Kritik der reinen Vernunft (unveränderter Nachdruck der von Raymund Schmidt 1924 überarbeiteten ehemaligen Kehrbachschen Ausgabe von 1877) Wiesbaden: VMA-Verlag

Kaspar R (1980) Die Evolution erkenntnisgewinnender Mechanismen. Biologie in unserer Zeit 10:17–22

King R L, Beams H W (1934) Somatic synapsis in Chironomus with special reference to the individuality of the chromosomes. Journal of morphology 56:577–586

Kirkwood T B L, Cremer T (1982) Cytogerontology since 1881: A reappraisal of August Weismann and a review of modern progress. Human Genetics 60:101–121

Klein E (1879) Oberservation of the glandular epithelium and division of nuclei. Quarterly Journal of Microscopical Science 19:405. Zit. nach Flemming (1882)

Koestler A (1972) Der Krötenküsser. Der Fall des Biologen Paul Kammerer. Wien, München, Zürich: Fritz Molden

Kölliker TH (1841) Beiträge zur Kenntnis der Geschlechtsverhältnisse und der Samenflüssigkeit wirbelloser Thiere, nebst einem Versuche über das Wesen und die Bedeutung der sogenannten Samenthiere. Berlin

Kölliker TH (1861) Entwicklungsgeschichte des Menschen und der höheren Tiere. Leipzig: Wilhelm Engelmann

Kölreuter JG (1761) Vorläufige Nachricht von einigen das Geschlecht der Pflanzen betreffenden Versuchen und Beobachtungen, nebst Fortsetzungen 1, 2 und 3. Lipsiae. Neu herausgegeben in: Ostwald's Klassiker der exakten Wissenschaften. Leipzig 1893: Wilhelm Engelmann

Koopmanns A (1961) Karyology and Cytogenetics. In: De Genetica Medica, Pars Prima, Genetica Generalis (Gedda L, Hrsg.) S. 83–125 Rom: Mendelianum Institutum

Korschelt E (1895) Über Kerntheilung, Eireifung und Befruchtung bei *Ophryotrocha puerilis*. Zeitschrift für wissenschaftliche Zoologie 60:543–688

Korschelt E, Heider K (1903) Lehrbuch der vergleichenden Entwicklungsgeschichte der wirbellosen Tiere. Allgemeiner Teil: II

Kossel A (1879) Über das Nuclein der Hefe. Zeitschrift für physiologische Chemie 3:284–291

Kossel A (1882) Zur Chemie des Zellkerns. Hoppe-Seylers Zeitschrift für physiologische Chemie 7:7–22

Kossel A (1911) Über die chemische Beschaffenheit des Zellkerns (Nobel-Vortrag). München Med. Wochenschrift 58:65–69

Kowalevski A (1871) Embryologische Studien an Würmern und Arthropoden. Mémoires de l'Académie Impériale des Sciences de Saint Pétersbourg 16 (Série VII), Nr. 12:1–70

Krumbiegel I (1957) Gregor Mendel und das Schicksal seiner Vererbungsgesetze In: Große Naturforscher Bd. 22. Stuttgart: Wissenschaftliche Verlagsgesellschaft

Kuhn TS (1977) Die Entstehung des Neuen. Studien zur Struktur der Wissenschaftsgeschichte. (Krüger L, Hrsg.) Frankfurt a. M.: Suhrkamp

Kuhn TS (1981) Die Struktur wissenschaftlicher Revolutionen. 5. Aufl. Frankfurt a. M.: Suhrkamp (Titel der amerikanischen Originalausgabe „The structure of scientific Revolutions" Chicago 1962: University of Chicago Press)

Kükenthal W (1885) Die mikroskopische Technik im Zoologischen Praktikum. Jena: Gustav Fischer

Kurland C G (1982) Molecular biology — an alternative view. Trends Biochem. Sci. 7:46–47

Lakatos I, Musgrave A (Hrsg.) (1970) Criticism and the growth of knowledge. Cambridge: Cambridge University Press

Lamarck J (1809) Philosophie zoologique. Zoologische Philosophie (deutsche Übersetzung herausgegeben von H. Schmidt) Leipzig 1909: Kröner

Leeuwenhoek A v (1941) The collected letters of Antoni van Leeuwenhoek, Vol. II. Amsterdam: Swets & Zeitlinger

Lefevre G (1974) The relationship between genes and polytene chromosome bands. Annual Review of Genetics 8:51–62

Lemmerich J, Spring H (1980) Mikroskope und Zellbiologie in drei Jahrhunderten. Katalog einer Ausstellung anläßlich des Second International Congress on Cell Biology in Berlin (31. 8. bis 5. 9. 1980). Heidelberg: European Cell Biology Organisation (ECBO)

Leuckart R (1863) Die menschlichen Parasiten und die von ihnen herrührenden Krankheiten. 1. Band, Leipzig und Heidelberg : C F Winter'sche Verlagshandlung

Loeb J (1899) On the nature of the process of fertilization and the artificial production of normal larvae (plutei) from the unfertilized eggs of the sea urchin. American Journal of Physiology 3:135–138

Loeb J (1900) On the artificial production of normal larvae from the unfertilized eggs of the sea urchin (Arbacia). American Journal of Physiology 3:434–471

Loeb J (1901) Experiments on artificial parthenogenesis in Annelids (Chaetopterus) and the nature of the process of fertilization. American Journal of Physiology 4:423–459

Lorenz K (1959) Gestaltwahrnehmung als Quelle wissenschaftlicher Erkenntnis. In: Lorenz K, Über tierisches und menschliches Verhalten. Aus dem Werdegang der Verhaltenslehre. Gesammelte Abhandlungen Band II, S. 255–300 München 1965: R. Piper & Co.

Lorenz K (1971) Knowledge, beliefs and freedom. In: Hierarchically organized systems in theory and practice. (Weiss P Hersg.) New York: Hafner

Lorenz K (1973) Die Rückseite des Spiegels. Versuch einer Naturgeschichte menschlichen Erkennens. München, Zürich: R. Pieper

Lyssenko TD (1948) Der Stand der Biologie. Vortrag auf der Tagung der W. J. Lenin-Akademie der Landwirtschaftlichen Wissenschaften am 31. Juli 1948. Berlin: Deutscher Bauernverlag

Lyssenko T D (1951) Agrobiologie. Arbeiten über Fragen der Genetik, der Züchtung und des Samenbaus. 10. Beiheft zu „Sowjetwissenschaft". Gesellschaft für Deutsch-Sowjetische Freundschaft. Berlin: Verlag Kultur und Fortschritt (Erscheinungsjahr der russischen Originalausgabe 1949)

Mackensen O (1935) Locating Genes on Salivary Chromosomes. Cyto-Genetic Methods Demonstrated in Determining Position of Genes on the X Chromosome of *Drosophila melanogaster*. Journal of Heredity 26:163–174

Makarow PW (1953) Kritik der zytologischen Grundlagen der „Chromosomentheorie der Vererbung". In: Gegen den reaktionären Mendelismus-Morganismus. (Mitin MB, Nushdin NI, Oparin AI, Sissakjan NM und Stoletow WN), S. 219–258. Berlin: Deutscher Verlag der Wissenschaften

Marcuse H, Popper K (1972) Revolution oder Reform (3. Aufl.) München: Kösel

Marquardt M (1979) Eso goht's is! Alemannische Verse. Lörrach: Glasmann

Mastermann M (1970) The nature of a paradigm. In: Criticism and the growth of scientific knowledge (Lakatos J, Musgrave A, Hrsg.), S. 59–89. Cambridge: Cambridge University Press

Mayr E (1976) The Recent Historiography of Genetics. In: Evolution and the Diversitiy of Life, S. 329–353. Cambridge, Massachusetts and London, England: The Belknap Press of Harvard University Press

McClung C E (1899) A peculiar nuclear element in the male reproductive cells of insects. Zoological Bulletin II; zit. nach Boveri (1904)

McClung C E (1902) The accessory chromosome — sex determinant? Biol. Bull. 3:43–84

Medwedjew S A (1974) Der Fall Lyssenko. Eine Wissenschaft kapituliert. München: Deutscher Taschenbuchverlag. Titel der Originalausgabe: The Rise and Fall of T. D. Lyssenko. New York, London 1969: Columbia University Press

Meili R (1978) Gestaltpsychologie. Piagets Entwicklungstheorie und Intelligenzstruktur. In: Die Psychologie des 20. Jahrhunderts, Bd. VII, Piaget und die Folgen, S. 530–546. Zürich: Kindler

Mendel G (1866) Versuche über Pflanzenhybriden. In: Ostwald's Klassiker der exakten Wissenschaften Nr. 121 (herausgegeben von Tschermak E). Leipzig 1901: Wilhelm Engelmann, S. 3–46

Mendel G (1869) Über einige aus künstlicher Befruchtung gewonnene Hieraciumbastarde In: Ostwald's Klassiker der exakten Wissenschaften Nr. 121 (herausgegeben von Tschermak E). Leipzig 1901: Wilhelm Engelmann, S. 47–53

Metzger W (1976) Gestalttheorie im Exil. In: Die Psychologie des 20. Jahrhunderts, Bd. I, Die europäische Tradition, S. 558–686. Zürich: Kindler

Meves F (1908) Die Chondriosomen als Träger erblicher Anlagen. Cytologische Studien am Hühnerembryo. Archiv für mikroskopische Anatomie 72:816–867

Meves F (1910) Über Aussaat männlicher Mitochondrien im Ei bei der Befruchtung. Anatomischer Anzeiger 36:609–614

Meves F (1915) Über Mitwirkung der Plastosomen bei der Befruchtung des Eies von *Filaria papillosa*. Archiv für mikroskopische Anatomie 87 (Abt. II) S. 12–46

Meves F (1918) Die Plastosomentheorie der Vererbung. Eine Antwort auf verschiedene Einwände. Archiv für mikroskopische Anatomie 92 (Abt. II): 41–136

Meyen F J F (1834) Reise um die Erde ausgeführt auf dem Königlich Preussischen Seehandlungs-Schiffe Prinzess Louise, commandiert von Capitain W. Wendt, in den Jahren 1830,

1831 und 1832. Erster Teil. Historischer Bericht. Berlin: In der Sander'schen Buchhandlung

Meyen F J F (1830) Phytotomie. Berlin: Haude und Spenersche Buchhandlung

Meyen F J F (1837–1839) Neues System der Pflanzenphysiologie, Bd. I (1837), Bd. II (1838), Bd. III (1839). Berlin: Haude und Spenersche Buchhandlung

Miescher F (1871) Chemische Zusammensetzung der Eiterzelle. In: Medicinisch-chemische Untersuchungen (Hoppe-Seyler F, Hrsg.) S. 441–460

Miescher F (1897) Die histochemischen und physiologischen Arbeiten von Friedrich Miescher. Gesammelt und herausgegeben von seinen Freunden (2 Bände) Leipzig: F. C. W. Vogel

Mitin M B, Nushdin N I, Oparin A I, Sissakjan N M, Stoletow W N (1953) Gegen den reaktionären Mendelismus-Morganismus. Berlin: Deutscher Verlag der Wissenschaften (Erscheinungsjahr der russischen Originalausgabe 1950)

Mohl H (1835) Über die Vermehrung der Pflanzenzellen durch Theilung. Inaugural-Dissertation. Tübingen: Ludwig Friedrich Fuss

Mohr H (1969) Information und Utopie. Die Zukunft des Menschen aus der Sicht des Naturwissenschaftlers. Freiburg i. Br.: Hans Ferdinand Schulz

Mohr H (1970) Biologie als quantitative Wissenschaft. Mitteilungen des Verbandes Deutscher Biologen Nr. 161, S. 779–785, als Beilage der Naturwissenschaftlichen Rundschau 23 (7)

Mohr H (1976) Wissenschaft und menschliche Existenz. Freiburg i. Br.: Rombach

Mohr H (1978) Der Begriff der Erklärung in Physik und Biologie. Naturwissenschaften 65:1–6

Mohr H (1983) Evolutionäre Erkenntnistheorie. Biologie in unserer Zeit 13:16–20

Mohr H (1983 a) Läßt sich Wissenschaft evolutionistisch begründen? In: Erkenntnis- und Wissenschaftstheorie. Akten des 7. internationalen Wittgenstein Symposiums. Wien: Höldler-Pichler-Tempsky

Mohr H (1983 b) Evolutionäre Erkenntnistheorie — ein Plädoyer für ein Forschungsprogramm. Sitzungsberichte der Heidelberger Akademie der Wissenschaften, Mathematisch-naturwissenschaftlichen Klasse, Jahrgang 1983, 6. Abhandlung, S. 223–232

Montgomery T H (1898) The spermatogenesis in pentatoma up to the formation of the spermatid. Zoologisches Jahrbuch 12:1–88

Montgomery T H (1901 a) Further studies of the chromosomes of the Hemiptera heteroptera. Proceedings of the Academy of Natural Sciences of Philadelphia 53:261–271

Montgomery T H (1901) A study of the chromosomes of the germ cells of Metazoa. Transactions of the American Philosophical Society, N. S. 20:154–236

Moore J E S (1895) On the structural changes in the reproductive cells during the spermatogenesis of Elasmobranchs. Quarterly Journal of microscopical Science 38:275–313

Morgan T H (1894) Experimental studies on Echinoderm eggs. Anatomischer Anzeiger 9:141–152

Morgan T H (1896 a) The fertilization of non-nucleated fragments of Echinoderm-eggs. Archiv für Entwickelungsmechanik der Organismen 2:268–280

Morgan T H (1896 b) The production of artificial astrophaeres. Archiv für Entwickelungsmechanik der Organismen 3:339–361

Morgan T H (1899) The action of salt-solutions on the unfertilized and fertilized eggs of Arbacia, and of other animals. Archiv für Entwickelungsmechanik der Organismen 8:448–539

Morgan T H (1913) Heredity and sex. Columbia University Press: New York

Morgan T H (1921) Die stoffliche Grundlage der Vererbung. Berlin: Gebrüder Borntraeger

Morgan T H (1928) The theory of the gene, 2nd ed. New Haven: Yale University Press

Morgan T H (1932) The scientific basis of evolution. New York: W. W. Norton & Company

Morgan T H, Bridges C B, Sturtevant A H (1925) The genetics of Drosophila. 'S-Gravenhage: Martinus Nijhoff

Morgan T H, Sturtevant A H, Muller H J, Bridges C B (1915) The mechanism of Mendelian heredity. New York: Henry Holt and Company

Morton A G (1954) Sowjetische Genetik. Berlin: Deutscher Verlag der Wissenschaften. Englische Originalausgabe „Soviet Genetics" London 1951: Lawrence & Wishart

Muller H J (1928) The production of mutations by X-rays. Proc. Natl. Acad. Sci. USA 14:714–726

Muller H J (1929) The first cytological demonstration of a translocation in Drosophila. The American Naturalist 63:481–486

Müller J (1830) Bildungsgeschichte der Genitalien aus anatomischen Untersuchungen an Embryonen des Menschen und der Thiere, nebst einem Anhang über die chirurgische Behandlung der Hypospadia. Düsseldorf: Arnz

Müller J (1834) Jahresbericht über die Fortschritte der anatomisch-physiologischen Wissenschaften im Jahre 1833. Archiv für Anatomie, Physiologie und wissenschaftliche Medicin (Müllers Archiv) 1:1–79 und 97–201

Müller J (1838) Über den feineren Bau und die Formen der krankhaften Geschwülste. Berlin: Reimer

Murken J-D, Wilmowsky H v (1973) Die Chromosomen des Menschen. Die Geschichte ihrer Erforschung. München: Werner Fritsch

Nachtsheim H (1913) Cytologische Studien über die Geschlechtsbestimmung bei der Honigbiene (*Apis mellifica L.*) Archiv für Zellforschung 11:169–241

Nachtsheim H (1955) Die Genetik als Brückenwissenschaft. Jahrbuch 1954 der Max-Planck-Gesellschaft zur Förderung der Wissenschaften e. V. Göttingen

Nachtsheim H (1957) Sowjetische Hämatogenetik. Blut 3:166–170

Nägeli C (1842) Zur Entwicklungsgeschichte des Pollens. Zürich: Orell Füssli

Nägeli C (1844) Zellenkern, Zellenbildung und Zellenwachstum bei den Pflanzen. Zeitschrift für wissenschaftliche Botanik (Schleiden M J und Nägeli C, Hrsg.) Zürich 1:35–133

Nägeli C (1884) Mechanisch-physiologische Theorie der Abstammungslehre. München und Leipzig: R. Oldenbourg

Nägeli C, Schwendener S (1877) Das Mikroskop, Theorie und Anwendung desselben. Leipzig: Wilhelm Engelmann

Neel A F (1974) Gestaltpsychologie (1920–) In: Handbuch der psychologischen Theorien, S. 341–357. München: Kindler

Neisser U (1968) The Processes of Vision. Scientific American 219, No. 3:204–214

Nushdin N I (1953) Eine Kritik an der idealistischen Gentheorie. In: Mitin M B, Nushdin N I, Oparin A I, Sissakjan N M, Stoletow W N, Gegen den reaktionären Mendelismus-Morganismus, S. 79–146. Berlin: Deutscher Verlag der Wissenschaften

Nussbaum M (1880) Zur Differenzierung des Geschlechts im Tierreich. Archiv für mikroskopische Anatomie 18:1–121

Nussbaum M (1886) Über die Theilbarkeit der lebendigen Materie. 1. Mitteilung: Die spontane und künstliche Theilung der Infusorien. Archiv für mikroskopische Anatomie 26:485–538

Nussbaum M (1902) Über Kern- und Zellteilung. Archiv für mikroskopische Anatomie 59:647–684

Oken L (1809) Lehrbuch der Naturphilosophie. Jena: Friedrich Frommann

Olby R C (1966) Origins of Mendelism. London: Constable

Osche G (1975) Die vergleichende Biologie und die Beherrschung der Mannigfaltigkeit. Biologie in unserer Zeit 5:139–146

Painter T S (1933) A new method for the study of chromosome rearrangements and the plotting of chromosome maps. Science 78:585–586

Painter T S (1934a) Salivary chromosomes and the attack on the gene. J. of Heredity 25:465–476

Painter T S (1934b) A new method for the study of chromosome aberrations and the plotting of chromosome maps in *Drosophila melanogaster*. Genetics 19:175–188

Painter T S, Muller H J (1929) Parallel cytology and genetics of induced translocations and deletions in Drosophila. J. of Heredity 20:287–298

Paulmier F C (1899) The spermatogenesis of *Anasa tristis*. Journal of Morphology 15 (Supplement): 223–272

Pfitzner W (1881) Über den feineren Bau der bei der Zelltheilung auftretenden fadenförmigen Differenzierung des Zellkerns. Morphologisches Jahrbuch 7:289–311

Piaget J (1973) Einführung in die genetische Erkenntnistheorie. Frankfurt a. M.: Suhrkamp

Piaget J (1980) Das Weltbild des Kindes. Frankfurt a. M., Berlin, Wien: Ullstein. Französische Erstausgabe „La représentation du monde chez l'enfant" 1926: Presses Universitaires de France

Planck M Sinn und Grenzen der exakten Wissenschaft In: Zeichen der Zeit. Ein deutsches Lesebuch, Bd. 4, Herausgeber: W. Killy. Frankfurt a. M. und Hamburg: Fischer-Bücherei (1958). Entnommen aus Planck M (1949) Vorträge und Erinnerungen. Stuttgart: S. Hirzel

Popper K (1974) Objektive Erkenntnis. Ein evolutionärer Entwurf. 2. Auflage Hamburg: Hoffmann und Campe. Englische Originalausgabe „Objective knowledge" Oxford 1972: The Clarendon Press

Popper K (1979) Truth, rationality and the growth of scientific knowledge. Frankfurt a. M.: Vittorio Klostermann

Popper K (1982) Logik der Forschung, 7. Auflage (1. Auflage 1934) Tübingen: J.C.B. Mohr (Paul Siebeck)

Popper K R, Eccles J C (1977) The Self and Its Brain. Berlin, Heidelberg, London, New York: Springer International

Provine W B (1973) Geneticists and the Biology of Race Crossing. Science 182:790–796

Querner H (1967) Heidelberger Zoologen des 19. Jahrhunderts. Ruperto-Carola, Zeitschrift der Vereinigung der Freunde der Studentenschaft der Universität Heidelberg e. V. 19. Jahrgang (Bd. 41): 317–328

Rabl C (1885) Über Zelltheilung. Morphologisches Jahrbuch 10:214–330

Rabl C (1904) Über die züchtende Wirkung funktioneller Reize. Leipzig: Wilhelm Engelmann

Rabl C (1906) Über „Organbildende Substanzen" und ihre Bedeutung für die Vererbung. Leipzig: Wilhelm Engelmann

Rabl C (1915) Edouard van Beneden und der gegenwärtige Stand der wichtigsten von ihm behandelten Probleme. Archiv für mikroskopische Anatomie 88:1–470

Rahner K (1976) Grundkurs des Glaubens. Einführung in den Begriff des Christentums. Freiburg, Basel, Wien: Herder

Rambousek F (1912) Cytologische Verhältnisse der Speicheldrüsen der Chironomus-Larve. Sitzungsber. königl. böhm. Ges. Wiss. math.-naturw. Klasse. Zitiert nach Beermann (1962)

Ranvier L (1875–1882) Traité Technique d'Histologie. Paris: Librairie F. Savy

Rauber A (1886) Personaltheil und Germinaltheil des Individuum. Zoologischer Anzeiger 9:166–171

Rausch E (1966) Das Eigenschaftsproblem in der Gestalttheorie der Wahrnehmung. In: Handbuch der Psychologie, Bd. 1,1, Allgemeine Psychologie: Wahrnehmung und Bewußtsein, S. 866–953. Göttingen: Hogrefe

Regelmann J-P (1980) Die Geschichte des Lyssenkoismus. Frankfurt a. M.: Rita G. Fischer

Regelmann J-P (1981) Die Aktualität Lyssenkos. Historische Ergänzungen zu einer wissenschaftstheoretischen Debatte. Zeitschrift für allgemeine Wissenschaftstheorie XII/2:353–363

Reichert K (1847) Beitrag zur Entwickelungsgeschichte der Samenkörperchen bei den Nematoden. Archiv für Anatomie, Physiologie und wissenschaftliche Medizin (Müllers Archiv) 14:88–147

Remak R (1852) Über extracellulare Entstehung thierischer Zellen und über Vermehrung derselben durch Theilung. Archiv für Anatomie, Physiologie und wissenschaftliche Medizin (Müllers Archiv) 19:47–72

Remak R (1855) Untersuchungen über die Entwickelung der Wirbelthiere. Berlin: G. Reimer

Remak R (1858) Über die Theilung der Blutzellen beim Embryo. Archiv für Anatomie, Physiologie und wissenschaftliche Medizin (Müllers Archiv) 25:178–188

Retzius G (1881a) Studien über die Zellentheilung. Biologische Untersuchungen, Jahrg. 1881, S. 109–134. Stockholm: Samson & Wallin und Leipzig: F. C. W. Vogel

Retzius G (1881b) Zur Kenntniss vom Bau des Zellenkerns. Biologische Untersuchungen, Jahrg. 1881, S. 135–143. Stockholm: Samson & Wallin und Leipzig: F. C. W. Vogel

Riedl R (1975) Die Ordnung des Lebendigen. Systembedingungen der Evolution. Hamburg, Berlin: Paul Parey

Riedl R (1976) Die Strategie der Genesis. Naturgeschichte der realen Welt. München, Zürich: R. Pieper

Riedl R (1977) A systems-analytical approach to macroevolutionary phenomena. The Quarterly Review of Biology 52:351–370

Riedl R (1978/79) Über die Biologie des Ursachen-Denkens. Ein evolutionistischer, systemtheoretischer Versuch. In: Mannheimer Forum (Dithfurth H v Hrsg.) 78/79:9–70

Riedl R (unter Mitarbeit von Kaspar R) (1980) Biologie der Erkenntnis. Die Stammesgeschichtlichen Grundlagen der Vernunft, 2. Aufl. Berlin, Hamburg: Paul Parey

Roux W (1883) Über die Bedeutung der Kerntheilungsfiguren. Eine hypothetische Erörterung. Leipzig: Wilhelm Engelmann

Rucker R (1984) The Fourth Dimension. Toward a Geometry of Higher Reality. Boston: Houghton Mifflin Company

Rückert J (1882) Zur Entwicklungsgeschichte des Ovarialeies bei Selachiern. Anatomischer Anzeiger 7:107–158

Rückert J (1894a) Zur Eireifung bei Copepoden. Anatomische Hefte (1. Abteilung) 4:262–351

Rückert J (1894b) Die Chromatinreduktion bei der Reifung der Sexualzellen. Ergebnisse der Anatomie und Entwickelungsgeschichte 3:517–583

Rückert J (1895) Über das Selbständigbleiben der väterlichen und mütterlichen Kernsubstanz während der ersten Entwicklung des befruchteten Cyclops-Eies. Archiv für mikroskopische Anatomie 45:339–369

Ruzicka V (1906) Struktur und Plasma. Ergebnisse der Anatomie und Entwickelungsgeschichte 16:452–638

Sager R (1965) Genes outside the chromosomes. Scientific American 212, No. 1:70–79

Sander K (1985) August Weismanns Untersuchungen zur Insektenentwicklung. In: August Weismann (1834–1914) und die theoretische Biologie des 19. Jahrhunderts. Freiburger Universitätsblätter Heft 87/88 Juni 1985 24. Jahrgang. Herausgegeben von Klaus Sander, Freiburg i. Br.

Sander K, Scherer M, Mahlke G, Kremp F (1982) Biologie vor unserer Zeit: Das Thoma-Mikrotom und seine Benutzer. Biologie in unserer Zeit 12:108–112

Schleiden M J (1838) Beiträge zur Phytogenesis. Archiv für Anatomie, Physiologie und wissenschaftliche Medicin (Müllers Archiv) 5:137–176

Schleiden M J (1844a) Schelling's und Hegel's Verhältnis zur Naturwissenschaft. Leipzig: Wilhelm Engelmann

Schleiden M J (1844b) Beiträge zur Botanik. Gesammelte Aufsätze, 1. Band. Leipzig: Wilhelm Engelmann

Schleiden M J (1845) Grundzüge der wissenschaftlichen Botanik nebst einer methodologischen Einleitung als Anleitung zum Studium der Pflanze. Die Botanik als induktive Wissenschaft. 2. Auflage, 1. Teil. Leipzig: Wilhelm Engelmann

Schleiden M J (1846) Grundzüge der wissenschaftlichen Botanik nebst einer methodologischen Einleitung als Anleitung zum Studium der Pflanze. Die Botanik als induktive Wissenschaft. 2. Auflage, 2. Teil. Leipzig: Wilhelm Engelmann

Schleiden M J (1855) Die Pflanze und ihr Leben, 4. Auflage. Leipzig: Wilhelm Engelmann

Schmitz F (1879) Beobachtungen über die vielkernigen Zellen der Siphonocladiaceen. In: Festschrift der naturforschenden Gesellschaft zu Halle, 1879. Zit. nach Verworn (1892)

Schmitz S (1982) Charles Darwin — ein Leben. Autobiographie, Briefe, Dokumente. München: Deutscher Taschenbuchverlag

Schneider A (1873) Untersuchungen über Plathelminthen. 14. Jahresberichte der Oberhessischen Gesellschaft für Natur- und Heilkunde in Gießen 14:69–140

Schrödinger E (1951) Was ist Leben? München: Lehnen. Englische Originalausgabe: What is life? The physical aspect of the living cell. Cambridge 1944

Schultze M (1861) Über Muskelkörperchen und das, was man eine Zelle zu nennen habe. Archiv für Anatomie, Physiologie und wissenschaftliche Medicin 28:1–27

Schwann Th (1839) Mikroskopische Untersuchungen über die Übereinstimmung in der Struktur und dem Wachsthum der Thiere und Pflanzen. Berlin: Verlag der Sanderschen Buchhandlung (G E Reimer)

Schwarzacher H G, Wachtler F (1983) Nucleolus organizer regions and nucleoli. Hum Genet 63:88–99

Seeliger O (1895) Gibt es geschlechtlich erzeugte Organismen ohne mütterliche Eigenschaften? Archiv für Entwicklungsmechanik der Organismen 1:203–223

Seeliger O (1896) Bemerkungen über Bastardlarven der Seeigel. Archiv für Entwickelungsmechanik der Organismen 3:477–526

Sinéty R de (1902) Recherches sur la Biologie et l'Anatomie des Phasmes. La Cellule 19:117–278

Singer W (1985) Hirnentwicklung und Umwelt. Spektrum der Wissenschaft, März 1985:48–61

Sirks M J (1952) The earliest illustrations of chromosomes. Genetica 26:65–76

Sitte P (1982) Die Entwicklung der Zellforschung. Ber. Deutsch. Bot. Ges. 95:561–580

Smit P (1972) Lorenz Oken und die Versammlungen Deutscher Naturforscher und Ärzte: Sein Einfluß auf das Programm und eine Analyse seiner auf den Versammlungen gehaltenen Beiträge. In: Wege der Naturforschung 1822–1972 im Spiegel der Versammlungen Deutscher Naturforscher und Ärzte; (Querner H und Schipperges H, Hrsg.), S. 101–124. Berlin, Heidelberg, New York: Springer

Spaemann R, Koslowski P, Löw R (1984) Evolutionstheorie und menschliches Selbstverständnis. CIVITAS Resultate Band 6. Acta humaniora

Spallanzani L (1785) Experiments pour servir à l'histoire de la génération des animaux et des plantes. Geneva: Barthélémi Chirol. Zitiert nach Darlington (1959)

Spallanzani L (1786) Versuche über die Erzeugung der Pflanzen und Tiere. (Übersetzung, Leipzig); zit. nach Waldeyer (1888)

Spemann H (1918) Gedächtnisrede auf Theodor Boveri. In: Erinnerungen an Theodor Boveri, S. 12–37. Tübingen: J C B Mohr (Paul Siebeck)

Stebbins G L, Ayala F J (1985) Die Evolution des Darwinismus. Spektrum der Wissenschaft, September 1985:58–71

Stegmüller W (1969) Probleme und Resultate der Wissenschaftstheorie und analytischen Philosophie. Berlin, Heidelberg, New York: Springer

Stern C (1926) Eine neue Chromosomenaberration von Drosophila melanogaster und ihre Bedeutung für die Theorie der linearen Anordnung der Gene. Biologisches Zentralblatt 46:505–508

Stern C (1927) Die genetische Analyse der Chromosomen. Die Naturwissenschaften 22:465–473

Stern C (1931) Zytologisch-genetische Untersuchungen als Beweise für die Morgansche Theorie des Faktorenaustauschs. Biologisches Zentralblatt 51:547–587

Stern C (1950) Boveri and the early days of genetics. Nature 166:446

Stöhr P (1886) Lehrbuch der Histologie und der Mikroskopischen Anatomie des Menschen mit Einschluß der Mikroskopischen Technik. Jena: Gustav Fischer

Stomps Th J (1954) On the rediscovery of Mendel's work by Hugo de Vries. Journal of Heredity 45:293–294

Strasburger E (1875) Über Vorgänge bei der Befruchtung. Tageblatt der 48. Versammlung deutscher Naturforscher und Ärzte in Graz, 18.–24. Sept. 1875. V. Sekt. für Botanik und Pflanzenphysiologie S. 100, VI. Sekt. für Zoologie S. 150

Strasburger E (1876) Über Zellbildung und Zelltheilung. 2. Auflage (1. Aufl. 1875) nebst Untersuchungen über Befruchtung. Jena: Gustav Fischer

Strasburger E (1882) Über den Theilungsvorgang der Zellkerne und das Verhältnis der Kerntheilung zur Zelltheilung. Archiv für mikroskopische Anatomie 21:476–590

Strasburger E (1884a) Neue Untersuchungen über den Befruchtungsvorgang bei den Phanerogamen als Grundlage für eine Theorie der Zeugung. Jena: Gustav Fischer

Strasburger E (1884b) Die Controversen der indirecten Kerntheilung. Archiv für mikroskopische Anatomie 23:246–304

Strasburger E (1888) Über Kern- und Zelltheilung im Pflanzenbereich, nebst einem Anhang über Befruchtung. Jena: Gustav Fischer

Strasburger E (1901) Über Befruchtung. Botanische Zeitung, II. Abt. 59:354–368

Strasburger E (1905) Die stofflichen Grundlagen der Vererbung im organischen Reich. Versuch einer gemeinverständlichen Darstellung. Jena: Gustav Fischer

Strasburger E, Noll F, Schenck H, Karsten G (1908) Lehrbuch der Botanik für Hochschulen, 9. Auflage. Jena: Gustav Fischer

Studitzki A N (1953) Die mendelistisch-morganistische Genetik im Dienste des amerikanischen Rassismus. In: Mitin M B, Nushdin N I, Oparin A I, Sissakjan N M, Stoletow W N, Gegen den reaktionären Mendelismus-Morganismus, S. 399–428. Berlin: Deutscher Verlag der Wissenschaften

Sutton W S (1902) On the morphology of the chromosome group in Brachystola magna. Biological Bulletin 4:24–39

Sutton W S (1903) The chromosomes in heredity. Biological Bulletin 4:231–251

Tamura O (1923) Morphologische Studien über Chromosomen und Zellkerne. Archiv für Zellforschung 17:131–164

Tijo H J, Levan A (1956) The chromosome number of man. Hereditas 42:1–6

Tomcsik J, Hrsg. (1964) Pasteur und die Generatio spontanea. (Aus den Werken von Pasteur ausgewählt, übersetzt und eingeleitet von Josef Tomcsik) Bern und Stuttgart: Hans Huber

Treder H.-J. (1984) Zum Einfluß von Schellings Naturphilosophie auf die Entwicklung der Physik. Aus: Natur und geschichtlicher Prozeß. Studien zur Naturphilosophie F. W. J. Schellings. Herausgegeben und eingeleitet von Hans Jörg Sandkühler suhrkamp taschenbuch wissenschaft

Treviranus L C (1806) Vom innwendigen Bau der Gewächse und von der Saftbewegung in denselben. Göttingen: Heinrich Dieterich

Treviranus L C (1811) Beiträge zur Pflanzenphysiologie. Zit. nach Meyen (1830), S. 177

Tschermak E (1900) Über künstliche Kreuzung bei Pisum sativum. Zeitschrift für das landwirtschaftliche Versuchswesen in Österreich 3:465–555

Turner G (1981) Mikroskope. München: Callwey

Vernon H M (1900) Cross fertilization among Echinoids. Archiv für Entwickelungsmechanik der Organismen 9:464–478

Verschuer O v (1937) Erbpathologie. Ein Lehrbuch für Ärzte und Medizinstudenten. In: Medizinische Praxis, Sammlung für ärztliche Fortbildung (Grote L R, Fromme A, Warnekros K v, Hrsg.) Bd. 18. Dresden und Leipzig: Theodor Steinkopff

Verworn M (1892) Die physiologische Bedeutung des Zellkerns. Archiv für die gesamte Physiologie des Menschen und der Thiere 51:1–118

Virchow R (1847a) Zur Entwicklungsgeschichte des Krebses, nebst Bemerkungen über Fettbildung im thierischen Körper und pathologische Resorption. Archiv für pathologische Anatomie und Physiologie und für klinische Medicin (Virchows Archiv) 1:94–203

Virchow R (1847b) Über die Reform der pathologischen und therapeutischen Anschauungen durch die mikroskopischen Untersuchungen. Archiv für pathologische Anatomie und Physiologie und für klinische Medicin (Virchows Archiv) 1:207–255

Virchow R (1852a) Die Identität von Knochen-, Knorpel- und Bindegewebskörperchen, sowie über Schleimgewebe. Verhandlungen der Physikalisch-Medicinischen Gesellschaft in Würzburg 2:150–162

Virchow R (1852b) Weitere Beiträge zur Struktur der Gewebe der Bindesubstanz. Verhandlungen der Physikalisch-Medicinischen Gesellschaft in Würzburg 2:314–318

Virchow R (1853) Zur Streitfrage über die Bindesubstanzen. Archiv für pathologische Anatomie und Physiologie und für klinische Medicin (Virchows Archiv) 5:590–593

Virchow R (1854) Hypertrophie und Neubildung mit Einschluß der Fettsucht, der Skropulose, der tuberkulösen und krebshaften Prozesse. In: Handbuch der speziellen Pathologie und Therapie (redigiert von R Virchow) Bd. 1, S. 326–355. Erlangen: Ferdinand Enke

Virchow R (1855) Cellular-Pathologie. Archiv für pathologische Anatomie und Physiologie und für klinische Medicin (Virchows Archiv) 8:3–39

Virchow R (1856) Gesammelte Abhandlungen zur wissenschaftlichen Medicin. Frankfurt a. M.: Meidinger Sohn & Comp.

Virchow R (1857) Über die Theilung der Zellenkerne. Archiv für pathologische Anatomie und Physiologie und für klinische Medicin (Virchows Archiv) 11:89–92

Virchow R (1858a) Zur neueren Geschichte der Eiterlehre. Archiv für pathologische Anatomie und Physiologie und für klinische Medicin (Virchows Archiv) 15:530–539

Virchow R (1858b) Johannes Müller. Eine Gedächtnisrede. Berlin: August Hirschwald

Virchow R (1862) Die Cellularpathologie in ihrer Begründung auf physiologische und pathologische Gewebelehre. 3. Auflage (1. Aufl. 1858). Berlin: August Hirschwald

Virchow R (1882) Theodor Schwann. Ein Nachruf. Archiv für pathologische Anatomie und Physiologie und für klinische Medicin (Virchows Archiv) 87:389–392

Vogel F, Motulsky A G (1979) Human Genetics. Problems and Approaches. Berlin, Heidelberg, New York: Springer

Vogel F, Propping P (1981) Ist unser Schicksal mitgeboren? Moderne Vererbungsforschung und menschliche Psyche. Berlin: Severin und Siedler

Vollmer G (1981) Evolutionäre Erkenntnistheorie. Angeborene Erkenntnisstrukturen im Kontext von Biologie, Psychologie, Linguistik, Philosophie und Wissenschaftstheorie. Stuttgart: S. Hirzel

Vries de H (1889) Intracelluläre Pangenesis. Jena: Gustav Fischer

Vries H de (1900) Sur la loi de disjonction des hybrides. Comptes Rendus Hebdomadaires des Séances de l'Academie des Sciences (Paris) 130:845–847

Waldeyer W (1888) Über Karyokinese und ihre Beziehungen zu den Befruchtungsvorgängen. Archiv für mikroskopische Anatomie 32:1–122

Wallace B (1974) Die genetische Bürde. Ihre biologische und theoretische Bedeutung. In: Grundbegriffe der modernen Biologie, Bd. 12. Stuttgart: Gustav Fischer

Watson J D, Crick F H C (1953a) A structure for deoxyribose nucleic acid. Nature 171:737–738

Watson J D, Crick F H C (1953b) Genetical implication for the structure of deoxyribonucleic acid. Nature 171:964–967

Weber CO (1858) Zur Entwicklungsgeschichte des Eiters. Archiv für pathologische Anatomie und Physiologie und für klinische Medicin (Virchow's Archiv) 15:465–530

Weismann A (1863) Über die Entstehung des vollendeten Insekts in der Larve und Puppe. Ein Beitrag zur Metamorphose der Insekten. Abh. Senckenberg. Naturforsch. Ges. 4:227–260

Weismann A (1864) Die Entwicklung der Dipteren. Ein Beitrag zur Entwicklungsgeschichte der Insekten. Leipzig: Wilhelm Engelmann

Weismann A (1887) Über die Zahl der Richtungskörper und über ihre Bedeutung für die Vererbung. Jena: Gustav Fischer. (Auch in Weismann (1892a) S. 397–464)

Weismann A (1890) Bemerkungen zu einigen Tagesproblemen. Biologisches Centralblatt 10:1–12 und 33–44. Auch in Weismann (1892a) S. 639–672. Eine englische Fassung des Aufsatzes ist erschienen in Nature (1890) 41:317–323. Sie wurde als Apendix 1 zur Arbeit von Kirkwood und Cremer (1982) wieder abgedruckt.

Weismann A (1892a) Aufsätze über Vererbung und verwandte biologische Fragen. Jena: Gustav Fischer

Weismann A (1892b) Das Keimplasma. Eine Theorie der Vererbung. Jena: Gustav Fischer

Weismann A (1913a) Vorträge über Deszendenztheorie. Bd. I, 3. umgearbeitete Auflage (1. Aufl. 1902) Jena: Gustav Fischer

Weismann A (1913b) Vorträge über Deszendenztheorie. Bd. II, 3. umgearbeitete Auflage (1. Aufl. 1902) Jena: Gustav Fischer

Weizsäcker C F v (1976) Wege in der Gefahr. München, Wien: Carl Hanser

Weizsäcker C F v (1977) Der Garten des Menschlichen. Beiträge zur geschichtlichen Anthropologie. München, Wien: Carl Hanser

Wilcox E V (1896) Further studies on the spermatogenesis of Caloptenus femurrubrum. Bulletin of the museum of comparative zoology at Harvard College Bd. 29; zit. nach Boveri (1904)

Wilkie S (1962) Some reasons for the rediscovery and appreciation of Mendel's work in the first years of the present century. The British Journal for the History of Science 1:5–17

Willer W (1967) Otto Bütschli. Ruperto-Carola. Zeitschrift der Vereinigung der Freunde der Studentenschaft der Universität Heidelberg e.V. 19. Jahrgang (Bd. 41):329–333

Wilson E B (1918) Theodor Boveri. In: Erinnerungen an Theodor Boveri. Tübingen: J C B Mohr (Paul Siebeck)

Wilson E B (1896) The Cell in Development and Inheritance. New York, London: Macmillan

Wolff C F (1759) Theoria generationis. 1 und 2. Teil. Übersetzt und herausgegeben von Paul Samassa. Leipzig (1896): Wilhelm Engelmann

Wolstenholme G (Hrsg.) (1963) Man and his future. (A Ciba foundation volume) London: J & A Churchill Ltd. Deutsche Ausgabe „Das umstrittene Experiment: Der Mensch". Siebenundzwanzig Wissenschaftler diskutieren die Elemente einer biologischen Revolution. Sonderausgabe aus der Sammlung „Modelle für eine neue Welt" (Jungk R, Mundt H J, Hrsg.) München, Wien, Basel 1966: Kurt Desch

Wuketits F M (1982) Das Phänomen der Zweckmäßigkeit im Bereich lebender Systeme. Biologie in unserer Zeit 12:139–144

Wuketits F M (1978) Wissenschaftstheoretische Probleme der modernen Biologie. Berlin: Duncker & Humblot

Wuketits F M (1980) Kausalitätsbegriff und Evolutionstheorie. Berlin: Duncker & Humblot

Wuketits FM (1981) Biologie und Kausalität. Biologische Ansätze zur Kausalität, Determination und Freiheit. Berlin, Hamburg: Paul Parev

Wunderlich D, Hrsg. (1976) Wissenschaftstheorie der Linguistik. Kronberg: Athenäum

Wundt W (1865) Lehrbuch der Physiologie des Menschen. Erlangen: Ferdinand Enke

Zeemann E C (1976) Catastrophe Theory. Scientific American 234, Nr. 4:65–83

Zernike F (1935) Das Phasenkontrastverfahren bei der mikroskopischen Beobachtung. Zeitschrift für technische Physik 16:454–457

Zimmermann A (1892) Die botanische Mikrotechnik. Ein Handbuch der mikroskopischen Präparations-, Reaktions- und Tinktionsmethoden. Tübingen: Verlag der H. Laupp'schen Buchhandlung

Zirkle C (1964) Some oddities in the delayed discovery of Mendelism. Journal of Heredity 55:65–72

Zoja L und R (1891) Intorno ai plastiduli fucsinofili (bioblasti dell' Altmann). Memorie del R. Istituto Lombardo di Scienze e Lettere, vol 16, ser. III, Cl. di Sc. m.e.n., zit. nach Meves (1918)

7 Namenverzeichnis

8 Sachverzeichnis*

---

* Bei Verweisen auf Abbildungen ist die Seitenzahl der zugehörigen Legende vorangestellt